BAMBERGER GEOGRAPHISCHE SCHRIFTEN
SONDERFOLGE

BAMBERGER GEOGRAPHISCHE SCHRIFTEN SONDERFOLGE

herausgegeben vom Institut für Geographie
Andreas Dix, Daniel Göler, Marc Redepenning, Gerhard Schellmann

Schriftleitung: Astrid Jahreiß

Nr. 16

University
of Bamberg
Press
2023

Einführung in die Geomorphologie, Geochronologie und Bodengeographie - ein Lernskript in 2 Teilen

Teil II: Exogene Dynamiken und Bodengeographie

Gerhard Schellmann

Bibliografische Information der Deutschen Nationalbibliothek
Die Deutsche Nationalbibliothek verzeichnet diese Publikation in der Deutschen Nationalbibliografie; detaillierte bibliografische Daten sind im Internet über http://dnb.dnb.de/ abrufbar.

Herstellung und Druck: Primerate, Budapest
Umschlaggestaltung: University of Bamberg Press
Umschlagbild: „Markante mittelpleistozäne Seitenmoräne des M2a-Glazials (Riss) am südöstlichen Rand des Lago Argentino-Zungenbeckens am Ostrand der südpatagonischen Anden", © Gerhard Schellmann

ISSN: 0175-3894 (Print) eISSN: 2750-7939 (Online)
ISBN: 978-3-86309-944-2 (Print) eISBN: 978-3-86309-945-9 (Online)

URN: urn:nbn:de:bvb:473-irb-901095
DOI: https://doi.org/10.20378/irb-90109

Vorwort

Der vorliegende Band ist der zweite Teil eines Lernskripts zur Allgemeinen Geomorphologie, Geochronologie und Bodengeographie. Das Skript sollte bewußt kein Lehrbuch sein, sondern im Gegenteil durch die gestellten Fragen und Aufgaben motivieren, Lehrbücher in das extrem wichtige Selbststudium stärker einzubinden. Zudem sollten anhand von Beispielen, den Studierenden die Schwerpunkte der eigenen Forschungstätigkeiten angedeutet werden.

Das Skript entstand im Laufe der Jahre in meiner Lehrtätigkeit an den Universitäten Düsseldorf (Geologie), Köln (Didaktik der Geographie), Essen (Physische Geographie) und Bamberg (Physische Geographie). In Bamberg diente es als Begleitmaterial zu einer vierstündigen Grundvorlesung mit begleitender einstündigen Übung zur „Einführung in die Geomorphologie und Bodengeographie". Zielgruppe waren zuletzt BA-Studierende sowie Studierende aller Lehramtsstudiengänge vom Grundschul- bis zum Gymnasial-Lehramt. Für BA- und Gymnasialstudierende wurden zum Teil zusätzliche Fragen und Aufgaben aufgenommen und per Überschrift kenntlich gemacht. Ich habe mich entschlossen zum bevorstehenden Abschied aus dem aktiven Dienst der Geowissenschaften, das Skript in der Sonderfolge der Bamberger Geographischen Schriften zu publizieren. Vielleicht erleichtert es und die Literaturverweise zukünftigen Studierenden auch an anderen Studienstandorten die Annäherung an diese Thematiken oder motiviert zu einem vertieften Einsteigen in die Materie *via* Lehrbücher und Fachzeitschriften.

Aufgrund des Seitenumfanges benötigt das Skript zwei Bände in der Sonderfolge (SF) der Bamberger Geographischen Schriften. Der zweite Band SF 16 zur „Exogenen Dynamik und Bodengeographie" widmet sich klassischen Themen der Reliefformen der Erde und ihrer Entstehung sowie der Bodenentwicklung auf verschiedenen Ausgangsgesteinen in Deutschland.

Der erste Band SF 15 zur „Endogenen Dynamik und Geochronologie" behandelt vor allem Themen der Allgemeinen Geologie, der Paläopedologie (Lössstratigraphie) und eine Einführung in verschiedene relative und numerische Methoden der Altersbestimmung vor allem in der jüngeren Erdgeschichte des Quartärs. Das Inhaltverzeichnis auch des ersten Bandes ist unten aufgeführt.

Das Skript wäre über die Jahre hinweg ohne die Hilfe vieler studentischer und nicht-studentischer Mitarbeiter, vieler Studierender, ihren Fragen und ihren Schwierigkeiten mit der Thematik wahrscheinlich nicht möglich gewesen. Ihnen allen danke ich sehr!

Bamberg, den 31. Mai 2023

Gerhard Schellmann

Inhalt Teil II - SF 16

Inhalt Teil I - SF 15

3. Exogene Prozesse und exogen geprägte Formen

Unter exogener Formung versteht man in der Geomorphologie alle Vorgänge, die durch die äußere Einwirkungen von Klima, Schwerkraft, Wasser, Eis, Wind, Vegetation, Lebewelt und Mensch relief-gestaltend wirksam sind.

Exogene Formung beginnt, sobald eine Landoberfläche über den Meeresspiegel hinausragt, sei es durch endogen bedingte großräumige Landhebungen als Folge spätorogener oder epirogener Hebungen, oder durch **isostatische Ausgleichsbewegungen** wie z.B. glazialisostatische Bewegungen in Größenordnungen von 150 m und mehr, oder durch exogen bedingte Veränderungen des globalen Meeresspiegels wie eustatische Meeresspiegelschwankungen (Kap. 3.7).

Exogene Formungsdynamiken umfassen diverse Verwitterungs-, Abtragungs-, Transport- und Ablagerungsprozesse. Verwitterungsprozesse bereiten den Gesteinsuntergrund auf, lösen oder zerkleinern ihn und erleichtern dadurch die weitere Reliefgestaltung. Lediglich die Lösungsverwitterung ist in der Lage selbst reliefgestaltend zu wirken (Kap. 3.6: Karstformen).

Neben der Lösungsverwitterung sind die Schwerkraft, das abfließende Wasser, die Gletscher, der Wind und das Meer weitere wichtige reliefformende Agenzien.

Exogene Reliefformung führt letztendlich über lange geologische Zeiträume hinweg zur Eliminierung aller Reliefunterschiede, zur Schaffung von Tieflandebenen im Meeresniveau (siehe auch „Zyklentheorie nach Davis"). Dieser Einebnungstendenz wirken verschiedene endogene Dynamiken entgegen, die über Tektonik, Gebirgsbildung (Orogenese) und Vulkanismus neue Reliefunterschiede verschiedenster Dimensionen schaffen.

3.1 Verwitterung und bodenbildende Prozesse

Verwitterung ist die Summe aller Prozesse, die zur physikalischen (mechanischen) Zerkleinerung und/oder zur chemischen und biochemischen Umwandlung eines Gesteins führen. Sie findet unter dem Einfluß der Atmosphäre (Niederschlag, Temperatur, Strahlung), der Biosphäre und dem Menschen (direkte und indirekte anthropogene Einflüsse) statt.

Verwitterung führt zu einem in die Tiefe voranschreitenden Zerfall des Gesteinsverbands und zur Zerkleinerung, Auflösung und Neubildung von Mineralien. Die verwitterungsbedingte Gesteinsaufbereitung schafft eine wichtige Voraussetzung für anschließende Abtragungen durch Schwerkraft, Wasser, Wind und Eis.

Tab. 3.1.1: Physikalische (mechanische) Verwitterungsprozesse.

Verwitterungs-prozesse	Verwitterungsvorgang	Intensität abhängig von	Ergebnis
Frostsprengung	Periodische Gefrier-Auftau-Prozesse von Wasser in Spalten und Poren von Gesteinen H_2O (flüssig) ⇄ (9% Volumenvergrößerung) H_2O (fest)	- Häufigkeit des Gefrier-Auftau-Wechsels - Porosität und Kluftreichtum (Haarrisse) des Gesteins (→ hohe Intensität bei porösen Sandsteinen, Schiefern, plattigen Kalksteinen etc.)	kantiger Schutt
Insolations-verwitterung	Tageszeitliche, durch Sonneneinstrahlung (Insolation) hervorgerufene Temperatur-schwankungen von Gesteinsoberflächen bewirken wechselnde Ausdehnungs-koeffizienten von Gesteinen und Mineralen. (Erwärmung bis 70°C; Ausdehnung im ‰-Bereich; verschiedene Minerale in einem Gestein mit unterschiedlichen Ausdehnungsrichtungen)	- Strahlungsintensität (→ wirkt v.a. in Wüsten und Halbwüsten) - Gesteinsfarbe (dunkel: starke Absorption der Sonnenstrahlung, hell: geringe Absorption) - mineralogische Zusammen-setzung des Gesteins (mono- oder heteromineralisch)	Abplatzen von Gesteins-schuppen (Desquamation), bei Gesteinen aus mehreren Mineralkörnern: grusiger Zerfall
Kluftbildung durch Druckentlastung	Entlastungsklüfte durch Ausdehnung eines Gesteins aufgrund verringerter Druckbe-anspruchung (z.B. durch Heraushebung eines Gebirges, Abtragung von Deck-sedimenten). Diese begünstigen andere Formen der Verwitterung (z. B. Frostsprengung).	- Höhe der Druckentlastung durch Erosion - Gesteinsart	vertikale und horizontale Klüfte
Hydratations-verwitterung und Salzsprengung	Hydratation: Durch Anlagerung von H_2O-Molekülen an Kationen und Anionen an der Mineraloberfläche werden diese Kristall-gitterbereiche sukzessive vom übrigen Kristallverband isoliert. Es kommt zum Zerfall des Kristallgitters. Dadurch kann z. B. ein Granit in seine einzelnen Mineral-körner zerfallen, ohne dass diese wesentlich chemisch verändert sind. Salzsprengung: Der Einbau von Wasser in das Kristallgitter von Salzen führt zu einer erheblichen Volumenausdehnung. $CaSO_4$ (Anhydrit) → (H_2O-Einbau, 60% Volumenzunahme) $CaSO_4 + n \cdot H_2O$ (Kristallwasser) Gips	- Evaporation - Salzgehalt	grusiger Zerfall

3.1.1 Physikalische Verwitterung

Die **physikalische Verwitterung** (Frostsprengung, Salzsprengung, Insolationsverwitterung, Wurzelsprengung) führt zu einer mechanischen Zerkleinerung von Gesteinen, Mineralen und Bodenpartikeln durch (Tab. 3.1.1):

- Frostsprengung bzw. Gefrierdrucksprengung;
- Insolationsverwitterung (thermische Kontraktion und Expansion des Gesteins);
- Salzsprengung;
- Tonquellung und -schrumpfung;
- Wurzelsprengung (biologisch-physikalische Verwitterung);
- Entlastung des Gebirgsdruckes durch Abtragung (Druckentlastungsklüfte).

Das Ergebnis physikalischer (mechanischer) Verwitterungen sind eckige Partikel und vor allem eine Vergrößerung der Kornoberflächen. Letzteres bietet der chemischen Verwitterung größere Angriffsflächen.

Tab. 3.1.2: Chemische Verwitterungsprozesse.

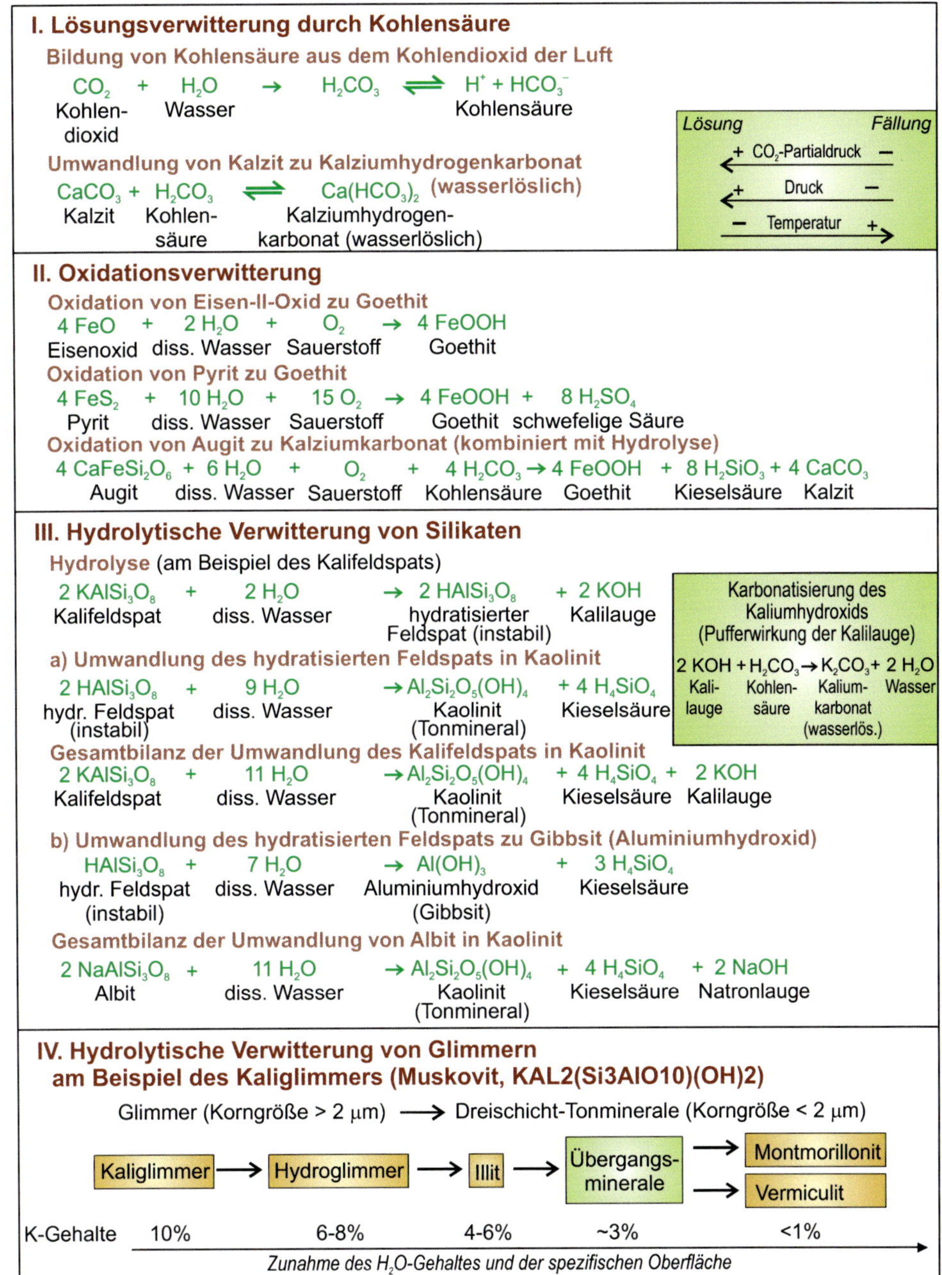

3.1.2 Chemische Verwitterung

Die **chemische Verwitterung** in Form der Hydratationsverwitterung, Kohlensäureverwitterung, hydrolytische/protolytische Verwitterung, Oxidationsverwitterung (Tab. 3.1.2) bewirkt eine Lösung oder Umwandlung von Mineralien (Gesteinen) durch die Einwirkung von Wasser (vor allem Stein- und Kalisalze), anorganischen und organischen Säuren.

Voraussetzungen sind:

a) Wasser als Lösungsmittel. In ariden Gebieten gibt es daher nur eine sehr langsam ablaufende chemische Verwitterung der Mineralien und Gesteine;

b) eine große Oberfläche, an der die chemische Verwitterung angreifen kann. ***Je größer die Oberfläche, desto intensiver ist die chemische Verwitterung.*** Das bedeutet, eine Vergrößerung der Oberflächen durch eine vorausgegangene physikalische Verwitterung begünstigt die chemischen Verwitterung.

Dabei steigt die Intensität der chemischen Verwitterung generell mit dem Angebot von Wasser, mit zunehmender Temperatur (Ausnahme die Kohlensäureverwitterung) und mit zunehmendem Säuregrad der Bodenlösung an.

Die physikalische und chemische Verwitterung kann begleitet und intensiviert werden:

- durch Pflanzen (z.B. Wurzelsprengung; Protonenausscheidung durch Wurzeln);
- durch Stoffwechselausscheidungen von Bakterien, Algen und Pilzen wie CO_2, organische Säuren, Oxal-, Wein-, Zitronensäuren und Komplexbildner, die vor allem bei der Zersetzung und Mineralisierung organischer Substanzen (u.a. auch durch die Neusynthese von Fulvosäuren) bedeutsam sind;
- durch oxidierende Mikroorganismen mit der Bildung von Schwefelsäuren und Salpetersäuren
- sowie durch Kotausscheidungen von Tieren.

Wohl die bedeutenste chemische Verwitterung ist die Kohlensäureverwitterung (Tab. 3.1.2). Bereits das im Wasser gelöste CO_2 ist als Kohlensäure ($H^+ + HCO_3^-$) in Abhängigkeit von der Wassertemperatur, dem CO_2-Partialdruck und dem hydrostatischem Druck in der Lage ist, Kalk- und Gipsgesteine in wenigen Jahrtausenden so stark zu lösen und wegzuführen, das ein reliefprägender Formenschatz entstehen kann, der Karstformenschatz (Kap. 3.6).

Bild 3.1.1:
Kalktuffablagerung (Quellkalke) des „Wachsenden Felsen (Teufelsmauer)" am Hochterrassenhang zum unteren Isartal bei Usterling.

Dabei sind Kalklösung und Kalkfällung (Bild 3.1.1) korrelate Prozesse. Denn, sobald CO_2 aus dem Wasser entweicht (Temperaturerhöhung, Druckabnahme, Photosynthese von Wasserpflanzen), wird Kalzit ($CaCO_3$) gefällt in Form von Sinterkalksteinen, Travertinen, Kalktuffen, Alm (Kap. 3.1), Stalagmiten, Stalaktiten oder Seekreide.

3.1.3 Verwitterungsstabilität von Mineralen

Unter Verwitterungsstabilität von Mineralen versteht man die Resistenz von Mineralen gegen chemische Verwitterung. Sie ist abhängig von den Bindungskräften im Gitterbau der Minerale (z.B. Si-O > Al-O > Fe-O).

Die **Verwitterungsstabilität** von Mineralien hängt ab von der:

- Spaltbarkeit,
- Wasserlöslichkeit (leichtlösliche Salze > Gips > Calcit > Dolomit)
- sowie für schwerer lösliche Silikate von der atomaren Struktur der Silikate.

Die Stabilität der Minerale nimmt in etwa in folgender Reihenfolge zu: Salzgesteine >> Gips < Kalkspat << Olivin < Pyroxen, Amphibol, Plagioklas, Biotit < K-Feldspat (Orthoklas) < Muskovit << Quarz. Dabei ist Quarz häufig ein Indexmineral (Bezugsmineral) zur Bestimmung des Verwitterungsgrads.

Ausgewählte Literatur

Zepp, H. (2017): Grundriß Allgemeine Geographie: Geomorphologie eine Einführung: Kap. 5; Paderborn (Schöningh UTB Verl.).

Press, F. & Siever, R. (2017): Allgemeine Geologie: Kap. 16; Heidelberg (Spektrum Verl.).

Ahnert, F. (2015): Einführung in die Allgemeine Geomorphologie: Kap. 6; Stuttgart (Ulmer Verl.).

Erarbeiten Sie mit Hilfe der Literatur, des Textes und der Abbildungen die nachfolgenden Fragen.

Kap. 3

1. *Was versteht man unter glazialeustatischen Meeresspiegelschwankungen, wodurch werden Sie verursacht und in welcher Größenordnung bewegen sie sich?*
2. *Welche Meeresspiegelveränderungen würde es geben, wenn das Meereis in der Arktis ganzjährig vollständig abschmelzen würde?*

Kap. 3.1

1. *Warum sind grobkörnige heteromineralische Tiefengesteine wie Granit sehr anfällig für Insolationsverwitterung?*
2. *Warum unterliegen dunkle Gesteine stärker der Insolationsverwitterung als hellere Gesteine?*
3. *Wie nennt man das temperaturbedingte Abplatzen von Gesteinsschuppen mit einem Fachbegriff?*
4. *Welche Volumenausdehnung erfährt gefrierenes Wasser?*
5. *Welche Eigenschaften von Gesteinen können eine Frostsprengung begünstigen?*
6. *Was ist das Ergebnis der Frostverwitterung?*
7. *Wie wirkt die Hydratation auf Anhydrit?*

8. *Welche Volumenausdehnungen können Salze bei Wasseraufnahme erfahren?*
9. *Welche Gesteine unterliegen der Kohlensäureverwitterung?*
10. *Welche chemischen Prozesse ereignen sich bei der Verwitterung von Kalkstein durch Kohlensäure?*
11. *Wie kann die Intensität der Kohlensäureverwitterung gesteigert werden?*
12. *Welche Minerale werden vorwiegend durch Hydrolyse angegriffen?*
13. *Welche Mineralneubildungen entstehen durch hydrolytische Verwitterung?*
14. *Welche Minerale entstehen bei der Glimmerverwitterung?*
15. *Welche Minerale entstehen bei der Oxidationsverwitterung und wodurch sind sie makroskopisch leicht identifizierbar?*
16. *Nennen Sie zwei weit verbreitete Minerale, die gegenüber chemischer Verwitterung am widerständigsten sind.*
17. *Nennen Sie ein Gestein, das sehr leicht verwittert.*
18. *Welche Verwitterung ist reliefwirksam und wie bezeichnet man die dabei entstehenden Formen mit einem Oberbegriff?*

Weitere Fragen für BA-Studierende und Lehramt Gymnasium

Kap. 3

3. *Was sind isostatische Ausgleichsbewegungen. Nennen Sie 2 Beispiele.*

Kap. 3.1

19. *Warum ist die Insolationsverwitterung in den Trockengebieten der Tropen und Subtropen am intensivsten?*
20. *Warum ist die Wirkung der Frostsprengung in den tropischen und subtropischen Hochgebirgen intensiver als in den Polargebieten?*
21. *Warum ist der Vorgang der Salzsprengung infolge Hydratation gerade in ariden Gebieten besonders wirksam?*
22. *Welche Säure entsteht bei der oxidativen Verwitterung von Pyrit?*
23. *Zu welcher Gruppe von Mineralen gehören Kaolinite, Smectite (Montmorillonite) und Vermiculite und wie entstehen sie?*
24. *Nennen Sie ein Mineral, das bei sehr intensiver chemischer Verwitterung mit Desilifizierung entsteht und angereichert wird.*
25. *Bei der hydrolytischen Verwitterung von Feldspäten entstehen Laugen. Welche Folgen hat das für die Intensität weiterer chemischer Verwitterungsvorgänge?*
26. *Welche natürlichen Säuren findet man im Boden und wie entstehen diese?*

Einige Verwitterungsformen in Bildern

Bild 3.1.2: Wabenverwitterung (Salzsprengung) in Äolianiten, aufgeschlossen in einem römischen Steinbruch auf Kreta.

Bild 3.1.3: Kluftverbreiterung durch Wurzeldruck. (Großberger Sandstein, Oberkreide, aufgelassener Steinbruch östlich von Unterdeggenbach).

Bild 3.1.4: Tafoni (Schattenverwitterung) in jurassischen Porphyren bei Río Deseado (Südpatagonien).

Bild 3.1.7: Abkühlungs- und Druckentlastungsklüfte als Leitbahnen der Vergrusung im Epprechtsteiner Granit (Fichtelgebirge).

Bild 3.1.5: Schattenverwitterung (*Tafonisierung*) im Granit an der Nordküste von Sardinien.

Bild 3.1.6: Wabenverwitterung durch litoralen Salzspray an der Südküste Zyperns.

Bild 3.1.8: Wollsackverwitterung im Granit (Sardinien).

3.1.4 Bodenbildende Prozesse

(Verbraunung, Rubefizierung, Ferralitisierung, pedogene Oxide und Hydroxide, Tonmineralbildung, Humus und Humusformen)

Ein Boden ist ein im Laufe der Zeit an Ort und Stelle (in situ) unter dem Einfluss von Umweltfaktoren sich weiterentwickelndes Umwandlungsprodukt mineralischer und organischer Substanzen, das höheren Pflanzen als Standort dient und die Lebensgrundlage für Tiere und Menschen bildet.

Ein **Boden** ist der oberste Bereich der Erdoberfläche, der beeinflusst wird von der Lithosphäre, der Hydrosphäre, der Atmosphäre und Biosphäre. Ein Boden ist das Umwandlungsprodukt mineralischer, pflanzlicher und tierischer Substanzen. Er besteht aus Mineralen und organischen Stoffen (Humus, Lebewelt) sowie Hohlräumen (Poren), die Luft und Wasser führen. Ein Boden ist ein Gemisch aus drei Phasen: Fest-, Flüssig- und Gasphase. Ein Boden ist keine reine Gesteins-Zersatzzone (Saprolith) oder Lockermaterialdecke (Regolith). In einem Boden laufen biologische, chemische und physikalische Prozesse ab, durch die er entstanden ist und durch die er weiter umgewandelt wird. Böden entwickeln sich ständig weiter. Ein Boden besitzt Bodenhorizonte (ABC der Bodenkunde) mit von oben nach unten abnehmender Farbtönung und unscharfer Untergrenze.

Zonale Böden sind primär vom Klima beeinflußt (Bodenzonen der Erde). **Intrazonale Böden** unterliegen vor allem dem Einfluss des Ausgangsgesteins oder der Topographie oder des Wasserhaushalt. **Azonale Böden** sind dagegen wenig entwickelte Böden, die aufgrund ihres jungen Alters noch kein für eine bestimmte Klimazone ausgereiftes Bodenprofil besitzen. Geowissenschaftler interessieren sich zudem stark für unter Sedimenten begrabene **fossile Böden** oder unter anderen Umweltbedingungen entstandene **reliktische Böden** (Vorzeitböden).

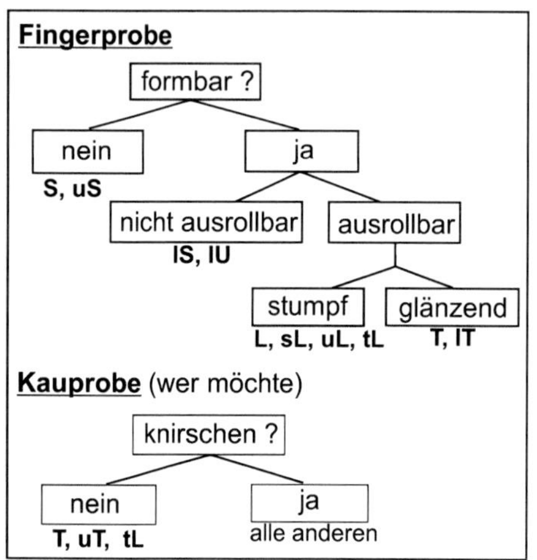

Abb. 3.1.1:
Fingerprobe im Gelände - stark vereinfacht. Großbuchstaben = Hauptkorngröße als Substantiv. Kleinbuchstaben = Nebenkorngröße als Adjektiv (z.B. uS = schluffiger Sand).

Böden besitzen eine Bodentextur, eine Körnung, eine Korngrößenverteilung aus Bodenskelett (Korndurchmesser 2 mm und größer) und Feinboden (Feinerde, Matrix, <2 mm). Sie bestimmt die **Bodenart** wie Sand-, Schluff (Silt)-, Ton-, Lehm- oder Skelettboden. Diese kann über die Finger-/Kauprobe im Gelände abgeschätzt werden (Abb. 3.1.1) oder durch Laboranalysen bestimmt werden.

Viele bodenpyhsikalische Eigenschaften wie der Luft- und Wasserhaushalt oder die Wasserdurchlässigkeit (Versickerungsrate) hängen von der Bodenart ab.

Der **Bodentyp** beschreibt den Entwicklungszustand eines Bodens anhand typischer Bodenhorizonte wie Oberboden (A-Horizont), Unterboden (B-Horizont) bis zum Ausgangsgestein (C-Horizont). Jeder Bodentyp hat die gleichen Horizontabfolgen, aber nicht unbedingt gleiche geogene (lithogene) Eigenschaften.

Die Entstehung und Weiterentwicklung eines Bodens ist unter dem Einfluss bodenbildender Faktoren immer mit der **Verwitterung** der an und nahe der Erdoberfläche befindlichen mineralischen Bestandteile, Gesteinsbruchstücke und Lithosphäre verbunden. Aus chemisch-biologischen Verwitterungsprozessen resultieren minerogene Aufbauformen, sog. „pedogene Minerale“ (Abb. 3.1.2). Sie prägen wesentlich die physikalischen und chemischen Eigenschaften und auch das Aussehen eines Bodens.

In Analogie wird die abgestorbene organische Materie (Streu, Wurzelreste, Lebewelt) durch den Abbauprozess der **Mineralisierung** der Streu und Verwesung der Fauna in ihre organischen Bestandteile zerlegt,. Dabei entstehen im Zuge der **Humifizierung** neue nieder- und hochmolekulare Huminstoffe (Fulvosäuren, Huminsäuren, Humine) und Nichthuminstoffe (u.a. C, N, P, Ca, K, Mg).

Humusakkumulationen werden begünstigt:

a) durch das Vorhandensein organischer Substanzen (Lebewesen, Streu, Wurzeln);
b) durch Luftmangel (Nässe) und Kälte *(geringe Mineralisierung);*
c) durch eine hohe Biomasseproduktion, Bioturbation und Sommertrockenheit (Steppenböden; Böden auf verkarsteten Gesteinen) (*starke Humifizierung, geringere Mineralisierung*);
d) durch ein basisches Bodenmilieu *(starke Humifizierung, geringere Mineralisierung);*
e) durch einen extrem sauren Bodenstandort (Auflagehumus) und eine schwer abbaubare Streu (Nadelholz, Ericaceen).

Endprodukt beider **Transformationsprozesse, Verwitterung versus Mineralneubildung** und **Mineralisierung versus Humifizierung,** ist ein für jeden Bodenstandort typischer Mineral- und Humuskörper. Dabei können unter Wald je nach bodenökologischen Standortbedingungen drei verschiedene terrestrische Humusformen entstehen: Mull, Moder oder Rohhumus (s.u.).

Parallel zur Humifizierung und pedogenen Mineralneubildung werden durch **Translokationen** verschiedene Stoffe aus oder in einen Boden hineingetragen. Insofern ist jeder Boden Ausdruck des vergangenen und des aktuellen Wechselspiels zwischen bodenbildenden Faktoren (Klima, Ausgangsgestein, Relief, Vegetation, Bodenlebewelt, Mensch, Zeitdauer) sowie pedogenen Transformations- und Translokationsprozessen.

Transformationsprozesse im anorganischen Bereich sind die **bodenbildenden Prozesse** der Verbraunung (v.a. durch Goethit) und Verlehmung (Tonmineralneubildung), der Rubefizierung (Hämatit) und der Ferralitisierung (Hämatit, Gibbsit). Voraussetzung für das

Einsetzen dieser bodenbildenden Prozesse ist eine beginnende Bodenversauerung mit pH-Werten von <7. Diese setzt entlang von Wurzeln und bevorzugten Entwässerungsbahnen ein, dehnt sich sukzessive über größere angrenzende Areale aus bis der gesamte Bodenhorizont entkalkt ist.

Verbraunung, Rubefizierung, Ferralitisierung

Durch chemische Verwitterung entstehen dabei abhängig vom Bodenklima in den Bodenhorizonten verschiedene neue pedogene Eisenoxide und Eisenhydroxide, die braune oder rote Bodenfarben erzeugen (**Verbraunung, Rubefizierung**). Typische Böden sind **Braunerden** mit der Horizontabfolge Ah-Bv-C. Sie entstehen durch Entkalkung, hydrolithische Verwitterung, Verbraunung und Verlehmung (s.u.).

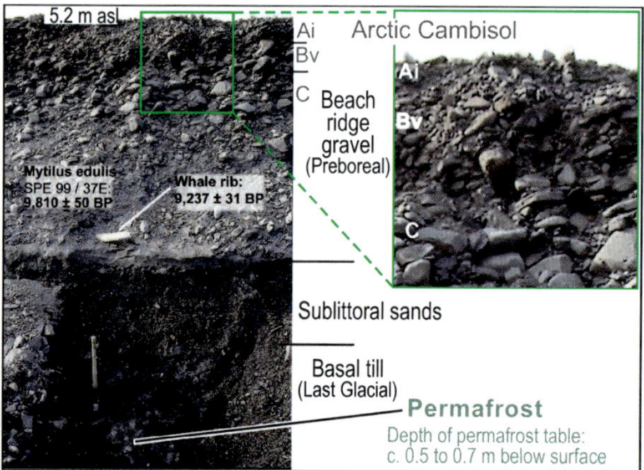

Bild 3.1.9:
Arktische Braunerde (*arctic cambisol*) auf präborealen Strandwallkiesen im *Wijdefjord*, Nord-Spitzbergen.

Bild 3.1.10:
Lockerbraunerde mit Humusform Mull im Bayerischen Wald.

Braunerdeartige Böden findet man in arktischen (Bild 3.1.9), feucht-gemäßigten (Bild 3.1.10) und trocken-gemäßigten Klimaten. Die roten Böden (Rotlehme und Roterden, *Terra rossa*) der Subtropen und Tropen sind dagegen von Rubifizierung geprägt.

Bei sehr intensiver chemischer Verwitterung in den feuchten Tropen kann es auf basenarmen Ausgangsgesteinen auch unter Abfuhr von Kieselsäure (SiO_2) zur Anreicherung von Fe- und Al-Oxiden kommen (**Ferralitisierung**). Typische Böden sind die Roterden bzw. **Ferralsole** der feuchten Tropen. Teilweise können Fe-Verkrustungen entstehen (Plinthisation, Lateritisierung), sog. **Plinthosole** (Laterite).

Bei der hydrolytischen Verwitterung von Silikaten (v.a. Glimmer und Feldspäte, aber auch Pyroxene und Amphibole) kommt es zur **Verlehmung**, d.h. zur Neubil-

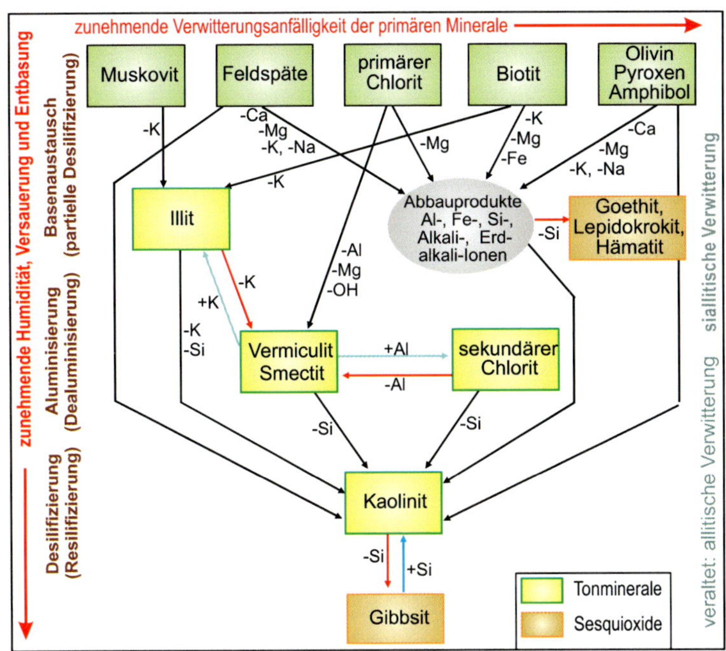

Abb. 3.1.2: Silikatverwitterung und Verwitterungsprodukte im Überblick (Quelle: HINTERMAIER-ERHARD & ZECH 1997, verändert und ergänzt).

dung von Tonmineralen. Sie haben u.a. die Eigenschaft, Bodenpartikel leicht aneinander zu binden. Sie wirken koagulierend. Über die **Fingerprobe** kann der Grad der **Verlehmung** im Gelände recht einfach abgeschätzt werden (Abb.3.1.1).

Im Hinblick auf die **natürliche Fruchtbarkeit** von Böden spielen Humus, Tonminerale und pedogene Oxide und -Hydroxide eine wichtige Rolle. Als Einzelkomponenten und als Ton-Humus-Komplexe oder Metall-Humus-Verbindungen (Chelate) haben sie eine besondere Bedeutung für die austauschbare (reversible) Zwischenspeicherung (Adsorption) von Nähr- oder auch Schad-Elementen (als Kationen oder Anionen), für die Wasserspeicherung und für die Ausbildung von Bodengefügeformen.

Pedogene Oxide und Hydroxide

Ein Ergebnis der Verwitterung ist die Freisetzung von Fe, Mn, Si, Al und weitere metallische Elemente (z.B. Schwermetalle), die im Boden abhängig vom Bodenklima zu verschiedenen Oxiden und Hydroxiden (**Sesquioxiden**) oxidiert werden. Diese Oxide und Hydroxide prägen die Bodenfarbe (Verbraunung, Rubefizierung), können die Ursache für Krustenbildungen sein (Ferralitisierung, Plinthisation, Lateritisierung) und können je nach pH-Wert als Austauscher entweder Anionen (**AAK** = Anionen-Austausch-Kapazität) oder Kationen (**KAK** = Kationen-Austausch-Kapazität) adsorbieren.

Pedogene Oxide und Hydroxide sind bei aeroben Bedingungen meist über geologische Zeiträume hinweg sehr stabile Verwitterungsbildungen. Selbst rote Paläoböden und Bodenderivate des Buntssandsteins haben bis heute ihre rote Bodenfarbe beibehalten. Unter anaeroben Bedingungen und unter Anwesenheit organischer Substanzen können Eisenoxide allerdings bei der mikrobiellen Oxidation von Biomasse reduziert und damit gelöst werden (SCHEFFER & SCHACHTSCHABEL 2002: 24).

Die wichtigsten pedogen gebildeten Sesquioxide und Tonminerale zeigt Abb. 3.1.2. Sie sind im Teil I, Kap. 2.2.1 kurz charakterisiert.

Verlehmung (Tonmineralbildung)

Bei der hydrolytischen Verwitterung (Säureverwitterung) von Silikaten entstehen als pedogene Neubildungen neben Sesquioxiden (u.a. Goethit, Hämatit, Ferrihydrit, Gibbsit, Mn-Oxide) verschiedene Tonminerale (Kap. 2.2.1). Die koagulierende Eigenschaft von Tonmineralen ist bei der **Fingerprobe** als **Verlehmung** spürbar (Abb. 3.1.1) und bei Korngrößenanalysen im Labor durch entsprechende Tongehalte. Verbraunung und Verlehmung sind in unseren Böden zwei weit verbreitete bodenbildende Prozesse, die mit pH-Erniedrigung unter pH 7 frühzeitig entlang von Wurzelbahnen einsetzen.

Sie führen im Laufe der Jahrhunderte zur Bildung von **Braunerden**, die unter dem mineralischen Oberboden (**Ah-Horizont**) einen kalkfreien, verbraunten und verlehmten Unterboden (**Bv-Horizont**) besitzen (Bild 3.1.10). Er geht nach unten in das vorverwitterte (**Cv-Horizont**) oder frische Ausgangsgestein (**C-Horizont**) über. Eigenschaften wie Wasser- und Nährstoffhaushalt, Porenvolumen und Porengröße sind vom Ausgangsgestein und vor allem von den im Boden enthaltenen Tonmineralen abhängig.

Details der deutschen Bezeichnungen von Bodenhorizonten wie Ah, Bv, C sind ausführlich in der *„Bodenkundlichen Kartieranleitung“* (AG BODEN 2005) beschrieben.

Humusbildung und Humusformen

Zur **organischen Substanz** im Boden zählen alle „...in und auf dem Mineralboden befindlichen abgestorbenen pflanzlichen und tierischen Stoffe und deren organische Umwandlungsprodukte“ (SCHEFFER & SCHCHTSCHABEL 2002: 51). Ebenso zählen dazu durch den Menschen eingebrachte organische Abfälle wie Gülle, aber auch Pestizide. Lebende Organismen (Bodenflora, Bodenfauna, Wurzeln) zählen nicht dazu.

Nach dem Grad ihrer Umwandlung (Zersetzung, Mineralisierung) besteht die organische Substanz aus **Streustoffen** (Blatt- und Nadelstreu inklusive tote Organismen) und Huminstoffen. Dazu zählen Mineralstoffe, Kohlenhydrate (Eiweiße, Zellulose, Stärke), Lignin, N-haltige Substanzen sowie Fette, Wachse, Gerbstoffe und Harze. Kohlenstoff (C) ist zu etwa 50% vertreten, außerdem N, H, O, S, P, Ca, K, Mg, Fe und weitere Spurenstoffe.

Die **Mineralisierung der organischen Streu** führt zu einem vollständigen mikrobiellen Abbau bis hin zu einfachen Molekülen wie CO_2 und H_2O. Dabei werden auch einige der in den organischen Stoffen enthaltenen Pflanzennährelemente (z.B. Mg, Fe, N, P, S, K, Ca) freigesetzt. Durch **Humifizierung**, also einer **Neusynthese** von organischen Bruchstücken (pedogene Neubildungen), entstehen **Huminstoffe, Huminsäuren und Fulvosäuren**.

Huminstoffe sind in der Lage Kationen austauschbar zu binden und mit Metallen-Ionen und Tonmineralen ladungsaktive Komplexe zu bilden. Dabei besitzen Huminstoffe im schwach sauren bis basischen pH-Bereich eine höhere potentielle KAK als Tonminerale. Diese nimmt bei Bodenversauerung allerdings drastisch ab.

Da organische Substanzen vorwiegend durch aerobe Mikroorganismen abgebaut werden, kommt es in Böden mit Luftmangel (Gleye, Pseudogleye, Pelosole, Anmoore) zur **Anreicherung organischer Substanzen.** Mit zunehmenden Wasserüberschuss (= Luftmangel) kommt es zur Vertorfung (Nieder-, Hochmoore) und damit zur endgültigen Bindung des enthaltenen Kohlenstoffs. Die **Mineralisierung und Humifizierung** organischer Substanzen kann zudem **verlangsamt** werden:

- durch ein stark saures oder stark basisches Bodenmilieu;
- durch Wärmemangel (Klima);
- durch Vernässung;
- durch die Art der Vegetation (günstig: Grasvegetation; ungünstig: Nadelhölzer, Ericaceae)
- sowie durch Trockenheit im Sommerhalbjahr mit Hemmung des mikrobiellen Abbaus der Vegetation (Steppen; Böden auf verkarsteten Gesteinen).

Humus besteht aus Huminstoffen und Streustoffen. Die Streustoffe liegen als Auflagehorizonte (O-Horizonte) dem humosen Oberboden (Ah-Horizont) auf. Dabei unterscheidet man drei terrestrische Humusformen: den Mull, den Moder und den Rohhumus. Zudem gibt es mehrere unter zumindest zeitweise anaeroben Bedingungen (Luftmangel) entstandenen **semiterrestrischen und subhydrischen** (hydromorphen) **Humusformen** (AG Boden 2005). Jede Humusform ist Ausdruck bestimmter bodenökologischer Zustände an einem Standort.

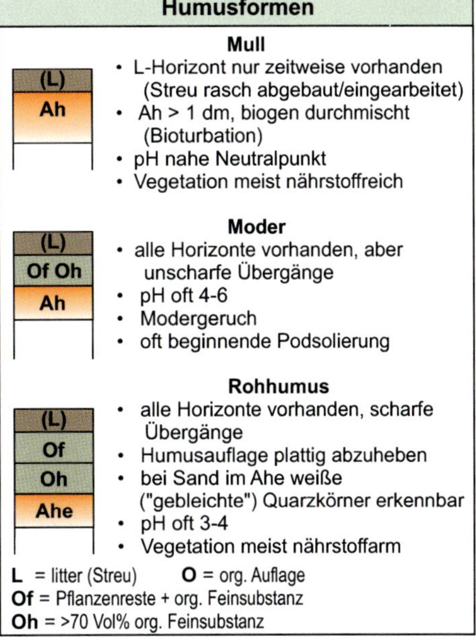

Abb. 3.1.3: Kurz-Beschreibung der terrestrischen Humusformen Mull, Moder und Rohhumus und ihre Horizonte.

Die unter überwiegend aeroben Bedingungen ohne makroskopisch erkennbaren Einfluss von Grund- oder Oberflächenwasser entstandenen **terrestrischen** (aeromorphen) **Humusformen** (Mineralboden-Humusform) unterteilt man in den **Mineralbodenhumus** Mull und die beiden **Auflage-Humusformen** Moder und Rohhumus (Abb. 3.1.3). Dabei bilden Streustoffe und Huminstoffe gemeinsam den Humuskörper.

Der **Rohhumus** ist die ungünstigste Humusform. Er ist in der Regel durch eine mächtige Humusauflage gekennzeichnet. Er entsteht bei einer gehemmten Einarbeitung des organischen Materials in den Mineralboden ausgelöst durch den Mangel an bodenwühlenden Organismen (*Bioturbation*) wie dem Regenwurm. Dadurch kommt es auf dem mineralischen Oberboden zur Ausbildung verschiedener, unterschiedlich intensiv mineralisierter und humifizierter und scharf voneinander abgesetzter Auflagehorizonte. Der *L-Horizont* (L von *litter*) besteht aus äußerlich unzersetzten Nadeln und Blätter, die fleckig, rissig sowie geringfügig angefressen sind. Darunter folgt der *Of-Horizont* (f von Fermentation). Er besteht zu bis 70% aus Feinhumus (Huminstoffe) neben halb zerfallenen Blättern oder Nadeln (Streustoffe). Der unterlagernde *Oh-Horizont* (h von humifiziert) führt dagegen nur noch vereinzelt Streureste mit erkennbarer Gewebestruktur (<30%). Es überwiegt Feinhumus.

Unter diesen Auflagehorizonten folgt der schmale, meist nur 1 bis 3 cm mächtige humushaltige mineralische Oberbodenhorizont (*Ah- oder Ahe-Horizont*). Seine Quarzkörner sind oft durch Säureeinwirkung weiß geätzt. Diese deutliche Bodenversauerung hat zur Folge, das der Rohhumus wegen Nährstoff-Mangels, niedrigen pH-Werten (pH 3 bis 4) und einem ungünstigen Wasserhaushalt die biologisch am wenigsten aktive Humusform ist. Es dominieren aggressive Fulvosäuren, die eine Reduktion und Verlagerung der Sesquioxide und mineralischen Kolloide in den Unterboden bewirken (*Podsolierung*). Der typische Boden mit Rohhumus-Auflage ist der Podsol (siehe Exkurs 1). Natürlicherweise tritt Rohhumus in kühlfeuchten Klimaten auf silikatischen Ausgangsgesteinen unter Nadelwäldern auf wie in der subalpine Stufe der Alpen oder in borealen Nadelwäldern.

Moder ist eine Zwischenform zwischen Mull und Rohhumus. Es sind noch alle Auflagehorizonte vorhanden, wenn auch oft mit unscharfen Übergängen. Zudem existiert ein deutlich ausgeprägter humoser Oberbodenhorizont (Ah). Höhere pH-Werte (pH-Werte zwischen 4 bis 6) erlauben eine deutlich höhere Bioturbation vor allem durch Arthropoden wie Asseln und Tausendfüßler, weniger durch Regenwürmer. Moder ist ein Indikator für saure, basen- und nährstoffarme Böden. Der modrige Geruch ist namengebend.

Der **Mull** ist bodenökologisch die günstigste Humusform und ist bei uns natürlich unter Laubwäldern verbreitet (Bild 3.1.10). Ein Oh-Horizont fehlt völlig (L-Mull). Manchmal ist ein geringmächtiger (<5 cm) Of-Horizont entwickelt (F-Mull, f = fermentiert). Der herbstliche Streufall wird meist schon innerhalb einer Vegetationsperiode umgesetzt, d.h. mineralisiert und humifiziert. Im Edaphon überwiegen Bodenwühler, insbesondere Regenwürmer und wühlende Arthropoden (u.a. Asseln, Tausendfüßler). Der etwa 5 bis 15 cm mächtige Ah-Horizont besitzt ein stabiles Krümelgefüge sowie pH-Werte um 6 bis 8. Seine Huminstoffe sind hochpolymer und nicht wanderungsfähig. In Form von Ton-Humus-Komplexen (Kolloiden) und Metall-Humus-Verbindungen (Chelaten) bilden sie im Oberboden für die Nährstoff- und Wasserversorgung wichtige Bodenbestandteile. Damit ist der Mull ein Indikator für fruchtbare, nährstoffreiche Böden. Er tritt verbreitet unter Steppen- und Laubwaldvegetation auf.

Die hydromorphen (semiterrestrischen und subhydrischen) Humusformen behandelt Exkurs 1 zu diesem Unterkapitel.

Literaturauswahl

EITEL, B. & FAUST, D. (2013): Bodengeographie. Das Geographische Seminar: Kap. 2.2, Kap. 7.2; Braunschweig.

KUNTZE, H., ROESCHMANN, G. & SCHWERDTFEGER, G. (1994): Bodenkunde: Kap. 1.3, Kap. 2.1, Kap. 3.2; Stuttgart (Ulmer Verl.).

SCHEFFER, F. & SCHACHTSCHABEL, P. (2018): Lehrbuch der Bodenkunde: Kap. 1.2, Kap. 2, Kap. 3.1, Kap. 7.2, Kap. 8; Stuttgart (Enke Verl.).

STAHR, K., KANDELER, E., HERRMANN, L. & STRECK, T. (2016): Bodenkunde und Standortlehre. Grundwissen Bachelor: Kap. 2.4.3; Stuttgart (UTB).

BLUM, W.E.H. (2012): Bodenkunde in Stichworten: Kap. 2.1.3, Kap. 2.2, Kap.4.2; Stuttgart (Gebr. Bornträger).

HINTERMAIER-ERHARD, G. & ZECH, W. (1997): Wörterbuch der Bodenkunde; Stuttgart (Enke Verl.).

BAYERISCHES STAATSMINISTERIUM FÜR UMWELT, GESUNDHEIT UND VERBRAUCHERSCHUTZ (Hrsg.) (2006): Lernort Boden: Modul A; München (StMUGV).

Beantworten Sie mit Hilfe des Textes, der Abbildungen und Tabellen und der Literatur die nachfolgenden Fragen.

1) *Welche Abbauprodukte entstehen bei der Verwitterung von Gesteinen und Gesteinsbruchstücken im Boden?*
2) *Welche Abbauprodukte entstehen bei der Mineralisierung der organischen Streu?*
3) *Was versteht man unter pedogenen Mineralneubildungen? Nennen Sie drei Minerale, die dazu zählen.*
4) *Nennne Sie drei pedogene Neubildungen, die bei der Humifizierung neu entstehen.*
5) *Was versteht man unter pedogenen Translokationen? Nennen Sie Stoffe, die leicht davon betroffen sind.*
6) *Was sind Bodennährstoffe?*
7) *Welche Gase findet man in einem Boden?*
8) *Welches neue Fe-Mineral entsteht bei der Verbraunung?*
9) *Welches neue Fe-Mineral entsteht bei der Rubefizierung?*
10) *In welchen Kimazonen auf der Erde findet man verbraunte Böden?*
11) *In welchen Kimazonen auf der Erde findet man rote Böden?*
12) *Was versteht man unter Ferralitisierung?*
13) *In welcher Klimazone findet man Ferrasols?*

Weitere Fragen für BA-Studierende und Lehramt Gymnasium
(siehe auch Kap. 2.2)

1) *Wodurch kommt es zu Verbraunungs- bzw. Rubefizierungsprozessen in Böden? Was ist das „treibende Agenz"?*
2) *Was versteht man unter Plinthisation?*
3) *Was ist eine Lateritkruste und in welcher Klimazone findet man solche Krusten?*

4) *Was ist ein Silkrete?*

5) *Wo auf der Erde entstehen sehr aluminiumreiche Böden?*

6) *Wie lange halten sich rote Bodenfarben?*

7) *Unter welchen Bedingungen können Eisenoxide in der Natur aufgelöst werden?*

8) *Was ist „Gibbsit", wodurch entsteht er und wo auf der Erde tritt er häufig in Böden auf?*

9) *Wie entsteht „Goethit" und wo auf der Erde tritt er häufig in Böden auf?*

10) *In welches Mineral kann sich Ferrihydrit umwandeln?*

11) *Wie entsteht „Hämatit" und wo auf der Erde tritt er häufig in Böden auf?*

12) *Wie entsteht „Lepidokrokit" und wo und in welchen Bodenhorizonten tritt er häufig auf?*

Fragen zum bodenbildenden Prozess der Verlehmung (Tonminerale)

1) *Was versteht man unter dem bodenbildenden Prozess der Verlehmung?*

2) *Welcher pH-Wert ist notwendig, damit Verlehmung einsetzen kann?*

3) *Zu welcher Gruppe von Silikaten gehören die Tonminerale?*

4) *Aus welchen Mineralien entstehen Tonminerale?*

5) *Welche Bedeutung haben Tonminerale generell in Böden? Nennen Sie fünf verschiedene Aspekte.*

6) *Wo können Tonminerale Kationen austauschbar anlagern?*

7) *Warum können Tonminerale das Aufquellen und Schrumpfen von Böden bewirken?*

Fragen zur Humusbildung

1) *Was zählt alles zur organischen Substanz im Boden?*

2) *Was ist Humus und woraus besteht Humus?*

3) *Welche anorganischen und organischen Stoffe entstehen bei der Mineralisierung der organischen Substanz?*

4) *Was versteht man unter Humifizierung und welche neuen Stoffe entstehen dadurch?*

5). *Welche Pflanzennährstoffe entstehen bei der Mineralisierung von organischen Substanzen?*

6) *Welche Phasen des Streuabbaus kann man unterscheiden?*

7) *Welche Folgen hat eine Bodenversauerung für die Nährstoffgehalte im Boden?*

8) *Woraus besteht Humus?*

9) *Welche bodenbildenden Prozesse führen zur Entstehung von Humus?*

10) *Unter welchen Voraussetzungen kommt es zur Bildung stark humoser Böden?*

11) *Wieviel Prozent Humus besitzt ein stark humoser Boden?*

12) *Welche Stoffe können reversibel von Humus adsorbiert werden?*

13) *Welche Vegetation begünstigt die Entstehung von Fulvosäuren?*

14) *Welche Humusform weißt auf einen hohen Anteil von Fulvosäuren hin? (siehe Kap. 2.3)*

15) *Welche natürliche organische Säure besitzt einen hohen Säuregrad?*

16) *Welche pedogenen Funktionen besitzen hochmolekulare Huminstoffe?*

17) *Welche Humusform weißt auf hohe Gehalte hochmolekularer Huminstoffe im Boden hin?*

18) *Welche Nährelemente sind fast ausschließlich an Humus gebunden?*

19) *Wie entstehen Huminstoffe?*

20) *An welchen Bodenstandorten findet man einen hohen Anteil wenig mineralisierter Biomasse?*

21) *Wie hoch ist die KAK von Humus im Vergleich zu Tonmineralien und wie ändert sich diese bei einer Bodenversauerung?*

22) *Welche Humusgehalte besitzen im Durchschnitt unsere Waldböden? (siehe Kap. 2.3)*

23) *Wie bestimmt man den Humusgehalt eines Bodens?*

24) *Was kann die Anreicherung organischer Substanzen begünstigen?*

25) *Welche Humusformen kann man unterscheiden und auf welche Bodeneigenschaften weisen sie jeweils hin? (siehe Kap. 2.3)*

26) *Was beeinflusst die potentielle Kationenaustauschkapazität (KAK_{pot}) von Huminstoffen essentiell?*

Fragen zu den terrestrischen Humusformen

1. *Welche beiden Gruppen vom Humusformen kann man unterscheiden?*
2. *Was versteht man unter* „aeroben Bedingungen“ *im Boden?*
3. *Welche drei terrestrischen Humusformen gibt es?*
4. *Welche Humusform weist auf ungünstige Bodeneigenschaften hin?*
5. *Welche Auflagehorizonte kennzeichnen den Rohhumus?*
6. *Wie ist der Of-Horizont definiert?*
7. *Was sind Streustoffe und welches Horizontsymbol kennzeichnet diese?*
8. *Welchen pH-Wert besitzt der Rohhumus?*
9. *Wie hoch ist die biologische Aktivität im Rohhumus?*
10. *Welcher Bodentyp besitzt eine Rohhumusauflage?*
11. *Welche Bodeneigenschaften werden durch die Humusform Moder angezeigt?*
12. *Was ist die günstigste Humusform und unter welchen Vegetationsbedingungen entsteht diese?*
13. *Was ist der Unterschied zwischen einem L-Mull und einem F-Mull?*
14. *Wie mächtig ist in der Regel der unter einer Mull-Auflage folgende Ah-Horizont und welchen pH-Wert besitzt er?*
15. *Welche Bodeneigenschaften werden durch die Humusform Mull angezeigt?*
16. *Wie hoch sind in der Regel die Humusgehalte im Oberboden von Waldböden?*
17. *Welche Humusform weist auf Bodenversauerung hin?*
18. *Welche Humusform weist auf hohe Mineralisierungs- und Humifizierungsraten und ein reiches Bodenleben hin?*
19. *Welche unterschiedlichen Eigenschaften haben die verschiedenen terrestrischen Humusformen bezüglich der Bodenreaktion und der Nährstoffversorgung?*
20. *Welche Funktionen haben Bakterien und Pilze im Boden?*

21. *Welche Organismen sind wichtig bei der Bioturbation?*

22. *Wodurch unterscheidet sich eine Oh-Lage von der frischen Streu?*

23. *Was sind Auflage-Humusformen?*

Verlagerungsprozesse im Boden
Lessivierung, Podsolierung,
Vergleyung und Pseudovergleyung,
Desilifizierung und Verkieselung, Entkarbonatisierung und Karbonatisierung,
Entsalzung und Versalzung,
Vermischungsprozesse (Bio-, Kryo-, Pelo- und Technoturbation)

Zu den Verlagerungs- bzw. Translokationsprozessen im Boden gehören alle Vorgänge bei denen Stoffe vertikal aufsteigend (**aszendierend**) oder absteigend (**deszendierend**) und/ oder seitlich (**lateral**) verlagert werden. Anders als bei den bodenbildenden Prozessen der Verbraunung und der Rubefizierung können dadurch Stoffe aus Bodenhorizonten zu- oder weggeführt werden.

Zu den häufigsten Verlagerungen gehören die Umverteilungen von Ionen und Molekülen in der Bodenlösung. In humiden Klimaten dominiert die Auswaschung anorganischer und organischer Abbauprodukte, die bei der Verwitterung und Mineralisierung freigesetzt werden. In Trockenklimaten kommt es bei übers Jahr betrachtet insgesamt aszendentem Bodenwasser zur Anreicherung gelöster Stoffe in oberen Bodenhorizonten oder sogar an der Bodenoberfläche.

Lessivierung (Tonverlagerung)

Lessivierung (pedogene Tonverlagerung, Tonwanderung, Illimerisation) ist die abwärts gerichtete (deszendente) Verlagerung von Kolloiden aus Ton-Humus-Eisen aus dem Oberboden in den Unterboden.

Bodentypologisch entstehen dadurch **Parabraunerden** (*soil lessivée*) mit der Horizontabfolge Ah-Al-Bt-C (Bild 3.1.11) oder Ah-Al-Bt-Bv-Cv-C. Das charakteristische Merkmal ist ein an Tonmineralen, Sesquioxiden (vor allem Eisenhydroxide) und Ton-Humus-Komplexen verarmter Oberboden (Al-Horizont; l = lessiviert). Durch Lessivierung werden aus dem Oberboden (**Al-Horizont**) färbende Pigmente aus Sesquioxiden und Huminstoffen entfernt. Die Folge ist eine stark aufgehellte, hellgelbgraue bis hellgelbbraune Farbe des lessivierten Horizontes.

Die aus dem Al-Horizont nach unten verlagerten Ton-Humus-Eisen-Kolloide werden mit ansteigendem pH-Wert im Unterboden fixiert. Durch die Einlagerungen von Sesquioxiden und Ton-Humus-Komplexen besitzt der Unterboden (**Bt-Horizont**; t = tonangereichert) eine rotbraune bis braune Farbe und Tonerhöhungen von häufig 35 bis 45%. Fossile Unterböden von Parabraunerden aus älteren quartären Warmzeiten sind dagegen oft kräftig rot gefärbt. Im Alpenvorland wurden diese stark lehmigen Unterböden in der älteren Literatur sogar manchmal als „Blutlehm" bezeichnet.

Bild 3.1.11: Parabraunerde auf stark kalkhaltigem Würmlöss (Ältere Hochterrasse in Regensburg Harting).

Die **mechanische Verlagerung** der Tonminerale, Sesquioxide und Ton-Humus-Komplexe im Boden erfolgt mit dem Sickerwasserstrom durch Makroporen (v.a. Grob- und Mittelporen), Wurmgänge und Wurzelröhren (Bioporen) sowie Schrumpf- und Trockenrisse. Sie setzt eine **Dispergierung** der zu verlagernden Tonminerale voraus. Letztere benötigt im Oberboden pH-Werte zwischen 5 und 6,5, wodurch koagulierend wirkendende Ionen wie Ca^{2+}, Mg^{2+} und Al^{3+} deutlich reduziert sind. Im Unterboden werden die nach unten verlagerten Stoffe mit ansteigenden pH-Werten immobil (ausgeflockt) und damit dort angereichert (Bt-Horizont).

Die für die **Lessivierung** im Oberboden notwendige Erniedrigung der **pH-Werte** in den schwach sauren Bereich von pH 5 bis 6,5 erfolgt durch den bodenbildenden Prozess der Entbasung bzw. Entkalkung (Abfuhr von Ca, K, Mg, Na). Zusätzlich kommt es mit der beginnenden Bodenversauerung zur hydrolytischen Verwitterung der silikatischen Minerale im Boden. Pedogene Neubildungen von Goethit (bodenbildender Prozess der Verbraunung) und von Dreischicht-Tonmineralen (bodenbildender Prozess der Verlehmung) sind die Folge.

Entkalkung, Verbraunung und Verlehmung des Bodens finden also schon statt, bevor Lessivierung einsetzen kann und dauert während dieser weiter an. Daher findet man unter dem tonangereicherten Unterboden von Parabraunerden häufig noch einen ***in situ*** (= an Ort und Stelle) entkalkten, verbraunten und verlehmten Unterboden (Bv-Horizont; v = verbraunt, verlehmt). Darunter folgt manchmal noch ein Horizont, in dem das Ausgangsgestein bereits deutlich entkalkt ist (Cv-Horizont; C = Ausgangsgestein; v = verwittert).

Makroskopisch erkennt man die Tonanreicherung durch sog. „**Toncutane**" oder „Tontapeten" auf den Bodenaggregaten und an den Wandungen der Grob- und Bioporen. Das ist ein feiner, im Sonnenlicht fettglänzender glatter Tonfilm, der die Bodenaggregate überzieht. Natürlich sind solche Toncutanen viel leichter im Bodendünnschliff zu erkennen, wesentlich für die Ansprache des Bodentyps ist allerdings deren makroskopischer Nachweis.

Lessivierte Böden (Parabraunerden) findet man auf kalkhaltigen Lockergesteinen wie Löss oder kalkhaltigen Auensedimenten oder kalkhaltigen Flusskiesen und -sanden (Kalkgehalte zwischen 2 bis 75%). Für ihre Entstehung benötigen sie Laubwald. Damit sind sie in Mitteleuropa warmzeitliche interglaziale Bodenentwicklungen. Zur Bildung eines voll entwickelten lessivierten Bodens (Parabraunerde) waren in Deutschland **etwa 3000 Jahre stabile Laub- oder Mischwaldbedingungen** mit schwach sauren pH-Bedingungen im Oberboden notwendig (u.a. Schellmann 1998: 184f.).

In der Regel sind Parabraunerden sehr **fruchtbare** Ackerstandorte (hohe Ackerzahlen bis 90). Sie besitzen meistens einen guten Lufthaushalt, eine hohe nutzbare Feldkapazität (nFK), keine Durchwurzelungs-begrenzung, einen hohen Nährstoff-Gehalt und eine hohe Pufferfähigkeit. Nachteilig können Einlagerungsverdichtungen im Bt-Horizont sein mit periodisch auftretendem Luftmangel bis hin zur Staunässe (s.u. **sekundäre Pseudovergleyung**).

Schauen Sie sich im Internet von seriösen Quellen Bilder von Parabraunerden an und versuchen Sie die beschriebenen Horizonte zu erkennen.

Beantworten Sie mit Hilfe des Textes und der Literatur die nachfolgenden Fragen.

1) *Was versteht man unter Lessivierung und welche Stoffe werden verlagert?*
2) *Bei welchen pH-Bedingungen setzt Lessivierung ein?*
3) *Ist Lessivierung auch in einem sehr tonigen, von Feinporen dominierten Boden möglich?*
4) *Ist Lessivierung in Wüsten- und Halbwüstenböden möglich?*
5) *Was versteht man unter einer Dispergierung und was unter einer Koagulation von Bodensubstanzen?*
6) *Welche Bodeneigenschaften begünstigen Lessivierungsdynamiken?*
7) *Wie erkennt man im Gelände einen an Ton-Humus-Eisen angereichten lessivierten Unterboden?*
8) *Welche Bodenhorizonte entstehen bei der Lessivierung?*
9) *Welcher Bodentyp entsteht durch Lessivierung und auf welchen Ausgangsgesteinen findet man derartige Böden?*
10) *Welche negativen Folgen für die Bodenfruchtbarkeit können bei der Lessivierung auftreten?*
11) *Woran erkennt man einen von Lessivierung betroffenen Oberbodenhorizont und welches Horizontsymbol bekommt er?*
12) *Welche bodenbildenden Prozesse haben bereits vor dem Einsetzen von Lessivierungen stattgefunden?*
13) *Wie lange dauert die Ausbildung einer voll entwickelten Parabraunerde?*
14) *Wie ist die natürliche Bodenfruchtbarkeit von Parabraunerden einzustufen? Welche Ackerzahlen besitzen sie häufig? Was versteht man unter dem Begriff „Ackerzahl“?*

Podsolierung

Als Podsolierung bezeichnet man die deszendente Verlagerung organischer Moleküle (Polyphenole, Polysaccharide, Carbonsäuren und wasserlösliche niedermolekulare Huminsäuren, sog. Fulvosäuren) zusammen mit Metalloxiden (Sesquioxide, vor allem Fe-Hydroxide und

Al-Oxide) aus dem Oberboden in den Unterboden. Beide bilden **metallorganische Komplexe** (z.B. Chelate = lösliche organische Verbindungen, die ein Metallkation umhüllen).

Voraussetzungen für Podsolierungsprozesse sind ein stark **saures Bodenmilieu** im Oberboden mit pH-Werten von oft deutlich unter 4,5 sowie gut durchlässige, quarzreiche und basenarme Substrate. Podsolierung findet hauptsächlich unter Nadelbäumen und Heidevegetation mit nährstoffarmer, schwer zersetzbarer Streu statt, bei deren Mineralisierung verstärkt aggressive niedermolekulare Fulvosäuren entstehen.

Bodentypologisch bildet sich dadurch ein **Podsol** („Ascheboden") mit der **Horizontabfolge** L-Of-Oh-Ah-Ae-Bh-Bs-C. Aufgrund des sauren Bodenmilieus besitzt er häufig mächtige organische Auflagehorizonte (**Rohhumus**) und einen wenige cm-mächtigen Ah- oder Ahe-Horizont. Der darunter folgende Oberboden (**Ae-Horizont**, Eluvialhorizont) ist stark sauergebleicht mit weiß angeätzten Quarzkörnern (Bleicherde). Er ist an metallorganischen Komplexen (niedermolekulare organische Substanzen und Sesquioxide) verarmt. Das sauere Bodenmilieu führt im Oberboden zudem zu einer irreversiblen Zerstörung von Tonmineralen, falls ehemals vorhanden. Auch viele Bioturbation betreibende Organismen wie der Regenwurm fehlen im Oberboden.

Die Verlagerung der metallorganischen Komplexe (Chelate) erfolgt abwärts durch die Makroporen des Bodens. Mit ansteigenden pH-Werten und Ca-Gehalten im Unterboden werden häufig zunächst die organischen Substanzen in Form eines dunkelbraunen bis schwarz gefärbten humosen Horizontes fixiert (**Bh-Horizont**; h = Huminstoff angereichert). Manchmal reichen sie in mm-starken dunklen Bändern auch noch etwas tiefer.

Unter dem dunklen Bh-Horizont folgt dann ein durch Sesquioxide rötlich bis rostig gefärbter Bereich, der **Bs-Horizont** (s = Sesquioxid angereichert). Die Sesquioxide umhüllen im Bs-Horizont Bodenpartikel und verkitten diese miteinander. Das kann lokal zur **Ortsteinbildung** führen.

Podsolierung wird **begünstigt**:

- durch ein kühles und feuchtes Klima;
- durch basenarme, quarzreiche und gut durchlässige Ausgangsgesteine (Flugsande, basenarme Sandsteine etc.);
- durch eine schwer zersetzbare organische Streu von Nadelwäldern und Heidegewächsen (*Ericaceae*);
- durch eine verringerte Bioturbation als Folge der sauren Bodenreaktion (Fehlen von Bodenwühlern);
- durch eine anthropogen bedingte Versauerung der Niederschläge (erhöhter Säureeintrag).

Bei falscher Nutzung durch langjährige Fichtenmonokulturen können auch basenreiche Parabraunerden versauern und im Oberboden einen durch beginnende Podsolierung gebleichten Aeh-Horizont entwickeln. In solchen **Fahlerden** ist die Lessivierung irreversibel beendet und ebenso die ehemals günstigen Bodeneigenschaften.

Ökologisch wichtig ist, dass Podsolierung mit Tonmineralzerstörung verbunden ist sowie mit dem Fehlen hochmolekularer Huminstoffe im Oberboden. Dadurch kommt es zu einer intensiven Verlagerung von Nährstoffen und Sesquioxiden (Cu, Fe, Mn, Mo, P) aus dem Oberboden nach unten. Dichte Bsh-Horizonte (Ortsteine) können außerdem kurzzeitig Staukörper für das Bodenwasser darstellen und die Durchwurzelung behindern.

Bereits im späten **Bølling/Allerød-Interstadial** konnten an der deutschen Ostseeküste auf Flugsanden unter Kiefernwäldern in wenigen Jahrhunderten schwach entwickelte Podsole (Nano-Podsole, podsolige Regosole, Usselo-Boden) entstehen (u.a. KAISER et al. 2006). Auch in der Folgezeit reichten wenige Jahrhunderte, um auf quarzreichen und basenarmen Ausgangsgesteinen unter Nadelwald oder Heidevegetation gut entwickelte Podsole entstehen zu lassen. Daher findet man voll entwickelte Podsole in allen, im Mittelalter durch Schafbeweidung entstandenen Heidegebieten Deutschlands.

Podsole besitzen ein sehr geringes Adsorptions- und Nachlieferungsvermögen von Nährstoffen und ein geringes Wasserspeichervermögen. Daher haben sie sehr geringe Ackerzahlen, meist zwischen 20 bis 25. Insofern werden sie häufig forstwirtschaftlich genutzt mit Baumarten, die geringe Nährstoffansprüche haben und das saure Bodenmilieu vertragen (z.B. Kiefern). Bei einer landwirtschaftlichen Nutzung sind eventuell Bewässerungen und regelmäßige Düngungen erforderlich. Zudem müssen vorhandene Ortsteinhorizonte aufgelockert werden.

Schauen Sie sich im Internet von seriösen Quellen Bilder von Podsolen an und versuchen Sie die beschriebenen Horizonte zu erkennen.
Beantworten Sie mit Hilfe des Textes und der Literatur die nachfolgenden Fragen.

1) *Was versteht man unter Podsolierung und welche Stoffe werden dabei verlagert?*
2) *Bei welchen pH-Bedingungen setzt Podsolierung ein?*
3) *Welche Säuren begünstigen eine Podsolierung von Böden und woher stammen diese Säuren?*
4) *Welche Bodenstandorte neigen natürlicherweise zur Podsolierung und warum?*
5) *Welche Vegetation begünstigt Podsolierung und warum?*
6) *Welches Ausgangsgestein begünstigt Podsolierung und warum?*
7) *Welche Bodenhorizonte entstehen bei der Podsolierung?*
8) *In welchen Klimaten gibt es keine podsolierten Böden?*
9) *In welcher Bodenzone der Erde sind Podsole der dominierende klimazonale Bodentyp?*
10) *Welche negativen Folgen für die Bodenfruchtbarkeit hat die Podsolierung?*
11) *Was passiert mit Tonmineralen und hochmolekularen Huminstoffen in einem Oberboden beim Einsetzen*

von Podsolierung?

12) *Wie bezeichnet man Parabraunerden, deren Oberböden eine beginnende Bodenversauerung (Podsolierung) in Form eines Aeh-Horizontes zeigen?*

13) *Wie ist die natürliche Bodenfruchtbarkeit podsoliger Böden einzuschätzen und welche Ackerbodenzahlen besitzen sie in der Regel?*

14) *Was ist „Ortstein“, wie entsteht er und welche Folgen hat er für die Bodenfruchtbarkeit?*

15) *Wo findet man in Deutschland Podsole und auf welchen Ausgangsgesteinen?*

Vergleyung und Pseudovergleyung

Vergleyung und Pseudovergleyung sind zwei bodenbildende Prozesse, die im Zusammenhang mit Grund- oder Stauwasser Reduktions- und Oxidationsvorgänge (**Redoximorphose**) im Boden auslösen. Dadurch können färbende Metalloxide reduziert, verlagert und oxidativ ausgefällt werden. So entstehen Bodenhorizonte mit charakteristischen hydromorphen (oxidativen oder reduktiven) Merkmalen.

Sickerwasser und Grundwasser sind unter Beteiligung von Mikroorganismen (Scheffer & Schachtschabel 2016: 306) in der Lage, bei Wasserüberschuss und den dadurch verursachten Luftmangel (anaerobe Bedingungen) Metalle zu reduzieren (**Reduktomorphose**). Dieser Vorgang führt letztlich zur Auflösung der färbenden Metalloxide und -hydroxide und hinterläßt Bodenhorizonte mit fahlgrauen bis fahlgrünen Reduktionsfarben. Oft besitzen diese mm- bis cm-starke schwarze Fe-Mn-Konkretionen oder -flecken. Bei starkem Sauerstoffmangel, wie er in den tonigen Sedimenten von Altarmen oder an der Basis kaltzeitlicher toniger Dellenfüllungen auftritt, können die enthaltenen Fe^{2+}-Ionen als grauer **Vivianit** ($Fe_3(PO_4)_2$ $8H_2O$) ausgefällt werden, der bei Luftzutritt eine charakteristische blaue Farbe annimmt. Auch **Siderit** ($FeCO_3$, Eisenspat) kann die grauen Farben solcher Horizonte verursachen.

Umgekehrt können im Sicker- oder Grundwasser mitgeführte Metalle bei gut belüftetem Boden (aerobe Bedingungen) durch längere Austrocknung oxidiert und ausgefällt werden (**Oximorphose**). Dabei entstehen höherwertige Fe- und Mn-Verbindungen (Fe^{II} wird zu Fe^{III} oxidiert, Mn^{II} zu Mn^{III}und Mn^{IV}). Je nach oxidiertem Metall und je nach pH-Wert können so verschiedene Oxidationsfarben entstehen wie schwarze Manganoxide oder rostige bis orangebraune Eisenhydroxide (u.a. Lepidokrokit).

Da Wassersättigung im Porenraum in der Regel der Grund für zeitweiligen Sauerstoffmangel ist, spricht man auch von **Hydromorphierung**. Wichtige Reduktions-/ Oxidationssysteme (**Redox-Systeme**) sind:

- NH_4 zu NO_3^- bzw. HNO_3 (Bodenversauerung);
- H_2S zu SO_4^{2-} bzw. H_2SO_4 (Bodenversauerung);
- CH_4 zu CO_2 (Bodenversauerung, Treibhausgas);
- und H_2 zu H_2O.

Sie bilden das **Redoxpotential** eines Bodens.

Gut belüftete Bodenhorizonte haben hohe Redoxpotentiale und viele oxidierte Verbindungen. Vernässte Bodenhorizonte haben niedrige Redoxpotentiale, hohe Anteile reduzierter Verbindungen und eine geringe mikrobielle Zersetzung.

Bei der **Peudovergleyung** (semiterrestrischer Bodentyp **Pseudogley**, Horizontabfolge Ah-Sw-Sd) liegt die Ursache von ausgeprägten redoximorphen Vorgängen im Boden in einer zeitweiligen Vernässung durch Rückstau des Sickerwassers über einer Stausohle. Die Stausohle kann lithogen verursacht sein (z.B. Tone, Tonschiefer, Phyllite, tonige Grundmoränenablagerungen) oder pedogen (Toneinlagerung durch Lessivierung, Permafrost). Den ersten Fall bezeichnet man auch als **primäre Pseudovergleyung**, den zweiten Fall als **sekundäre Pseudovergleyung.** Pseudovergleyung ist also ein Produkt von Staunässe, von **staunässebedingter Redoximorphie.**

Pseudovergleyung erkennt man an einem unter dem humosen Oberboden (Ah-Horizont) befindlichen hellgrau gebleichten, für Sickerwasser durchlässigen **Sw-Horizont** (S = Stauwasser, w = wasserleitend) und an einer darunter liegenden, farbig vielfältig gestalteten Stausohle, den **Sd-Horizont** (d = dicht).

Vor allem an der Basis des durch Reduktion nassgebleichten Sw-Horizontes treten im Inneren von Bodenaggregaten (Fein- und Mittelporen) oft schwarze (Mn-Oxid-reiche) oder rostige bis orangene (Lepidokrokit-reiche) oder gelbbraune (Goethit-reiche) Flecken oder Konkretionen auf.

Dagegen dominieren in den Wasserleitsystemen der Grobporen und den Wurzelbahnen Reduktion und Lösung der Metalloxide, so dass sie als **helle Bleichfahnen** weit in den Sd-Horizont hinabreichen. Reduzierte Metallionen wandern dabei in die angrenzenden Mittel- und Feinporen, wo sie durch die dort eingeschlossene Luft wieder oxidiert werden häufig in Form rostiger Fe-Hydroxide oder schwarzer Mn-Oxide.

Bei der Pseudovergleyung entstehen also Rostflecken und schwarze **Fe-Mn-Konkretionen** bevorzugt im Aggregatinneren. Rostflecken, schwarze Fe-Mn-Konkretionen und Bleichfahnen geben insgesamt dem Sd-Horizont sein typisches, farblich **stark marmoriertes** Aussehen.

Bei der **Vergleyung** (semiterrestrischer Bodentyp **Gley**, Horizontabfolge Ah-Go-Gr) liegt die Ursache von ausgeprägten redoximorphen Vorgängen im Boden in einer zeitweiligen Vernässung durch einen schwankenden Grundwasserspiegel, der im Extremfall zeitweilig bis in den humosen Oberboden reichen kann.

Bei Grundwasserböden (Gleye, Auenböden, Marschen) werden Fe- und Mn-Oxide (aber auch andere Metalloxide) im ganzjährig (>300 Tage/Jahr) übernässten Grundwasser-Reduktionshorizont (**Gr-Horizont**) reduziert und damit gelöst. Das führt zum Verlust ihrer färbenden Wirkung. Gr-Horizonte sind daher meist hellgrau bis hellgrünlichgrau. Fe^{II} und Mn^{II} wandern mit dem jahreszeitlich schwankenden Grundwasserspiegel diffusiv in den darüberliegenden Grundwasser-Oxidationshorizont (**Go-Horizont**). Sie werden in Grobporen oder als Cutane auf Oberflächen von Bodenaggregaten, Gesteinspartikeln oder Wurzeln (Sumpfpflanzen) oder als Auskleidungen größerer Poren oxidiert und ausgefällt.

Go-Horizonte erkennt man an ihren annähernd horizontal verlaufenden Oxidationslagen oder -flecken aus rostbraunen bis orangebraunen Eisen(III)-Hydroxiden (Lepidokrokit). Darüber können schwarze Cutane oder Flecken oder Konkretionen von leichter löslichen Mn-Oxiden folgen. Mitunter ist der Go-Horizont auch durch starke Fe- und Mn-Ausfällungen zu **Raseneisenstein** (Eisenocker) meist aus Goethit und Ferrihydrit verfestigt.

Gleye und Pseudogleye sind wegen der zeitweiligen Übernässung überwiegend nur als Grünland oder Forst nutzbar. Vor der frühneuzeitlichen Industrialisierung wurden häufiger Vorkommen von **Raseneisenerz** abgebaut und verhüttet. Das gewonnene Roheisen war allerdings von minderer Qualität.

Schauen Sie sich im Internet von seriösen Quellen Bilder von Gleyen und Pseudogleyen an und versuchen Sie die beschriebenen Horizonte zu erkennen.

Beantworten Sie mit Hilfe des Textes und der Literatur die nachfolgenden Fragen.

1) *Was versteht man unter einer Vergleyung und was unter einer Pseudovergleyung von Böden?*
2) *Welcher Bodentyp mit welchen Bodenhorizonten entsteht durch Vergleyungsprozesse?*
3) *Welcher Bodentyp mit welchen Bodenhorizonten entsteht durch Pseudovergleyung?*
4) *Auf welchen Standorten findet man vergleyte Böden?*
5) *Auf welchen Standorten findet man pseudo-vergleyte Böden?*
6) *Was versteht man unter einer sekundären Pseudovergleyung?*
7) *Was versteht man unter einem marmorierten Boden?*
8) *In welchen Bodenhorizonten kommt es unter Beteiligung von Mikroorganismen zur starken Reduzierung von Metallen?*
9) *Was ist Vivianit und wo entsteht er?*
10) *Welches Mineral erzeugt in Go-Horizonten orangebraune Farben?*
11) *Welches Mineral erzeugt in Go-Horizonten schwarze Farben?*
11) *Nennen Sie mindestens zwei wichtige Redox-Systeme, bei denen im aeroben Bodenmilieu Säuren entstehen?*

Desilifizierung und Verkieselung

Bei extremer chemischer Verwitterung (pH meist <5) kommt es in den feuchten Tropen auf silikatischen Ausgangsgesteinen und über geologische Zeiträume hinweg (Jahrmillionen) zur Abfuhr der Alkali- und Erdalkali-Ionen und in hohem Maße auch der Kieselsäure (SiO_2 x nH_2O), was auch als **Desilifizierung** bezeichnet wird.

Wegen der geringen Löslichkeit von Metalloxiden führt die Abfuhr der Kieselsäure im Unterboden zur **residualen Anreicherung** von **Gibbsit** ($Al(OH)_3$) und von stark rot färbenden **Hämatit** (Fe_2O_3). Lokal, vor allem in Senken, kann auch gelbbraun färbender **Goethit** (FeOOH) ausgebildet sein. Diese Art von bodenbildenden Prozessen bezeichnet man als **Ferralitisierung** (Ferralisation) bzw. **Lateritisierung** bzw. **Plinthisation.** Dabei kommt es im tieferen Unterboden zur Anreicherung der dorthin eingetragenen Kieselsäure (**Silifizierung**, Verkieselung). Bei starker Kieselsäurezufuhr können sich so Kieselkrusten (***Silcretes***) bilden.

Bei starker Zufuhr von Fe durch Grundwasser oder Hangwasser können im Boden Verkrustungen aus Fe-Oxiden und Al-Hydroxiden entstehen. Diese irreversibel verhärteten **Laterit- bzw. Plinthitkrusten** (*hardpan;* FAO: *ironstone*) bezeichnet man auch als **Plinthosole** bzw. **Laterite** (lat. *later* = Ziegelstein).

Typische ferralitische Böden sind **Roterden** bzw. **Ferralsole** (Latosole, Oxisole, Ferralite, Rot- und Gelberden). Neben Hämatit, Goethit und Gibbsit führt der mächtige Unterboden (**Bu-Horizont**) das Si-arme Zweischicht-Tonmineral **Kaolinit.** Das Ausgangsgestein unterhalb der mächtigen, belebten und durchwurzelten, roten oder auch gelben Bodenhorizonte ist oft bis in über 60 bis100 m Tiefe chemisch stark verwittert. Diese Gesteinszersatz-Zone bezeichnet man als **Saprolit** (Cv-Horizont). Unter **Regolith** versteht man dagegen eine auf dem Festgestein liegende lockere Verwitterungsdecke.

Roterdehorizonte findet man heute auch in Deutschland als reliktische Paläoböden des Tertiärs oder späten Mesozoikums, meist begraben unter jüngeren Sedimenten. Sie werden oft als **Ferrallite** bezeichnet. Auf basenreichen vulkanischen Gesteinen sind in Deutschland auch tonreiche Unterböden von **Rotlehmen** erhalten, sog. **Fersialliten (Bj-Horizont)**. Auf Kalksteinen sind Rotlehme Relikte einer ehemaligen **Terra rossa** (Kalkstein-Rotlehm)-Bildung.

Roterden (Ferralsole) besitzen auch ohne Krustenbildungen eine **ungünstige natürliche Bodenfruchtbarkeit wegen**:

- geringer Humusgehalte;
- hohen Gehalten an Kaolinit (geringe potentielle KAK);
- des sauren Bodenmilieus mit einem intensiven deszendenten Nährstoffaustrag;
- der geringen KAK und Basensättigung;
- der starken Fixierung vorhandener Phosphate als nicht pflanzenverfügbare Fe- oder Al-Phosphate;
- einer eventuell hohen Al-Konzentration in der Bodenlösung (evtl. Al-Toxizität);
- einer geringen Gefügestabilität (daher Roterden und nicht Rotlehme), die Bodenerosion begünstig.

Eine landwirtschaftliche Nutzung ist generell möglich, sofern die mit der Waldrodung einsetzende intensive Nährstoffauswaschung durch Düngung und Kalkung ausgeglichen wird. Unter Naturwald findet dagegen eine Nährstoffauswaschung kaum statt. Nährstoffe verbleiben dort nach ihrer Freisetzung im Stoffkreislauf: Streufall, Streuzersetzung, Nährstofffreisetzung im Auflagehorizont und im humosen Oberboden. Dort werden sie direkt wieder von Pflanzen aufgenommen. Nach Rodung des Waldes kommt es dann zu einem starken Humusschwund und damit zur Nährstoffauswaschung. Bei Übernutzung und Bodenerosion besteht die Gefahr, dass Fe-, Al-, Si-Verkrustungen im Unterboden an die Oberfläche gelangen. Das führt irreversibel zur Zerstörung jeglicher natürlicher Bodenfruchtbarkeit.

Beantworten Sie mit Hilfe des Textes und der Literatur die nachfolgenden Fragen.

1) *Was versteht man unter einer Desilifizierung von Böden und unter welchen Klimabedingungen ist dieser Prozess sehr aktiv?*

2) *Was sind Silcretes und wodurch entstehen diese?*

3) *Was versteht man unter einer Ferralitisierung von Böden und unter welchen Klimabedingungen ist dieser Prozess sehr aktiv?*

4) *Welche Minerale findet man in ferralitischen Unterböden?*

5) *Was ist ein Plinthit und was ist ein Laterit?*

6) *Was ist ein Saprolith?*

7) *Was ist ein Regolith?*

8) *Nennen Sie mindestens vier Gründe für die ungünstige natürliche Bodenfruchtbarkeit von Ferralsolen.*

9) *Tropische Regenwälder gedeihen sehr gut auf Ferralsolen. Wie funktioniert deren Nährstoffversorgung stark vereinfacht?*

10) *Welche Arten von Bodendegradation drohen bei einer ackerbaulichen Nutzung von Ferralsolen?*

11) *Welchen Namen haben reliktische Roterdehorizonte in Deutschland und welchen Namen haben reliktische Rotlehme?*

Entkarbonatisierung (Entkalkung) und Karbonatisierung (Aufkalkung)

Unter Aufkalkung (Carbonatisierung; Karbonatisierung, engl. *calcification*) versteht man die Anreicherung von sekundärem Karbonat, meist als Calcit, entweder:

- als Pulver feinverteilt in der Matrix;
- oder lagenweise als Wiesenkalk, Kalktuff oder Alm (Bild 3.1.12);
- oder als weiße Beläge an Aggregatoberflächen bzw. entlang des Wurzelfilz (*Pseudomycelien*);
- oder als Konkretionen (z.B. Lösskindl);
- oder als krustenartige Lagen oder Zement (Kittgefüge) im Porenraum (Kalkkruste, *Caliche, Calcrete*).

Genetisch kann man zwischen einer **deszendenten Sickerwasser-Decarbonatisierung** humider Klimate und einer **aszendenten Grundwasser-Carbonatisierung** arider und

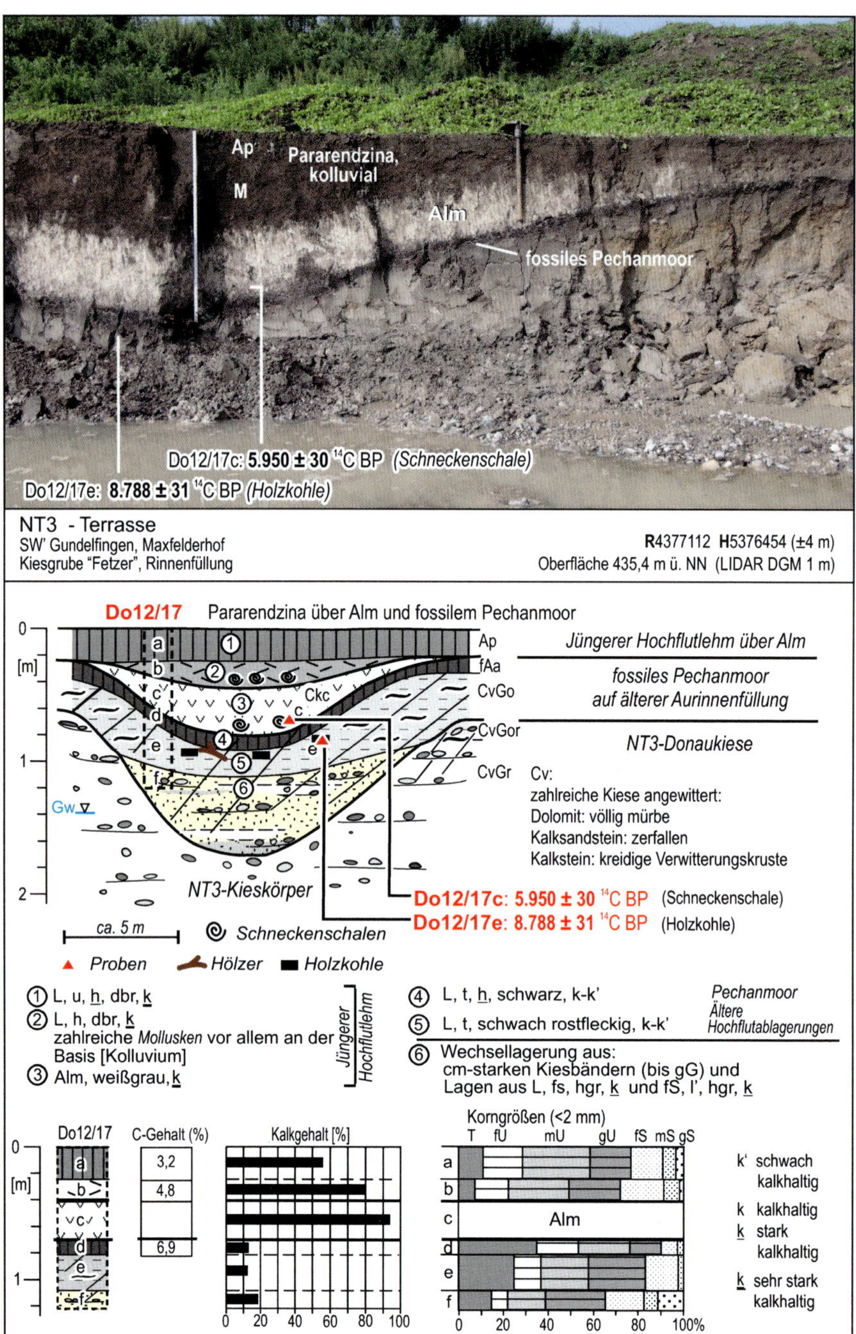

Bild 3.1.12: Alm-Ausfällungen aus dem späten Atlantikum auf der NT3 der Donau südwestlich von Gundelfingen (wenig verändert nach Schellmann 2017b).

semiarider Klimate unterscheiden (lat. ***descendere*** = absteigen, ***ascendere*** = aufsteigen). In humiden Gebieten werden bei deszendenter Bodenwasserbewegung (Niederschlag > Verdunstung) Hydrogenkarbonate nach Lösung carbonathaltiger Gesteine ausgewaschen.

Teilweise werden sie in tieferen Horizonten wieder ausgefällt: oft als feine, stängelige Calcit-Kristalle (z.B. **Pseudomycellien**) oder im Löss als konkretionäre **Lösskindl** oder seltener und nur lagenweise als lockerer, erdiger Wiesenkalk bzw. **Kalktuff** (Süddeutschland: **Alm**) (Bild 3.1.12).

In **semiariden und ariden** Gebieten werden durch die im Jahresverlauf insgesamt aszendente Bodenwasserbewegung (Niederschlag > Verdunstung) gelöste Karbonate, Sulfate und Salze zum Teil bis an die Bodenoberfläche transportiert und dort durch Verdunstung des Wassers ausgefällt. So folgen in ariden Klimaten über Ausfällungen von $CaCO_3$ in tieferen Bodenschichten oft noch Ausfällungen von Gips und darüber von leicht wasserlöslichen Salzen. Oft bilden sie harte Krusten oder bei hohlraumreichen Lockergesteinen zementartige Verkittungen. Durch Bodenerosion können solche Kalk-, Gips- und Salz-Anreicherungen im Untergrund an die Bodenoberfläche gelangen und dort sehr widerständige Krusten (***calcretes, caliche***) bilden (Bild 3.1.13 bis Bild 3.1.15).

Bild 3.1.13:
Steppenbraunerde (*Xeric Cambisol*) mit ca. 0,4 m mächtigem Kalkanreicherungshorizont (*Caliche*) auf letztinterglazialen (MIS 5) Strandkiesen (Camarones, patagonische Atlantikküste).

Vom Klima weitgehend unabhängige Kalkausscheidungen sind:

- Wiesenkalke (Kalktuffe, **Alm**), die beim Austritt von Karst-Grundwässern ausgefällt werden.
- **Quellkalke** am Hang (**Hangwasser-Carbonatisierung**), dort wo wasserzügige stark kalkhaltige Carbonatgesteine (z.B.

Bild 3.1.14:
Steppenbraunerde (*Xeric Cambisol*) mit liegender Kalkkruste (*Caliche*) auf vorletztinterglazialen (MIS 7) Strandwallkiesen an der patagonischen Atlantikküste bei Bustamante (Details in SCHELLMANN 1998b: Lokalität Pa52).

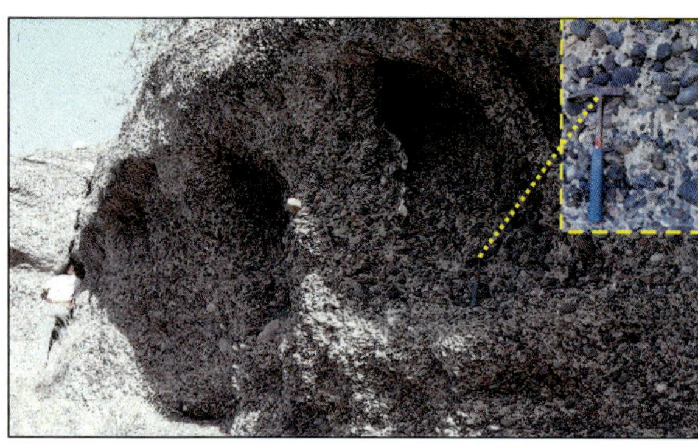

Bild 3.1.15:
Mehrere Meter mächtige, betonartige Kalkausfällungen in mittelpleistozänen Strandkiesen (MIS 11, ESR-Datierungen) an der patagonischen Atlantikküste nahe Bustamante (Schellmann 1998b).

Kalkschotter im Alpenvorland) über einer wasserstauenden Schicht (z.B. Tonschichten) liegen. Dem kalkgesättigten Sickerwasser wird beim Austritt als Schichtquelle am Hang das mitgeführte Hydrogencarbonat teilweise entzogen und als **Sinterkalk** (Kalktuff, Quellkalk) oder **Dauch** ausgefällt. Diese Ausfällungen werden verursacht:

a) durch Erwärmung, b) durch nachlassenden hydrostatischen Druck, c) häufig auch unter Beteiligung von Moosen, Kalkalgen oder Cyanobakterien, die CO_2 aus dem Wasser aufnehmen (assimilieren).

- **Seekalke** (Kalkschlamm) am Grunde einiger Seen in Karstgebieten, wenn $CaCO_3$ aus dem Wasser bei CO_2-Entzug durch Organismen (v.a. Kalkalgen) ausgefällt wird.

Schauen Sie sich im Internet von seriösen Quellen Bilder zu folgenden Kalkausfällungen an: Alm, Pseudomycellien und Sinterkalke.

Beantworten Sie mit Hilfe des Textes und der Literatur die nachfolgenden Fragen.

1) *Was versteht man unter einem deszendenten Sickerwasserstrom?*

2) *Was ist Alm und wie entsteht er?*

3) *Was sind Lösskindl und wie entstehen sie?*

4) *Was sind Pseudomycellien und wie entstehen sie?*

5) *Was sind „Calcretes“ und wie entstehen sie?*

6) *Wie entstehen Quellkalke?*

7) *Was sind Seekalke und wie entstehen sie?*

Entsalzung und Versalzung

Unter **Versalzung** versteht man die Anreicherung von überwiegend Na-haltigen Salzen ($NaCl$, Na_2SO_4, Na_2CO_3), seltener von Sulfaten (Gips $CaSO_4$ x $2H_2O$), Chloriden ($CaCl_2$), Nitraten ($NaNO_3$) und Boraten ($MgAl\ BO_4$). Salzhaltige Böden sind meistens schwach sauer (bei hohem Gipsgehalt) bis stark alkalisch (bei hohem Soda-Gehalt).

Salze verkitten das Bodengefüge bei Austrocknung und hohe Na-Gehalte belegen die Austauscher im Boden mit der Folge einer Flockung bzw. Peptisierung der Tonminerale. Sie lassen die atomare Zwischenschicht von Montmorilloniten durch Na-Belegung irreversibel zusammenklappen.

Mögliche **Folgen von Bodenversalzungen** sind:

- leichte Verschlämmungen des Oberbodens und dadurch erhöhte Bodenerosion;
- eine Reduzierung der potentiellen Kationenaustauschkapazitäten (KAK_{pot}) und
- eine Reduzierung des Anteils pflanzenverfügbarer Wasserspeicherungen.

Hohe Salzgehalte erschweren den Pflanzenwuchs, da nur wenige salztolerante Pflanzen die zur Wasseraufnahme im Wurzelraum notwendige erhöhte osmotische Saugleistung besitzen. Chlor und Bor sind außerdem toxisch.

Genetisch gibt es verschiedene Ursachen für Bodenversalzungen:

1. Versalzungen durch **Salz-Aerosole** führende Niederschläge (Tagwasserversalzung). Da diese in der Regel aus dem Meer stammen und im Küstenraum deponiert werden, handelt es sich meistens um Steinsalze (NaCl).
   In ariden Gebieten können Salz-Aerosole bei der Verdunstung der Niederschläge im Boden angereichert werden. Die Menge hängt von der Nähe zum Meer, der Niederschlagsmenge, der Verdunstungsrate (Evaporation) und der Wasserdurchlässigkeit des Bodens ab. Gut drainierte Sandböden sind eher relativ salzarm, tonreiche Böden tendieren stärker zur Salzakkumulation.
2. **Natürliche Grundwasserversalzungen** gibt es in humiden Klimaten nur in Meeresnähe, z.B. bei nicht eingedeichten Marschen oder Flussmarschen.
   In ariden Klimaten können dagegen mit dem aszendenten Bodenwasserstrom im Grundwasser gelöste Salze (Ursprung meist lithogen) durch kapillaren Aufstieg an die Oberfläche gelangen (Bild 3.1.16). In umgekehrter Reihenfolge zur Löslichkeit werden zuerst Calcit ($CaCO_3$), dann Gips ($CaSO_4$ x 2 H_2O), dann Soda (Na_2CO_3 x $10H_2O$) und Natriumsulfat (Glaubersalz, Na_2SO_2) und zuletzt Na- und Ca-Chloride und Nitrate ausgefällt. Es entstehen Salzbänke und Salzkrusten (***salcretes***).

Bild 3.1.16:
Salzsee (*Salitral*) auf der Meseta Hochfläche Ostpatagoniens.

3. **Künstliche Versalzungen**, die in humiden Klimaten auftreten, sind meistens kurzzeitige Phänomene. Sie sind möglich bei Ausbringung von Streusalz, durch Düngung und Berieselung mit Na-reichen Abwässern oder im Küstengebiet im Bereich der Fluss- und Seemarschen durch Eindringen von versalztem Fluss- bzw. Meerwasser. In Abbaugebieten von Salzlagerstätten sind Flüsse und Bäche häufig durch den Eintrag von Abraumsalzen salzreich (z.B. die Werra im Bereich der Kalisalz-Abbaugebiete). Hochwässer und landwirtschaftliche Bewässerungen können dort Salze in die angrenzenden Auen eintragen.

In **ariden Klimaten** ist eine Bewässerung ohne hinreichende Dränung oft die Ursache für das Auftreten von Bodenversalzungen. Dadurch wird der Boden letztlich unfruchtbar. Das Salz stammt aus salzhaltigen Gesteinen im Untergrund oder wird von den Küsten ins Landesinnere verfrachtet und abgeregnet. Selbst sehr geringe Salzkonzentrationen im Flusswasser können bei Nutzung zur Bewässerung im Laufe der Jahre Versalzungen im Boden auslösen. Zur Vermeidung sind Tröpfchen- und Überschussbewässerungen sehr ratsam.

In **humiden Klimaten** wäscht der Regen schon nach wenigen Tagen oder Wochen eventuelle saisonale Salzeinträge aus den Böden. **Entsalzung** ist der hier dominierende Prozess. Schon nach wenigen Jahrzehnten sind die Oberböden in eingedeichten Salzmarschen weitgehend entsalzt, sofern Salzeinträge durch Überflutungen oder aus dem Grundwasser verhindert werden.

Suchen Sie im Internet bei seriösen Quellen Bilder zu Bodenversalzungen und eruieren Sie die Bedeutung des Abbaus von Kalisalzen in Deutschland für eventuelle Salzeinträge in Böden.

Beantworten Sie mit Hilfe des Textes und der Literatur die nachfolgenden Fragen.

1) *Unter welchen Klimabedingungen kommt es zur Anreicherung von Salzen im Oberboden?*
2) *Was sind „salcretes“?*
3) *Was versteht man unter einer „Tagwasserversalzung“?*
4) *Was sind potentielle Ursachen für Bodenversalzungen?*
5) *Welche pedogenen Folgen können Bodenversalzungen haben?*

Vermischungsprozesse

(Bio-, Kryo-, Pelo- und Technoturbation)

Kein Bodenpartikel bleibt über die Jahre an Ort und Stelle, sondern wird, wenn auch meist sehr langsam, in Bewegung gehalten. Dadurch kommt es zur Durchmischung (**Turbation**) von humosen Oberbodenmaterial mit humusfreiem Unterbodenmaterial oder sogar mit lockeren Ausgangsgesteinen.

Potentielle **Auslöser** solcher Partikelverlagerungen sind vor allem:

a) die **Bioturbation**, d.h. die Umlagerung von Bodenpartikeln durch wühlende Bodenlebewesen insbesondere Regenwürmer, Nagetiere (Mäuse, Maulwürfe, Hamster, Ziesel), Ameisen und Termiten, aber auch vom Wind bewegte Pflanzenwurzeln. Dabei gelangen humose Oberbodenpartikel in den Unterboden, erkennbar u.a. in Form von **Krotowinen** (Nagetiergänge; Kap. 2.2: Abb. E1) oder **Wurmröhren**, die mit Humus verfüllt sind. Sichtbare Folgen von Bioturbation sind ein hohlraumreiches, stabiles **Krümelgefüge** im Ah-Horizont sowie **unscharfe (verwischte) Untergrenzen von Bodenhorizonten.**

b) die **Kryoturbation**, d.h. die Umlagerung von Bodenpartikel durch wechselnde Gefrier-Auftau-Prozesse. Sie findet mit jedem Gefrier-Auftau-Wechsel statt und lässt in Frostklimaten jedes Jahr „die Steine aus dem Boden wachsen". Bekannte Großformen in Gebieten mit häufigen Gefrier-Auftau-Wechseln über Dauerfrostboden sind Frostmusterböden und Brodelböden (Bild 3.1.17).

c) die **Peloturbation** (Selbstmulcheffekt), d.h. die Umlagerung von Bodenpartikeln durch häufiges Quellen und Schrumpfen von Tonmineralen bei Durchfeuchtung und Austrocknung. Peloturbation tritt in stark tonhaltigen Böden auf mit hohen Anteilen quellfähiger Tonminerale.

   Insbesondere Smectit-reiche Böden können extrem quellen und schrumpfen. Bei Austrocknung können über 10 cm breite und über 1,5 m tief reichende Trockenrisse entstehen, in denen lose Streu und humose Oberbodenpartikel hineinfallen. Bei Durchfeuchtung führt der Quellungsdruck zur Verknetung, Aufpressung und Vermischung des Bodenmaterials (**Selbstmulcheffekt**) und zu kuppenförmigen Anhebungen und Absenkungen der Oberfläche um einige Dezimeter (**Gilgai-Relief**).

   Vor allem in den sommerfeuchten Tropen kommt es so auf basenreichen Ausgangs-

Bild 3.1.17: Terrassenkörper des Jüngeren Deckenschotters 1 (JD1) der Großen Laber (Schellmann et al. 2010: 124ff.) mit kaltzeitlichem Tropfenboden (Tundragley) in ca. 4,6 m unter Geländeoberfläche (Ksg. *„Hirschberger"* östlich von Mötzing, Straubinger Gäu).

gesteinen (u.a. Kalksteine, kalkreiche Flussablagerungen) oft zur Ausbildung mächtiger, schwarzer bis brauner, tonreicher (meist >50%), humoser Böden: den **Vertisolen** (Tirse). Der Ah-Horizont dieser A-C-Böden kann über 1 m mächtig sein. Vertisole besitzen hohe Nährstoffvorräte, eine günstige KAK und Basensättigung. Nachteilig ist der hohe Totwasseranteil, die extremen quell- und schrumpfungsbedingten Scherbewegungen und die schwere ackerbauliche Bearbeitung. Daher werden viele Vertisole als Weide genutzt.

d) die **Technoturbation**, d.h. die Umlagerung durch technische Werkzeuge vom Grabstock bis hin zum Tiefpflug. Durch die Bodenbearbeitung entsteht ein humoser Oberboden (**Ap-Horizont**; p = Pflug), in den mehr oder minder stark Material aus tieferen Bodenschichten oder aus dem Ausgangsgestein eingearbeitet ist.

Beantworten Sie mit Hilfe des Textes und der Literatur die nachfolgende Fragen.

1) *Was sind Krotowinen?*
2) *Wie entstehen Kryoturbationen?*
3) *Wie erkennt man Kryoturbationen?*
4) *Wie erkennt man Bioturbation? Nennen Sie mindestens zwei Aspekte.*
5) *Was versteht man unter Peloturbation?*
6) *Welches Tonmineral (-gruppe) ist der beste Motor von Peloturbation?*
7) *Was sind Vertisole und wo auf der Erde sind sie verbreitet?*
8) *Was ist ein Gilgai-Relief und wodurch entsteht es?*
9) *Was ist ein Selbstmulcheffekt?*
10) *Wie entsteht ein Ap-Horizont?*

Exkurs: ***Bodenentwicklungen auf verschiedenen Ausgangsgesteinen in Deutschland***

1. Böden auf Karbonatgesteinen (Kalksteine, Dolomite, Mergel) und Sulfatgesteinen (Gips)
2. Böden auf karbonatischen (<2 bis <75 Vol.%) Lockergesteinen (u.a. Löss, fluviatile Sedimente)
3. Böden auf karbonatarmen (<2 Vol.%), quarz- und silikatreichen Lockergesteinen (Flugsande, Dünen)
4. Böden auf karbonatarmen (<2 Vol.%) silikatischen Festgesteinen (Granite, Gneise, Sandsteine)
5. Böden auf Tonsteinen (Fest- und Lockergesteine)
6. Hydromorph geprägte Böden (Pseudogleye, Gleye, Anmoore, Alm, Eisenocker, Nieder- und Hochmoore, Auenböden, Marschböden, Mudden)
7. Zeitdauer der Bodenentwicklung

Innerhalb einer Klimazone hat das Ausgangsgestein einen großen Einfluss auf die Bodenentwicklung (**intrazonale Böden**). So sind innerhalb der gemäßigten, ganzjährig feuchten Mittelbreiten je nach Ausgangsgestein verschiedene **terrestrische** Bodenentwicklungsreihen verbreitet. Dabei ist häufig noch nicht das **Klimaxstadium** (= optimalste Stadium) der Bodenentwicklung erreicht, weil die heutigen Böden erst seit dem Ausgang des Hochglazials der letzten Kaltzeit (vor etwa 15000 Jahren) meist auf periglazial vorverwitterten Landoberflächen nach und nach entstanden sind.

Hinzu treten noch Böden, deren Entwicklung stark durch Grund- oder Stauwasser beeinflusst ist. Zu diesen **semiterrestrischen** oder **hydromorphen** Böden (s.u.) gehören Pseudogleye und Gleye, Anmoore und Moore, Auenböden und Marschböden sowie als **subhydrische** Bodenentwicklungen die Mudden.

Literaturauswahl für alle nachfolgenden Unterkapitel

SCHEFFER, F. & SCHACHTSCHABEL, P. (2018): Lehrbuch der Bodenkunde: Kap. 7.5; Stuttgart (Enke Verl.).

KUNTZE, H., ROESCHMANN, G. & SCHWERDTFEGER, G. (1994): Bodenkunde: Kap. 3.4; Stuttgart.

DON, A. & PRIETZ, R. (2019): Unsere Böden entdecken. Die verborgene Vielfalt unter Feldern und Wiesen. – Berlin (Springer Verl.).

AG Boden (ARBEITSGRUPPE BODEN) (2005): Bodenkundliche Kartieranleitung. – 5. Aufl.; Hannover.

Seriöse Internetquellen: z.B. Umweltämter auf Bundes- und Landesebene.

----

1. Böden auf Karbonatgesteinen (>75Vol.% Karbonat; Kalksteine, Dolomite, Mergel) und Sulfatgesteinen (Gips)

Im Laufe der Zeit bilden sich auf stark karbonathaltigen (>75Vol.%) und sulfatischen Gesteinen (Abb. E1) zunächst Rohböden (**Syroseme, Lockersyroseme**), gefolgt von **Rendzinen** (Bild E1) und in unserem Klima bei langandauernder Entwicklungszeit von einigen zehntausend Jahren ein Kalkstein-Braunlehm (***Terra fusca***). In den Subtropen und Tropen findet man auf relativ jungen Kalksteinoberflächen ebenfalls Rendzinen und Kalkstein-Braunlehme (Bild E2). Erst über mehrere hunderttausend Jahre hinweg führt dort der bodenbildende Prozess der Rubefizierung zur Bildung von Kalkstein-Rotlehmen (***Terra rossa;*** Bild E3). Kalksteinböden werden auch als *Terrae calcis* bezeichnet.

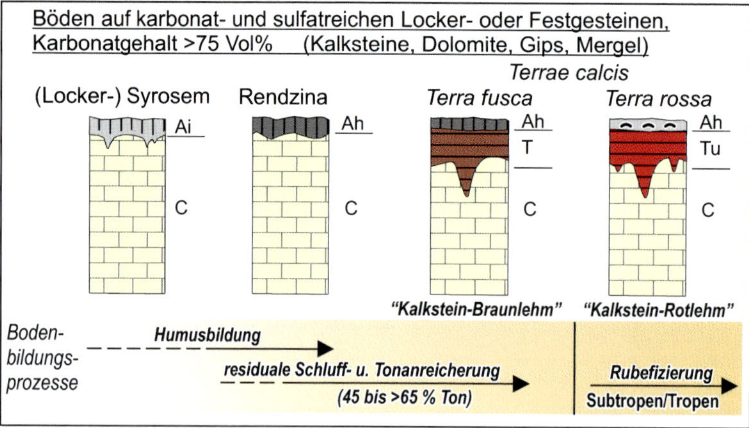

Abb. E1: Bodenentwicklungen auf Karbonat- und Sulfatgesteinen (*Terrae calcis*).

Der wichtigste bodenbildende Prozess ist neben der Humusbildung die Lösungsverwitterung, wodurch die im Ausgangsgestein enthaltenen Karbonate gelöst und die lösungswiderständigen Silikate zurückbleiben, ein Residuum bilden. Deren Korngröße liegt im Schluff- und Tonbereich. Daher wird diese lösungsbedingte Anreicherung von Schluff und Ton im Boden als residuale Schluff- und Tonanreicherung bezeichnet (Abb. E1).

Erstellen Sie mit Hilfe der Literatur und seriöser Internetquellen eine tabellarische Übersicht für jedem Bodentyp, der in Abb. E1 aufgeführt ist.

Diese Übersicht sollte Informationen enthalten zu mindestens folgenden Punkten (zusätzliche

Bild E1:
Rendzina auf Jura (Malm) – Kalksteinschutt am Anstieg zur Fränkischen Alb.

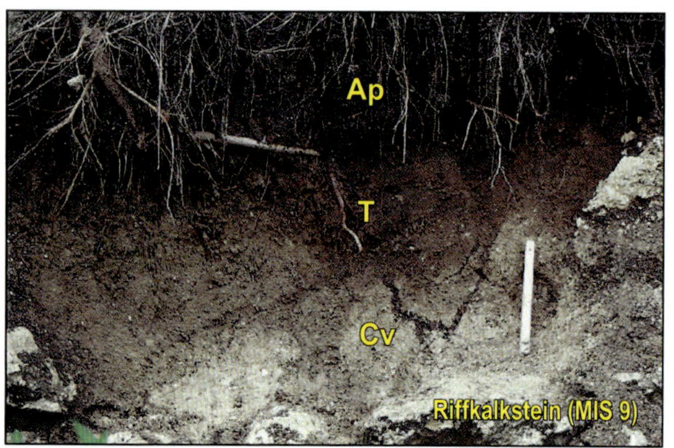

Bild E2:
Geringmächtiger Kalkstein-Braunlehm (*Terra fusca*) auf etwa 300.000 Jahre (MIS 9) alten Riffkalksteinen im Süden von Barbados (Karibik). Der geringmächtige T-Horizont zeigt, wie langsam die Bodenentwicklung auf Kalksteinen selbst auf einer humiden bis subhumiden tropischen Insel voranschreitet. Auf Korallenriffterrassen des letzten Interglazials (MIS 5) konnten sich dort bis heute nur stark humose Rendzinen entwickeln (Details in Schellmann & Radtke 2004a: 45ff.).

Aspekte sind natürlich freigestellt):

- Horizontabfolgen;
- Verbreitung;
- Genese (= bodenbildende Prozesse);
- Ausgangsböden;
- Eigenschaften (z.B. Humusform, Humusgegehalte, Nährstoffhaushalt, KAK, Basensättigung, Wasserhaushalt etc.);
- Nutzung (Ackerbau, Grünland, Forst, evtl. Meliorationen etc.).

Als Orientierung soll das Beispiel in Tab. E1 dienen. Natürlich sind zusätzliche Bilder oder Abbildungen bereichernd. Dabei kann das Internet helfen. Unter dem Motto „Boden des Jahres“ findet man dort teilweise sehr schöne und seriöse Bodenbeschreibungen, häufig unterlegt mit Bildern.

Beantworten Sie mit Hilfe der Literatur die nachfolgenden Fragen.

Bild E3:
Kalkstein-Rotlehm (*Terra rossa*) auf etwa 1 Mio. alten Riffkalksteinen auf Barbados (Karibik).

Tab. E1: Ein Beispiel für eine tabellarische Kurzbeschreibung der Bodenmerkmale einer Pararendzina.

Pararendzina

FAO: Leptosol (gr. *leptos* = dünn)
Horizontabfolge: Ah - IC
Ah <40 cm mächtig (Schwarzerde: Ah >40 cm)

Verbreitung: karbonathaltige feste oder lockere Silikatgesteine (2 bis 75% $CaCO_3$).
Als Klimaxstadium nur in semiariden Gebieten.
In Deutschland in Oberhanglagen, wo durch Bodenerosion karbonathaltiges Material freigelegt

Wichtige bodenbildende Prozesse:

- Humusakkumulation;
- Karbonatverarmung (aber Ah oft noch karbonathaltig);
- Gefügebildung (Krümel- oder Bröckelgefüge), häufig koprogene Aggregate;
- physikalische Verwitterung;
- bei geringen Karbonatgehalten des Ausgangsgestein neigen Pararendzinen zu rascher Verbraunung (ein bis wenige Jahrhunderte).

Ausgangsböden:
Lockersyroseme (Ai - IC) bzw. Syroseme (Ai - mC).

Weiterentwicklung: meist zur Parabraunerde (Ah - Al - Bt - (Bv) - IC), oft über ein kurzes Braunerdestadium (Ah- Bv-C) ; im Spätglazial und Altholozän (Präboreal, Boreal) Weiterentwicklung zur Schwarzerde.

Eigenschaften:

- Humusform mullartiger Moder oder Mull; hohe Ca-Sättigung; Krümelgefüge;
- tiefgründig (lockerer C-Horizont), daher gute Durchwurzelungseigenschaften; gut belüftet;
- bodenchemische Eigenschaften und Nährstoffgehalte stark vom Ausgangsgestein abhängig; pH-Werte basisch bis schwach basisch;
  manchmal Wassermangel bei gut drainenden Standorten (Kalkschotter, Flusssanden);
- ungünstige Eigenschaften besitzen versauerte Pararendzinen unter Nadelwald: geringe biologische Aktivität und ungünstige Sorptionseigenschaften.

Nutzung:

- Flachgründige Pararendzinen auf Festgestein: geringe Durchwurzelung und geringe Wasserkapazität; meist forstlich oder für Weidewirtschaft genutzt.
- Pararendzinen aus Löss und Geschiebemergel: tiefgründig, gut durchwurzelbar auch im C-Horizont, gut durchlüftet und nährstoffreich; hohe nFK; können für Ackerbau oder Weinbau genutzt werden.
- Pararendzinen auf Schottern oder Bauschutt hohe Steingehalte und deshalb geringe Wasserspeicherkapazität.

1) *Warum kann ein Lockersyrosem landwirtschaftlich genutzt werden, ein Syrosem aber nicht?*
2) *Welche Bodenfarbe und welche Bodenart hat der Ah-Horizont einer Rendzina?*
3) *Woher stammen die hohen Ton- und Fein-schluffgehalte im Ah-Horizont von Rendzinen?*
4) *Welches Mineral erzeugt die braune Farbe des Unterbodens einer Terra fusca?*
5) *Welches Mineral erzeugt die rote Farbe des Tu-Horizontes einer Terra rossa?*
6) *Wo auf der Erde findet man Kalkstein-Rotlehme?*
7) *Was versteht man unter einem Klimaxstadium der Bodenentwicklung?*

----

2. Böden auf karbonathaltigen (>2 bis 75 Vol.%) Lockergesteinen (u.a. Löss, fluviatile Sedimente)

Im Laufe der Zeit bilden sich auf karbonathaltigen (>2 bis <75 Vol.% Kalk) Lockergesteinen wie den mächtigen Lössablagerungen in den deutschen Börden und Gäugebieten oder auf vielen fluvialen Sedimenten (Flusskiese, Flusssande, Auelehme) zunächst Rohböden (Lockersyroseme), gefolgt von Pararendzinen und durch Entkalkung, Verbraunung (Bildung von Goethit) und Verlehmung (Tonmineralneubildung) **basenreiche Braunerden** (Abb. E2).

Die optimalste Bodenentwicklung (**Klimaxboden**) auf diesen Sedimentgesteinen ist die **Parabraunerde** (Abb. E2, Bild E4, Bild E5, Bild E6). Zu deren Entstehung ist der bodenbildende Prozess der Lessivierung notwendig, d.h. im Oberboden haben für mehr als 2.500 Jahre unter Laub- und Mischwäldern schwach saure pH-Bedingungen von 5 bis 6,5 geherrscht. Erst dadurch konnten Parabraunerden mit etwa 50 bis 60 cm mächtigem Bt-Horizont entstehen.

Wurzelbahnen, Eiskeilpseudomorphosen oder Kryoturbationen begünstigen ein Tiefergreifen der Verwitterung, wodurch die Untergrenze des Bt- oder Bv-Horizontes manchmal in Verwitterungszapfen mehrere Dezimeter nach unten reicht (Bild E6).

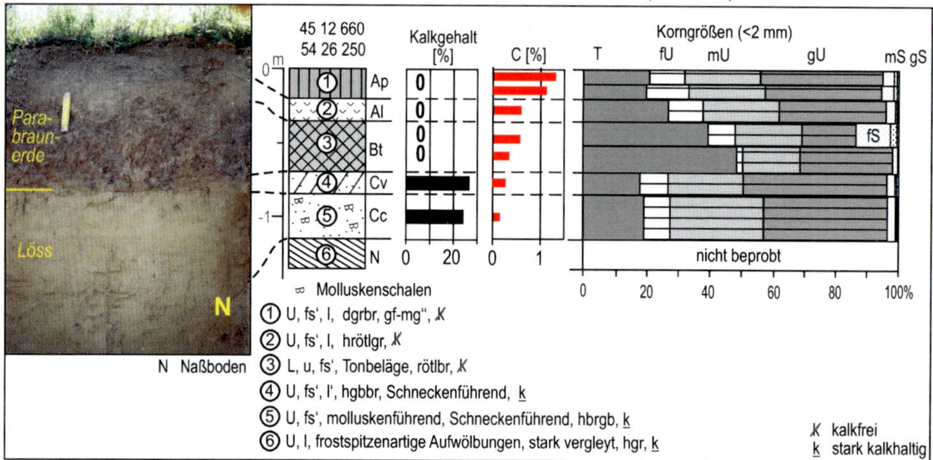

Bild E4: Parabraunerde auf stark kalkhaltigem Würmlöss. Ältere Hochterrasse in Regensburg-Harting (Quelle: Schellmann 1988: Tab. 23).

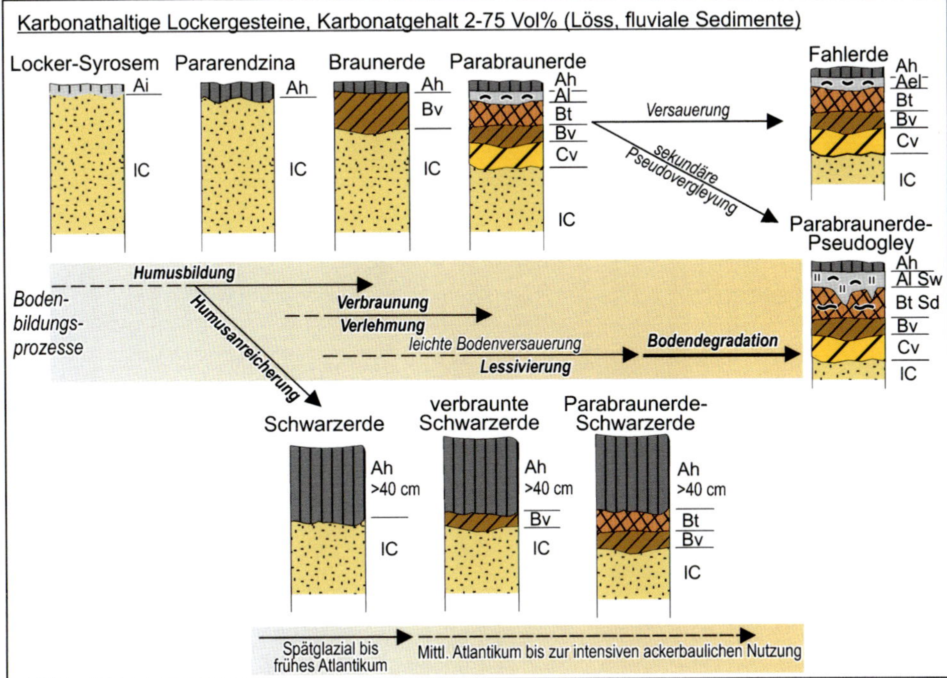

Abb. E2: Bodenentwicklungen auf Löss in Deutschland.

Durch zunehmende Versauerung (z.B. aufgrund langjähriger Bestockung durch Nadelwälder) oder durch sukzessive einsetzende Bodenverdichtungen im zunehmend tonangereicherten Bt-Horizont können sich die guten Bodeneigenschaften von Parabraunerden verschlechtern (**Bodendegradation**). Es können nun **Fahlerden** oder mehr minder stark pseudovergleyte Parabraunerden, im Extremfall **Parabaunerden-Pseudogleye** (Abb. E2) entstehen.

Tatsächlich treten in Lössgebieten eine ganze Reihe dieser und zusätzlicher Bodentypen auf und zwar in Abhängigkeit vom Kleinrelief und von den erodierenden Wirkungen ackerbaulicher Nutzungen (Bodenerosion).

Bild E5:
Rotbraune Schotterparabraunerde auf Flusskiesen und Flusssanden der würmspätglazialen NT3 der Donau südlich von Sarching. Im Ap-Horizont sind durch das Pflügen Ah- und Al-Horizont vermischt worden. Bis an die Untergrenze des gebänderten Bbt-Horizontes ist der ehemals stark kalkhaltige Niederterrassenkies völlig entkalkt. Ein Teil des Kalkes ist im unterlagernden C-Horizont als weiße, mehlige, schwach körnige Kalkausfällungen (Ckc-Horizont) gut sichtbar.

Bild E6:
Rotbraune Bt-Verwitterungszapfen einer Schotterparabraunerde auf Flusskiesen und geringmächtigen Sandlössen der riss-zeitlichen Langweider Hochterrasse nördlich von Augsburg.

Diese vor allem reliefbedingte Bodenabfolge (= **Catena**) bezeichnet man auch als **Boden-Toposequenz** (Abb. E3). Sie kommt zustande:

- durch Bodenerosion im oberen Bereich von Hängen und eine damit verbundene Verkürzung der Bodenprofile teilweise bis hin zum anstehenden Löss;
- durch Akkumulation der erodierten Bodensedimente (Kolluvien) im Bereich des Hangfusses mit Ausbildung kolluvialer Böden;
- durch einen lokal verstärkten Zustrom von Niederschlagswasser in Dellenbereichen und dortigem Wasserstau des Sickerwassers über einem dichten Bt-Horizont im Untergrund (Pseudo-vergleyung);
- in erosionsgeschützen zentralen Bereichen von Lössflächen durch hervorragende Bodenerhaltung auch der Reliktböden des Spätglazials und vor allem des Präboreals bis frühen Atlantikums: den **Schwarzerden** (Bild E7, Bild E8).

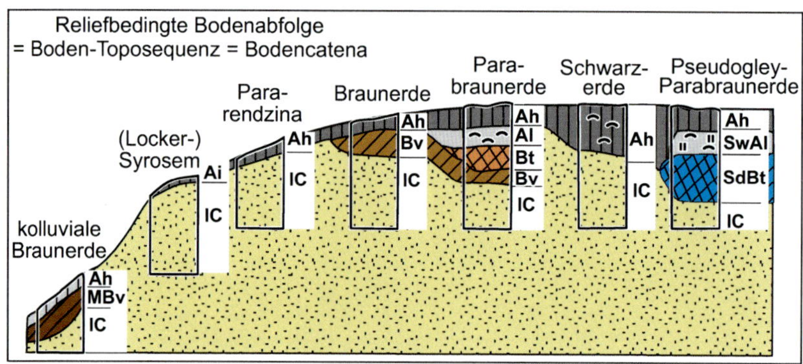

Abb. E3: Reliefbedingte Bodenabfolge (Catena) auf Löss.

Bild E7: Kolluviale Parabraunerde (Ap, Al) über fossiler Schwarzerde (IIfAhBt) auf Jungwürmlöss - Ältere Hochterrasse bei Regensburg-Harting.

Erstellen Sie mit Hilfe der Literatur und seriöser Internetquellen eine **tabellarische Übersicht für jedem Bodentyp,** der in Abb. E2 aufgeführt ist inklusive des Bodentyps der Schwarzerde (Tschernosem). Ausgenommen sind die drei Bodentypen: Parabraunerde-Pseudogley, Braunerde-Schwarzerde und die Parabraunerde-Schwarzerde.

Suchen Sie im Internet von seriösen Quellen eingestellte Bilder zu den einzelnen Bodentypen und versuchen Sie die Bodenhorizonte wiederzufinden.

Beantworten Sie mit Hilfe des Textes und der Literatur die nachfolgenden Fragen.

1) *Welche Eigenschaften (Basensättigung, Humusform, Nährstoffe) hat der humose Oberboden einer Pararendzina auf Löss?*

2) *Auf welchen Standorten findet man in Lössgebieten heute Pararendzinen?*

3) *Welche Eigenschaften (Basensättigung, Humusform, Nährstoffe) haben Braunerden auf Löss?*

4) *Bei welchen pH-Bedingungen kommt es zur Lessivierung?*

5) *Welche Horizontabfolgen haben Tschernoseme?*

6) *Was begünstigt eine Entstehung von Schwarzerden?*

7) *Wann sind die in einigen unserer Lössgebiete erhaltenen Schwarzerden entstanden?*

8) *Wie fruchtbar (Ackerzahlen) sind unsere Schwarzerden?*

9) *Worauf beruht die Fruchtbarkeit (Luft- und Wasserhaushalt, Nährstoffe) von Schwarzerden generell?*

10) *Was sind „degradierte Schwarzerden"?*

11) *Welche pedogenen Neubildungen werden durch Lessivierungen in den Bt-Horizont eingetragen?*

12) *Was versteht man unter einer Boden-Catena?*

13) *In der Abb. E3 ist eine reliefbedingte Bodenabfolge dargestellt. Was sind die Ursachen für die jeweiligen Enwicklungen unterschiedlicher Bodentypen je nachdem, ob sie in Unterhang-, Oberhang- oder Dellenposition (rechts) oder im zentralen Bereich der Lössebene liegen?*

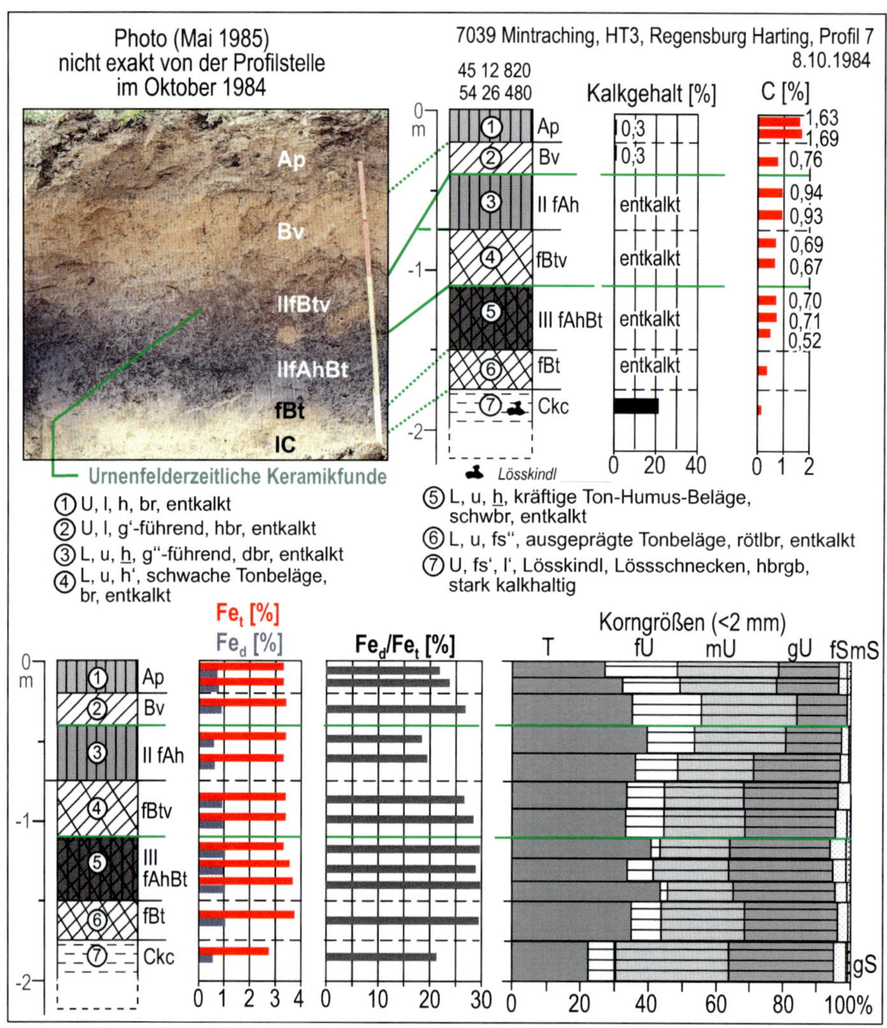

Bild E8: Kolluviale Braunerde über erodiertem Btv-Horizont einer kolluvialen Parabraunerde-Braunerde über fossiler Parabraunerde-Schwarzerde auf anstehendem Würmlöss (Quelle: Schellmann 1988).

14) Was versteht man unter einem Klimaxstadium der Bodenentwicklung?

15) Was versteht man unter Bodendegradation?

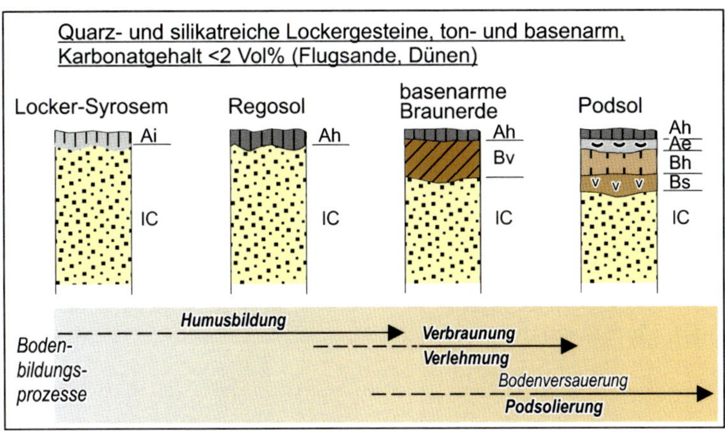

Abb. E4: Bodenentwicklungen auf karbonatfreien oder karbonatarmen Lockergesteinen in Deutschland.

3. Böden auf karbonatarmen (<2Vol.%), quarz- und silikatreichen Lockergesteinen
(Flugsande, Dünen)

Im Laufe der Zeit bilden sich auf karbonatarmen (<2 Vol.% Kalk), quarz- und silikatreichen Lockergesteinen wie den Flugsanddecken Norddeutschlands oder den Flugsanden und Dünen am östlichen Stadtrand von Bamberg zuerst **Lockersyroseme** mit initialen humosen Oberböden (Ai) von weniger als 2 cm Mächtigkeit (Abb. E4).

Mit dem Einzug höherer Pflanzen wird in wenigen Jahren ein humoser Oberboden entstehen und boden-typologisch ein **Regosol** (Ah-lC). Wenige Jahrzehnte später wird sich durch hydrolytische Verwitterung der Gesteinspartikel und die dabei gebildeten pedogenen Mineralneubildungen (Goethit, Tonminerale) ein verbraunter und eventuell schwach verlehmter Unterboden entwickelt haben: eine **basenarme Braunerde** ist entstanden. Mit hoher

Bild E9: Fossiler (begrabener) Podsol in Dünensanden auf dem Darß an der Deutschen Ostseeküste.

Wahrscheinlichkeit werden sich zügig Kiefernwälder ausbreiten. Eine Rohhumusauflage mit aggressiven Fulvosäuren wird dann die Bodenversauerung (pH <4,5) beschleunigen. Es kommt zu ersten Podsolierungserscheinungen und in wenigen Jahrhunderten werden gut entwickelte **Podsole** (Bild E9) weit verbreitet sein.

Erstellen Sie mit Hilfe der Literatur und seriöser Internetquellen eine tabellarische Übersicht für die Bodentypen Regosol und Podsol.

Suchen Sie im Internet von seriösen Quellen eingestellte Bilder zu den beiden Bodentypen und versuchen Sie die Bodenhorizonte wiederzufinden.

Beantworten Sie mit Hilfe des Textes und der Literatur die nachfolgenden Fragen.

1) *Welche Eigenschaften (Basensättigung, Humusform, Nährstoffe) hat der humose Oberboden eines Podsols?*
2) *Welche Eigenschaften (Basensättigung, Humusform, Nährstoffe) haben Braunerden auf Flugsanddecken?*
3) *Welche pH-Werte müssen sich im Oberboden einstellen, um eine Podsolierung auszulösen?*
4) *Was bedeuten die Horizontsymbole Bh und Bs?*
5) *Wie entsteht „Ortstein“?*
6) *Welche Faktoren begünstigen eine Podsolierung?*
7) *Welche Horizontabfolge hat ein Podsol?*
8) *Nennen Sie mindestens 3 Aspekte, wie sich Rendzina und Regosol unterscheiden?*

----

4. Böden auf karbonatarmen (<2 Vol.%) silikatischen Festgesteinen
(Granite, Gneise, Sandsteine)

Im Laufe der Zeit bilden sich auf karbonatarmen (<2 Vol.%) silikatischen Festgesteinen wie den Graniten des Bayerischen Waldes oder den Keupersandsteinen Frankens aus Syrosemen und ihren weniger als 2 cm mächtigen humosen Oberböden gut entwickelte **Ranker** (Abb. E5).

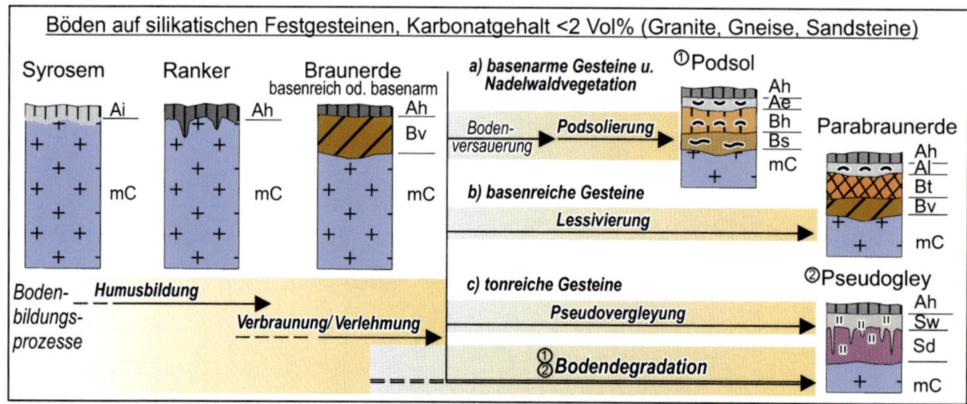

Abb. E5: Bodenentwicklungen auf karbonatfreien oder karbonatarmen Festgesteinen in Deutschland.

Die in der Regel auf den Festgesteinen liegenden periglazialen Schuttdecken der letzten Kaltzeit ermöglichten ein relativ zügiges Fortschreiten der Bodenbildung in die Tiefe. Schon nach wenigen Jahrtausenden können so einige dcm-mächtige, verbraunte und verlehmte Unterböden entstehen. Abhängig vom Ausgangsgestein handelt es sich bodentypologisch um **basenreiche Braunerden** vor allem auf Graniten und Gneisen. **Basenarme Braunerden** dominieren dagegen auf quarzreichen Sandsteinen.

Je nach Basenreichtum des Ausgangsgesteins und je nach Vegetation ob Nadelwald oder Laub-/Mischwald wird die weitere Bodenentwicklung unterschiedlich verlaufen. Auf basenarmen Sandsteinen und unter Nadelwaldvegetation wird es relativ schnell (wenige Jahrhunderte) zur Bodenversauerung, Podsolierung und letztlich zur Ausbildung gut entwickelter Podsole kommen. Auf basenreichen Graniten und Gneisen werden basenreiche Braunerden zum Teil von Lessivierungen betroffen und sich zu Parabraunerden weiter entwickeln. Auf tonreichen Festgesteinen kann sich zunehmend Staunässe einstellen und es können Pseudogleye entstehen.

Erstellen Sie mit Hilfe der Literatur und seriöser Internetquellen eine tabellarische Übersicht für den Bodentyp Ranker.

Suchen Sie im Internet von seriösen Quellen eingestellte Bilder zum Bodentyp Ranker und versuchen Sie die Bodenhorizonte wiederzufinden.

Beantworten Sie mit Hilfe des Textes und der Literatur die nachfolgenden Fragen.

1) *Woher kommt der Name „Ranker"?*
2) *Wo findet man häufig Ranker?*
3) *Welche Horizontabfolge haben Ranker?*
4) *Wovon ist die natürliche Bodenfruchtbarkeit von Braunerden vor allem abhängig?*
5) *Was begünstigt die Entstehung podsolierter Böden auf basenarmen Sandsteinen?*
6) *Welche Folgen hat eine Podsolierung für die Bodengüte?*
7) *Was hat am Ende der Kaltzeit eine zügige Entwicklung unserer Böden sehr begünstigt?*
8) *Welche Bodentypen in Abb. E5 sind das Ergebnis von Bodendegradation und welche Bodentypen sind Klimaxböden?*

----

5. Böden auf Tonsteinen (Fest- und Lockergesteine)

Im Laufe der Zeit bilden sich auf tonigen Festgesteinen wie Schiefergesteine, Phyllite und Serpentinite oder auf tonigen Lockergesteinen mit Tongehalten von über 45% (wie auf den Tonen des Juras und Keupers in Franken) sog. **Pelosole** (gr. *pelos* = Ton) (Abb. E6). Aufgrund ihrer hohen Tongehalte neigen Pelosole zur Staunässe und damit zur Pseudovergleyung. Bei guter lateraler Drainage des Bodenstandortes können lokal auch Braunerde-Pelosole entstehen.

Erstellen Sie mit Hilfe der Literatur und seriöser Internetquellen eine tabellarische Übersicht für den Bodentyp „Pelosol".

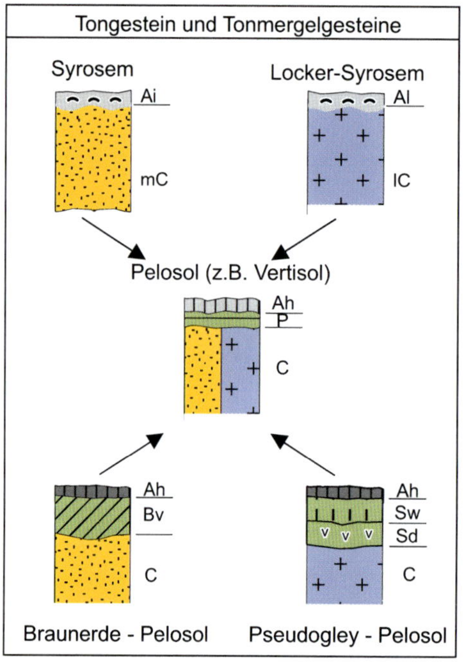

6. Hydromorph geprägte Böden
(Pseudogleye, Gleye, Anmoore, Moore, Auenböden, Marschböden, Wattböden, subhydrische Böden)

Zu den hydromorph geprägten Böden zählen:

- die durch oberflächennah gestautes Niederschlagswasser geprägten Pseudogleye (Abteilung terrestrische Böden, Klasse der Stauwasserböden);
- die unter Grundwassereinfluss (Abteilung der semiterrestrischen Böden) entstandenen Auenböden, Gleye, Anmoore, Niedermoore, Marschen und Strandböden;
- die unter Tideneinfluss (semi-subhydrisch) entstandenen Wattböden sowie die unter Wasserbedeckung (subhydrisch) entstandenen Unterwasserböden der Mudden (Gyttja, Dy, Sapropel) und
- die durch Regenwasser ernährten Hochmoore (Abteilung der Moore).

Abb. E6: Bodenentwicklungen auf karbonatfreien oder -armen Tonsteinen.

Pseudogleye und Gleye wurden bereits in Kap. 3.1.4 (bodenbildende Prozesse) vorgestellt. Im Folgenden werden daher noch Anmoore, Torfe (Moore), Mudden (Gyttja, Dy, Sapropel), Auenböden, Wattböden und Marschböden kurz behandelt.

An dieser Stelle sei ergänzt, dass Pseudogleye mit ausgeprägt langen Nassphasen und extrem geringer Wasserzügigkeit eine besonders starke Nassbleichung erfahren (Abb. E7) mit lateraler Abfuhr von Fe und Mn. Letztere können im tieferen Sw-Horizont wieder ausgefällt werden (**Ockererden**). An solchen extrem feuchten Standorten entwickeln sich **Stagnogleye** (**Molkenboden**, Missenboden), die mit zunehmender Vernässung übergehen in Moor-Stagnogleye und Moore. Stagnogleye sind auf hochgelegenen Verebnungen unserer Mittelgebirge auf tonigem Untergrund verbreitet und nur forstwirtschaftlich nutzbar.

Mit zunehmender Übernässung durch Stau- oder Grundwasser hemmt Sauerstoffmangel den Abbau organischer Substanzen im Boden. Das führt zur Anreicherung unvollständig zersetzter Pflanzen. Dadurch entstehen die semiterrestrischen Humusformen der Anmoore oder Torfe. Am Grunde von Seen können subhydrische Humusformen (Dy, Gyttja, Sapropel) entstehen, die ebenfalls als bodensystematische Einheiten betrachtet werden (s.u.).

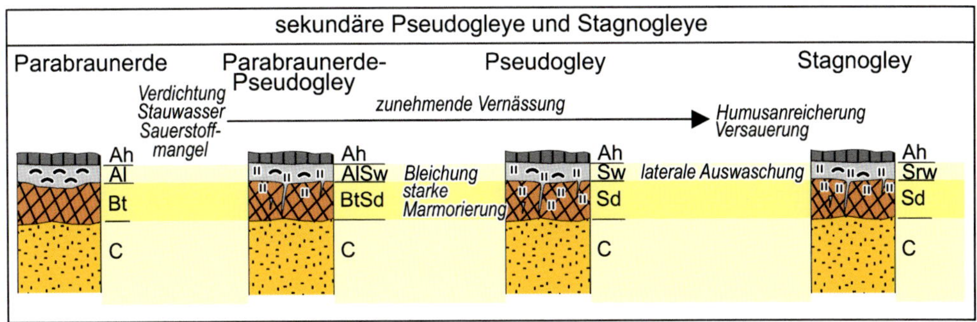

Abb. E7: Stagnogleye (Molkenboden, Missenboden) als Indikator für extreme Staunässe.

Erstellen Sie mit Hilfe der Literatur und seriöser Internetquellen eine tabellarische Übersicht für die drei Bodentypen: „Gley", „Pseudogley" und „Stagnogley".

Suchen Sie im Internet von seriösen Quellen eingestellte Bilder zu den drei Bodentypen und versuchen Sie die Bodenhorizonte wiederzufinden.

Beantworten Sie mit Hilfe des Textes und der Literatur die nachfolgenden Fragen.

1) *Was ist eine Ockererde?*

2) *Was ist ein Molkenboden?*

3) *Wie entstehen Stagnogleye und wo sind sie in Deutschland verbreitet?*

Anmoore, Alm und Eisenocker

Rezente und fossile Anmoore-Horizonte (Aa, fAa) sind in der Regel nur 15 bis 50 cm mächtig. Sie bestehen aus einem Gemisch von Mineralboden (Ton, Schluff, Sand, Lehm) und 15 bis 30 Masse-% humoser Substanzen (AG Boden 2005: 94; Overbeck 1975: 47).

Anmoore sind organo-mineralische Böden, die einen Anteil von Torf oder Torfmudde haben können und C-Gehalte von etwa 7% bis 15% besitzen. Ein organischer Auflagehorizont fehlt. Der Aa- oder fAa-Horizont besteht aus einer Mischung von meist sehr tonigen mineralischen Substanzen und fein verteilten dunkelbraun bis schwarz gefärbten Huminstoffen (Bild E10). Teilweise rührt die dunkle Farbe auch von fein verfeilten Holzkohleflittern (pyrogener Kohlenstoff) oder auch fein verteilten Mn-Oxiden. Darunter folgen im Schwankungsbereich des Grundwassers ein oxidativ geprägte *Go-Horizont* und nach unten im ständig grundwasser-gefüllten Bereich ein reduzierend wirkender, aufgehellter *Gr-Horizont.*

Anmoore besitzen vorwiegend eine schwarze bis schwarzgraue Farbe, sind häufig sehr tonig und manchmal entkalkt. Häufig sind Anmoore bei Abnahme der Vernässung ein Abbauprodukt von Torfen, wobei der Übergang zwischen Niedermoor zu Anmoor oft fließend ist. Auch die Grenze zwischen Anmooren und Mineralböden ist vor allem bei ackerbaulicher Nutzung häufig mit Unsicherheiten behaftet.

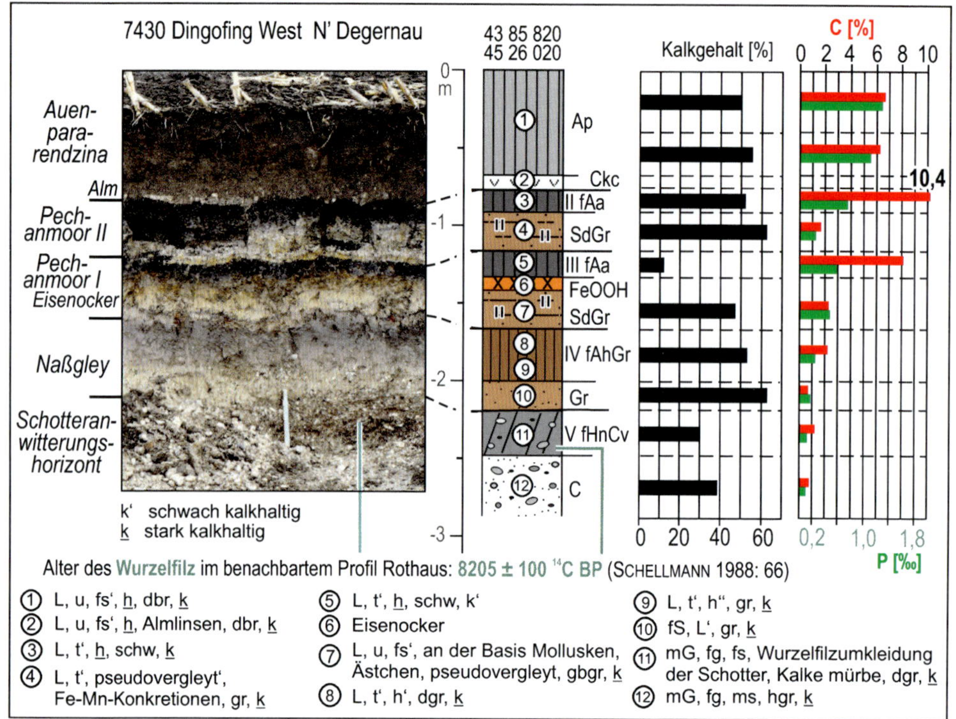

Bild E10:
Feinklastische Füllung einer Hochflutrinne auf der würm-spätglazialen NT3 der unteren Isar bei der Autobahnüberführung nördlich von Degernau mit begrabenen holozänen Pechanmooren, Alm (Ckc) und Eisenocker (FeOOH) (Details in SCHELLMANN 1988: 59ff.). Die Basis bildet der mit Wurzelfilz einer Schilf- und Seggenvegetation durchsetzte und angewitterte Kieskörper der NT3 der Isar. In einem benachbarten Standort datierte ein ähnlicher Wurzelfilz ins späte Boreal vor 8205 ± 100 ^{14}C-Jahren. Darüber folgten drei, durch Oxidation (Go) unterschiedlich stark rostig gefärbte Hochflutmergel getrennt durch den humosen Oberböden eines Naßgleys (IV fAhGor) und zwei Pechanmoore (II und III fAa). Auf dem jüngsten Hochflutmergel am Top der Füllung ist eine beackerte stark kalkhaltige Auenpararendzina (Ap) entwickelt.
Bei den weißen Aufhellungen handelt es sich um konkretionäre Kalkausfällungen (Alm).
Das ältere Pechanmoor II fAa ist deutlich entkalkt, was auf eine längere Bodenbildungszeit von mehreren Jahrhunderten hinweist.

Anmoore sind weit verbreitet in Tälern und Niederungen mit jahreszeitlich hochstehendem Grundwasser, so auch in den Flusstälern des bayerischen Alpenvorlands. Dort wurden schwarze, häufig stark tonige, oft entkalkte Anmoorvarianten von BRUNNACKER (1959a, im Sinne von KUBIENA 1953) als „**Pechanmoore**" bezeichnet. Zum Teil sind sie unter jüngeren Hochflutsedimenten (Bild E10), Niedermooren oder Almausfällungen (Bild E11) begraben. SCHELLMANN (1988; ders. 1998) konnte im unteren Isartal und im Dillinger Donautal (SCHELLMANN 2017b) zeigen, dass die dort verbreiteten alt- und frühmittelholozänen Pechanmoore in morphologischen Hochpositionen bzw. an Trockenstandorten in **Feuchtschwarzerden** (Tschernitzen, Pseudotschernoseme) übergehen.

^{14}C-Datierungen fossilen Anmoorhorizonte (fAa) belegen, dass in verschiedenen Tälern des bayerischen Alpenvorlandes sehr tonige, teilweise entkalkte schwarze Anmoore bzw.

Pechanmoore zu verschiedenen Zeiten vom ausgehenden Spätglazial bis ins ältere Subatlantikum hinein entstanden. Die ältesten fossilen Pechanmoore mit C-Gehalten von bis zu 8,5% sind auf der spätglazialen Niederterrasse 3 (NT3) der Donau oberhalb von Dillingen erhalten. Sie sind wenige Jahrzehnte oder Jahrhunderte jünger als die ^{14}C-Alter von 12.360 ± 60 ^{14}C BP (Bild E12; Schellmann 2017b: Abb. 20) und von 12.657 ± 40 ^{14}C BP (Abb. Schellmann 2017a: Abb. 16). Sie entstanden wahrscheinlich im **Bølling/Allerød-Interstadial**. Die Datierungen wurden an Schneckenschalen und Seggenresten aus unterlagernden Hochflutsedimenten durchgeführt.

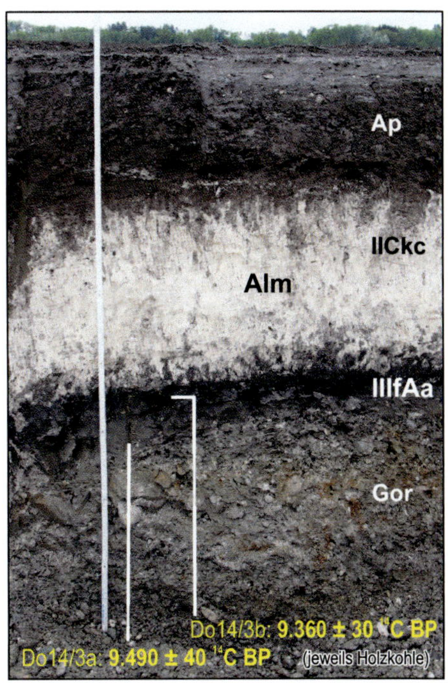

Bild E11:
Präboreales Pechanmoor (fAa) auf der NT3 der Donau südwestlich von Gundelfingen (Quelle: Schellmann 2017b).

Auf der Jüngeren Niederterrasse des Lechs ist nördlich von Langweid an der Basis von Niedermoortorfen ein kalkfreier schwarzer Anmoorhorizont verbreitet der wenig älter als 10.560 ± 40 ^{14}C BP ist (Schielein & Schellmann 2016: 129) und wahrscheinlich eine **allerødzeitliche Bildung** ist.

Im Schmuttertal südlich von Gablingen datieren die ältesten Pechanmoore ebenfalls schon ins **Bølling/Allerød-Interstadial**. Die Datierung eines Holzfragmentes aus einem unter Hochflutlehmen und Niedermoortorfen begrabenen Pechanmoor-Horizont ergab ein Alter von 11.900 ± 35 ^{14}C BP (Schellmann 2018a: Abb. 47).

Die meisten heute von Hochflutsedimenten oder Niedermooren bedeckten Pechanmoore, selten auch Feuchtschwarzerden stammen aus dem **Alt-** und **Mittelholozän**. Im Dillinger Donautal entstanden die ältesten holozänen Bildungen einer Feuchtschwarzerde-Pechanmoor Sequenz im **Präboreal bis älteres Atlantikum** und zwar im Zeitraum zwischen wenige Jahrzehnte nach 9.740 und 7.130 ^{14}C-Jahren (Bild E13) sowie vor etwa 9.360 ^{14}C-Jahren (Bild E11).

Auch in der Talaue der Großen Laber südlich von Regensburg existierten im **späten Präboreal** lokal ebenfalls Pechanmoore, wenige Jahrzehnte nach 9.370 ± 50 ^{14}C BP (Schellmann 2018b: Abb. 4, 192ff.).

Die Zeit lokaler Pechanmoore dauerte in verschiedenen Alpenvorlandstälern regional und lokal im Boreal an. Entsprechende Vorkommen sind im Dillinger Donautal datiert mit

Altern von wenig jünger als 8.788 ± 31 ^{14}C BP (C-Gehalt: 6,9%, Bild E14) und wenig älter als 8.352 ± 27 ^{14}C BP (Schellmann 2017b). Ebenfalls ins **Boreal** vor etwa 8.300 ^{14}C-Jahren datiert ein fossiles Pechanmoor im Schmuttertal (Schellmann 2016a: 34; Schellmann 2016b: 101; Schielein & Schellmann 2016: 127ff.).

Viele fossile Pechanmoore stammen aber aus dem **Atlantikum**, **Subboreal** und **älterem Subatlantikum** bis vor etwa 2.000 ^{14}C-Jahren. Entsprechende Datierungen liegen u.a. aus dem Dillinger Donautal (Bild E13 rechts), dem Moosburger Isar- und Ampertal (Schellmann 2018a), vom Seitental der Glött südlich von Dillingen (Schellmann 2017b), vom Tal der Kleinen Laber (Niller 2001; Schellmann 2018b: 194ff.) und der Talaue der Großen Laber südlich von Regensburg vor (Schellmann 2018b: 194ff.; Schellmann 2018c: 227ff.).

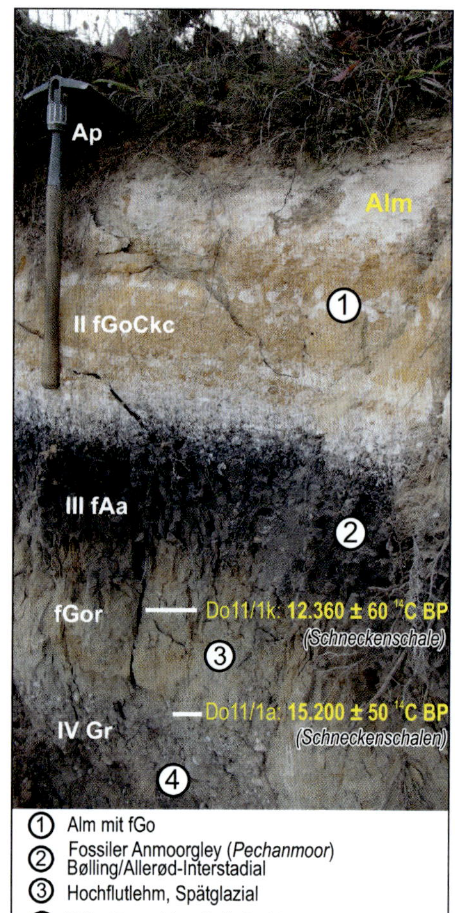

Bild E12:
Spätglaziales Pechanmoor (IIIfAa) auf der NT3 der Donau südwestlich von Gundelfingen (Quelle: Schellmann 2017b).

Auffällig ist das Fehler stark humoser Pechanmoore im Bereich der jüngeren, mittelalterlichen bis neuzeitlichen Talauen. Weder im Donau-, Isar-, Amper- und Lechtal und auch nicht im Großen und Kleinen Labertal konnten bisher fossile oder rezente Pechanmoore aus dieser Zeit gefunden werden. Wahrscheinlich verhinderte im Bereich dieser jungen Auenflächen eine erhöhte Hochflutsedimentation klastischer Sedimente seit dem jüngeren Subatlantikum zunehmend die Bildung stark humoser und tonreicher Pechanmoore.

Die Bedeutung der Ablagerungsmenge von Hochflutsedimenten verdeutlicht die manchmal zu beobachtende Aufteilung humoser Oberböden von Auenschwarzerden bei deren Übergang in einzelne Aurinnen. Dort teilen sie sich manchmal in zwei, durch feinklastische Aurinnensedimente getrennte humose Bodenhorizonte auf (Bild E15). Aurinnen sind natürliche Leitbahnen des Hochwassers, so dass dort nur bei stark abgeschwächter Hochwassertätigkeit humose Böden in Form von Anmooren, Anmoorgleyen, Gleyen oder Naßgleyen (Abb. E11) entstehen können. Im vorliegenden Beispiel (Bild E15) einer Aurinne und ihrer Umgebung auf der präborealen/borealen H1-Terrasse der Donau nahe

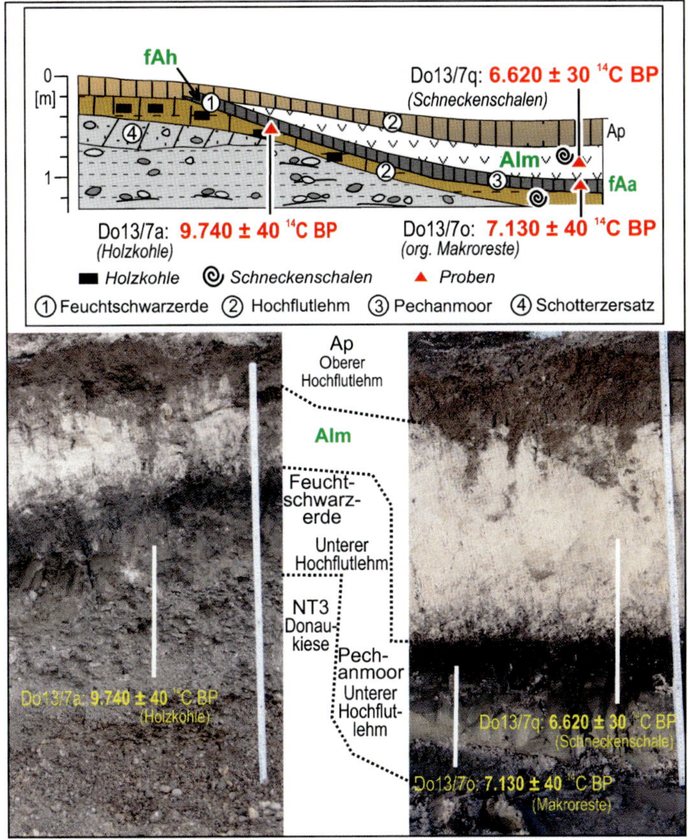

Bild E13: Präboreale bis atlantische Pechanmoor-Alm-Hochflutlehm Sequenz auf der NT3 der bayerischen Donau südwestlich von Gundelfingen überlagert von Alm, der im späten Atlantikum ausgefällt wurde. Wegen potentieller „Hartwassereffekte" ist die datierte Schneckenschale einige Jahrhunderte jünger als 6.620 ± 30 ^{14}C BP (Details in Schellmann 2017b).

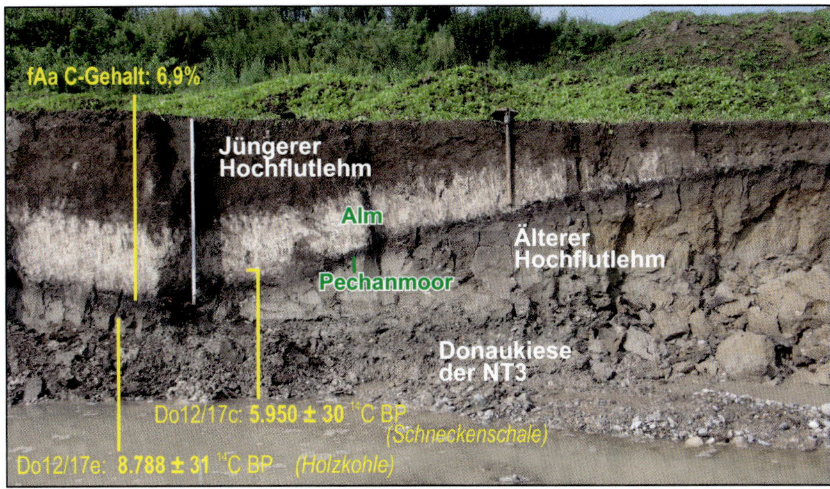

Bild E14: Boreales Pechanmoor auf der NT3 der bayerischen Donau südwestlich von Gundelfingen überlagert von Alm, der im späten Atlantikum/frühen Subboreal ausgefällt wurde. Wegen potentieller „Hartwassereffekte" ist die datierte Schneckenschale einige Jahrhunderte jünger als 5.950 ± 30 ^{14}C BP (Details in Schellmann 2017b).

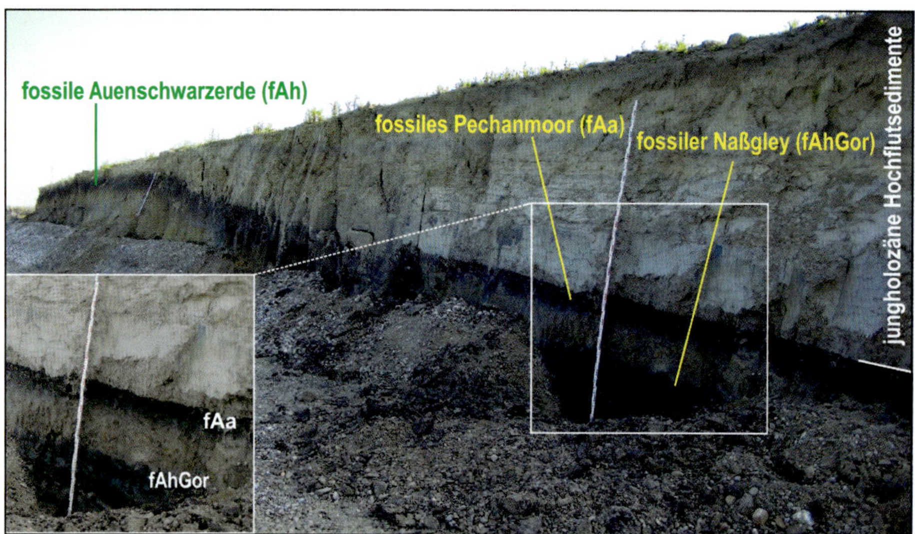

Bild E15:
Eine unter jungholozänen Auensedimenten begrabene Auenschwarzerde (Pseudotschernosem, Tschernitza) auf der H1-Terrasse der Donau oberhalb der Lechmündung (Kiesgrube *Reichertswert*). Die Auenschwarzerde (fAh) teilt sich beim Übergang in die angrenzende Aurinne in zwei humose Böden auf: einem liegenden fossilen Naßgley (fAhGor) und einem hangenden, stark humosen schwarzen Anmoor (Pechanmoor, fAa). Beide Böden sind durch lehmige Aurinnensedimente getrennt. Den Abschluss bilden jungholozäne Hochflutsedimente, auf denen eine schwach verbraunte kalkhaltige Auenpararendzina entwickelt ist.

der Lechmündung konnte sich dagegen in weniger hochwassergefährdeten Auenpositionen die Entwicklung humoser Pseudotschernoseme (Feuchtschwarzerden, Tschernitza) scheinbar ungestört längere Zeit fortsetzen, während sie in der Aurinne durch Ablagerung von Aurinnensedimenten zeitweilig unterbrochen wurde. Dort entwickelten sich zwei durch Aurinnenlehme getrennte Böden: ein Naßgley im Liegenden und ein Pechanmoor im Hangenden. Im Jungholozän wurden sie alle von Hochflutsedimenten überdeckt (Bild E15).

Bei hochstehendem Grundwasser werden Anmoore meist als Gründland oder Wald genutzt, bei durch den Menschen abgesenktem Grundwasser auch ackerbaulich. Äcker sind bei Austrocknung anfällig für Winderosion, da die stark zersetzte organische Substanz einen hohen Benetzungswiderstand gegenüber Wasser bei geringer gegenseitiger Kokäsion (relativ lockere Einzelpartikel) besitzt.

Alm (Wiesenkalk)

Alm (Wiesenkalk), abgeleitet von *„terra alba"* (Münichsdorfer 1927: 59), ist eine weiße, ungeschichtete, lockere, sandig bis mehlige Kalkausfällung aus fast reinem Kalziumkarbonat (95-98% $CaCO_3$). Manchmal ist der Alm auch stark verhärtet. Dann wird er als Kalktuff oder Röhrentuff bezeichnet.

Alm führt häufig Molluskenschalen und ist häufig mit Eisenocker, An- und Niedermooren vergesellschaftet (Jerz 1986: 45f.; ders. 1983; Vidal et al. 1966: 178). Alm ist vor

Bild E16: Ausfällungen von Eisenocker in einer von holozänen Hochflutlehmen und Pechanmooren verfüllten Aurinne auf der NT3 der Isar nördlich von Degernau (Details in SCHELLMANN 1988).

allem ein typischer Quellkalk, der bei Austritt kalkgesättigter Grundwässer entsteht. Dabei geht man davon aus, dass Almbildungen klimatisch bedingt durch höhere Niederschläge im Sommer oder durch einen lokal erhöhten karbonatreichen Grundwasserspiegel (Karstgrundwasser) ausgelöst werden (u.a. JERZ 1983; BRUNNACKER 1959b). In Niedermoorgebieten kann es zur Unterbrechung der Torfbildung kommen. Mit der Genese der Almbildungen in Südbayern befassen sich JERZ (1983) und weitere dort zitierte Arbeiten.

Alm tritt in vielen, karbonatreiche Schotter führenden Tälern des bayerischen Alpenvorlandes auf, fast immer mit Vorkommen von Anmooren, Niedermooren und Eisenocker (Bilder E10 bis E14, Bild E16). Seine größte Verbreitung hat er am Nordrand der Münchener Schotterebene, im Erdinger-, Freisinger- und Dachauer Moos (VIDAL et al. 1966) sowie im Donauried bzw. Donaumoos.

Nach GÖTTLICH (1952; ders. 1979) bildeten sich die im Schwäbisch-Bayerischen Donaumoos verbreiteten Alm- und Kalktuffablagerungen vor allem in drei Zeitabschnitten: an der Wende Präboreal/ Boreal, im frühen älteren Atlantikum und an der Wende vom mittleren zum späten Atlantikum. JERZ (1983) stellt in einer Zusammenstellung der Almvorkommen in Südbayern fest, dass der Höhepunkt holozäner Almbildungen in Südbayern wahrscheinlich in das mittlere Atlantikum fällt. Letzterem entsprechen neuere Datierungen aus dem bayerischen Donaumoos südwestlich von Gundelfingen. Dort ist Alm zum Teil flächenhaft auf der NT3 der Donau verbreitet. Er tritt an der Oberfläche auf oder unter einer Bedeckung von wenige Dezimeter mächtigen Hochflutlehmen. Er besitzt im Mittel Mächtigkeiten von 10 bis 50 cm, teilweise auch von über einem Meter. ^{14}C-Datierungen an eingelagerten Schneckenschalen und das Alter unterlagernder Pechanmoore (Bild E13, Bild E14) belegen dort eine Bildung ab dem mittleren Atlantikum und ein weitgehendes Ende der Almausfällung wahrscheinlich zu Beginn des Subboreals (Schellmann 2017a: 56f.).

Auch im Bereich der Anmoor- und Niedermoorgebiete des Moosburger Isartal treten häufiger örtlich begrenzte Linsen oder Lagen von Alm auf. Neuere Datierungen weisen darauf hin, dass dort die ältesten Almlagen im Atlantikum einige Zeit nach 7.400 ^{14}C BP entstanden und jüngere Almvorkommen wahrscheinlich erst im Subboreal nach 4.700 ^{14}C BP (Schellmann 2018a). Diese neuen Altershinweise stehen im Einklang mit den pollenanalytischen Untersuchungen von Schmeidl (in Brunnacker 1959a: 61ff.) im Bereich des Erdinger Moos, wonach dort die Almausfällungen im mittleren Atlantikum spätestens zu Beginn der Pollenzone VII begannen. Das Ende der Almbildung im Erdinger Moos sehen Vidal et al. (1966: 192) im frühen Subatlantikum in einer durch keltenzeitliche Rodung bedingten Änderung des Grundwasserhaushaltes.

Eisenocker

In vielen Talauen des bayerischen Alpenvorlandes sind im Grundwasser hohe Konzentrationen von gelösten Eisen- und Manganverbindungen vorhanden. Sie werden im Go-Horizont ausgefällt. Dadurch kann es im Laufe der Zeit zu extremen Eisenanreicherungen in Form von rostbraunem Eisenocker kommen (Bild E16) bis hin zu konkretionären Krusten aus Raseneisenstein. Eisenocker tritt nur lokal und fast ausschließlich in spätglazialen und altholozänen Anmoorgebieten auf.

Torfböden bzw. Moore

Als **Torfboden** bzw. **Moor** bezeichnet man Horizonte mit ≥30% organischer Substanz und mit einer Mächtigkeit von >30 cm einschließlich zwischengeschalteter Mudden und mineralischer Schichten. Die Bestimmung mehr oder minder stark zersetzter Pflanzenreste ermöglicht Rückschlüsse auf die Moorentwicklung und eine Gliederung verschiedener Torfarten wie zum Beispiel Kiefern-, Birken- oder Erlen-Bruchwaldtorfe, Heidekrauttorfe, Bleichmoostorfe (*Spagnum*-Arten), Laubmoostorfe, Wollgrastorfe, Blasenbinsentorfe, Schilftorfe und Schneidriedtorfe (Sauerbrey & Zeitz 1999: Tab. 5).

Moore entstehen, wenn Wasserübersättigung (hohes Grundwasser, Oberflächenwasser) Luftmangel erzeugt, der den Abbau der Streu hemmt und sich dadurch große Mengen organischer Substanzen als Torf anhäufen. Durch die Akkumulation ständig neuer Torflagen wächst das Moor nach oben. Dabei ist nur der oberste durchwurzelte Bereich der eigentliche Moorboden.

Charakteristisch ist die große Porosität von Torfen, was deren besondere hydrologische Eigenschaft als Wasserspeicher bedingt. Sie können bis zu 95% und mehr aus Wasser bestehen (Sauerbrey & Zeitz 1999: 1). Zudem sind Torfe bedeutende Kohlenstoff (C)- und Stickstoff (N)-Speicher. Allerdings kommt es bei Luftzutritt in trockenen Sommern oder durch Entwässerung von Mooren unter aeroben (luftführenden) Bedingungen zum oxidativen Abbau, zur mikrobiellen Mineralisierung der Torfe. Das führt einerseits zur erhöhten

Freisetzung von Kohlendioxid (CO_2) und Lachgas (N_2O), aber andererseits auch zur deutlichen Reduktion von Methan (CH_4)-Emissionen (siehe auch Höper 2007). Auf 100 Jahre gerechnet besitzen Methan und Lachgas ein 20 bis 60-mal (CH_4) bzw. 265 bis 310-mal (N_2O) höheres Treibhauspotential als CO_2.

In vernässten, vor allem nährstoffreichen Mooren setzen dagegen Mikroorganismen unter anaeroben Bedingungen (Sauerstoffmangel) leicht abbaubare organische Kohlenstoffverbindungen verstärkt zu Methan (CH4) um. Zudem wird unter Wassersättigung das unvollständig zersetzte Pflanzenmaterial in Form von Torf angehäuft (Kohlenstoffsenke). Man nimmt an, dass bei Wasserständen von 0 bis 10 cm unter Flur die Treibhausgas-Emissionen eines Moores am niedrigsten sind, wenn auch insgesamt immer noch klimabelastend (Abel et al. 2019: 3).

In Deutschland sind etwa 4% der Landfläche von Mooren bedeckt vor allem im norddeutschen Flachland und im bayerischen und schwäbischen Alpenvorland. Die meisten Moore sind heutzutage entwässert und werden landwirtschaftlich genutzt.

Niedermoore

Häufig unterscheidet man zwischen *Niedermoor-, Übergangsmoor-* und *Hochmoortorf,* wobei der Typ des Übergangsmoores nicht unumstritten ist (Caspers 2010). **Niedermoore** (*nH-Horizont*) entstehen meist aus der Verlandung nährstoffreicher Gewässer (Abb. E8), bei hohen Grundwasserständen, starken Hang- oder Quellwasseraustritten oder durch Überflutungswasser (geogene bzw. **topogene Moore**) mit starker Zersetzung der Pflanzenresiduen von Schilf (*Phragmites*), Seggen (*Carex*), Moosen, Rohrkolben (*Typha*), Farnen, Erlen (*Alnus*) und Weiden (*Salix*). Hydrologisch unterscheidet man zwischen Versumpfungs-, Verlandungs-, Durchströmungs-, Überflutungs-, Kessel-, Quell- und Hangmooren (u.a. AG Boden 1994: 223; Sauerbrey & Zeitz 1999).

Versumpfungsmoore entstehen durch langsamen Grundwasseranstieg auf wasserdurchlässigem Untergrund (Grundwasser-Versumpfungsmoor) oder durch oberflächennah zufließendes Wasser auf stauendem Untergrund (Stauwasser-Versumpfungsmoor). Sie bestehen in der Regel aus Bruchwald- und Seggentorfen. Die Torfe sind meist geringmächtig. Es ist der in Deutschland am weitesten verbreitete Niedermoortyp und ist in vielen Talauen verbreitet.

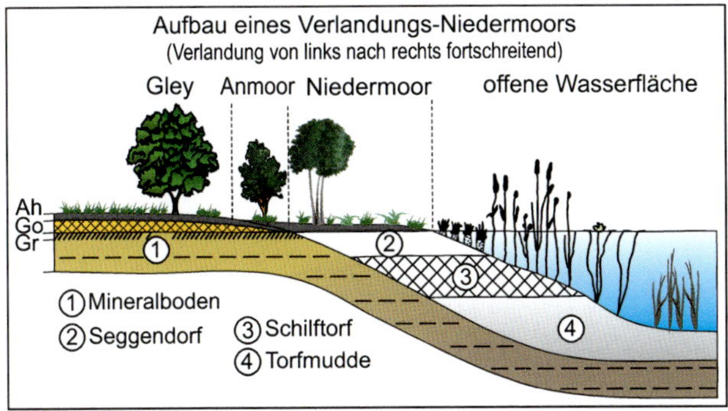

Abb. E8: Aufbau eines Verlandungs-Niedermoores (Quelle v.a. Blum 2012).

Verlandungsmoore (Abb. E8) entstehen durch Verlandung eines Stillgewässers. Sie besitzen mehr oder minder mächtige Mudden an der Basis und darüber liegende Torfe, deren Mächtigkeit in der Regel zum Zentrum des Moores zunimmt.

Überflutungsmoore entstehen durch zeitweilige und länger andauernde Überflutungen in Flussauen (Auen-Überflutungsmoore) oder an Küsten (Küsten-Überflutungsmoore). Bei ihnen wechseln oft mineralreiche Torfe mit Mudden oder mineralischen Ablagerungen (Sande, Schluffe und Tone), die bei Überflutungen ins Moor eingetragen wurden. Die Küsten-Überflutungsmoore bestehen aus Schilftorfen, die Auen-Überflutungsmoore aus engräumigen Wechseln von Erlenbruchwaldtorf, Schilf- und Seggentorf.

Kesselmoore entstehen in kleinräumigen, abflusslosen Hohlformen wie vor allem Toteislöcher, aber auch Dolinen und Maaren. Notwendig ist eine Abdichtung des Untergrundes durch Muddeschichten oder durch pflanzliche Substanzen (Kolmation).

Quellmoore entstehen im Bereich von Quellaustritten an Talrändern und Hängen mit ständiger und ergiebiger Wasserschüttung ohne dauerhafte Ausbildung von Gewässern. Durch die Torfbildung kommt es zum Rückstau des Wassers, was die Durchfeuchtung des Moores begünstigt. Der meist stark zersetzte Torfkörper ist oft durchsetzt mit Kalkablagerungen, Eisenausfällungen oder geringmächtigen Mudden, Sanden und Schluffen. Er erhebt sich meist über die umgebende Oberfläche.

Hangmoore entstehen an flachen Hängen durch austretendes Hangwasser auf stauendem Untergrund. Das Moorwachstum ist hangaufwärts gerichtet, was zum Rückstau des Hangwassers beim Eintritt in das Moor führt und das Moorwachstum zusätzlich fördert. Hangmoore findet man vorwiegend in den Mittelgebirgen und in den Alpen.

Durchströmungsmoore entstehen an Talrändern durch ständigen Grundwasseraustritt, wobei das Wasser zum Vorfluter fließt. Das talwärts abfließende Wassers wird mit Aufwachsen des Torfkörpers zurück gestaut, was zusätzlich die Torfbildung fördert. Die Mooroberfläche ist oft deutlich zum Vorfluter hin geneigt. Durchströmungsmoore findet man zum Beispiel in Flusstälern der Jungmoränengebiete und im Alpenvorland wie im Schwäbisch-Bayerischen Donauried (Abb. E9; u.a. SCHELLMANN 2017a, ders. 2017b). Sie besitzen meist mehrere Meter mächtige Torfkörper.

Niedermoore können (MEIER-UHLHERR et al. 2015):
- sauer (pH <4,8) und mäßig nährstoffarm (mesotroph-sauer) sein;
- basenreich (pH 4,8 bis 6,4) und mäßig nährstoffarm (mesotroph-subneutral) sein;
- kalkhaltig (pH >6,4) und mäßig nährstoffarm (mesotroph-alkalisch) sein,
- oder nährstoffreich (eutroph; pH ca. 3,2 bis 7,5) sein.

Niedermoore (engl. *fen*) werden in Süddeutschland oft bayerisch als **Moos** (z.B. Donaumoos, Erdinger Moos) oder schwäbisch als **Ried** (z.B. Donauried) bezeichnet, in Norddeutschland auch als **Fenn, Fehn** oder **Venn** (z.B. Fehnkultur, Hohes Venn in der Eifel).

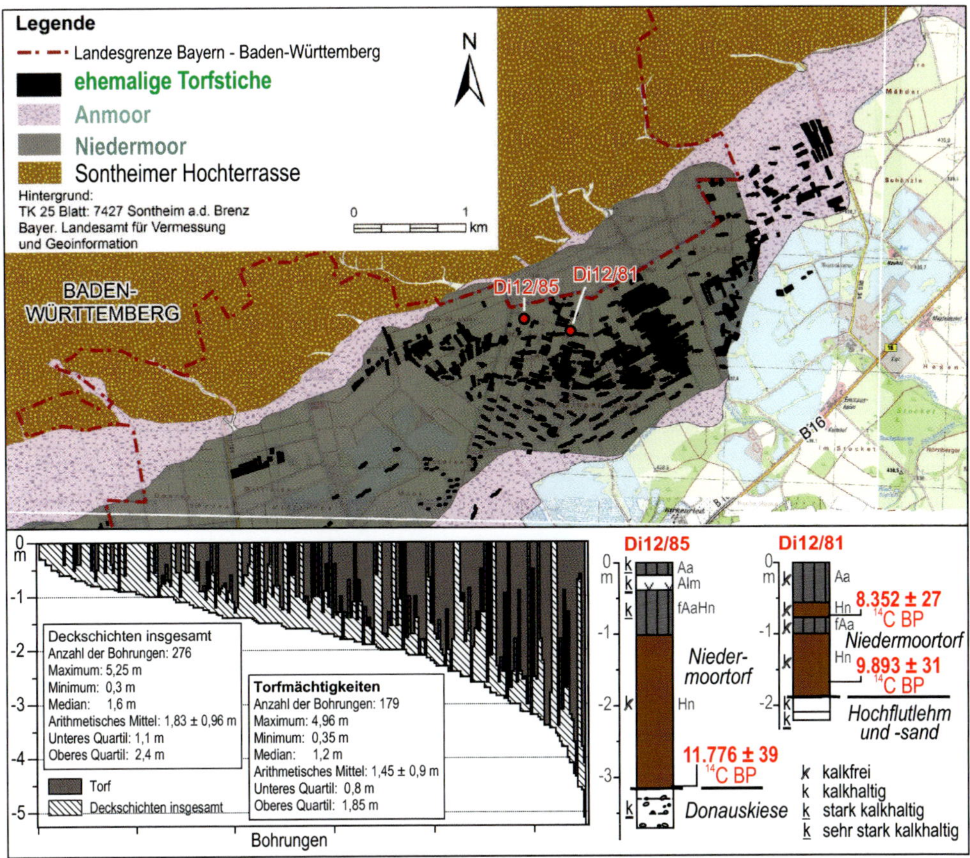

Abb. E9: Heutige Niedermoorverbreitung und Mächtigkeiten der Torfe nach Bohrungen seit den 1950er Jahren im Schwäbisch-Bayerischen Donauried. Größere Areale sind durch Torf- und Kiesabbau zerstört oder durch Entwässerungsgräben trockengelegt oder in wenige Dezimeter mächtige Anmoore umgewandelt (Details in Schellmann 2017a; Kartengrundlage: Top. Karte 1:25 000, ©Bayerische Vermessungsverwaltung 2023).

Dort sind sie typische Bildungen am Marschrand im Übergang zur Geest oder in Niederungen der Geest und der Urstromtäler.

Bodenkundlich wird der Begriff **Ried** für nicht entwässerte, weitgehend unbeeinflusste Niedermoore benutzt, der Begriff **Fen, oder Fen** (Erd-Niedermoor**)** für mäßig entwässerte und vererdete Moorböden sowie der Begriff **Mulm** (Mulm-Niedermoor) für phasenweise stark entwässerte vermulmte Moorböden verwendet. Übergänge sind das Fenried, Erdfen und das Fenmulm (u.a. Sauerbrey & Zeitz 1999: 6).

Ausgedehnte Niedermoorgebiete im bayerischen Alpenvorland sind im Isar-Ampergebiet das Erdinger, Freisinger und Dachauer Moos sowie im schwäbisch-bayerischen Donautal das Donauried bzw. Donaumoos. Daneben gibt es zahlreiche kleinere Niedermoore vor allem in den Randsenken der spätglazialen Niederterrassen und in verlandeten Aurinnen und Altarmen.

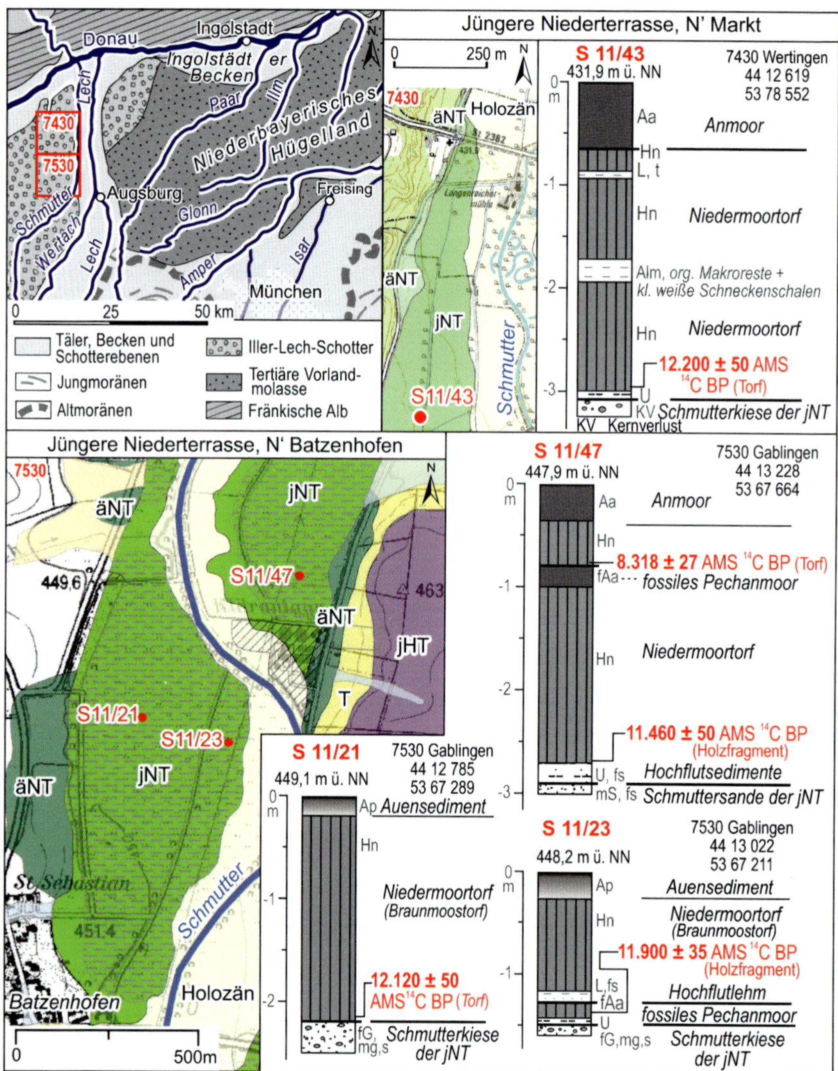

Abb. E10: Die ältesten Torfe im Schmuttertal nördlich von Augsburg (Quellen: SCHELLMANN 2016a; ders 2016b; ders. 2018a; Kartengrundlage: Top. Karte 1:25 000, ©Bayerische Vermessungsverwaltung 2023).

Die Entstehungszeit dieser und anderer Niedermoorgebiete im bayerischen Alpenvorland reicht teilweise bis ins Würm-Spätglazial zurück. Dabei zeigen neuere Datierungen, dass entgegen bisheriger Auffassungen der Aufwuchs der Niedermoortorfe im Donauried nicht erst im Präboreal, sondern lokal schon im Bølling/Allerød-Interstadial einsetzte.

So ergab die Datierung der Torfbasis am Nordwestrand des Naturschutzgebietes „Gundelfinger Moos" ein Alter von 11.776 ± 39 ^{14}C BP (Abb. E9), während an anderer Stelle der Torfaufwuchs erst im Präboreal vor etwa 9.900 ^{14}C-Jahren einsetzte (SCHELLMANN 2017a). Auch im benachbarten bayerischen Brenztal entwickelte sich bereits zu Beginn des Bølling-

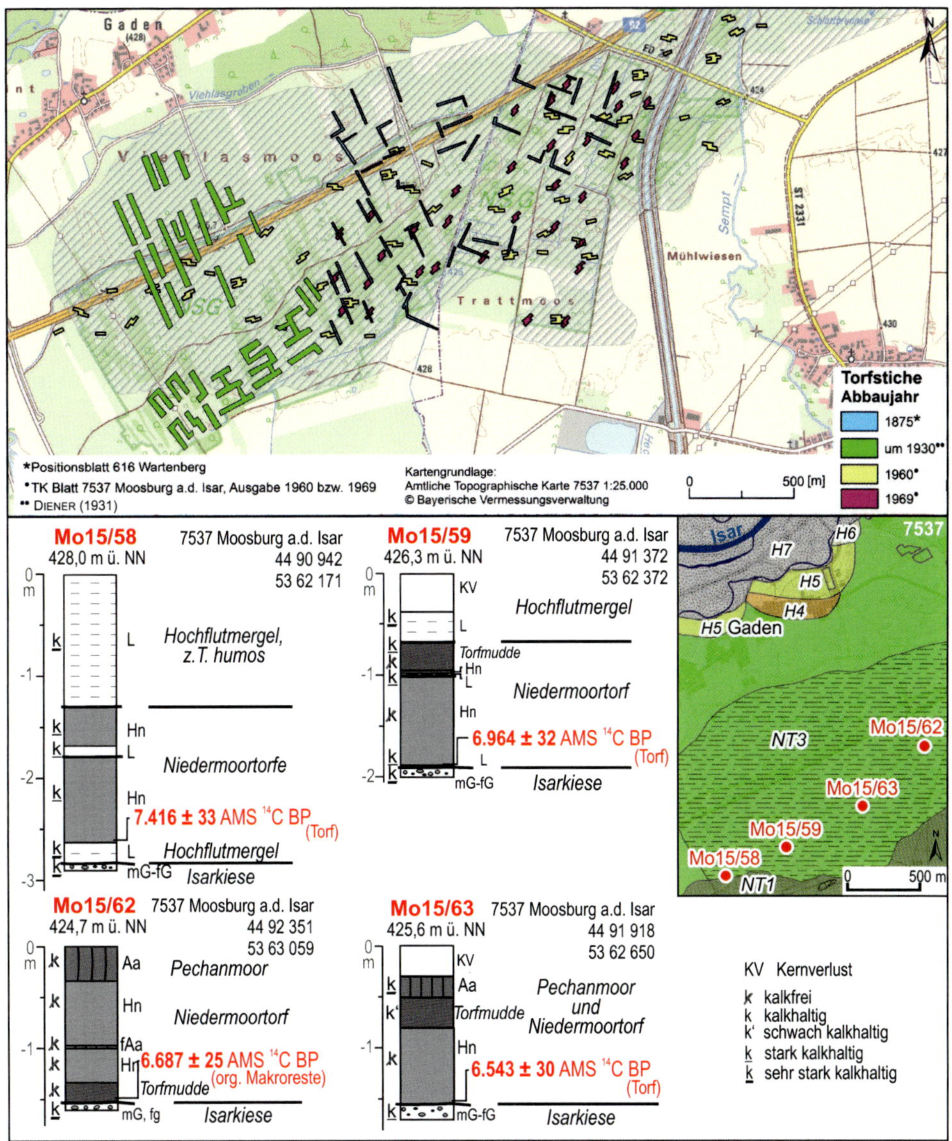

Abb. E11: Ehemalige Torfstiche ab Mitte des 19. Jahrhunderts (seit 1983 Naturschutzgebiet) und ^{14}C-Datierungen im Erdinger Moos auf Blatt 7536 Moosburg (Quelle: Schellmann 2018a). Quellen der Torfstiche: topographische Karten aus den Ausgabejahren 1875 (= Positionsblatt 616 Wartenberg), 1931 (= Diener 1931), 1960 und 1968 (= TK25 7537 Moosburg). Kartengrundlage: Top. Karte 1:25 000, ©Bayerische Vermessungsverwaltung 2023.

Interstadials ein Niedermoor, dass mindestens bis in die Mitte der Jüngeren Dryaszeit aufwachsen konnte. So ergab die Datierung der Torfbasis ein Alter von 12.370 ± 40 ^{14}C BP und die Datierung der Torfoberkante ein Alter von 10.560 ± 40 ^{14}C BP. Anschließend wurde das Niedermoor unter einem Lehm unbekannter Herkunft begraben, auf dem sich ein stark entkalkter Pechanmoorboden entwickelte (Schellmann 2017b: 136f.).

Ähnlich frühe spätglaziale Niedermoorbildungen sind inzwischen auch aus anderen Tälern des bayerischen Alpenvorlandes bekannt:

- im Straubinger Donautal kam es in der Randsenke der spätglazialen NT3 bereits um 12.690 ^{14}C BP und verstärkt ab 12.152 ^{14}C BP zum Auswuchs von Niedermooren. Dieser Aufwuchs dauerte zum Teil kontinuierlich bis in die Jüngere Dryas um 10.400 ^{14}C BP hinein an (Schellmann 2010: 29ff.);
- im Schmuttertal setzte zu Beginn des Bølling-Interstadials um 12.200 ^{14}C BP das Torfwachstum auf der jüngeren Niederterrasse nordwestlich von Markt und um 12.120 bis 11.460 ^{14}C BP zwischen Batzenhofen und Gablingen ein (Abb. E10);
- im Ampertal begann vor etwa 11.700 ^{14}C-Jahren der Torfaufwuchs auf der hochglazialen Niederterrasse 1 (NT1) nordöstlich von Langenbach (Schellmann 2018a: 78f.);
- in der Talauen der Großen Laber südlich von Regensburg stammen die ältesten, in Aurinnen verbreiteten Torfe bereits aus dem Spätglazial vor etwa 11.480 ^{14}C-Jahren (Schellmann 2018c: 228) und vor etwa 10.790 ^{14}C-Jahren (Schellmann 2018b: 193);.
- in der Randsenke der Jüngere Niederterrasse des Lechs nördlich von Langweid begann der Aufwuchs eines Niedermoores bereits in die Würm-Kaltzeit vor 10.560 ± 40 ^{14}C BP (Schielein & Schellmann 2016a: 129);
- im Isartal bei Landshut setzte die Moorbildung auf der spätglazialen Altstadtstufe nordöstlich von Altheim vor mindestens 10.600 ± 140 ^{14}C-Jahren ein (Jerz 1991).

Dagegen setzte im Erdinger Moos nach pollenanalytischen Untersuchungen von Schmeidl (in Brunnacker 1959c: 61ff.) der Aufwuchs von Torfen erst im ausgehenden Präboreal ein. Neuere Datierungen belegen sogar den beginnenden Torfaufwuchs erst im ausgehenden Boreal bis mittleren Atlantikum um ca. 6.500 bis 7.500 ^{14}C BP, lokal auch erst im Subboreal nach 4.600 und um 3.800 ^{14}C BP (Abb. E11; Schellmann 2018a: 78).

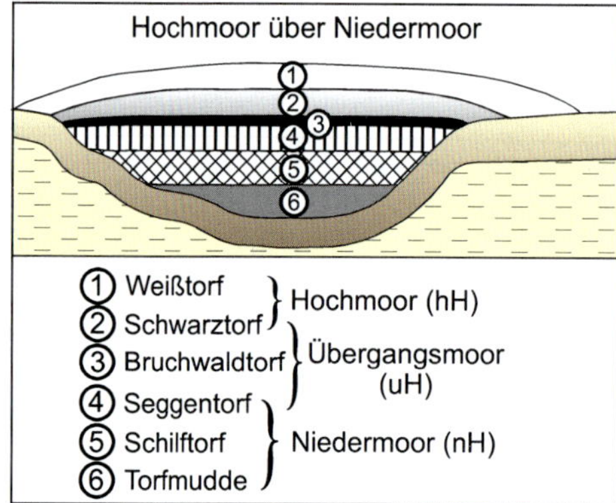

Abb. E12: Aufbau eines Hochmoores entstanden aus einem nährstoff-verarmten Niedermoor.

Hochmoore

Hochmoore (*hH-Horizont*) entstehen durch Wachstum von vor allem säureverträglichen und nährstoffanspruchslosen Pflanzenarten wie Bleichmoosen (verschiedene **Sphagnumarten**), Heidekraut, Moosbeeren, Besenheide, Rosmarinheide sowie Wollgräser (AG Boden 2005; Caspers 2010). Sie wurzeln auf nährstoffarmen Mineralböden (wurzelechtes Hochmoor) geringer Wasserdurchlässigkeit oder auf verarmtem Niedermoor (= Übergangsmoor; *uH-Horizont*) (Abb. E12).

Hochmoore werden von Niederschlägen gespeist (**ombrogene Moore, Regenmoore**). Damit findet man sie nur in Gebieten, in denen Niederschläge höher als die Wasserverluste durch Verdunstung und Abfluss sind. Für ihre Entwicklung ist wichtig, dass der Torfkörper aus dem Einflussbereich des mineralreichen Grundwassers herauswächst. Dabei kommt es zur uhrglasförmigen Wölbung des Hochmoores, so dass sich die Mitte des Moores bis zu mehrere Meter über die Umgebung heraushebt. Daraus leitet sich der topographische Name Hochmoor ab. Kleine Hügel (Bulten, **Bülten**) aus Ericacceae und Moosen, seichte Senken (**Schlenken**) mit feuchteliebenden Torfmoosen und Seggen sowie wassergefüllte Tümpel kennzeichnen das Kleinrelief.

Großräumige Hochmoore findet man im ozeanisch geprägten Klima des Nordseeküstenraums, kleinräumige Vorkommen im Alpenvorland bis in die subalpine Stufe und in den niederschlagsreichen Höhenlagen deutscher Mittelgebirge (Gebirgs-Hochmoore). Hochmoore (engl. *moss*) werden in Süddeutschland als **Filz** bezeichnet.

In Hochmooren gibt es häufig zwei Torfschichten: oben ein wenig zersetzter, sehr locker gelagerter brauner **Weißtorf** und darunter ein stark zersetzter (humifizierter), dunkelbrauner bis schwärzlichbrauner **Schwarztorf** (Abb. E12). Hochmoore sind sehr nährstoffarm (dystroph) und auch N-arm (<1% N). Zudem sind sie extrem sauer, oft mit pH-Werten zwischen 2,8 bis 3,5. Morphologisch besitzen sie eine uhrglasförmig schwach gewölbte Oberfläche. Durch Entwässerung kann an der Oberfläche ein stärker zersetzter und humifizierter brauner Vererdungshorizont (Bunkerde) entstehen.

Übergangsmoore (Abb. E9) entstehen oft auf verarmten Niedermooren, so dass in Bezug auf Basen und Nährstoffen anspruchslose Pflanzen wie Kiefern, Birken, Seggen, Laubmoose und Bleichmoose, Schachtelhalme und Fieberklee vertreten sind (AG Boden 2005).

Moornutzungen und deren Folgen

Mit der **Kultivierung** (Entwässerungsgräben, Torfstecherei, landwirtschaftliche Nutzung, Kolonisierung) von Mooren, die in Deutschland planmäßig im 17. Jahrhundert (ca. 1617 AD im Schwäbischen Donaumoos, ca. 1633 AD in Ostfriesland) einsetzte, endete oft die Torfbildung. Vor allem in Norddeutschland wurden viele Moore ab dem 18. Jh. systematisch kolonisiert und einer landwirtschaftlichen Nutzung zugeführt. Zu nennen sind die Moorbrandkultur seit dem 16. Jh., die Fehnkultur ab Mitte des 17. Jh. oder die Deutsche Hochmoorkultur ab 1850. Zahlreiche Moorhufensiedlungen entstanden in dieser Zeit. Die Schwierigkeiten der Nutzbarmachung von Mooren gibt folgendes Sprichwort wieder (Llur Schleswig-Holstein 2016: 24):

„Den Ersten sien Dod, den Tweeten sien Not, den Drütten sien Brod“

Entwässerungen fördern die mikrobielle und oxidative Zersetzung (Mineralisierung) und Humifizierung des Torfes und damit den pedogenen Torfabbau (Abb. E13). Es kommt zur Kompaktion, Setzung, Schrumpfung (Trockenrisse) und zur Einsackung der Oberfläche.

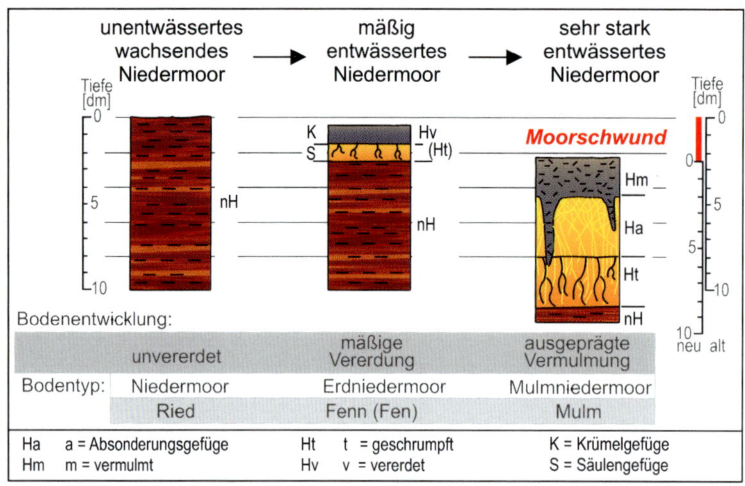

Abb. E13: Degradationstadien eines Niedermoores durch Entwässerung (Quelle: SUCCOW 1988).

HALLAKORPI-SEGEBERG (1960 zitiert nach SAUERBREY, & ZEITZ 1999: 5; siehe auch DIN19683) erstellten eine Berechnungsformel zur Abschätzung von **Moorsackungen**:

$$S = a\,(0{,}08\,T + 0{,}066).$$

S = Sackung der Mooroberfläche (m)
a = Faktor in Abhängigkeit von der Lagerungsdichte (1 = dicht bis 4 = sehr locker)
T = Mächtigkeit der Torfschichten vor der Entwässerung (m)

Durch Moorsackungen, Schrumpfungen und Zersetzungen (dabei CO_2-Freisetzungen) nehmen die Torfmächtigkeiten ab. Dieser Vorgang ist teilweise irreversibel. Man schätzt, dass bei entwässerten Mooren der Torfschwund unter deutschen Klimaverhältnissen etwa 5 bis 10 mm/a bei Grünlandnutzung und etwa 12 bis-20 mm/a bei Ackernutzung betragen kann (SAUERBREY & ZEITZ 1999: 6).

Im stark entwässerten Schwäbisch-Bayerischen Donauried (Donaumoos) mit ersten Entwässerungsgräben schon um 1617 AD im Schwäbischen (LIEBEL 1911: 19), auf bayerischer Seite ab 1921 AD, betrugen die Torfmächtigkeiten um 1950 AD noch bis zu 4,9 m (HARTEL et al. 1952). Ende der 1970er Jahre lagen sie bei maximal 3,5 bis 4,5 m (Abb. E9) und in jüngster Zeit wurden nur noch Torfmächtigkeiten von maximal 2,8 m angetroffen (SCHELLMANN 2017a: 52ff.).

Beim Schwäbisch-Bayerischen Donauried handelt es sich um eine Quell- und Randsenkenvermoorung („Durchströmungsmoor"), die durch Niederschläge, Grundwasserübertritte aus dem gespannten liegenden Karstgrundwasser und aus den nördlich angrenzenden Hochterrassenkiesen sowie vor allem im Spätglazial und Altholozän durch periodische Überflutungen durch Donauhochwässer entstanden sind. Dabei datieren die ältesten Torfe ins würm-spätglaziale Bølling/Allerød-Interstadial (Abb. E9).

Eine Entwässerung von Mooren führt zur **Vererdung** und **Vermulmung** (pulvrig staubige Torfpartikel) der Torfe. Dadurch ist in trockenen Sommern Winderosion häufig. Im Erdinger Moos kam es so in den 1930er bis 1960er Jahren zu zahlreichen Staubstürmen

(Karl 1965: 5). Die Entwässerung eines Moores, Winderosion und dessen landwirtschaftliche Nutzung können zur **Degradierung** der Moorböden führen (Degradierung = Abbau von landwirtschaftlich günstigen Bodeneigenschaften), wodurch eine weitere landwirtschaftliche Nutzung zunehmend schwieriger wird. Beim oxidativen Abbau der Torfe wird CO_2 und N_2O freigesetzt, bei vernässten Mooren CH_4. Beide Aspekte sind bei Wiedervernässungen von Mooren aus Klimaschutzgründen zu berücksichtigen, was allerdings nicht ganz einfach ist.

Literaturauswahl

Scheffer, F. & Schachtschabel, P. (2018): Lehrbuch der Bodenkunde: Kap. 7.5; Stuttgart (Enke Verl.).

Kuntze, H., Roeschmann, G. & Schwerdtfeger, G. (1994): Bodenkunde: Kap. 3.4; Stuttgart.

Seriöse Internetquellen: z.B. Umweltämter auf Bundes- und Landesebene.

Beantworten Sie mit Hilfe des Textes und der Literatur die nachfolgenden Fragen.

1) *Welche Humusgehalte besitzen Anmoore?*
2) *Welches Horizontsymbol kennzeichnet einen Anmoor?*
3) *Welches Horizontsymbol kennzeichnet a) ein Niedermoor und b) ein Hochmoor?*
4) *Welche drei Haupttypen von Mooren kann man unterscheiden?*
5) *Wodurch entstehen Niedermoore und welche Pflanzen findet man dort?*
6) *Welche Landschaftsnamen haben Niedermoore in Süddeutschland?*
7) *Wodurch entstehen Hochmoore und welche Pflanzen findet man dort?*
8) *Welche pH-Werte findet man in Hochmooren?*
9) *Was sind Weiß- und Schwarztorfe und wo findet man sie?*
10) *Welchen Landschaftsnamen haben Hochmoore in Süddeutschland?*
11) *Wie ist der CO_2-Haushalt (positiv oder negativ) beim Wachstum von Mooren und bei einer oxidativen Zersetzung infolge von Trockenlegungen?*
12) *Welche klimatischen Folgen haben Trockenlegungen von Mooren, welche klimatischen Folgen haben natürlich oder künstlich vernässte Moore?*

Auenböden

Nach Schirmer (1991b: 841) sind **Auenböden** (Abb. E14) alle terrestrischen, semiterrestrischen, subhydrischen Böden und Moore, sofern diese in der Aue vorkommen. Unter einer Aue wird der Bereich im Talgrund verstanden, der im Spätglazial und Holozän periodisch von Hochwasserereignissen betroffen wurde bzw. wird. Die Aue kann damit heute auch solche Talböden umfassen, die infolge von jungen Flussbetteintiefungen, Drainagemaßnahmen oder Eindeichungen vollständig oder weitgehend der natürlichen Auendynamik entzogen sind.

Charakteristische **Merkmale** von Auenböden sind ein stark schwankender Grundwasserspiegel, periodische bis episodische Überflutungen und Auflandungen von Sedimenten oder

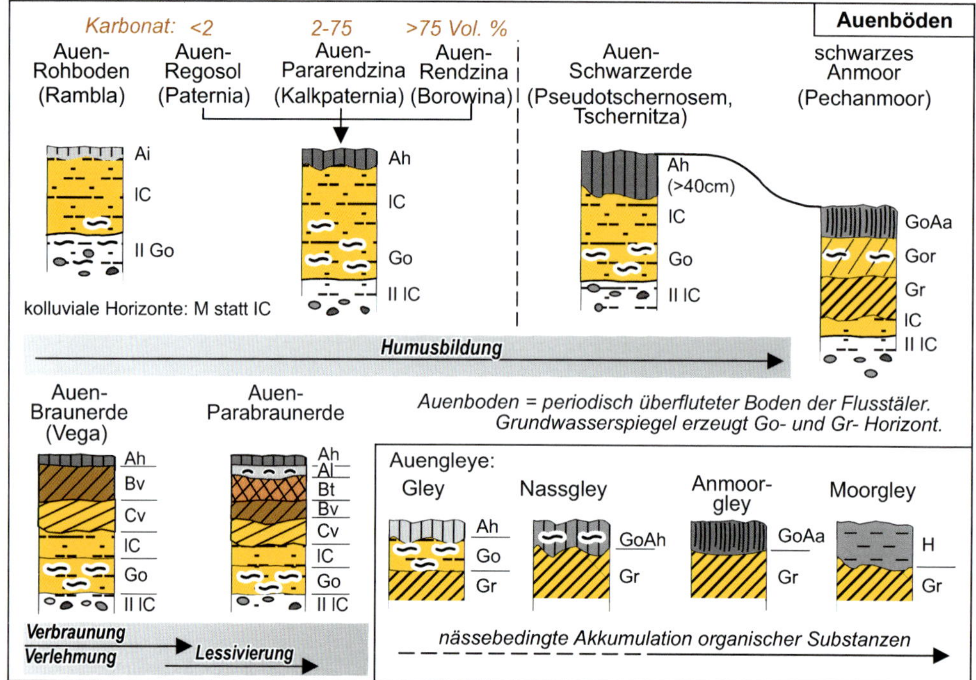

Abb. E14: Auenböden.

bei eingedeichten Auenböden der hochwasserbedingte Austritt von Qualmwasser. Die im Qualmwasser gelösten Stoffe (u.a. Karbonate) verhindern eine Bodenversauerung und verlangsamen eine Verwitterung.

Sind Auen durch Eintiefung eines Flussbetts nach Flussbegradigungen oder besonders unterhalb von Stauwehren stark entwässert, so dass kein Qualmwasser zeitweilig mehr als 40 cm unter Flur aufsteigen kann, entwickeln sich terrestrische Böden. Dies trifft zum Beispiel für viele Alpenvorlandsflüsse wie Wertach, Lech oder Iller zu. Die **Grundwasserschwankungen** führen zur Ausbildung ausgedehnter Go-Horizonte meist tiefer als 80 cm unter Flur, manchmal auch tiefer als 2 m.

Die Ablagerung von **Hochwassersedimenten** führt zur Ausbildung feinklastischer Hochflutsedimentdecken (Auelehme, Auensande, tonige Aurinnensedimente), auf denen die Böden entwickelt sind.

Flüsse mit hoher Reliefenergie wie die meisten alpenbürtigen (allochthonen) Alpenvorlandsflüsse besitzen auch in der jungholozänen Aue großer Areale mit geringmächtigen oder fehlenden Auelehmen. Dort dominieren Flächen aus kiesigen, stark karbonatischen Flussbett- und Aurinnensedimenten (Kalkschotter) nicht nur die spätglaziale bis mittelholozäne Aue, sondern oft auch die jungholozänen Auenareale. Diese kiesigen Oberflächen sind sehr wechseltrockene Standorte mit meist starkem Wassermangel im Sommerhalbjahr.

Im Wesentlichen beeinflussen folgende **Faktoren** die Ausbildung von Auenböden:
- das Substrat selbst, ob die Böden auf Flusskiesen, Flusssanden oder Auensedimenten und deren spezifischen Substrateigenschaften (v.a. Karbonatgehalte) entwickelt sind;
- die Häufigkeit von Hochwässern und damit verbundene Akkumulations- oder lokal auch Erosionsprozesse;
- die Wasserdynamik in der Aue (schwankender Grundwassereinfluss, Lage zum Flusslauf oder Deich, Auftreten von Qualmwasser, Häufigkeit von Überflutungen, Menge und Art der Suspensionsfracht von Hochwässern);
- das Auenrelief mit seinen Rücken, Aurinnen und Altarmen;
- die Bodennutzung;
- anthropogene Einflüsse wie z.B. Entwässerungsgräben, Deiche, Polder oder Nutzungen.

Vor allem die Flussauen in den Tälern der Mittelgebirge und Tiefländer besitzen oft mächtigere lehmige und/oder sandige **Auensedimentdecken**. Sie wurden seit dem Spätglazial der letzten Kaltzeit meist unmittelbar nach Ablagerung der von ihnen überdeckten Flussbettfazies sukzessive von Hochwässern abgelagert. Dabei hat die Besiedlung des Raumes und vor allem die seit dem Neolithikum einsetzende ackerbauliche Nutzung der Einzugsgebiete zur Intensivierung von Bodenerosion geführt. Das löste eine Zunahme der Suspensionsfracht in den Hochwässern aus und steigerte so die Sedimentation von Auelehmen. Die relativ jungen subatlantischen Auelehme bestehen daher oft aus umgelagerten humosen oder verbraunten Bodenpartikeln (= **Kolluvien** = **M-Horizonte**). Auf solchen vorverwitterten Hochflutsedimenten kann die Bodenentwicklung deutlich zügiger ablaufen. Seit Ende des 19. Jh. und dem frühen 20. Jahrhundert sind viele unserer Flüsse eingedeicht, begradigt oder sogar mit Staustufen versehen. Die Deiche verhindern einen weiteren Eintrag von Hochflutsedimenten, aber auch Schadstoffen, in die Auen. Flussbegradigungen und Staustufen führen zur Grundwasserabsenkung und verringern den hydromorphen Einfluss auf die Auenböden. Der Aufbau der Böden wird aber durch beides nicht wesentlich verändert.

Kubiena (1953) und Mückenhausen (1962) haben erstmalig eine **bodensystematische Gliederung der Auenböden** vorgenommen. Sie unterschieden die Bodentypen **Rambla** (Rohauenboden), **Paternia** (grauer Auenboden), **Borowina** (rendzina-ähnlicher Auenboden), **Tschernitza** (bzw. Smonitza, schwarzerde-ähnlicher Auenboden) und **Vega** (brauner Auenboden).

Um der Tatsache gerecht zu werden, dass Mittelgebirgs- und Tieflandsflüsse bei Hochwasser häufig vorverwittertes braunes Bodenmaterial in der Aue ablagerten, unterschieden sie zwischen einem autochthonen, durch Verbraunung ***in situ*** entstandenen braunen Auenboden (autochthone Vega, Auenbraunerde und Auenparabraunerde) und einer allochthonen Vega, deren Braunfärbung sedimentbedingt ist (braunes Solummaterial = Kolluvium = *M-Horizont*). Letztere Unterscheidung ist nomenklatorisch falsch, da es keine allochthonen

Ap
IC
Auenmergel
Flussbettsande
Flussbettkiese

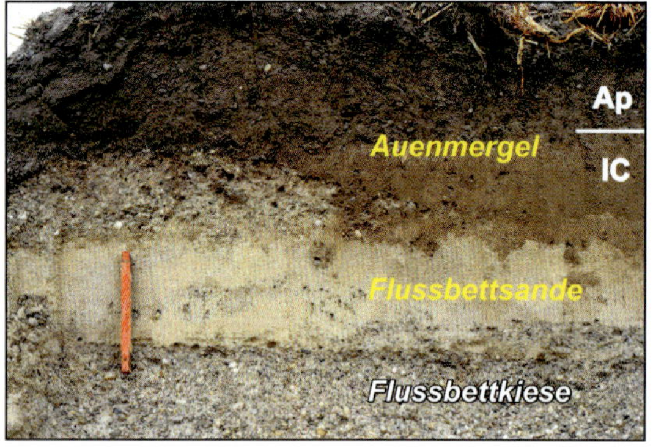

Bild E17:
Braungraue Auenpararendzina (Kalkpaternia) auf Auenmergeln und Flusskiesen der spätmittelalterlich/frühneuzeitlichen H6-Terrasse der Isar (unteres Isartal bei Niederaichbach).

Böden gibt (u.a. Schirmer 1991: 839). Vielmehr handelt es sich in solchen Fällen um kolluviale Böden, um eine kolluviale Paternia bzw. kolluviale Auenpararendzina (Ah-M-Go-Gr).

Der Arbeitskreis für Bodenkunde (AG Boden 1971) kennzeichnete die Böden in den Flussauen mit dem vorangestellten Zusatz „Auen“ und ermöglichte später (AG Boden 2005) nachgestellt die Verwendung terrestrischer Bodenbezeichnungen wie **Auen-Lockersyrosem, Auen-Pararendzina** (Abb. E14; Bilder

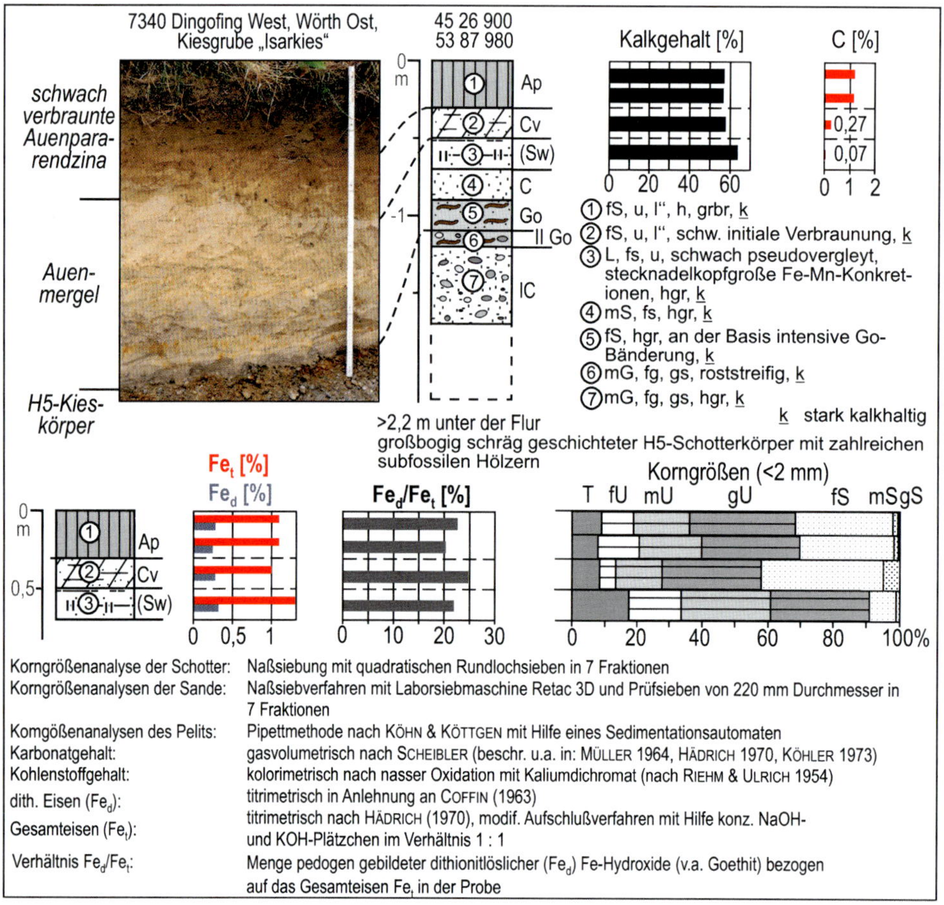
7340 Dingofing West, Wörth Ost,
Kiesgrube „Isarkies“
45 26 900
53 87 980
schwach verbraunte Auenpararendzina
Auenmergel
H5-Kieskörper
0 m
-1-
Ap
Cv
(Sw)
C
Go
II Go
IC
Kalkgehalt [%]
0 20 40 60
C [%]
0,27
0,07
0 1 2
① fS, u, l“, h, grbr, k
② fS, u, l“, schw. initiale Verbraunung, k
③ L, fs, u, schwach pseudovergleyt, stecknadelkopfgroße Fe-Mn-Konkretionen, hgr, k
④ mS, fs, hgr, k
⑤ fS, hgr, an der Basis intensive Go-Bänderung, k
⑥ mG, fg, gs, roststreifig, k
⑦ mG, fg, gs, hgr, k
k stark kalkhaltig
>2,2 m unter der Flur
großbogig schräg geschichteter H5-Schotterkörper mit zahlreichen subfossilen Hölzern
Fe_t [%]
Fe_d [%]
0 0,5 1
Fe_d/Fe_t [%]
0 10 20 30
Korngrößen (<2 mm)
T fU mU gU fS mS gS
0 20 40 60 80 100%
0,5
Korngrößenanalyse der Schotter: Naßsiebung mit quadratischen Rundlochsieben in 7 Fraktionen
Korngrößenanalysen der Sande: Naßsiebverfahren mit Laborsiebmaschine Retac 3D und Prüfsieben von 220 mm Durchmesser in 7 Fraktionen
Korngößenanalysen des Pelits: Pipettmethode nach Köhn & Köttgen mit Hilfe eines Sedimentationsautomaten
Karbonatgehalt: gasvolumetrisch nach Scheibler (beschr. u.a. in: Müller 1964, Hädrich 1970, Köhler 1973)
Kohlenstoffgehalt: kolorimetrisch nach nasser Oxidation mit Kaliumdichromat (nach Riehm & Ulrich 1954)
dith. Eisen (Fe_d): titrimetrisch in Anlehnung an Coffin (1963)
Gesamteisen (Fe_t): titrimetrisch nach Hädrich (1970), modif. Aufschlußverfahren mit Hilfe konz. NaOH- und KOH-Plätzchen im Verhältnis 1 : 1
Verhältnis Fe_d/Fe_t: Menge pedogen gebildeter dithionitlöslicher (Fe_d) Fe-Hydroxide (v.a. Goethit) bezogen auf das Gesamteisen Fe_t in der Probe

Bild E18: Schwach verbraunte Auenpararendzina auf der früh- und hochmittelalterlichen H5-Terrasse der unteren Isar (Quelle: Schellmann 1990). Die Analysemethoden gelten auch für alle nachfolgenden Bodenbilder mit Analysedaten.

E17 bis E19), **Auen-Rendzina** (Bild E20), **Auen-Braunerde, Auen-Parabraunerde** und **Auen-Schwarzerde** (Bild E21). Stärker grundwassergeprägte Böden wie **Gley, Nassgley, Anmoorgley** und **Niedermoor** (Abb. E14) prägen dagegen viele Aurinnen und Altarme in der Aue, während **Mudden** häufig an der Basis verlandender Altarme ausgebildet sind.

Auenböden sind von Tal zu Tal unterschiedlich, manchmal auch von Talabschnitt zu Talabschnitt. Das resultiert vor allem aus differierenden Kalkgehalten der Fluss- und Hochflutablagerungen, oder aus veränderten Sedimenteinträgen und deren petrographische Zusammensetzung, oder es ist das Resultat unterschiedlicher Hochflutdynamiken.

Die drei Faktoren Kalkgehalte, Sedimente und Hochwasserdynamiken steuern vor allem die **Geschwindigkeit der Pedogenese** vom Auenrohboden bis hin zur Auenparabraunerde. **Feuchtschwarzerden** (Pseudotschernoseme, Tschernitzen; Bild E21, Bild E22) sind dagegen das Ergebnis besonderer auenökologischer Bedingungen mit schwebstoffarmen Hochwässern wie sie in zahlreichen Tälern im Bølling-/Allerød-Interstadial und während verschiedener Perioden des älteren Holozäns vor dem Subatlantikum herrschten. Waldbrände können in dieser Zeit der bewaldeten Auen sehr feine Partikel von pyrogenen Kohlenstoff (pC) freigesetzt, in die Oberböden eingetragen und dadurch deren schwarze Farbe noch verstärkt haben. Seit Beginn des Subatlantikums führen weiter ausufernde

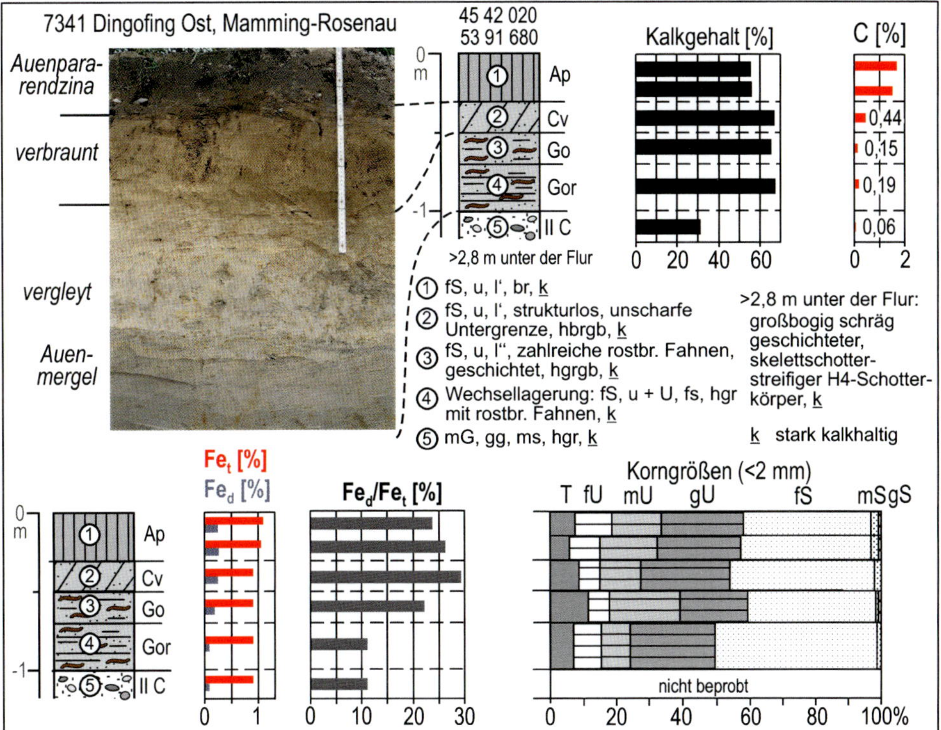

Bild E19: Verbraunte Auenpararendzina auf der eisen-/römerzeitlichen H4-Terrasse der unteren Isar (Quelle: Schellmann 1990).

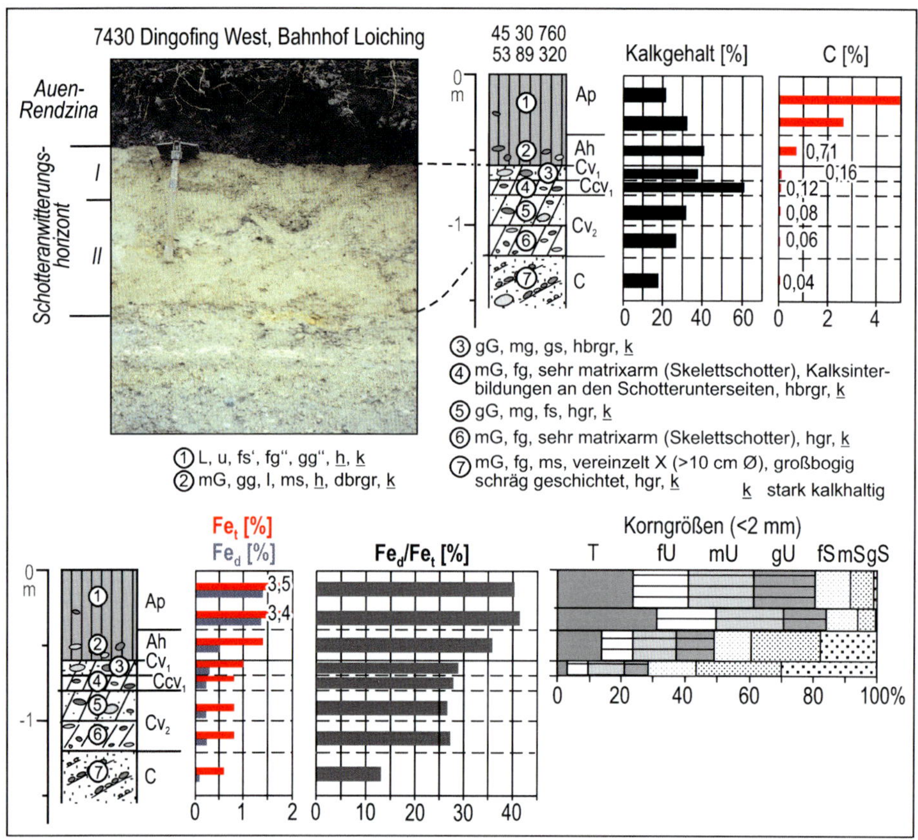

Bild E20: Stark humose Auenrendzina (Borowina) mit Schotteranwitterungshorizonten auf der atlantischen H2-Terrasse der unteren Isar (Quelle: SCHELLMANN 1990).

(= höhere) und schwebstoffreichere Hochwässer zur weitflächigen Ablagerung junger Auensedimente und zur Überdeckung älterer, häufig besonders humoser Auenböden (Bild E21, Bild E22). Die Bildung stark humoser Feuchtschwarzerden endete nun weitgehend (SCHELLMANN 1998a).

Mit der Eintiefung vieler Flüsse am Ausgang des Spätglazials konnte der Talgrundwasserspiegel absinken und terrestrische Bodenentwicklungen auf den nun höher gelegenen Niederterrassen ermöglichen. Auf den kiesigen Flussbettsedimenten konnten so im Laufe des Holozäns gut entwickelte **Schotter-Parabraunerden** (Bild E23, Bild E24) entstehen. Auf den Karbonatschottern der Niederterrassen im Alpenvorland besitzt deren ton- und eisenangereicherte Bt-Horizont häufig eine rötlich-braune bis braunrote Farbe (Bild E23). Manchmal werden diese rötlichen Varianten auch als „rubefizierte“ Parabraunerden bezeichnet, obwohl Rubefizierung mit Bildung von Hämatit bisher nicht nachgewiesen werden konnte.

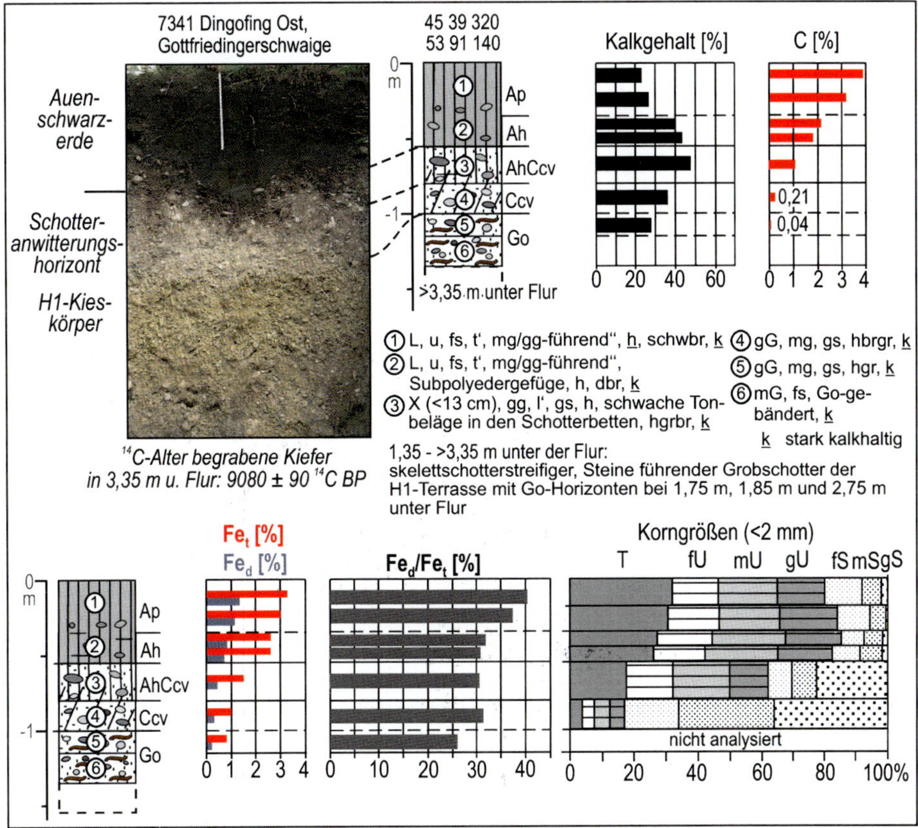

Bild E21: Feuchtschwarzerde (Tschernitza, Pseudotschernosem) auf präborealen, ca. 9080 ^{14}C -Jahre alten Karbonatschottern der unteren Isar westlich von Dingolfing (Quelle: Schellmann 1990).

Erstellen Sie mit Hilfe der Literatur und seriöser Internetquellen eine tabellarische Übersicht für die Bodentypen Rambla, Paternia und Tschernitza.

Beantworten Sie außerdem mit Hilfe des Textes und der Literatur die nachfolgenden Fragen.

1) *Was versteht man unter einer „Aue"?*

2) *Was ist Qualmwasser?*

3) *Was sind typische Merkmale aller Auenböden?*

4) *Was beeinflusst die Bodenentwicklung in den Talauen?*

5) *Welche Folgen haben Begradigungen und Eindeichungen vieler unserer Flüsse für die Entwicklung der Auenböden?*

6) *In welchen Geländepositionen findet man in den Talauen Gleye bis Anmoore?*

7) *In welchen Geländepositionen findet man in den Talauen Mudden?*

8) *Welche drei Faktoren steuern vor allem die Geschwindigkeit der Bodenentwicklung in den Talauen?*

9) *Seit wann wurden verstärkt Auelehme in vielen deutschen Flussauen abgelagert?*

10) *Wann bildeten sich in vielen deutschen Flussauen Pseudotschernoseme?*

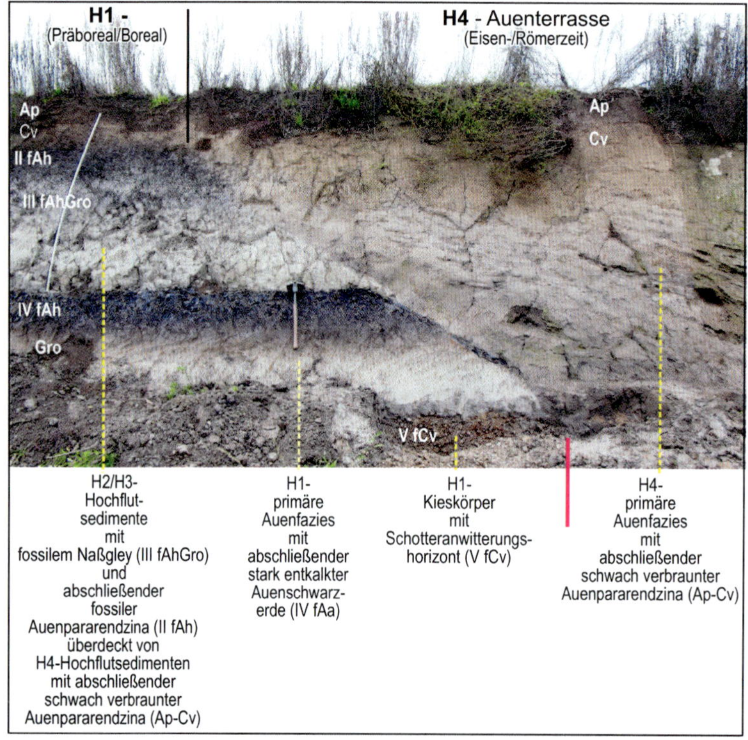

Bild E22:
Humusreiche Paläoböden auf der präborealen/borealen H1-Terrasse der Donau kontrastieren mit schwach verbraunten Auenpararendzinen auf jungholozänen Auensedimenten auf der eisen-/römerzeitlichen H4-Terrasse der Donau (Kiesgrube *Reichertswert* oberhalb der Lechmündung).

11) Auf welchen Ausgangsgesteinen bilden sich Auen-Rendzinen?

12) Welche Substrate findet man an der Oberfläche von Talauen alpiner Flüsse und welche am Main?

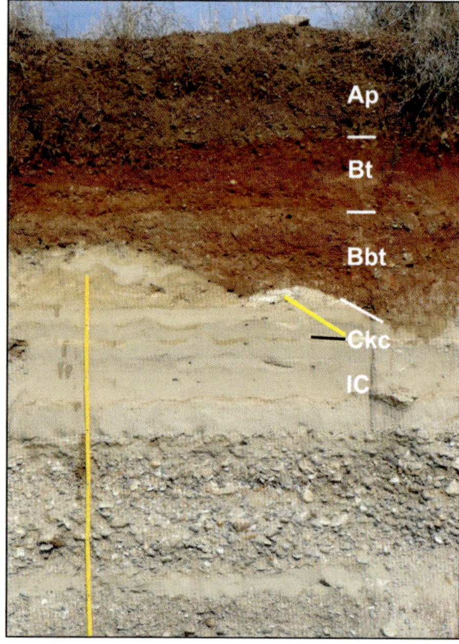

Bild E23:
Rotbraune („rubefizierte“) Schotter-Parabraunerde auf Flusskiesen und Flusssanden der spätglazialen NT3 der Donau südlich von Sarching.

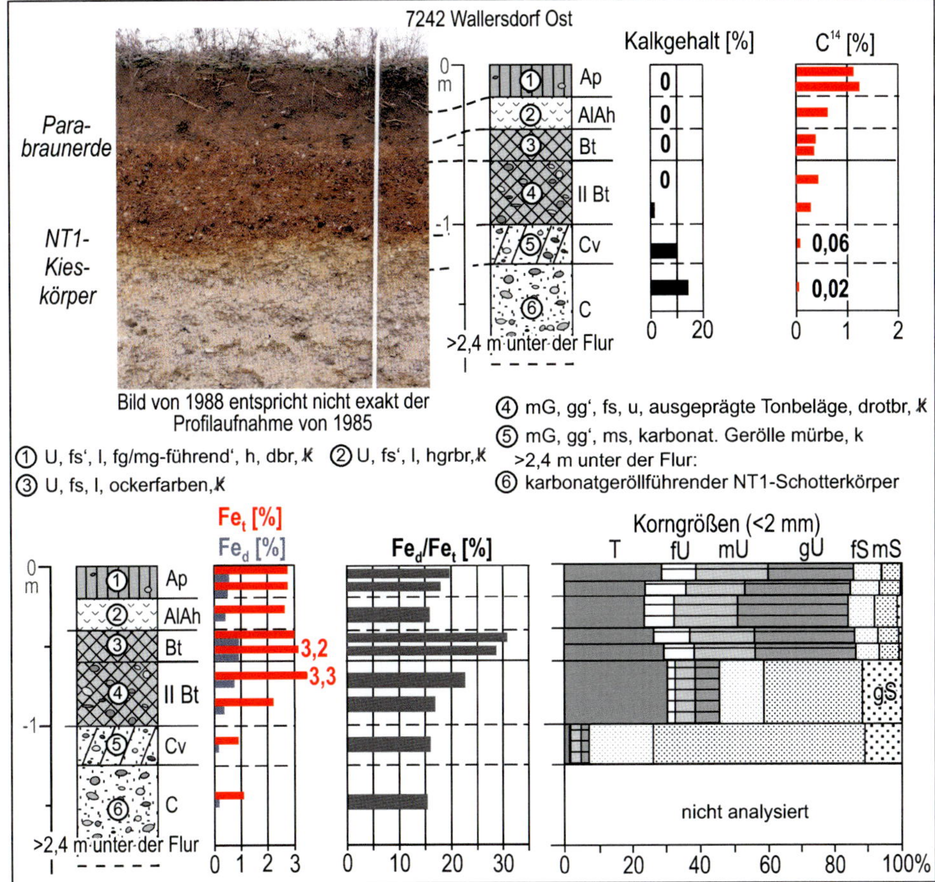

Bild E24: Rötlichbraune Schotter-Parabraunerde auf hochglazialen Niederterrassenkiesen der NT1 am Unterlauf der Isar östlich von Wallersdorf (Quelle: SCHELLMANN 1990).

Wattböden

Wattböden (*F-Horizont*; F = subhydrisch; AG BODEN 2005) entstehen an Küsten und Flussmündungen im Gezeiteneinfluss des Meeres und zwar zwischen dem mittleren Tidenniedrigwasser (mTnw) und dem mittlerem Tidenhochwasser (mThw) bzw. dem Beginn des Auftretens einer geschlossenen Vegetation.

Sie besitzen meist eine reichhaltige Fauna und Faunenreste mit (*Fh-Horizont*) und ohne Huminstoffe (*F-Horizont*), mit (*Fo-Horizont*, o = Oxidationsmerkmale) und ohne Oxidationsmerkmale sowie mit dunkelgrauen bis schwarzen Reduktionsmerkmalen (*Fr-Horizont*, r = Reduktionsmerkmale).

Nach der **Textur** kann man unterscheiden zwischen

- dem **Sandwatt**: ≥90% schluffiger und toniger Feinsand, trittfest, Wattwürmer und Muscheln, Muschelschill;
- dem **Mischwatt**: 10 bis 50% Ton und Schluff, meist hohe Carbonatgehalte (Schleswig-

Holstein 3 bis 8%), oft viele Wattwürmer (*Arenicola marina*), Krebse, Muscheln mit Bioturbation der obersten 15 bis 25 cm (man sinkt beim Betreten 1 bis 2 cm ein);

- dem **Schlickwatt**: ≥50% Ton und Schluff, sehr locker, zum Betreten nicht geeignet; dicht besiedelt u.a. von Algen, Schnecken, Muscheln, Würmern, Krebsen; häufig grauschwarz gefärbt durch Metallsulfide als Folge mikrobieller Reduktion von Sulfat-Ionen im Meerwasser (schwarzes FeS, dunkelgraues FeS_2, gelber Schwefel bei Mangel an Metall-Ionen).

Die Nordseewatten besitzen oft einen durch Oxidation geprägten, nur wenige Millimeter dünnen fahlgelben (Schwefel) bis rotbraunen (Ferrihydrit) Fo-Horizont, in dem häufig Kieselalgen angereichert sind. Darunter folgt ein durch reduzierende Bedingungen grauer bis schwarzer Fr-Horizont (BLUME & FLEIGE 2016: 10). Je nach der Lage zum Salzwasser unterscheidet man zwischen Normwatt, Brackwatt und Flusswatt (AG BODEN 2005). An der Elbe bildet Brunsbüttel in etwa die Grenze zwischen Brackwatt und Flusswatt (LLUR SCHLESWIG-HOLSTEINS 2019: 97).

Landseitig gehen die Watten in die täglich überfluteten infra-litoralen **Nassstrände** unterhalb des Normaltide-Hochwasser über, die oft Rippelmarken besitzen. Tidemäßig zählen sie noch zum Watt. Ihnen folgen bis zur Auslaufzone der Sturmwellen die trockenen **supralitoralen Strände (Winterstrände)** oberhalb des mittleren Tidenhochwassers (mThw), die oft als Badestrand benutzt werden. Während Watten eine feinsandige bis tonige Textur besitzen, dominieren an Stränden deutlich größere Korngrößen zwischen Mittelsand bis blockreichen Grobkiesen.

Dabei gehen Sandstrände landseitig oft in Dünen über mit speziellen terrestrischen Bodentypen: vom Lockersyrosem der Strandhafer bedeckten **Weißdünen**, den Regosolen und basenarmen **Braunerden** der **Graudünen** bis zu den Podsolen der Kiefern bestandenen **Braundünen** (Abb. E15).

Beantworten Sie mit Hilfe des Textes und der Literatur die nachfolgenden Fragen.

1) *Definieren Sie den Begriff „Watt" und „Strand".*

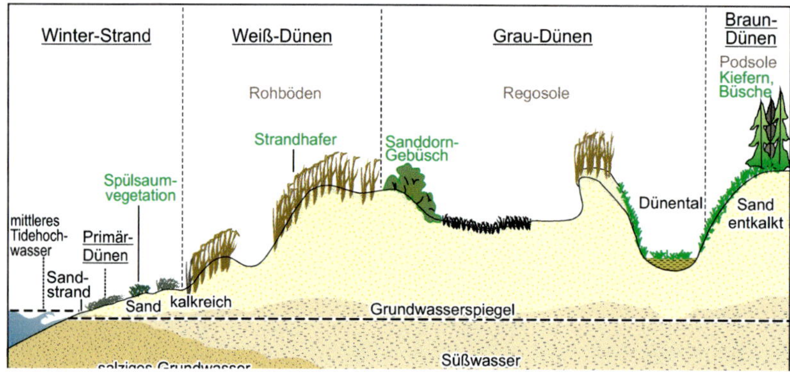

Abb. E15: Küstendünen und Böden an der deutschen Ostseeküste.

2) *Nennen Sie die nach der Textur differenzierbare drei Arten von Watt und beschreiben Sie deren jeweiligen Eigenschaften mit eigenen Worten.*

3) *Was ist ein Fo-Horizont und was erzeugt in ihm manchmal eine rotbraune Farbe und was eine gelbe Farbe?*

4) *Was ist ein Fr-Horizont und was erzeugt dessen schwarze bis dunkelgraue Farbe?*

5) *Wie unterscheiden sich bodenkundlich Weißdünen, Graudünen und Braundünen?*

Marschböden

Sobald Watten über das Hochwasserniveau herauswachsen, werden sie zu Marschen. Mit dem Deichbau vor etwa 1000 Jahren wurden die landwärtigen Marschgebiete hinter dem Deich vor Überflutungen und weiteren Aufsedimentierungen bei Sturmflut geschützt. Der natürlich bestehenden Absenkung der Marschoberflächen durch Kompaktion und Entwässerung der Sedimente fehlt seitdem der Ausgleich durch Aufsedimentierung. Die Oberflächen sinken, so dass häufig die alten Marschen inzwischen niedriger liegen als die jungen Marschen (Hohe Marsch). Trotz Schutzdeiche hat das Meer bei großen Sturmfluten wie in Nordfriesland die „Große Mandränken" von 1362 AD und 1634 AD wiederholt große Marschgebiete überflutet, erodiert oder teilweise unter Sedimenten begraben. Dies belegen unter dünnen Wattsedimenten begrabene fossile Bodenhorizonte (**Humusdwog**) oder Torfe.

Marschböden (Abb. E16) liegen oberhalb des Gezeitenbereichs und sind nur Sturmfluten ausgesetzt. Sie bestehen aus gut sortierten, feinklastischen See-, Brack- oder Flusssedimenten (litorale, brackisch-fluviale und fluviale Sedimente). Diese wurden im Gezeitenbereich bis zur Reichweite von Sturmfluten abgelagert. Oft besitzen sie eine mm- bis cm-starke „Sturmflutschichtung", die mit zunehmender Bioturbation nach und nach zerstört wird. Im Untergrund aller Marschböden befinden sich grundwassergeprägte Oxidations- und Reduktionshorizonte (Go-/Gr-Horizonte).

Die **Rohmarsch** ist, sofern nicht eingedeicht, periodisch bis episodisch Überflutungen ausgesetzt. Bei den Böden der Halligen handelt es sich um Rohmarschen. Man kann unterscheiden zwischen der Rohmarsch (Salzmarsch, unreife Seemarsch; >18‰ Salzgehalt), der Brackrohmarsch (5 bis18‰ Salzgehalt) und der Flussrohmarsch (<5‰ Salzgehalt). Marschen bilden sich aus salz- und karbonathaltigen Gezeitensedimenten. Nur im Elbeästuar südlich von Brunsbüttel sind die Sedimente salzfrei (Vorlandmarsch statt Salzmarsch). In der Rohmarsch findet man junge Böden, die anders als die Wattböden über dem mittleren Tidenhochwasser (mThw) liegen und nur bei extremem Hochwasser und Sturmfluten überflutet werden. Unter einem salz- und kalkhaltigen, grund-

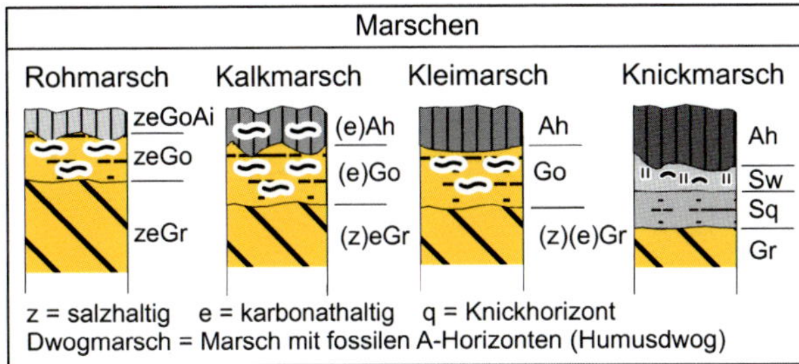

Abb. E16: Wichtige Marschböden.

wasserbeeinflussten initialen humosen Oberboden (zeGoAi-Horizont; z = salzhaltig; e = carbonathaltig) folgen durch Grundwasser geprägte G-Horizonte (zeGo, zeGr) meist <4 dm unter Flur (Abb. E16). Dabei folgt unter dem rostfleckigen Go-Horizont im Schwankungsbereich des Grundwassers oft ein durch Eisensulfide (Pyrit, FeS) dunkelgrau bis schwarz gefärbter Gr-Horizont.

Die Rohmarsch liegt meist vor den Deichen (Vorlandgebiet) oder auf den Halligen. Sie besitzt eine geschlossene Pflanzendecke (**Salzwiesen-Vegetation**) aus **Halophyten** u.a. Queller (*Salicornia herbacea*), Gräsern wie der Andel *Piccinellia maritima* und Salzwiesen mit *Aster trifolium, Plantago maritima* sowie *Suaeda maritima*. In den Tropen wachsen dort natürlicherweise **Mangrovenwälder**. Die unteren Salzwiesen werden meist über 100-mal, zum Teil über 200-mal und die oberen Salzwiesen über 20- bis 70-mal im Jahr überflutet (LLUR SCHLESWIG-HOLSTEINS 2019: 67, 98).

Mit der Eindeichung (ab dem 11 Jh.) und Entwässerung beginnt die Entsalzung des im Gezeitenbereich abgelagerten kalkreichen Schlicks (Karbonatgehalte bis zu 9%) und der Aufbau eines humosen Oberbodens mit lockerem Krümelgefüge über dem <40 cm unter Flur liegenden *Go-Horizont*. Es entsteht eine **Kalkmarsch** (Seemarsch) mit der Horizontabfolge eAh/eGo/zeGr (Abb. E16; Boden des Jahres 2009). Unter dem stark rostfleckigen *Go-Horizont* im Schwankungsbereich des Grundwassers folgt wie in der Rohmarsch ebenfalls oft ein durch Eisensulfide dunkelgrau bis schwarz gefärbter *Gr-Horizont*. Von der Textur treten alle Korngrößen der Marsch auf von feinsandig-schluffig, über schluffig-tonig bis tonig. Dabei nimmt der Tongehalt häufig im Bodenprofil von den eher feinsandig-schluffigen Wattsedimenten im Liegenden zur Oberfläche hin zu und ebenso mit zunehmender Entfernung von der Küste. Zudem ist der Tongehalt höher in Flächen, die länger Vorlandbedingungen ausgesetzt waren (LLUR SCHLESWIG-HOLSTEINS 2019: 69).

Kalkmarschen findet man in jung (meist weniger als 300 Jahre) eingedeichten Gebieten (sog. „Kögen" oder „Polder" oder „Groden") u.a. an der Schleswig-Holsteinischen Küste und im Elbeästuar. Die Kalkmarschen sind bei weitmaschiger Grabendränung zur Grundwasserabsenkung sehr fruchtbar. Sie besitzen eine hohe Basensättigung (freier Kalk), eine mittlere bis gute Nährstoffversorgung (Phosphate, Kalium, Magnesium und mehrere Spurenelemente), hohe Nährstoffreserven in den im Sediment enthaltenen organischen Substanzen und in den gering verwitterten Mineralien, eine mittlere bis gute Luft- und Wasserversorgung sowohl in feuchten als auch in trockenen Jahren (DIEZ & WEIGELT 1987: 107). Allerdings bedürfen Kalkmarschen einer Regulierung des Grundwassers durch Entwässerung und Ableitung des Wassers über Siele in die Vorfluter (Meer, Fluss). Erst mit fortschreitender Entkalkung lässt die Furchtbarkeit nach. Kalkmarschen werden nach der Eindeichung zunächst als Grünland und später nach der Entsalzung überwiegend ackerbaulich genutzt.

Die **Entkalkung** läuft in **Kalkmarschen** deutlich schneller ab als in Landböden. Ursachen sind:

a) die mit der Entwässerung einsetzende Oxidation der Eisensulfide im Go-Horizont, wobei Schwefelsäure entsteht, und
b) der oxidative Abbau der im Sediment enthaltenen organischen Substanzen, wobei Kohlensäure gebildet wird.

Beide Säuren lösen die im Sediment enthaltenen Karbonate.

Mit der Entkalkung bis in ≥40 cm unter Flur entsteht im Bereich älterer, meist seit mehr als 400 bis 500 Jahren eingedeichter Marschen (Altmarsch) die **Kleimarsch**. Die meist feinsandig-tonigen Schluffe oder schluffig-tonigen Lehme besitzen unter dem entkalkten humosen Oberboden grundwassergeprägte G-Horizonte (Ah/Go/zeGr). Die Kleimarschen werden in Schleswig-Holstein wegen der guten Durchwurzelbarkeit, wegen des hohen natürlichen Nährstoffpotentials und der guten Wasserversorgung überwiegend ackerbaulich genutzt.

Aus tonigen Kleimarschen oder auf tonig-brackischen Ablagerungen entstehen oft **Knickmarschen.** Die entkalkte Knickmarsch (Ah/Sw/Sq/Gr) ist stark verdichtet und besitzt in maximal 40 cm Tiefe unter Flur einen wasserstauenden, quellenden und schrumpfenden Knickhorizont (= *Sq-Horizont*; kf-Wert ca. 1cm/d). Dadurch sind Knickmarschen Böden, die sowohl durch Stau- als auch Grundwasser beeinflusst werden. Die meisten Knickmarschen werden wegen der Staunässe als Grünland genutzt.

Vertiefen Sie ihre Kenntnisse durch Recherchen bei den Umweltämtern von Schleswig-Holstein und Niedersachsen.

Beantworten Sie mit Hilfe des Textes und der Literatur die nachfolgenden Fragen.

1) *Wo findet man heute an den deutschen Küsten Rohmarschen?*
2) *Wie hoch sind die Salzgehalte in der Rohmarsch?*
3) *Welche Bodenhorizonte und welche Eigenschaften hat die Rohmarsch?*
4) *Kann die Rohmarsch ackerbaulich genutzt werden?*
5) *Welche Pflanzen prägen die Rohmarsch?*
6) *Wie unterscheidet sich die Kalkmarsch von der Rohmarsch?*
7) *Wie alt sind die Kalkmarschen an der Deutschen Nordseeküste?*
8) *Welche Bodenhorizonte findet man in der Kalkmarsch und welche Eigenschaften besitzen diese?*
9) *Nennen Sie zwei Ursachen für die relativ zügige Entkalkung von Kalkmarschen.*
10) *Wie werden Kalkmarschen genutzt?*
11) *Wie alt sind die Kleimarschen?*
12) *Welche Bodenhorizonte findet man in der Kleimarsch und welche Eigenschaften besitzen diese?*

13) Welche landwirtschaftliche Nutzung findet man überwiegend in der Kleimarsch und warum?

14) Welche Bodenhorizonte haben Knickmarschen?

15) Wie werden Knickmarschen meistens landwirtschaftlich genutzt.

Subhydrische Humusformen

Neben den beiden semiterrestrischen Humusformen der Anmoore und Moore kann es am Grund von Gewässern (subhydrisch) zur Ansammlung organischer Sedimente wie dem *Dy*, ***der Gyttja*** und ***dem Sapropel*** kommen. Diese subhydrischen Humusformen (pedol.) bzw. subhydrischen Sedimente (geol.) werden oft unter dem Überbegriff „**Mudde**" zusammengefasst.

Da der Gewässergrund von Bächen und Seen Standort für Pflanzen, Lebensraum für Tiere und Mikroorganismen sein kann und im Austausch mit der Umgebung steht, wird in der Bodenkunde der Gewässergrund als Unterwasserboden betrachtet (Quellen v.a.: Fischer et al. 2014; Scheffer & Schachtschabel 2018).

Mudden sind Sedimente, die am Grunde stehender, in Verlandung begriffener Gewässer abgelagert wurden und einen makroskopisch erkennbaren Gehalt an autochthonen organischen Substanzen (>5 Gew.-%) besitzen. Sie bestehen überwiegend aus planktonischen Algen, Wasser- und Uferpflanzen, Streu von benachbarten Landpflanzen (Blätter) sowie abgestorbenen Wassertieren. Zudem können größere Pflanzenreste (z.B. Treibgut) eingebettet sein. Unter Sauerstoffarmut und damit reduzierenden Bedingungen erfolgt der Ab- und Umbau der organischen Substanzen durch anaerobe Mikroorganismen vor allem im Sommerhalbjahr. Solche Unterwasserböden können sich schon in wenigen Jahren, in kalten Seen auch Jahrtausenden entwickeln (Fischer et al. 2014: 6). Mudden sind ungeschichtet, besitzen eine hohe Plastizität und können karbonatreich und karbonatarm sein (AG Boden 2005: 403; Sauerbrey, & Zeitz 1999: 4).

Mudden (Abb. E17) können je nachdem, ob sie wesentlich aus sehr fein zersetztem, abgestorbenen, pflanzlichen Material oder wesentlich aus Sand, Schluff, Ton, Kalk mit geringen organischen Anteilen bestehen, weiter unterteilt werden. Liegt der organische Gehalt bei <30 Gew.% spricht man von **organo-mineralischen Mudden** (*Fm-Horizonte*).

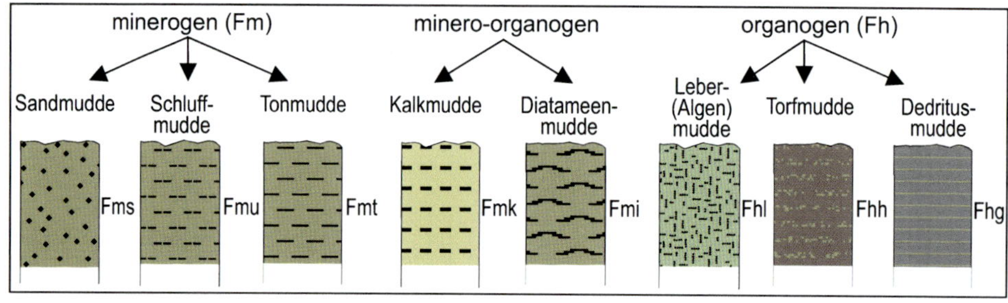

Abb. E17: Verschiedene Arten von Mudden.

Dazu zählen graue oder braune **Sandmudden**, dunkelgraue **Schluff- und Tonmudden**, **graugrüne bis rotbraune Lebermudden**, **Diatomeenmudden** und gelblich-weiße **Kalkmudden** (<80% Carbonate). Liegt der Gehalt an organischen Substanzen bei ≥30 Gew.% dann spricht man von **organischen Mudden** (*Fh-Horizonte*). Dazu zählen gelbbraune und rotbraune **Lebermudden** (= Algenmudden; ausgesprochen feine, mit bloßem Auge kaum sichtbare Algenreste), zudem braunschwarze **Torfmudden** mit erkennbaren aufgearbeiteten Torfresten sowie graue bis braune **Detritusmudden** mit größeren, gut erkennbaren Pflanzenresten (AG Boden 2005: 164). Viele Mudden werden bei Luftzutritt dunkler, eine Folge der Oxidation enthaltener Sulfide.

Dy (schwed. *Torfschlamm*) bildet sich als „Braunschlammboden" aus dunkelbraunen, sauerstoff- und nährstoffarmen, schlecht durchlüfteten, sauren Braunwässern von Hochmooren oder am Grunde sauerstoff- und nährstoffarmer Seen. Der dunkelbraune Dy ist sauer (pH <6) und arm an Makroresten organischer Substanzen.

Gyttja (schwed. *grauer, an organischen Stoffen reicher Schlamm*) bildet sich als „Grauschlammboden" in O_2- und nährstoffreichen Gewässern. Die typische Gyttja besteht aus organischen und mineralischen Partikeln von graugrüner, graubrauner bis rotbrauner Farbe (Lebermudde). Kalkreiche Formen werden als Kalkgyttja (Kalkmudde) bezeichnet. Sie ist nährstoffreich.

Sapropel (gr. *faulig, verfault*) ist ein stark reduzierend wirkender, oft Metallsulfide führender Faulschlamm extrem O_2-armer, aber nährstoffreicher stagnierender Gewässer. Typisch sind seine von anaeroben Mikroorganismen gebildeten Faulgase (H_2S, CH_4, H_2) und seine tiefschwarzen Huminstoffe.

Definitionen in Kürze: Mudde, Torf, Moor

Mudde: **limnisches** Sediment mit makroskopisch erkennbarem Gehalt an organischen Substanzen. Organo-mineralische Mudden = meistens 3 bis 5 Gew.% org. Substanzen; organische Mudden ≥30 Gew.% org. Substanzen.

Torf: **semiterrestrisch** akkumuliertes organisches Material mit ≥30% organischer Substanz.

Moor: Böden aus ≥30 cm Torf.

Literaturauswahl

Scheffer, F. & Schachtschabel, P. (2018): Lehrbuch der Bodenkunde: Kap. 7.5.3; Stuttgart (Enke Verl.).

Kuntze, H., Roeschmann, G. & Schwerdtfeger, G. (1994): Bodenkunde: Kap. 2.1.3.2; Stuttgart (Ulmer Verl.).

Beantworten Sie mit Hilfe des Textes und der Literatur die nachfolgenden Fragen.

1) *Nennen Sie fünf semiterrestrische und subhydrische Humusformen.*

2) *Was sind Mudden und wie erkenne ich Mudden im Gelände?*

3) *Was ist „Dy“?*

4) *Wo bilden sich Gyttjen?*

5) *Wo entstehen Sapropele?*

Resumée: wichtige terrestrische Bodenentwicklungen auf verschiedenen Ausgangsgesteinen im Überblick

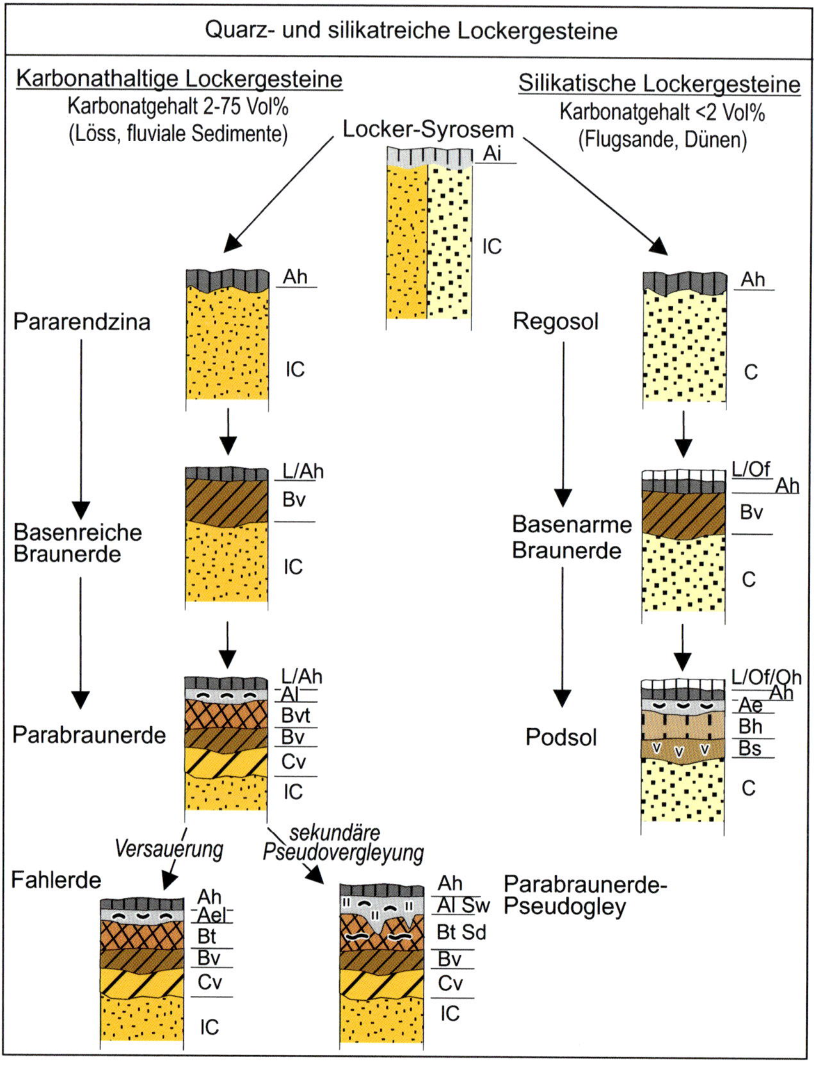

Fortsetzung: wichtige terrestrische Bodenentwicklungen auf verschiedenen Ausgangsgesteinen im Überblick

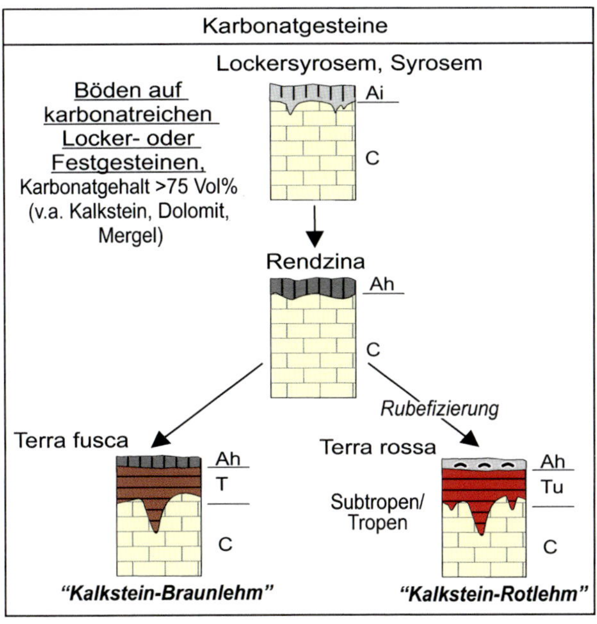

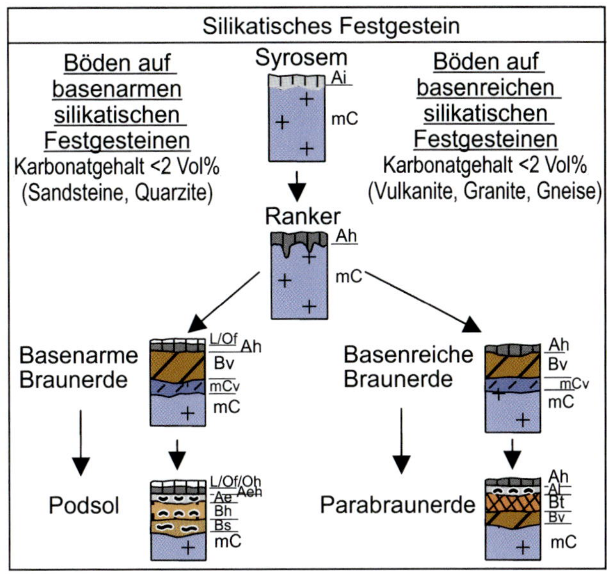

Lernkontrolle: Bearbeiten Sie die Fragen.

Das Bild zeigt einen unter Flugsanden begrabenen fossilen Boden. Nennen Sie den Bodentyp und bezeichnen Sie die Bodenhorizonte.

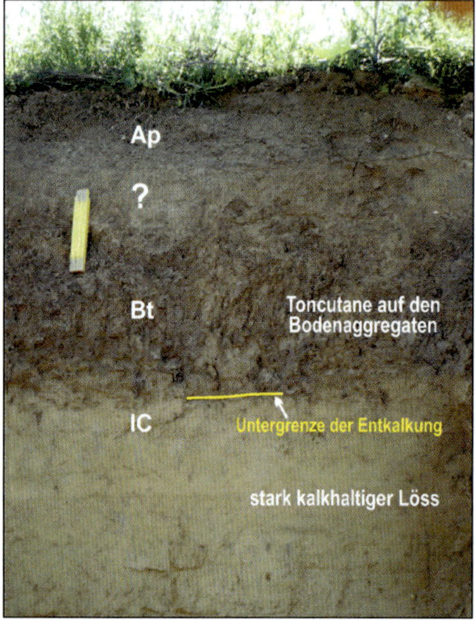

Das Bild zeigt einen im Dungau typischen Lössboden. Um welchen Bodentyp handelt es sich und welcher Bodenhorizont ist beim Fragezeichen zu ergänzen?

Das Bild zeigt unter Lössdeckschichten begrabene Hochterrassenkiese, die einen etwa 1,6 m mächtigen braunroten Paläoboden tragen. Der braunrote Paläoboden ist entkalkt, stark verlehmt und besitzt kräftige Tonbeläge auf den Schotterbetten.

Nennen Sie den Bodentyp, bezeichnen Sie den Bodenhorizont. Welche Bodenhorizonte fehlen? Unter welchen Klimabedingungen ist der Paläoboden entstanden und in welcher Zeit?

Das Bild zeigt eine Braunerde im Bayerischen Wald. Welche Humusform besitzt sie?

7. Zeitdauer der Bodenentwicklung

Ein wichtiger Aspekt zum Verständnis der Genese von Böden und vielleicht auch zum Respekt vor Ihnen ist die Frage nach der Geschwindigkeit von Bodenentwicklungen in unserer Klimazone. Sind es einige Jahrzehnte, Jahrhunderte, Jahrtausende bis zur Ausbildung gut differenzierter Bodenprofile?

Solche Informationen können **Auenböden** liefern, da deren pedogener Entwicklungsgrad (Entwicklungstiefe und Entwicklungsintensität) bei ähnlichen Ausgangssubstraten und vergleichbaren hydrologischen Bedingungen weitgehend eine Funktion der Zeit ist (Abb. E18 bis Abb. E20). Je älter eine Fluss- oder Hochwasserablagerung in der Aue ist, desto intensiver ist deren pedogene Überprägung. Im Bereich der nur episodisch von Hochwässern erreichten Auenstandorte entwickeln sich zunehmend terrestrisch geprägte Auenböden, in feuchten Auenrinnen und Altarmen gewinnen An- und Niedermoore an Ausdehnung, vorausgesetzt, dass die pedogene Dynamik größer ist als der Sedimenteintrag durch Hochwässer.

Auenböden können so zeitliche Dimensionen für die Entwicklung unserer holozänen Böden liefern, sie können für pedostratigraphische Untergliederungen von Auen genutzt werden, sie können aber auch Indikatoren für bedeutsame auenökologische Veränderungen wie periodisch intensivierte Hochwasserereignisse, wechselnde Schwebstoffeinträge oder Veränderungen der Grundwasserhöhen sein.

Gesteigerte, weiter ausufernde Hochwässer können nicht nur deren fortschreitende terrestrische Bodenüberprägung stark verzögern. Bei geringer Führung von Schwebstoffen

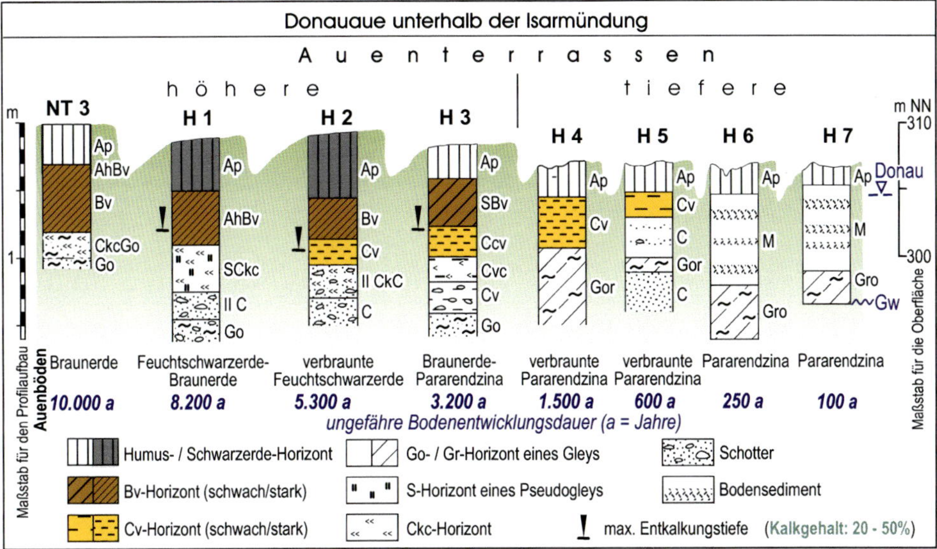

Abb. E18: Altersabhängige Bodenentwicklungen auf den spätglazialen (NT3) und holozänen Auenterrassen der Niederbayerischen Donau unterhalb der Isarmündung (Auensedimente mit 20-50% $CaCO_3$)(Quellen: SCHELLMANN 1988, ders. 1990).

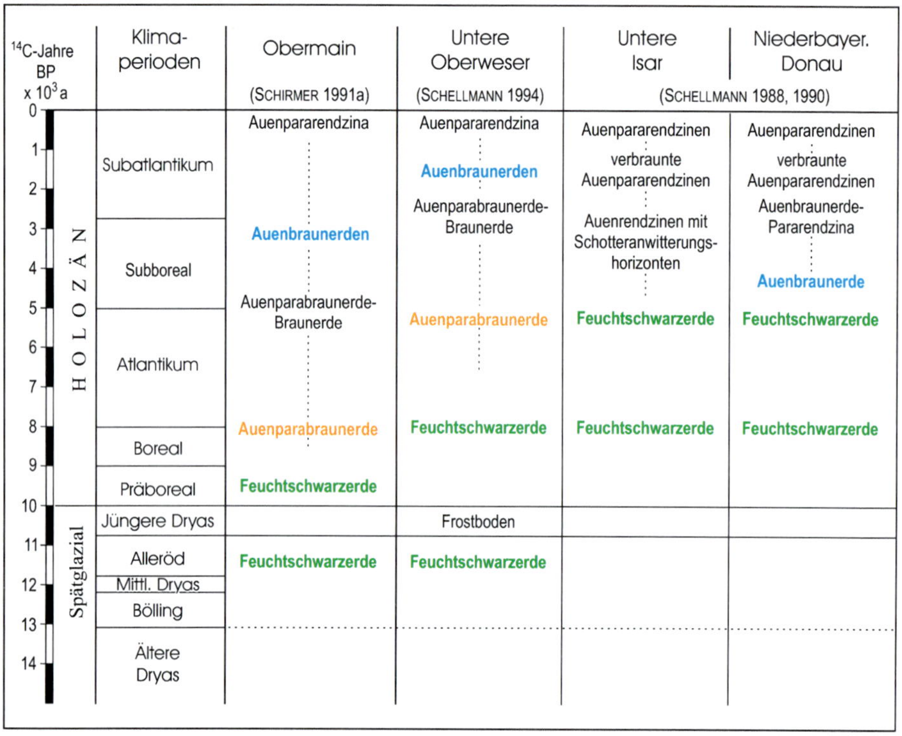

^{14}C-Jahre BP x 10^3 a	Klimaperioden	Obermain (SCHIRMER 1991a)	Untere Oberweser (SCHELLMANN 1994)	Untere Isar (SCHELLMANN 1988, 1990)	Niederbayer. Donau (SCHELLMANN 1988, 1990)
HOLOZÄN	Subatlantikum	Auenpararendzina	Auenpararendzina Auenbraunerden Auenparabraunerde-Braunerde	Auenpararendzinen verbraunte Auenpararendzinen Auenrendzinen mit Schotteranwitterungshorizonten	Auenpararendzinen verbraunte Auenpararendzinen Auenbraunerde-Pararendzina
	Subboreal	Auenbraunerden			Auenbraunerde
	Atlantikum	Auenparabraunerde-Braunerde	Auenparabraunerde	Feuchtschwarzerde	Feuchtschwarzerde
	Boreal	Auenparabraunerde	Feuchtschwarzerde	Feuchtschwarzerde	Feuchtschwarzerde
	Präboreal	Feuchtschwarzerde			
Spätglazial	Jüngere Dryas		Frostboden		
	Alleröd	Feuchtschwarzerde	Feuchtschwarzerde		
	Mittl. Dryas				
	Bölling				
	Ältere Dryas				

Abb. E19: Altersabhängige Bodenentwicklungen auf holozänen Auensedimenten mit unterschiedlichen Kalkgehalten (Obermain <5%, Untere Oberweser <1%, Untere Isar 40-90%, Niederbayerische Donau 20-50% $CaCO_3$).

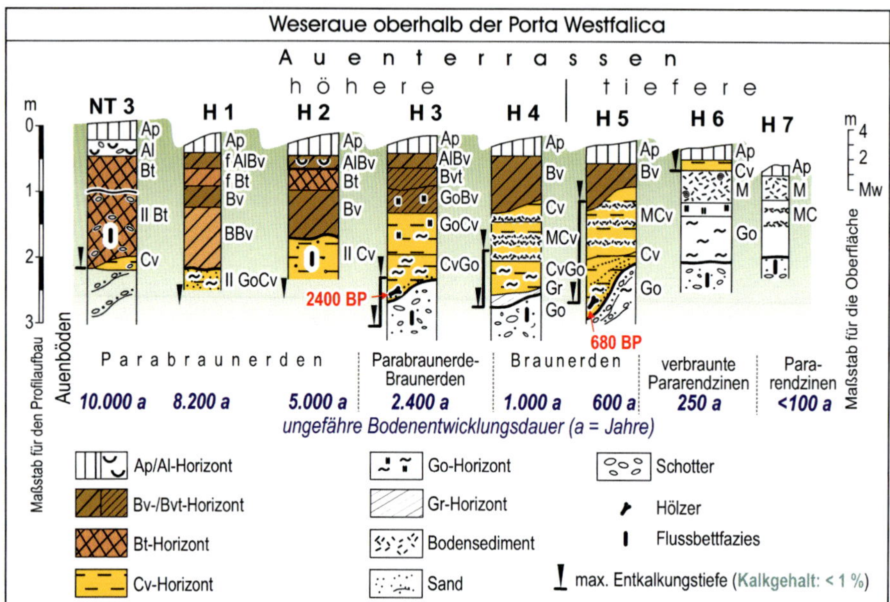

Abb. E20: Altersabhängige Bodenentwicklungen auf den spätglazialen (NT3) und holozänen Auenterrassen der unteren Oberweser oberhalb der Porta Westfalica (Auensedimente <0,1% $CaCO_3$; Quelle: SCHELLMANN 1994c).

wird die Bildung von Nieder- und Anmooren begünstigt, während hohe Suspensionsfrachten dazu führen können, dass Auenböden unter Hochflutsedimenten begraben werden. Als fossile Böden können sie dann paläo-ökologische Informationen liefern.

Weiterführende Literatur

SCHELLMANN, G. (1998): Spätglaziale und holozäne Bodenentwicklungen in einigen mitteleuropäischen Tälern unter dem Einfluß sich ändernder Umweltbedingungen. – GeoArchaeoRhein, 2: 183-194; Münster (Litt Verl.).

Beantworten Sie mit Hilfe der Abbildungen folgende Fragen:

1) *In welchem Zeitraum entstanden an Obermain, Oberweser, Isar und Donau Feuchtschwarzerden?*

2) *Welche Bodentypen findet man auf jungen neuzeitlichen Auenablagerungen von Obermain, Oberweser, Isar und Donau?*

3) *An welchen Bodentypen kann man sehr schön deren unterschiedliche Entwicklungsgeschwindigkeit je nach Kalkführung der Auensedimente zeigen?*

Weitere Fragen und Aufgaben zur Vertiefung

(sofern gewünscht)

1) *Beschreiben Sie aus dem Gedächnis exemplarisch die terrestische Bodenentwicklung und deren zeitlichen Ablauf auf verschiedenen Ausgangsgesteinen in Deutschland.*

2) *Beschreiben Sie die natürliche Bodenfruchtbarkeit verschiedenen terrestrischer Bodentypen, die bei uns auf verschiedenen Ausgangsgesteinen verbreitet sind.*

3) *Erstellen Sie eine tabellarische Übersicht (Name, Horizontabfolgen, Genese, Humusform, Wasser- und Lufthaushalt, Nährstoffhaushalt, KAK, Basensättigung, agrarwirtschaftliche Nutzung) zu den häufigsten terrestrischen Bodentypen, die in den verschiedenen Bodenzonen der Erde außerhalb von Mitteleuropa verbreitet sind.*

4) *Nennen und beschreiben Sie wichtige bodenbildende Prozesse und die daraus resultierenden Bodentypen in den verschiedenen Bodenzonen der Erde.*

5) *Erläutern sie aus dem Gedächnis die typische Abfolge bodenbildender Prozesse auf einem Rohlöss unter unseren Klimaverhältnissen.*

6) *Erläutern sie die typische Abfolge bodenbildender Prozesse auf einem jungen Auensediment mit etwa 4% Kalkgehalt unter unseren Klimaverhältnissen und schätzen Sie die Zeitdauer bis zur Entstehung des Klimaxbodens.*

7) *Erläutern Sie aus dem Gedächnis die typische Abfolge bodenbildender Prozesse auf einer kalkfreien Flugsanddecke unter unseren Klimaverhältnissen.*

8) *Erläutern Sie aus dem Gedächnis die typische Abfolge bodenbildender Prozesse auf einem Mergel unter unseren Klimaverhältnissen.*

9) *Erläutern Sie potentielle Degradationserscheinungen bei Parabraunerden, die sich im Laufe der Zeit einstellen können.*

10) *Erläutern Sie die Ursachen für Unterschiede in der natürlichen Bodenfruchtbarkeit bei Podsolen, Schwarzerden und Parabraunerden.*

11) *Wovon ist die Bodenfruchtbarkeit von Braunerden abhängig?*

12) Welche Folge hat eine verstärkte Bodenversauerung auf die zukünftige Bodenentwicklung von Braunerden?

13) Was sind und wie entstehen Pseudogleye und Gleye?

14) Wovon ist die Geschwindigkeit der Bodenentwicklung in einer Flussaue abhängig?

15) Warum sind auf den kiesigen Oberflächen der altholozänen Auenterrassen der unteren Isar Auenrendzinen und keine Auenpararendzinen verbreitet?

3.2 Denudative Prozesse

Unter **Denudation** versteht man im deutschen Sprachraum eine flächenhaft wirksame Abtragung (flächenhafte Erosion). Nur die linienhafte Abtragung wird als Erosion *sensu stricto* bezeichnet. In der anglo-amerikanischen Literatur hingegen wird der Begriff *„denudation"* für linienhafte und flächenhafte Abtragung verwendet. Häufig gehen erosive und denudative Prozesse ineinander über. Denudative Prozesse sind vor allem schwerkraft- und frostbedingte Massenbewegungen sowie die flächenhafte Erosion durch fließendes Wasser. Denudative Prozesse im Zusammenhang mit fließendem Wasser werden in Kap. 3.3 behandelt.

3.2.1 Schwerkraftbestimmte Massenbewegungen

Zu den schwerkraftbedingten Massenbewegungen (*mass movement, landslide, slope failure*) zählen im wesentlichen alle durch die Schwerkraft ausgelösten Bewegungen von Material (verwitterter Fels, Boden, Frostschutt, Hangschutt, Schnee, Eislawinen usw.) hangabwärts in Form von (Abb. 3.2.1):

- Lawinen und Schuttlawinen;
- Steinschlägen und Schutthalden;
- Bergstürzen, Felsstürzen und Felsgleitungen;
- Hangrutschungen, Muren, Laharen und Erdfließen;
- Bodenfließen und Bodenkriechen (Solifluktion);
- Frostkriechen und Kammeis-Solifluktion.

Bewegungsformen sind vor allem das Stürzen (Fallen und Kippen), das Rutschen (Gleiten) und das Fließen.

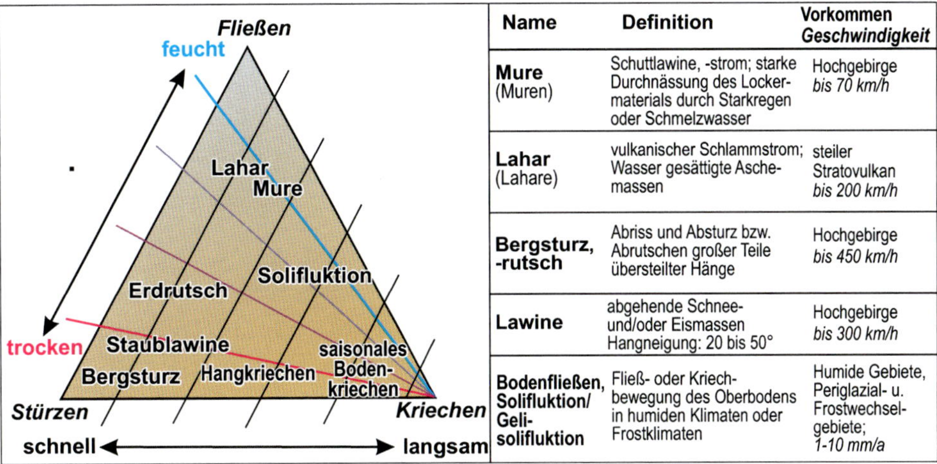

Name	Definition	Vorkommen *Geschwindigkeit*
Mure (Muren)	Schuttlawine, -strom; starke Durchnässung des Lockermaterials durch Starkregen oder Schmelzwasser	Hochgebirge *bis 70 km/h*
Lahar (Lahare)	vulkanischer Schlammstrom; Wasser gesättigte Aschemassen	steiler Stratovulkan *bis 200 km/h*
Bergsturz, -rutsch	Abriss und Absturz bzw. Abrutschen großer Teile übersteilter Hänge	Hochgebirge *bis 450 km/h*
Lawine	abgehende Schnee- und/oder Eismassen Hangneigung: 20 bis 50°	Hochgebirge *bis 300 km/h*
Bodenfließen, Solifluktion/ Geli-solifluktion	Fließ- oder Kriechbewegung des Oberbodens in humiden Klimaten oder Frostklimaten	Humide Gebiete, Periglazial- u. Frostwechselgebiete; *1-10 mm/h*

Abb. 3.2.1: Gravitative Massenbewegungen im Überblick.

Unter **Sturzdenudation** versteht man das spontane Ablösen von Gesteins-/Felsmaterial von einem steilen Hang oder einer Felswand und das Kippen (*topple*), Fallen (*falls*) als **Steinschlag, Felssturz** oder **Bergsturz** (Abb. 3.2.2). Nach dem Fallvorgang verlagern sich diese springend oder rollend weiter hangabwärts.

Fels- und **Bergsturz** benötigen massige Festgesteine wie zum Beispiel Kalksteine, Granite oder Gneise. Im Gegensatz zum kleineren Felssturz sind Bergstürze volumenmäßig größer, mit Volumina von über 1 Mio. bis mehrere 100 Mio. Kubikmeter Gestein.

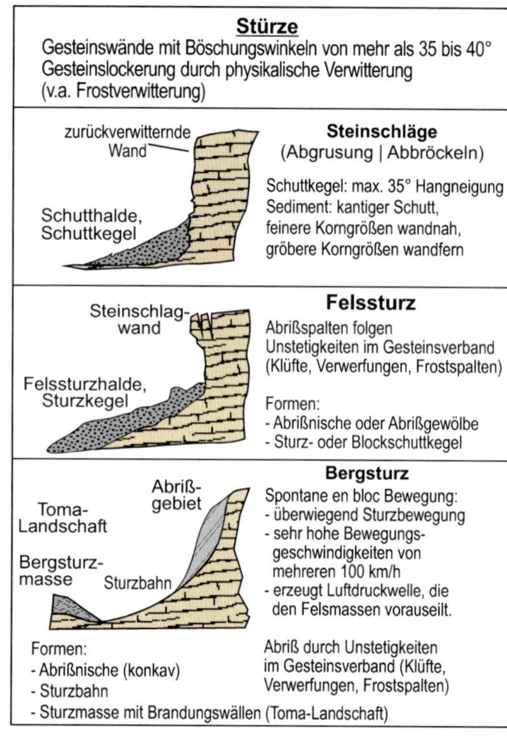

Abb. 3.2.2: Steinschläge, Fels- und Bergstürze.

Weitere Charakteristika von Bergstürzen sind die große Reichweite und die starke Fragmentierung (Materialzertrümmerung) während des Sturzvorganges. An morphologischen Formen hinterlassen sie im Ablösegebiet Abrißnischen und -trichter, im Transitgebiet Steinschlag- und Felssturzrinnen sowie im Ablagerungsgebiet Schutt- und Felssturzkegel (Bild 3.2.1 bis Bild 3.2.3) bzw. Bergsturzmassen. Sturzdenudationen besitzen hohe Bewegungsgeschwindigkeiten von mehreren Metern bis mehreren 10er von Metern pro Sekunde und eine hohe Zerstörungskraft. Bei Bergstürzen reicht das Sturzmaterial oft bis an den gegenüberliegenden Talhang

Bild 3.2.1: Holozäne Schuttkegelgalerie in der Hinlopenstraße NE-Spitzbergens.

Bild 3.2.2:
Aktueller Schuttkegel mit Korngrößensortierung (feine Partikel wandnah, größere Partikel wandfern in einem Steinbruch im Inntal.

Bild 3.2.3:
Schutthalden und Blockschutthalden am Langkofel, Südtiroler Dolomiten.

und bildet dort eine hügelige Sturzmasse aus zerrüttetem Fels, eine sog. „**Toma-Landschaft**".

Gleitungen und **Rutschungen** (*slides*) (Abb. 3.2.3; Abb. 3.2.4; Bild 3.2.4) sind eine hangabwärts gerichtete Bewegung von Fels- oder Lockergesteinen auf ein oder mehreren Gleitflächen wie Schicht-, Schieferungs-, Kluft- oder Störungsflächen. Besonders rutschungsanfällig sind gut wasserdurchlässige Gesteine wie Kalksteine und Sandsteine auf wasserstauenden Tonen, Tonschiefer, Phylliten, Glimmerschiefer oder Serpentiniten. Schon ein dünner Wasserfilm kann auf den potentiellen Gleitflächen (durch plötzlichen Scherfestigkeitsverlust) einen **Bergrutsch, Blockrutsch** oder **Erdrutsch** auslösen. Diese können sich als einfache hangparallele Translationsrutschung mit geringeren Interndeformationen und weitgehend ohne Rotationsbewegung hang-

Bild 3.2.4:
Antithetische Blockschollenrutschungen (Rotationsrutschungen) am NE-Rand des Lago Argentino-Zungenbeckens und am Westrand der Basaltmeseta *Condór Cliff* (Ostpatagonien).

abwärts bewegen oder als komplexere Rotationsrutschung (Abb. 3.2.3, Abb. 3.2.4) mit intensiver Zerlegung (Zerrungen, Stauchungen, Teilabrissen, Überschiebungen) in unterschiedlich deformierten Teilschollen. Dabei entstehen Abrißformen wie Abrißkanten, Nackentälchen und Hangzerreißungsspalten. Stirn- und Trümmerwülste kennzeichnen die Rutschungszungen (Abb. 3.2.4).

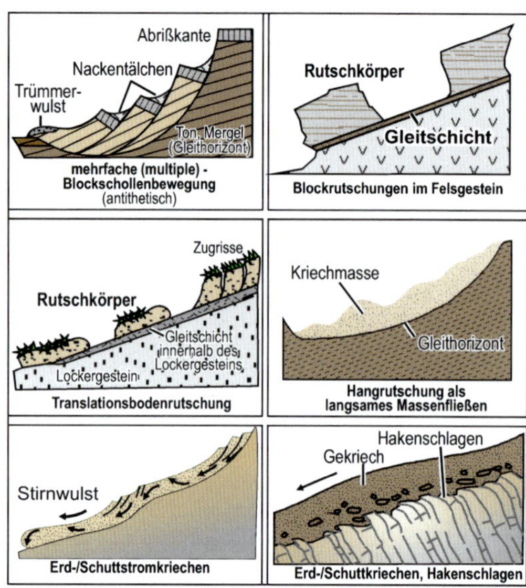

Abb. 3.2.3: Verschiedene Arten von Rutschungen, Schuttfließen und Bodenkriechen (Quelle: Bunza et al. 1976).

Rutschungen besitzen unterschiedliche Ausdehnungen von wenigen 100 m² bis einigen Quadratkilometern und unterschiedliche Tiefgänge von wenigen Dezimetern (flachgründig) bis mehreren 10er Meter und unterschiedlichen Volumina von bis zu Millionen von Kubikmetern Gestein. Sie können langsam ablaufen mit Geschwindigkeiten von wenigen Millimetern pro Jahr, aber auch sehr schnell und spontan mit mehreren 10er von Metern pro Sekunde.

Rutschungen treten gehäuft nach langandauernden Niederschlägen oder kräftigen Schneeschmelzen mit Verlust der Scherfestigkeit durch Zunahme des Porenwasserdrucks im Gestein und durch Auftrieb auf den Gleitflächen. Manchmal treten Rutschungen auch mit einer Verzögerung von Wochen und Monaten ein. Sie können durch Straßenbau und andere Bebauungen ausgelöst werden. Rutschungen können nur durch aufwendige Drainagen entlang der Gleitfläche sowie eine Vermeidung von Auflastungen und Veränderungen des Böschungsprofils verhindert oder stabilisiert werden.

Fließen (*flow*) benötigt wasserübersättigte Sedimente (Verhältnis größer 1 zu 1), die auch bei geringem Gefälle mit zum Teil hoher Geschwindigkeit größere Entfernungen überwinden können. Dabei nimmt die Geschwindigkeit zur Basis und zu den Rändern hin ab. Sehr schnelle Fließgeschwindigkeiten besitzen trockene Sturzströme, die sich aus Fels- oder Bergstürzen entwickeln können (Luftkissen als Transportmedium) sowie wasserreiche Muren und Lahare. Je nach Substrat unterscheidet man zwischen: Boden- und Erdfließen, Schutt-und Geröllstrom sowie Muren (Abb. 3.2.4, Bild 3.2.5) und Laharen (Pyroklastika; Kap. 2.4).

Muren (durchfeuchtete Schuttströme) entstehen häufig durch Ansammlung von Lockergesteinen in einem Murkessel oder Murtrichter. Manchmal können im Steilrelief erhaltene

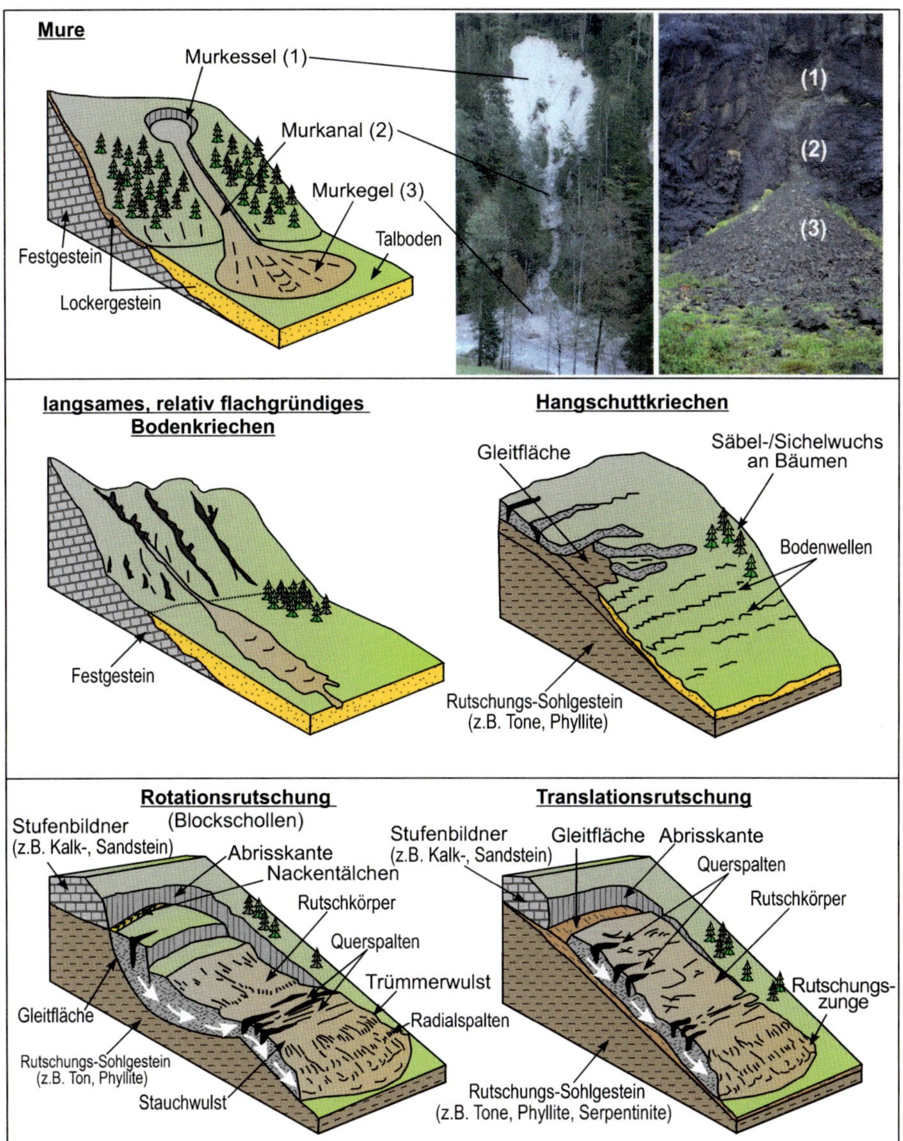

Abb. 3.2.4: Muren, Bodenkriechen und Rutschungen.

Endmoränenwälle bei Wasserübersättigung als Mure ins Tal abgehen. Bei starker Durchnässung (Zunahme des Porenwasserdrucks) durch Regen oder Schneeschmelze kann der Reibungswiderstand (Scherfestigkeit) soweit erniedrigt werden, dass sich der wassergesättigte Schutt einem Murkanal folgend ins Tal bewegt. Dort läuft die Mure in Form eines Murkegels meist am Talrand aus. Der hohe Wasseranteil ermöglicht hohe Geschwindigkeiten von bis zu 10m/s und große Transportweiten. Umgelagerte Volumina variieren zwischen wenigen und mehreren Tausend Kubikmetern. Muren haben ein erhebliches Zerstörungspotential, auch aufgrund ihrer Druckwirkung beim Aufprall an Hindernissen.

Kriechen (*creep*) (Abb. 3.2.3 bis Abb. 3.2.5) findet ohne Ausbildung von Abrissformen statt und besitzt sehr geringe Geschwindigkeiten von wenigen Millimetern pro Jahr. Dazu zählen: Hangschuttkriechen, Blockströme, Bodenkriechen (Solifluktion; 1 bis 10 mm/a), Frostkriechen und die Kammeis-Solifluktion. Letztere wird auch als Frostwechsel-Solifluktion bezeichnet. Bei starkem nächtlichen Frost von unter minus 2°C können an der feuchten Bodenoberfläche **Nadeleis** (*needle ice*), **Bürsten**- oder **Kammeis** senkrecht zur Bodenoberfläche wachsen und dabei hangende Bodenpartikel aus dem Verband lösen und anheben (Frosthub). Beim Schmelzen der Eisnadeln werden dann die gehobenen Bodenpartikel der Schwerkraft folgend im Lot etwas hangabwärts wieder auf der Bodenoberfläche abgesetzt. Dieses Frostkriechen (*frost creep*) sorgt für einen langsamen hangabwärtigen Bodenabtrag (Solifluktion).

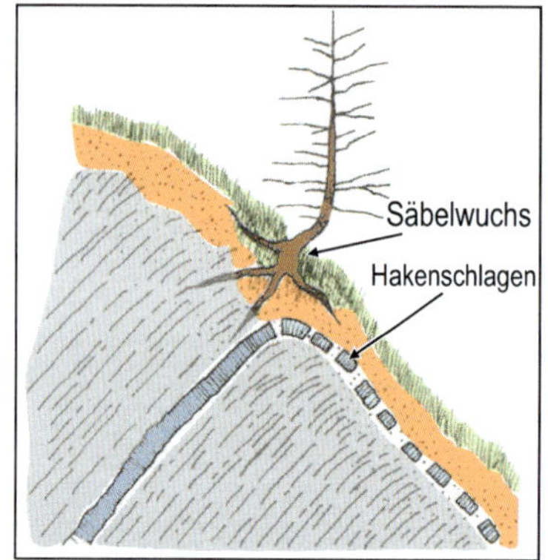

Abb. 3.2.5:
Bodenkriechen und Hakenschlagen.

Ein klarer Indikator für instabile Hangverhältnisse sind Buckelwiesen oder der Säbelwuchs (Hakenwuchs) von Bäumen oder das Hakenschlagen von Gesteinsschichten (Abb. 3.2.5).

Häufige **Ursachen für gravitative Massenbewegungen** sind unter anderen ein Steilrelief, verschiedene bereits genannte geologische und petrographische Voraussetzungen inklusive intensiver Frostverwitterungen, natürliche oder anthropogene Hangunterschneidungen, das Vorhandensein von Lockermaterialdecken im Hang oder das Abschmelzen von Permafrost. Auslösende Faktoren können unter anderen sein:

- länger anhaltende Niederschläge oder ausgeprägte Schneeschmelzen mit Porensättigungen/-übersättigungen im Gestein, auf den Klüften und Scherflächen;
- Erdbeben;
- natürliche fluviale oder glaziale Versteilungen der Hänge;
- Vegetationsauflichtungen mit verringerter Stabilisierung des Hanges durch den Wurzelraum;
- anthropopgene Faktoren wie künstliche Hangversteilungen, Auflastveränderungen durch Baumaßnahmen (Gebäude, Wege, Halden), Rodungen oder Erschütterungen durch Sprengungen.

Erarbeiten Sie sich dieses Unterkapitel mit Hilfe des Textes, der Abbildungen und der Literatur wie z.B.:

ZEPP, H. (2017): Grundriß Allgemeine Geographie: Geomorphologie eine Einführung: Kap. 6; Paderborn (Schöningh UTB Verl.).

PRESS, F. & SIEVER, R. (2017): Allgemeine Geologie: Kap. 16; Heidelberg (Spektrum Verl.).

Vertiefende Literatur und Internetquellen

Dickau, R., Eibisch, K., Eichel, J., Messenzahl, K. & Schlummer-Held, M. (2019): Geomorphologie: Kap. 10; Berlin (Springer Spektrum).

Ahnert, F. (2015): Einführung in die Allgemeine Geomorphologie: Kap. 7; Stuttgart (Ulmer Verl.).

Internetquellen u.a. der Landesumweltämter wie z.B. Bayerisches Landesamt für Umwelt (LfU).

Beantworten Sie die nachfolgenden Fragen.

1. *Wie entstehen Schuttkegel und wo sind sie ein markantes Phänomen im Landschaftsbild?*
2. *Welche maximalen Hangneigungen können Schuttkegel besitzen?*
3. *Welche Substrateigenschaften besitzen Schuttkegel und wo findet man die größten Schuttpartikel auf einem solchen Kegel?*
4. *Welche Faktoren begünstigen im Hochgebirge die Auslösung von Bergstürzen?*
5. *Was ist eine Toma-Landschaft und wie ist sie entstanden?*
6. *Welche morphologischen Formen hinterläßt ein Bergsturz?*
7. *Welche Formen weisen auf ein potentiell felssturzgefährdetes Gebiet hin?*
8. *Welche morphologischen Formen hinterläßt ein Felssturz?*
9. *Unter welchen Voraussetzungen können Muren entstehen?*
10. *Welche morphologischen Formen entstehen durch Muren?*
11. *Sind Murkegel günstige Siedlungsstandorte?*
12. *Was ist der Unterschied zwischen Muren und Laharen?*
13. *Welche Geschwindigkeit können Lawinen im Gebirge erreichen?*
14. *Welche Reliefformen entstehen durch Blockschollenbewegungen?*
15. *Wie entsteht der Säbelwuchs von Bäumen?*
16. *Was versteht man unter dem Phänomen des „Hakenschlagens"?*
17. *Was versteht man unter Kammeis-Solifluktion?*

Weitere Fragen für BA-Studierende und Lehramt Gymnasium

18. *Wann endet die Bildung von Schutthalden?*
19. *Welche geologischen und anthropogenen Faktoren können die Auslösung von Hangrutschungen begünstigen?*
20. *Nennen Sie mindestens 5 Formen, an denen man ein Rutschungsgebiet erkennen kann.*
21. *Welche Faktoren begünstigen das Auftreten von Bodenfließen?*
22. *Was könnten die Ursachen sein, für die seit einigen Jahren anscheinend vermehrt auftretenden Steinschläge und Felsstürze in den Alpen?*
23. *Wo sind in Oberfranken Rutschungsgebiete weit verbreitet?*

3.2.2 Frostbedingte Massenbewegungen und Permafrost

Gelifluktion bzw. periglaziale Solifluktion

(Rasenloben, Rasengirlanden, Schuttloben, Blockgletscher, Blockströme)

Bodenfließen bezeichnet man als Gelisolifluktion, Gelifluktion, periglaziales Bodenfließen oder periglaziale Solifluktion (***periglacial solifluction***), sofern eine Gefrornis (Permafrost) und das Auftauen des Untergrundes wesentlich für Massenbewegungen sind. Dabei entstehen Rasenloben, Rasengirlanden, Schuttloben, Blockgletscher und Blockströme.

Periglazial: *peri (gr.) = um, herum; glacies (lat.) = Eis; das Eis umgebend; in der Peripherie des Eises; Synonym für eisfreie Gebiete mit Permafrost und/oder für durch intensive Gefrier-/Auftauprozesse dominierte Umweltbedingungen. Im Hochgebirge liegt die periglaziale Zone meist oberhalb der Waldgrenze. Im Tiefland existiert eine 50 bis 100 km breite Übergangszone zwischen Tundra und Taiga (Sibirien) bzw. zwischen Tundra und borealer Nadelwald (Skandinavien, Nordamerika).*

Permafrost *= thermischer Zustand eines Bodens oder Substrats (Tab. 3.2.1). Die Temperaturen liegen für mindestens zwei Winter und einem dazwischen liegenden Sommer unter dem Gefrierpunkt (≤ 0°C).*

Permafrostuntergrenze (m) ≈ mittl. Jahrestemp. (°C) / negativen geoth. Gradient (-°C/m).

Permafrost definiert den thermischen Zustand eines Bodens oder Substrats. Er ist ein Klimaphänomen, bei dem die sommerliche Erwärmung des Bodens nicht ausreicht, um den winterlichen Frost vollständig abzutauen. Nach unten wird der Permafrost durch den geothermischen Wärmefluss aus dem Untergrund begrenzt.

Ein Permafrostboden kann eisuntersättigt, eisübersättigt oder auch trocken (***dry***) sein. Boden-Eis tritt in folgenden Formen auf:

a) als **Segregationseis** (Bild 3.2.5). Durch die wasseranziehende Wirkung von Eis wandert die Bodenfeuchte zur Gefrierfront und bildet Eislinsen oder Eislagen. Dabei bilden sich die mächtigsten Eislagen meist an der Untergrenze des Auftaubodens. Dort sammelt sich im Sommerhalbjahr die Feuchtigkeit in der Auftauschicht und gefriert am Kontakt mit dem liegenden Permafrostboden.
b) als **Tabereis**, das als Eisrinde durch Dehydration des Auftaubodens ernährt wird.
c) als Intrusiveis oder Injektionseis. Es entsteht, wenn Grundwasser („gespanntes Wasser“) unter kryostatischem oder artesischem Druck aus dem Niefrostbereich in den Dauerfrostboden eindringt.
d) als 3 bis 4 cm hohes **Nadeleis** bzw. **Kammeis**, das an der Oberfläche eines Bodens senkrecht zur nächtlichen Abkühlungsfläche aufwächst.

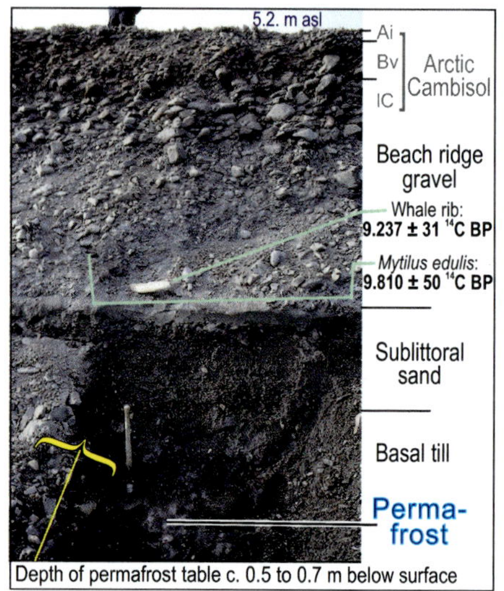

Bild 3.2.5:
Etwa 50 bis 70 cm mächtige Auftauschicht über kompaktem, aus Segregationseis bestehenden Permafrost. Der Aufschluss befindet sich an einem aktuellen Kliff mit präborealen Strandablagerungen im *Wijdefjord*, N-Spitzbergen.

Ein aktiver Permafrost baut im Winter die sommerliche Auftauschicht vollständig ab. Bei einem inaktiven Permafrost ist die Auftauschicht größer als die Eindringtiefe des Winterfrostes. Unter Permafrost-Degradation versteht man einen vertikalen und horizontalen Abbau des Permafrosts. Permafrost-Aggradation bedeutet dagegen eine zunehmende horizontale und vertikale Ausdehnung des Permafrosts.

Auf- und Abbau von Permafrost können klimatisch verursacht sein, aber auch eine Folge lokaler Umweltveränderungen (vor allem Vegetation, Schneebedeckung, Bodenfeuchtigkeit) und damit verbundener Veränderungen der Wärmeleitfähigkeiten sein. Schnee ist ein guter Isolator (geringe Wärmleitfähigkeit) und kann den Boden im Winter vor extremer Auskühlung schützen. Eine Vegetationsschicht vermindert das Verwehen von Schnee und vermindert dadurch das Eindringen von Frost. Vegetation verringert mit zunehmender Höhe und Dichte die sommerliche Erwärmung von Bodenoberflächen. Organische Auflagehorizonte und Torfe sind im trockenen Sommerhalbjahr ein guter Isolator gegen Erwärmung. Im feuchten Winterhalbjahr begünstigen sie eine hohe Eindringtiefe des Frosts. Feuchte Bodenoberflächen besitzen durch Verdunstung des Wasser eine geringere sommerliche Erwärmung als trockene Oberflächen.

Klimatische Kennzeichen von **Pemafrostgebieten** (Abb. 3.2.6) sind:

1. eine mittlere Jahrestemperatur von unter 0°C;
2. eine Sommertemperatur, die ausreicht, den im Laufe des Jahres fallenden Schnee vollständig zu schmelzen, so dass sich keine Gletscher bilden können;
3. zu geringe Schnee-Niederschläge im Jahr (kontinentales Klima) oder topographisch bedingt zu geringe jährliche Schneeakkumulationen, wodurch eine Bildung von Gletschern verhindert wird.

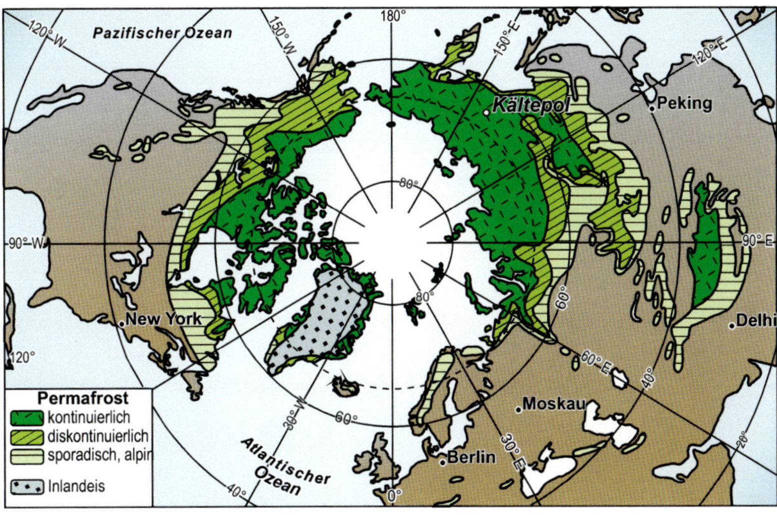

Abb. 3.2.6: Verbreitung von Periglazialgebieten auf der Nordhalbkugel (Quelle: Blümel 1999).

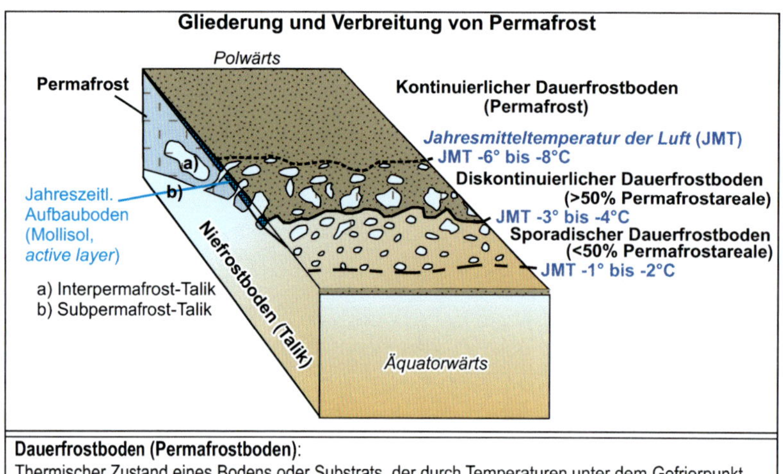

Dauerfrostboden (Permafrostboden):
Thermischer Zustand eines Bodens oder Substrats, der durch Temperaturen unter dem Gefrierpunkt für die Dauer von mindestens zwei Winter und einem dazwischenliegenden Sommer ausgezeichnet ist.
Trockener Permafrost: Dauerfrostboden ohne Bodeneis.

Abb. 3.2.7: Zonale Gliederung der Periglazialgebiete (Quellen: Karte 1979; Weise 1983).

Die Permafrostgebiete der Erde liegen daher vor allem in den Hochgebirgen (Gebirgspermafrost) und in den hohen Breiten: in der Arktis Europas, Asiens und Nordamerikas (Abb. 3.2.6) sowie auf den relativ kleinen unvergletscherten Randbereichen und Inseln der Antarktis. Beim kontinuierlichen Permafrost besitzen 90 bis 100% der Areale Permafrost im Untergrund (Abb. 3.2.7), beim diskontinuierlichen Permafrost sind es 50 bis 90%. Beim sporadischen und isolierten Permafrost tritt dieser nur noch inselartig (<50%) auf und ist ebenso wie der submarine Permafrost ein Überbleibsel der letzten Kaltzeit (reliktischer Permafrost).

Außerhalb der Polargebiete gibt es zudem in vielen Hochgebirgen eine **periglaziale Höhenstufe.** Sie liegt in den tropischen Hochgebirgen bei mehr als 4.000 m Höhe und in den Hochgebirgen der mittleren Breiten (z.B. Alpen) bei mehr als 2.100 m Höhe. Polwärts nimmt ihre Höhenlage noch weiter ab. Schließlich geht sie in die regionale Periglazialzone der hohen Breiten über (Karte 1979). In diesen Gebieten tauen in den warmen Jahreszeiten lediglich die oberen Bodenschichten auf, darunter herrscht Dauerfrost. Weitere Verbreitungsgebiete von Permafrost sind der subglazialer und der submarine Permafrost. Letzterer tritt großflächig in Schelfgebieten des Nordpolarmeers auf.

Die mächtigsten Permafrostgebiete liegen aufgrund der kühlen Temperaturen und der geringen geothermischen Tiefenstufe in Sibirien mit Mächtigkeiten von bis zu 1.500 m, gefolgt von Alaska und Kanada mit etwa 600 m sowie Spitzbergen mit bis zu 320 m Mächtigkeit. In den Alpen findet man oberhalb von etwa 2.100 m Höhe (nivale, subnivale, oberalpine Stufe) einen lokalen diskontinuierlichen Permafrost von geringer Mächtigkeit: meist unter 10 m, selten bis 20 m.

Die Verbreitung und die Mächtigkeit von **Permafrost** ist abhängig von **Klimaschwankungen** nicht nur zwischen Warm- und Kaltzeiten. Auch während des holozänen

Klimaoptimums vor etwa 6.000 bis 9.000 Jahren war in Kanada die Südgrenze des Permafrosts deutlich nach Norden verschoben und die sommerliche Auftauschicht genell mächtiger. Umgekehrt haben holozäne Klimaabkühlungen wie die Kleine Eiszeit zwischen etwa 1450 AD und 1850 AD eine Ausdehnung nach Süden ermöglicht (u.a. Smith & Burgess 2011). Die Klimaerwärmung der vergangenen zwei bis drei Jahrzehnte führt aktuell auch zu einem allgemeinen Ansteigen der Temperaturen in Permafrostgebieten. Es kommt zur Verkleinerung der Permafrostareale und zum Wachstum der sommerlichen Auftauschichten vor allem in den Gebieten mit diskontinuierlichem und sporadischen Permafrost. Zunahmen der Mächtigkeiten winterlicher Schneedecken (*Schnee bildet eine Isolationsschicht vor dem Eindringen von winterlichem Frost in den Boden*) können regional das Abschmelzen verstärken. In Permafrostgebieten von Gebirgen bedeutet Permafrost-Degradation eine zunehmende Instabilität der Hänge und eine Zunahme von Berg- und Felsstürzen, eventuell auch von Muren.

Vertikal gliedert sich ein Permafrostboden (Abb. 3.2.8) in eine obere, sommerliche Auftauzone (**Mollisol, *active layer***) mit jährlich schwankenden und vom Substrat abhängigen Mächtigkeiten von wenigen Zentimetern (Torf) bis etwa einem Meter (Steine, Schutt, Kies). Darunter folgt eine Übergangszone namens **thermoaktive Schicht** (Oberkante = Permafrosttafel, ***permafrost table***) mit im Jahresgang schwankenden Temperaturen im Frostbereich. Die Basis bildet der ganzjährige **isotherme Permafrost** mit stabilen Temperaturen. An der Permafrostbasis und innerhalb des Permafrostbodens treten ungefrorene Bereiche auf: der Innerpermafrost-**Talik** und der Subpermafrost-Talik.

Die **morphodynamische Aktivität** der Auftauzone in Periglazialgebieten ist abhängig von zwei Prozessen:

1. von der **Intensität und Häufigkeit des Frostwechsels** und
2. von der **Undurchlässigkeit des Permafrost-Untergrundes**.

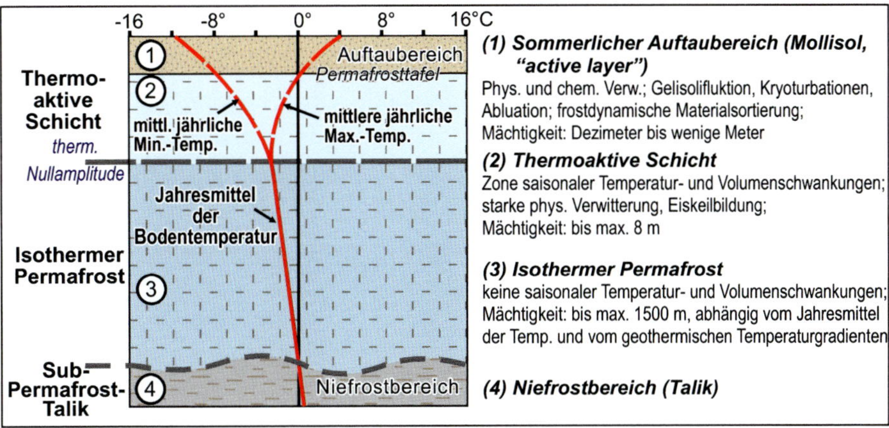

Abb. 3.2.8: Modellhaftes Temperaturprofil und Gliederung eines Dauerfrostvorkommens (Quellen v.a. Weise 1983, Karte 1979 und Blümel 1999).

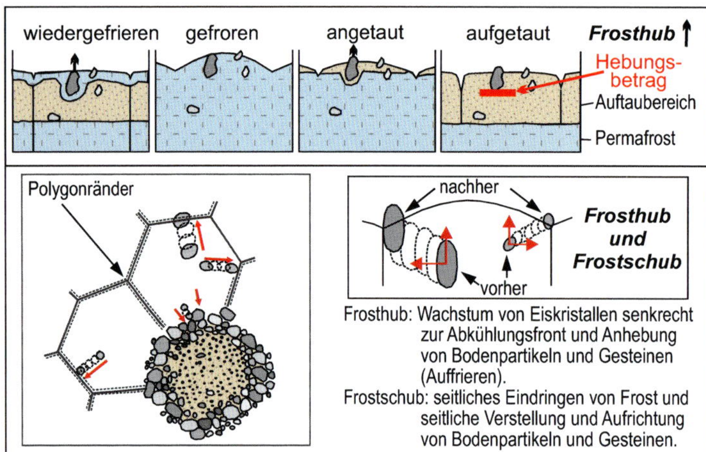

Abb. 3.2.9: Frosthub und Frostschub, Motoren für die Bildung von Frostmusterböden (Quelle v.a. BLÜMEL 1999).

Intensiver und häufiger Frostwechsel mit Frostdruck, Gefrierkompaktion und Quelldruck beim Gefrieren und Auftauen (Abb. 3.2.9) führt innerhalb der Auftauzone zu verschiedenen **frostdynamischen Materialsortierungen** mit Bildung von Struktur- bzw. Frostmusterböden (*patterned ground*) und Kryoturbationen (Kap. 3.2.3).

Die Undurchlässigkeit des Permafrost-Untergrundes hat zur Folge, dass das Niederschlags- und Schmelzwasser im Auftauboden gestaut wird. Dadurch kommt es zu einer stark erhöhten Fließfähigkeit des Bodens (Verringerung der Viskosität). Bereits bei geringen Hangneigungen von 2 bis 3° kann es daher zu periglazialem Bodenfließen, zu periglazialer Solifluktion bzw. zur **Gelisolifluktion** (Gelifluktion) kommen.

Gelisolifluktion ist ein von der Größe der Schwerkraft abhängiges viskoses Fließen des Solums über gefrorenem Untergrund als Folge der Wassersättigung des Auftaubodens (Mollisol, active layer).

Gelisolifluktion = periglaziale Solifluktion (periglacial solifluction) = Gelifluktion.

Gelisolifluidale Kleinformen (Abb. 3.2.10, Abb. 3.2.11) resultieren aus einer durch Frostdynamik ausgelösten langsamen, hangabwärts gerichteten Bewegung von wassergesättigten Böden und Sedimenten. Diese Bewegung ist meist lobenartig (**Solifluktions**- oder **Fließerdeloben**) oder mit einzelnen Terrassierungen und kleinen Geländestufen (Fließerde- bzw.

Fließerdestufen (Terrassetten) ← *fließende Übergänge* →	**Fließerdeloben (Girlandenböden)**
flacher (5°-15°) ← *Hangneigungen* →	steiler (10°-30°)
Sortierte Schuttstreifen ("*stone banked terraces*") Feinerdeterrassen	Sortierte Schuttloben ("*stone banked lobes*"): Steingirlanden, Blockgirlanden Feinerdegirlanden, Stein- u. Feinerdestreifen
Unsortierte Schuttstreifen Schutt-Terrassetten	Unsortierte Schuttloben
Kleinstufen der gehemmten Gelisolifluktion	Fließerdeloben der gehemmten Gelisolifluktion
Rasenstufen	Rasenloben

zunehmende Vegetationsbedeckung ↓

Überlagerung durch Sortierungserscheinungen ↑

Abb. 3.2.10: Kleinformen der Solifluktion über Dauerfrostboden (Quelle: KARTE 1979).

Blockgletscher (*rock glacier*)
Form: *meist einige 100 m lang, 100 - 200 m breit, gletscherähnlich, zungenförmig, Kriechwülste, steile Front und Flanken.*
Aufbau: *Schutt sowie 20 - 85 Vol.% Eis.*
Bewegungsgeschwindigkeiten: *einige cm/Jahr bis mehrere m/Jahr.*
Genese des Schutts: *glazial (Ablationsschutt) oder periglazial (Frostschutt).*

Aktive Blockgletscher: enthalten Eis, bewegen sich hangabwärts.
Inaktive Blockgletscher: enthalten Eis, aber sind bewegungslos.
Fossile Blockgletscher: enthalten kein Eis mehr; Stirn, Flanken, Oberfläche sind eingesunken.

Bild 3.2.6: Aktiver Blockgletscher (*rock glacier*) in NE-Spitzbergen (*Woodfjord*) hervorgegangen aus spätglazialen Moränenablagerungen.

Solifluktionsstufen) versehen. Gelisolifluktion erreicht Geschwindigkeiten von wenige cm/Jahr bis 30 cm//Monat bei der freien Solifluktion und wenige cm/Jahr bei der durch Vegetation gehemmten Solifluktion.

Eine morphologische Großform frostbedingter Schuttbewegungen sind **Blockgletscher** (*rock glaciers*; Bild 3.2.6, Bild 3.2.7). Es gibt 2 Typen von Blockgletschern:

a) Schutt-ernährte Blockgletscher am Hangfuß von Steilwänden;
b) von Moränenablagerungen ernährte Blockgletscher unterhalb von Gebirgsgletschern.

Beide bestehen auch aus Eis, mindestens zu 20%, meist zu 60 bis 80%. Die Matrix aus Eis ermöglicht die talabwärtige Bewegung des Schuttstroms von wenigen cm/Jahr bis mehreren m/Jahr. Blockgletscher sind meist 200 bis 800 m lang und 20 bis 100 m dick. Selten erreichen sie Längen von mehreren Kilometern. Ihre Oberfläche besitzt in Fließrichtung bogenförmig geschwungene Rücken und Senken

Bild 3.2.7:
Aktiver Blockgletscher im Oberengadin östlich von Celerina hervorgegangen aus Hangschuttablagerungen.

(Bild 3.2.7) von meist 1 bis 5 m Höhe. Bekannte Beispiele aktiver Blockgletscher in den Alpen sind der Muragl-Blockgletscher im Oberengadin und der Reichenkar-Blockgletscher in den westlichen Stubaier Alpen.

Die Besiedlung und wirtschaftliche Nutzung von Permafrostgebieten erfordert besondere **bautechnische Maßnahmen**, die verhindern, dass der Permafrost auftaut. Wichtig ist eine räumliche Trennung von Gebäuden, Rohrleitungen etc. von der Bodenoberfläche und eventuell sogar eine Gründung ihrer Fundamente auf Pfählen, die bis unter den thermoaktiven Permafrost reichen. Die Bodenoberfläche sollte weiterhin dem winterlichen Frost ausgesetzt (u.a. durch Vermeidung von Schneeanhäufungen) und vor sommerlicher Erwärmung geschützt sein. Gut durchlüftete Zwischenräume unter Gebäuden und Rohrleitungen sind sehr effektive Maßnahmen.

Permafrost ist ein wichtiger **Kohlenstoffspeicher**, da die Mineralisierung organischer Substanzen infolge verringertem biochemischen Abbau durch niedrige Temperaturen und vielerorts auch durch Wassersättigung stark verlangsamt ist. Zudem bildet der Permafrost eine weitgehend **undurchdringliche Grenzschicht** für methanhaltige Gaseinschlüsse und feste Gashydrate im und unter dem Permafrost, vor allem submarinen Permafrost. Bei einem Abtauen können beide klimarelevanten Treibhausgase freigesetzt werden. CO_2 über eine verstärkte Mineralisierung der gespeicherten organischen Substanzen und Methan (CH_4) durch Neubildung im auftauenden wassergesättigten Permafrost oder durch Freisetzung aus dem Untergrund.

Ausgewählte Literatur

ZEPP, H. (2017): Grundriß Allgemeine Geographie: Geomorphologie eine Einführung: Kap. 10; Paderborn (Schöningh UTB Verl.).

AHNERT, F. (2015): Einführung in die Allgemeine Geomorphologie: Kap. 7.5; Stuttgart (Ulmer Verl.).

Vertiefende Literatur

BLÜMEL, W. D. (2015): Physische Geographie der Polargebiete. – Stuttgart (Teubner Verl.).

KARTE, J. (1990): Periglaziäre Formen in dreidimensionaler Sicht. – In: LIEDTKE, H. (Hrsg.): Eiszeitforschung: 147ff.; Darmstadt (Wiss. Buchgesellschaft).

WEISE, O. R. (1983): Das Periglazial. – Stuttgart (Gebr. Bornträger Verl.).

Beantworten Sie mit Hilfe des Textes, der Abbildungen und der Literatur die nachfolgenden Fragen.

1. *Was sind Periglazialgebiete bzw. was versteht man unter dem Begriff „periglazial"?*
2. *Welche klimatischen Bedingungen besitzen heutige Periglazialgebiete?*
3. *In welcher Höhenlage liegt die periglaziale Höhenstufe in den Alpen?*

4. *Welche negativen Folgen hat ein Auftauen des Permafrostes in den Alpen?*
5. *Welche klimarelevanten Treibhausgase werden bei einem Abtauen des zirkumarktischen Permafrosts freigesetzt?*
6. *Ab welchem Gefälle kann es schon zur Gelisolifluktion kommen?*
7. *Was versteht man unter einem „diskontinuierlichen Permafrost" und wo ist dieser verbreitet?*
8. *Wie bezeichnet man die geomorphologisch aktive Zone in Permafrostgebieten?*
9. *Wovon ist die morphodynamische Aktivität in der Auftauzone vor allem abhängig?*
10. *Wie mächtig ist der Auftaubereich im Mittel?*
11. *Was ist ein „Talik"?*
12. *Was steuert die Tiefenlage der Untergrenze eines Permafrostbodens?*
13. *Was versteht man im Permafrost unter einer thermoaktiven Schicht und was ist der isotherme Permafrost?*
14. *Welche besonderen Baumaßnahmen sollte man in Periglazialgebieten treffen, um ein Haus halbwegs stabil zu bauen?*
15. *Wovon ist die Bewegungsgeschwindigkeit der Gelisolifluktion abhängig?*
16. *Welche morphologischen Formen belegen Gelisolifluktionsbewegungen?*
17. *Was sind Blockgletscher und wo sind sie verbreitet?*
18. *Woraus besteht ein Blockgletscher?*

Weitere Fragen für BA-Studierende und Lehramt Gymnasium

19. *Wie kann man die Mächtigkeit einer Permafrostschicht abschätzen?*
20. *Bei welcher Jahresmitteltemperatur der Luft findet man in der Regel einen kontinuierlichen Permafrost?*
21. *Was versteht man unter einem trockenen (dry) Permafrost?*
22. *Wovon sind morphodynamische Aktivitäten in Permafrostgebieten abhängig?*
23. *Was versteht man unter frostwechselbedingter Solifluktion?*
24. *Was bezeichnet der Begriff „Abluation"?*
25. *Was versteht man unter gehemmter (gebundener) Solifluktion und welche morphologische Formen entstehen dadurch?*
26. *Was versteht man unter ungebundener (freier) Solifluktion und welche morphologischen Formen entstehen dadurch?*
27. *Welche Wandergeschwindigkeiten können aktive Blockgletscher erreichen?*

3.2.3 Formen frostdynamischer Materialsortierungen

- Strukturböden und Frostmusterböden
- Erdbülten (Thufure), Palsa (Torfhügel), Pingos
- Eiskeile und Eiskeilpseudomorphosen
- Kryoturbationen

Ein Ergebnis periglazialer Dynamiken sind auch verschiedene Formen von Struktur- oder Frostmusterböden (*patterned ground*) wie Steinnetze und Girlandenböden (Abb. 3.2.11, Bild 3.2.8), Frosthügel und Bültenböden (Bild 3.2.9), Pingos (Abb. 3.2.12) und Palsen, Eiskeilnetze und Eiskeilpseudomorphosen (Bild 3.2.10, Bild 3.2.11) sowie Kryoturbationen (Bild 3.2.12). Ihnen allen fehlt eine signifikante Transportbewegung von Material über größere Distanzen hinweg. Sie sind auf ebenen Gelände **weitgehend stationäre Gebilde**.

Mit zunehmender Neigung führt Solifluktion zu einer Streckung der kreisförmigen Steinringe zu gestreckten ellipsenförmigen Solifluktionsloben und streifenartig angeordneten Steinstreifen (Abb. 3.2.11). Solifluktionsloben und Steinstreifen besitzen beide deutliche Materialsortierungen in feinerdereiche und matrixarme Partien.

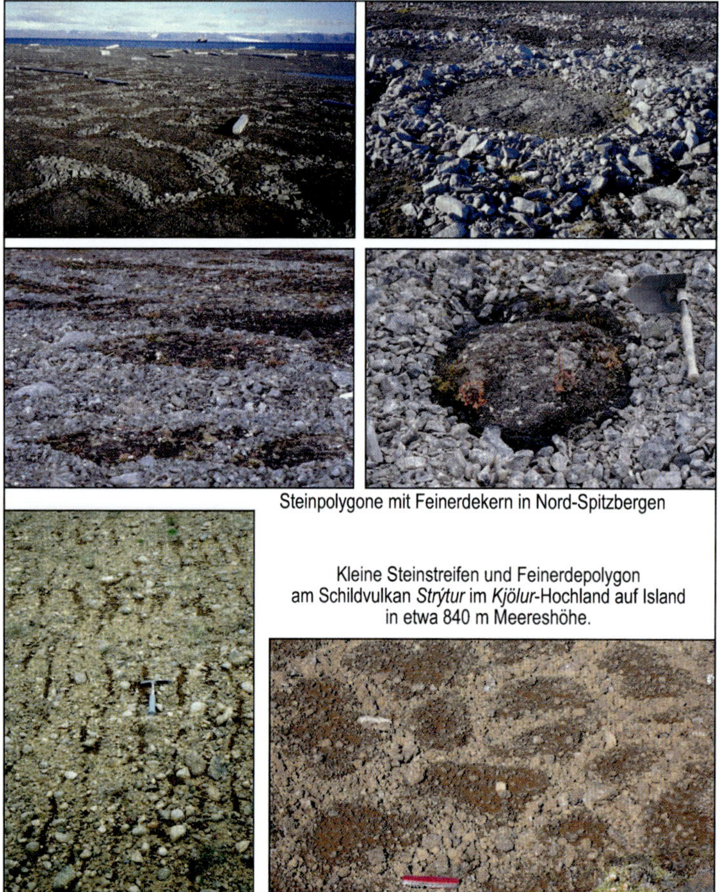

Bild 3.2.8: Steinpolygone, Feinerdepolygone und Steinstreifen auf Spitzbergen und im isländischen Hochland.

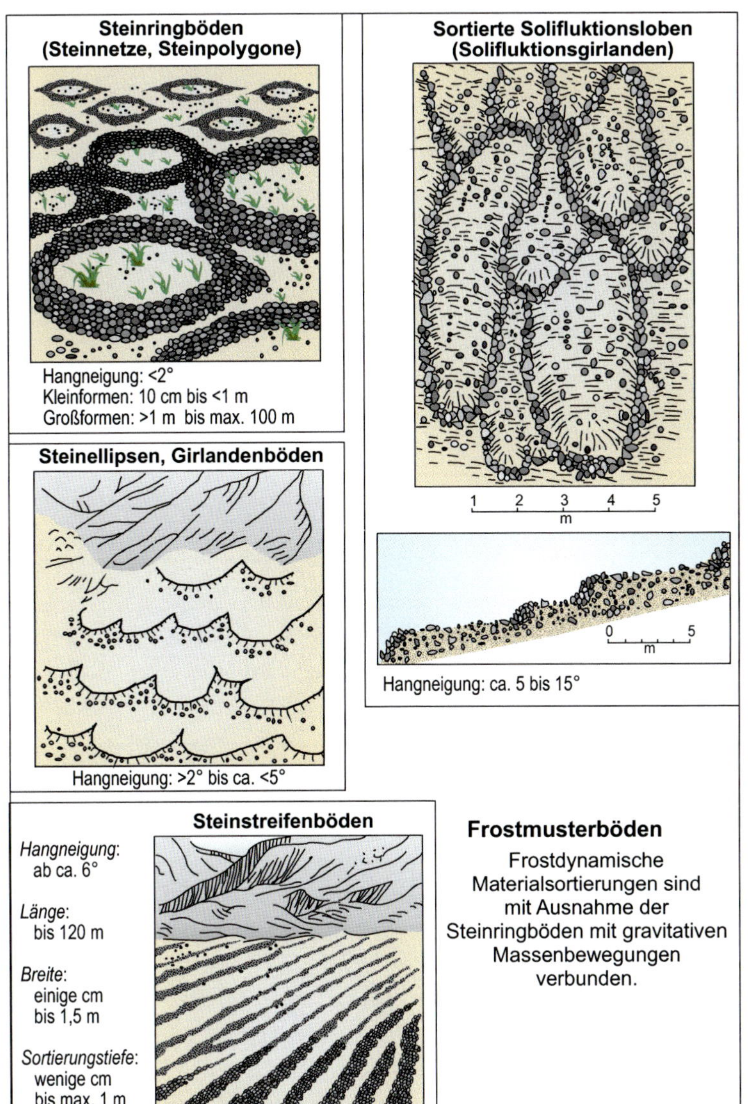

Abb. 3.2.11: Frostmusterböden (Quellen v.a. SCHAEFER 1959 in GANSSEN 1965 und SHARP 1942 in WEISE 1983).

Die wesentliche geomorphologische Funktion frostdynamischer Materialsortierungen ist die Lockerung und lokale Umsortierung von Material durch Frosthub und Frostschub (Abb. 3.2.9). Das wiederum begünstigt Denudationsvorgänge.

Erdbülten, Bültenboden (*Thufure, hummocks*) entstehen bei starker Frostaktivität in feinkörnigen, stark durchfeuchteten, ebenen bis wenig geneigten Böden mit Vegetationsdecke aus Gräsern, Moosen, Flechten, Kräutern oder Zwergsträuchern (Bild 3.2.9, Bild 3.2.10 unten). Im Gegensatz zu witterungsbedingten Frosthügeln (Bild 3.2.10 oben) sind sie Formen, die über Jahre existieren. Erdbülten (Thufure) erreichen Höhen von etwa 30 bis 80 cm und Durchmesser von 0,5 bis 1,5 m.

Bild 3.2.10:
Frosthügel durch nächtlichen Frost im Donautal bei Wörth am 18.3.2005.

Bild 3.2.9: Thufure (Erdbülten) in Nordisland (Kraftla-Gebiet).

Ein **Palsa** (Palsen; sami-finnisches Wort für trockener Hügel oder Rücken im Moor) ist ein von Torf (Isolationsschicht) bedeckter Permafrosthügel mit Eislagen (Eislinsen, Segregationseis) im Torf oder minerogenem Kern. Palsen treten meistens in Gruppen in Moorgebieten auf bei diskontinuierlichem und sporadischem Permafrost mit geringem Sommerregen (Regen fördert das Abschmelzen) und wenig Winterschnee (dadurch fehlende Isolationsschicht gegen Frost). Sie benötigen Jahresmitteltemperaturen zwischen -1°C bis -7°C. Palsen erreichen Höhen von wenige Dezimeter bis 1 bis 7 m, selten 10 m. Die Durchmesser liegen meist bei 5 bis 20 m. Palsen können in wenigen Jahren entstehen, aber auch schon mehrere Jahrtausende alt sein.

Pingos (inuit *pingurayung* = niedriger Hügel) sind dauerhafte Frosthügel (Hydrolakkolithe) mit einem Kern aus massiven Eis oder aus Eislinsen bedeckt mit Sediment, Boden und Vegetation (Abb. 3.2.12). Ihr Verbreitungsgebiet liegt vor allem im Bereich des kontinuierlichen, seltener im diskontinuierlichen Permafrost. Man findet sie vor allem in ausgelaufenen Seebecken und breiten Flussbettarealen verwilderter Flüsse. Es gibt zwei Typen von Pingos:

a) offene Pingos oder **Ostgrönland Typ**, bei denen gespanntes Grund- oder Hangwasser den Eiskern ernähren (hydraulische Pingos). Sie sind meist kleiner mit Höhen von einigen Metern, nur selten bis zu 40 m.
b) geschlossene Pingos oder **Mackenzie-Typ**, bei denen wassergesättige Sedimente eines Seebodens, einer Seeterrasse oder eines Flussbetts den Eiskern ernähren (hydrostatische Pingos). Die größten geschlossenen Pingos sind bis zu 50 bis 70 m hoch, haben Hänge mit 35° bis 45° Neigung und Basisdurchmesser von einigen hundert Metern.

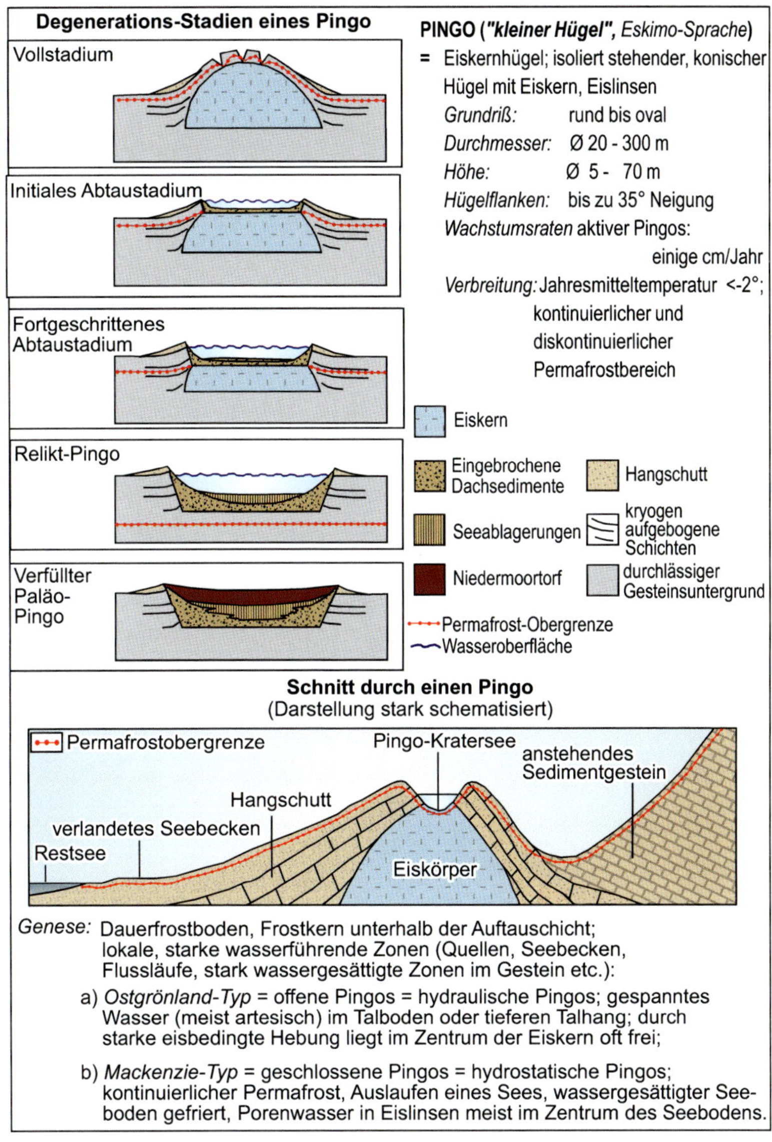

Abb. 3.2.12: Morphologische Form und Degenerationsstadien eines Pingo (Quelle u.a. WEISE 1983).

Eiskeilpolygone (Abb. 3.2.13, Bild 3.2.11) sind die häufigste Permafrostform in arktischen Regionen (kontinuierlicher Permafrost). Sie treten verbreitet in Küstenebenen, auf Flussterrassen und Talböden auf mit Durchmesser von meist 15 bis 50 m. Ihre Grundriß ist hexagonal (Winkel ~120°) oder orthogonal (Winkel ~90°). Die Oberfläche ist im Inneren im Sommerhalbjahr teilweise trogförmig eingesenkt (Bild 3.2.12). Darunter folgt erst der wenige Zentimeter und bis zu 3 m breite sowie 1 bis 10, selten bis 25 m tiefe Eiskeil.

Eiskeile (*ice wedges*) entstehen durch thermische Kontraktion (*thermal-contraction cracks*) von Lockergesteinen bei starker winterlicher Abkühlung auf über -15°C (Abb. 3.2.13). Die dabei entstehenden Kontraktionsrisse füllen sich im Sommer mit Wasser aus der Auftauzone, das zu einem Eiskeil gefriert. Jede Wiederholung dieser beiden Vorgänge läßt den Eiskeil wachsen. Er ist umgeben von einer Randwulst aus deformierten Sedimentlagen. Letztere bleibt auch nach Abschmelzen des Eiskeils oft er-halten.

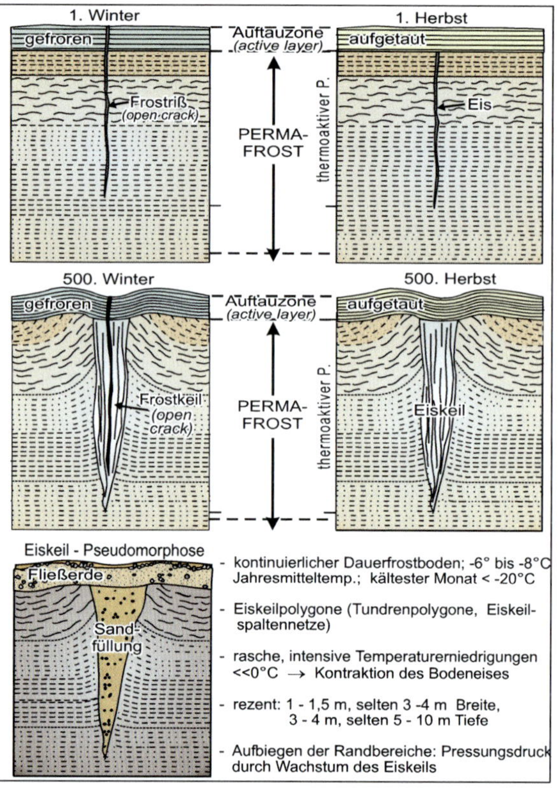

Abb. 3.2.13:
Entstehung von Eiskeilen nach der Kontraktionstheorie (Quellen v.a. Weise 1983; Zepp 2011).

Dagegen wird das Eis beim langsamen Abschmelzen durch nachfallende Sedimente ersetzt. Diese Eiskeil-Pseudomorphosen (Bild 3.2.12) sind ein eindeutiger Indikator für ein ehemaliges Periglazialklima mit kontinuierlichem Permafrost. Im Sommerhalbjahr markieren Top und Basis des Eiskeils die Reichweite der thermoaktiven Schicht (Abb. 3.2.8).

Beim Abtauen von eisreichem Permafrost (Permafrost-Degradation) unterhalb des jährlichen Auftauschicht oder dem Abschmelzen von Toteis im Untergrund kommt es vor allem im Flachland zu ausgeprägten Formen der Landsenkung wie wassergefüllten Depressionen, kollabierende Pingos (Abb. 3.2.12), ertrunkene Wälder oder neue Niedermoore. Dieser Formenschatz wird auch als **Thermokarst** bezeichnet.

Dazu zählen auch Alasse (sing. **Alas**), also ovale Depressionen auf einigen Flussterrassen sibirischer Flüsse. Sie können Längen von einigen Meter und bis zu 15 km erreichen. Oft sind sie wassergefüllt oder vermoort. Solche Thermokarstformen können klimabedingt sein, können aber auch durch lokale Vegetationsauflichtungen oder durch Feuer oder durch Hochwasser entstehen.

Erarbeiten Sie sich dieses Unterkapitel mit Hilfe des Textes, der Fragen und der Literatur wie zum Beispiel:

Zepp, H. (2017): Grundriß Allgemeine Geographie: Geomorphologie eine Einführung: Kap. 10; Paderborn (Schöningh UTB Verl.).

Bild 3.2.11:
Eiskeilpolygonnetz im isländischen Hochland.

Bild 3.2.12:
Eiskeilpseudomorphosen. Syngenetisch bedeutet mit Aufwuchs des Sedimentkörpers entstanden, epigenetisch dagegen nach Ablagerung der Sedimente.

Bild 3.2.13:
Kryoturbationen in Lösslehmen und Tertiärsanden am Nordrand der Eifel.

Ahnert, F. (2015): Einführung in die Allgemeine Geomorphologie: Kap. 7.5; Stuttgart (Ulmer Verl.).

Ehlers, J. (2011): Das Eiszeitalter: Kap. 8; Heidelberg (Spektrum Verl.).

Weiterführende Literatur

Weise, O.R. (1983): Das Periglazial. – Stuttgart (Gebr. Bornträger Verl.).

Beantworten Sie die nachfolgenden Fragen.

1. *Bei welcher Temperatur besitzt Wasser seine größte und bei welcher Temperatur seine geringste Dichte?*
2. *Warum schwimmt Meereis auf dem Wasser?*
3. *Was versteht man unter dem Begriff „Frostkontraktion“?*
4. *Was versteht man unter den Begriffen „Frosthub“ und „Frostschub“?*
5. *Warum wachsen bei uns im Winter Steine aus dem Boden und wie muss der Winter sein, damit das möglichst kräftig passiert?*

6. *Wodurch entstehen Struktur- bzw. Frostmusterböden?*
7. *Ab welcher Hangneigung treten Frostmusterböden in Stufen- und Streifenformen auf?*
8. *Wie entstehen und vergrößern sich Eiskeile?*
9. *Was versteht man unter einer Eiskeil-Pseudomorphose und wie ist sie zu erkennen?*
10. *Was sind Thufure und unter welchen Klimabedingungen können sie entstehen?*
11. *Wodurch unterscheiden sich Palsen und Pingos?*

Weitere Fragen für BA-Studierende und Lehramt Gymnasium

12. *Nennen Sie 2 Voraussetzungen für die Entstehung ausgeprägter Steinringböden in Periglazialgebieten.*
13. *Wie tief reicht die Materialsortierung bei Steinstreifen und Steinpolygonen in den Boden hinein?*
14. *Wo liegen im Boden die Untergrenze und die Obergrenze einer Eiskeilbildung und warum?*
15. *Welche 2 Typen von Pingos kennt man und wie unterscheiden sie sich?*
16. *Was ist der Unterschied zwischen Kryoturbation und Solifluktion?*
17. *Wo auf der Erde liegen Hauptverbreitungsgebiete von Permafrost (Atlasarbeit)?*

Exkurs: *Temperaturabhängige Volumen- und Dichteänderungen von Wasser*

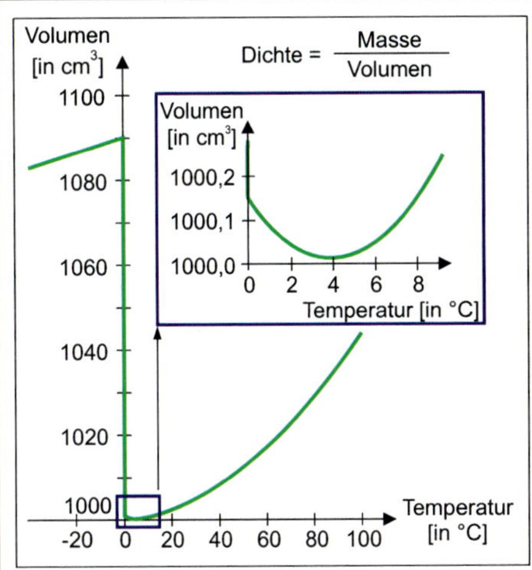

Temperatur-Volumen-Diagramm für Wasser (Masse m = 1 kg)

Die **Dichte** (Dichte = Masse pro Volumen) **und damit auch das Volumen von Wasser ändert sich mit dem Aggregatzustand.**
Innerhalb einer Phase (fest, flüssig, gasförmig) ist sie ebenfalls temperaturabhängig.

Wasser besitzt sein kleinstes Volumen und damit seine größte Dichte bei 4°C, also im flüssigen Zustand.

Mit Gefrieren des Wasser bei **0°C** nimmt das Volumen zu, die Dichte sprunghaft ab.

Bei weiterer Abkühlung unterhalb des Gefrierpunktes nimmt das Volumen wieder ab, die Dichte von Eis wieder zu.

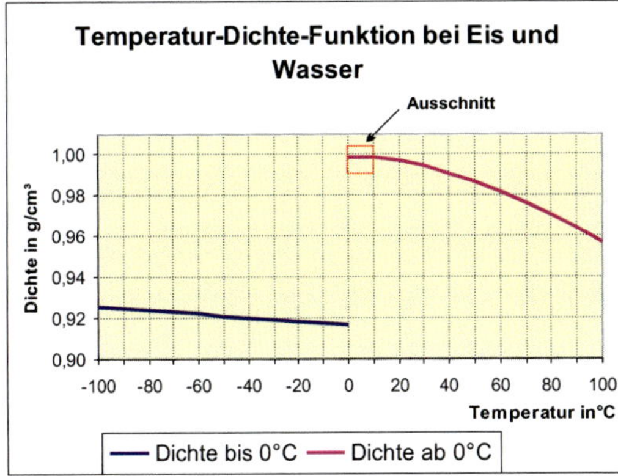

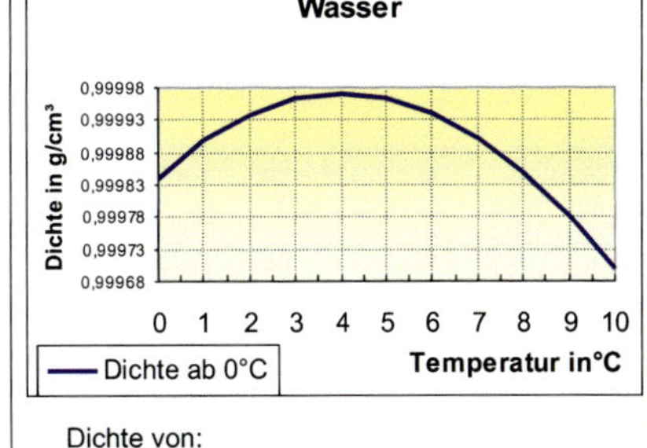

Dichte von:

Wasserdampf (bei 150°C):	ρ = 0,0026 g/cm³
Wasser (bei 20°C):	ρ = 0,998 g/cm³
Wasser (bei 4°C):	ρ = 1 g/cm³
Eis (bei 0°C):	ρ = 0,92 g/cm³
Eis (bei -20°C):	ρ = 0,926 g/cm³
Schnee (bei 0°C):	ρ = 0,1 g/cm³
Gesteinsschutt:	ρ = ca. 2,5 g/cm³

Dichteanomalie des Wassers

Auswirkungen:

1. Mit Gefrieren des Wasser bei **0°C** nimmt die Dichte sprunghaft ab: **Volumenausdehnung um 9%** (Frostverwitterung, Kryoturbationen)
2. Bei weiterer Abkühlung unterhalb des Gefrierpunktes nimmt die Dichte von Eis wieder zu und das Volumen ab: **Frostkontraktion**.
3. Ein Liter Wasser ist bei 4°C dichter und damit schwerer als ein Liter Wasser am Gefrierpunkt: daher **schwimmt Eis auf dem Wasser.**

3.3 Die Arbeit des fließenden Wassers

3.3.1 Denudative Prozesse und Formen - Spüldenudation
3.3.2 Linear wirksame Prozesse und Formen - fluviale Dynamiken
- Allgemeine Grundlagen
- Formgestalt des Flussbettes (flussmorphologische Formen)
- Flussterrassen

Exkurs: *Quartäre Talgeschichte des Straubinger Donautals (Dungau) mit vergleichenden Befunden aus dem Dillinger Donautal und dem Lech- und Isartal*

3.3.3 Tal und Talformen
3.3.4 Deltabildungen

Reliefformung durch fließendes Wasser spielt in fast allen Gebieten der Erde eine überragende Rolle. Selbst in den durch Wassermangel gekennzeichneten Trockengebieten der Erde mit ihren seltenen Niederschlagsereignissen ist fließendes Wasser das Hauptformungsmedium in der Landschaft.

Reliefformung durch fließendes Wassers geschieht über drei Teilprozesse, die sich vielseitig überlagern:

1. die **Erosion**sarbeit (-leistung), d.h. das mechanische und/oder chemische Ablösen von Partikeln von der Gesteins- bzw. Bodenoberfläche bis hin zur weiteren Kornverkleinerung durch Ablösen weiterer Partikel vom transportierten Korn (Zurundung und Polierung der transportierten Partikel);
2. die **Transport**arbeit (-leistung), a) als Festfracht springend, rollend oder suspensiv mit Kornzerkleinerung, Zurundung und Polierung (= **Korrasion**);
   b) als Lösungsfracht;
3. die **Sedimentation** und/oder **Ausfällung** der im Wasser mitgeführten Partikel.

Spüldenudative (inkl. der **Abluation** in periglazialen Gebieten) und **fluviale Reliefformung** erzeugen eine Reihe charakteristischer Abtragungs- und Akkumulationsformen wie zum Beispiel Hänge und Täler, Hangprofile und Talformen, Flussterrassen und Talauen.

Abluation (Liedtke 1990) ist eine besondere Form der Spüldenudation durch Schnee-Schmelzwässer oder durch Regen auf gefrorener Bodenoberfläche. Sie ist in Periglazialräumen weit verbreitet, tritt bei uns aber auch auf vor allem nach der Schneeschmelze auf Ackerflächen mit Schwarzbrache. Abluation wirkt korngrößenselektiv in der Weise, dass die feinener Partikel (Silte, Feinsande) erodiert werden und die gröberen Bestandteile liegen bleiben.

Erosion (lat. *erodere* = ausnagen) ist dagegen eine linienhafte Abtragung durch Rillen- und Runsenspülung oder durch Bach-, Fluss- oder Gletscherarbeit. Die fluviale **Tiefenerosion** führt zur erosiven Tieferlegung einer Spülrinne, einer Bach- oder Flussbettsohle. Die fluviale **Seitenerosion** ist eine seitliche erosive Rückverlegung eines Hanges (Ufers) durch Spülrinnen, Bäche oder Flüsse.

3.3.1 Denudative Prozesse und Formen - Spüldenudation

- Flächenbildung in den wechselfeuchten Tropen (Rumpfflächen und Inselberge)
- Fußflächenbildungen in Trockengebieten (Pedimente und Glacis)

Der Begriff **Spüldenudation** (lat. *denudare* = entblößen) umfasst alle flächenhaft wirkenden Abtragungs- und Umlagerungsprozesse von Solummaterial durch die Arbeit des oberflächlich abfließenden Wassers außerhalb der Bäche und Flüsse. In der Regel handelt es sich dabei um Regenwasser oder Schneeschmelzwasser, das oberflächlich abfließt.

Ein **oberflächlicher Abfluss von Wasser** (*overland flow*) setzt ein:

1. wenn die Rate des Niederschlages (mm pro Zeiteinheit) größer ist als die mögliche Einsickerungsrate (Infiltrationsrate) des Wassers in die oberste Bodenschicht („**Horton-Abfluss**“ nach Ahnert 1996). Bei solchen Starkregenereignissen erfolgt häufig eine intensive Tropfenerosion (*splash erosion*).
   Vor allem in semiariden bis subhumiden Gebieten der Erde dominieren kurze schauerartige Niederschläge und damit der Horton-Abfluss.
2. wenn der Boden zu Beginn eines Niederschlagsereignisses bereits wassergesättigt ist und daher kein zusätzliches Wasser mehr aufnehmen kann. In diesem Fall genügen bereits geringe Niederschlagsmengen, um einen oberflächlichen Abfluss zu erzeugen.
   Dieser **Sättigungsabfluss** (*saturation overland flow*) ist häufiger in humiden Gebieten und in unteren Hangbereichen vertreten, da dort Wasser auch von höherliegenden Hangteilen zugeführt wird.

Die **Infiltrationsrate bzw. Infiltrationskapazität** eines Bodens (mm/h) ist abhängig vom Porenvolumen des Bodens allgemein sowie von der Größe und Durchgängigkeit der Poren. Die **Porengröße** wiederum ist eine Funktion der Korngröße. Vereinfacht gilt, dass reiner Sand eine hohe Infiltrationskapazität (>50mm/h) besitzt, während diese mit Zunahme von Tonanteilen auf 1/10 und darunter absinkt. So hat ein lehmiger Sandboden nur noch eine Infiltrationskapazität von etwa 25 bis 50 mm/h, ein Lehmboden zwischen etwa 12 und 25 mm/h und ein toniger Lehm von etwa 2 bis 5 mm/h.

Aufschlagende Regentropfen und abfließendes Wasser können Schluff- und Tonpartikel verlagern, zum Teil offene Poren der Bodenoberfläche versiegeln und damit die Infiltration verringern bzw. den oberflächlichen Abfluss erhöhen.

Natürliche Auflockerungen des Bodens durch Frost und Kammeis, Bildung von Rissen in Trockenperioden sowie Grabtiere können dagegen die Infiltrationsrate und -kapazität erhöhen.

Für semiaride und subhumide Gebiete der Erde, in denen die Spüldenudation besonders wirksam ist, gilt generell, dass eine Niederschlagsintensität von 25 mm/h ausreicht, um einen oberflächlichen Abfluss zu erzeugen (Ahnert 1996).

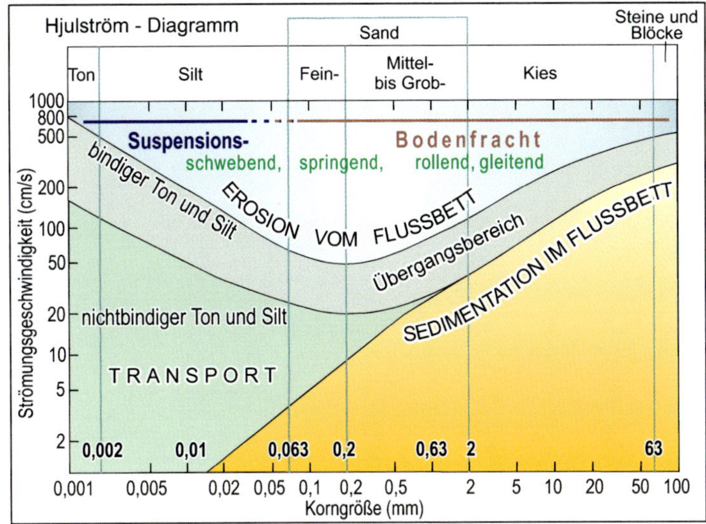

Abb. 3.3.1: Hjulström-Diagramm: Abhängigkeit der Erosion bzw. Sedimentation von Sedimentpartikeln von deren Korngröße und der Strömungsgeschwindigkeit nach Laborexperimenten von Filip Hjulström (1902-1982). (Quellen: Sundborg 1956 in Press & Siever 1995; Richter 1975; Zepp 2011; Schlunegger & Garefalakis 2023).

Das **Ausmaß flächenhafter Spüldenudation** ist zudem abhängig von der Vegetationsbedeckung, der Hangneigung und der Bodenart (Abb. 3.3.1)

Geringe **Vegetationsbedeckung** und hohe Niederschlagsintensitäten können bei geringem Oberflächengefälle zu flächenhaftem Abfluss und flächenhafter Denudation führen. Dichte Vegetation führt dagegen zu einer Konzentration des Abflusses auf Spülrinnen und Spülrunsen (lineare Erosion). Zudem wird die Tropfenerosion (*splash erosion*) des Niederschlages stark reduziert.

Mit zunehmender Hangneigung und zunehmender Vegetationsbedeckung und größerer **Rauhigkeit der Bodenoberfläche** konzentriert sich der Abfluss auf relativ lagestabile Spül-

Bild 3.3.1:
Rinnenerosion am Innenrand des Tephravulkans *Hverfall* in Nordisland, der vor etwa 2.500 BP aktiv war.

Bild 3.3.2:
Gully Erosion an der südpatagonischen Atlantikküste bei *Piedrabuena*.

rinnen und Spülrunsen (lineare Erosion; Bild 3.3.1, Bild 3.3.2). Es kommt zur Rillen- und Runsenspülung (*gully erosion*) zur Ausbildung von Badlands (Bild 3.3.3) und bei blockführenden Sedimenten (z.B. Moränenablagerungen in Gebirgstälern) zur Bildung von Erdpfeiler und Erdpyramiden. Falls Lockermaterialen über wenig durchlässigem Untergrund lagern, kann es zum unterirdischen (subkutanen) Abfluss („**Interflow**"-Abfluss) in Abflussröhren kommen. Durch diese Tunnelerosion (**Suffosion**, *piping*) kann es zum Einsturz der Röhren kommen und an der Oberfläche Runsen und Sinklöcher entstehen.

Bild 3.3.3: Durch Runsenerosion entstandenes Badland in Südspanien.

Flächenbildung in den wechselfeuchten Tropen (Rumpfflächen und Inselberge)

Gunstfaktoren für **Flächenspülung (flächenhafte Denudation)** sind eine hohe Niederschlagsintensität, ein geringes Oberflächengefälle und eine geringe Vegetationsbedeckung, so dass Spüldenudation durch Schichtfluten oder ephemerer, sich lateral verlagernder Rillen wirksam werden kann. Weitere Voraussetzungen sind eine geringe Meereshöhe und damit insgesamt geringe Gefällsunterschiede sowie ähnliche Abtragungsresistenzen der anstehenden Gesteine und damit petrographie-unabhängige Abtragungsleistungen.

In den wechselfeuchten Tropen entstanden so über mehrere Zehner von Millionen Jahren hinweg ausgedehnte durch Flächenspülung entstandene Flachlandschaften, die sog. „**Rumpfflächen**" (*peneplain*: Fastebene) mit aufgesetzten Inselbergen (Abb. 3.3.2). Eine der bekannteren Theorien zur ihrer Genese ist die *„Theorie der doppelten Einebnungsflächen"* von Büdel (u.a. 1977). Danach eliminiert in den wechsel-feuchten Tropen eine intensive chemische Verwitterung (hohe Niederschläge und hohe Temperaturen) jegliche Gesteinsunterschiede. An der Oberfläche steht eine mehrere Meter bis Dekameter mächtige, relativ homogene Verwitterungsdecke aus Roterden an. Die bei geringer Meereshöhe dominierende flächenhafte Denudation vor allem zu Beginn der Regenzeit führt dann zur Entstehung einer Flachlandschaft mit einzelnen edapisch trockeneren und daher erosionswiderständigen Inselbergen.

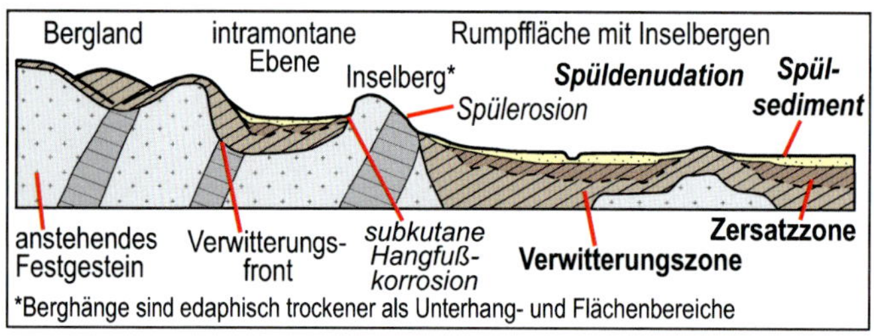

Abb. 3.3.2: Rumpfflächenbildung in den wechselfeuchten Tropen.

Die laterale Ausweitung der Flächen geschieht durch subkutane Hangfußkorrosion (dort intensivere chemische Verwitterung wegen hoher Durchfeuchtung durch Hangwasser). Solange die Denudation an der Oberfläche (BÜDEL's „obere Einebnungsfläche") nicht größer ist als die fortschreitenden Tiefenverwitterung (BÜDEL's „untere Einebnungsfläche") kann bei konstanten Klima/Vegetationsbedingungen und stabiler Meereshöhe die Weiterentwicklung der Rumpffläche andauern.

Fußflächenbildungen in Trockengebieten (Pedimente und Glacis)

In semiariden Klimaten kommt es häufiger in Bereich von Bergfußflächen zur flächenhaften Abtragung durch einen Durchtransport von Verwitterungsschutt. Dieser Abtragungsprozeß wird als **Pedimentation** und die dabei entstehende morphologische Form als Pediment bezeichnet.

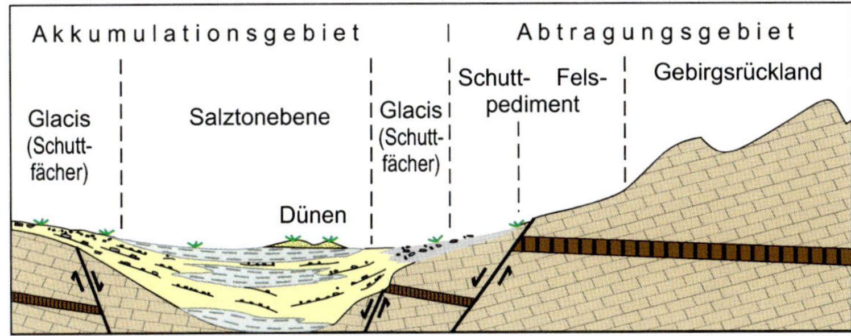

Abb. 3.3.3: Fußflächenbildung in den warmen Trockengebieten der Erde.

Ein **Pediment** (lat. *„pedes" = Fuß*) ist eine flach geneigte (<10 bis 15°) Gebirgsfußfläche (Fußfläche, Bergfußfläche, Felsfußfläche). Sie bildet die Übergangsfläche zwischen Gebirge und intramontanem Becken (oder ausgedehnten Flussterrassenflächen) mit den geneigten Aufschüttungsfächern des Glacis und der anschließenden Salztonebene (Abb. 3.3.3). Ein Pediment ist immer eine Abtragungsform, die im anstehenden Fels (Felspediment) oder im Abtragungsschutt (Schuttpediment) angelegt ist. Ein Glacis ist dagegen eine Akkumulationsform aufgebaut aus Schuttfächern.

Ausgewählte Literatur für Kap. 3.3 insgesamt

ZEPP, H. (2017): Grundriß Allgemeine Geographie: Geomorphologie: Kap. 7; Paderborn (Schöningh Verl.).

AHNERT, F. (2015): Einführung in die Allgemeine Geomorphologie. – Stuttgart (Ulmer Verl.).

Weiterführende Literatur

EHLERS, J. (1994): Allgemeine und historische Quartärgeologie. - Stuttgart.

HENDL, M. & LIEDTKE, H. (1997): Lehrbuch der allgemeinen physischen Geographie. – 3. Aufl.; Gotha (Perthes Verl.).

Erarbeiten Sie mit Hilfe der Literatur und des Textes die nachfolgenden Fragen.

1. *Welche Niederschlagsarten begünstigen einen oberflächlichen Abfluss?*

2. *Was versteht man unter „Tropfenerosion“ bzw. „splish splash erosion“?*

3. *Wann kommt es zum Sättigungsabfluss?*

4. *Was beeinflusst die Infiltrationskapazität eines Bodens bzw. Sediments?*

5. *Welche Bedeutung hat die Vegetation für die flächenhafte Spüldenudation?*

6. *Warum hat die zur Überwindung der Haftreibung erforderliche Mindestfließgeschwindigkeit im Hjulström-Diagramm bei der Korngröße des Feinsandes ein Minimum und steigt bei kleineren Korngrößen wieder an?*

7. *Welche Korngröße benötigt die größte Strömungsgeschwindigkeit, um erodiert zu werden?*

8. *Welche anthropogenen Maßnahmen begünstigen Spüldenudation?*

9. *Woran ist erkennbar, dass in einem Gebiet Spülerosion wirksam ist?*

10. *Warum entstehen Rumpfflächen unter wechselfeucht-tropischen Klimabedingungen?*

11. *Wie unterscheidet sich ein Pediment von einem Glacis?*

12. *Wie entstehen Erdpfeiler und Erdpyramiden?*

13. *Was sind „Badlands“ und wie können sie entstehen?*

Weitere Fragen für Ba-Studierende und Lehramt Gymnasium

14. *Wodurch kann die Infiltrationsrate eines Bodens verringert werden?*

15. *Welche Geländeeigenschaften begünstigen einen flächenhaften Abfluss (Reliefneigung, Vegetation, Bodeneigenschaften, Boden-rauhigkeit)?*

16. *In welchen Gebieten auf der Erde dominiert flächenhafte Abtragung?*

17. *Was versteht man unter der „Theorie der doppelten Einebnungsfläche“ nach* BÜDEL *(u.a. 1977)?*

18. *Was sind neben einem wechselfeucht-tropischen Klima Voraussetzungen für die Entstehung von Rumpfflächen?*

19. *Durch welche Mechanismen dehnen sich Rumpfflächen seitlich aus?*

20. *Was versteht man unter dem Begriff der Pedimentation?*

21. *Was versteht man unter dem Vorgang des „Piping“ und welche morphologischen Formen können dadurch entstehen?*

22. *Warum kam es in den pleistozänen Kaltzeiten in Mitteleuropa bereits auf schwach geneigten Hängen verstärkt zu flächenhafter Abtragung?*

3.3.2 Linear wirksame Prozesse und Formen - fluviale Dynamiken

Allgemeine Grundlagen

- Abfluss (Abflusshöhe, Abflussgang, Wasserbewegung, Fließgeschwindigkeit)
- Fracht (Lösungs-, Schweb- und Geröllfracht)
- Gefälle
- Erosionskraft

Unter „**fluvial**“ versteht man Formen und Prozesse, die mit der Gestaltung der Landoberfläche durch Bäche und Flüsse verknüpft sind. Dabei hängt die morphologische Arbeitsleistung eines Flusses an einer beliebigen Stelle neben Einflüssen aus den vorhandenen räumlichen Gegenbenheiten (u.a. Geologie, Tektonik, Seitentäler, Topographie, Persistenz von Vorzeitformen und -ablagerungen) vor allem von folgenden drei systeminternen Faktoren ab (Abb. 3.3.4): Abfluss (A), Gefälle (G) und Fracht (F).

Flussarbeit (Erosion bzw. Akkumulation) = f (A, G, F)

Vereinfacht gilt: die fluviale Energie bzw. fluviale Leistung steuert die fluviale Transportkapazität, die eine Funktion von Abfluss (A) und Gefalle (G) ist.

Je höher der Abfluss, desto größer ist die fluviale Leistung bzw. Transportkapazität bzw. Transportkraft.
Je größer das Gefälle, desto höher ist die fluviale Leistung bzw. Transportkapazität bzw. Transportkraft.

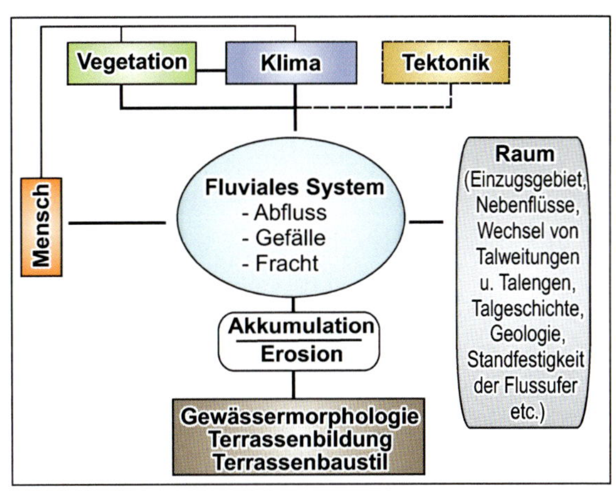

Abb. 3.3.4: Wichtige Einflussfaktoren auf fluviale Dynamiken bei Betrachtung geologischer Zeiträume von 10^2 bis 10^4 Jahren.

Das Verhältnis von fluvialer Leistung (Transportkapazität) und Feststoff-Fracht bestimmt wesentlich die Tieferlegung einer Flussbettsohle (= Tieferosion) oder die Verflachung bzw. Sohlenaufhöhung (= Akkumulation) und Verbreiterung (= Seitenerosion) des Flussbetts. Verbreiterung und Verflachung der Flussbettsohle sind in der Regel mit Bildungen von Flussinseln und Verzweigungen des Flussbettes in mehrere Flussarme verbunden (Kap. 3.3.2.2).

Unter den Faktor **Abfluss** fallen nicht nur die Abflusshöhe (Abflussmenge, Wasservolumen), sondern auch der jahreszeitliche Abflussgang bzw. das Abflussregime, die Art der Wasserbewegung und die Fließgeschwindigkeit.

Die **Abflusshöhe** (Q) wird wesentlich vom Klima (Niederschlag und Verdunstung) und der Geologie (u.a. wasserdurchlässiges bzw.undurchlässiges Gestein) bestimmt: Abfluss (Q) = Wasservolumen (m^3/s) = Fließgeschwindigkeit (m/s) multipliziert mit dem Fließquerschnitt (= Breite x Tiefe) (m^2). Dabei gilt generell: *je höher die Abflussmenge, desto höher die fluviale Transportkraft.*

Es gibt Flüsse mit:

1. ganzjährigem Abfluss, sog. perennierende Flüsse (lat. *perennare* = fortdauernd);
2. periodischem Abfluss im Wechsel zwischen Trocken- und Regenzeiten (Torrenten, torrentieller Abfluss), wobei mindestens in einem Monat pro Jahr das Flussbett ausgetrocknet ist;
3. episodischem Abfluss, der von gelegentlichen Niederschlagsereignissen gespeist wird, und ein Abfluss nicht jedes Jahr stattfindet (Wadis).

Der jährliche **Abflussgang** bzw. das **Abflussregime** eines Baches oder Flusses unterliegt Schwankungen abhängig von der Niederschlagsverteilung im Jahresablauf sowie den Zeitpunkten von Schnee- und Gletscherschmelze. Einfache Abflussregime sind das ***nivale*** von der Schneeschmelze geprägte Abflussregime, das ***glaziale*** von der Gletscherschmelze geprägte Abflussregime und das ***pluviale***, im wesentlichen von Regenereignissen geprägte Abflussregime. Darüberhinaus gibt es noch mehrere Übergangstypen (*zur Vertiefung siehe Lehrbücher der Hydrologie*).

Neben dem Abflussregime, also der Jahreszeit erhöherter Abflussmengen, ist für die Flussarbeit die Häufigkeit extremer **Abflussspitzen** (Hochwasser) wichtiger und die Spannweite der Abflussschwankungen zwischen Hoch- und Niedrigwasser. Die extremen Abflussspitzen erhöhen kurzfristig die fluvialen Energien, was zu intensiven morphologischen Umgestaltungen im Flussbett und an den Flussufern führen kann. Die Spannweite der Abflussschwankungen im Flussbett bestimmt das Höhenintervall, in dem Flussbettsedimente abgelagert werden.

Eine Verstärkung der Flussarbeit erfolgt über das **turbulente Fließen** des **Wassers** mit spiralförmig verlaufenden Walzen- und Wirbelbildungen. Dort wo die Turbulenzen am kräftigsten sind, kommt es zur Sohlenerosion in Form von **Kolken** (*„pools"*) und in der Nachbarschaft zu Sedimentakkumulationen mit Bildung von **Untiefen** (*„riffles"*; Abb. 3.3.5). Auch **Rippelmarken** sind typische Kennzeichen turbulenter Strömungen (Abb. 3.3.6).

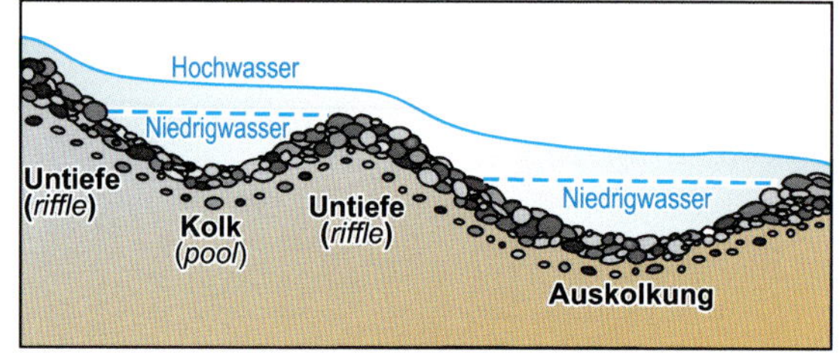

Abb. 3.3.5: Turbulentes Fließen erzeugt an der Flussbettsohle Kolke und Untiefen.

Bei starken Strömungen kommt es bei kiesigen Flussbettsohlen zur **dachziegelartigen Lagerung** (*imbrication*) der Gerölle, in der Weise, dass häufig ihre größte Achse quer oder längs zur Fließrichtung liegt, ihre zweitgrößte Achse senkrecht dazu (Abb. 3.3.7). Sie schützt die Flussbettsohle vor weiterer Auskolkung. Eine Zerstörung dieses natürlichen

Erosionsschutzes (sog. „**Sohlenpanzerung**") zum Beispiel durch Ausbaggerungen führt häufig zu schnellen und kräftigen Auskolkungen und flussabwärts in der Umgebung zur Bildung zahlreicher Untiefen.

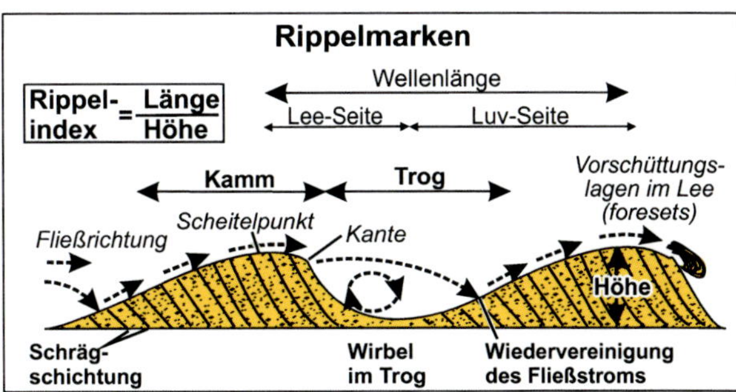

Abb. 3.3.6: Rippelmarken mit steilen Lee- und flacheren Luvseiten, typische Kennzeichen turbulenter Strömungen im fluvialen, litoralen und äolischen Milieu.

Durch den fluvialen Transport werden die Kanten von Flussgeröllen abgerundet. Der erreichte **Rundungsgrad** (kantig, schwach kantengerundet, kantengerundet oder gerundet) ist vor allem von der Gesteinsart und der Länge des zurückgelegten Transportweges abhängig. Optimale Rundungsgrade erreichen kompakte Kieselgesteine, Quarzite und Plutonite, geringe dagegen die spröderen und damit zerbrechlicheren Tonschiefer, Silt- und Sandsteine. Gerölle, die über felsigen Untergrund hinweg bewegt werden, können dort abrasiv den Felsuntergrund abschleifen und tieferlegen. Werden Gerölle durch stationäre Flusswirbel in eine Drehbewegung versetzt, entstehen zunächst kleine Hohlformen, die nach und nach zu einem **Strudelloch** oder **Felskolk** vertieft werden können. Felskolke, die in analoger Weise durch Schmelzwasser unter Gletschern gebildet wurden, werden „**Gletschermühlen**" genannt.

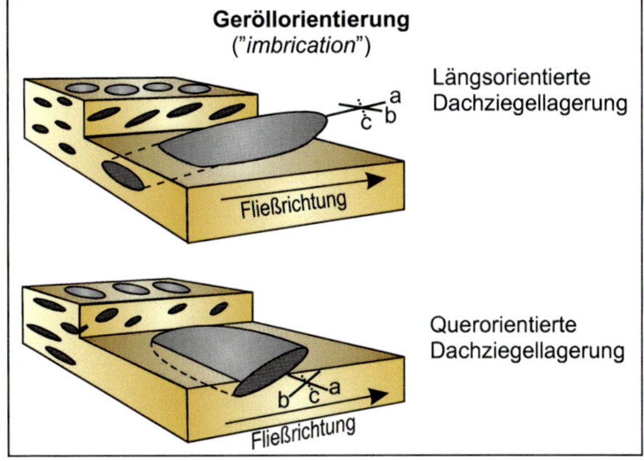

Abb. 3.3.7: Dachziegellagerung (*imbrication*) als Phänomen von Flussbettsohlen bei starkem Strömungsregime. Sie besitzt die Funktion einer Sohlenpanzerung (Quelle: Lindholm 1987).

Wasserturbulenzen resultieren aus der unterschiedlichen Ufer- und Bodenreibung sowie der inneren Reibung des Wassers. Die Stärke und Form der Turbulenzen ist abhängig von der Fließgeschwindigkeit, der Form des Flussbetts (Querschnitt) sowie von Gefällsveränderungen bzw. Hindernisse in der Flussbettsohle (*zur Vertiefung siehe Lehrbücher der Hydrologie und des Wasserbaus*).

Je höher die Fließgeschwindigkeit, desto größer ist die Erosionskraft.

Der **Stromstrich** (Thalweg) kennzeichnet bei Flüssen die Lage der größten Fließgeschwindigkeit. Bei gestrecktem Flusslauf liegt er in der Flussmitte und nahe der Wasseroberfläche, da dort die Reibungskraft am geringsten ist.

Bild 3.3.4:
Großbogige Schrägschichtung von Flussbettsedimenten der früh- bis hochmittelalterlichen H5-Terrasse der Isar im unteren Isartal bei Wörth.

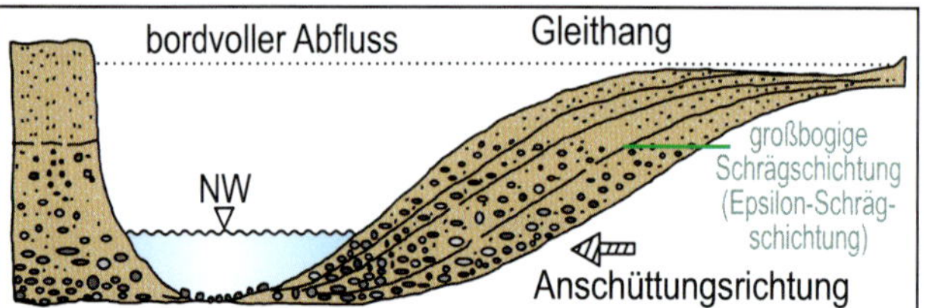

Abb. 3.3.8:
Laterale Sedimentanlagerungen am Gleithang eines mäandrierenden Flusslaufs. Typisch ist die großbogige Schrägschichtung der Sedimentkörper und die vertikale Kornverfeinerung der Sedimente (verändert nach Schirmer 1990).

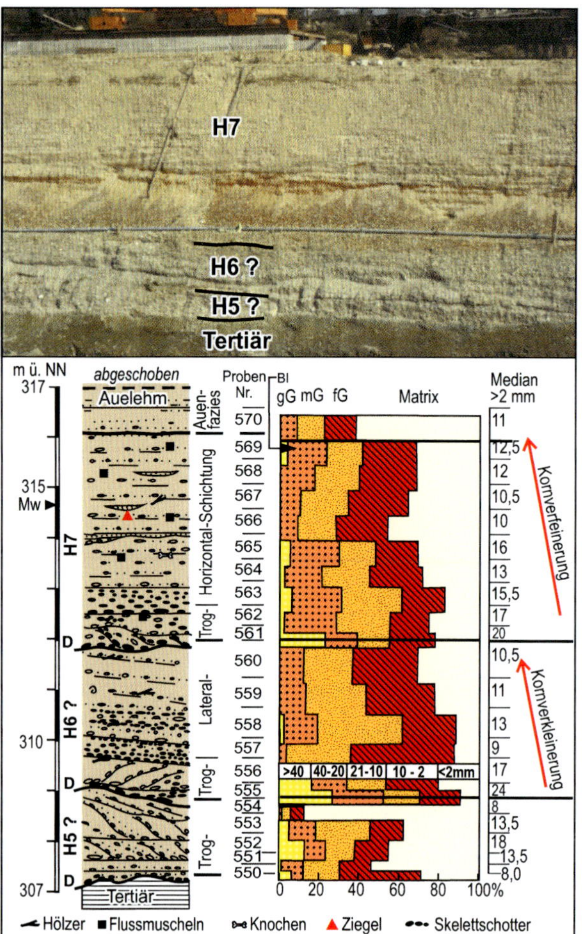

In Flussbiegungen bewirkt die Zentrifugalkraft, dass der Stromstrich sich zum äußeren Rand der Krümmung, dem **Prallhang** verlagert. Gegenüberliegend am inneren Rand der Krümmung, dem **Gleithang**, ist die Fließgeschwindigkeit am geringsten. Die Fließgeschwindigkeit steuert die Sedimentationsbedingungen. An der Flussbettsohle im Stromstrich ist die Erosionswirkung am größten und nur größere Partikel bleiben liegen (Sohlenpanzerung), häufig mit Dachziegellagerung. Mit abnehmender Fließgeschwindigkeit zum Gleithang hin bleiben

Abb. 3.3.9:
Stapelung von drei jungholozänen Kieskörpern der Donau aufgeschlossen beim Bau der Staustufe Straubing. Kornverkleinerung und großbogige Schrägschichtung beim wahrscheinlich spätmittelalterlichen bis frühneuzeitlichen H6-Kieskörper belegen eine Ablagerung der beiden hangenden Kieskörper durch einen mäandrierenden Fluss (Quelle: Schellmann 1990).

auch kleinere Korngrößen liegen, die kleinsten im oberen Gleithangbereich. Neben dieser vertikalen Korngrößenabnahme besitzen Gleithangsedimente eine **großbogige Schrägschichtung**, die auch als Epsilon-Schrägschichtung bezeichnet wird (Abb. 3.3.8, Abb. 3.3.9, Bild 3.3.4).

Bäche und Flüsse transportieren zwei Arten von Flussfracht: die Feststoff- und die Lösungsfracht. **Die Feststoff-Fracht** besteht aus der Boden- bzw. **Sohlenfracht** bzw. **Geröllfracht**, das sind Sande, Kiese oder Blöcke, die rollend, schiebend, z.T. springend (Sande) bewegt werden. Hinzu kommt die Schwebfracht bzw. **Suspensionsfracht** hauptsächlich aus Ton- und Schluffpartikeln.

Bei starker Strömung können auch Sandkörner von der Sohle des Flussbettes abgehoben und schwebend transportiert werden, bis sie im Strömungsschatten eines Gleithanges oder eines Unterwasserhindernisses liegen bleiben. Ton- und Siltpartikel gelangen entweder durch Erosion der Flussufer oder durch Glazialerosion als weißliche Gletschermilch oder bei Starkregen durch Spüldenudation vor allen von vegetationsfreien Landoberflächen in den Fluss. Daher rührt die **Schlammtrübung** vieler Flüsse bei Starkregen bzw. bei Hochwasserereignissen.

Die **Lösungs-Fracht** besteht aus gelösten Stoffen wie Karbonate, Chloride, Sulfate, Phosphate oder gelöste organische Substanzen oder anthropogenen Einleitungen. Die gelösten Substanzen bewegen sich in Ionen- oder Molekülform als Bestandteile des Wassers selbst. Nur die Feststofffracht beeinflusst das Erosions- und Akkumulationsverhalten von Bächen und Flüssen.

Das **Gefälle** von Bächen und Flüssen resultiert in geologischen Zeiträumen vor allem aus der Wechselwirkung externer Einflussfaktoren des Raumes wie u.a. Geologie, Tektonik, Talgeschichte, Standfestigkeit der Flussufer mit der Flussarbeit (Abb. 3.3.1). Im Längsprofil streben Fließgewässer ein konkaves Gefällsprofil an mit hohem Gefälle im Oberlauf, mittlerem Gefälle im Mittellauf und niedrigem Gefälle im Unterlauf. Gründe für Verminderungen oder Versteilungen des Gefälles sind oft:

- härtere Gesteinsschwellen, die Stromschnellen oder Wasserfälle entstehen lassen (Bild 3.3.5) ;

Bild 3.3.5:
Steilstufe aus Basalten mit Wasserfall und Stromschnellen an der Südküste Islands.

- tektonische Störungen mit verstärkter Tiefenerosion in Hebungsgebieten und ausgeprägten Stapelungen fluvialer Sedimente in Senkungsgebieten;
- lokale Erosionsbasen wie Seen können extreme Gefällsbrüche sein;
- und bei starker glazialerosiver Überformung der Haupttäler können Seitentäler als **Hängetäler** mit extremen Gefällsbrüchen einmünden.

Generell gilt:

Erhöhungen des Gefälles erhöhen die Fließgeschwindigkeit, erhöhen die Transportkapazität und führen zu rückschreitender Tiefenerosion.

Umgekehrt führen Verringerungen des Gefälles zu verringerten Fließgeschwindigkeiten und damit zu veringerten Transportkapazitäten und so zu Sedimentakkumulationen.

Die Erosionskraft eines Flusses steuert die Tal- und Hangentwicklung eventuell bis in die Einzugsgebiete. EineTieferlegung des Flusslaufs führt zu einer **talaufwärts rückschreitenden Erosion** und zur rückschreitende Denudation und Erosion an den Talhängen. Eine Erhöhung der Flussbettsohle führt zur Verminderung des Flussgefälles und damit zur Erniedrigung der Transportkraft. Es kommt zur Ablagerung der Sedimentfracht, zur Versandung oder Aufschotterung der Flussbettsohle, zur Verbreiterung des Flussbettes, zur Verzweigung in mehrere Flussarme durch Entstehung von Flussinseln und in der Folgezeit zur talaufwärts rückschreitenden Sedimentation.

Ursachen für **Veränderungen der Erosionskraft, des Transportvermögens** eines Flusses können vor allem sein:

- Meeres(See)-spiegelveränderungen. Sie können mündungsnah bei absinkendem Wasserspiegel durch Erhöhung des Gefälles Tiefenerosion auslösen;
- Tektonische Hebungen mit der Folge von Tiefenerosion oder tektonische Senkungen mit Erlahmen der Erosionskraft und dadurch Stapelungen der Flussablagerungen;
- klimatisch oder anthropogen bedingte Veränderungen der Abflussbedingungen oder des Frachtaufkommens, die lokal und regional ein Einschneiden der Flusssohle oder eine Erhöhung und Verbreiterung des Flussbetts durch verstärkte Sedimentablagerung verursachen können;
- Flusslaufverkürzungen wie zum Beispiel natürliche oder künstliche Mäanderdurchbrüche, was zur Gefällserhöhung und lokalen Steigerung der Erosionskraft führt;
- Veränderungen des Einzugsgebietes durch Flussanzapfungen, wodurch die Abflussmenge und damit auch das Transportvermögen gesteigert oder verringert wird.

Ausgewählte Literatur

Zepp, H. (2017): Grundriß Allgemeine Geographie: Geomorphologie eine Einführung: Kap. 7; Paderborn (Schöningh UTB Verl.).

Press, F. & Siever, R. (2017): Allgemeine Geologie. Kap. 18; Heidelberg (Spektrum).

Ahnert, F. (2015): Einführung in die Allgemeine Geomorphologie. – Stuttgart (Ulmer Verl.).

Erarbeiten Sie mit Hilfe der Literatur und dem Text die nachfolgenden Fragen.

1. *Was versteht man unter einer endorheischen Entwässerung?*
2. *Was sind allochthone Flüsse?*
3. *Woher stammt die Schwebfracht unserer Flüsse? Wann ist sie am höchsten?*
4. *Warum bezeichnet man einige Flüsse im Amazonasgebiet als Schwarzwasserflüsse?*
5. *Nach welcher Seite (Akkumulation oder Erosion) ergibt sich eine Verschiebung, wenn bei einem Fluss, dessen Transportvermögen durch die angelieferte Fracht ausgelastet ist,*
   a) das Gefälle vergrößert wird?
   b) das Frachtaufkommen wächst?
   c) der Gerinnequerschnitt verengt wird?
   d) der Gerinnequerschnitt verbreitert wird?
   e) die Feststofffracht vermehrt in Korngrößen anfällt, die nicht mehr in Suspension transportiert werden können?
6. *Warum legte der Rhein mit der künstlichen Begradigung im 19. Jh. streckenweise sein Bett tiefer?*
7. *Welche Folgen hat der Einbau eines Flusswehres (Staustufe) auf die Flussarbeit unmittelbar ober- und unterhalb des Wehres? Begründen Sie ihre Auffassung!*
8. *Bei welchen Abflusshöhen erodieren mäandrierende Flüsse am stärksten und was passiert gleichzeitig in den flussbegleitenden Auen?*

Weitere Fragen für Ba-Studierende und Lehramt Gymnasium

9. *Nennen Sie jeweils ein Beispiel, das erläutert, auf welche Weise a) Klimaänderungen und b) tektonische Bewegungen die drei fluvialen Faktoren (Abfluss, Gefälle und Fracht) stark beeinflussen können.*
10. *Wie entsteht eine Sohlenpanzerung an der Flussbettsohle, durch welche besondere Lagerung der Gerölle wird sie gekennzeichnet und welche Funktion besitzt sie?*
11. *Was versteht man unter dem Begriff „imbrication" und wie entsteht diese?*
12. *Wie entstehen Rippelmarken?*
13. *Wie heißen Felsauskolkungen, die durch Schmelzwasser unter Gletschern entstanden sind?*

Formgestalt des Flussbettes (flussmorphologische Formen)

- Gerade (*straight river*) und mäandrierende (*meandering river*) Flüsse
- Verzweigter Fluss (*island braided river*)
- Verwilderter Fluss (*braided river*)
- Anastomisierender Fluss (Dammuferflüsse)

Warum sind Flussläufe manchmal gestreckt, manchmal mäandergeformt, manchmal einarmig, manchmal vielarmig, manchmal in mehrere relativ lagestabile Flussarme aufgeteilt?

Bereits Lokhtin (1897, zitiert nach Alabyan & Chalov 1998) erkannte, dass die Flussmorphologie (= Gerinnebettmuster) abhängig ist vom Abflussregime, vom Flussgefälle (= Strömungsenergie) und von der Erosionsanfälligkeit des Flussbetts (Korngröße der Flussbettsedimente). Leopold & Wolman (1957) unterschieden später mittels Gefälle-/ Abflussdiagrammen (Flussgefälle zu bordvollem Abfluss) zwischen geraden, mäandrierenden und verwilderten Gerinnbettmustern. In der Folgezeit wurden noch weitere

Haupt- und Untertypen von Gerinnebettmustern differenziert und auch weitere Einflussfaktoren wie u.a. Strömungsenergien (*stream power*) oder die Erosionsanfälligkeit der Flussufer und Flussinseln berücksichtigt (u.a. Schumm 1967; van den Berg 1995; Kleinhans 2010).

Die Strömungsenergie ist ein Produkt von Abfluss (Abflussmenge, Turbulenzen) und Flussgefälle. Die Erosionsanfälligkeit von Flussufern und Flussinseln ist vor allem abhängig vom Substrat (erosionsanfällige Sande und Kiese oder erosionswiderständigere Auelehme), von der Intensität der Durchwurzelung (Erosionsschutz) oder von der Art der Vegetationsbedeckung (Auwald als Erosionsschutz).

Von der Genese und der resultierenden morphologischen Form her kann man mindestens vier flussmorphologische Haupttypen unterscheiden:

- gerade und mäandrierende Flüsse (***meandering river***) mit geringen Verzweigungen;
- stark verzweigte Flüsse mit relativ lagestabilen Flussinseln (*wandering river*, ***island braided river)***;
- verwilderte Flüsse (***braided river***)
- sowie anastomisierende Flüsse (***anastomosing river***) im Mündungsdelta.

Dabei existieren Wechselwirkungen zwischen Formgestalt (Flussmorphologie, Grundriss, Flussbettgeometrie inkl. Sinuosität) und Sedimentationsverhalten eines Flusses. Generell gilt:

1. Die Formgestalt eines Flusses ist abhängig von den drei flussinternen Größen Abfluss (Abflussmenge, Abflussregime, Abflussspitzen, Wasserturbulenzen), Gefälle (Fließgeschwindigkeit) und Sedimentfracht, genauer von der Sohlen- bzw. Bodenfracht (Sande, Kiese, Blöcke). Hinzu tritt die Standfestigkeit der Flussufer, die u.a. vom Gestein (Auelehme sind standfester als Flusssande und -kiese), der Vegetation (Sträucher und Bäume stabilisieren Flussufer) oder vom Vorhandensein von Permafrost (auftauender Permafrost instabilisiert die Flussufer extrem).
2. Veränderungen von Abfluss, Gefälle und/oder Sedimentfracht führen zu Veränderungen der Flussbettgeometrie (Breite, Tiefe, Sinuosität, Flussgefälle).
3. Veränderungen der Flussbettgeometrie führen zu einem veränderten Sedimentationsverhalten, zu Veränderungen in der lateralen und vertikalen Ablagerung fluvialer Fazien und deren Ausprägung.

Gerade (*straight rivers*) und mäandrierende (*meandering rivers*) Flüsse

Straight river: *„... are so rare among natural rivers as to be almost nonexistent“* (Leopold & Wolman 1957: 53).

Ein gerader oder gestreckter Flusslauf tritt in der Natur nur selten auf, zum Beispiel dort, wo Flussufer extrem erosionswiderständig sind oder in Gebirgen bei hohem Talgefälle bzw. hohen Fließgeschwindigkeiten.

Mäandrierende Flüsse, also Flüsse mit gewundenen Flussläufen und geringen Verzweigungen (Abb. 3.3.10), sind weit verbreitet. Mäander sind Flusswindungen, benannt nach dem in Anatolien (SW-Türkei) gelegenen und schon seit dem Altertum wegen seiner vielen Windungen berühmten Fluss *„Menderes“* (gr. *Maiandros*).

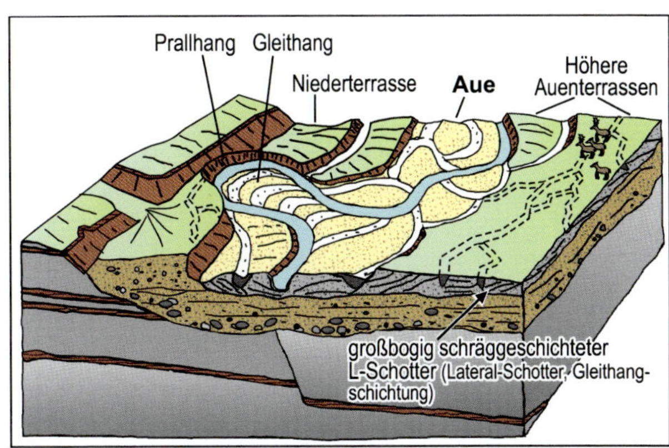

Abb. 3.3.10: Schema des Mäanderflusses nach Schirmer (1990, verändert und ergänzt).

Mäandrierende Flüsse besitzen:

- eine Abfolge großer Flusswindungen, z.T. mit schwachen Verzweigungen;
- einen einfadigen Flusslauf, der lokal durch Flussinseln in bis zu zwei oder drei Flussarme gespalten sein kann;
- einen Stromstrich, der wegen Unregelmäßigkeiten im Flussbett und einer variierenden Boden- und Uferreibung pendelt;
- eine Flussbettsohle mit Kolken und Untiefen;
- Flusskrümmungen mit hoher Strömungsgeschwindigkeit am Prallhang und stark abnehmender Strömung am Gleithang;
- seitliche Verlagerungen der Mäanderbögen mit Umlagerungen von Sedimenten durch Ufererosion am Prallhang und Akkumulation am Gleithang;
- großbogig schräggeschichtete Sedimentkörper (Epsilon-Schrägschichtung; Bild 3.3.4) mit zur Oberfläche hin vertikaler Kornverkleinerung (Abb. 3.3.9);
- eine flussbegleitende Aue, in der die seitlichen (lateralen) Verlagerungen des Flusslaufs ein Relief aus primären Aurinnen und wenige Dezimeter höhere Rücken (*ridge-and-swale topography*) geschaffen haben;
- eine flussbegleitende Aue (Abb. 3.3.10, Abb. 3.3.11), die bei Hochwasser überflutet ist und in der die mitgeführte Schwebfracht (Suspensionsfracht) als feinklastische Auensedimente abgelagert wird (Abb. 3.3.12).

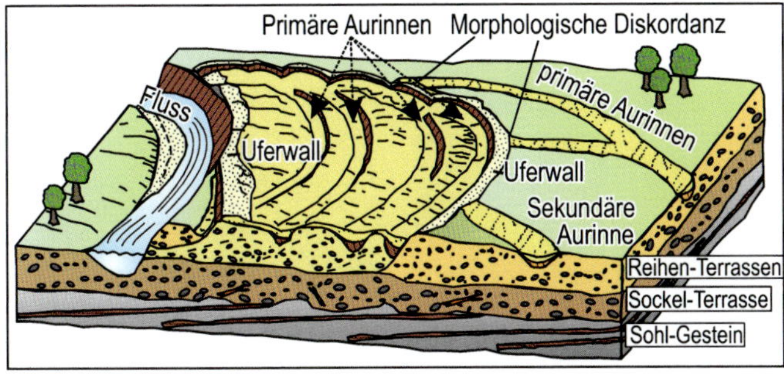

Abb. 3.3.11: Blockbild einer Talaue mit typischen morphologischen und geologischen Einheiten nach Schirmer (1980, verändert).

Das Ausmaß des Mäandrierens gibt der Sinuositätsindex (S) oder Windungsgrad wider: S = Verhältnis von Fließlänge zur Tallänge (S = Fließlänge/ Tallänge). Bei einem mäandrierenden Fluss ist S >1,5, bei einem gestrecktem Flusslauf ist S <1,5.

Talauen, Aurinnen, Paläomäander und Auensedimente

Mäandrierende Flüsse besitzen eine flussbegleitende **Aue** (Aue = potentielles Hochwassergebiet). Morphologisch werden Talauen von Aurinnen, Altarmen (Paläomäander), flachen Rücken und sandigen **Uferwällen** (*levée*) geprägt (Abb. 3.3.12). **Primäre Aurinnen** („*point bars*“, manchmal auch als „*scroll bars*“ bezeichnet) sind im Zuge der Mäanderverlagerungen entstanden (Bild 3.3.6). Altarme (**Paläomäander**) sind der jüngste Flusslauf innerhalb des zugehörigen Mäanderbogens (Bild 3.3.7). Weiterhin gibt es **sekundäre Aurinnen**, die als Erosionsrinnen bei Hochwässern gebildet wurden. **Uferwälle** bestehen aus sandigen Substraten, die beim Ausufern des Hochwassers durch Strömungsabriss unmittelbar am Flussufer abgelagert werden.

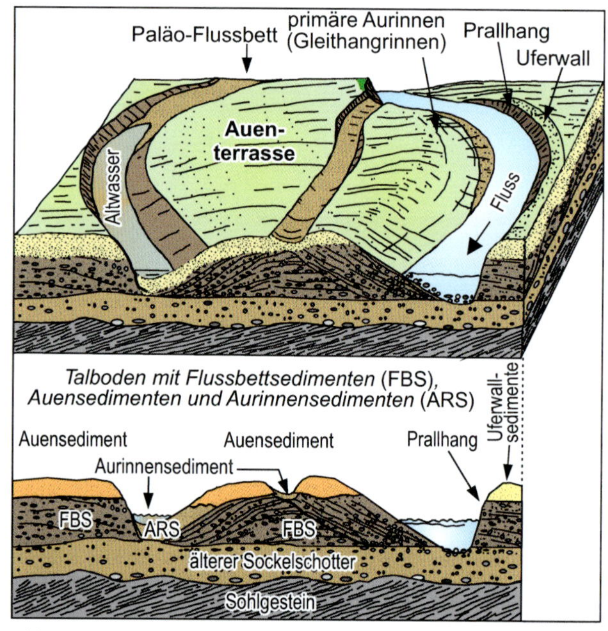

Abb. 3.3.12:
Morphologie und Sedimente innerhalb einer mäandergeformten Aue nach Schirmer (1990, verändert und ergänzt).

Morphologische Diskordanzen prägen das Aufeinandertreffen unterschiedlich alter primärer Aurinnenscharen (Abb. 3.3.11). Sie ermöglichen die morphostratigraphische

Bild 3.3.6:
Mäanderterrassen und *point bars* im *Río de las Vueltas* (Fitz Roy Gebiet, Südpatagonien).

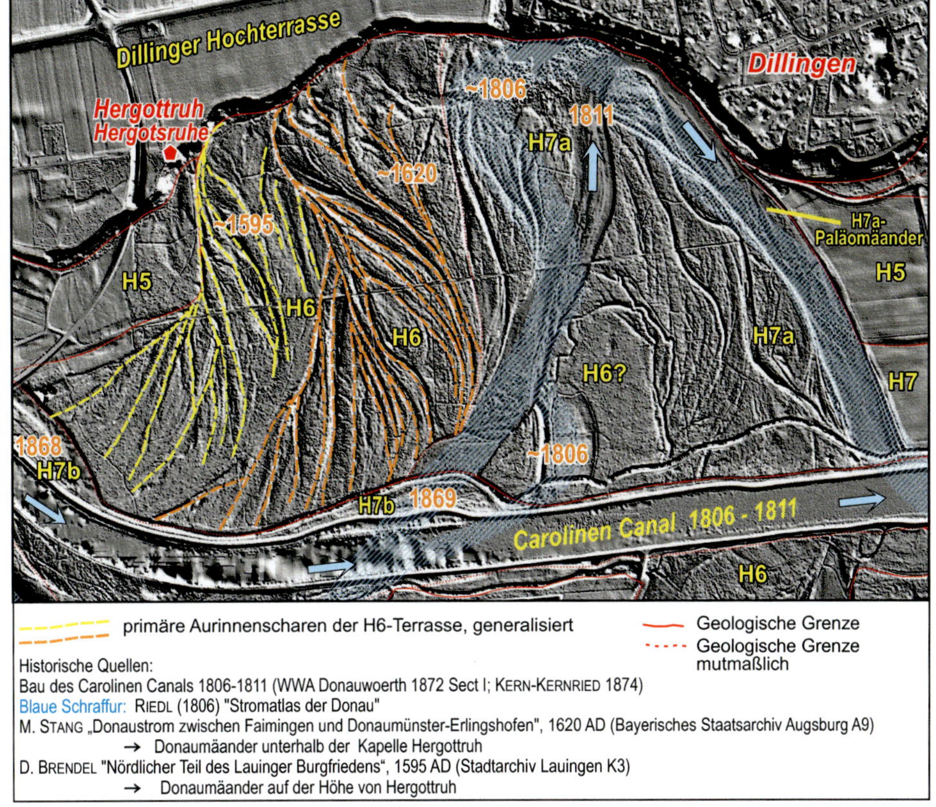

Bild 3.3.7:
Aurinnen und historische Flussläufe in der spätmittelalterlichen und neuzeitlichen Donauaue mit den Mäanderterrassen H6, H7a, H7b westlich von Dillingen. Der Verlauf der verschiedenen primären Aurinnenscharen belegen eine sukzessive Verlagerung des ausgeprägten Mäanderbogens talabwärts senkrecht zum allgemeinen Talgefälle. Um etwa 1595 AD lag der Mäanderbogen auf der Höhe von *Hergottruh* und bei seinem Durchstich um 1811 AD am Steilufer zur Stadt Dillingen hinauf (Hillshade aus LiDAR DGM 1 m, © Bayerische Vermessungsverwaltung 2023; Quellenverzeichnis der historischen Donauläufe in SCHELLMANN 2017b).

Untergliederung einer Talaue in unterschiedlich alte Mäanderterrassen (Bild 3.3.8, Bild 3.3.9).

Mäandrierende Flüsse besitzen eine flussbegleitende Aue, in der die kiesigen oder sandigen Flussbettsedimente in der Regel von unterschiedlich mächtigen feinklastischen **Auensedimenten** (Lehme, Feinsande, Silte, Tone) bedeckt sind. Im Einzelnen handelt es sich dabei um (Abb. 3.3.12; Bild 3.3.10):

a) sandige **Uferwallsedimente** (Bodenfracht),
b) schluffig-tonige **Auelehme** (Suspensionsfracht),
c) sandstreifige **Aurinnensedimente** (Suspensions- und Bodenfracht),
d) tonige **Stillwassersedimente** in tieferen Aurinnen und Altarmen (Suspensionsfracht).

Vereinfacht werden flussnah im Bereich von Uferwällen gröbere sandigere Hochflutsedimente abgelagert, die beim Ausufern des Hochwasser aus dem Flussbett und

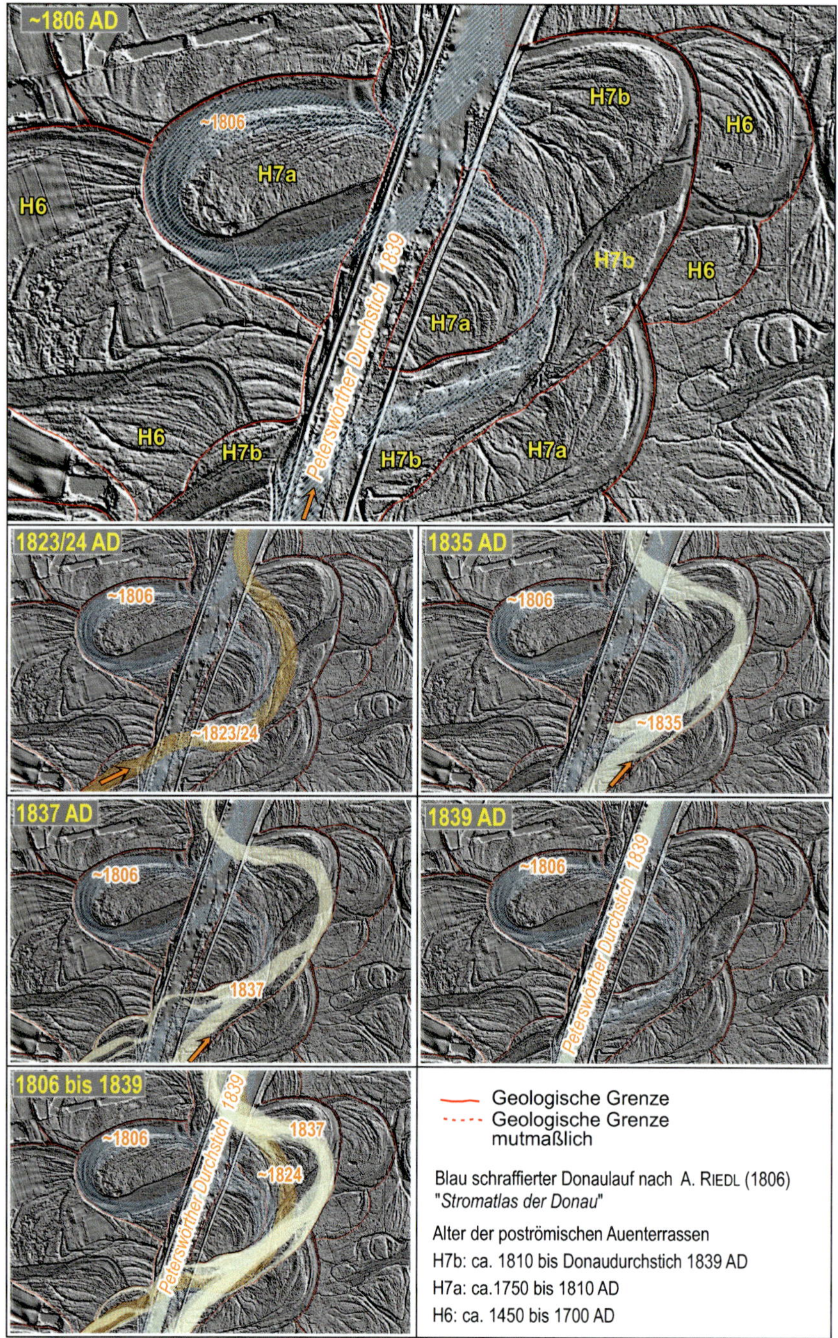

Bild 3.3.8:
Aurinnen und historische Flussläufe in der spätmittelalterlichen und neuzeitlichen Donauaue mit den Mäanderterrassen H6, H7a, H7b nordöstlich von Petersworth. Morphologische Diskordanzen der verschiedenen primären Aurinnenscharen ermöglichen eine relativ-stratigraphische Unterteilung der Aue in verschieden alte Mäanderterrassen (Hillshade aus LiDAR DGM 1 m, © Bayerische Vermessungsverwaltung 2023; Quellenverzeichnis der historischen Donauläufe in Schellmann 2017a: Beilage 6).

der dabei stattfindenden Strömungsverminderung sedimentiert werden. Flussferner werden in Hochlagen feinere, meist schluffige Auelehme, in Aurinnen und tiefergelegenen Auenbereichen stärker feinsandstreifige Aurinnensedimente und in Altarmen (= Paläomäandern) tonige Stillwassersedimente (u.a. Mudden) abgelagert.

Letztere können mit zunehmender Verlandung in Torfmudden, Anmoore und Torfe übergehen. Diese können über pollenanalytische Untersuchungen Informationen zur Vegetationsgeschichte liefern. ^{14}C-Datierungen an häufig eingelagerten organischen Makroresten können zudem helfen, das Alter des zugehörigen Mäanderbogens zu bestimmen.

Talrandnah werden häufig vom Talhang oder über Seitenbäche gröbere Feinsedimente (Talrandfazies, Talrandschwemmkegel) in die Talauen eingetragen (ausführlicher SCHELLMANN 1994a: 21ff.).

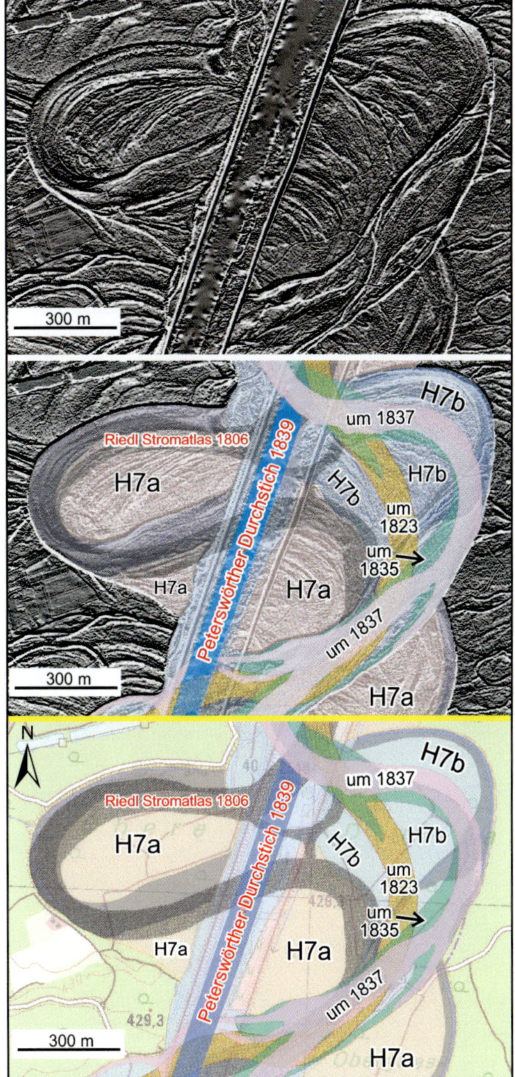

Bild 3.3.9:
Neuzeitliche Donaue (H7a- und H7b-Mäanderterrasse) nordöstlich von Peterswörth mit primären Aurinnenscharen und Paläomäandern im Hillshade aus LiDAR DGM (oben, mitte) sowie historischen Donauläufen (mitte, unten). Kartengrundlage: LiDAR DGM 1 m und TK 1:25.000 (© Bayerische Vermessungsverwaltung 2023); Quellenverzeichnis der historischen Donauläufe in SCHELLMANN (2017a: Beilage 6).

Auensedimente sind also überwiegend feinsandige und lehmige Hochwassersedimente, die teilweise schon beim Ausbau der Mäanderbögen bzw. bei seitlichen Flussbettverlagerungen auf die zuvor abgelagerten Flussbettsedimente sedimentiert wurden (u.a. SCHELLMANN 1994b: 128). Diese **primäre Auenfazies** besteht häufig aus feinsandigen und lehmigen Aurinnensedimenten im Liegenden und Auelehmen im Hangenden. Sie wird überwiegend schon wenige Jahrzehnte oder Jahrhunderte nach Ablagerung der liegenden Flussbettsedimente abgelagert (Abb. 3.3.13, Abb. 3.3.14). In der Folgezeit können primären Auensedimente von meist deutlich weniger mächtigen **sekundären Auensedimenten** über-

Bild 3.3.10: Auensedimente mit umgelagerter Laacher See-Tephra auf der spätglazialen NT3 der oberen Weser nördlich von Kemnade.

deckt werden. Durch diese allgemeine Aufhöhung der Aue entstehen höhere Auenflächen (Hartholzaue), die nur noch bei extremen Hochwässern überflutet werden.

Ein gut datiertes **Beispiel für die zeitnahe Ablagerung von Flussbettfazies und primären Auensedimenten** zeigen die Mächtigkeiten der Auensedimente im Bereich der holozänen Mäanderterrassen der Donau zwischen Regensburg-Ost und Bogen (Abb. 3.3.13) sowie im Raum Dillingen (Abb. 3.3.14). In beiden Donauauen besitzt die seit etwa 1750 AD entstandenen H7-Auenflächen ähnlich mächtige Auensedimentdecken. In der Dillinger Donauaue (Abb. 3.3.14) trifft dies selbst für den jüngsten Auenbereich der H7b-Terrasse zu, die erst im 19. Jahrhundert zwischen ca. 1812 bis 1871 AD während der großen Donaukorrektionen entstanden ist (Details in Schellmann 2017b).

Ein weiteres **Beispiel für die relativ schnelle Ablagerung einer Auensedimentdecke** auf den holozänen Donauterrassen bietet die H3-Terrasse südwestlich von Lauingen (Abb. 3.3.15). Die im Aufschluss anstehenden kiesigen und sandigen H3-Flussbettsedimente wurden nach dem Alter eingelagerter Holzkohleflitter an dieser Stelle vor etwa 4.030 ± 30 ^{14}C-Jahren von der Donau abgelagert. Die Flussbettsedimente tragen dort meist eine

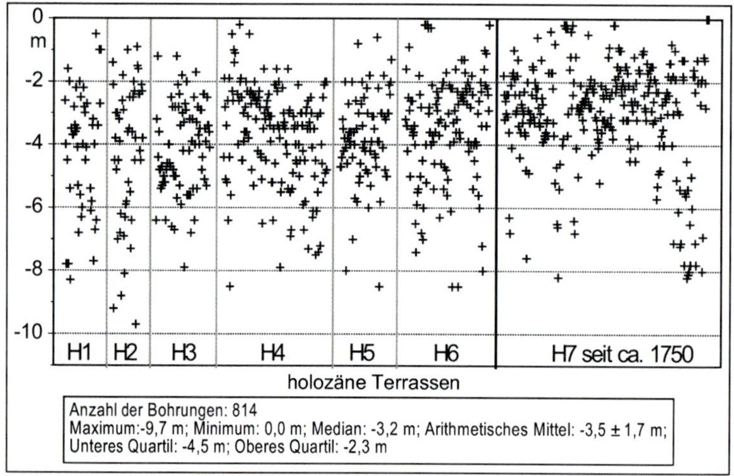

Abb. 3.3.13: Mächtigkeiten der Auensedimentdecke auf den holozänen Mäanderterrassen H1 bis H7 der Donau zwischen Regensburg-Ost und Bogen nach Auswertungen von Schichtenverzeichnissen von Bohrungen und eigenen Sondierungen (Details in Schellmann 2010).

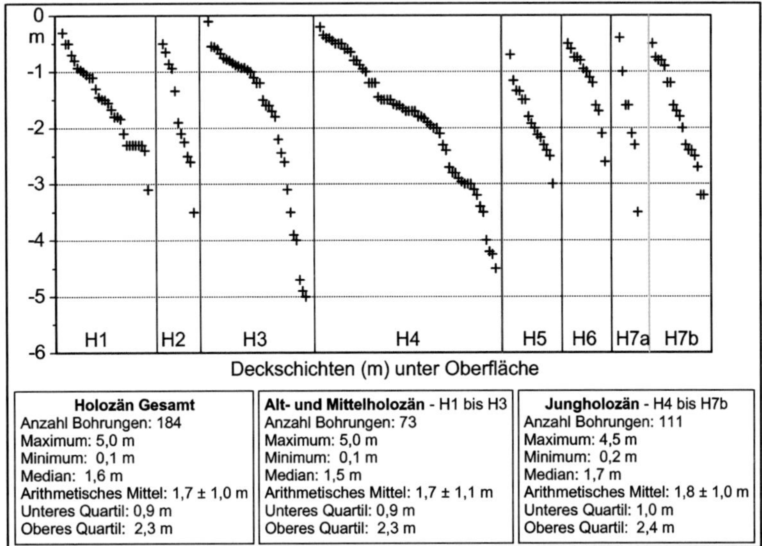

Abb. 3.3.14:
Mächtigkeiten der Auensedimentdecke auf den holozänen Mäanderterrassen H1 bis H7b der Donau im Blattgebiet 7428 Dillingen West nach Auswertungen von Schichtenverzeichnissen von Bohrungen und eigenen Sondierungen.
Alter der Terrassen: H1 im Präboreal und Boreal; H2 im Atlantikum; H3 im späten Atlantikum und bis zum mittleren Subboreal; H4 im Zeitraum mittleres Subboreal bis ausgehende Römerzeit; H5 im Früh- bis Hochmittelalter; H6 von Mitte des 14. Jahrhunderts bis wahrscheinlich Mitte des 18. Jahrhunderts; H7a Mitte des 18. Jahrhunderts bis Anfang 19. Jahrhundert; H7b entstand im Wesentlichen erst durch die verschiedenen, zwischen 1812 und 1871 AD durchgeführten flussbaulichen Korrektionen (Details in Schellmann 2017b).

0,4 bis 0,6 m mächtige eingliedrige Auelehmdecke, die in Rinnen auf über 1 m Mächtigkeit ansteigen kann. In Rinnenposition befand sich eine in die Auelehme eingesenkte frühgeschichtliche Grubenfüllung mit Holzkohlen und Bruchstücken von urnenfelderzeitlichen Keramiken. Die Datierung der Holzkohle ergab ein ausgehendes subboreales Alter von 2.770 ± 30 ^{14}C BP. Damit ist belegt, dass hier große Areale der spätatlantischen bis mittel-subborealen H3-Terrasse außerhalb tiefer Aurinnen seit der Urnenfelder selten von Hochwässern der Donau erreicht wurden und dass die primäre Auenfazies bereits mit oder kurz nach Ausbildung der H3-Mäanderterrasse im Wesentlichen schon abgelagert wurde.

Nach relativ zügiger Sedimentation der primären Auenfazies können Hochwässer vor allem in Aurinnen und Altarmen weitere jüngere sekundäre Auensedimente hinterlassen. Häufig werden dabei Bodenhorizonte begraben (Bild 3.3.11).

Der Wechsel von Hochflutsedimentation und Bodenbildung belegt eine Zyklizität von Aktivitätszeiten der Hochflutdynamiken und Ruhephasen mit vorherrschender Bodenbildung. Eine exakte Datierung dieser wahrscheinlich nur einige Jahrzehnte oder wenige Jahrhunderte andauernde Phasen ist oft schwierig, selbst wenn mit der Radiokohlenstoff (^{14}C)-Methode datierbare Holzkohlen in den Sedimenten eingelagert sind. Die zeitliche Auflösung der ^{14}C-Methode reicht hierzu meistens nicht aus (Kap. 1.2).

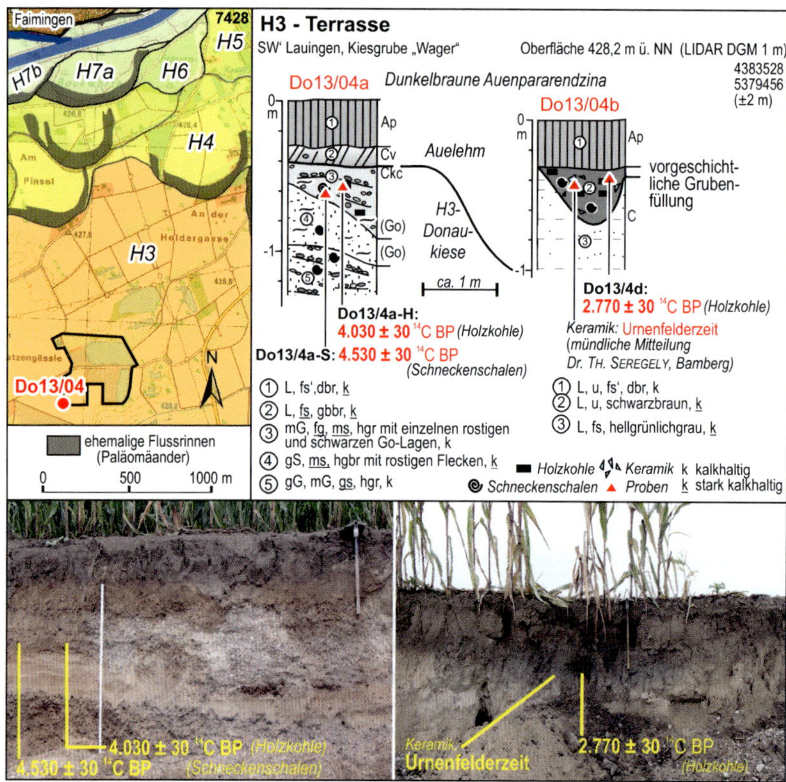

Abb. 3.3.15: ^{14}C-Datierung der Flussbettsedimente und einer frühgeschichtlichen Grubenfüllung auf der H3-Terrasse südwestlich von Lauingen (Kartengrundlage: Top. Karte 1:25.000 © Bayerische Vermessungsverwaltung 2023; verändert und ergänzt nach Schellmann 2017b: Abb. 28).

Ein schönes Beispiel für die Überlagerung primärer Auensedimente durch jüngere sekundäre Hochflutsedimente mit zwischengeschalteten Bodenbildungen war vor wenigen Jahren in der Donauaue oberhalb der Lechmündung aufgeschlossen (Bild 3.3.11). Dort reichen Hochflutsedimente der eisen/römerzeitlichen H4-Terrasse bereichsweise auf die angrenzende präboreale/boreale H1-Terrasse. Deren Flusskiese tragen nicht nur die zugehörigen primären H1-Auensedimente, sondern zusätzlich zum Hangenden hin sekundär abgelagerte H2/H3-Hochflutsedimenten und am Top sekundäre H4-Hochflutlehme.

Auensedimente und Mensch

Seit mehreren Jahrzehnten ist aus den größeren Tälern des deutschen Mittelgebirgsraums bekannt, dass als Folge **menschlicher Eingriffe** die Hochwasserdynamik und die Bodenerosion in den Einzugsgebieten mindestens seit der Römerzeit intensiviert wurden. Das führte häufig zu einer erhöhten Ablagerung feinklastischer Hochflutsedimente (v.a. Auelehme) in den Talauen teilweise bis auf die zuvor hochwasserfreien Niederterrassen (Bild 3.3.12; u.a. Natermann 1941; Mäckel 1969; Schirmer 1983; Schellmann 1988; ders. 1994a).

Feinklastische Auensedimente sind aber in vielen Tälern je nach Schwebstofffracht und Talgefälle auch schon vor der Rodungstätigkeit des Menschen, teilweise schon seit dem

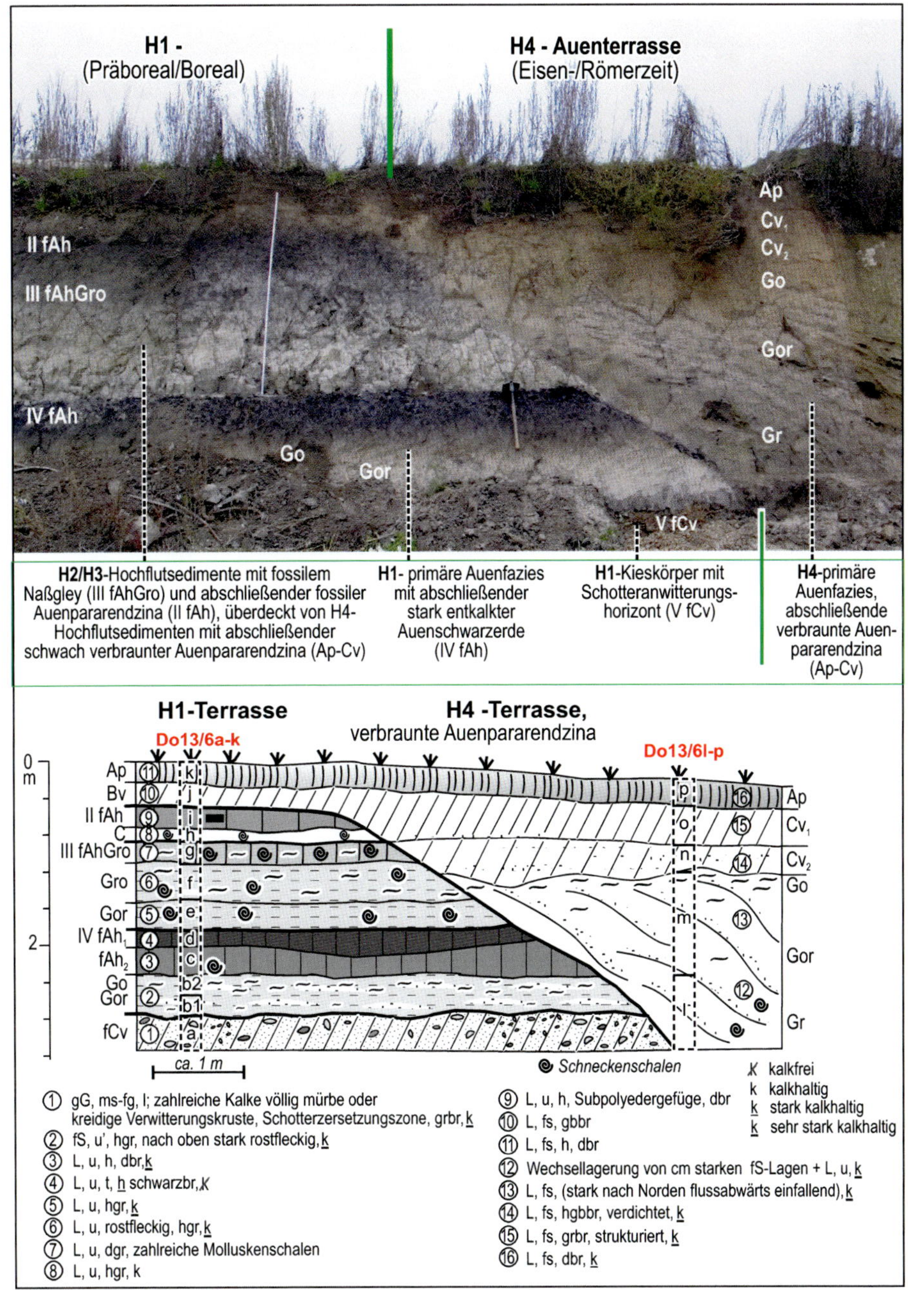

Bild 3.3.11:
Auen- und Hochflutsedimente auf der präborealen/borealen H1- und auf der eisen-/römerzeitlichen H4-Terrasse der Donau.
Auf den Flusskiesen der H1 liegt eine mehrgliedrige, durch humusreiche Paläoböden unterteilte Auenfazies.
Die H4 besitzt dagegen eine eingliedrige Deckschicht aus primären Auensedimenten mit schwach verbraunter Auenpararendzina, die randlich auch noch auf die H1 übergreift (Kiesgrube *Reichertswert* im Donautal oberhalb der Lechmündung).

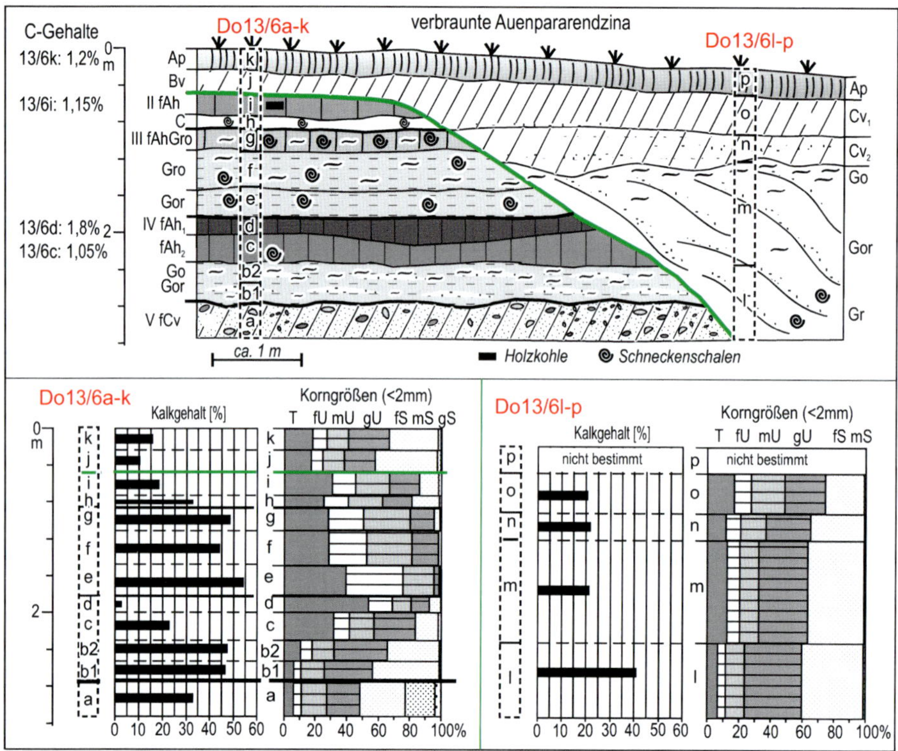

Fortsetzung Bild 3.3.11: Kohlenstoff- und Kalkgehalte sowie Korngrößen.

Spätglazial der letzten Kaltzeit (Bild 3.3.12), eine natürliche Fazies der Hochflutsedimentation.

Der anthropogene Einfluss zeigt sich also nicht in der bloßen Existenz von Auelehmen bzw. Hochflutsedimenten. Erst eine größere, über die jungholozänen Auenflächen hinausreichende Verbreitung (Bild 3.3.11, Bild 3.3.12) und eine gesteigerte Mächtigkeit jungholozäner Hochflutsedimente können als Ausdruck von Rodungstätigkeiten und von ackerbaulich genutzten Flächen im Einzugsgebiet mit verstärkter Bodenerosion und damit gesteigerter Suspensionsfracht in den Bächen und Flüssen angesehen werden.

Verzweigter Fluss *(wandering or island braided river)*

Verzweigte Flüsse besitzen in der Regel ein hohes Gefälle von meist >1‰, starke Abflussspitzen und eine hohe Sohlenfracht (Kiese). Sie kombinieren bei Hochwasser eine große Strömungskraft mit einem hohen Gerölltransport.

Der Übergang vom mäandrierenden zum alternierend-verzweigten bis zum verzweigten Flusslauf mit häufig vegetationsbedeckten Flussinseln ist gleitend. Zum Beispiel war der Lech nördlich von Landsberg und westlich von Pittriching um 1811 AD flussmorphologisch ein alternierend-verzweigter Fluss und wenige Jahrzehnte später um 1846 AD ein stark verzweigter Fluss mit zahlreichen bewachsenen Flussinseln (Abb. 3.3.16).

Alle bayerischen Alpenvorlandsflüsse mit alpinem Einzugsgebiet wie Iller, Lech (Abb. 3.3.16) und Isar (Abb. 3.3.17, Abb. 3.3.18) waren vor ihren Begradigungen im späten 19. und frühen 20. Jahrhunderts aufgrund extremer Abflussspitzen und einer hohen Geröllfracht mehr oder rminder stark verzweigt mit häufigen Ausuferungen und Verlagerungen der einzelnen Flussarme (für den Unterlauf des Lechs und die angrenzende Donau siehe auch Schielein 2010). Ein dichtes Geflecht verlassener ehemaliger Flussrinnen und Altarme prägen daher die begleitenden Auenflächen (Abb.3.3.17 unten).

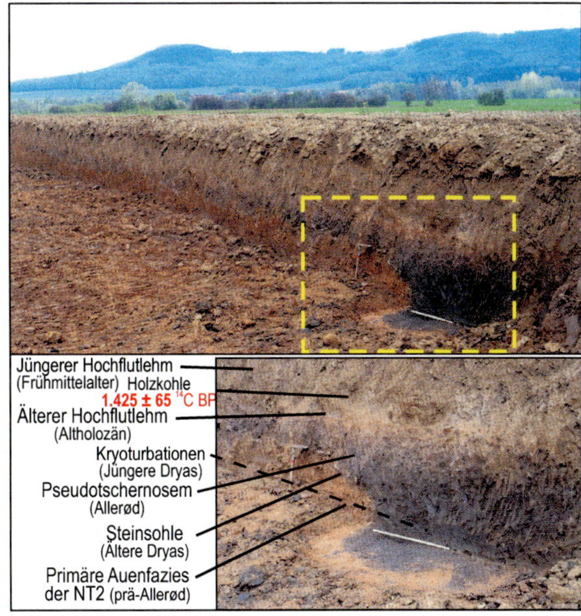

Bild 3.3.12:
Kryoturbat, unter Permafrost in bis zu 1,5 m tiefe kesselartige Froststrukturen verlagerte Feuchtschwarzerde (Pseudotschernosem), die auf der primären Auenfazies der NT2 südöstlich von Hameln (unteres Oberwesertal) ausgebildet ist (Details in Schellmann 1994a: 27ff.).

Im Gegensatz zu dem verzweigten Gerinnebettmuster der Alpenvorlandsflüssen mit alpinem Einzugsgebiet wie die Isar (Abb. 3.3.18) sind die im Alpenvorland entspringenden Bäche und Flüsse mindestens seit dem Beginn des Holozäns mäandrierende Gerinne.

Das trifft auch auf die Amper zu (Abb. 3.3.18, Abb. 3.3.19), deren Quelle der Ammersee ist. Der See dämpft die Abflussspitzen und die Geröllfracht kann erst unterhalb des Sees

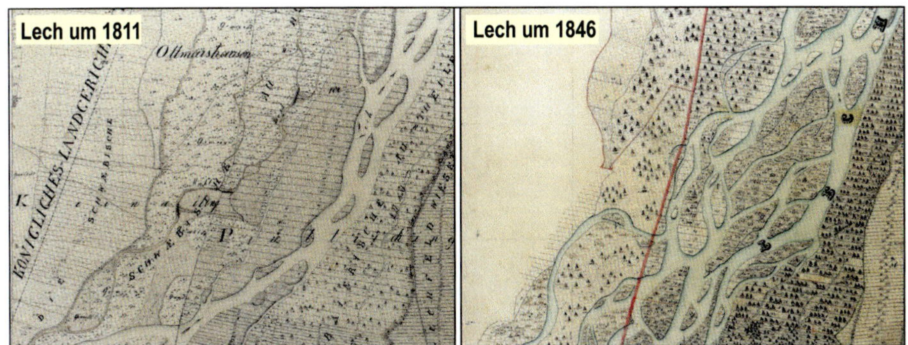

Abb. 3.3.16:
Lech nördlich von Landsberg und westlich von Pittriching: um 1811 ein alternierend-verzweigter Fluss mit wenigen Verzweigungen; um 1848 ein verzweigter Fluss mit zahlreichen bewachsenen Flussinseln (Quelle: Bayerische Kataster-Uraufnahme aus dem Jahr 1811 und deren erste Revision im Jahr 1846; © Bayerische Vermessungsverwaltung 2023).

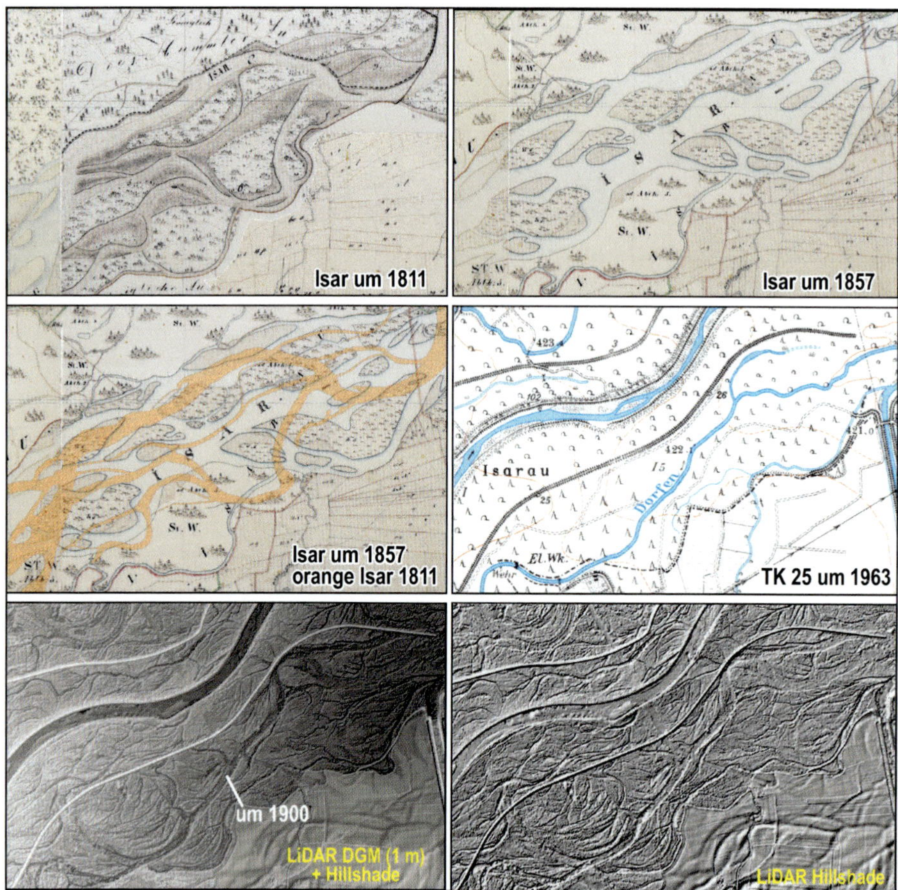

Abb. 3.3.17:
Stark verzweigter Flusslauf der Isar westlich von Moosburg um 1811 und 1857 AD. Unten: LiDAR Hillshade und DGM der neuzeitlichen Isaraue mit einem stark verzweigten Gerinnebettmuster (Quellen: LiDAR 1 m, Kataster-Uraufnahmen im Maßstab 1:5.000 aus den Jahren 1811 und deren erste Revision im Jahr 1857 ©Bayerische Vermessungsverwaltung 2023).

aufgenommen werden. Die Amper besitzt am Unterlauf Hochwasserabflüsse, die 10 bis 20 mal höher sind als die niedrigsten Abflüsse. Bei der Isar oberhalb der Einmündung der Amper sind die Hochwasserspitzen dagegen 100 bis 200 mal so hoch. Zudem besitzt die Amper am Unterlauf nur ein Talgefälle von 1,1‰, die Isar bei Einmündung der Amper dagegen ein deutlich höheres Gefälle von etwa 1,8‰. Auch die Auenmorphologie der holozänen Amperauen mit ihren Paläomäandern und primären Aurinnenscharen sind mäandergeformt (Abb. 3.3.19 unten; Details in Schellmann 2018a).

Verwilderter Fluss (*braided river*)

Verwilderte Flüsse entstehen bei großen Abflussschwankungen mit jahreszeitlich ausgeprägten Abflussspitzen (z.B. Schnee- oder Gletscherschmelze), bei hohem Talgefälle von deutlich über 1‰ und bei hoher Sohlenfracht eingetragen aus den Einzugsgebieten und von den sandig-kiesigen Flussufern.

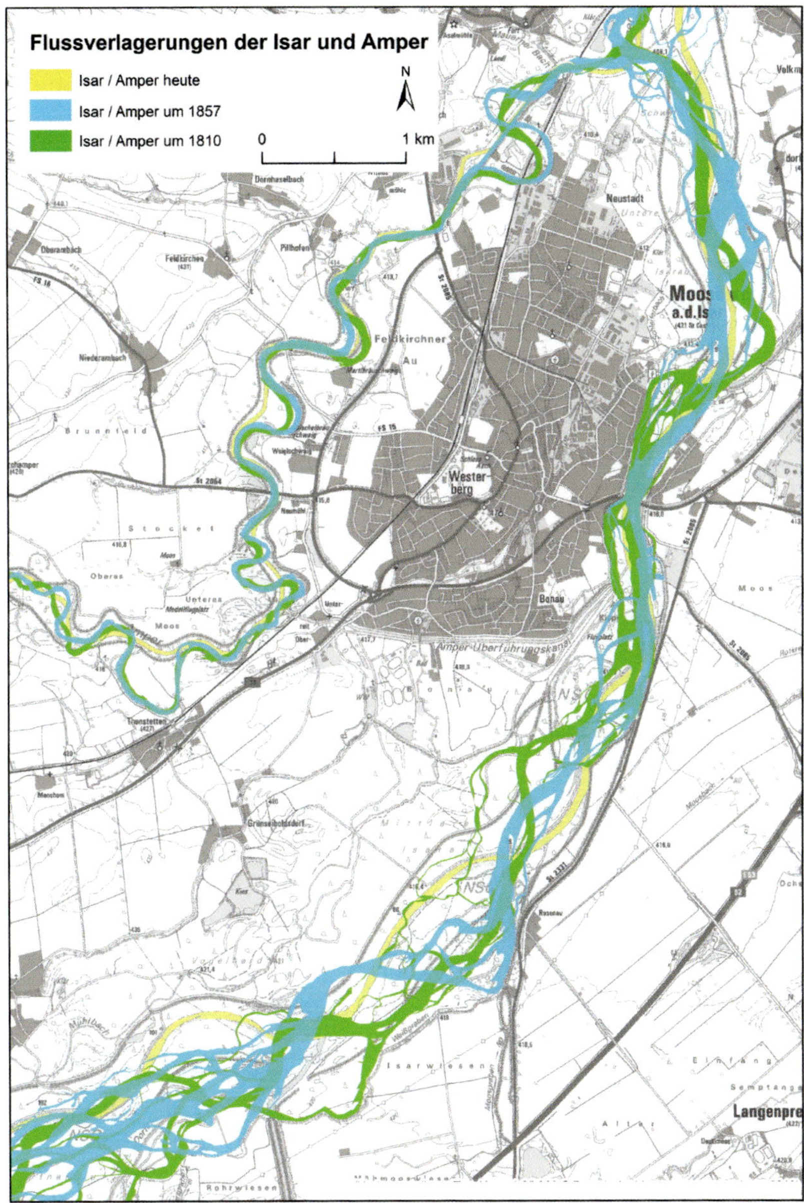

Abb. 3.3.18:
Historische Flusslaufverlagerungen von Isar und Amper zwischen 1810 und 1857 AD sowie den endgültigen Flusslauffixierungen am Anfang des 20. Jahrhunderts (= heutiger Flusslauf) (Quellen: Bayerische Kataster-Uraufnahmen aus den Jahren 1810/11 und deren erste Revision im Jahr 1857; Kartengrundlage: Top. Karte 1:25 000 © Bayerische Vermessungsverwaltung 2023).

Verwilderte Flüsse, meist als ***braided river*** bezeichnet, besitzen häufig keine flussbegleitende Aue und keinen mehrjährigen Hauptstromstrich. Das breite Flussbett (*„**Breitbettfluss**“ sensu* SCHIRMER 1983) besitzt zahlreiche, sich alljährlich verlagernde Flussarme (Abb. 3.3.20; Bild 3.3.13). Unsystematische Verlagerungen einzelner Flussarme treten häufig auf. Im

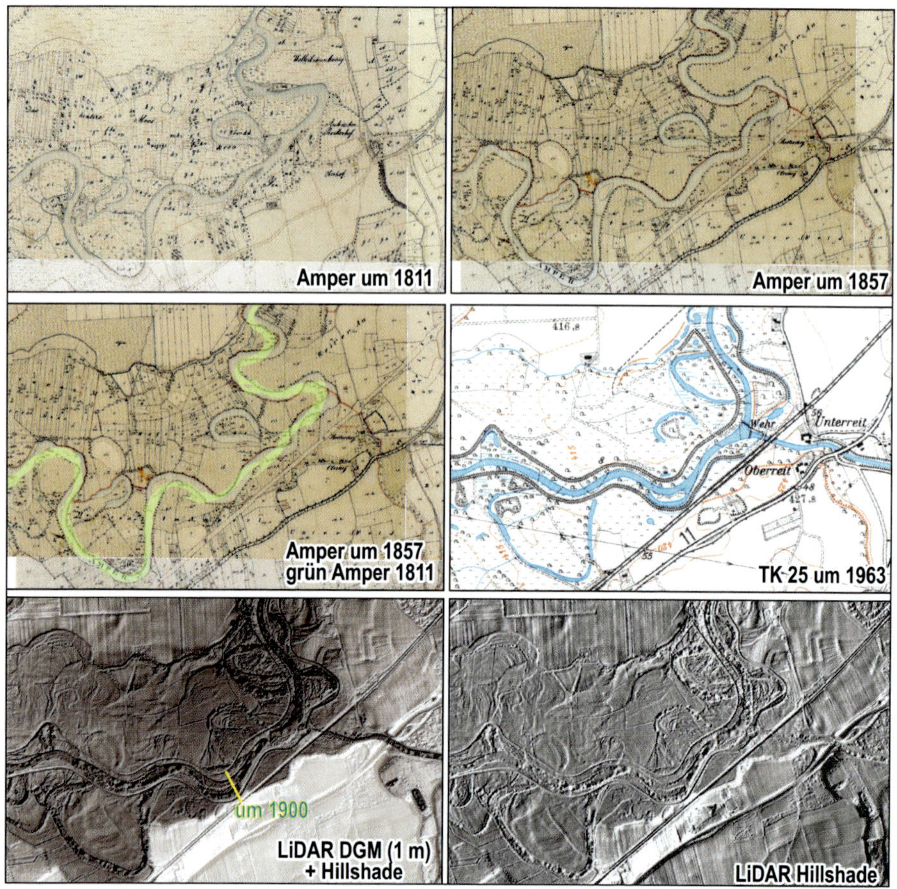

Abb. 3.3.19:
Mäandrierender Flusslauf der Amper westlich von Moosburg um 1811 und 1857 AD. Unten: LiDAR Hillshade und DGM der Amperaue mit Mäanderbögen, Altarmen und primären Aurinnen (Quellen: LiDAR 1 m, Kataster-Uraufnahmen im Maßstab 1:5.000 aus den Jahren 1811 und deren erste Revision im Jahr 1857, TK25 7537 Moosburg aus dem Jahr 1963 ©Bayerische Vermessungsverwaltung 2023).

Flussbett gibt es viele vegetationsfreie Sand- und Kiesinseln mit fehlender oder nur sehr lichter Vegetation. Die Stärke der Verwilderung kann über einen Braiding-Index beschrieben werden (z.B. Brice 1964; Egozi & Ashmore 2008).

Verwilderte Flüsse besitzen eine hohe Sohlenfracht mit zeitweiliger Überlastung der Transportkapazitäten. Dadurch kommt es zu einer allmählichen Aufhöhung der Flussbettsohle und zur Ablagerung horizontal- und troggeschichteter Flussbettsedimente aus Kiesen und Sanden (Abb. 3.3.20; Bild 3.3.14).

Verbreitungsgebiete von verwilderten Flüssen sind vor allem aride und arktische Gebiete sowie Gletschervorfelder. In den ehemaligen von Permafrost geprägten kaltzeitlichen Periglazialgebieten Mitteleuropas besaßen die Mittelgebirgs- und Tieflandflüsse ein verwildertes Gerinnbettmuster mit kräftiger Aufschotterung der Talböden. Die Ursachen waren

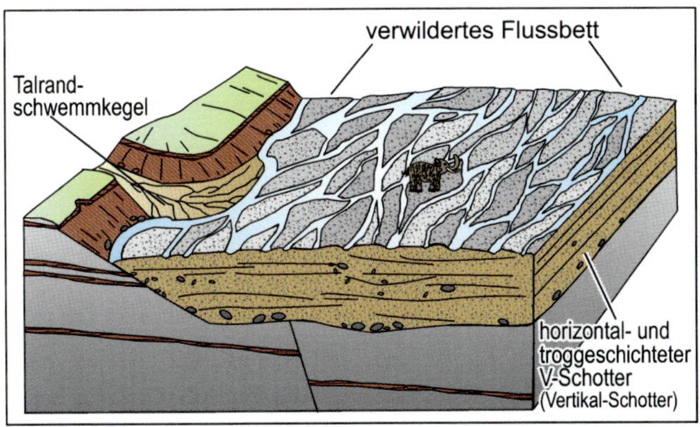

Abb. 3.3.20:
Schema des verwilderten Flusses („*braided river*") (verändert nach Schirmer 1990).

hohe gelisolifluidale und abluative Sedimenteinträge aus den Einzugsgebieten. Hinzu traten verringerte Uferstabilitäten infolge des Permafrosts und fehlender Bäume. Zudem waren die Abflussmengen klimatisch bedingt insgesamt verringert mit extremen Abflussspitzen im Frühjahr (Schneeschmelze). Die Folge war eine hohe Schuttüberlastung der breiten Flussbettareale, was zur Aufhöhung der Talsohlen mit kiesigen und sandigen Flussbettsedimenten führte (Bild 3.3.14). Die ausgedehnten kaltzeitlichen Terrassenfluren in den mitteleuropäischen Tälern besitzen daher in der Regel mehrere Meter mächtige horizontal- und troggeschichte Flussbettsedimente.

Bild 3.3.13:
Verwildertes Gerinnebettmuster eines Gletscherbachs im Sommerhalbjahr in Südisland. Im Frühjahr und Frühsommer während der Schnee- und beginnenden Gletscherschmelze ist das vegetationsfreie Flussbett überflutet.

Erst mit der spätglazialen und holozänen Wiedererwärmung und Wiederbewaldung verringerte sich das Frachtaufkommen deutlich. Klimabedingt kam es zur Erhöhung des Abflusses bei ganzjährigem Abflussgang. Verringerte Sedimentfracht, erhöhter und

Bild 3.3.14:
Horizontal- und schwach troggeschichteter Kieskörper der hochwürmzeitlichen Hauptniederterrasse (NT1) der Donau bei Regenburg-Harting.

ganzjähriger Abfluss sowie stabilere Uferverhältnisse führten häufig zur Konzentration des Abflusses auf einen mäandrierenden Flussarm. Es kam zur Einschneidung in die kaltzeitlich stark aufgehöhten Talböden und in der Folgezeit zur Ausbildung von Talauen und ihren Mäanderterrassen (Kap. 3.3.2.3).

Anastomisierender Fluss (Dammuferfluss, *anastomosed river*)

Anastomisierende Flüsse besitzen große Abflussmengen und ein geringes Gefälle von etwa 0,1 bis 0,01‰. Sie bestehen aus zahlreichen, in sich mäandrierenden oder verzweigten, weit auseinander liegenden Flussarmen, die relativ **lagestabil** sind. Hauptverbreitungsgebiete sind rasch absinkende tektonische Becken und Deltamündungen, wobei die Senkungstendenz auch durch die Kompaktion der sedimentierten Feinklastika gestützt wird.

Anastomisierenden Flüsse transportieren neben Flusssanden (meist <3% der Gesamtfracht) eine hohe Suspensionsfracht. Das **Sedimentationsbild** ist im Flussbett wegen der geringen Strömungsgeschwindigkeit gekennzeichnet durch eine insgesamt vertikale Ablagerung sandiger Flussbettsedimente (Abb. 3.3.21). Die Flussarme begleiten häufig hohe Uferwälle aus schluffigen und feinsandigen Hochflutsedimenten (Dammuferflüsse). Im Querprofil bestehen Sedimentkörper anastomisierender Flüsse aus einzelnen, durch feinklastische Uferwall- und Auenablagerungen abgesetzte Sandkörper (Flussbettfazies).

Zusammenfassung - Flussmorphologie

Flussbettgeometrien (Abb. 3.3.21) sind vor allem abhängig von den Faktoren Abfluss (Abflussmenge, Abflussregime, Abflussspitzen), Gefälle, Standfestigkeit der Flussufer, Erodierbarkeit der Flusssohle und Sedimentfracht (Boden- und Suspensionsfracht).

Mäandrierende Flüsse besitzen in der Regel:
- einen ganzjähriger Abfluss mit einzelnen Abflussspitzen;
- ein geringes bis mittleres Gefälle (<1‰), d.h. geringe bis mittlere Strömungsenergien (*stream power*) von max. 10 bis 60 W/m^2 [NANSON & CROKE 1992];
- eine mittelhohe und gemischte Sedimentfracht (mittlere Korngrößen) sowie
- mittlere bis hohe Uferstabilitäten;
- großbogig schräggeschichtete Flussbettsedimente (Gleithangschichtung bzw. Epsilon-Schrägschichtung) mit vertikaler Kornverfeinerung;
- eine flussbegleitende Flussaue mit Auensedimenten aus sandigen Uferwällen, Auelehmen, Aurinnensanden und Altwassertonen.

Verzweigte und **verwilderte Flüsse** besitzen in der Regel:
- große Abflussschwankungen mit deutlichen Abflussspitzen (z.B. glaziales oder nivales Abflussregime);
- ein hohes Gefälle (verzweigt etwa 1 ± 0,3‰ bzw. bei verwildert deutlich >1‰) und damit zeitweilig hohe Strömungsenergien von etwa 50 bis >300 W/m^2 (NANSON & CROKE 1992);
- eine hohe Sedimentfracht, vor allem eine hohe Sohlenfracht (Gerölle) mit zeitweiser

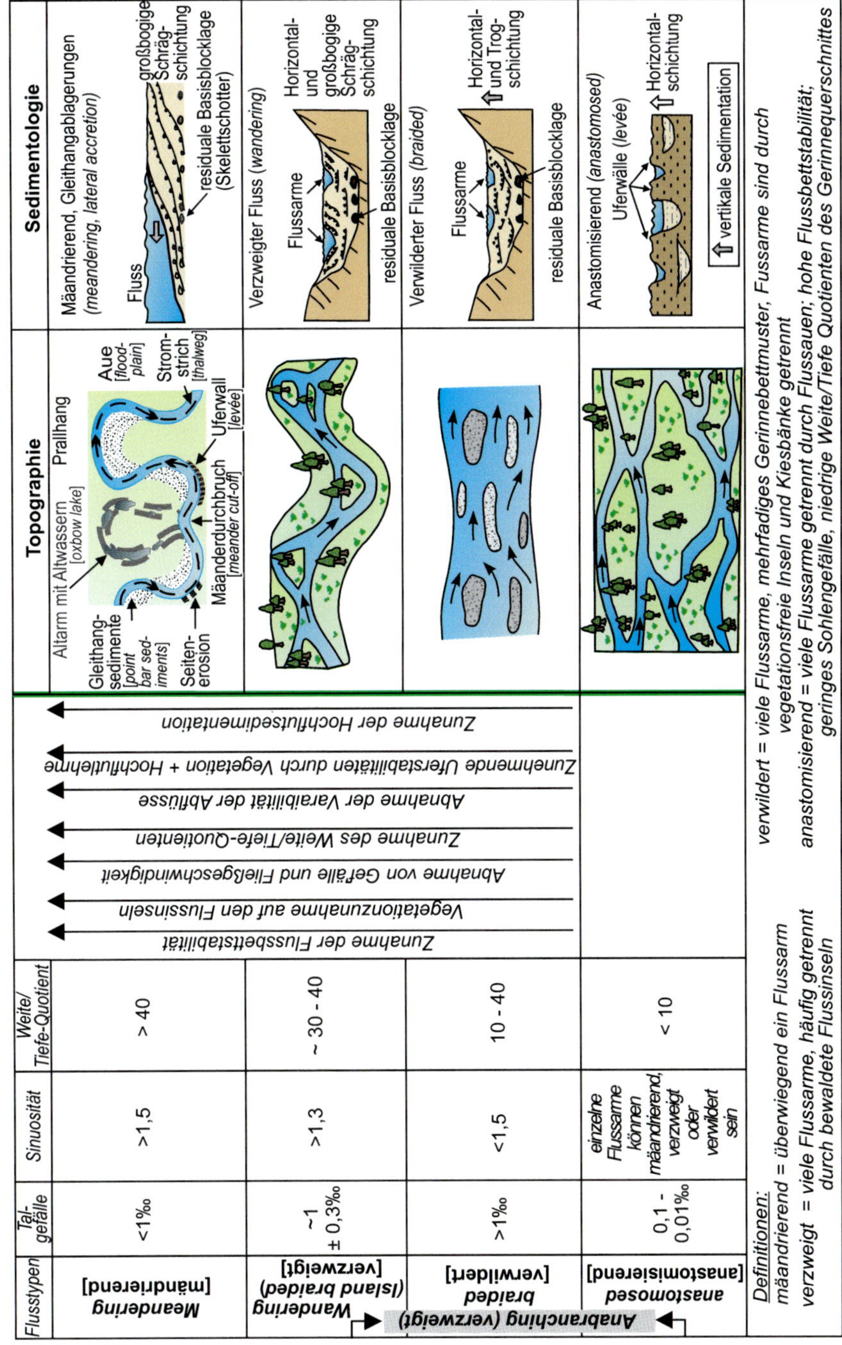

Abb. 3.3.21: Übersicht flussmorphologischer Grundtypen.

Überlastung der Transportkapazität;

- geringe Uferstabilitäten und leicht erodierbare Flussinseln und Untiefen;
- horizontal- und troggeschichtete Flussbettsedimente;

- ein enorm breites Flussbett mit zahlreichen lagestabilen und daher vegetationsbedeckten Flussinseln (verzweigter Fluss) oder mit zahlreichen vegetationsfreien episodischen Flussinseln (verwilderter Fluss). Verwilderten Flüssen fehlt in der Regel eine flussbegleitende Aue.

Anastomisierende Flüsse bestehen aus zahlreichen, in sich mäandrierenden oder verzweigten Flussarmen. Sie besitzen in der Regel:

- große Abflussmengen;
- ein geringes Gefälle (0,1 bis 0,01‰);
- überwiegend Suspensionsfrachten und Sande im Flussbett;
- hohe Uferstabilitäten;
- einen vertikal aufgewachsenen Sedimentkörper aus Flusssanden, Uferwällen (Dammuferflüsse) und Auensedimenten.

Verzweigte, verwilderte und anastomisierende Flüsse werden insgesamt auch als ***anabraching rivers*** bezeichnet (Abb. 3.3.21).

Ausgewählte Literatur

ZEPP, H. (2017): Grundriß Allgemeine Geographie: Geomorphologie eine Einführung: Kap. 7.3; Paderborn (Schöningh UTB Verl.).

AHNERT, F. (2015): Einführung in die Allgemeine Geomorphologie. – Stuttgart (Ulmer Verl.).

Erarbeiten Sie mit Hilfe der Literatur und des Textes die nachfolgenden Fragen.

1. *Welche morphologischen und sedimentologischen Kennzeichen besitzen mäandrierende Flüsse?*
2. *Bei welchem Talgefälle entstehen oft mäandrierende Flüsse?*
3. *Was bezeichnen die Begriffe „Stromstrich", „Prallhang" und „Gleithang"?*
4. *Welche Art von Schichtung besitzen Flussbettsedimente eines Mäanderflusses?*
5. *Wie kann man erkennen, ob Flussbettsedimente von einem mäandrierenden Fluss abgelagert wurden?*
6. *Welche morphologischen Formen findet man in Talauen eines mäandrierenden Flusses?*
7. *Welche Sedimente werden in Talauen von Hochwässern abgelagert?*
8. *Welche morphologischen und sedimentologischen Kennzeichen besitzen verwilderte Flüsse?*
9. *Welche Gefälls-, Fracht- und Abflussverhältnisse begünstigen die Entstehung verwilderter Flüsse?*

Weitere Fragen für Ba-Studierende und Lehramt Gymnasium

10. *Wodurch unterscheiden sich verzweigte von verwilderten Flüssen?*
11. *Welche morphologischen und sedimentologischen Kennzeichen besitzen anastomisierende Flüsse?*
12. *Wo auf der Erde findet man verwilderte Flüsse und wo anastomisierende Flüsse?*
13. *Wie würde sich das flussmorphologische Erscheinungsbild des Mains ändern, wenn man durch Bodenerosion den Sedimenteintrag von den Talhängen extrem erhöhen würde?*

14. *Unter welchen Klimaverhältnissen des Eiszeitalters kam es an vielen mitteleuropäischen Flüssen:*
a) zur vertikalen Aufhöhung der Talböden und
b) wann erfolgte eine verstärkte Einschneidung der Flüsse in die überhöhten Talböden?
Begründen Sie Ihre Ansicht!

Flussterrassen

- Mäanderterrassen
- Terrassen verwilderter Flüsse (*braided river*-Terrassen)
- Wichtige externe und flussinterne Einflußfaktoren bei der Bildung von Flussterrassen (längerfristige fluviale Dynamik)
- Möglichkeiten der stratigraphischen Differenzierung von Akkumulationsterrassen (Terrassentreppen und Reihenterrassen)

Exkurs: *Quartäre Talgeschichte des Straubinger Donautals (Dungau) mit vergleichenden Befunden aus dem Dillinger Donautal und dem Lech- und Isartal*

Mittel- und langfristige Abschätzungen zukünftiger flussdynamischer Entwicklungen oder die Rekonstruktion der Entstehung und fluvialen Ausformung unserer Täler in der Vergangenheit benötigen eine räumlich und altersmäßig möglichst detaillierte Erfassung der erhaltenen Zeugnisse fluvialer Dynamiken. Solche Archive bilden die Flussterrassen (morphologisch) einschließlich ihrer Terrassenkörper (geologisch) und fluviatilen Fazien (sedimentologisch).

Dabei besteht das Problem, dass aus den Zeiten vorherrschender Talausräumung entsprechende Sedimente fehlen und daher nicht durch korrelate Ablagerungen oder Formen belegt sind. Zudem existieren entlang eines Flusslaufes häufig Laufstrecken, wie insbesondere in Engtalbereichen, in denen ältere Ablagerungen allein wegen der Enge des Tales nur selten erhalten sind. Großräumige Bearbeitungen vor allem der Talweitungen können dieses Problem deutlich reduzieren.

Eine **Flussterrasse** ist eine morphologisch klar abgrenzbare **Verebnung**, die durch steilere Böschungen, den Terrassenhängen oder dem Talhang, begrenzt ist. Eine Flussterrasse ist also der Rest eines alten Talbodens, der nach weiterer Eintiefung des Flusslaufes als höher gelegene Verebnung erhalten geblieben ist. Eine **Mäanderterrasse** ist der Rest eines verlassenen Mäanderbogens, der nach fluvialer Durchschneidung des Mäanderbogens als morphologisch klar abgrenzbare Verebnung zurückbleibt.

Flussterrassen können als **Terrassentreppe** in unterschiedlich hohen Verebnungsniveaus im Tal auftreten (Abb. 3.3.22). Sie können als **Reihenterrassen** im annähernd gleich hohen Oberflächenniveau aneinandergrenzen oder als geologische **Terrassenstapelungen** aufeinander liegen (Abb. 3.3.22). Entlang eines Flusslaufes können gleich alte Terrassen in verschiedenen Talabschnitten einmal als Terrassentreppe, ein anderes Mal als Reihenterrassen aneinander grenzen.

Ausgeprägte Terrassentreppen findet man in Hebungsgebieten (Abb. 3.3.22; Bild 3.3.15), aber auch im Bereich kaltzeitlich stark aufgehöhter Schmelzwasserbahnen am

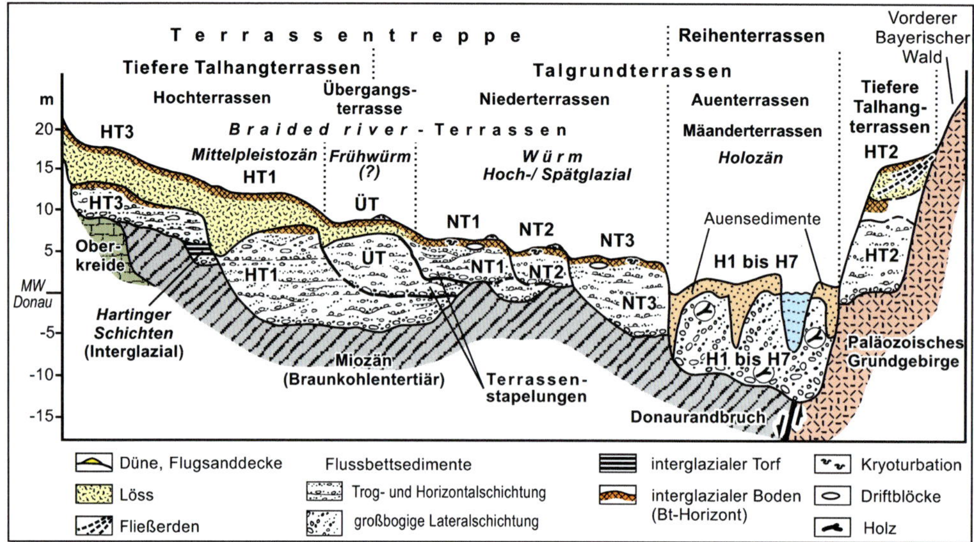

Abb.3.3.22: Tiefere Talhangterrassen und Talgrundterrassen im Donautal unterhalb von Regensburg.

Übergang (Übergangskegel) zwischen ehemaligem kaltzeitlichen Eisrand und unvergletschertem Vorland (Bild 3.3.16, Bild 3.3.17).

Genetisch gesehen existieren zwei Haupttypen von Flussterrassen: Erosionsterrassen und Akkumulationsterrassen.

Bild 3.3.15:
Etwa 12 m hohe Terrassenstufe zwischen der risszeitlichen Dillinger Hochterrasse und der eisen-/römerzeitlichen Donauaue (H4-Terrasse) im Donautal zwischen Dillingen und Steinheim (Details in Schellmann & Gesslein 2017; Schellmann 2017b).

Erosionsterrassen resultieren aus extremer fluvialer Erosion, wie sie bei hohen Strömungsgeschwindigkeiten und damit hohem Transportvermögen des Wassers (als Folge hoher Reliefenergien oder beim Brechen von Dämmen) möglich ist. Sie erzeugen Felssohlenterrassen, die nur mit relativ dünner Schotterdecke oder Schotterstreu bedeckt sind.

Akkumulationsterrassen sind das Ergebnis fluvialer Tiefen- und Seitenerosion, wobei vor allem im Strömungsschatten des Hauptstromstriches gut geschichtete Sedimente abgelagert werden. Neben **Deltaterrassen** und **Schwemmlandebenen** von Dammuferflüssen können Akkumulationsterrassen vereinfacht in zwei weitere genetisch und sedimentologisch unterschiedliche Haupttypen unterteilt werden:

a) in die **vertikal aufgehöhten, trog- und horizontal geschichteten Terrassen** verwilderter (*„braided river“*-Flusstyp) und verzweigter (*wandering* oder *island braided*) Flüsse, denen häufig eine flussbegleitende Aue fehlt und

b) in die lateral gewachsenen, großbogig schräggeschichteten Terrassenkörper (Gleithangschichtung, Epsilon-Schrägschichtung) und von Altarmen und Aurinnen durchzogenen Terrassenoberflächen mäandrierender Flüsse, die **Mäanderterrassen.**

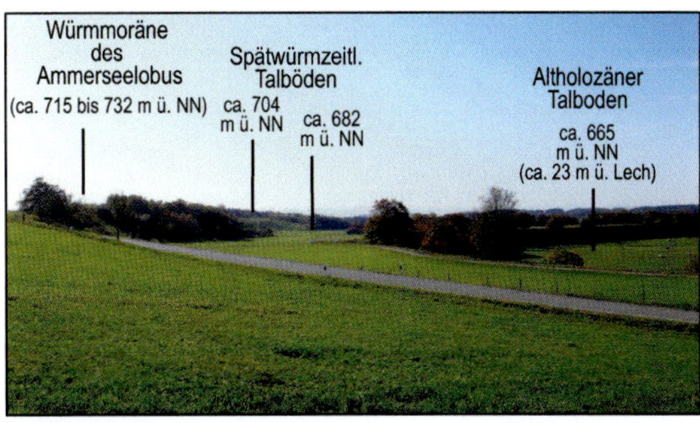

Bild 3.3.16:
Lechtal bei Apfeldorf südlich von Landsberg: Ausgeprägte Terrassentreppe von den hochglazialen Würmmoränen und deren Schmelzwasserbahnen am östlichen Talrand über spätwürmzeitiche Talböden bis zum holozänen Talboden. Die starke spätwürmzeitliche und holozäne Eintiefung des Lechs in diesem Talabschnitt resultiert aus der zuvor erfolgten enormen hochglazialen Aufschottterung des Lechtals mit Schmelzwasserkiesen (Details in Gesslein 2013).

Mäanderterrassen

Eine **Mäanderterrasse** ist der Rest eines verlassenen Mäanderbogens, der nach fluvialer Durchschneidung des Mäanderbogens als morphologisch klar abgrenzbare Verebnung zurückbleibt. Sie ist anhand von Terrassenkanten (Bild 3.3.18) mit begrenzender Nahtrinne (Schirmer 1983) und **morphologischen Diskordanzen** der **primären Aurinnen**scharen abgrenzbar (Bild 3.3.19).

Aurinnen sind in hochauflösenden LiDAR-Daten vor allem unter Waldbedeckung teilweise sehr gut zu erkennen (Bild 3.3.19). Sie entstehen bei Hochwasser durch verstärkte seitliche Flussbettverlagerungen. Dadurch werden im Gleithangbereich nahe dem Flussufer neue Kies- und Sandbänke abgelagert, die durch eine noch vom Wasser durchströmte Rinne vom Ufer getrennt waren. Der Verlauf dieser primären Rücken- und Rinnenstrukturen bzw.

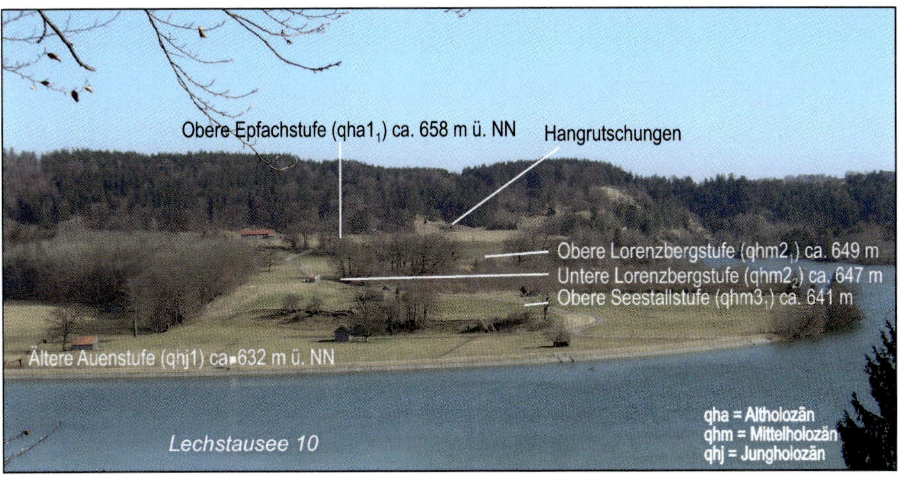

Bild 3.3.17:
Holozäne Terrassentreppe am Ostufer des Lechs in der Mühlau bei Epfach südlich von Landsberg. Der Lech hat sich auch noch im Holozän weiter in die hochglaziale Verschüttung des Tals mit Schmelzwassserkiesen eingetieft (Details in Gesslein 2013).

Bild 3.3.18: Reihenterrassen.
Oben: oberes Wesertal bei Großenwieden. Der scheinbare Höhenunterschied zwischen den jungholozänen H4- über die H5- zur H6- und H7-Terrassen resultiert allein aus dem Abfallen ihrer Terrassenoberflächen zum Außenrand hin (Details in Schellmann 1994c).
Unten: Wertachtal südwestlich von Großaitingen. Die etwa höhengleichen Reihenterrassen der spätglazialen NT3, einer mittelholozänen und einer jungholozänen Auenterrasse der Wertach unterscheiden sich auch durch ihre unterschiedlichen Bodenfarben (Details in Schielein & Schellmann 2016d).

primären Aurinnenscharen zeichnet die seitlichen Verlagerungen des Flussbetts während der Bildung einer Mäanderterrasse nach und hilft morphologisch bei der Abgrenzung unterschiedlich alter Mäanderterrassen.

Im Zuge der lateralen Verlagerungen des Flussbetts, meistens quer zum Talverlauf, selten im Talverlauf, kommt es zur Ablagerung sandiger Flusskiese und Flusssande, die in der Vertikalen eine Korngrößensortierung besitzen: von blockführenden Grobkiesen an der Basis bis hin zu sandreichen Kiesen, kiesigen Flusssanden und Flusssanden am Top der Flussbettsedimente.

Diese **vertikale Korngrößensortierung** spiegelt das unterschiedliche Strömungsmilieu wieder zwischen hoher Strömung im Bereich der tieferen Flussbettsohle und mit seitlicher Verlagerung der Flussbettsohle eine zunehmende Abnahme der Strömungsgeschwindigkeit im dadurch entstehenden Gleithangbereich.

Zudem besitzen diese Flussbettsedimente quer zum Stromstrich eine **großbogige Schrägschichtung** bzw. **Gleithangschichtung bzw. Epsilon-Schrägschichtung** (Kap. 3.3.2).

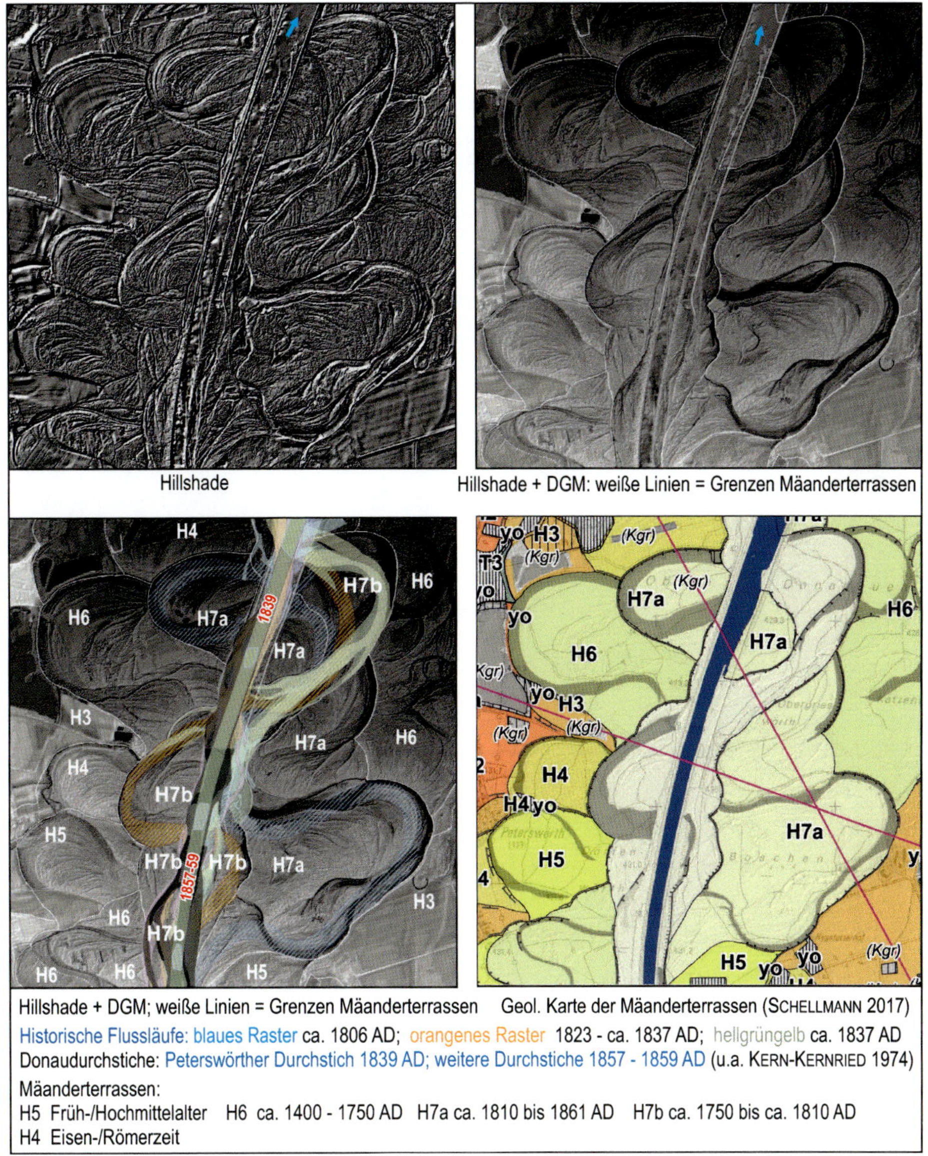

Bild 3.3.19:
LiDAR DGM und Hillshade sowie geologische Karte der jungholozänen H4- bis H7b-Mäanderterrassen im Donautal bei Peterswörth südlich von Gundelfingen. Der Verlauf der primären Aurinnenscharen und die Lage der Altarme bilden die Basis geomorphologischer Kartierungen, die LiDAR-Daten (1 m Raster; ©Bayerische Vermessungsverwaltung 2023) zeigen vor allem im Auwald deren Verlauf (Details in Schellmann 2017b).

Die Oberfläche kiesiger bis sandiger Flussbettsedimente mäandrierender Flüsse zeigt einen Wechsel aus mehreren Dezimetern bis wenige Meter hohen, durch Rinnen getrennten Kiesrücken. Die Rinnen pausen sich häufig bis an die Oberfläche als primäre Aurinnen durch (Bild 3.3.19).

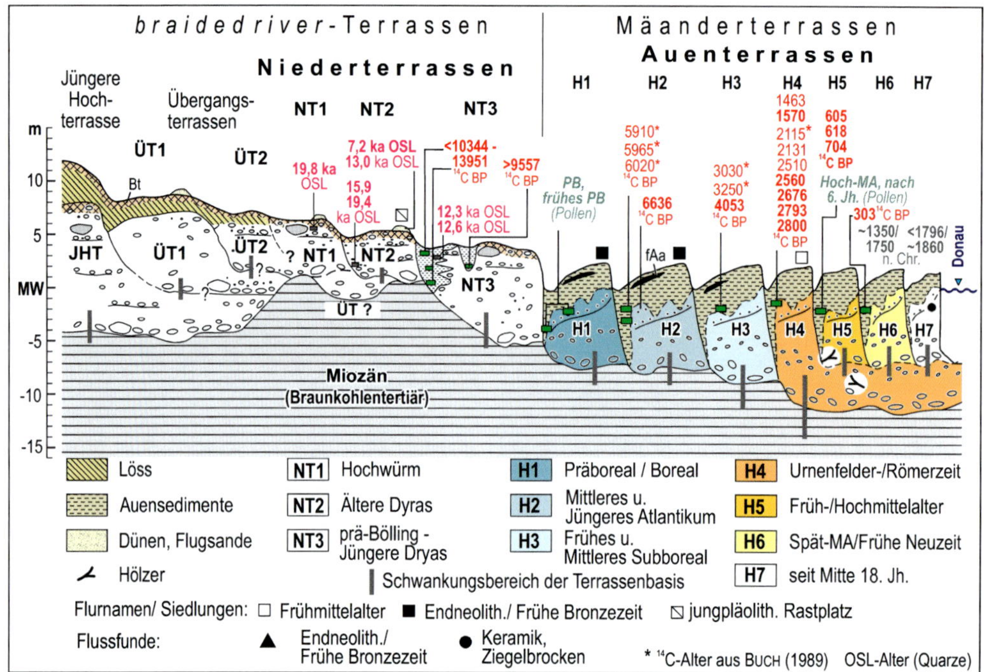

Abb. 3.3.23:
Schema der jungquartären Donauterrassen zwischen Regensburg und Straubing mit Altersbelegen überwiegend von den Terrassenoberflächen bzw. aus deren Deckschichten. Die horizontale Erstreckung und Terrassenabfolge ist stark schematisch (Schellmann 2010: Abb. 23, ergänzt).

Schon beim Ausbau eines Mäanderbogens oder bei seitlichen Flussbettverlagerungen werden die zuvor abgelagerten Flussbettsedimente nach und nach von feinsandigen und lehmigen Hochflutsedimenten überdeckt. Diese primäre Auenfazies aus häufig feinsandigen und lehmigen Aurinnensedimenten im Liegenden und Auelehmen im Hangenden entsteht relativ zeitnah in einigen Jahrzehnten oder wenigen Jahrhunderten nach Ablagerung der Flussbettsedimente (Kap. 3.3.2).

Nach relativ zügiger Ablagerung der primären Auenfazies können Hochwässer auf allen Auenterrassen und vor allem in Aurinnen und Altarmen weitere jüngere Hochflutsedimente ablagern. Manchmal belegen begrabene Bodenhorizonte solche lokalen, mehrzyklischen Hochwasserablagerungen (Kap. 3.3.2).

Da Mäanderterrassen in der Regel ein allmähliches Abfallen ihrer Oberflächen vom flussnahen Uferwall über die zentralen Bereiche zum tiefer gelegenen Außenrand hin besitzen, täuschen sie optisch häufig unterschiedlich hohe Terrassenniveaus vor (Bild 3.3.18). Bei großflächiger Erhaltung ist manchmal als jüngstes Stadium der Terrassenbildung das verlandete Paläoflussbett als verlandeter Altarm oder als Altwasser erhalten. Die Datierung des Beginns seiner Verfüllung ergibt einen Altershinweis für das Ende der jeweiligen Mäanderbildung (Bild 3.3.19; Abb. 3.3.23; Tab. 3.2).

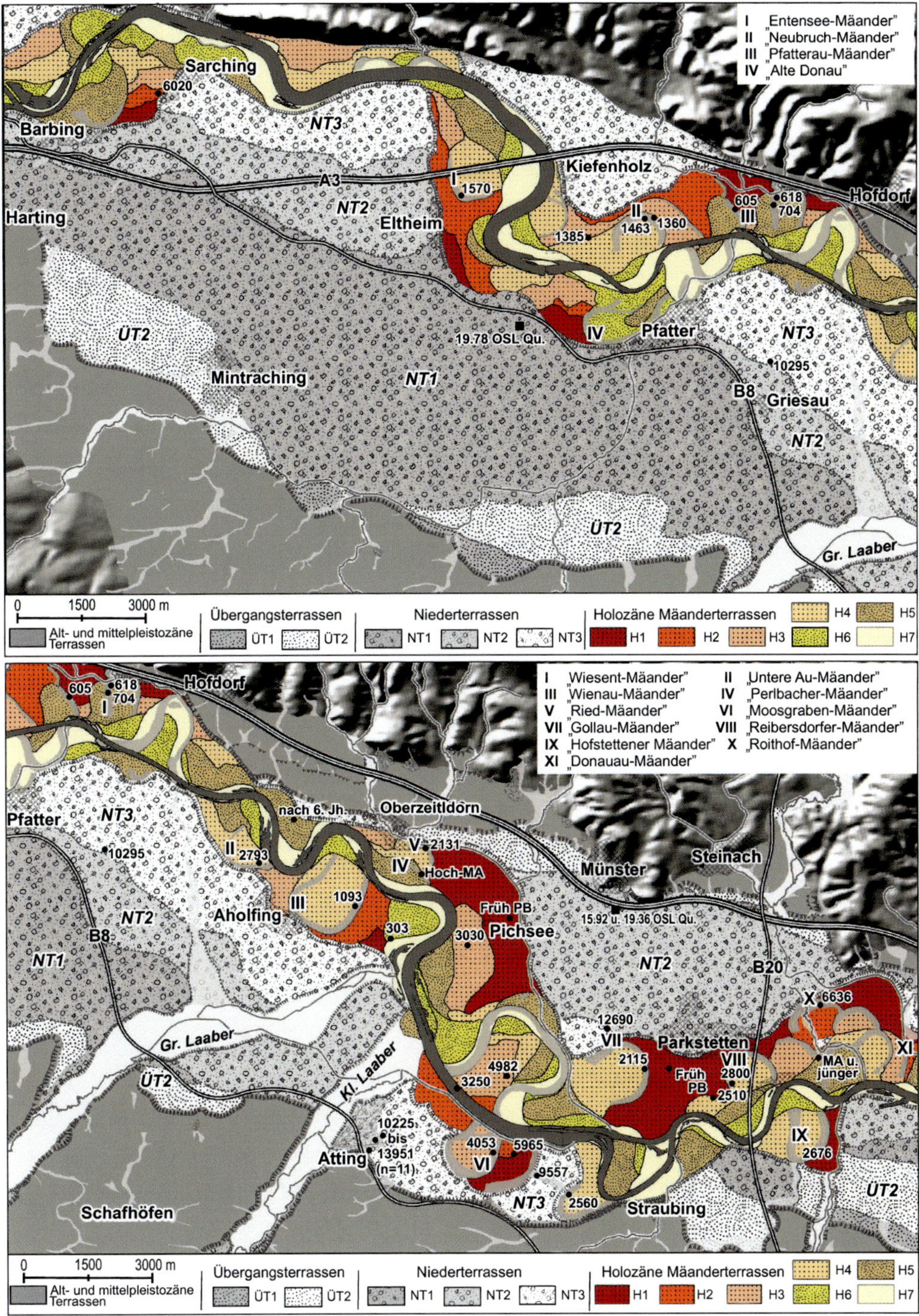

Abb. 3.3.24: Verbreitung der wümzeitlichen Übergangs- und Niederterrassen sowie holozänen Mäanderterrassen im Donautal unterhalb von Regensburg zwischen Barbing und Bogen. Ergänzt sind ausgewählte ^{14}C-Alter und pollenanalytische Datierungen feinklastischer Auensedimente und Niedermoorbildungen (Details in Schellmann 2010).

Mäanderterrassen werden von perennierenden Flüssen in humiden und semihumiden Regionen bei stabilen Uferverhältnissen und relativ geringer Bodenfracht gebildet, sofern nicht extremes Flussgefälle oder Talengen ein Mäandrieren des Flusslaufes verhindert.

Tab. 3.3.1:
Alter der würmzeitlichen und holozänen Terrassen der bayerischen Donau im Raum Dillingen sowie zwischen Regensburg und Bogen. Terrassenbezeichnungen: ÜT = Übergangsterrasse, NT = Niederterrasse, Würm; H = Holozän.

Terrassen	Dillinger Donautal (SCHELLMANN 2017a, 2017b: SCHELLMANN & GESSLEIN 2017c)	Donautal unterhalb von Regensburg (SCHELLMANN 1988; ders. 2010)	
H7b	19. Jh. (1812 bis 1864/70 AD)	H7	Mitte 18. bis Mitte 19. Jh.
H7a	ca. 1750 bis 1812 AD		
H6	vor 1610 AD bis vor 1778 AD	H6	ca. 1350 bis 1750 AD
H5	Früh- bis ausgehendes Hochmittelalter	H5	ca. 500 bis 1300 AD
H4	Ausgehendes Subboreal – Ende Römerzeit (ca. 3.600 - 1.600 ^{14}C BP)	H4	Ausgehendes Subboreal bis Ende Römerzeit (ca. 2.900 – 1.500 ^{14}C BP)
H3	Subboreal (ca. 5.500 – 3.800 ^{14}C BP)	H3	Subboreal (ca. 5.000 – 3.000 ^{14}C BP)
H2	Atlantikum	H2	Atlantikum (ca. 6.700 – 5.600 ^{14}C BP)
H1	Präboreal – älteres Boreal (ca. 9.970 – >8.000 ^{14}C BP	H1	Präboreal – älteres Boreal (ca. 9.600 bis 8.400 ^{14}C BP)
NT3	Würm-Spätglazial (>12.700 ^{14}C BP – Ausgang Jüngere Dryas)	NT3	Würm-Spätglazial (>13.950 – ca. 10.200 ^{14}C BP)
NT2	Frühes Würm-Spätglazial	NT2	Frühes Würm-Spätglazial
NT1	Würm-Hochglazial	NT1	Würm-Hochglazial
ÜT	Früh- bis Mittelwürm	ÜT1, ÜT2	Früh- bis Mittelwürm

Die horizontale und vertikale Ausdehnung von Mäanderterrassen wird vor allem von folgenden flussinternen Faktoren beeinflußt:

a) von der Seitenerosionsleistung am Prallhang, wodurch u.a. die Flächenausdehnung und die Wachstumsrate der Terrasse bestimmt wird. Die Seitenerosionsleistung wird wesentlich von der Hochwasserhäufigkeit, vom Krümmungsradius des Mäanderbogens und von der Stabilität und Standfestigkeit des Flussufers gegen fluviale Erosion bestimmt. Dabei ist die Seitererosionsleistung ingesamt deutlich geringer als bei verwilderten Flüssen. Das ist die Ursache für die deutlich geringere Ausdehnung der holozänen Mäanderterrassen im Vergleich zu den kaltzeitlichen *braided river*-Terrassen wie die würmzeitlichen Niederterrassen (Abb. 3.3.24, Abb. 3.3.25; Tab. 3.3.1).

b) vom Tiefenerosionsvermögen, woraus die Tiefenlage der Terrassenbasis resultiert (Abb. 3.3.23). Das Tiefenerosionsvermögen wird vor allem von der Transportkraft, der Menge an Flussbettfracht (größer/gleich Sandfraktion), von der Existenz oder dem Fehlen einer Sohlenpanzerung und der Petrographie des Sohlgesteins (Festgestein oder feinklastisches Lockergestein) beeinflußt.

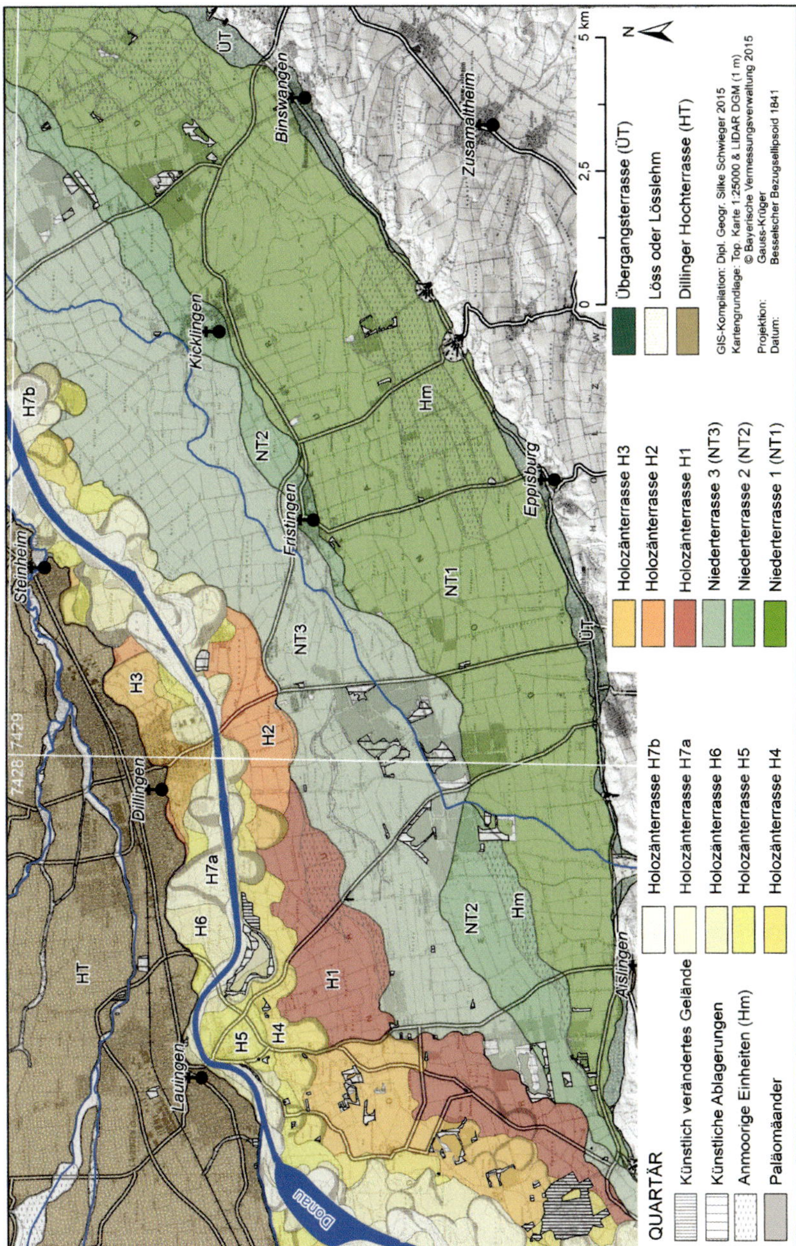

Abb. 3.3.25: Verbreitung der würmzeitlichen Übergangs- und Niederterrassen sowie holozänen Mäanderterrassen im Dillinger Donautal (Details in SCHELLMANN 2017b; SCHELLMANN & GESSLEIN 2017).

c) von der Höhenlage des Wasserspiegels bei bordvollem Abfluss, wodurch die Ablagerung grober Flussbettsedimente nach oben begrenzt wird (Abb. 3.3.23). Die Höhenlage des Wasserspiegels bei bordvollem Abfluss hängt vor allem von der Breite und Tiefe des

Flussbettes, von seinem Sinuositätsgrad sowie von Rückstaueffekten durch natürliche (Felsschwellen) oder künstliche Hindernisse (Wehre etc.) im Flussbett ab.

Bei Annahme ähnlicher Abflussmengen deutet eine Tieferlegung der Terrassenbasis, wie zum Beispiel zur Zeit der H4-Terrasse der Donau im Straubinger Becken (Abb. 3.3.23), auf einen schmaleren und tieferen Flusslauf hin. Höherliegende Terrassenbasen, wie zum Beispiel in Abb. 3.3.23 zur Zeit der Bildung der frühmittelalterlichen bis neuzeitlichen H5- bis H7-Terrassen der Donau, belegen bei Annahme weitgehend unveränderter Abflussbedingungen eine höhere Sedimentfracht (zum Beispiel durch instabilere Uferverhältnisse infolge von Auenrodungen) und dadurch einen flacheren und breiteren Flusslauf.

Im Gegensatz zu *braided river*-Terrassen besitzen Mäanderterrassen fast immer eine Bedeckung der kiesigen und/oder sandigen Flussbettsedimente durch meist lehmige **Hochflutablagerungen** (Auensedimente; z.B. Abb. 3.3.23). Die Ursache liegt darin, dass mäandrierende Flüsse eine flussbegleitende Aue besitzen. Sie wird bei Hochwasser überschwemmt und die von lateralen Flusslaufverlagerungen abgelagerten Flussbettsedimente werden nach und nach von der feinklastischen Suspensionsfracht der Hochwässer (Hochwassertrübe) bedeckt.

Terrassen verwilderter Flüsse (*Braided river*-Terrassen)

Terrassen verwilderter Flüsse (*Braided river*-Terrassen) entstehen bei kräftiger Sedimentation von Flussbettsedimenten in zahlreichen, sich häufig verlagernden Abflussrinnen. Verwilderte Abflussverhältnisse findet man in vielen warmen und kalten Trockenklimaten mit jahreszeitlich stoßweise erhöhtem Abflussgang und in Gebieten mit hohem Talgefälle (meist >1‰). Hohe Schuttbelastung und insgesamt geringer, jahreszeitlich konzentrierter Abfluss bedingen eine starke Verschüttung und Aufhöhung des Talbodens mit horizontal- und troggeschichteten Flussbettsedimenten.

Braided river-Terrassen fehlt oft eine Überdeckung der Flussbettablagerungen durch Hochflutsedimente (z.B. Abb. 3.3.23), da verwilderte Flüsse keine flussbegleitende Aue besitzen. Hochwässer gestalten das breite Flussbettareal, in der Regel ohne auszuufern.

Reduzierungen des Schutteintrages aus den Einzugsgebieten (z.B. durch Vegetationsausbreitung), Stabilisierungen der Ufer gegen die Flusserosion (z.B. durch eine dichte Baumvegetation oder durch Abschmelzen eines Dauerfrostbodens) oder auch Erhöhungen der Abflussmenge können relativ lagestabile Flussarme entstehen lassen. Dadurch kann sich höhere Vegetation (Büsche, Bäume) auf den zwischen den Flussarmen gelegenen Flussinseln ausbreiten und die Erosion der Insel erschweren. Ein **verzweigter Fluss** (*island braided river, wandering river*) ist entstanden.

Viele Alpenvorlandsflüsse mit alpinem Einflussgebiet wie Iller, Lech und Isar waren vor den Flusskorrektionen des 20. Jahrhunderts auf weite Strecken verzweigte Flüsse. Der

Flussdynamik: Warm- und Kaltzeit							
	Klima	**Vegetation**	**Ufer**	**Wasser**	**Verwitterungs-schutt**	**Flussdynamik**	**Böden**
	warm (Interglazial)	Auwald (u.a. Hartholzaue mit Aueichen)	stabil	ganzjährig, Hochfluten	vorwiegend Umlagerungen	mäandrierender Fluss E ≥ A, selten A > E Reihenterrassen —Tiefenerosion—	A-B-C - Böden (u.a. Parabraunerden, Schwarzerden)
Spät-Glazial	**feucht-kühl (Interstadial)**	Wiederbewaldung (Birke, Weide, Kiefer, Pappel), Strauchtundra	stabil	viel, jahresz. konz. Abfluß: Sommer	abnehmend	mäandrierender oder verzweigter Fluss —Tiefenerosion—	Pararendzinen, Braunerden, Podsole, Torfe
Hoch- & Mittel-Glazial	**trocken-kalt (Stadial)**	Polarwüste	instabil	wenig: z.T. gebunden	viel (Frostschutt)	Akkumulation, *braided river*	Rohböden, Eiskeile
	feucht-kalt (Stadial)	Tundra	instabil	jahresz. konz. Abfluß: Frühsommer	viel (Solifluktionsschutt, Spülsedimente)	zunehmend A > E ⇨ abnehmende Tiefenerosion	Nassböden, arkt. Braunerden, Eiskeile
Früh-Glazial	**feucht-kühl**	Taiga, Strauchtundra (Birke, Kiefer, Fichte)	stabil	viel, jahresz. konz. Abfluß: Sommer	gleichbleibend ⇨ zunehmend	*braided river* ? —Tiefenerosion—	Humuszonen, Podsole, z.T. Anmoorgleye, Torfe
	warm (Interglazial)	Auwald (u.a. Hartholzaue mit Aueichen)	stabil	ganzjährig, Hochfluten	vorwiegend Umlagerungen	mäandrierender Fluss E ≥ A, selten A > E	A-B-C - Böden (u.a. Parabraunerden)
						E = Erosionskraft	A = Akkumulationsvermögen

Abb. 3.3.26: Fluviale Formung unter dem Einfluß von Warm- und Kaltzeiten in Deutschland.

Kieskörper verzweigter Flüsse besitzt eine Horizontal- und Trogschichtung ohne vertikale Korngrößenabnahme. Er ähnelt damit den Flussbettablagerungen verwilderter Flüsse.

In den quartären Kaltzeiten waren unsere Mittelgebirgs- und Tieflandsflüsse (-bäche) aufgrund hoher Sedimentbelastungen, jahreszeitlich konzentrierter Abflüsse (Schneeschmelze) bei klimatisch bedingt insgesamt ganzjährig verringerten Abflussmengen verwilderte Flüsse (***braided river***) (Abb. 3.3.26).

Mit der Klimaerwärmung und dichten Vegetationsausbreitung am Ausgang der Kaltzeiten, und zwar im Spätglazial oder an der Wende zur Warmzeit, kam es zur Reduzierung der Sedimenteinträge, zur Erhöhung der jährlichen Abflussmengen und zur gleichmäßigeren Verteilung der Abflussmengen über das Jahr. Die Vegetation stabilisierte die Flussufer und verringerte die Erosion in den Einzugsgebieten. Dadurch ertranken die Flüsse (Bäche) nicht mehr in einer hohen Flussbettfracht aus Sanden und Kiesen. Das löste an vielen Flüssen (ausgenommen einige Flüsse des Alpenvorlands) einen flussmorphologischen Umbruch vom verwilderten zum mäandrierenden Fluss aus. Der Abfluss konzentrierte sich schnell (wahrscheinlich wenige Jahrzehnte) auf ein dominierendes Flussbett. Es kam bei gleichzeitiger Reduzierung der Flussbettfracht zur fluvialen Tiefenerosion und zur kräftigen Einschneidung der Flüsse in die zuvor fluvial stark aufgehöhte „***braided river***"-Talsohlen. In der sich nun neu herausbildenden Tiefenlinie konnten die mäandrienden Flüsse schon nach wenigen Jahrhunderten breite flussbegleitende Auen schaffen.

Ausgewählte Literatur (s.o.)

SCHELLMANN, G. (2020d): Flussterrassen. – In: GEBHARDT, H., GLASER, R., RADTKE, U. & REUBER, P. (Hrsg.): Geographie. Physische Geographie und Humangeographie: 428-430; 3. Aufl.; München (Spektrum Akad. Verl.).

Erarbeiten Sie mit Hilfe des Textes und der Literatur die nachfolgenden Fragen.

1. *Unter welchen Bedingungen können Erosionsterrassen entstehen?*
2. *Wie entstehen Mäanderterrassen?*
3. *Welches Schichtungsbild besitzen Terrassenkörper von Mäanderterrassen?*
4. *Welche morphologischen Formen existieren an der Oberfläche von Mäanderterrassen?*
5. *Wie entstehen braided river-Terrassen?*
7. *Welches Schichtungsbild besitzen Terrassenkörper verwilderter und verzweigter Flüsse?*
8. *Unter welchen Klimabedingungen waren unsere Mittelgebirgs- und Tieflandsflüsse verwildert und wann erfolgte der Umbruch zum Mäanderfluss? Was waren die Ursachen?*

Weitere Fragen für Ba-Studierende und Lehramt Gymnasium

9. *Was versteht man unter einer ineinandergeschachtelten Terrassentreppe?*
10. *Welche Faktoren beeinflussen die vertikale und die horizontale Ausdehnung einer Mäanderterrasse?*
11. *Wie können Verwilderungen von Flüssen reduziert werden?*
12. *Wie kann man erkennen, ob eine Flussterrasse von einem mäandrierenden oder von einem verwilderten Fluss geschaffen wurde?*

Wichtige externe und flussintere Einflussfaktoren bei der Bildung von Flussterrassen
(längerfristige fluviale Dynamiken)

Es gibt vier wichtige externe Steuerungsmechanismen, die eine Bildung ausgedehnter Flussterrassen verursachen können:

1. **Tektonik** bzw. Krustenbewegungen.

· Tektonische Hebung verursacht Erhöhungen des Gefälles und damit eine Steigerung der fluvialen Transportkraft, wodurch es verstärkt zu Tiefenerosion und damit zu rückschreitender Einschneidung des Flusses in die bestehende Talsohle kommt. Langsame tektonische Hebungen sind in vielen Gebieten der Erde die Ursache für die Existenz von Terrassentreppen an den Talhängen.

Die generelle Eintiefungstendenz mit Bildung relativ schmaler Engtälern in vielen deutschen Mittelgebirgen ist zum Beispiel das Ergebnis ihrer stärkeren Heraushebung vor allem seit dem älteren Mittelpleistozän. Tektonische Senkungsgebiete sind dagegen Sedimentfänger mit mächtigen Stapelungen von Terrassenkörpern wie es z.B. im Niederrhein- und Oberrheingebiet der Fall ist. In solchen Gebieten sind an der Oberfläche überwiegend nur relativ junge, letztglaziale Niederterrassen und holozäne Flussterrassen verbreitet.

2. Eustatische und isostatische **Meeresspiegelschwankungen**.

Die relativ kurze Zeitdauer von einigen 10^3 bis 10^4 Jahren extremer eustatischer/isostatischer Hoch- oder Tiefstände des Meeresspiegels im Quartär reicht nicht aus, um sich rückschreitend über den küstennahen Unterlauf der Flüsse hinweg weiter flussaufwärts bis in den Mittel- oder Oberlauf eines Flusses auszuwirken. Im Mündungsbereich, inklusive eines eventuell vorgelagerten Schelfes, und evtl. auch noch im Unterlauf, führt ein fallender Meeresspiegel zu einer ausgeprägten fluviatilen Tiefenerosionsphase, sofern diese Tiefenerosionstendenz nicht durch hohen Sedimenteintrag aus dem Einzugsgebiet kompensiert wird. Bei einem Meeresspiegelanstieg bildet sich bei starker Sedimentführung ein Delta, bei starken Strömungen ein Mündungsästuar.

3. **Klimaschwankungen** und Vegetationsveränderungen (Abb. 3.3.26).
   Klimaschwankungen und Vegetationsveränderungen wirken sich direkt auf Abflussverhältnisse und Schuttbelastungen von Flüssen und damit auf deren Erosions- und Akkumulationsverhalten aus. Flussterrassen in den größeren Tälern der ehemaligen Periglazialgebiete Mitteleuropas sind überwiegend ein Ergebnis des wiederholten Wechsels von Kaltzeiten mit Permafrost sowie von Warmzeiten mit dichter Waldvegetation. In den Kaltzeiten kam es zur Verwilderung der Flüsse (***braided river***) und zur kräftigen Aufschotterung der Talböden als Folge von hohen solifluidalen und abluativen Sedimenteinträgen aus den Einzugsgebieten. Mit der Wiedererwärmung und Wiederbewaldung im Spätglazial führte das Auftauen des Dauerfrostbodens und die Ausbreitung einer dichten Waldvegetation zu einem stark verringerten Frachtaufkommen. Gleichzeitig kam es warmzeitlich bedingt zur Erhöhung des Abflusses bei nun ganzjährigem Abflussgang und zu einer Stabilisierung der Flussufer durch Bäume. Verringerte Bodenfracht, erhöhter ganzjähriger Abfluss und stabilere Uferverhältnisse führten zur Konzentration des Abflusses auf einen mäandrierenden Flussarm, der sich in wenigen Jahrhunderten in den kaltzeitlich stark aufgehöhten Talboden eintiefte und in der Folgezeit eine aus Mäanderterrassen bestehende flussbegleitende Aue schuf.

4. **Flussanzapfungen.**
   Durch Flussanzapfungen wird die Abflusshöhe von Flüssen verändert und damit auch deren Erosions- und Akkumulationsleistung. Eine Erhöhung des Abflusses erhöht das Transportvermögen, wodurch es zur Tiefenerosion und damit zur Tieferlegung der Flussbett- bzw. der Talsohle kommt. Umgekehrt kommt es in dem angezapften Flusssystem als Folge nun verringerter Abflussmengen zu einem Erlahmen der Transportkraft und damit zur Verschüttung der ehemaligen Talsohle.

Externe fluviale Steuerungsmechanismen oder Impulsgeber wirken sich direkt auf die flussinternen Größen Abfluß, Gefälle und Sedimentfracht und deren inneren Rückkoppelungen aus (Abb. 3.3.4). In wenigen Jahrhunderten und Jahrtausenden können dann in einem Talabschnitt vom sedimentologischen, morphologischen und geologischen Baustil her unterschiedliche Flussterrassenkörper entstehen. Der individuelle **Terrassenbaustil** eines Tales wird insgesamt wesentlich von den dort abgelaufenen flussinternen („autogenic“) Rückkoppelungen zwischen Abfluss, Gefälle und Fracht (***„complex responses“***, ***„process-response model“***) und der Raumsituation bestimmt (Schellmann 1994b). Unter

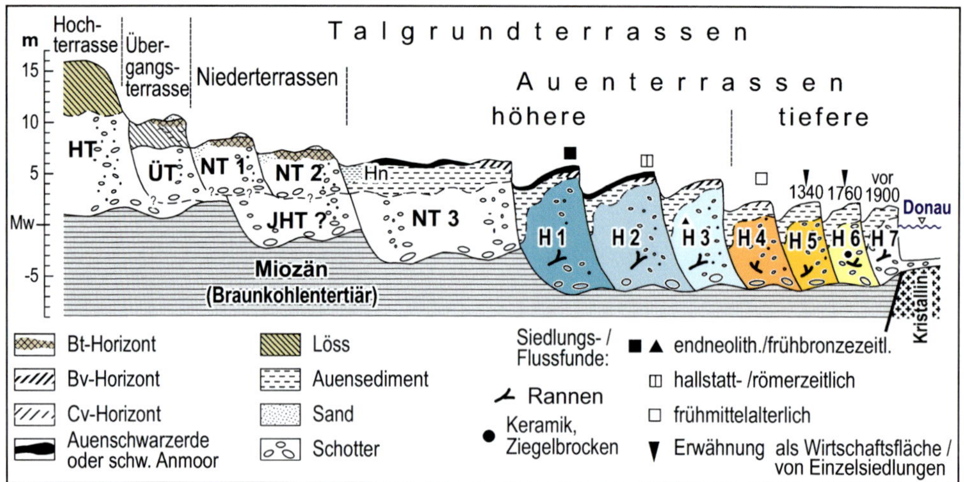

Abb. 3.3.27: Schematischer Talquerschnitt des Donautals unterhalb der Isarmündung (wenig verändert nach SCHELLMANN 1988).

Raumsituation sind Einflüsse zu verstehen, die u.a. aus der Geologie des Tales, aus seiner Lage oberhalb, innerhalb oder unterhalb einer Engtalstrecke oder im Bereich einmündender Nebentäler, aus der Talgeschichte, aus der Verfügbarkeit von Sedimenten oder aus menschlichen Eingriffen in den Naturhaushalt des Tales und seiner Einzugsgebiete resultieren.

Raumsituation und flussinterne Parameter beeinflussen gemeinsam den morphologischen, geologischen und sedimentologischen Baustil der dort verbreiteten Flussterrassen auf vielfältige Weise. Insofern ist es nicht verwunderlich, dass nicht nur verschiedene Täler, sondern auch jeder größere Talabschnitt einen eigenen Baustil der dort verbreiteten Flussterrassen und Terrassenkörper besitzt. Ein Beispiel für einen doch relativ unterschiedlichen Baustil der holozänen Terrassen bietet das Donautal im Straubinger Becken (Abb. 3.3.23) verglichen mit dem Donautal unterhalb der Isarmündung (Abb. 3.3.27). Unterhalb der Isarmündung verhinderte wohl der im Holozän gegenüber der Donau höhere grobklastische Sedimenteintrag durch die Isar, dass es auch dort im Laufe des Holozäns bis zur Ausbildung der H4-Terrasse zu einer anhaltenden Tieferlegung der Talsohle gekommen ist. Große Ähnlichkeiten besitzt dagegen der Baustil der pleistozänen Terrassenkörper.

Der auslösende Mechanismus bzw. der flussdynamische Impuls für die Bildung neuer ausgedehnter Flussterrassen in den größeren Tälern der Erde stammt aber in der Regel von externen (*allogenic*) Einflussfaktoren bzw. Impulsen wie Klima- und Vegetationsveränderungen, tektonischen Bewegungen oder an der Küste Meeresspiegelschwankungen. Extreme Klimaschwankungen der quartären Kalt- und Warmzeiten haben sich ebenso flussdynamisch ausgewirkt (Abb. 3.3.26), wie die weniger ausgeprägten Kalt- und Warmphasen bzw. Feucht- und Trockenphasen innerhalb der großen Glazial-/Interglazial-Zyklen. In der jüngeren historischen Vergangenheit hat zudem der Mensch mehr oder minder stark in Flusshaushalte und damit in fluviale Wirkungsdynamiken eingegriffen. Inzwischen ist die natürliche fluviale Dynamik vieler Flüsse in Europa und in anderen Wirtschaftsräumen auf der Erde durch flussbauliche Maßnahmen wie Uferbefestigungen, Laufbegradigungen, Wehre oder auch Kanalisierungen stark eingeschränkt oder häufig auch beendet.

Vertiefende Literatur

Schellmann, G. (1994b): Wesentliche Steuerungsmechanismen jungquartärer Flußdynamik im deutschen Alpenvorland und Mittelgebirgsraum. – Düsseldorfer Geogr. Schr. 34: 123-146; Düsseldorf.

Erarbeiten Sie mit Hilfe des Textes und der Literatur die nachfolgenden Fragen.

1) *Welchen Einfluß haben tektonische Bewegungen auf Terrassenbildungen. Diskutieren Sie:*
   a) die Folge von tektonischen Hebungen,
   b) die Folge von tektonischen Senkungen.
2) *Welche fluviale Reaktion wird durch einen steigenden Meeresspiegel im Bereich von Flussmündungen ausgelöst? Wie weit flussaufwärts wird sich diese Reaktion etwa auswirken bzw. wovon ist diese Reichweite abhängig?*
3) *Wie haben sich Kaltzeiten auf die Flussdynamik unserer Mittelgebirgsflüsse wie den Main oder die Donau ausgewirkt?*
4) *Welchen Folgen haben Flussbegradigungen für die Flussarbeit?*
5) *Welchen Folgen haben Stauwehre auf die Flusarbeit oberhalb und unterhalb des Wehres?*

Möglichkeiten der stratigraphischen Differenzierung von Akkumulationsterrassen

(Terrassentreppen und Reihenterrassen)

Eine **morphologische Abgrenzung** und Kartierung von Terrassentreppen ist anhand ihrer Niveauunterschiede möglich (Abb. 3.3.28). Reihenterrassen, die durch seitliche, also laterale Flusslaufverlagerungen gebildet werden, können mit Hilfe der „nahtrinnenbezogenen Kartiermethode“ (Schirmer 1983) unter Einbeziehung des Verlaufs pimärer Aurinnen und Altarme räumlich abgegrenzt werden (s.o.). Beide Kartiermethoden führen zu einer relativstratigraphischen Untergliederung eines Talbodens. Das Alter der einzelnen Terrassen kann

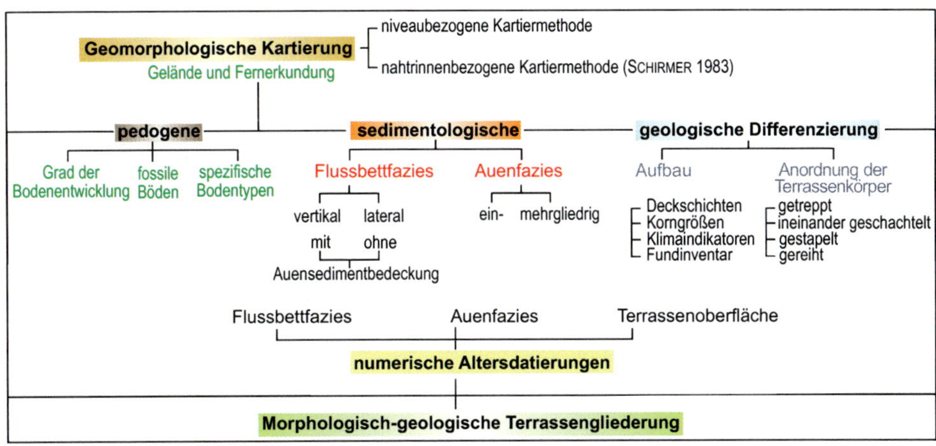

Abb. 3.3.28: Methoden zur Abgrenzung jungquartärer Flussterrassen.

dann unter anderem über die Pedostratigraphie, Fossilfunde oder über numerische Altersbelege weiter abgesichert werden.

Zusätzliche Kenntnisse über das **Basisverhalten** der Terrassen, deren **sedimentologischen Innenbau**, die Verbreitung und Untergliederung von **Hochflutfazien** sowie den Entwicklungsgrad rezenter und fossiler **Böden** bilden dann die Grundlage für weitergehende prozeßorientierte, paläo-hydrologische und paläo-ökologische Aussagen zur Talgeschichte.

Kenntnisse über die Tiefenlagen von Terrassenbasen sind notwendig, um Aussagen zur Gesamtbilanz vergangener Akkumulations- und Erosionsprozesse machen zu können.

Bei den **Mäanderterrassen** lassen Höhengleichheit oder geringe Höhenunterschiede (Terrassentreppe) noch keine Rückschlüsse auf Veränderungen des Erosionsverhaltens eines Flusses während ihrer Bildung zu. Abgesehen davon, dass unterschiedlich mächtige Auensedimentdecken Höhendifferenzen erzeugen können, kann die geringere Erhebung einer Reihenterrasse allein die Folge einer Flussbettverbreiterung bzw. Flussbettverflachung sein, ohne dass eine Abflussänderung notwendig erscheint. Dadurch kann nicht nur bei tieferer, sondern auch bei gleichbleibender oder sogar höherer Lage der Flussbettsohle ein morphologisch tieferes Aufschüttungsniveau entstehen. Dies gilt analog für annähernd gleich hohe Oberflächenerhebungen von Reihenterrassen.

Aufhöhungen und Tieferlegungen der Flussbettsohle können gleich hohe Aufschüttungsniveaus entstehen lassen, falls diese Sohlenveränderungen durch entsprechende Flussbettverbreiterungen bzw. Flussbettverschmälerungen kompensiert werden. Daher sind paläo-hydrologische Aussagen zur Gesamtbilanz fluvialer Erosionsprozesse innerhalb eines mäandrierenden Flusslaufes erst bei Kenntnis der Terrassenbasis möglich. Erst dann ist ablesbar, ob diese a) positiv war und zu einer Sohleneintiefung führte oder b) negativ und damit durch eine Sohlenaufhöhung kompensiert wurde.

„Braided river"-Terrassen werden bei vorherrschender vertikaler Sohlenaufhöhung von einem stark verwilderten Flusslauf (*„braided river"*) in einem in der Regel sehr breiten aktiven Flussbettareal aufgeschottert. Häufig ist das mehrarmige, sich verzweigende Paläoflussbettmuster heute noch in Form morphologischer Tiefenlinien (Flussrinnen, *„channels"*) auf den Terrassenoberflächen erhalten. Diese weitgehend vertikal aufgehöhten Terrassen wurden von Schirmer (1983) als „V-Terrassentyp" bezeichnet. Die sedimentologischen Kennzeichen ihrer Terrassenkörper sind horizontal- und troggeschichtete, sandreiche Flussbettsedimente.

Beide Terrassentypen, Mäander- und *Braided river*- Terrasse, besitzen an ihrer Basis eine matrixarme Grobschotterlage, in der Blöcke (residuale Blocklage) eingelagert sind. Derartige matrixarme Grobschotterlagen bzw. **Basisblocklagen** entstehen als Residuen der Erosion bei hoher Strömungsgeschwindigkeit an der Flussbettsohle (Sohlenpanzerung). Solche blockreichen Basallagen sind Erosionsdiskordanzen, die eine stratigraphische Untergliederung gestapelter Flussbettsedimente ermöglichen. Bei den weitgehend vertikal aufgehöhten Terrassenkörpern wie den hochglazialen Niederterrassen belegen matrixarme Grobschotterlagen an der Basis eine Erosionsphase, die der überwiegend vertikalen Akkumulation ihrer Flussbettsedimente vorausging. Bei den durch seitliche Flussbettverlagerungen gewachsenen Terrassenkörpern entsteht diese Basallage dagegen zeitgleich mit dem lateralen Ausbau des Terrassenkörpers. Seitenerosion am Prallhang, Ausräumung im Hauptstromstrich sowie Akkumulation im Gleithangbereich bilden ein zeitliches Nebeneinander.

Zu einer Tieferlegung der Flussbettsohle kommt es bei Mäanderflüssen, wenn die Ausräumung im Flussbett den Sedimenteintrag von den tributären Nebenflüssen und von den Prallhängen übertrifft, die Gesamtbilanz also negativ ist. Kommt es dabei an einigen Stellen erst einmal zur Entfernung der Sohlenpanzerung, dann kann bei wenig kohäsivem, d.h. leicht erodierbarem Sohlgestein, die Eintiefung schnell voranschreiten. Beim Erreichen eines neuen Gleichgewichtszustandes kann dieses neue Sohlenniveau nun durch seitliche Verlagerungen des Hauptstromstriches lateral im Tal ausgeweitet werden.

Ist der Sedimenteintrag über die Zuflüsse und durch Seitenerosion an den Prallhängen höher als die Transportkraft im Flussbett, die Gesamtbilanz also positiv, dann kommt es zur Sohlenerhöhung und häufig zur Tendenz der Verwilderung des Flusslaufes. Wie diese wenigen Aspekte bereits zeigen, dokumentieren lateral- oder vertikal gewachsene Terrassenkörper sehr unterschiedliche Phänomene fluvialer Dynamiken.

Hochflutsedimente, Böden und Datierungen

Auch in der Intensität der Ablagerung von **Hochflutsedimenten** unterscheiden sich verwilderter („*braided river*") und mäandrierender Fluss in der Regel deutlich. Beim „*braided river*"-Flusstyp erfolgt mit der sommerlichen Schneeschmelze der Hochwasserabfluss innerhalb des breiten Flussbettareals, so dass bei hoher Strömungsgeschwindigkeit und hohem grobklastischen Frachtanteil selbst im Strömungsschatten nur selten geringmächtige feinklastische Sedimente abgelagert werden. Daher sind an der Oberfläche der Terrassen in der Regel grobklastische Flussbettsedimente neben vereinzelt auftretenden feinklastischen Flussrinnensedimenten verbreitet, sofern sie nicht nachträglich von jüngeren, also sekundären Hochwasser- und Windablagerungen überdeckt wurden.

Bei den Mäanderterrassen kommt es dagegen bereits während ihres lateralen Ausbaus auf den im Gleithang abgelagerten Flussbettsedimenten zur Auflagerung einer primären, meist feinklastischen Hochflutfazies. Bereits nach einigen Jahrzehnten der Hochwasserüberformung können dort fast ebenso mächtige Auensedimente wie in den angrenzenden älteren Auenbereichen abgelagert werden (s.o.). Entsprechende Beispiele sind u.a. von der unteren Oberweser (Schellmann 1994c) und der Donau (Schellmann 2017b: 145ff.; Schellmann 2010; Becker et al. 1994) beschrieben worden. Die Mäanderterrassen tragen daher an den größeren Flüssen des Mittelgebirgsraumes und Alpenvorlandes, je nach deren

Schwebstofffracht und dem vorhandenen Talgefälle, unterschiedlich mächtige feinklastische Auensedimentdecken.

Da die Erosions- und Transportkraft eines Flusses mit Erhöhung des Abflusses zunimmt, sollte eine Erhöhung der bordvollen Abflüsse und eine Zunahme der Hochwasserereignisse synchron mit gesteigerten Erosions- und Akkumulationsprozessen im Flussbett verlaufen. Bei einer Abnahme der Hochflutereignisse dominiert in den hochwasserbeeinflussten Auen die **Bodenentwicklung**. Eine Zunahme von Hochwässern führt zu einer Überdeckung zumindest der in den Auenrinnen entwickelten Böden (s.o.).

Während begrabene **Böden** Ruhephasen der Hochflutdynamik belegen und terrassenspezifische Bodentypen wie Feuchtschwarzerden besondere paläo-ökologische Verhältnisse bezeugen (u.a. Schellmann 1998a), ermöglicht vor allem der Intensitätsgrad der Bodenentwicklung eine weitere relativ-stratigraphische Abgrenzung. Natürlich variiert die pedo-stratigraphische Abfolge von Talabschnitt zu Talabschnitt, da diese neben dem Faktor Zeit vor allem von der Hochflutsedimentation, deren Kalkgehalte und von der Häufigkeit der Überflutungen abhängig ist.

Besondere Bedeutung besitzt letztendlich die Altersdatierung der Terrassen und Sedimente. **Numerische Altersdatierungen**, wie zum Beispiel ^{14}C- und dendrochronologische Datierungen von in den Terrassenkörpern einsedimentierten Hölzern, oder die ESR-Datierung eingelagerter Molluskenschalen, oder die Lumineszenzdatierung von Flusssanden oder Auensedimenten ermöglichen für das Mittel- bis Jungpleistozän, und dank ^{14}C- und dendrochronologische Datierungen insbesondere für das ausgehende Spätglazial und Holozän, genauere Alterseinstufungen. Die Ausbildung junger subrezenter Holozänterrassen kann zudem über urkundliche Erwähnungen von Siedlungen und Flurnamen annähernd eingeengt werden. Spätestens seit dem 19. Jh. stehen dann auch lagegenaue topographische Karten zur Verfügung. Abgesehen von dem Problem unterschiedlicher Zeitskalen (^{14}C Jahre BP, dendrochronologisch kalibrierte ^{14}C Jahre BP, Dendrojahre v./n. Chr.) ist bei der Interpretation vorhandener Altersdaten zu berücksichtigen, dass Daten von der Terrassenoberfläche (z.B. Flur- und Ortsnamen) jünger sind als der unterlagernde Terrassenkörper. Bei Altersdaten, die aus der feinklastischen Hochflutsedimentdecke von Mäanderterrassen stammen, ist zu unterscheiden, ob diese aus primären oder sekundären Hochflutsedimenten oder aus dem verlandeten Paläoflussbett stammen. Primäre Auen- und Aurinnensedimente können bereits abgelagert werden, während die Ausbildung der Terrasse noch andauert (Schellmann 1994b). Sekundäre Hochflutsedimente und ebenso die Verfüllung von Paläoflussbetten sind jünger als der unterlagernde Terrassenkörper.

Vor allem bei Altersdaten aus den kiesigen und sandigen Flussbettsedimenten ist, wenn ihre genaue Lage im Terrassenkörper nicht bekannt ist, zu bedenken, dass sie eventuell aus älteren Sockelschottern stammen. Bei allen Einzeldaten aus fluvialen Sedimenten besteht darüber hinaus das Problem, dass diese umgelagert sein könnten.

Exkurs: ***Quartäre Talgeschichte des Straubinger Donautals (Dungau) mit vergleichenden Befunden aus dem Dillinger Donautal und dem Lech- und Isartal***

Erdgeschichte in Kürze

Das **süddeutsche Molassebecken** (Abb. E1) entstand an der Wende Eozän/Oligozän bei der Kollision der Europäischen mit der Adriatisch/Afrikanischen Platte. Dabei kam es zur flexurartigen Absenkung der Europäischen Platte nach Süden. Dieses Becken wurde unter dem Einfluss tektonischer Bewegungen (Senkungen, Hebungen, Schollenkippungen) und eustatischen Meeresspiegelschwankungen bis ins höhere Obermiozän (Pannon) überwiegend von Sedimentschüttungen aus den aufsteigenden Ostalpen, zum Teil aber auch aus den umgebenden Festlandsgebieten des Schwäbisch-Fränkischen Juras im Norden (u.a. Ur-Brenz, Ur-Main bzw. Moenodanuvius, Ur-Naab) und der Böhmischen Masse im Nordosten verfüllt.

Während zwei bedeutenden marinen Transgressions- und Regressionszyklen wurden im westlichen Molassebecken zwischen Iller und Lech in einer ersten Transgressions-/Regressionsfolge die Untere Meeresmolasse (UMM), die Untere Brackwassermolasse (UBM) und die Untere Süßwassermolasse (USM) abgelagert. In einem zweiten Transgressions-/Regressionszyklus folgten die Obere Meeresmolasse (OMM), die Obere Brackwassermolasse (OBM) und die Obere Süßwassermolasse (OSM) (Tab. E1).

Im späten Untermiozän (oberes Ottnangium bis frühes Karpatium nach Reichenbacher et al. 2013) endete der marine Einfluss im süddeutschen Molassebecken. In einer Flachlandschaft mit einer Entwässerung nach Westen (zeitweilig durch den sog. „Glimmersandfluss“, Tab. E1) und mit Sedimenteinträgen aus den weiter aufsteigenden Alpen sowie

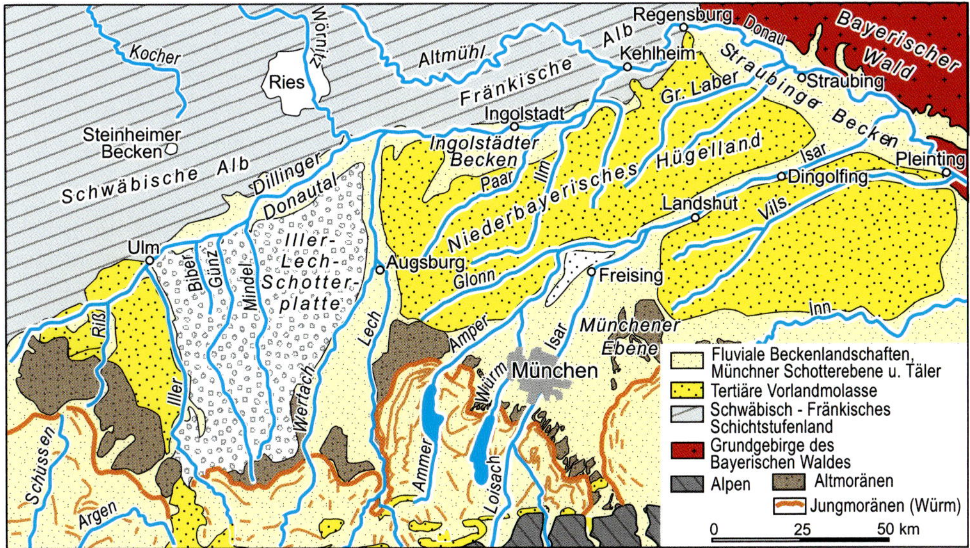

Abb. E1: Naturräume und bedeutende Täler im bayerischen Alpenvorland und Randgebieten.

den nördlichen und nordöstlichen Beckenrändern (u.a. moldanubische Serie, Tab. E1) kam es vom ausgehenden Untermiozän (Karpatium) bis weit ins Obermiozän (Pannon) hinein zur Ablagerung der fluviatilen, teilweise auch limnischen Sedimente der OSM. Am nordöstlichen Beckenrand kam es in einmündenden Flussrinnen wie dem miozänen Ur-Naabsystem bei Regensburg zur Ablagerung des tonigmergeligen Braunkohlentertiärs (Tab. E1). Es bildet im Straubinger Becken in weiten Bereichen das Liegende des Donauquartärs.

Das **Ries-Ereignis** vor ca. 14,6 bis 15,0 Mio. Jahren (BUCHNER et al. 2013 und dort zitierte Literatur) liefert innerhalb der Fluviatilen Unteren Serie der OSM in Form einer Lage von Malmkalktrümmern, dem sog. „Brockhorizont", eine relativ gute Zeitmarke (u.a. DOPPLER 1989: 114f.; DOPPLER et al. 2005: 372).

Tab. E1: Schematische Übersicht der tertiären Talgeschichte im Bereich des Dillinger und Straubinger Donautals.

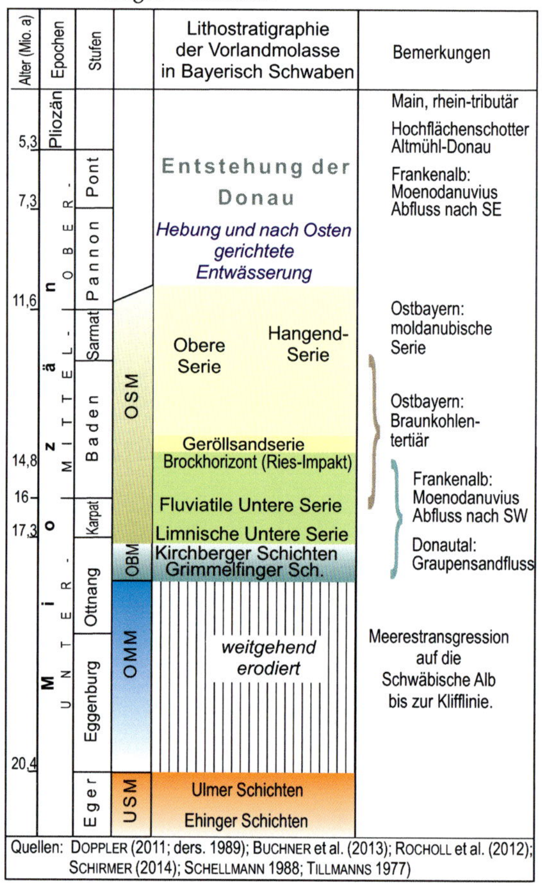

Quellen: DOPPLER (2011; ders. 1989); BUCHNER et al. (2013); ROCHOLL et al. (2012); SCHIRMER (2014); SCHELLMANN 1988; TILLMANNS 1977)

Das heutige Relief entstand erst am Ende der Molassezeit im späten Obermiozän nach Ablagerung der OSM. Die einsetzende Hebung und Kippung der Gesteinsschichten nach Südosten führten zur **Entstehung der heutigen Donau** und des ihr tributären Entwässerungsnetzes. Im Straubinger Becken folgt das Donautal unterhalb von Regensburg-Tegernheim der Nahtstelle zwischen dem paläozoischen Grundgebirge des Vorderen Bayerischen Waldes und dem tertiären Molassebecken. Am Donaurandbruch, einer steil nach SW einfallenden, herzynisch streichenden Bruchzone, sind beide geologischen Großeinheiten deutlich um einige hundert Meter voneinander abgesetzt. Die Absenkung besitzt im Raum Straubing-Parkstetten ihre größten Ausmaße und erreicht dort teilweise mehr als 800 m bezogen auf die Tiefenlage der Untergrenze des Juras unter Donautalboden.

Das **Einzugsgebiet der Donau** umfasste im späten Obermiozän im Westen das heute rheintributäre Einzugsgebiet der Aare sowie den Oberlauf der Wutach („Aare-Donau" und „Feldberg-Donau" *sensu* VILLINGER 1998). Im Norden reichte es, wie schon zur Molassezeit, über die Ur-Lone und Ur-Brenz sowie den Ur-Main (*Moenodanuvius sensu* SCHIRMER 2014) und die Ur-Naab bis in die heute rheintributären Oberläufe von Neckar, Tauber und Main (u.a. Villinger 1998; ders. 2003). Damit hatte die Donau ihr größtes Einzugsgebiet erreicht. Nachfolgend wurde es durch die Ausdehnung des rheinischen Einzugsgebietes sukzessive verkleinert (u.a. Villinger 1998; ders. 2003; Tillmanns 1984). Relevante Verluste waren vor allem die Anzapfung der Aare im mittleren bis jüngsten Pliozän, des Mains (*Moenodanubius*) im tiefstens Oberpliozän (Schirmer 2014) und des Alpenrheins im Ältest- bis frühen Altpleistozän (Villinger 1998; ders. 2003: 223ff.) sowie die sukzessive Verkleinerung der Einzugsgebiete der Ur-Brenz vom Obermiozän bis ins frühe Mittelpleistozän hinein durch rückschreitende Erosion rheinischer Nebenflüsse. Im Jungpleistozän ging dann auch noch der Oberlauf der Wutach an den Rhein verloren.

Seit dem ausgehenden Miozän tieften sich die Donau und ihre Zuflüsse nach und nach bis auf das aktuelle Talniveau ein. Dabei sind aus der Frühzeit der Donautalgeschichte vom Ausgang der Molassesedimentation im höheren Obermiozän bis zum Ausgang des Pliozäns keine Donauablagerungen bekannt.

Quartäre Talgeschichte im Überblick

Auch im nachfolgenden **Quartär** hielt die tektonisch bedingte Grundanlage zur Ausräumung der präquartären Talsohle infolge einer andauernden langsamer Heraushebung des Alpenvorlandes weiter an. Sie wurde aber in den Stadialen der Kaltzeiten von mehreren bedeutenden Aufschüttungsphasen mit Ausbildung ausgedehnter Terrassenfluren unterbrochen (Tab. E2).

Penck & Brückner (1901-1909) benannten im Alpenvorland die vier jüngsten Kaltzeiten (Tab. E2) nach Namen von Flüssen als *Günz*, *Mindel*, *Riss* und *Würm* (von alt nach jung). Später folgten die noch älteren Kaltzeiten *Donau* (Eberl 1930) und *Biber* (Schaefer 1957).

Die Flussterrassen und Flussterrassenkörper werden im bayerischen Alpenvorland von alt nach jung als **Hochschotter**, **Deckenschotter**, **Hochterrassen**, **Übergangs- und Niederterrassen** sowie **Holozänterrassen** bezeichnet (Tab. E2). Der Name Hochschotter stammt von Graul (1943), die Namen „Deckenschotter", „Hochterrasse" und „Niederterrasse" von Penck (1884) und die „Übergangsterrasse" von Schellmann (1988). Die Unterteilung der Deckenschotter in „Älterer" und „Jüngerer Deckenschotter" wurde von Penck & Brückner (1909) vorgenommen. Letztere verwendeten diese Terrassennamen erstmalig im Iller-Lech-Gebiet und übertrugen sie von dort auf das übrige nördliche Alpenvorland einschließlich dem Donautal im Bereich und unterhalb der Isarmündung.

Im Dillinger Raum begann die pleistozäne Ausformung des heutigen Donautals vermutlich erst nach dem Biber (Tab. E2). Bis dahin erstreckte sich das Donautal anscheinend von Günzburg aus in einem weiten, bis zu 12 km südlich des heutigen Dillinger Donautals Richtung Wörleschwang ausgreifenden Bogen (Details in Schellmann 2017b). Dieses alte Donautal wurde von Villinger (1998, 2003: 227ff.) als „Wörleschwanger Urdonau-

Tab. E2: Stratigraphische Übersicht der quartären Donauterrassen im Dillinger und Straubinger Donautal.

Age (ka)	International[1] Marine Isotop. Stage	Magneto-stra.	System	(Sub-)Series	Bavaria[1] Stratigraphie		Terrassen	Dillinger Donautal unteres Lechtal Moosburger Isartal[2]	Straubinger Donautal unteres Isartal[3]
11,6	1	BRUNHES	QUATERNARY	Holocene	Holozän		Holozänterrassen	H7 - H1 holozäne Mäanderterrassen H1 bis H7b	
30	2			Upper (Late) Pleistocene	Jungpleistozän	Würm: Ober-Würm (Spät-, Hoch-würm)	Niederterrassenschotter	NT 3, NT 2, NT 1 } Niederterrassen 1 bis 3	
70	3 4					Mittel- (Mittel-würm)	Übergangsterrassenschotter	ÜT 2	
115	5a - 5d					Unter- (Früh-)		ÜT 1 } Übergangsterrassen	
130	5e				Riß/Würm			Jüngere Moosburger Hochterrasse	
	6			Middle Pleistocene	Mittelpleistozän	Riß	Hochterrassenschotter	Dillinger, Langweider, Rainer HT Hangendschotter (MIS 6)	Jüngere Hochterrasse
220	7							Liegendschotter, warmzeitlich (MIS 7)	?
	- 10								Mittlere Hochterrasse Ältere Hochterrasse
	11				Mindel/Riß				
	12 -				Altpleistozän	Mindel	Jüngere Deckenschotter	Jüngerer Deckenschotter (JD) Mindeltal bei Offingen	JD 2 JD 1
									Hartinger Schichten
780						Günz	Tiefere Ältere Deckenschotter	Fundlücke	
900	19	MATUYAMA		Lower (Early) Pleistocene					
1200		Jaramillo					Uhlenberg-Schieferkohle		Ältere Decken-schotter (ÄD) Basis <7 bis 11 m ü. Tal
	20 -	MATUYAMA			Ältestpleistozän ?	?			
		Olduvai				Donau	Höhere Ältere Deckenschotter	Donauschotter am Südrand der Flächenalb[4] Basis ca. 45 bis 48 m ü. Donautal (Höherer Älterer Deckenschotter)	Älteste Decken-schotter Basis ca. 20 bis 25 m ü. Tal
2600	103	MATUYAMA				Biber	Älteste Deckenschotter	„Wörleschwanger Urdonaulauf"[5] (Weißjura-Fazies)[2] Donau südlich des heutigen Donautals Basis ca. 65 bis 80 m ü. Donautal[5]	Hochschotter Basis 36 bis >45 m ü. Tal Ältere Hochschotter 55 bis 110 m ü. Tal
	104 -	GAUSS	TERTIARY	Pliocene	Pliozän				

[1] Zeittafel: wenig verändert nach Doppler et al. (2011)
[2] (Schellmann 2016b; ders. 2017b, ders. 2018a)
[3] (Schellmann 1988; ders. 2010; ders. 2018d; Schellmann et al. 2010; Schellmann et al. 2019)
[4] Temmler (1962); Temmler et al. (2003)
[5] Villinger (1998)

lauf" bezeichnet (Tab. E2). Die damalige Talsohle lag etwa 65 bis 80 m über dem heutigen Donautal. Hinterlassenschaften dieser Urdonau sind malmkalkführende Donauschotter

(Weißjura-Fazies) in der südlichen Zusamplatte die später von fluvioglazialen Höheren Älteren Deckenschottern der Ur-Iller begraben wurden. Wahrscheinlich erst ab der dem Donau-Glazialkomplex floss die Donau am Südrand der Schwäbischen Alb und hinterließ dort Donauschotter in 45 bis 48 m über dem heutigen Talboden (Tab. E2).

Im Straubinger Becken (Dungau) sind die an den südwestlichen Randhöhen zum Niederbayerischen Hügelland in 55 bis 70 m Höhe über dem heutigen Donautal verbreiteten Hochschotterverebnungen die bisher ältesten quartären Flussablagerungen der Donau (Tab. E2).

Straubinger Donautal (Dungau)

Aufschlüsse belegen im Straubinger Becken, dass die Terrassenkörper der Niederterrassen (NT1 bis NT3), der Jüngeren (JHT) und Älteren (ÄHT) Hochterrasse, des Jüngeren Deckenschotters 2 (JD2) und des Älteren Deckenschotters (ÄD) von einem einem *„braided river“*-Flusstyp abgelagert wurden (Abb. E2 bis Abb. E5). Unter ähnlichen kaltzeitlichen fluvialen Sedimentationsbedingungen dürften auch die anderen jung- und mittelpleistozänen Terrassen entstanden sein. Darauf weisen deren teilweise große Flächenausdehnungen hin (Abb. E5).

Lediglich die holozänen Auenterrassen sind im Zuge von Mäandrierungen und lateralen Flussbettverlagerungen entstanden. Trotz sekundärer Hochwasserüberformung prägen deren Morphologie weiterhin Altarme (Paläoflussbetten) und primäre Aurinnen. Die großbogige Gleithangschichtung der Flussbettsedimente und deren Korngrößenabnahme in der Vertikalen waren beim Bau der Staustufe Straubing im Jahre 1989 bis zum miozänen Sohlgestein aufgeschlossen (s.o.; Schellmann 1990: 86f.).

Kräftige, klimabedingte Phasen fluvialer Talausräumung durch die Donau, teilweise bis in die präquartäre Talsohle hinein, ereigneten sich vor allem an den Übergängen von kaltzeitlichen zu warmzeitlichen (z.B. ÄD zu Hartinger Schichten oder NT3 zur H1) oder von innerkaltzeitlichen stadialen zu interstadialen (z.B. späthochglaziale bis frühspätglaziale NT2 zur spätglazialen NT3) Umweltbedingungen. Während die sukzessiven Tieferlegungen der *prä*-quartären Talsohle durch die Donau vermutlich nur kurze Zeitabschnitte in der Talgeschichte umfassen und wahrscheinlich von einer mäandrierenden Donau geschaffen wurden, sind die ausgedehnten Terrassenfluren der Älteren und Jüngeren Deckenschotter, der Hochterrassen und Übergangsterrassen sowie der Niederterrassen während mittel- und jungpleistozäner Kaltzeiten von einer stark verwilderten Donau (*„braided river“*) aufgeschottert worden. Das Alter dieser großen kaltzeitlichen Akkumulationsperioden ist von der Würm-Kaltzeit abgesehen noch weitgehend unbekannt.

Sichtbarer Ausdruck des Wechselspiels von genereller schwacher tektonischer Hebungstendenz des Gebietes und deutlichen klimabedingten Variationen fluvialer Akkumulations- und Erosionsleistungen der Donau ist eine relativ vielfältige Lagerung der

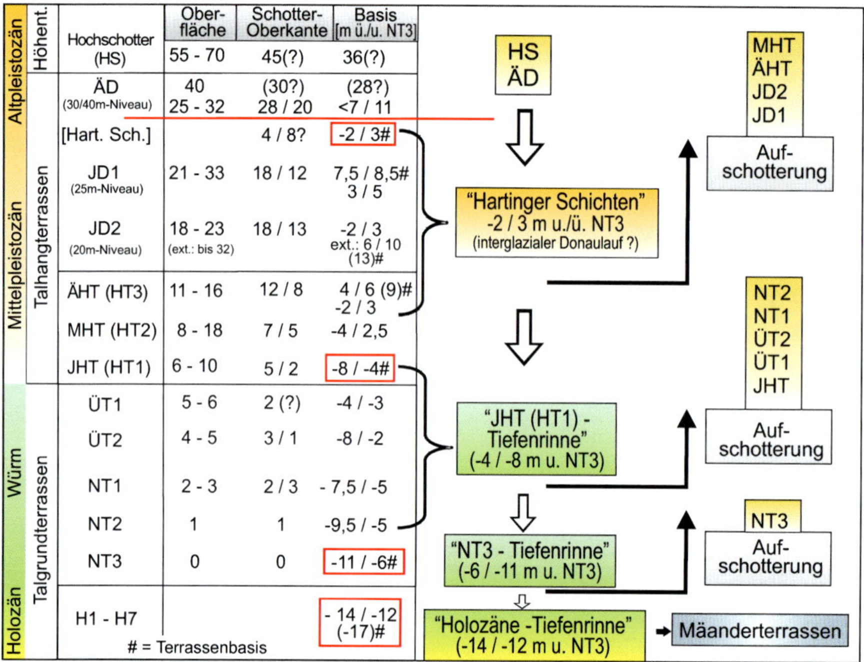

Abb. E2 : Übersicht zur Talgeschichte der Donau im Straubiger Becken mit Höhenlage der Terrassenkörper und bedeutenden tektonisch und/oder klimatisch verursachten Eintiefungsphasen (offene Pfeile), kaltzeitlichen Aufschotterungsperioden (schwarze Pfeile) sowie warmzeitlich holozänen Mäanderterrassen (Details in Schellmann et al. 2010).

Donauterrassen mit teils treppenartiger, gereihter, ineinandergeschachtelter oder auch gestapelter Anordnung ihrer einzelnen Terrassenkörper (Abb. E3, Abb. E4).

Im Straubinger Becken tiefte sich die Donau im Laufe des Altpleistozäns bis vor etwa 1 Mio. Jahre (Jaramillo-Event in entsprechend tiefen Flussablagerungen des Regens nach Brunnacker 1982) von den Hochschotterfluren (Basis bei vermutlich 36 m ü. NT3) des Talrandes bis auf die Älteren Deckenschotterflächen ein, deren Basis teilweise bei nur <7/11 m ü. NT3 der Donau liegt (Abb. E2).

Nach Ausbildung des Älteren Deckenschotters (ÄD) tiefte sich dann die Donau zur Zeit der interglazialen Ablagerungen der „Hartinger Schichten" bis auf etwa -2/+3 m u./ü. NT3 ein (Abb. E2 bis Abb. E5). An der Typuslokalität bei Regensburg-Harting waren die Hartinger Schichten als Randsenkenfazies erhalten in Form von geringmächtigen Kiesen und Sanden sowie von bis zu 1,8 m mächtigen Torfen mit einem interglazialen pleistozänen Pollenspektrum (Schellmann 1990: 59).

Die Donau besaß damit bereits im älteren Mittelpleistozän zur Zeit der Hartinger Schichten eine Tiefenlage ihrer Flussbettsohle, die erst mit Ausbildung der Mittleren Hochterrasse (MHT) wieder erreicht und mit Anlage der Jüngeren Hochterrasse (JHT) deutlich unterschritten wurde (Abb. E2).

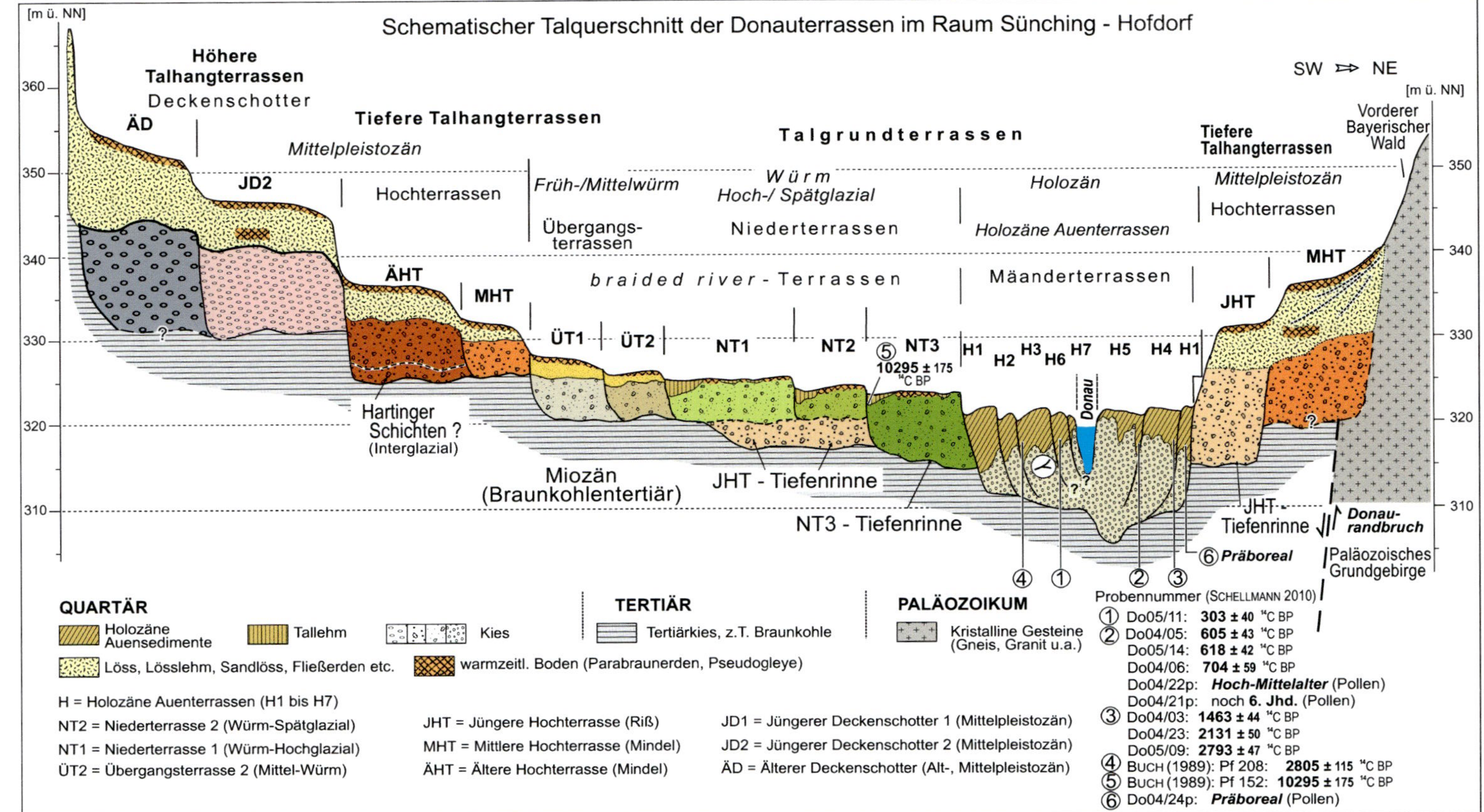

Abb. E3: Schematisches Talquerprofil der Donauterrassen oberhalkb von Straubing im Raum Sünching - Hofdorf. Die Höhenlage der Terrassen ist maßstabgetreu, die horizontale Ausdehnung stark generalisiert (SCHELLMANN et al. 2010).

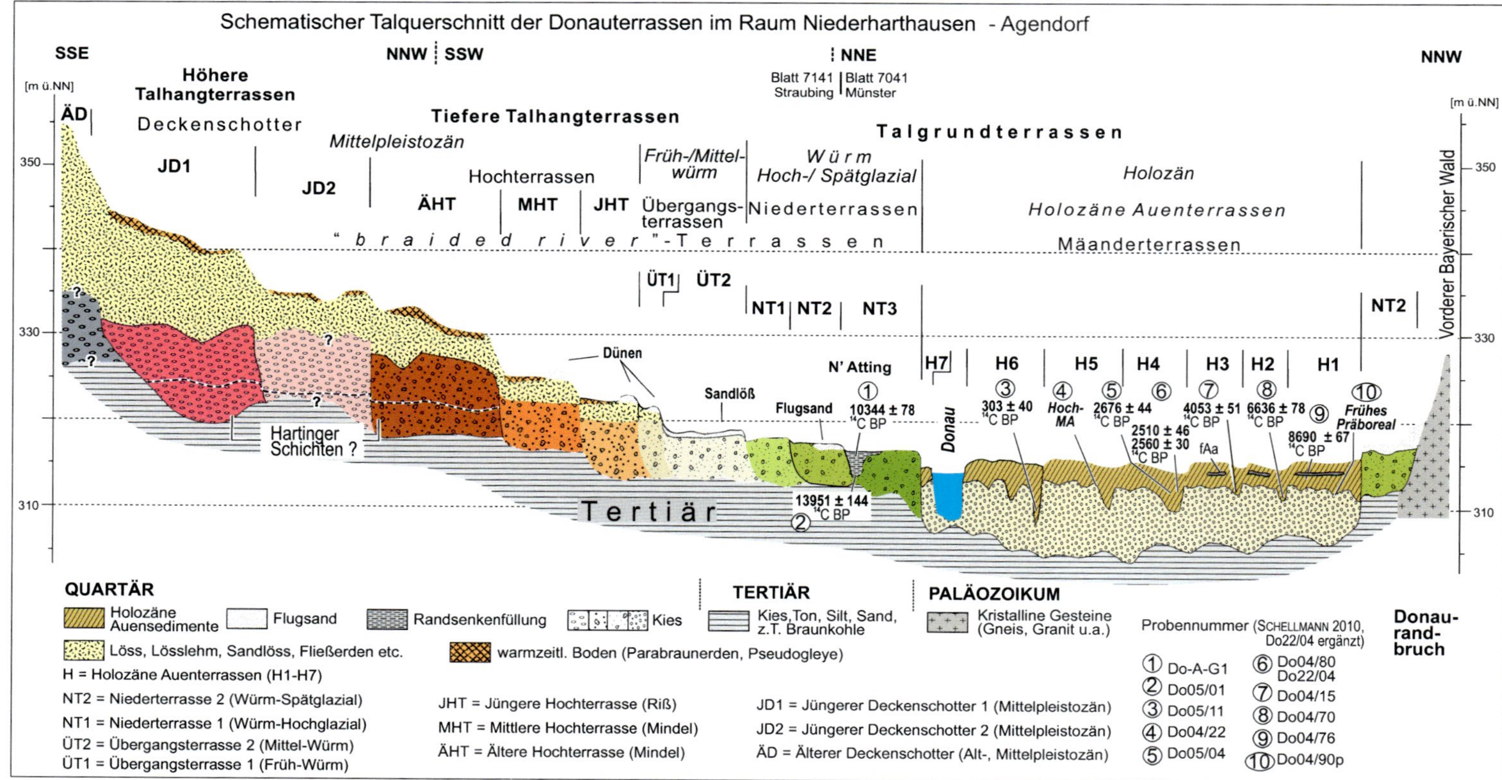

Abb. E4: Schematisches Talquerprofil der Donauterrassen unterhalb von Straubing im Raum Niederharthausen - Agendorf. Die Höhenlage der Terrassen ist maßstabgetreu, die horizontale Ausdehnung stark generalisiert (Schellmann et al. 2010).

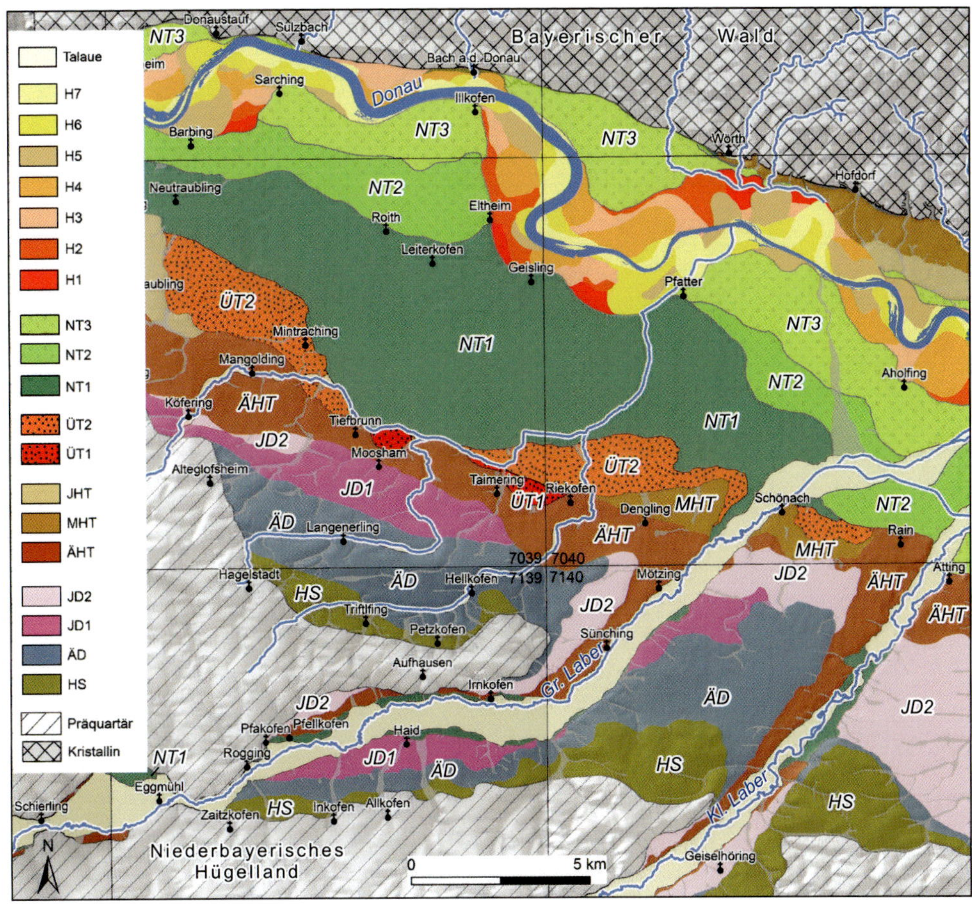

Abb. E5: Übersichtskarte zur Verbreitung alt- und mittelpleistozäner Terrassen im Donautal oberhalb von Straubing und im Tal der Großen und der Kleinen Laber (Kartengrundlage: Hillshade aus LiDAR DGM (3 m) © Bayerische Vermessungsverwaltung 2023; Schellmann 2018b).

Nach mehreren kaltzeitlichen Aufschüttungsphasen mit Ablagerung der Jüngeren Deckenschotter (JD1, JD2) sowie der Älteren und Mittleren Hochterrasse (ÄHT, MHT) kam es erneut zu einer deutlichen Tieferlegung der Talsohle auf bis zu -8 m u. NT3. Als „JHT-Tiefenrinne“ im tertiären Sohlgestein unterlagern diese JHT-Sockelschotter in weiten Arealen die Kieskörper der Übergangsterrassen und der beiden älteren Niederterrassen NT1 und NT2 (Abb. E3, Abb. E4). Nur außerhalb der JHT-Tiefenrinne, wo das miozäne Sohlgestein weniger stark ausgeräumt wurde, liegen die relativ geringmächtigen Terrassenkörper der beiden Niederterrassen (Abb. E6) und auch der beiden Übergangsterrassen direkt der *prä*-quartären Talsohle auf.

Das Alter und auch die Ökobedingungen zur Zeit der JHT-Tiefenerosionsphase ist unbekannt. Sie erfolgte unmittelbar vor der kaltzeitlichen Aufschotterung der JHT im Riss-Glazial (MIS 6), vielleicht im vorletzten Interglazial (MIS 7).

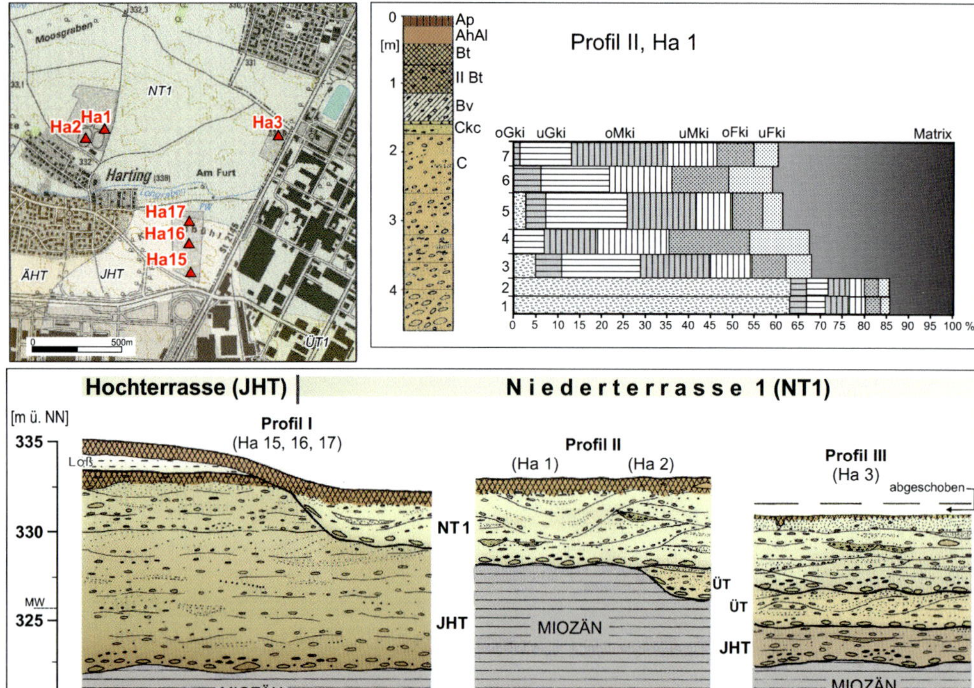

Abb. E6:
Aufbau des NT1-Terrassenkörpers im Raum Regensburg-Harting.
Nördlich von Harting (Aufschlussprofil II, Ha 1) liegt die basale Blocklage des NT1-Kieskörpers direkt auf dem Braunkohlentertiär oder auf dem erodierten Sockelschotter der Übergangsterrasse (ÜT) (Aufschlussprofil II, Ha 2). Östlich von Harting liegt er auf den Sockelschotter der Jüngeren Hochterrasse (JHT) und nordöstlich von Harting (Aufschlussprofil III) auf den Sockelschottern der Jüngeren Hochterrasse (JHT) und der Übergangsterrasse (ÜT).
(Profilbeschreibungen in Schellmann 1988; ders. 1990; Kartengrundlage: Top. Karte 1:25 000 ©Bayerische Vermessungsverwaltung 2023).

Nach Aufschotterung der würmzeitlichen Übergangsterrassen und der beiden älteren Niederterrassen kam es vor mehr als 13.950 ^{14}C-Jahren (Abb. E4; Details in Schellmann 2010) mit der Wiedererwärmung im frühen Würm-Spätglazial erneut zu einer deutlichen Tieferlegung der Talsohle auf bis zu -11m u. NT3 (NT3-Tiefenrinne).

Diese Tiefenerosionsphase ereignete sich viele Jahrhunderte vor der Wiederbewaldung des Donautals zu Beginn des Bölling-Interstadials vor etwa 12.500 ^{14}C-Jahren. Anscheinend reagierte in diesem Talraum die Flussdynamik der Donau schneller auf die spätglaziale Wiedererwärmung als die Waldausbreitung. Der NT3-Kieskörper wurde vom frühen Spätglazial bis zum Ende der Jüngeren Dryas aufgeschottert, wahrscheinlich vor allem in den durch Dauerfrost mit Kryoturbationen geprägten Dryas-Stadialen.

Alle drei Niederterrassen wurden von einem stark verwilderten Breitbettfluss (*„braided river“*) aufgeschottert. Noch heute sind teilweise einzelne dieser Flussarme als fünfzig bis über zweihundert Meter breite Rinnen in ihren Oberflächen erhalten. Die für den *„braided* *river*"-Flusstyp charakteristische, sehr sandreiche, horizontal- und troggeschichtete Flussbettfazies ist durch entsprechende Aufschlussbeobachtungen für alle drei Niederterrassen gesichert (u.a. Schellmann 1988, ders. 1990, ders. 2010; Schelmann et al. 2010).

Der Umbruch vom kaltzeitlich verwilderten zum mäandrierenden Donaulauf erfolgte im Dillinger und im Straubinger Donautal am Übergang vom Spätglazial zum Holozän.

Im Dungau setzte sich die bedeutende früh-spätglaziale Tiefenerosion der Donau fort. Vermutlich in wenigen Jahrzehnten tiefte sich die Donau am Übergang vom Würm-Spätglazial (Jüngere Dryas, nach 10.200 ^{14}C BP) zum frühen Holozän (frühes Präboreal) vom Aufschüttungsniveau der NT3 bis auf die tiefe Basis der holozänen Talsohle ein (Abb.E2 bis Abb. E4; s.o.).

Diese bedeutende Taleintiefung ereignete sich nicht nur im Donautal unterhalb von Regensburg (siehe auch Schellmann 1988; ders. 1990; ders. 1994a). Im Dillinger Donautal war die holozäne Flussbettsohle ebenfalls schon im Präboreal zumindest in größeren Arealen vom Aufschüttungsniveau der NT3 bis auf die präquartäre Talsohle eingetieft (Schellmann 2017b: 142f.). Ähnliches gilt für das Donautal im Raum Ulm (Groschopf & Hauff 1951; Groschoff & Graul 1952), für das Donautal bei Neuburg (Kleinschnitz & Kroemer 2003), für die Illermündung (Becker 1982: 60ff.) sowie für das Isartal unterhalb von Freising (Feldmann 1994; Schellmann 1988).

In der Folgezeit wurde im Dungau diese neue Tiefenlinie der holozänen Talsohle bis zum Ende der Ausbildung der spät-subborealen bis römerzeitlichen H4-Terrasse durch laterale Flussbettverlagerungen einer mäandrierenden Donau zur Seite hin erweitert. Die tiefsten Auskolkungen mit Quartärbasiswerten von bis zu -18 m unter Geländeoberfläche besitzt die H4-Terrasse auf (Abb. E4). Sicherlich begünstigt die wenig erosionswiderständige Petrographie des weit verbreiteten miozänen Sohlgesteins solche tiefen Auskolkungen. Nach Entfernung der Sohlenpanzerung können dann stromaufwärts wandernde Kolke und Kolkrinnen zügig eine sich ausweitende Sohleneintiefung auslösen. Die erodierten Schluff- und Tonpartikel werden als Suspensionsfracht weggeführt. Sie beeinflussen damit nicht die Erosionskraft der Donau.

Mit Ausbildung der früh- bis hochmittelalterlichen H5-Terrasse deutet sich im Blattgebiet eine nun stark erhöhte laterale Umlagerungstätigkeit der Donau verbunden mit einer Verflachung und Verbreiterung des Flussbettes an (u.a. Schellmann 1994a: 84ff.).

Ursache dieses innerholozänen Umbruchs in der Flussdynamik der Donau waren wahrscheinlich zunehmende Eingriffe des Menschen in den Flusshaushalt durch großflächige Rodungen in den Donauauen (u.a instabilere Uferverhältnisse) und in den Einzugsgebieten. Sie dürften zu einer Intensivierung des Hochwassergeschehens und eine gesteigerte Seitenerosionsleistung der Donau geführt haben mit der Folge einer erhöhten Sohlenfracht bei annähernd ähnlichen Abflussmengen. Das führt zur Aufhöhung der Flussbettsohle, zur Verflachung und Verbreiterung.

Die natürliche holozäne Mäandertätigkeit der Donau endete letztendlich mit den starken Korrektionsmaßnahmen und Eindeichungen der Donau im Dungau von der Mitte des 19. Jahrhunderts bis zur ersten Hälfte des 20. Jahrhunderts.

Im Dillinger Donautal begannen die Korrektionen bereits Anfang des 19. Jahrhunderts. Dies löste extreme Flusslaufverlagerungen aus mit der Folge einer morphologischen Zweiteilung der H7-Terrasse in eine jüngere erst durch die durchgeführten flussbaulichen Korrektionen zwischen 1806 und 1870 AD entstandene und dadurch großflächig ausgebildete H7b -Terrasse und eine ältere H7a -Terrasse (s.o.). Letztere entstand etwa ab Mitte des 18. Jahrhundert bis zu Beginn des 19. Jahrhunderts. Der Stromatlas von Riedl (1806) zeigt einen Donaulauf, der weitgehend schon am Außenrand der H7a verläuft (Details in Schellmann 2017b).

Interglaziale Flussschotter im Dillinger Donautal, Lech- und Isartal

In den vergangenen Jahren haben wir im Alpenvorland für den Bayerischen Geologischen Dienst (BayLfU) verschiedene Flusstäler im Rahmen der geologischen Landesaufnahme im Maßstab 1:25.000 geologisch aufgenommen. Die kartierten Gebiete sind mit Karten und Erläuterungen in den Bamberger Geographischen Schriften publiziert (Abb. E7). Einige Karten sind auch bereits vom Bayerischen Landesamt für Umwelt (BayLfU) gedruckt worden (siehe Internetseiten des BayLfU). Diese Publikationen und die dort zitierte Literatur bieten zahlreiche Details über Verbreitung, geologischer Lagerung und Alter von

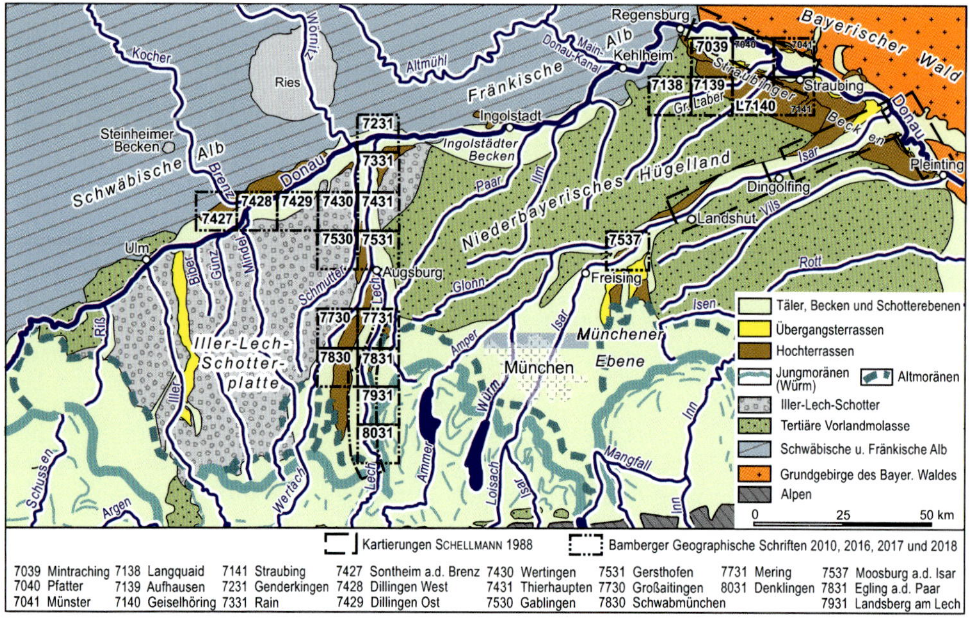

Abb. E7: Naturräume im östlichen Alpenvorland sowe Lage der kartierten Flusstäler bzw. Kartenblätter.

Flussterrassen im Donau-, Lech-, Wertach-, Schmutter-, Isar- und Ampertal sowie im Tal der Großen und Kleinen Laber. Bezüglich des unteren Isartals und des Donautals unterhalb von Regensburg sei zudem auf SCHELLMANN (1988; ders. 1990; ders. 1994; ders. 2010) verwiesen.

In mehreren Tälern des Alpenvorlandes findet man eine ähnliche Talgeschichte wie im Straubinger Donautal mit ausgedehnten, treppenartig angeordneten kaltzeitlichen Flussterrassen vom ***braided river***-Flusstyp, mit relativ schmalen holozänen Mäanderterrassen in den autochhonen Tälern (z.B. Donau, Amper, Schmutter, Großer und Kleiner Laber) oder relativ schmalen holozänen Anschüttungen stärker verzweigter Flüsse in den allochthonen Tälern (z.B. Lech und Isar).

Interglaziale Flussablagerungen

Wegen der enormen fluvialen Ausräumung der Täler in den Kaltzeiten sind **interglaziale Flussablagerungen** selten. Meistens findet man sie als unterschiedlich mächtige Sockelschotter, an der Basis kaltzeitlicher Flussbettablagerungen (Tab. E3). Beispiele sind die Hartinger Schichten im Straubinger Donautal (s.o.) oder warmzeitliche Sockelschotter aus dem vorletzten Interglazial (MIS 7) an der Basis rißzeitlicher Flussschotter der Dillinger Hochterrasse im Donautal (Abb. E8), der Langweider Hochterrasse (Bild E1; Abb. E9) und der Rainer Hochterrasse im Lechtal (Abb. E10 und Abb. E11). Solche warmzeitlichen Liegendschotter liegen meistens in Rinnen unmittelbar auf der präquartären Talsohle. Insofern weisen ungewöhnlich hohe Kiesmächtigkeiten auf deren Erhaltung unter den meist nur wenige Metern mächtigen kaltzeitlichen Hochterrassenkiesen hin.

Tab. E3:
Kaltzeitliche Terrassen (blau) und warmzeitliche Terrassen und Sockelschotter (grün) im Dillinger Donautal, im Lechtal unterhalb von Augsburg und an der Lechmündung sowie im Moosburger Isartal (Details in SCHELLMANN et al. 2020).

International				Bavaria		
Age (Ka)	Marine Isotop. Stage	System	(Sub-)Series	Stratigraphy		Terraces
11,5	1	QUATERNARY	Holocene			H7 to H1 *Holozänterrassen* (holocene terraces)
30	2		Upper (Late) Pleistocene	Würmian	Upper	NT3, NT2, NT1 *Niederterrassen* (lower terraces)
70	3 - 4				Middle	ÜT2 loess cover is as old as 29 to 31 ka; gravel deposition: 30.4 ± 3.7 (Qu.); 36.0 ± 1.9 (Fsp.)* *Übergangsterrassen* (transitional terraces)
115	5a - 5d				Lower	ÜT1
130	5e			*Riß/Würmian*		JHT *Jüngere Moosburger Hochterrasse* (*Fagotia* gravel) (approx. 119 to 131 ka; ESR)
	6 - 10		Middle Pleistocene	Rissian		HT *Langweider, Dillinger, Rainer Hochterrasse* (high terraces); top gravel unit: MIS 6 (approx. 156 to 179 ka; ESR, luminescence); basal gravel, gravel unit II: MIS 7 (approx. 199 to 214 ka; ESR)
	11			*Mindel/Rissian*		

* luminescence data from KROEMER (2010)

International and Bavarian stratigraphic nomenclature modified after DOPPLER et al. (2011)

So besitzt die **Dillinger Hochterrasse** an der Basis ein welliges Relief mit Rücken- und Rinnenstrukturen im Tertiärsockel (Abb. E8), die bereits von HOMILIUS et

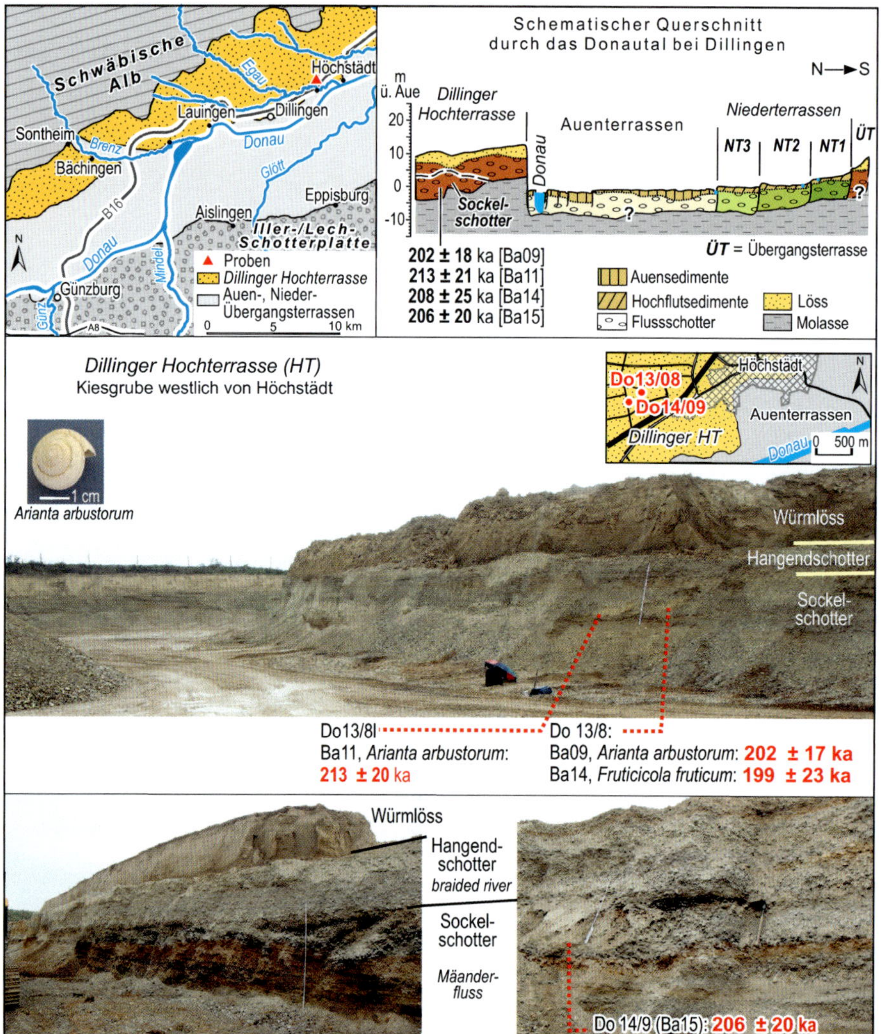

Abb. E8:
Großbogig schräggeschichteter Liegendschotter der Dillinger Hochterrasse. Er führt Sandlagen und Lehmschollen mit eingelagerten warmzeitlichen Molluskenschalen. Nach ESR-Datierungen an solchen Schneckenschalen wurde der Liegendschotter im ausgehenden vorletzten Interglazial (MIS 7) vor etwa 200.000 Jahren von einer mäandrierenden Donau abgelagert. Der aufliegende horizontal- und schwach troggeschichtete Hangendschotter der Dillinger Hochterrasse stammt dagegen aus der vorletzten Kaltzeit (Riss, MIS 6) und wurde von einer verwilderten Donau (*braided river*) hinterlassen (Details in Schellmann 2017b; Schellmann et al. 2019).

al. (1983) festgestellt wurden. Bereichsweise, wie zwischen Lauingen und Dillingen, liegt die Kiesbasis hoch über der Donauaue, während weiter nördlich eine in Talrichtung verlaufende, relativ breite und bis zu 4 bis 6 m tiefe Rinne im tertiären Sohlgestein existiert. Diese breite Rinne nähert sich westlich von Höchstädt der Donauaue. In solchen Rinnen treten besonders hohe Kiesmächtigkeiten von 10 bis 13,5 m auf. Außerhalb der Rinnen betragen die Kiesmächtigkeiten meist nur 5 bis 8 m.

In Kiesgruben westlich von Höchstädt bestand der Kieskörper der Dillinger Hochterrasse aus zwei unterschiedlich geschichteten Donaukiesen (Abb. E8; Details in SCHELLMANN 2017b). Der im nördlichen Grubenareal weit verbreitete jüngere Kieskörper aus überwiegend grob- bis mittelsandigen Mittel- und Grobkiesen zeigte mit seiner ausgeprägten Horizontal- und schwachen Trogschichtung das für einen verwilderten (*braided river*) Fluss typische Erscheinungsbild, wie es im Falle der Donau in diesem Raum nur unter kaltzeitlichen Klimabedingungen bekannt ist. Dieser Kieskörper überlagerte am Kontakt einen im zentralen Kiesgrubenareal aufgeschlossenen älteren Donauschotter, der in Relation wesentlich besser sortiert war, nach oben sandreicher wurde und eine schwache großbogige Schrägschichtung besaß (Abb. E8). Sortierung, Zunahme sandreicherer Partien zum Hangenden hin und eine großbogige Schrägschichtung sprechen für die Ablagerung dieses Kieskörpers durch einen mäandrierenden Donaulauf, d.h. für eine interglaziale oder interstadiale Bildung.

Im Liegendschotter sind vereinzelt schräggestellte Schollen aus feinsandigem Lehm bzw. lehmigem Feinsand eingelagert, die im gefrorenen Zustand in das damalige Flussbett der Donau durch Uferunterscheidung disloziert wurden. Sie enthalten manchmal Schneckenschalen. Das Artenspektrum belegt nach RÄHLE (Tübingen, schr. Mitt.) eindeutig eine warmzeitliche interglaziale Fauna vor allem mit der aus einer Sandlage stammenden Wasserschnecke *Esperiana daudebartii* (*Fagoria acicularis*) und der aus einer Lehmscholle stammenden Waldschnecke *Discus perspectivus*. Darüberhinaus wurden Vertreter folgender, zum Teil warmzeitlicher Arten gefunden: *Acanthinula aculeata*, *Aegopinella spec*, *Discus perspectivus*, *Helicodonta obvoluta*, *Monachoides incamatus*, *Arianta arbustorum*, *Clausilia pumila*, *Fructicicola fruticum*, *Trochulus cf. coelamphalus*, *Carychium tridentatum* und *Vallonia pulchella*. Ähnliche warmzeitliche Molluskenfunde hatte bereits LEGÉR (1988) aus einer inzwischen verfüllten Kiesgrube in der Dillinger Hochterrasse westlich von Höchstädt beschrieben. Vier ESR-Datierungen an solchen Schneckenschalen aus dem Liegendschotter der Dillinger Hochterrasse ergaben übereinstimmend vorletztinterglaziale (MIS 7) Alter zwischen 199 ka bis 213 ka (Abb. E8; Details in SCHELLMANN et al. 2020).

Auch im Bereich der **Langweider Hochterrasse** zwischen Schmutter- und Lechtal nördlich von Augsburg schwanken die quartären Kiesmächtigkeiten extrem zwischen 5 m bis 21 m. Dabei erstreckt sich eine Zone größerer Quartärmächtigkeiten von Täfertingen im Südwesten nach Norden und Nordosten in Richtung Langweid (Abb. E9). In diesem Gebiet wird der im Mittel 5 bis 8 m mächtige, relativ sandarme und häufig schlecht sortierte Hochterrassenschotter von einem einige Meter mächtigen, relativ sandreichen und gut sortierten Liegendschotter unterlagert (Bild E1).

Eine Stapelung zweier Kieskörper im Bereich der Langweider Hochterrasse wurde erstmals von SCHAEFER (1957) erkannt (Details in SCHELLMANN 2016b; SCHIELEIN & SCHELLMANN 2016a). Vier OSL-Datierungen an Feldspäten aus Sandlagen in den Hangendschottern

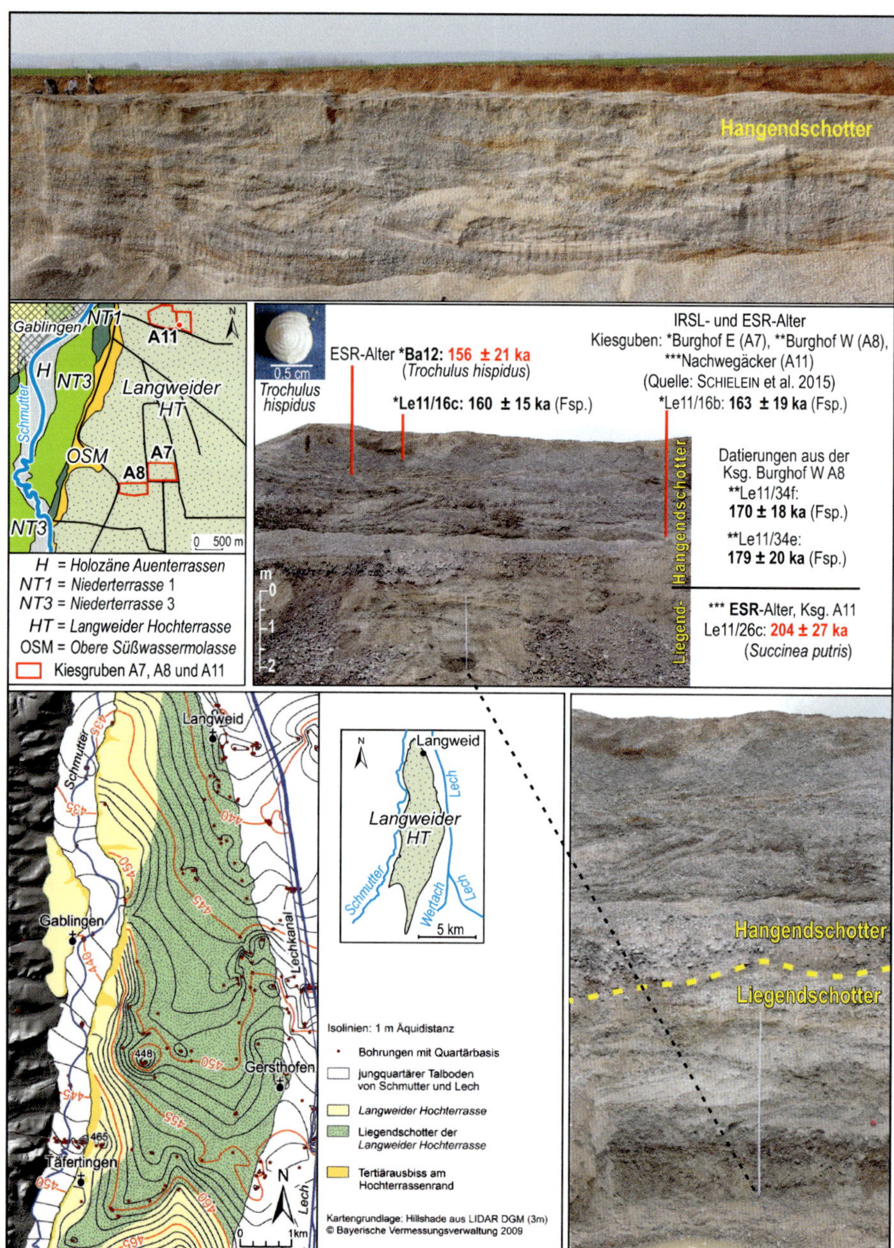

Abb. E9: Langweider Hochterrasse mit sandreichem Liegendschotter und horizontal- und troggeschichtetem Hangendschotter in der Kiesgrube Burghof E südöstlich von Gablingen (Details in Schellmann et al. 2019).

weisen auf eine Bildung in der vorletzten Kaltzeit (Riss) zwischen 160 und 179 ka (Abb. E9). Auch das ESR-Alter von 156 ka an Schneckenschalen aus einer eingelagerten Mergelscholle belegt eine vorletztkaltzeitliche Ablagerung. Dagegen ist der Liegendschotter deutlich älter als die vorletzte Kaltzeit. Das ESR-Alter von 204 ka an Schneckenschalen aus einer eingelagerten Mergelscholle weist auf eine Ablagerung im vorletzten Interglazial (MIS 7) hin.

Bild E1: Langweider Hochterrasse mit sandreichem Liegendschotter und horizontal- und troggeschichtetem Hangendschotter in der Kiesgrube Langweid Sportplatz.

An der Lechmündung ins Donautal ist eine weitere Hochterrasse erhalten: die **Rainer Hochterrasse** (Abb. E10). Sie trägt eine geringmächtige Löss- und Sandlössdecke aus dem Würm-Hochglazial vor etwa 19 bis 20 ka (OSL). Selten sind an der Basis Humuszonen aus dem frühen Würm vor etwa 95 ka (OSL) erhalten (Abb. E10; Schielein & Schellmann 2016b). Der Kieskörper liegt meist etwa 10 m höher als der angrenzende jungquartäre Talgrund. Er trägt am Top häufig einen mehrere Dezimeter mächtigen rotbraunen Bt-Horizont einer mindestens eemzeitlichen Parabraunerde. Insofern ist der unter kaltzeitlichen Bedingungen abgelagerte Hangendschotter III der Rainer Hochterrasse älter als Eem und damit risszeitlicher Genese (Abb. E10).

Bohrungen belegen für den Kieskörper stark schwankende Mächtigkeiten von 8 bis 14 m. Dabei konzentrieren sich hohe Quartärmächtigkeiten von 12 bis 14 m auf eine in das miozäne Sohlgesteine eingetiefte Rinne. Sie verläuft vom südwestlichen Hochterrassenrand im Raum Münster nach Nordosten (Abb. E10). Diese Tiefenrinne wurde erstmalig von Kilian & Löscher (1979: 213f.) erkannt. Schon Tillmanns et al. (1982: 82 ff.) vermuteten in der Kiesgrube „Münster" eine Zweiteilung des Hochterrassenkieses durch einen „Mergelbatzenhorizont". Allerdings sind es in der Regel eher singuläre Mergelbatzen in verschiedenen Niveaus.

Nach Schichtungsbild, Sortierung und Korngröße, syn- und epigenetischen Kaltklimaindikatoren wie Kryoturbationen und Eiskeilpseudomorphosen sowie Molluskenfaunen besteht der Kieskörper der Rainer Hochterrasse oberhalb des Grundwasserspiegels aus bis zu drei unterschiedlichen Schotterfazien (Abb. E11). Die älteste, sehr helle Schotterfazies I reicht maximal nur 1 bis 2 m über den Grundwasserspiegel nach oben. Auffällig ist der hohe Sandgehalt und die häufig aufgeschlossene großbogige Schrägschichtung oder trogförmige Schichtung der überwiegend Fein- bis Mittelkiese. Darüber lagert oft die meist gut sortierte, deutlich sandärmer und stärker grobkiesige Schotterfazies II aus überwiegend Fein- und Mittelkiesen. Sie besitzt im Mittel Mächtigkeiten von etwa 1,5 bis 3 m.

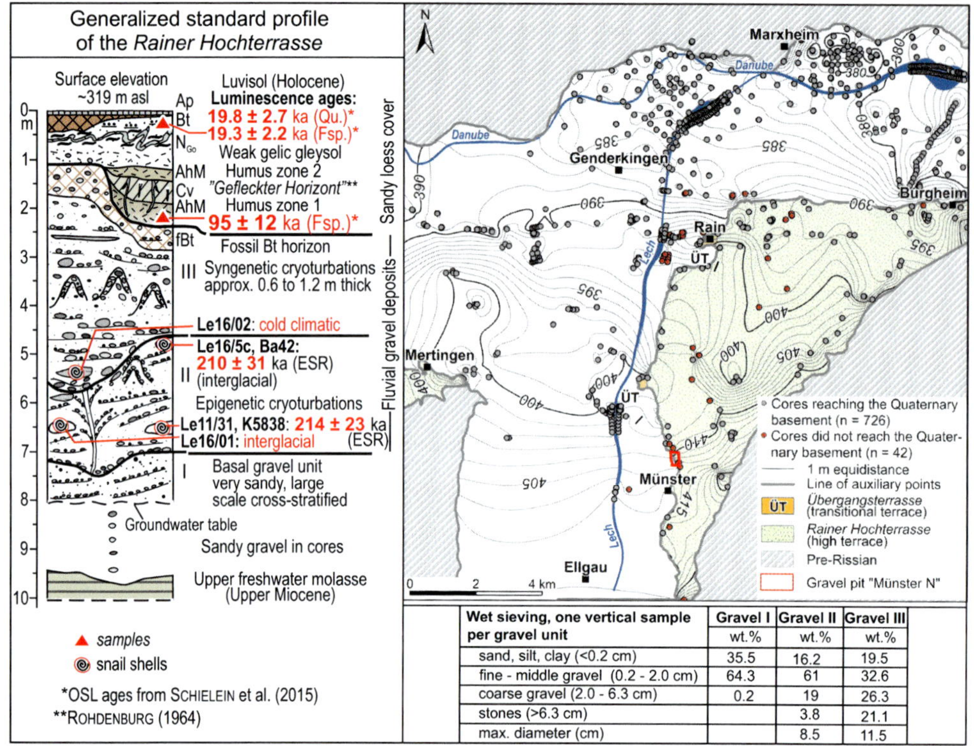

Wet sieving, one vertical sample per gravel unit	Gravel I wt.%	Gravel II wt.%	Gravel III wt.%
sand, silt, clay (<0.2 cm)	35.5	16.2	19.5
fine - middle gravel (0.2 - 2.0 cm)	64.3	61	32.6
coarse gravel (2.0 - 6.3 cm)	0.2	19	26.3
stones (>6.3 cm)		3.8	21.1
max. diameter (cm)		8.5	11.5

Abb. E10:
Die Rainer Hochterrasse erstreckt sich in etwa 10 bis 14 m über dem jungquartären Talboden von Lech und Donau an der östlichen Talseite der Lechmündung ins Donautal. Die Terrassenbasis liegt ebenfalls höher: bei etwa 8 bis 10m über der Quartärbasis im Talboden. Der Kieskörper ist von etwa 1 bis 3 m mächtigen, würmzeitlichen Lössen oder Sandlössen bedeckt, manchmal mit begrabenen interstadialen Paläoböden in Form von Nassböden, extrem selten in Form von frühwürmzeitlichen Humuszonen. Am Top ist der Kieskörper entkalt und trägt oft den tonangereicherten Unterboden (fBt) einer Parabraunerde aus der Eem-Warmzeit.
Die Rainer Hochterrasse war schon seit mehreren Jahrzehnten Gegenstand geowissenschaftlicher Untersuchungen (u.a Kilian & Löscher 1979; Tillmanns et al. 1982, Tillmanns et al. 1983; Schielein et al. 2015; Schielein & Schellmann 2016b). Zuletzt konnte gezeigt werden, dass der Kieskörper der Rainer Hochterrasse aus einer Stapelung von bis zu drei verschiedenen Flussbettfazien besteht. Die hangende, sehr blockreiche, überwiegend horizontalgeschichtete Flussbettfazies III stammt aus der vorletzten Kaltzeit (Riss). Syngenetische Kryoturbationen innerhalb der Flussbettfazies III belegen während ihrer Aufschotterung die Existenz eines Permafrostklimas. Die darunter liegende, gut geschichtete Flussbettfazies II datiert nach ESR-Altern an Schneckenschalen in eingelagerten Lehmschollen aus dem vorletzten Interglazial (MIS 7) vor etwa 212.000 Jahren. Die liegende, sehr sandreiche Flussbettfazies I konnte bisher nicht datiert werden (Details in Schellmann et al. 2019).

Ebenso wie der liegende sehr sandreiche Kieskörper I ist auch die Schotterfazies II häufiger großbogige schräggeschichtet oder zeigt eine trogförmige Schichtung. Beide älteren Kieskörper wurden also von einem mäandierenden und/oder schwach verzweigten Lechlauf abgelagert. Eingelagerte Mergelschollen besitzen warmzeitliche Schneckenfaunen wie *Aegopis verticillus, Cepaea sp. (nemoralis?), Cochlodina laminata, Helicodonta obvoluta, Isognomostoma isognomostomos* und *Monachoides incarnatus* (Schellmann et al. 2019). Zwei, fast identische ESR-Alter von 214 ka und 210 ka belegen ein vorletztinterglaziales Alter (MIS 7) dieses mittleren Kieskörpers. Am Top weist das Auftreten einer kleinen epigenetischen

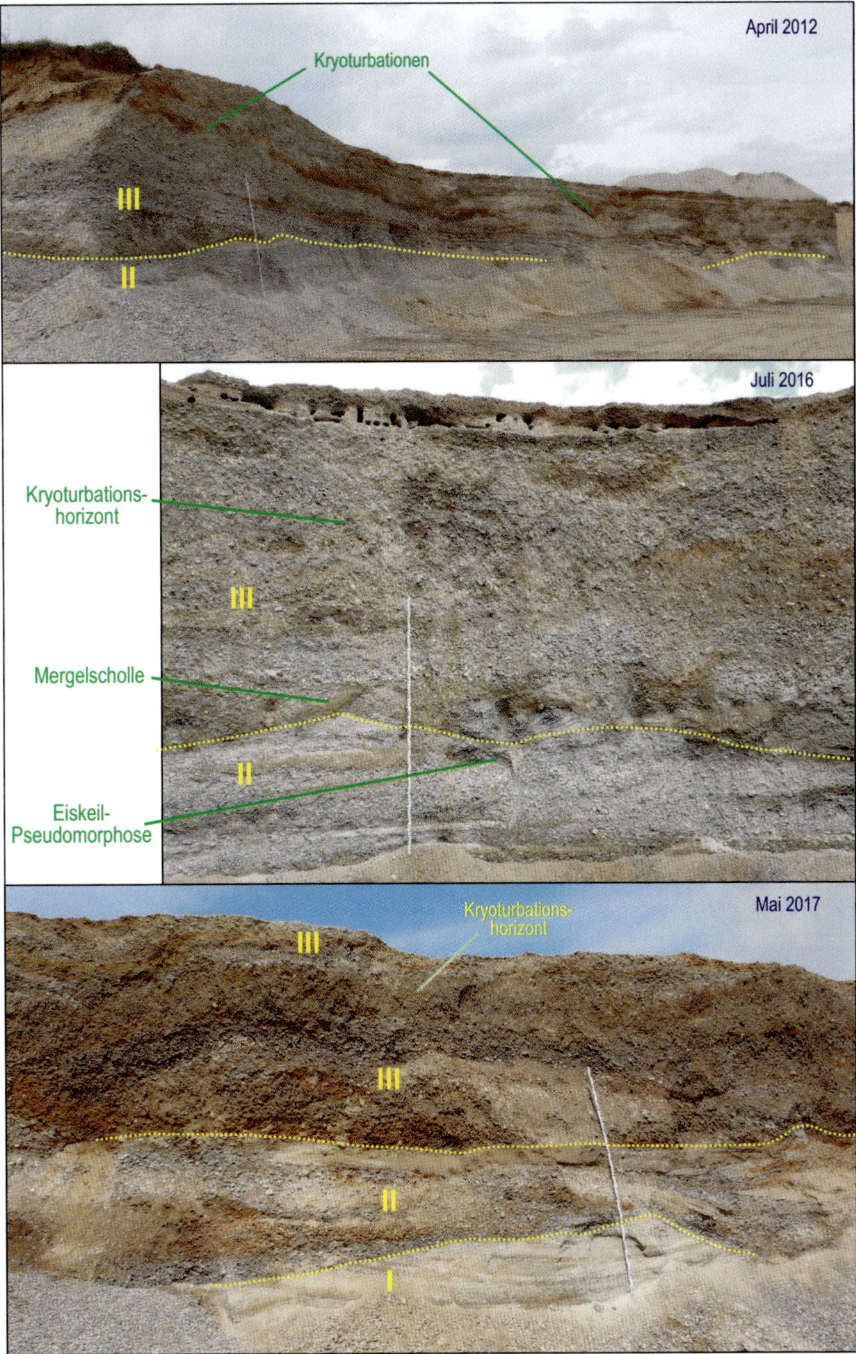

Abb. E11:
Rainer Hochterrasse mit Stapelungen von bis zu drei verschiedenen Kieskörpern (I bis III) in der Kiesgrube Münster. Der Hangendschotter III stammt aus der Riss-Kaltzeit, der mittlere Schotter II aus dem vorletzten Interglazial (MIS 7). Das Alter des sehr sandreichen Liegendschotters I ist unbekannt (Details in Schellmann et al. 2019).

Eiskeil-Pseudomorphose und vereinzelter epigenetischer Kryoturbationen auf Permafrostbedingungen nach seiner Ablagerung hin.

Die hangende, bis zu 5 m mächtige Schotterfazies III ist deutlich gröber und schlechter sortiert. Es dominieren Mittel- und Grobkiese sowie zahlreiche Steine mit bis zu 11,5 cm Kantenlänge. Der Kieskörper ist meist horizontal-, seltener auch troggeschichtet. Dieser Kieskörper wurde von einem verwilderten Fluss (*braided river*) deponiert. Er ist sehr häufig zweigeteilt durch einen 0,6 bis 1,2 m mächtigen syngenetischen Kryoturbationshorizont (siehe auch Tillmanns et al. 1982, 1983), in dem die Kieslagen kurz nach ihrer Ablagerung unter Permafrostbedingungen verwürgt und anschließend von gut geschichteten Kiesen überdeckt wurden. Eine kaltzeitliche Ablagerung der Schotterfazies III wird auch durch die kaltzeitliche bis interstadiale Schneckenfauna in einer Mergelscholle nahe der Basis mit Schneckenschalen der Arten *Cochlicopa lubrica, Pupilla muscorum, Neostyriaca corynodes, Succinella oblonga, Trochulus hispidus, Vallonia costata* und *Vallonia pulchella* gestützt (Schellmann et al. 2019). Insofern datiert nur die hangende Schotterfazies III in die Riß-Kaltzeit (MIS 6).

Im bayerischen Alpenvorland stammt die einzige bisher bekannte **morphologisch erhaltene interglaziale Flussterrasse** aus der Eem-Warmzeit (MIS 5e). Es ist die zwischen unterem Ampertal und Isartal vor allem westlich von Moosburg in 10 bis 14 m über Talboden erhaltene „Jüngere Moosburger Hochterrasse“ (Abb. E12; Details in Schellmann 2018b). Ihr 5 bis 7 m mächtiger Kieskörper enthält manchmal in Sandlagen warmzeitliche Schneckenschalen u.a. der Gattung *Fagotia acicularis*. Daher wird diese Hochterrasse auch als *Fagotien-Schotter* bezeichnet (Nathan 1953; Brunnacker 1966). ESR-Datierungen an Schneckenschalen aus zwei im Kieskörper eingelagerten Mergelschollen mit Altern von 119 ka, 130 ka und 131 ka (Abb. E11) belegen eindeutig ein eem-zeitliches Alter dieser Terrasse.

Die Relikte warmzeitlicher Sockelschotter in der Dillinger, Langweider und Rainer Hochterrasse, aber auch die Hartinger Schichten des Straubinger Donautals, die unter kaltzeitlichen Flussbettablagerungen begraben sind und dem präquartären Sohlgestein aufliegen, weisen darauf hin, dass die Tieferlegung der Talsohlen in Tälern, die weiter von den alpinen Vorlandvergletscherungen entfernt sind, verstärkt in den Interglazialen und Spätglazialen, eventuell auch in den wärmeren Interstadialen stattgefunden hat. Daher liegen holozäne Kieskörper im Donau- und Isartal, wahrscheinlich auch im Schmutter- und Lechtal unmittelbar auf der präquartären Talsohle. Manchmal liegt deren Basis wie im Donautal unterhalb von Regensburg und damit unterhalb einer Engtalstrecke deutlich tiefer als die Basis würmzeitlicher Terrassenkörper. Letzteres ist abhängig von den Ausmaßen der vorangegangenen kaltzeitlichen Aufhöhung des Talbodens. Im Extremfall wie im Bereich von Übergangskegeln zu Jungendmoränen dauerte es bis ins jüngere Holozän hinein bis die mächtigen kaltzeitlichen Flussbettsedimente ausgeräumt und durchschnitten waren (siehe auch Gesslein 2013: 129ff.).

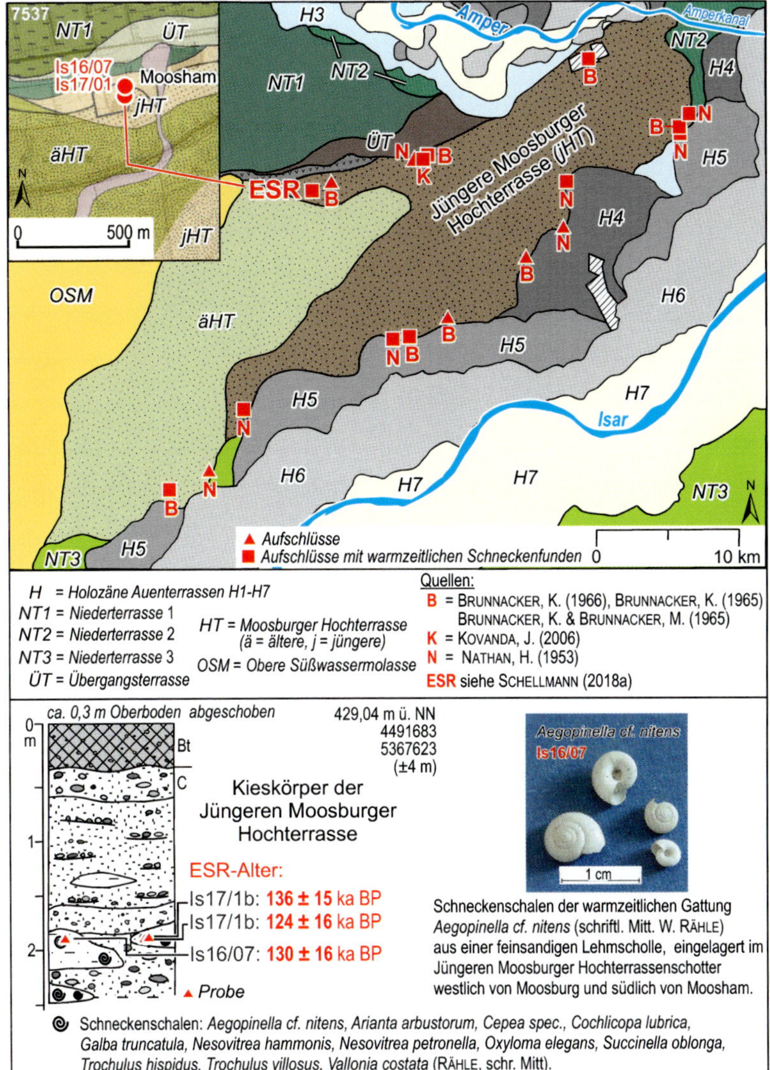

Abb. E12: Die eemzeitliche Jüngere Moosburger Hochterrasse westlich von Moosburg - ESR-Alter und Faunenfunde (Details in SCHELLMANN 2018a).

Erarbeiten Sie mit Hilfe ihrer bisherigen Kenntnisse, des Textes und des Exkurses die nachfolgenden Fragen.

1. *Mit welchen Methoden kann man das Alter einer Flussterrasse numerisch bestimmen unter Nutzung von a) eingelagerten Baumstämmen, b) Muschelschalen und c) Sandlinsen? Nennen Sie jeweils mindestens eine Altersbestimmungsmethode.*

2. *Wann sind die in unseren größeren Tälern weit verbreiteten Niederterrassen gebildet worden, wann entstand die jüngste Niederterrasse (NT3)?*

3. *Wie alt sind die im Donautal verbreiteten Übergangsterrassen und wie alt sind die Hochterrassen?*

4. *Wie lange dauert die Ablagerung mächtiger Hochflutsedimente?*

Weitere Fragen für Ba-Studierende und Lehramt Gymnasium

5. *Mit welchen Methoden kann man das Alter einer Flussterrasse relativstratigraphisch bestimmen?*
6. *Wie alt ist die in vielen Tälern des Mittelgebirgsraum erhaltene älteste holozäne H1-Terrasse?*
7. *Welches Schichtungsbild besitzen die im Donautal erhaltenen Holozänterrassen?*
8. *Welcher Flusstyp erzeugt mächtige Hochflutsedimentdecken?*
9. *Wie können Lössdeckschichten und Paläoböden bei der Alterseinstufung von Flussterrassen helfen?*
10. *Warum wurden in den Tälern des Alpenvrolandes und auch des Mittelgebirgsraumes in den kaltzeitlichen Stadialen mächtige Flussablagerungen aufgeschottert, warum nicht auch in den Interglazialen?*

3.3.3 Tal und Talformen

Bild 3.3.20:
Talmäander des Leinleiterbachtals, einem Trockental im Fränkischen Jura.

Ein Tal ist:

- eine Skulpturform;
- eine fluviatile Form;
- eine langgestreckte Hohlform mit gleichsinnigem Gefälle (Ausnahme: glazial übertiefte Täler);
- ehemals (Trockentäler; Bild 3.3.20), episodisch (Bild 3.3.21), periodisch oder permanent durchflossen.

Bild 3.3.21 :
Flachmuldiges Dellentälchen auf den lössbedeckten Jüngeren Deckenschottern im Straubinger Becken. Durch Abluation wurden bei der wenige Tage vorher erfolgten Schneeschmelze feine Ton- und Schluffpartikel in die Tiefenlinien des Dellensystems verlagert. Sie reflektieren das Sonnenlicht besser als die rauhe Oberfläche der umgebenden Ackerflächen. Dadurch kommt es zur auffallend hellen Farbe der Dellen.

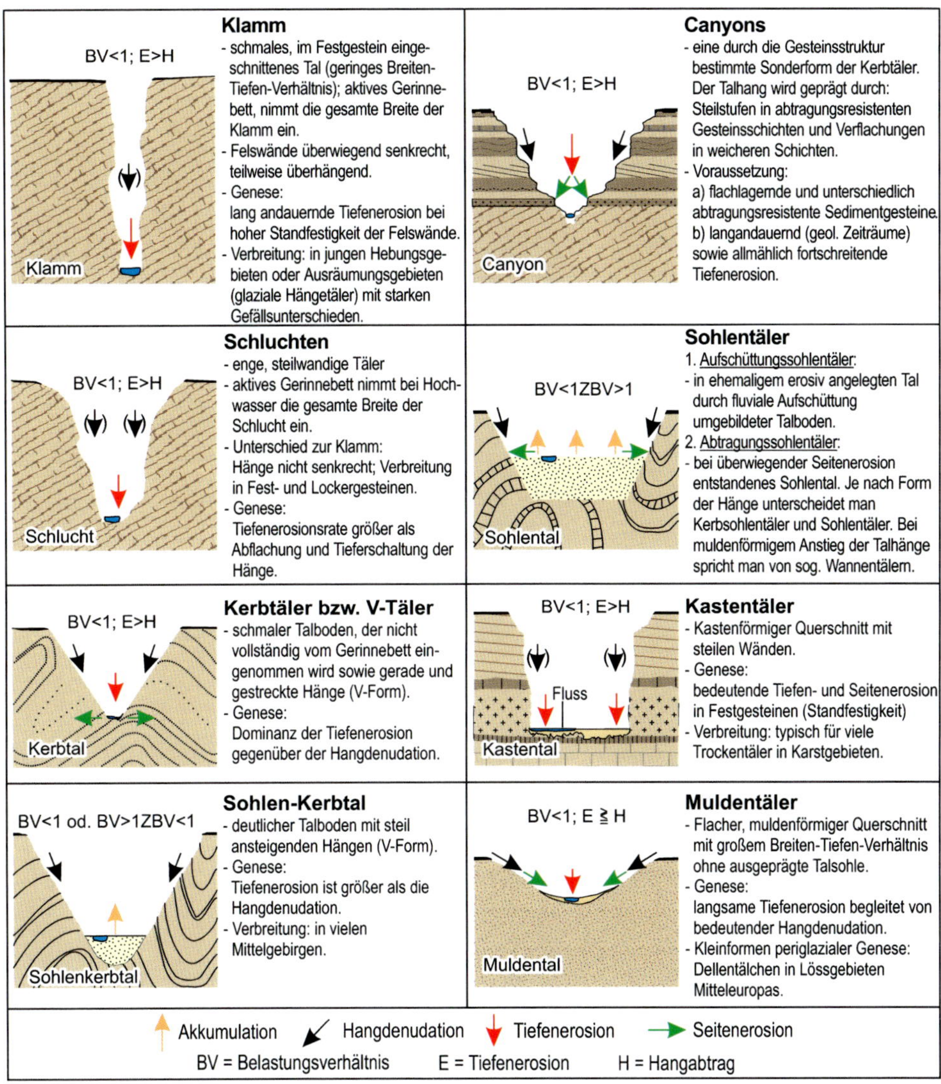

Abb. 3.3.22: Verschiedene Typen von Talquerprofilen (Quelle u.a. LESER & PANZER 1981).

Die konkrete Talform ist dabei abhängig vom Ausmaß fluviatiler Seiten- und Tiefenerosion im Wechselspiel mit petrographischen Bedingungen (Gestein), tektonischen Bewegungen (stabil, Absink- oder Hebunsgtendenz), der konkreten Raumsituation (z.B. der Einmündung von Nebenflüssen) und der längerfristigen Talgeschichte (Persistenz vererbter Strukturen). Dadurch besitzt jedes Tal zum Teil jeder Talabschnitt ganz individuelle Züge. Charakteristische und weit verbreitete Talquerprofile mit Kurzbeschreibungen sind in der Abb. 3.3.22 dargestellt. Bildtafel 3.3.22 gibt einzelne bekannte oder und signifikante Talformen.

Im Zusammenhang mit Tälern gibt es einige Fachtermini, die häufiger benutzt werden, wie:

Bild 3.3.22: Eine Auswahl extremer Talquerschnitte.

- antezedente und epigenetische Durchbruchstäler (Epigenese = nachträgliche Entstehung; Antezedenz = das Vorausgehende),
- oder das Phänomen der asymmetrischen Talquerschnitte vieler Täler (= unterschiedliche Böschungswinkel an beiden Talflanken) und deren Genese,
- oder die Begriffe freie Mäander eines Flusses im Gegensatz zum Mäandrieren eines Tales (= Talmäander, Bild 3.3.20).

Zur Vertiefung dieser Thematiken sei auf die Literatur verwiesen.

Ausgewählte Literatur

Zepp, H. (2017): Grundriß Allgemeine Geographie: Geomorphologie eine Einführung: Kap. 7.4; Paderborn (Schöningh UTB Verl.).

Erarbeiten Sie mit Hilfe der Literatur und der Abbildungen die nachfolgenden Fragen.

1. *Wie entstehen Trockentäler und wo sind sie in Oberfranken häufiger verbreitet?*
2. *Was ist ein epigenetisches Durchbruchstal?*
3. *Was sind die Voraussetzungen, damit eine Klamm entsteht und wo kann ich mir in Bayern eine Klamm anschauen?*
4. *Was sind die Voraussetzungen zur Entstehung eines Canyons?*
5. *Was sind die Voraussetzungen zur Entstehung eines Kastentales und wo gibt es in Oberfranken Kastentäler?*
6. *Wann sind die Dellentälchen in den Lössgebieten Deutschlands entstanden?*

3.3.4 Deltabildungen

An der Mündung von Bächen und Flüssen in Seen und Meeren entstehen oft **Mündungsdelta** mit sehr unterschiedlichem Aussehen (u.a. Kelletat 1999), sofern nicht die Meeres- und Gezeitenströmungen die zugeführten Sedimente weiter transportieren. Aufgrund ihrer relativ ebenen Oberfläche, nur durchzogen von einzelnen aktiven und ehemaligen Fluss-/Bachläufen, sind Deltas ein beliebtes Siedlungsgebiet trotz Hochwassergefährdung. Insbesondere die Mündungsdeltas großer Ströme wie der Brahmaputra sind dicht besiedelt.

Dabei besitzen alle großen, aus feinklastischen Sedimenten aufgebauten Deltas eine Absinktendenz ihrer Oberflächen verursacht durch **diagenetische Kompaktion** der feinklastischen Deltaablagerungen. Grundwasserentnahmen und damit schnellere Kompaktion sowie Hochwasserschutz, wodurch Sedimenteinträge von den Flussarmen ins sinkende Delta stark reduziert werden, können diese Prozesse noch verstärken. Sie geben letztlich dem Meer mehr Möglichkeiten, dass Delta aufzuzehren.

Fossile Deltaablagerungen sind manchmal als Verebnungen oder Terrasssenleisten in ehemals vergletscherten Tälern oder Küstengebieten erhalten. Sie bieten die Möglichkeit, ehemalige Meeresspiegel- oder Seespiegelstände oder überhaupt die Existenz eines Sees

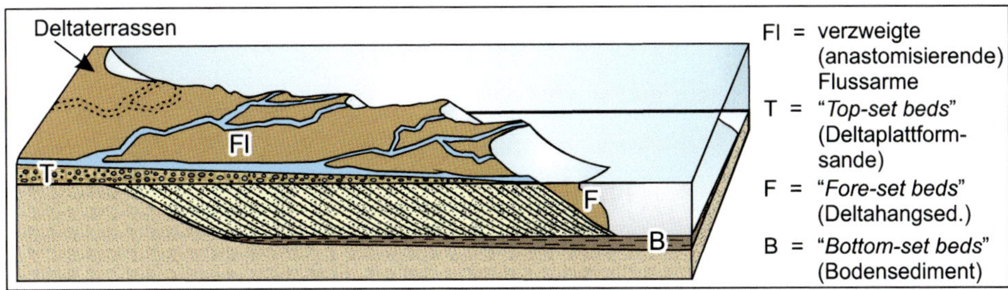

Abb. 3.3.23: Sedimente und Schichtungstypen innerhalb einer Deltaablagerung.

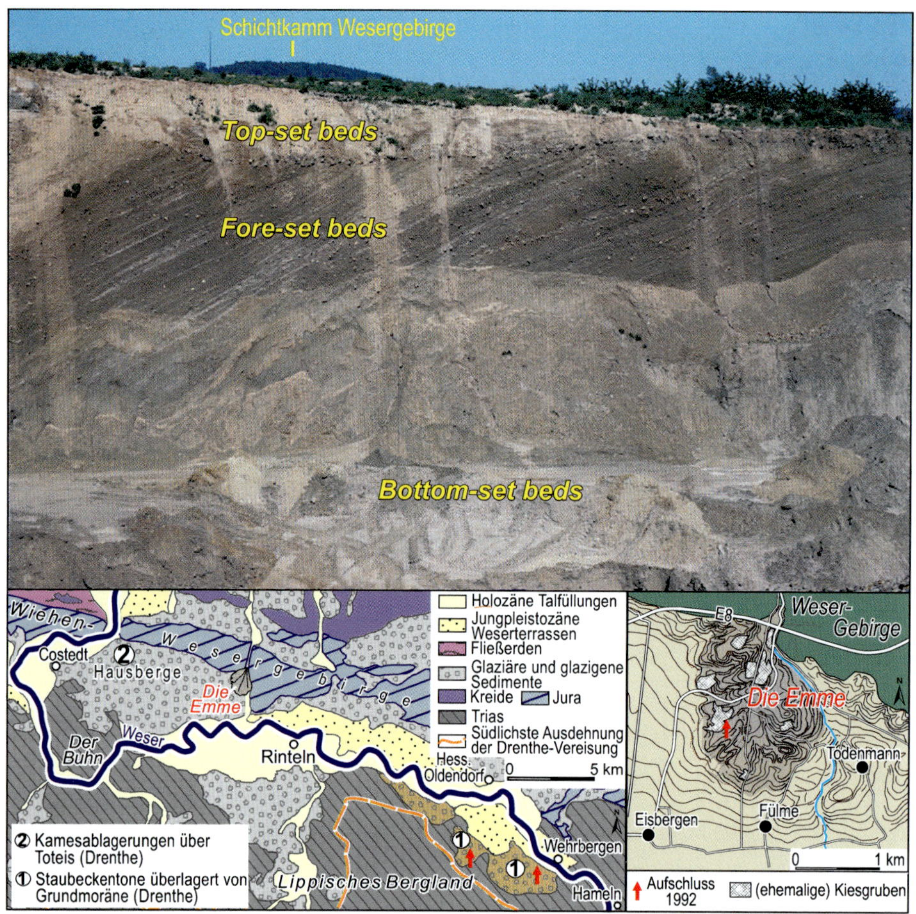

Bild 3.3.23:
Deltasedimente in der Emme nordwestlich von Rinteln (oberes Wesertal), die in der späten Drenthe-Kaltzeit vom Paß von Kleinenbremen nach Süden in den *„Rintelner Eisstausee"* (Name von Spethmann 1908) geschüttet wurden.
Der Kontakt zwischen kiesigen horizontal- und troggeschichteten Delta-Plattformsedimenten (*top-set beds*) und kiesigen, steil einfallenden Deltahangsedimenten (*fore-set beds*) markiert die Höhenlage des ehemaligen Wasserspiegels. Die hellen Seebodensedimente (*bottom-set beds*) bestehen aus horizontal geschichteten Feinsanden und Beckenschluffen (Literatur: z.B. Meyer 2017 und dortige Literaturverweise).

oder Meeresarms nachzuweisen. Denn Deltaablagerungen besitzen einen eindeutigen sedimentologischen Aufbau (Abb. 3.3.23; Bild 3.3.23) aus feinklastischen limnischen bzw. marinen Sedimenten an der Basis (***bottom-set beds***). Darüber folgen am ehemals oder noch progradierenden Deltahang die eigentlichen Deltaablagerungen mit ihren meist steil schräg einfallenden „deltageschichteten" Vorschüttungslamellen (***fore-set beds***). Am Top folgen dann die deutlich geringer mächtigen fluvialen Deltaplattformsedimente (***top-set beds***), die in der Regel aus in Relation gröberen Sedimenten bestehen.

Die Oberkanten der *Foresets* markieren die ehemalige Höhenlage des Seespiegels bzw. Meerespiegels bei Hochwasser bzw. Tidenhochwasser.

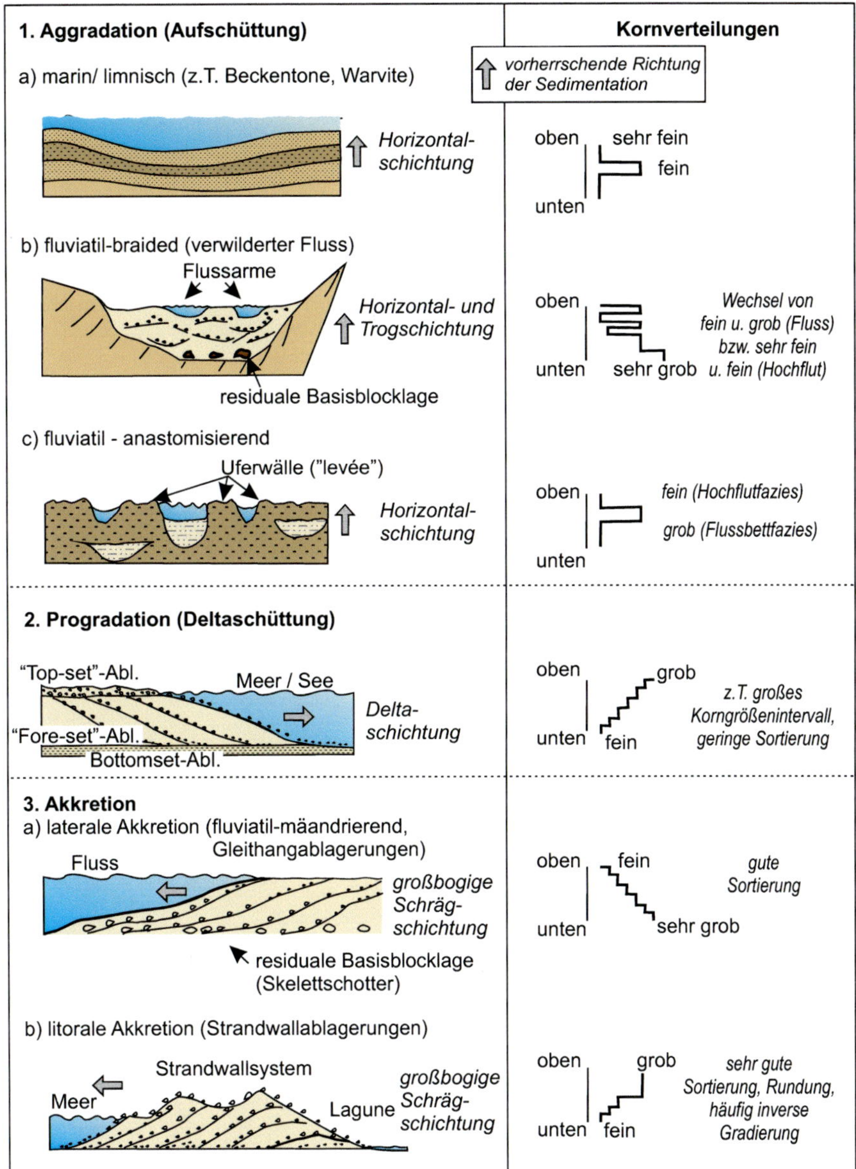

Abb. 3.3.24: Wichtige Ablagerungsmuster von Sedimenten in der Übersicht.

Abb 3.3.24 zeigt zur Wiederholung eine stark vereinfachte Übersicht wichtiger Ablagerungsmuster von Sedimenten aus verschiedenen marinen, fluvialen und litoralen Sedimentationsmilieus mit unterschiedlichen Prozessen der Aggradation, Progadation, der lateralen fluvialen sowie regressiven und progradierenden litoralen Akkretion von Sedimenten.

Ausgewählte Literatur

Kelletat, D. (2013): Physische Geographie der Meere und Küsten. – Stuttgart (Bornträger Verl.).

Ahnert, F. (2015): Einführung in die Allgemeine Geomorphologie. – 5. Aufl.; Stuttgart (Ulmer Verl.).

Erarbeiten Sie mit Hilfe des Textes und der Literatur die nachfolgenden Fragen.

1. *Warum besitzen die Deltagebiete großer Ströme von Natur aus eine Tendenz zum Absinken ihrer Oberflächen?*
2. *Was ist eine Deltaschichtung?*
3. *Welche drei Sedimenteinheiten bauen ein Delta auf?*
4. *Wie kann man mit Hilfe von Deltaablagerungen die Höhenlage des ehemaligen Seespiegels bzw. Meeresspiegels rekonstruieren?*

Bild 3.4.1: Der *Kviárjökull*, ein Auslaßgletscher der Plateauvergletscherung des *Vatnajökull* im Südosten Islands (LIA Little Ice Age).

3.4 Die Arbeit des Eises

3.4.1 Gletscherbildung
3.4.2 Gletschereis und Gletscher
3.4.3 Nähr- und Zehrgebiete
3.4.4 Gletschertypen
3.4.5 Abtragende Wirkung von Gletschern (Glazialerosion)
3.4.6 Glaziale Erosionsformen
3.4.7 Glaziale Akkumulationsformen
3.4.8 Landschaftsformen am Außenrand von Gletschern
3.4.9 Die glaziale Serie

Die Gesamtfläche des Gletschereises auf der Erde beträgt etwa 14,9 Mio. km², das entspricht 10% der Landoberfläche (Tab. 3.4.1). Davon entfallen ca. 12,6 Mio. km² auf die Antarktis (ca. 84,5 der eisbedeckten Fläche auf der Erde) und etwa 1,7 Mio. km² auf Grönland. Gebirgsgletscher und sonstige Eiskappen (Bild 3.4.1) besitzen an der vereisten Erdoberfläche nur einen Anteil von etwa 4%.

Ein Abschmelzen des antarktischen Inlandeises würde den Meeresspiegel um etwa 59 bis 65 m ansteigen lassen, und das Verschwinden des grönländischen Inlandeises hätte einen Anstieg von etwa 6 bis 7 m zur Folge. Ein Abschmelzen der nordpolaren Eiskappe und der Eisschelfe hätte keinen Meeresspiegelanstieg zur Folge, da diese auf dem Meer schwimmen und dadurch bereits ein entsprechendes Wasservolumen verdrängen.

Während des Hochstandes der letzten Kaltzeit war das Gesamtvolumen des Gletschereises mindestens zweieinhalb mal so groß wie heute (Denton & Hughes 1981), was ein **glazialeustatisches** Absinken des globalen Meeresspiegels um bis zu 120 bis 130 m zur Folge hatte.

Andererseits wurde durch die Auflast mächtiger kontinentaler Inlandvereisungen die dortige Lithosphäre in den Erdmantel gedrückt. Dadurch kam es in diesen Gebieten seit dem Abschmelzen der Inlandvereisung zur kräftigen **glazialisostatischen** Hebung. In Skandinavien wurden zentrale Bereiche inzwischen um über 200 m herausgehoben (Abb. 3.4.21).

Wichtige Forschungsfragen lauten:

Sind die aktuellen Veränderungen der Gletschervolumina auf der Erde ein einzigartiges, anthropogen verursachtes Phänomen?

Gab es bereits in der Vergangenheit ähnliche Reduzierungen der Ausdehnungen und Eisvolumina von Gletschern?

Dazu ist das Verständnis über Faktoren, die das Entstehen und Vergehen von Gletschern allgemein steuern ebenso notwendig, wie die Kenntnis vergangener Veränderungen und deren Ursachen. Sie sind der Maßstab für zukünftig zu erwartende Veränderungen.

„Der Schlüssel zum Verständnis der Gegenwart und der Zukunft liegt teilweise in der Vergangenheit"

Tab. 3.4.1: Ausdehnung heutiger Gletscher (Quelle: Flint 1971).

Region	geschätzte Fläche (km^2)	Anteil (%)
Südpolargebiet	**12 588 000**	**84,5**
Antarktisches Eisschild (ohne Schelfeis)	12 535 000	
Übrige antarktische Gletscher	50 000	
Subantarktische Inseln	3 000	
Nordpolargebiet	**2 081 616**	**14,0**
Grönländischer Eisschild	1 726 400	11,6
übrige grönländische Gletscher	76 200	
Inseln der kanadischen Arktis	153 169	
Island	12 173	
Spitzbergen	58 016	0,39
übrige arktische Inseln	55 658	
Nordamerikanisches Festland	**76 880**	**0,5**
Alaska	51 476	
übrige Gebiete	25 404	
Südamerikanische Kordilleren	**26 500**	**0,2**
Nord- und Südpatagonisches Eisfeld	21 200	
Europäisches Festland	**9 276**	**0,06**
Skandinavien	3 810	0,03
Alpen	3 600	0,02
Kaukasus	1 805	
übrige Gebiete	61	
Asiatisches Festland	**115 021**	**0,8**
Himalaya	33 200	
Kunlun	16 700	
Karakorum und Ghujerab/Khunjerab	16 000	
übrige Gebiete	49 121	
Afrikanisches Festland	**12**	
Pazifik (einschließlich Neuseeland)	**1 015**	**0,01**
Gesamt	**14 898 320**	**100**

3.4.1 Gletscherbildung

Klimatische Voraussetzungen

Die entscheidende Voraussetzung für die Bildung von Gletschern ist die, dass über mehrere Jahre hinweg mehr Schnee fällt oder angehäuft wird, als abschmelzen oder verdunsten kann. Anders ausgedrückt: Gletscher entstehen überall dort, wo der **Schneeniederschlag (Schneeanhäufung)** N_S **höher** als die **Ablation A** ist: $N_S > A$.

Insofern begünstigen ozeanische Klimate die Entstehung von Gletschern, da in diesen Gebieten bei hinreichend niedriger Temperatur mehr Schnee fällt als in kontinentalen Klimaten. In Trockengebieten ist dagegen der Schneefall zu gering, so dass er auch in größeren Höhen den Sommer mit seiner hohen solaren Einstrahlungsenergie nur selten überdauert. Bei Dauerfrostboden bilden sich dort statt dessen Blockgletscher und andere frostbedingte Formen.

Die Anhäufung von Schnee ist aber nicht nur von den klimatischen Bedingungen abhängig. Auch der Wind und das Relief sind von Bedeutung. In geschützten Nischen und im Fußbereich von Steilwänden wird Schnee häufig vom Wind zusammengeweht oder von Lawinen angehäuft.

Neben den allgemeinen klimatischen Verhältnissen, der Windexposition und dem Relief können auch sommerliche Niederschläge je nach Art derselben die Akkumulation von Schnee fördern oder die Ablation von Schnee steigern. Sommerlicher Schneefall wirkt konservierend, da frisch gefallener Neuschnee die Reflexion (**Albedo**, Tab. 3.4.2) und damit die Ablation vermindert. Sommerlicher Regen steigert dagegen die Ablation enorm.

Tab. 3.4.2: Albedowerte (%) von Schnee -und Eisoberflächen.

	Albedo (%)	
	Range	**Mean**
Dry snow	80-97	**84**
Melting snow	66-88	**74**
Firn	43-69	**53**
Clean ice	34-51	**40**
Slightly dirty ice	26-33	**29**
Dirty ice	15-25	**21**
Debris-covered ice	10-15	**12**

Die **Ablation** umfaßt das Schmelzen des Eises auf, in und an der Basis des Gletschers. Ist die Ablation größer als die Eisnachfuhr aus dem Nährgebiet bzw. größer als die Gletscherbewegung, dann weicht der Gletscher zurück bzw. schmilzt ab. Dabei findet aber weiterhin eine Eisbewegung aus dem Nährgebiet in das Zehrgebiet des Gletschers statt. Ist die Ablation geringer als die Eisbewegung, dann rückt der Gletscher vor und sein Volumen wächst. Erst wenn die Gletscherbewegung erlischt, spricht man nicht mehr von einem Gletscher, sondern von **Toteis**.

Freie und bedeckte Ablation

Die Stärke der Ablation ist vor allem abhängig:

- von der Intensität der solaren Einstrahlung;
- von der Häufigkeit und Stärke des Windes, der die Verdunstung (Sublimation) steigert;
- vom Jahresgang der Lufttemperatur, vor allem der Sommertemperaturen;
- von der Menge des Schneeniederschlags, da Schnee eine hohe Albedo besitzt;
- von der Menge des Regenniederschlags (latente Wärme des Wasserdampfes);
- von den Druck- und Temperaturverhältnissen im Gletscher und an seiner Basis (Regelaionsschicht, Schmelzwasser).

Bild 3.4.2:
Seracs prägen im Sommerhalbjahr die Gletscherzunge des *Perito Moreno* am Ostabfall der südpatagonischen Anden (links) und die Gletscherzunge des *Breidamerkurjökull* (rechts), einem Auslaßgletscher des Vatnajökull auf Island. Seracs sind Eisspalten, deren Eintiefung ablativ verstärkt wurde. Sie entstehen bei hohen Verdunstungsraten durch intensive solare Strahlungsenergien bei geringer Luftfeuchtigkeit. Durch Reflexion des Sonnenlichts zwischen den Zacken ähnlich eines Hohlspiegels kommt es zur erhöhten Ablation. Die Folge ist eine Versteilung und Eintiefung der Zacken. Es handelt sich um eine vom Einfallswinkel der Sonne abhängige Ablation.

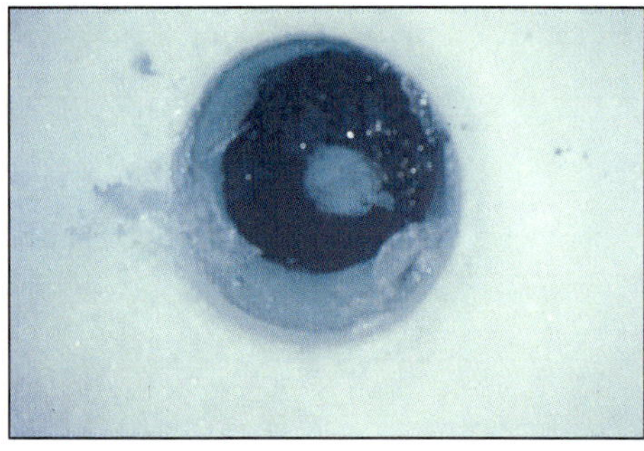

Bild 3.4.3:
Kryokonitloch (Durchmesser etwa 28 cm, Tiefe ca. 35 cm) auf dem *Hinlopenbreen* in der Hinlopenstraße in Nordost-Spitzbergen. Kryokonitlöcher entstehen im Sommerhalbjahr bei geringer punktueller Verschmutzung einer Eisoberfläche durch organische oder anorganische Partikel. Die dadurch verursachte Verringerung der Albedo führt dort zum gesteigerten Abschmelzen des Eises.

Dabei versteht man unter **freier Ablation** das Schmelzen von Schnee-, Firn- und Eisoberflächen ohne wesentliche Beeinflussung durch Schuttpartikel. **Formen der freien Ablation** sind u.a. Mittagslöcher, Wabenschnee, Seracs (Eisspalten, ablativ verstärkt; Bild 3.4.2) oder Büßerschnee (*Nieve de los Penitentes*).

Bei der **bedeckten Ablation** wird durch eine vorhandene Schuttbedeckung je nach deren Mächtigkeit das Schmelzen gesteigert oder abgeschwächt.

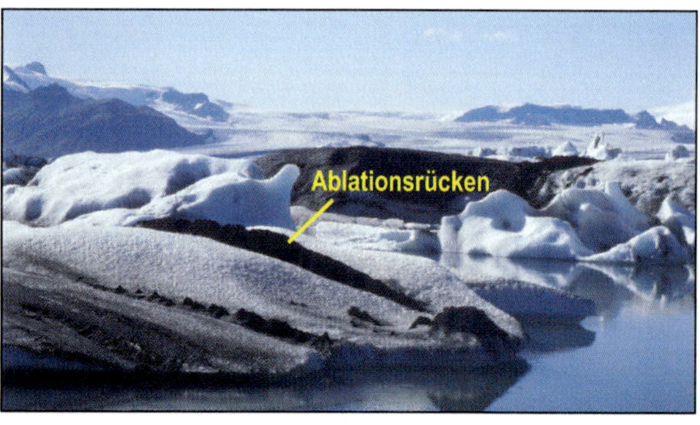

Bild 3.4.4:
Ablationsrücken auf einer verdrifteten Toteisscholle des *Breidamerkurjökull*, einem Auslaßgletscher des *Vatnajökull* im Südosten Islands.

Ist die Bedeckung durch Staub, Steine, selten auch Vegetation nur bis zu 2 cm dick, dann wird aufgrund der verringerten Albedo ein höherer Anteil der solaren Einstrahlung zur Erwärmung der Partikel genutzt und über Wärmeleitung an die unterlagernde Schnee-, Firn- bzw. Eisoberfläche weitergegeben. Das führt dort zum verstärkten Schmelzen. Eine Fremdmaterialauflage von über 2 cm Stärke wirkt dagegen isolierend und schützt vor der Sonneneinstrahlung.

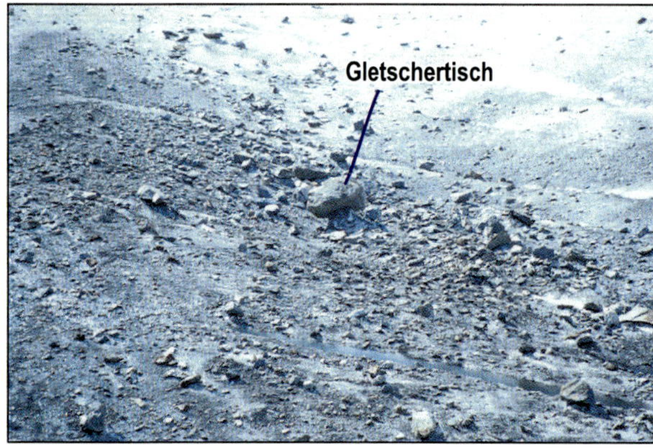

Bild 3.4.5:
Obermoräne mit einem kleinen Gletschertisch im Zehrgebiet des *Morteratsch*-Gletschers (Schweizer Alpen).

Formen der bedeckten Ablation sind u.a. Kryokonitlöcher (Bild 3.4.3), Kryokonitkessel, Ablationskegel (Bild 3.4.4) und Gletschertische (Bild 3.4.5). Kryokonitlöcher können Durchmesser von 2 bis 25 cm besitzen und bis zu 1 m tief sein. Gletschertische sind am höchsten in den Subtropen und Tropen, kleinere Formen in den höheren Breiten. Auf der Nordhalbkugel neigen sich Gletschertische nach Süden, auf der Südhalbkugel nach Norden.

Bild 3.4.6: Supraglaziale Schmelzwasserbäche im August 1999 in Nord-Spitzbergen.

Schmelzwässer sind ein Resultat von Ablation. Der feine Wasserfilm an der Gletscherbasis temperierter Gletscher, der Gletschersee auf dem Eis, die supra-, en- oder subglazialen Schmelzwasserbäche fließen zur Gletscherstirn, wo sie Wasserfälle (Bild 3.4.6) oder Gletschertore ernähren (Bild 3.4.7). Supraglaziale Schmelzwasserbäche können rotierend in sog. **„Gletschermühlen"** *(Moulin, glacial sinkhole)*" ihren Weg in die Tiefe des Eises nehmen. Erreichen Sie die Gesteinsbasis, können sie dort metertiefe Auskolkungen erodieren, die als **„Gletschertöpfe"** *(potholes)* bezeichnet werden.

Bild 3.4.7: Gletschertor am *Morteratsch*-Gletscher (Schweizer Alpen) im Sommer 1998.

Ausgewählte Literatur

PRESS, F. & SIEVER, R. (2017): Allgemeine Geologie: Kap. 21; Heidelberg (Spektrum).

Erarbeiten Sie mit Hilfe der Literatur und des Textes die nachfolgenden Fragen.

1. *Was versteht man unter glazialeustatischen und glazialisostatischen Meeresspiegelveränderungen?*
2. *Wie stark würde der Meerespiegel bei einem Abschmelzen der grönländischen Eiskappe ansteigen?*
3. *Wovon ist die Stärke der Ablation abhängig?*
4. *Was versteht man unter „freier" bzw. „bedeckter" Ablation?*
5. *Welche Ablationsformen entstehen bei freier Ablation?*
6. *Welche Ablationsformen entstehen bei bedeckter Ablation?*

7. *Wodurch kann das sommerliche Abschmelzen eines Gletschers gesteigert werden?*

8. *Welche Albedo besitzt im Mittel frisch gefallener Neuschnee und welche Albedo besitzt schmutziges Gletschereis? Wer von beiden schmilzt bei identischer solarer Einstrahlungsenergie schneller ab?*

9. *Wo liegen die größten Vereisungsgebiete auf der Erde?*

10. *Wie hoch würde der globale Meeresspiegel bei einem vollständigen Abschmelzen des antarktischen Inlandeises ansteigen?*

11. *Wie stark war der Meeresspiegel während der hochglazialen Abschnitte vergangener Eiszeiten abgesunken?*

12. *Wie stark ist Skandinaviens seit Abschmelzen der weichselzeitlichen Inlandvereisung bis heute glazialisostatisch gehoben worden?*

13. *Wie entsteht ein Gletscherwind?*

14. *Welche Gebiete auf der Erde sind trotz entsprechend niedriger Jahresmitteltemperaturen nur wenig vergletschert ? Was ist die Ursache?*

3.4.2 Gletschereis und Gletscherbewegung

Gletschereis entsteht durch Umkristallisation und Verdichtung (Kompaktion) von Schnee (Tab. 3.4.3). Es handelt sich insofern um einen diagenetischen (Kompaktion) und einen metamorphen (Umkristallisation) Prozeß.

Neuschnee besteht aus fein verzweigten hexagonale Schneekristallen mit einem Luftgehalt von etwa 90% und einer Dichte bei Pulverschnee von 0,06 g/cm³. **Altschnee** ist mehr als 3 Tage alt und besitzt durch Schmelzen und Verdunsten abgerundete Schneekristalle (destruktive Metamorphose).

Firn ist vorjähriger Schnee und besteht aus körnigen Aggregaten. Er besitzt eine Dichte zwischen 0,5 bis 0,7 g/cm³. Der Luftgehalt liegtzwischen 60% und 30% (im Mittel bei 40%). Firn entsteht durch Verdichtung (Diagenese) infolge des auflastenden Schnees und leichtes Schmelzen und Wiedergefrieren (destruktive Metamorphose).

Durch weitere Verdichtung (Diagenese) und durch Kristallwachstum (konstruktive Metamorphose) wandelt sich Firn in weißes bis blaues **Gletschereis** um (Bild 3.4.8). Gletschereis besitzt eine Dichte von 0,9 (blaues Gletschereis) bis 0,8 g/cm³ (weißes Gletschereis) und einen Luftgehalt von <10% bis 2% (Tab. 3.4.3; Abb. 3.4.1).

Tab. 3.4.3: Physikalische Kenngrößen für Neu- und Altschnee, Firn und Gletschereis.

	Neuschnee	**Altschnee**	**Firn**	**Weißes Gletschereis**	**Blaues Gletschereis**
	Alterungsprozeß (**Diagenese**)			Kristallwachstum (**Metamorphose**)	
Dichte (g/cm³)	0,02 – 0,08	0,1 – 0,2	0,5 –0,7	0,8	0,9
Luftgehalt (%)	90		40	10	2
	luftdurchlässig			Luft in Bläschen eingeschlossen, kein Austausch mit der Umgebung	
Kristallgröße	ca. 0,1 mm		ca. 1 mm	mehrere mm-große Eiskristalle bis zu 25 cm	
	hexagonale Schneekristalle		körniger Schnee	unregelmäßige Eiskristalle	

Bild 3.4.8: Weißes bis blaues Gletschereis: a bis c) Eissschollen vom *Breidamerkurjökull* einem Auslaßgletscher des *Vatnajökull* im Südosten Islands; d) Driftende Eisscholle im *Woodfjord* (Nord-Spitzbergen).

Gletschereis besitzt oft eine **jahreszeitliche Schichtung** aus dichten dunklen, feinkristallinen und klaren Winterlagen sowie hellen Sommerlagen aus größeren Eiskristallen durch sommerlichen Rauhreif (Bild 3.4.9).Solche visuell erkennbaren Jahresschichten (visuelle Stratigraphie) sind im grönländischen Eisbohrkern NGRIP bis in ca. 2.500 m Tiefe erhalten und bis zu 42. 000 Jahre alt. Diese visuelle Zeitskala konnte in Grönland über jahreszeitlich schwankende Sauerstoff-Isotopengehalte in den Eisbohrkernen bis vor etwa 60.000 Jahre verlängert werden (Kap. 1.2.1).

Bild 3.4.9: Jahreszeitliche Bänderung aus dunkleren blauen Winter- und hellen weißen Sommerlagen an der Kalbungsfront des *Hinlopenbreen* in der Hinlopenstraße in Nord-Spitzbergen.

Die **Dauer einer Umwandlung von Schneekristallen zu Gletschereis** ist klimaabhängig. Bei hoher Schneeakkumulation und hoher Schmelzrate läuft dieser Transformationsprozeß relativ schnell ab. Im ozeanischen Klima wenige Jahre, in den Alpen einige Jahre bis Jahrzehnte und im grönländischen Inlandeis etwa 50 bis 300 Jahre. Bei niedriger Schneeakkumulation und niedriger Schmelzrate geht der Transformationsprozeß sehr langsam voran, viele Jahrhunderte bis mehrere Jahrtausende (Abb. 3.4.1).

Gletscher sind Eiskörper, die:

a) unter dem Gewicht ihrer eigenen Masse durch Druckverflüssigung an den Oberflächen der einzelnen Eiskristalle der Schwerkraft folgend kriechen bzw. fließen (**plastisches Fließen**);
b) manchmal (warme bzw. temperierte Gletscher) auf einer basalen Regelationsschicht dahingleiten (**basales Gleiten**) und
c) manchmal (etwa 4% aller Gletscher) auch plötzlich vorrücken in Form von Gletscherwogen bzw. „***glacier surges***" (10 bis 30 m/Tag, im Extremfall bis zu 120 m/Tag). Ursachen solcher *Surges* können a) ungewöhnlich große Eisakkumulationen im Nährgebiet sein, die sich vor einem Hindernis aufstauen, oder b) das Aufschwimmen der Gletscherzunge bei einem ins Meer oder in einen See mündenden Gletscher, oder c) bei Gletschern mit kalter Basis durch das plötzliche Abreißen der festgefrorenen Gletscherbasis (Schubspannung > Reibungswiderstand).

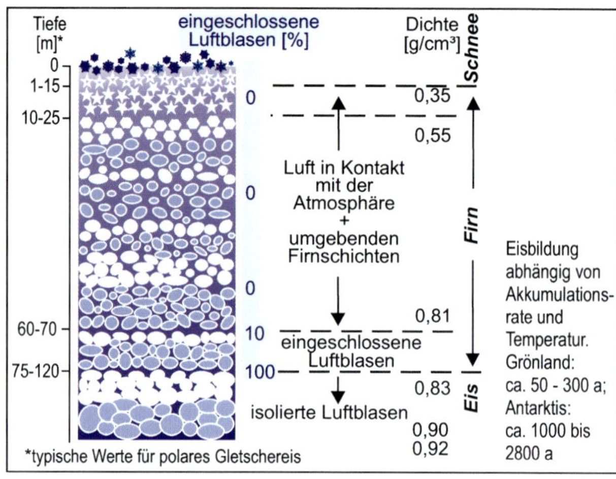

Abb. 3.4.1: Eisbohrkerne als Klimaarchiv.

Die **Fließgeschwindigkeit** eines Gletschers nimmt mit der Eismächtigkeit, dem Gefälle und der Temperatur des Eises zu. Aufgrund des erhöhten Reibungswiderstands an den Seiten und an der Basis eines Talgletschers ist bei ihm die Fließgeschwindigkeit in der Mitte am höchsten und nimmt zu den Rändern und zur Basis hin ab.

Ogiven mit ihren hellen Winter- und dunklen Sommerlagen zeigen oft sehr schön das ungleichmäßige Oberflächenfließen eines Gletschers nach. Insgesamt bewegen sich Gletscher meist relativ langsam über den Gesteinsuntergrund mit Geschwindigkeiten von 3 m bis 300 m/Jahr. Bei Alpengletschern beträgt sie überwiegend 20 bis 40 m/Jahr.

Die Bezeichnungen „**temperierter**" **Gletscher** (*warm based glacier*) und „**kalter**" **Gletscher** (*cold based glacier*) beziehen sich auf das Erreichen und zumindest zeitweilige Überschreiten des Druckschmelzpunktes an der Gletscherbasis. Beim temperierten Gletscher kommt es an der Gletschersohle saisonal zur Druckverflüssigung und damit zur Bildung eines Schmelzwasserfilms. Dieser ermöglicht ein Gleiten der Gletscherbasis über den Gesteinsuntergrund, was in der Regel deutlich höhere durchschnittliche Bewegungsgeschwindigkeiten zur Folge hat. Beides, basale Schmelzwasserbildung und basales Gleiten, führt zu bestimmten Formen der Glazialerosion. Den Vorgang des Auftauens und Wiedergefrierens von Eis bezeichnet man als „**Regelation**“ und den durch Druckverflüssigung entstandenen und wiederholt gefrierenen Schmelzwasserfilm auch als „**Regelationsschicht**“.

Bei einer kalten Gletscherbasis wird der Druckschmelzpunkt nicht erreicht (Bild 3.4.10). Die Gletschersohle friert am Gesteinsuntergrund fest, reißt immer wieder ab, was ruckhafte schnelle Blockschollenbewegungen und Gletscherwogen (*glacier surges*) auslösen kann. Festfrieren und Losreißen der Gletscherbasis führen zu charakteristischen kantigen Formen der Glazialerosion.

Bild 3.4.10:
Plateauvergletscherung mit kalter Basis in der Hinlopenstraße, Nordost-Spitzbergen.

Das Erreichen des **Druckschmelzpunktes** (Abb. 3.4.2) an der Gletscherbasis ist abhängig von den dort herrschenden Druckverhältnissen (vom Reibungswiderstand des Untergrundes, vom Auflastungsdruck des Eises und vom mitgeführten Gesteinsschutt), der Temperatur des Gletschereises (abhängig von den Lufttemperaturen) sowie der Einwirkung von Erdwärme aus dem Gesteinsuntergrund. Vereinfacht gilt: ***je niedriger die Lufttemperaturen, desto kälter ist das Gletschereis und desto mächtiger muss es sein, damit an seiner Basis der Druckschmelzpunkt überschritten wird.***

Insofern können innerhalb eines Gletschers Areale mit temperierter und andere Areale mit kalter Basis auftreten. Selbst an der Basis des antarktischen Inlandeises kann trotz der extrem niedrigen Lufttemperaturen bei Eismächtigkeiten von meist über 2.200 m der Druckschmelzpunkt erreicht werden, also eine temperierte Gletscherbasis verbreitet sein. So hat man dort seit 1987 mehr als 400 subglaziale Seen entdeckt, wie den am besten erforschten ***Vostok Lake.*** Das grönländische Inlandeis hat dagegen große Areale mit relativ geringen Mächtigkeiten von unter 1.300 m, so dass eine kalte Eisbasis weit verbreitet ist. Viele Gebirgsgletscher der außerpolaren Breiten besitzen wegen der relativ hohen Lufttemperaturen eine warme Gletscherbasis.

Bei solchen Abschätzungen ist zu beachten, dass der Druckschmelzpunkt von Eis bei Druckerhöhung um ca. 0,072°C pro 1 MPa sinkt (Abb. 3.4.2). An der Basis eines etwa 2.000 m mächtigen Gletschers liegt je nach Schuttfracht der Druckschmelzpunkt bereits unterhalb von -1,3°C. Sind innerhalb eines Gletschers oder Inlandeises Areale mit kalter und temperierter Gletscherbasis getrennt, zum Beispiel ein Nährgebiet mit kalter und eine Gletscherzunge mit temperierter Basaltemperatur des Eises, dann spricht man von einem „**polythermalen**“ Gletscher.

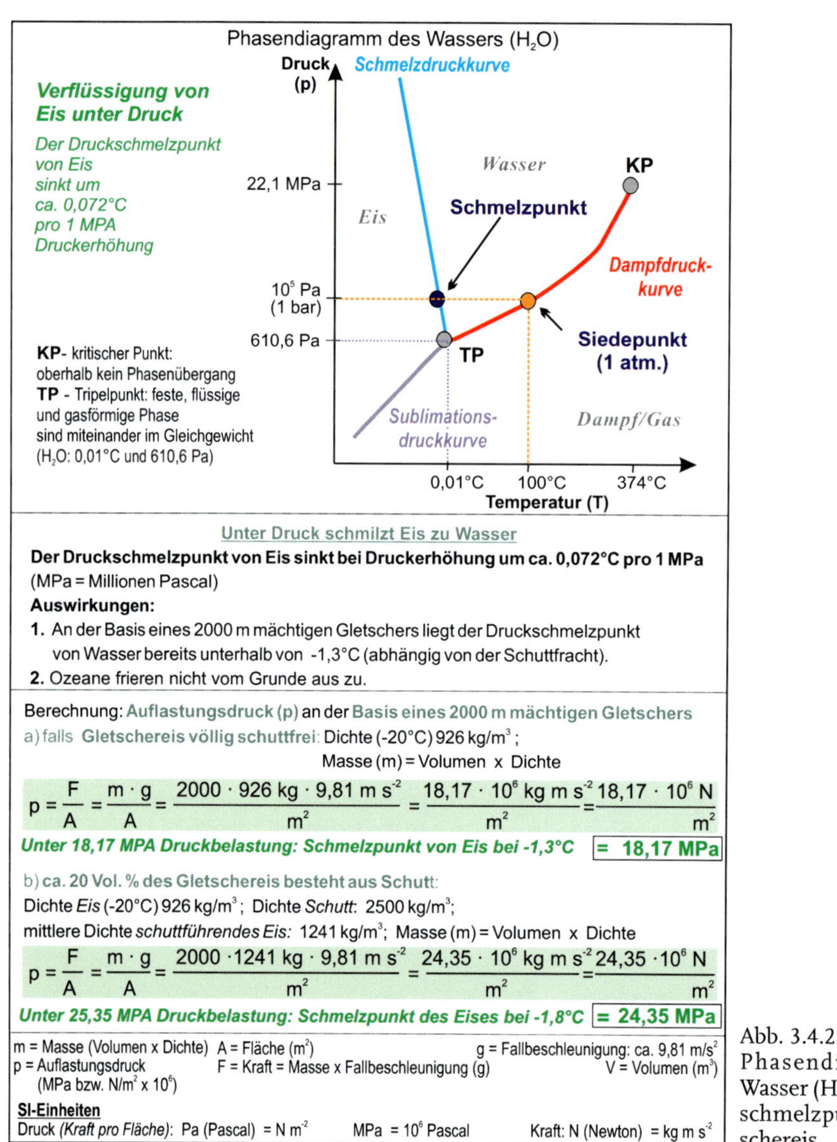

Abb. 3.4.2: Phasendiagramm des Wasser (H_2O) und Druckschmelzpunkt von Gletschereis.

Ausgewählte Literatur

Press, F. & Siever, R. (2017): Allgemeine Geologie: Kap. 21; Heidelberg (Spektrum).

Zepp, H. (2017): Grundriß Allgemeine Geographie: Geomorphologie eine Einführung: Kap. 9; Paderborn (Schöningh UTB Verl.).

Ahnert, F. (2015): Einführung in die Allgemeine Geomorphologie: Kap. 24.1; Stuttgart (Ulmer Verl.).

Erarbeiten Sie mit Hilfe der Literatur und des Textes die nachfolgenden Fragen.

1. *Wie unterscheiden sich Schnee, Firn und Gletschereis (Dichte, Luftdurchlässigkeit, Kristallform)?*
2. *Wie unterscheiden sich blaues und weißes Gletschereis außer durch die Farbe?*

3. *Welche Kornform hat Neuschnee und welche Kornform hat Firn?*
4. *Was versteht man unter einem reliefübergeordneten Gletscher?*
5. *Nennen Sie 3 Arten von Gletscherbewegung.*
6. *Was ist die Voraussetzung dafür, dass Gletscher basal über den Gesteinsuntergrund hinweggleiten können?*
7. *Warum erreichen einige kalbende Gletscher zeitweise sehr schnelle Vorwärtsbewegungen von bis zu 5 km/ Jahr?*
8. *Wo ist die Fließgeschwindigkeit innerhalb eines Gletschers normalerweise am größten?*
9. *Was ist ein Surge eines Gletschers?*
10. *Wie lange dauert es in Grönland und in der Antarktis bis Neuschnee zu Gletschereis umgewandelt ist?*

Weitere Fragen für BA-Studierende und Lehramt Gymnasium

11. *In Firn sind Luftblasen eingeschlossen. Stehen diese noch im Austausch mit der Umgebung?*
12. *Was versteht man unter plastischem Fließen von Gletschereis und wodurch wird es ausgelöst?*
13. *Was sind Ogiven?*
14. *Wovon ist das Erreichen des Druckschmelzpunktes an der Basis eines Gletschers abhängig?*
15. *Was versteht man unter kalten Gletschern und wo auf der Erde findet man sie?*
16. *Was sind Blockschollenbewegungen und mit welcher Geschwindigkeit können sie erfolgen?*
17. *Wovon ist die Fließgeschwindigkeit eines Talgletschers abhängig?*
18. *Was ist Regelation und wie entsteht eine Regelationsschicht an der Basis eines Gletschers?*
19. *Was versteht man unter einem polythermalen Gletscher?*
20. *Welcher Gletscher kann potentiell mehr erodieren: einer mit kalter oder einer mit temperierter Basis? Begründen Sie ihre Auffassung.*
21. *Wie lange dauert es in Grönland und in der Antarktis bis Neuschnee zu Gletschereis umgewandelt ist? Welche Folgen hat das für die Interpretation von Paläoklimadaten aus dortigen Eisbohrkernen?*
22. *Wo in der Antarktis ist die Temperatur an der Basis des Inlandeises im Bereich des Druckschmelzpunktes? Wie kann man das an einem dort vorhandenen subglazialen Naturphänomen nachweisen?*

3.4.3 Nähr- und Zehrgebiete

Innerhalb einer Gletscheroberfläche unterscheidet man Nähr- und Zehrgebiete (Bild 3.4.11; Abb. 3.4.3). Das **Nährgebiet** ist der Bereich, in dem im Mittel mehrerer Jahre mehr Schnee (N_S) hinzukommt, als durch Ablation (A) verloren geht.

Nährgebiet: $N_S > A$ (N_S = Schneeniederschlag + Lawinen + Windverwehungen).

Insgesamt besitzt das Nährgebiet in einem hydrologischen Jahr eine positive Netto-Massenbilanz (Massenbilanz = Akkumulation - Ablation). Neuschnee oder Firn bilden ganzjährig die Oberfläche. Es ist eine Akkumulationszone.

Im **Zehrgebiet** ist die Ablation größer als der Eiszuwachs durch die örtliche Schneeakkumulation.

Zehrgebiet: $N_S < A$, also Massenverlust bzw. jährliche negative Massenbilanz.

Bild 3.4.11: Nähr- und Zehrgebiete, Firnlinie, Seiten- und Mittelmoränen auf dem *Skaftafellsjökull* einem Auslaßgletscher des *Vatnajökull* (Südost-Island) im Sommer 2001.

Im Sommer kommt das Gletschereis zum Vorschein, es kommt zum Ausschmelzen von einsedimentiertem Schutt und zahlreiche Gletscherspalten treten offen zu Tage. Es ist insgesamt eine Ablationszone.

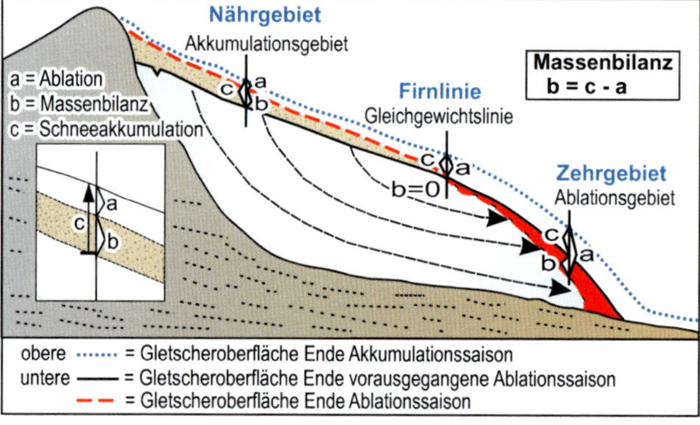

Abb. 3.4.3: Massenbilanz eines Gletschers (Quelle: WINKLER 1996).

Die **Trennlinie zwischen Nähr- und Zehrgebiet** bildet die **Gleichgewichtslinie** (*equilibrium line*) oder **Firnlinie** (Bild 3.4.11). Dort halten sich der Massenzuwachs und der Massenverlust die Waage, der Bilanzwert ist Null.

Zur Ermittlung von Massenbilanzen gibt es verschiedene Methoden wie:
- die direkte glaziologische Methode (Schneeschächte);
- Volumenmessungen (Echolot, Radar);
- die hydrologische Methode (Abflussmessungen);
- die geodätische Methode (Geoscanning, Vermessung).

Es gibt verschiedene Bestimmungsmethoden der mittleren Höhenlage der langjährigen Gleichgewichtslinie (ELA), also der Trennlinie zwischen Nähr- und Zehrgebiet. Dazu zählen die Seitenmoränen-Methode bzw. die Methode LICHTENECKER. Sie verwendet das erste Ausapern von Ober- und vor allem Seitenmoränen und kann dadurch auch für ehemalige Vergletscherungen verwendet werden. Früher weiter verbreitet war auch die Höhenteilungsmethode bzw. Methode v. HÖFER (1874). Bei ihr wird die Gleichgewichtslinie berechnet aus der mittleren Höhenlage (0,5-Anteil) oder dem unteren Drittel (0,35-Anteil) zwischen Gipfelumrahmung und Gletscherende (Endmoräne). Weiterhin gibt es Flächenteilungsmethoden, wobei das Nährgebiet eines Gletschers häufig als doppelt so groß wie das Zehrgebiet angesehen wird (Flächenverhältnis von 2 zu 1). Je nach Gletscher werden auch Verhältnisse zwischen 1,8 zu 1 oder 2,2 zu 1 benutzt.

Ausgewählte Literatur

PRESS, F. & SIEVER, R. (2017): Allgemeine Geologie: Kap. 21; Heidelberg (Spektrum).

ZEPP, H. (2017): Grundriß Allgemeine Geographie: Geomorphologie eine Einführung: Kap. 9; Paderborn (Schöningh UTB Verl.).

AHNERT, F. (2015): Einführung in die Allgemeine Geomorphologie: Kap. 24.2; Stuttgart (Ulmer Verl.).

Erarbeiten Sie mit Hilfe der Literatur und des Textes die nachfolgenden Fragen.

1. *Welche Methoden gibt es zur Bestimmung der mittleren Höhenlage der langjährigen Gleichgewichtslinie auf einem Gletscher?*
2. *Welches Verhältnis von Nähr- zu Zehrgebiet wird oft bei der Flächenteilungsmethode zur Bestimmung der Gleichgewichtslinie (GWL) verwendet?*
3. *Wie ist die Massenbilanz vieler Alpengletscher in den letzten Jahren und was ist die Ursache?*

Weitere Fragen für BA-Studierende und Lehramt Gymnasium

4. *Wovon ist die Lage der örtlichen bzw. lokalen Schneegrenze abhängig?*
5. *Wie ermittelt man die klimatische Schneegrenze?*
6. *Wie kann man im Sommerhalbjahr an einem Gletscher die Lage der aktuellen Firnlinie erkennen?*
7. *Welche Faktoren beeinflussen die Massenbilanz eines Gletschers?*

3.4.4 Gletschertypen

Gletscher können nach verschiedenen Kriterien mit unterschiedlicher reliefformender Wirksamkeit klassifiziert werden. Bei der geomorphologischen Typenbildung unterscheidet man **reliefübergeordnete** Eisschilde und Plateaugletscher (Bild 3.4.12) sowie **reliefuntergeordnete** Kar- und Talgletscher, Auslaßgletscher (Bild 3.4.12, Bild 3.4.13) sowie Eisstromnetze und Vorlandgletscher (Piedmontgletscher).

Reliefübergeordnete Vereisungen gestalten, von einzelnen aus dem Eisschild herausragenden Bergen (sog. „**Nunatakker**"; Singular „Nunatak") und Gebirgsrücken abgesehen, den Untergrund großflächig und greifen über subglaziale Gebirgsscheiden hinweg. Sie können sich unabhängig vom Relief des Untergrundes ihrem Oberflächengefälle folgend bewegen. Relief-untergeordnete Gletscher sind dagegen dem Relief angepaßt. Die Neigung ihrer Oberflächen und die Bewegungsrichtung folgt dem Gefälle des Untergrundes.

Klassifizierungen nach **Art der Gletscherbewegung** (fließende oder Blockschollenbewegung) oder nach dem **Temperaturhaushalt** der Gletscherbasis (Gletscher mit kalter, temperierter oder polythermer Basis) sind wichtig bei der Analyse der vom Gletscher und seinen Schmelzwässern geschaffenen Reliefformen und Ablagerungen.

Bild 3.4.12:
Beispiele für Plateauvergletscherungen von Nord-Spitzbergen beiderseits der Hinlopenstraße über den *Vatnajökull* im Südosten Islands bis zu den südpatagonischen Anden.

Eine Typisierung nach der Massenbilanz, ob **aktiv vorstoßender**, **stagnierender** oder **abschmelzender Gletscher** oder inaktives **Toteis** ist bedeutsam bei der Analyse von Reliefformen und bei der Rekonstruktion von lokalen oder regionalen Klimaveränderungen.

Ausgewählte Literatur

Zepp, H. (2017): Grundriß Allgemeine Geographie: Geomorphologie eine Einführung: Kap. 9; Paderborn (Schöningh UTB Verl.).

Ahnert, F. (2015): Einführung in die Allgemeine Geomorphologie: Kap. 24.3; Stuttgart (Ulmer Verl.).

Erarbeiten Sie mit Hilfe der Literatur und seriöser Internetseiten die nachfolgenden Fragen.

1. *Wann besaßen die Alpen ein ausgedehntes Eisstromnetz? Wo lagen bedeutende Transfluenzen?*
2. *Welche Gletschertypen sind in den Alpen verbreitet?*
3. *Was ist ein Nunatak?*
4. *Was versteht man unter einem stagnierenden Gletscher?*
5. *Was ist Toteis?*

Weitere Fragen für BA-Studierende und Lehramt Gymnasium

6. *Wodurch wird ein Hänge- bzw. Wandgletscher ernährt?*
7. *Wo auf der Erde findet man heute ausgedehnte Plateauvergletscherungen?*
8. *Wo findet man außerhalb der Polargebiete Inlandeissschilde?*

Bild 3.4.13:
Der *Perito Moreno* ist einer der bekanntesten Auslaßgletscher des südpatagonischen Eisfeldes am Ostrand der südpatagonischen Anden. Er reicht dabei weit unter die Waldgrenze aus dichten *Nothofagus*-Wäldern. Der *Perito Moreno* kalbt nach Osten in den Lago Argentino und staut durch Schließung des engen Durchlasses zwischen beiden Seearmen (Bild unten links) etwa alle 11 Jahre den südlichen Nebenarm des Lago Argentino, den *Brazo Sur,* für wenige Wochen auf. Daher besitzt der *Brazo Sur* einen breiten unbewaldeten Uferstreifen (Bild oben und in der Mitte links).

3.4.5 Abtragende Wirkung von Gletschern (Glazialerosion)

Hierzu einige Begriffsdefinitionen.

Glazial: von Gletschern geschaffene Formen und Ablagerungen (glaziale Serie).

Glazial: Kaltzeit im Eiszeitalter (Glaziale und Interglaziale).

Glazigen: unmittelbar durch das Eis entstandene Formen und Ablagerungen (Einengung von glazial).

Glaziär: indirekter Zusammenhang zum Eis; im Kontakt mit Gletschern entstandene Formen und Ablagerungen (z.B. glaziäre Schmelzwasserablagerungen).

Stadial: Kaltphase innerhalb einer Kaltzeit (Stadiale und Interstadiale).

Die Formung eines Gebietes durch glaziale Prozesse resultiert aus der Wechselwirkung zwischen:

1. dem sich bewegenden, mehr oder minder stark schuttbelasteten Gletschereis;
2. der Erosionswiderständigkeit des Gesteinsuntergrundes (u.a. abhängig von der Petrographie, Klüftung, geologischen Gesteinslagerung, präglazialen Verwitterung);
3. der Topographie der Gletschersohle (z.B. Hindernisse oder Steilstrecken);
4. dem Reibungswiderstand und dem Gefälle des Gesteinsuntergrundes.

Das **Erosions- und Akkumulationsvermögen eines Gletschers** wird dabei wesentlich beeinflusst von:

1. der Fließgeschwindigkeit und der Zeitdauer der Gletscherbewegung;
2. der Art der Fließbewegung;
3. der Eismächtigkeit und Eistemperatur;
4. den Temperatur-/Druckverhältnissen an der Gletscherbasis (temperierter, kalter oder polythermaler Gletscher);
5. der Schuttführung;
6. dem Auftreten subglazialer Schmelzwässer (Menge, Fließgeschwindigkeit, hydrostatischer Druck).

Erosionswerkzeuge eines Gletschers sind:

1. das sich bewegende Eis (Bewegungsgeschwindigkeit, Auflastungsdruck, basale Temperatur);
2. das mitgeführte Gestein (Korngröße und Petrographie);
3. die subglazialen Schmelzwässer (Menge, Fließgeschwindigkeit, Strömungsturbulenzen, hydrostatischer Druck).

Die **glaziale Erosion** leistet in zweifacher Hinsicht einen Beitrag zur Entstehung einer Glaziallandschaft.

1. durch erosive Prozesse entstehen charakteristische Formen unterschiedlicher Größenordnung. Sie reichen von mehreren hundert Meter tiefen Trogtälern bis zu wenigen Zentimeter langen Gletscherschrammen.

2. liefert sie Sedimente, die verschiedene glaziale und fluvioglaziale Akkumulationsformen (Kap. 3.4.6) aufbauen.

Man kann mindestens drei bedeutende **Prozesse der Glazialerosion** ausgliedern: Detersion, Detraktion und Exaration. Hinzu tritt noch die subglaziale Schmelzwassererosion.

Detersion, auch als glaziale Abrasion oder **Gletscherschliff** bezeichnet, ist der Vorgang, bei dem Eis und seine mitgeführten Schuttpartikel an der Basis und an den Rändern des Gletschers über das anstehende Gestein hinweg bewegt werden und dabei die Gesteinsoberfläche abschleifen, verkratzen und tiefer legen.
Das Ausmaß der **Detersion** ist abhängig:

1. vom Kontaktdruck an der Gletscherbasis (Eismächtigkeit und Schuttführung, subglaziale Hindernisse);
2. von der Eisgeschwindigkeit (subglaziales Gefälle, Bodenreibung, Eismächtigkeit);
3. von der Rate des basalen Schmelzens (Eistemperatur).

Reliefformen der Detersion sind stark geprägt von der Lithologie des Gesteinsuntergrundes. Dabei wirkt die Detersion insbesondere auf der Luvseite, die häufig auch als Stoßseite bezeichnet wird, von Geländeaufragungen, weil hier der Auflastungsdruck des Eises am höchsten ist. Die Luvseite ist die gegen die Fließrichtung des Gletschers gewandte Seite. Formungsprodukte der Detersion sind feinkörniges Gesteinsmehl („**Gletschermilch**") sowie geglättete, oft auch glatt polierte Felspartien und Felsbuckel zum Beispiel an der Luvseite von Rundhöckern (Abb. 3.4.4). Sie können einzelne, annähernd parallele Schrammen und Furchen besitzen. Letztere sind auf harte Gesteinsfragmente im Schleifgut zurückzuführen und ermöglichen die Rekonstruktion der lokalen Bewegungsrichtung eines Gletschers.

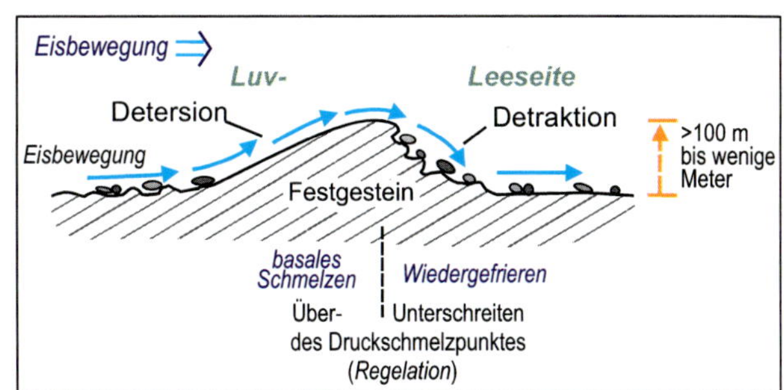

Abb. 3.4.4: Schematischer Querschnitt durch einen Rundhöcker.

Detraktion ist der Vorgang, bei dem durch die Gletscherbewegung und ein wiederholtes Festfrieren der Gletschersohle angefrorene Gesteinsbruchstücke aus dem Felsuntergrund herausgerissen und abtransportiert werden. Detraktion ist am effektivsten bei sich schnell bewegenden Gletschern mit temperierter Basis, wechselndem Auflastungsdruck durch den Gletscher, variierendem basalen Schmelzwasserdruck sowie häufigem Frostwechsel (Frostverwitterung). Sie ist in ihrer Intensität und Ausprägung zudem stark abhängig von der Textur (Schichtung, Schieferung, Klüftung) und Petrographie (Gesteinshärte, Kompaktheit) des Untergrundgesteins.

Eine verstärkte Detraktion erfolgt an den Gletscherrändern und am Bergschrund, wo gehäuft Frostwechsel mit entsprechend erhöhter Frostverwitterung und damit Lockerung des Gesteinsverbandes auftritt. An der Gletschersohle dominiert die Detraktion im Lee von Hindernissen, zum Beispiel auf der Leeseite von Rundhöckern (Abb. 3.4.4). Dort ist der Auflastungsdruck des Eises geringer, wodurch basale Gefrier- und Auftauprozesse möglich werden. Ergebnisse der Detraktion sind steile und kantige Felsoberflächen oder auch treppenförmig aus dem Gesteinsuntergrund herausgebrochene Wannen sowie grober Blockschutt.

Exaration bezeichnet das Ausschürfen und Abscheren von Gesteinsmaterial und ganzer Gesteinspakete vor allem an der Gletscherzunge durch Auflastungsdruck, sowie Vorwärts- und häufig auch Aufwärtsbewegung des Gletschereises. Dadurch können u.a. glazial übertiefte Zungenbecken, Stauchmoränen und rückläufige Gefällsabschnitte mit wannenartigen Vertiefungen im Bereich von Gebirgstälern entstehen.

Die **subglaziale Schmelzwassererosion** ist abhängig von:
1. der Lithologie und Durchlässigkeit des Gesteinsuntergrundes;
2. der Menge und der Fließgeschwindigkeit des Schmelzwassers;
3. der Intensität von Wasserturbulenzen;
4. dem Schmelzwasserdruck;
5. der Menge der mitgeführten Sedimentfracht.

Subglazialen Schmelzwasserrinnen und -tälern fehlt nach Abschmelzen des Eisrandes das Quellgebiet. Sie beginnen abrupt im ehemals vergletscherten Gebiet oder am ehemaligen Gletschertor der früheren Vereisung. Häufig besitzen sie ein unausgeglichenes Längsprofil ihrer Basis.

Insgesamt ist das **Ausmaß der Glazialerosion** (Detersion, Detraktion, Exaration, subglaziale Schmelzwassererosion) abhängig von:
- der Eismächtigkeit (je mächtiger, desto stärker);
- dem Vorhandensein einer Regelationsschicht (Häufigkeit der basalen Gefrier-, Auftauwechsel);
- von der Fließgeschwindigkeit des Eises (je höher die Fließgeschwindigkeit, desto stärker);
- vom Gesteinsuntergrund (Petrographie, geol. Lagerung, präglaziale Verwitterung);
- von subglazialen Schmelzwässern (Menge, Fließgeschwindigkeit, Wasserturbulenzen, hydrostatischer Druck).

Glazialerosion ist am effektivsten und am weitflächigsten verbreitet unter einem temperierten Gletscher. Bei kalter Gletscherbasis ist die Glazialerosion deutlich geringer und es überwiegt eher die Detraktion.

Gletscher greifen aber nicht überall den Untergrund an. Das belegen unverletzte Rasenpolster oder gut erhaltene Baumstämme, die durch zurückweichende Gletscher freigegeben werden. Die Erosion des Felsuntergrundes und die Konservierung von Oberflächen treten nebeneinander auf. Das kann extreme Altersverfälschungen (Altersüberschätzungen) bei kosmogenen Nuklid-Datierungen an glazialerosiv abgetragenen Felsoberflächen verursachen.

Ausgewählte Literatur

Press, F. & Siever, R. (2017): Allgemeine Geologie: Kap. 21; Heidelberg (Spektrum).

Zepp, H. (2017): Grundriß Allgemeine Geographie: Geomorphologie eine Einführung: Kap. 9; Paderborn (Schöningh UTB Verl.).

Ahnert, F. (2015): Einführung in die Allgemeine Geomorphologie: Kap. 24.4; Stuttgart (Ulmer Verl.).

Erarbeiten Sie mit Hilfe der Literatur und des Textes die nachfolgenden Fragen.

1. *Wovon ist die Intensität subglazialer Schmelzwasserosion abhängig?*
2. *Was steigert die Intensität glazialer Detersion?*
3. *Welche Reliefformen entstehen durch Detersion?*
4. *Wodurch entsteht „Gletschermilch“?*
5. *Unter welchen Bedingungen ist die Detraktion am intensivsten?*
6. *Wo sind innerhalb eines Gletschers Bereiche mit ausgeprägter Detraktion?*
7. *Welche Reliefformen entstehen durch Detraktion?*
8. *Welche Reliefformen entstehen durch glaziale Exaration?*
9. *Welcher Erosionsprozess dominiert bei kalter Gletscherbasis?*

Weitere Fragen für BA-Studierende und Lehramt Gymnasium

10. *Welcher Gesteinsuntergrund begünstigt eine besonders intensive Glazialerosion?*
11. *Wann besitzen Gletscher einen hohen Auflastungsdruck und welchen potentiellen Einfluß hat dieser auf die Intensität von Glazialerosion?*
12. *Welche Basaltemperatur von Gletschern begünstigt eine intensive Glazialerosion?*
13. *Was steuert die Abflussmenge subglazialer Schmelzwässer?*

Bild 3.4.14:
Gekritzte Geschiebe (links) und Gletscherschrammen (rechts).

3.4.6 Glaziale Erosionsformen

- Kleinformen (Kritzungen, Gletscherschrammen, Sichelbrüche bzw. Sichelwannen oder Parabelrisse)
- polierte Felswannen und Felsrücken
- Rundhöcker
- Kare
- Trogtäler und Fjorde
- Zungenbecken bzw. Zungenbeckenseen
- Subglaziale Rinnen und Tunneltäler

Das Zusammenspiel glazialer und fluvioglazialer Erosionsprozesse erzeugt in einem vergletscherten Gebiet typische Erosionsformen von Kleinformen (<1 m Größe) wie u.a. Kritzungen, Gletscherschrammen (Bild 3.4.14), Sichelbrüche bzw. Sichelwannen oder Parabelrisse auf Gesteinsoberflächen (Abb. 3.4.4) bis hin zu größeren, meso- bis makroskaligen Formen (1 m bis mehrere Kilometer Größe). Großformen der Glazialerosion sind u.a. abgeschliffene Felsoberflächen mit glatt polierten Felswannen und Felsrücken, Rundhöcker (Abb. 3.4.5) und Felsdrumlins, Kare (Abb. 3.4.6), Trogtäler (Abb. 3.4.6) und Fjorde (Abb. 3.4.7), Zungenbecken und subglaziale Rinnen oder Tunneltäler.

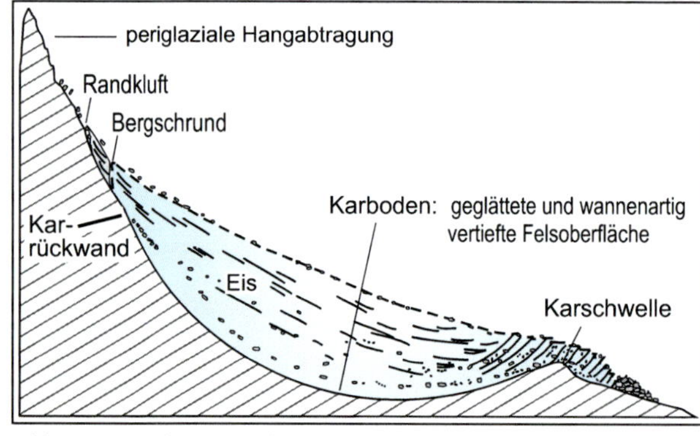

Abb. 3.4.5: Schematischer Querschnitt durch ein Kar.

Kleinformen wie **Gletscherschrammen** (Bild 3.4.14), **Sichelbrüche** (Sichelwannen) oder **Parabelrisse** auf Fels- und Gesteinsoberflächen sind maximal wenige Millimeter tief, selten einige Meter lang und zeigen die Richtung der Eisbewegung an. Sie entstehen unter temperiertem Gletschereis durch die abrasive Wirkung (Kritzung und Schrammung) des an der Basis des Gletschereises mitgeführten Schutts (>1 mm). **Gekritzte Geschiebe** (Bild 3.4.14) dienen als Hinweis für eine glazigene Herkunft von Sedimenten.

Ebenfalls ein Ergebnis glazialer Detersion an der Basis temperierter Gletscher sind abgeschliffene und polierte Felsoberflächen in Form von **Felsbuckeln** (Walrücken) und **Felswannen** (Felsbecken), wobei die Schleifwirkungen auf feine, im Eis mitgeführte Schuttpartikeln (<1 mm) zurückgehen. Aussehen und Größe dieser Reliefformen sind vor allem von der Lithologie und Erosionswiderständigkeit des Gesteins abhängig.

In Fließrichtung eines Gletschers können Felsrücken durch eine Kombination von Detersion und Detraktion glazialerosiv zu länglichen **Rundhöckern** (*Roches moutonnée*) umgestaltet werden (Abb. 3.4.4). Sie treten häufig in Gruppen auf. Rundhöcker können relativ flache schildförmige Felsrücken von wenigen Metern Höhe sein bis hin zu steilwandigen Felskuppen von 100 m Höhe und mehr. Ihre Längsachsen liegen in der Bewegungsrichtung des Eises. Sie besitzen an ihrer Luvseite als Folge ausgeprägter Detersion eine weniger steile und geglättete Felsoberfläche. Dagegen besitzt die Leeseite (das ist die der Bewegungsrichtung des Eises abgewandte Seite) durch starke Detraktion eine rauhe Felsoberfläche, die dadurch in der Regel zusätzlich versteilt worden ist. Rundhöcker dienen vielfach als Beispiel zur Verdeutlichung der unterschiedlichen Formgestaltung von Detersion und Detraktion. Sie sind eine Folge räumlich differenzierter Glazialerosion durch die vom Untergrundrelief (Luv- oder Leelage) beeinflussten Druck- und Temperaturverhältnisse an der Basis eines temperierten Gletschers. Die äußere Form und die Entstehung von Rundhöckern ist zudem abhängig von der Schichtlagerung, der Klüftung und der Verwitterung des Gesteinsuntergrundes sowie dem präglazialen Oberflächenrelief. Rundhöcker treten gehäuft im Nährgebiet auf, auf Transfluenzpässen, auf Felsschwellen und an Mündungen von Seitentälern.

Felsdrumlins (*rock drumlin*) sind ebenfalls längliche Rücken aus Festgestein, allerdings anders als bei Rundhöckern mit einer steilen durch Detersion stark abgeschliffen Luv- und einer flacher abfallenden, infolge Detraktion rauheren Leeseite (Bild 3.4.15). Bei einem **Walrücken** (*whaleback*) sind Luv- und Leeseite stärker symmetrisch ausgebildet. Nach Rea (2007) ist die abgeschwächte Detraktion der Festgesteinsoberfläche auf der Leeseite wahrscheinlich

Bild 3.4.15:
Felsdrumlin (*rock drumlin*) in mesozoischen Sandsteinen am Transfluenzpaß zwischen den beiden Zungenbecken des Lago Viedma und des Lago Argentino am Ostrand der südpatagonischen Anden.

verursacht durch die Kombination von ausgeprägter Kompaktheit des Untergrundgesteins mit fehlenden Hohlräumen bzw. Gesteinsklüften und einem gleichmäßigen Wasserdruck an der Basis des Gletschereises.

Kare (*cirques*) sind idealtypisch betrachtet eine im Querschnitt lehnstuhlartige glazialerosive Hohlform im Festgestein innerhalb von Mittel- oder Hochgebirgen (Abb. 3.4.5, Bild 3.4.16, Bild 3.4.17). Sie besitzen eine steile Karrückwand und einen beckenartig eingetieften Karboden (Karwanne), der durch einen rundhöckerartig überschliffenen Felsriegel, der Karschwelle (Karriegel), vom Vorland getrennt ist. Die glazialerosive Übertiefung eines Karbodens resultiert vor allem aus der dort größeren Eismächtigkeit und weniger aus einer im Vergleich zur Karschwelle längeren Vergletscherungsdauer. Die laterale Vergrößerung eines Kars geschieht im Zusammenspiel von glazialerosiver Tieferlegung des Karbodens sowie periglazialer Hangabtragung der Karrückwand unter Beteiligung intensiver Frostverwitterung und gravitativer Massenbewegungen vor allem in Form von Steinschlägen und Felsstürzen.

Bild 3.4.16: Kar im *Woodfjord* im Norden Spitzbergens.

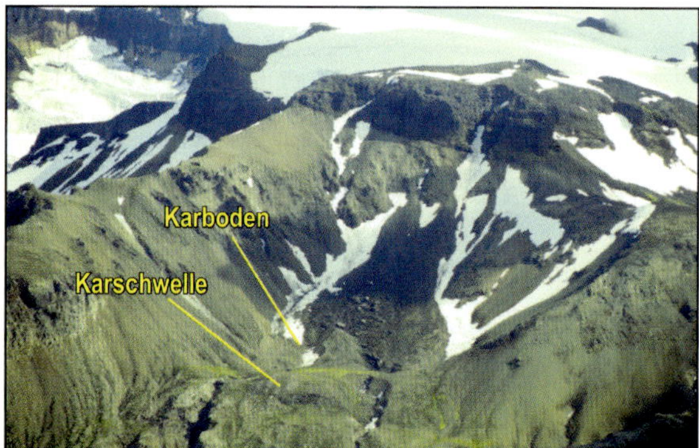

Bild 3.4.17:
Spätglaziales Kar östlich des *Skaftafellsjökull*, einem Auslaßgletscher des *Vatnajökull* im Südosten Islands.

Ausgangsformen von Karen können relativ kleine Depressionen am Hang sein, die zunächst durch Nivation und später durch Glazialerosion sukzessive eingetieft und verbreitert wurden. Mit zunehmender Tiefe des Karbodens nehmen Beschattungseffekte gegen die Sonneneinstrahlung sowie die Ablagerung von Schnee über Lawinen und Windverdriftung zu. Das begünstigt das Wachstum und den Erhalt eines Kargletschers und damit die weitere glazialerosive Ausformung des Kars. Gunstfaktoren für das Entstehen und Wachsen von Karen sind daher vor der Sonneneinstrahlung geschützte Nord- und Osthänge (Nordhalbkugel) sowie Areale im Lee der bevorzugten Schneewin drift.

Durch Kare zugespitzte Berggipfel werden als „**Karling**“ bezeichnet, die vertikale Abfolge mehrerer Kare in einem Gebiet als „**Kartreppe**“. Kare sind in allen heute und ehemals vergletscherten Gebirgen der Erde zahlreich verbreitet. Fossile Formen, die unterhalb der aktuellen Schneegrenze auftreten, sind die besten Indikatoren für eine Gebirgsvergletscherung und können unter Berücksichtigung ihrer Exposition und im Kontext mit Moränen der Umgebung zu paläoklimatisch bedeutsamen Rekonstruktionen regionaler Gleichgewichtsgrenzen verwendet werden.

Trogtäler (*glacial troughs*) oder U-Täler, exakter parabelförmige Täler sind ebenso wie die beim postglazialen Meeresspiegelanstieg überfluteten Fjorde durch Glazialerosion übertiefte und verbreiterte präglaziale Kerbtäler und Kerbsohlentäler (Abb. 3.4.6; Bild 3.4.18). Dabei waren sicherlich an der zum Teil extremen, mehrere Hunderte von Metern betragenden Übertiefung eines Trogtals auch subglaziale, unter hohem hydrostatischen Druck stehende Schmelzwässer beteiligt.

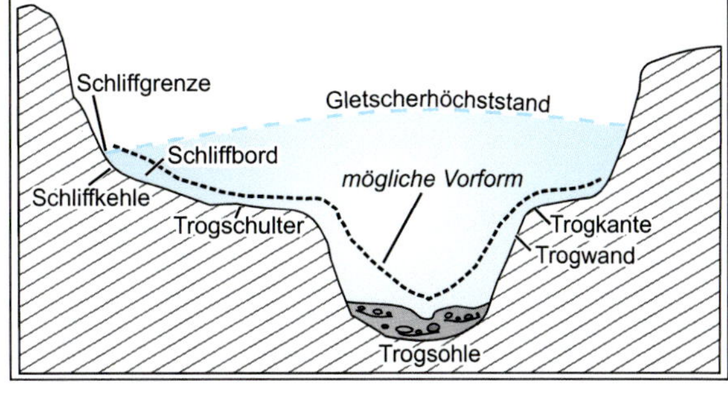

Abb. 3.4.6: Schematischer Querschnitt durch ein Trogtal.

Trogtäler besitzen im Längsprofil in Abhängigkeit von der Erosionswiderständigkeit des Gesteinsuntergrunds, der präglazialen Ausgangsform und der lokalen Eismächtigkeit einen durch Becken (**Trogwannen, Felswannen)** und **Schwellen** gegliederten Felsuntergrund. Die übertieften Felswannen wurden in der Regel bereits beim Abschmelzen des Eises mit mächtigen glazifluvialen und glazilimnischen Lockersedimenten verfüllt. Sie können in den Haupttälern durchaus Mächtigkeiten von mehreren hundert Metern erreichen und sind wichtige natürliche Grundwasserspeicher.

Der heute relativ ebene Talboden eines Trogtals ist insofern das Ergebnis solcher nachträglichen Sedimentakkumulationen während und nach dem Abschmelzen der Vereisungen. Felsriegel innerhalb eines Trogtalbodens können strukturell bedingt sein. Die

Bild 3.4.18: Übergang vom Trogtal zum Fjord im *Berufjöður* westlich von *Egilsstadir* im Südosten Islands.

häufig von Sedimenten verfüllten Felsbecken können gesteinsbedingte Schwächezonen sein. Häufig sind sie aber auch das Resultat einer lokal erhöhter Glazialerosion wie sie zum Beispiel am Zusammenfluss von Haupt- und Seitengletschern (**Konfluenzbecken**) oder an Engstellen mit erhöhter Strömungsgeschwindigkeit des Eises und/oder seiner subglazialen Schmelzwässer auftreten können.

Trogtäler besitzen einen ebenen Talboden und steile, bis an die ehemalige Schliffgrenze vom Gletschereis glazialerosiv beanspruchte Trogwände als Talflanken. Ihr Querschnitt ist meist unsymmetrisch und parabelförmig, wobei dieser sich nur selten einer U-Form nähert. Häufig modifizieren Petrographie, Lagerung und Klüftung des anstehenden Festgesteins oder bereits präglazial angelegte Reliefstrukturen die Steilheit und das Aussehen der Talhänge. Das ist zum Beispiel bei den Trogschultern der Fall, die meistens aus ehemaligen Hochtalböden hervorgegangen sind und durch Hängegletscher oder einmündende Seitentalgletscher zusätzlich überformt wurden. Oberhalb der Schliffgrenze sind die Talhänge durch periglaziale Formungsdynamiken gestaltet, besitzen rauhe Felsoberflächen, scharfkantige Grate und mächtige Felssturz- und Steinschlagkegel.

Seitentäler münden in der Regel mit Gefällsbrüchen als sog. „**Hängetäler** (*hanging valleys*) ins Haupttal ein. Geringere Eismächtigkeiten sind die Ursache für deren verminderte glazialerosive Eintiefung. Insgesamt ist die glazialerosive Ausgestaltung eines Trogtals und die nachträgliche lockersedimentäre Verfüllung seiner übertieften Felsbecken das Ergebnis mehrfacher Vergletscherungen (**polyglaziale Genese**).

Fjorde (*fjords*) unterscheiden sich von Trogtälern (Bild 3.4.18) sowohl durch deren Überflutung im Laufe des spätglazialen und holozänen Meeresspiegelanstiegs als auch durch die normalerweise geringere glazialerosive Eintiefung ihrer Mündung (Abb. 3.4.7). Dort tritt häufig eine heute submarine, mit Moränenmaterial bedeckte Felsschwelle auf. Im Bereich dieser Felsschwelle kalbte der ehemalige Fjordgletscher ins Meer, wodurch die glazialerosive Tieferlegung des Untergrundes je nach Intensität des Aufschwimmens der Gletscherzunge stark abgeschwächt, wenn nicht vollständig beendet war.

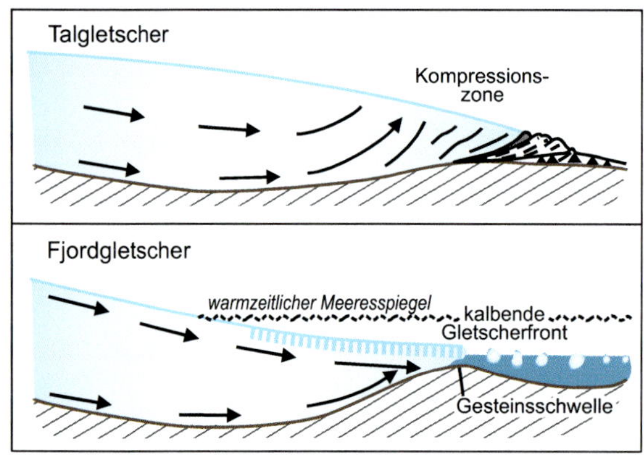

Abb. 3.4.7:
Schematischer Längsschnitt (oben) durch den Unterlauf eines Talgletschers mit ausgeprägtem Zungenbecken und deutlicher proximaler Gesteinsschwelle sowie (unten) durch die Ausmündung eines Fjords mit relativ schwach ausgeprägter Felswanne und deutlicher proximaler Gesteinsschwelle, die häufig von subaquatischen Moränenablagerungen bedeckt ist.

Bild 3.4.19:
Blick über das Zungenbecken des Lago Argentino am Ostrand der südpatagonischen Anden. Während der letzten Kaltzeit (M1a) war das Becken bis zu den M1a-Endmoränen vom Auslaßgletscher des Lago Argentino ausgefüllt (Details in Schellmann 1998).

An der Gletscherzunge von Vorland- und Auslassgletschern aber auch unter Eisschilden, vor allem dort, wo die Eisbewegung eine Aufwärtsbewegung besaß, erstrecken sich tief in den Gesteinsuntergrund durch Glazialerosion eingetiefte langgestreckte Becken. Sie folgen oft einer präglazialen Topographie und/oder Gesteinszonen geringerer petrographischer Härte und/oder tektonischen Schwächezonen. Solche glazialen Becken oder **Zungenbecken** bestehen vielfach aus einem **Stammbecken**, von dem ein oder mehrere **Zweigbecken** ausgehen können. Die größten, oft wassergefüllten Zungenbecken bzw. Zungenbeckenseen findet man am Austritt und im Vorland großer Täler von Gebirgsvergletscherungen (Bild 3.4.19, Bild 3.4.20). Dort können sie mehrere 10er von Kilometern Breite, noch größere Längserstreckungen und viele hundert Meter Ausräumungstiefe erreichen.

Große Zungenbecken sind überwiegend polyglaziale Formen, die im Laufe mehrfacher quartärer Vergletscherungen entstanden sind und dabei tektonischen Schwächezonen und/oder einem präglazialen Talrelief folgen. Im Alpenvorland und vielen anderen Gebirgen und Gebirgsvorländern der ehemals vergletscherten Mittelbreiten waren es insbesondere die alt- bis mittelpleistozänen Gletscher, die dort längs tektonisch vorgezeichneter Störungszonen große, heute häufig wassergefüllte Zungenbecken ausgeräumt haben. In den jüngeren Eis- und Nacheiszeiten wurden sie oft mit mächtigen Sedimenten (u.a. laminierte Staubeckenschluffe und Beckentone, s.u.) teilweise oder auch vollständig aufgefüllt.

Großformen **subglazialer Schmelzwassererosion** sind bis zu einige Meter breite und tiefe Kolke im Festgestein, sogenannte „**Gletschermühlen** (*pothole*)" oder langgestreckte, sinusförmig verlaufende, teilweise aber auch netzartig miteinander verbundene und durch starke Übertiefungen gekennzeichnete subglaziale Abflussrinnen (*tunnel channels*) und Täler (**Tunneltäler**, *tunnel valleys*, Rinnentäler). Diese besitzen häufig ein ungleichsinniges Gefälle, oft mit steilen Gefällsbrüchen sowie Schwellen- und Beckenbereichen. Sie können in Fest- und

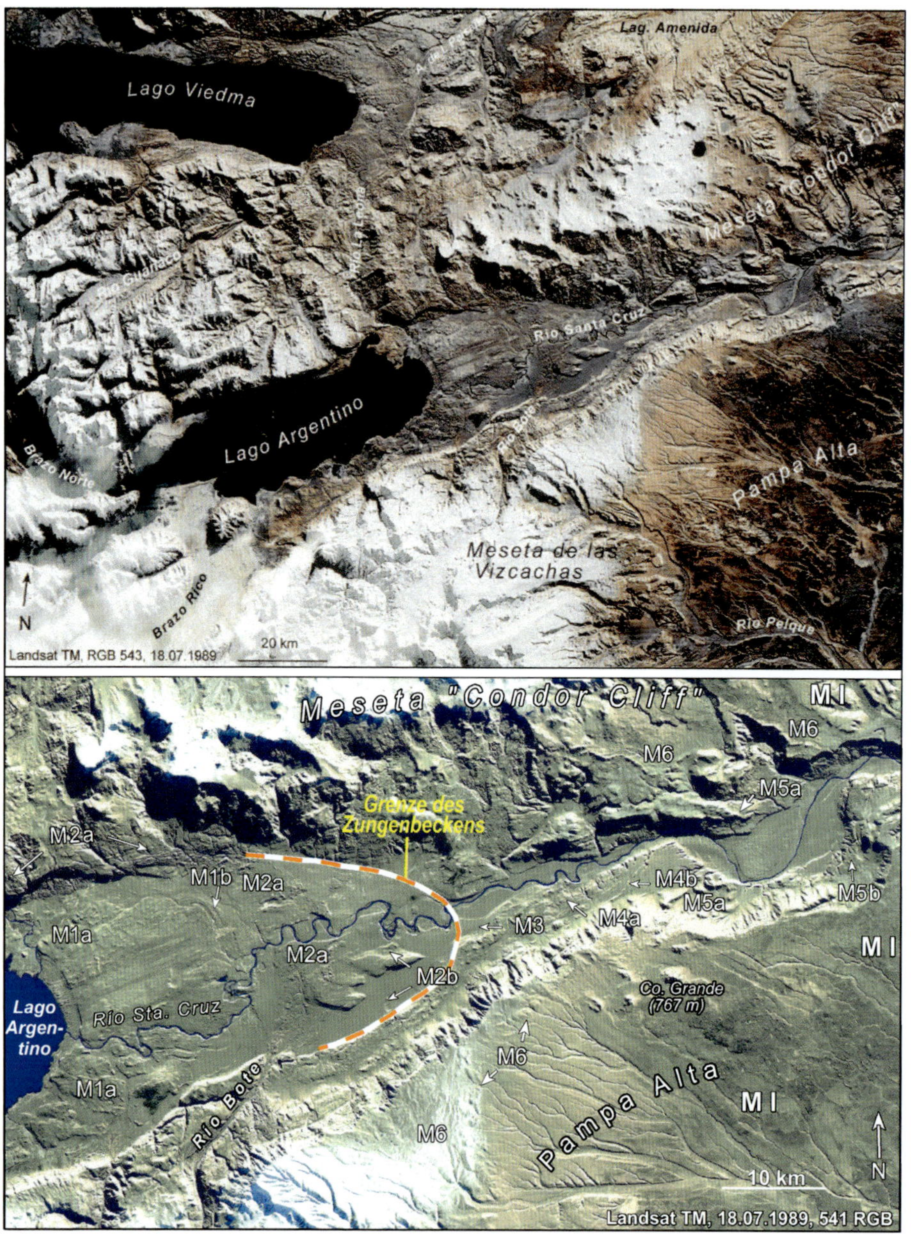

Bild 3.4.20:
Landsat TM-Aufnahme der beiden größten Zungenbecken am Ostrand der südpatagonischen Anden: das Becken des Lago Viedma (oben) und des Lago Argentino (oben und unten). Beide Zungenbecken reichen weit über das Ostufer und seinen letztglazialen Endmoränen (M1a) hinaus. Im Fall des Lago Argentino markieren Eisrandlagen der M2b-Vergletscherung (mindestens 2. Kaltzeit vor heute) den äußeren östlichen Rand des Beckens (Details in Schellmann 1998b).

Lockergesteinen angelegt sein. Beim Abschmelzen der Vergletscherung sind sie vielfach ganz oder teilweise mit Sedimenten verfüllt worden (Bild 3.4.21).

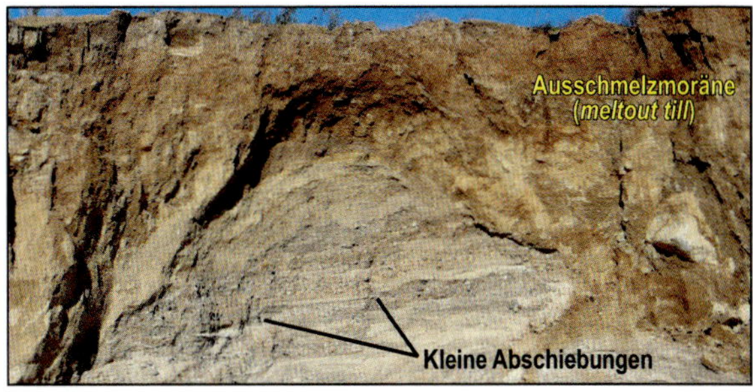

Bild 3.4.21:
Englaziale Schmelzwassersedimente umgeben von Ausschmelzmoräne (*meltout till*) der Pommerschen Eisrandlage in der Mecklenburger Seenplatte vor etwa 15.000 BP (DEUQUA-Exkursion 2010).

Extremformen subglazialer Schmelzwassererosion treten vor allem im Bereich der pleistozänen nordamerikanischen und nordischen Inlandvereisungen auf. Subglaziale Rinnen können dort über 100 m Tiefe erreichen und Breiten von bis zu 6 km und Längen von 2 bis 150 km besitzen (KEHEW et al. 2007: 822). In Norddeutschland erreichen die in Lockergesteinen eingetieften subglazialen Rinnensysteme bzw. Tunneltäler der Weichsel-Vereisung Tiefen von bis zu 100 m, die der Elster-Vereisung sogar von über 400 m (EHLERS 1994: 74).

Es besteht weitgehend Einigkeit, dass **Tunneltäler und -rinnen** von subglazialen Schmelzwasserströmen geschaffen wurden. Diskutiert wird, ob diese Formen bei bordvollem Abfluss vollständig gefüllt waren und sie damit subglaziale Gerinnebetten (Flussbetten) darstellen, oder ob sie subglaziale Täler sind, die sukzessive im Zuge lateraler und in die Tiefe arbeitender Schmelzwassererosion entstanden sind. Nach KEHEW et al. (2007: 826) können genetisch betrachtet, die meisten Tunneltäler folgenden vier Kategorien zugeordnet werden, wobei auch Kombinationen mehrerer Kategorien diskutiert werden:

1. als ein Produkt extrem hochenergetischer Abflussereignisse, sog. **„Gletscherläufe“** (isländisch ***„Jökullhlaups“***), die durch das Auslaufen sub-, en- oder supraglazialer Seen oder durch subglazialen Vulkanismus ausgelöst werden können;
2. als Ergebnis einer sukzessiv fortschreitenden Seiten- und Tiefenerosion durch einen relativ schmalen subglazialen Schmelzwasserstrom in einem Tunneltal oder durch einen breiten Schmelzwasserstrom, der bei bordvollem Abfluss einen „Tunnelchannel“ ausgefüllt hat;
3. als Kollapsstrukturen durch subglaziale Sedimentdeformation mit Piping-Phänomenen;
4. als polygenetische Bildungen mit präglazialer Anlage, subglazialer Ausformung und zusätzlicher postglazialer subaerischer Erosion.

Subglaziale Abflussrinnen und Tunneltäler treten oft in Vergesellschaftung mit sub- und randglazialen Akkumulationsformen wie Drumlins, Osern (Eskern), Moränenhügeln und -rücken auf und durchbrechen manchmal die Endmoräne, um in einem grobklastischen und blockreichen Vorlandschwemmfächer auszumünden.

Ausgewählte Literatur

Ahnert, F. (2015): Einführung in die Allgemeine Geomorphologie: Kap. 24.4.2; Stuttgart (Ulmer Verl.).

Zepp, H. (2017): Grundriß Allgemeine Geographie: Geomorphologie eine Einführung: Kap. 9; Paderborn (Schöningh UTB Verl.).

Press, F. & Siever, R. (2017): Allgemeine Geologie: Kap. 21; Heidelberg (Spektrum Verl.).

Erarbeiten Sie mit Hilfe der Textes und der Literatur die nachfolgenden Fragen.

1. *Durch welche glaziale Erosionsart entstehen Gletscherschrammen und gekritzte Geschiebe?*
2. *Durch welchen glazialen Erosionprozess entstehen polierte Felsbuckel und Felswannen?*
3. *Was sind gekritzte Geschiebe?*
4. *Beschreiben Sie die Form und die Genese von Rundhöckern.*
5. *Wo sind Rundhöcker häufig verbreitet?*
6. *Wie kann man an Rundhöckern die Bewegungsrichtung eines Gletschers erkennen?*
7. *Was ist ein Kargletscher, welche morphologischen Formen hinterläßt er nach seinem Abschmelzen und wie sind diese entstanden?*
8. *Wie ist die Karschwelle zu erklären?*
9. *Was sind Gunstfaktoren für die Entstehung von Karen?*
10. *Was versteht man unter einem Karling und was ist eine Kartreppe?*
11. *Wie entstehen Trogtäler?*
12. *Wie ist der heute häufig relativ ebene Talboden eines Trogtals entstanden?*

13 *Wie sind die in ehemals vergletscherten Gebirgen weit verbreiteten Hängetäler entstanden?*

14. *Wodurch unterscheiden sich Fjorde von Trogtälern?*
15. *Wie entstehen Zungenbecken und wo im Alpenvorland findet man diese?*
16. *Was sind Gletschermühlen und wie sind diese entstanden?*

Weitere Fragen für BA-Studierende und Lehramt Gymnasium

17. *Was versteht man unter einem Felsdrumlin?*
18. *Was ist ein Walrücken?*
19. *Wie ist der relative breite und tiefe Karboden entstanden?*
20. *Wie sieht im Längsprofil der Festgesteinsuntergrund eines Trogtales aus und wie ist dieses entstanden?*
21. *Beschreiben Sie die typischen Reliefeinheiten des Querpofils eines Trogtales und wie sind diese entstanden?*
22. *Wie sind die Tunneltälern Norddeutschlands entstanden?*
23. *Wie tief sind einige Tunneltäler in Norddeutschland in den Untergrund eingetieft?*
24. *Was ist ein Jökullhlaup?*

3.4.7 Glaziale Akkumulationsformen

- Geschiebe und erratische Blöcke
- Moränen und Moränensedimente (Till)
- Rinnen und Oser
- Drumlin und Drumlinscharen, Oser, subglaziale Schmelzwasserablagerungen

----

Gletscher besitzen zwei Aufnahmeorte von Sedimenten: subglazial (basal) und supraglazial. Die **subglaziale Materialaufnahme** ist gleichbedeutend mit der glazialen Erosion. Sie wird vor allem bestimmt vom thermischen Regime des Gletschers und von der Erosionsanfälligkeit des Untergrundes.

Die insgesamt in einen Gletscher aufgenommene Sedimentmenge ist weiterhin abhängig vom Bedeckungsgrad eines Gebietes durch Eis. Mit zunehmender Eisbedeckung vermindert sich die Zufuhr von supraglazialem Schutt. Bei einer hundert-prozentigen Eisbedeckung, zum Beispiel bei Plateaugletschern, besteht das transportierte Material ausschließlich aus subglazialen Komponenten.

Die **supraglaziale Sedimentaufnahme** erfolgt überwiegend durch Felsstürze, Blockstürze oder Lawinen, die von Nunataks oder von den Gletscherflanken auf das Eis niedergehen. Die Menge des supraglazial eingetragenen Schuttes ist also direkt proportional zur Größe des extraglazialen, dem Gletscher tributären Gelände, zur Gesteinspetrographie und zu den Ausmaßen der physikalischen Verwitterung und gravitativen Hangabtragung.

Die höchste **Sedimentbelastung** besitzen temperierte Gletscher, wobei ein Großteil der Sedimente von intra- und subglazialen Schmelzwässern zum Eisrand hin bewegt wird. Nur ein geringerer Teil wird vom Eis englazial und in der basalen Transportzone bewegt. Beim Transport erfährt das im Eis mitgeführte Material durch Kollisionen der Partikel untereinander eine Verringerung der Korngröße, teilweise auch eine schwache Zurundung der Kanten (Bild 3.4.22), vor allem, wenn es in der basalen Eiszone bewegt wird. Lediglich der auf dem Gletscher transportierte Schutt ***(supraglacial debris)*** zeigt in der Regel keine Beanspruchung und bleibt bis zu seiner Deposition stark kantig (s.o., Bild 3.4.5).

Bild 3.4.22:
Geschiebe mit schwacher Kantenrundung im Gletschervorfeld des *Solheimerjökull* (Süd-Island).

Geschiebe und erratische Blöcke

Einzelne vom Gletscher transportierte Gesteine werden als **Geschiebe** bezeichnet (Bild 3.4.22). **Leitgeschiebe**, also Gesteine, deren Herkunftsort eng begrenzt ist, ermöglichen es ebenso, wie die in der Landschaft besonders auffälligen **erratischen Blöcke** oder **Findlinge**, die Rekonstruktion von Einzugsgebieten einer ehemaligen Vergletscherung. Manchmal erlauben sie auch Aussagen über die Eishöhe

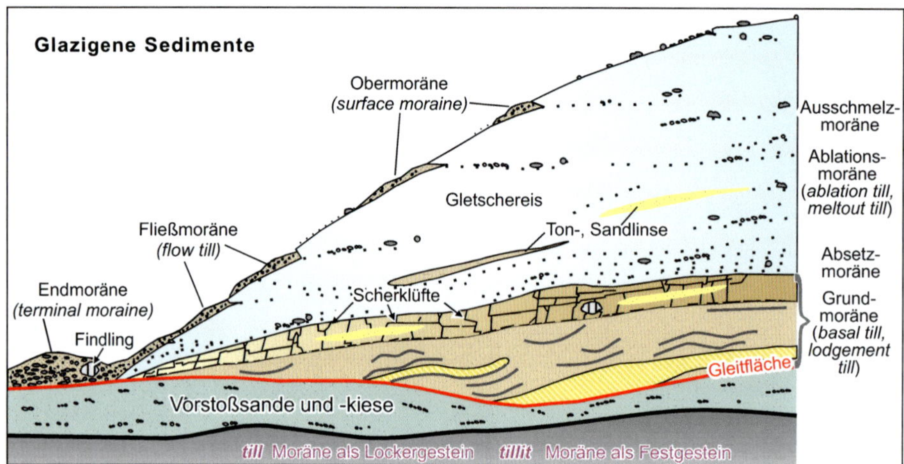

Abb. 3.4.8: Glazigene Sedimente (stark verändert und ergänzt nach Grube 1979 in Liedtke 1990).

und die Ausdehnung einer Vergletscherung, wie das mit Hilfe der Feuersteinlinie bzw. Flintlinie in Norddeutschland möglich ist.

Moränen und Moränensedimente *(Till)*

Der gesamte sub-, en- und supraglazial transportierte Gesteinsschutt eines Gletschers wird im deutschen Sprachraum als „**Moräne**" (Sediment und Oberflächenform) bzw. „Moränensediment" oder als „**Blockmoräne**" oder „**Schottermoräne**" und bei feinklastischer Ausprägung als „**Geschiebelehm**" oder „**Geschiebemergel**" bezeichnet. International wird der genetische Begriff „***till***" (= Moränensediment) verwendet (Abb. 3.4.8). Verfestigte glazigene Sedimente werden als „**Tillite**" bezeichnet. Ist die glaziale Herkunft eines moränenähnlichen Sediments unsicher spricht man vom einem „**Diamikt**" bzw. im verfestigtem Zustand vom „**Diamiktit**". Till bzw. Tillite sind genetisch von Gletschern abgelagerte Locker- bzw. verfestigte Lockergesteine in der Gruppe der Diamikte und Diamiktite.

Das Moränensediment (Blockmoräne, Schottermoräne, Geschiebelehm, Geschiebemergel) besteht in der Regel aus ungeschichtetem Material mit einem breiten Korngrößenspektrum (Bild 3.4.23), in das häufig leicht kantengerundete, polierte, vereinzelt auch **gekritzte Geschiebe** (Bild 3.4.14) eingelagert sind.

Dabei bezeichnet man die Gesamtheit der subglazial abgelagerten Moränensedimente als **Grundmoräne** (*subglacial till*). Der Begriff „flachwellige" oder „**kuppige Grundmoränenlandschaft**" umfasst dagegen das gesamte Inventar glazialer, glazifluvialer und glazilimnischer Ablagerungen und Formen, die im Laufe und beim Abschmelzen der Vergletscherung eines Gebietes entstanden sind.

An der Basis der sich bewegenden Gletschersohle kommt es beim Überschreiten des Druckschmelzpunktes zur Freisetzung des transportierten Gesteinsschutts und beim Festfrieren des Eises am Untergrund zur Detraktion von Gesteinsbruchstücken aus dem

Bild 3.4.23: Verschiedene Moränensedimente (*till*):

a) letztglaziale M1b-Grundmoräne östlich des *Lago Argentino* bei *Charles Fuhr* (Ostpatagonien);
b) letztglaziale M1a-Grundmoräne am Südufer des *Lago Argentino* (Ostpatagonien);
c) risszeitliche Grundmoräne und Vorstoßschotter im Lechtal bei Beiersbach nordöstlich von Kaufering;
d) Staubeckenschluffe und Moränenablagerungen aus der drittletzten Kaltzeit (M3a) vor heute im oberen Río Santa Cruztal südöstlich der *Ea. Fortalezza* (Ostpatagonien) (Details in Schellmann 1998b).

Sohlgestein. Diese Materialien können miteinander vermengt und an der Gletschersohle abgelagert werden. Durch die Eisauflast werden sie dort stärker kompaktiert und durch die Eisbewegung beansprucht, plastisch verbogen und unter Ausbildung zahlreicher kleinerer Scherflächen schwach deformiert (Bild 3.4.23c). Zudem können größere Bestandteile in Fließrichtung eingeregelt werden. Es entsteht eine **Absetzmoräne** (*lodgement till*) (Abb. 3.4.8, Bild 3.4.23). Dagegen kommt es beim allmählichen basalen Abschmelzen von **Toteis** oder von sich nur schwach bewegendem Gletschereis zur Ablagerung einer undeformierten **Ausschmelzmoräne** (*subglacial meltout till*).

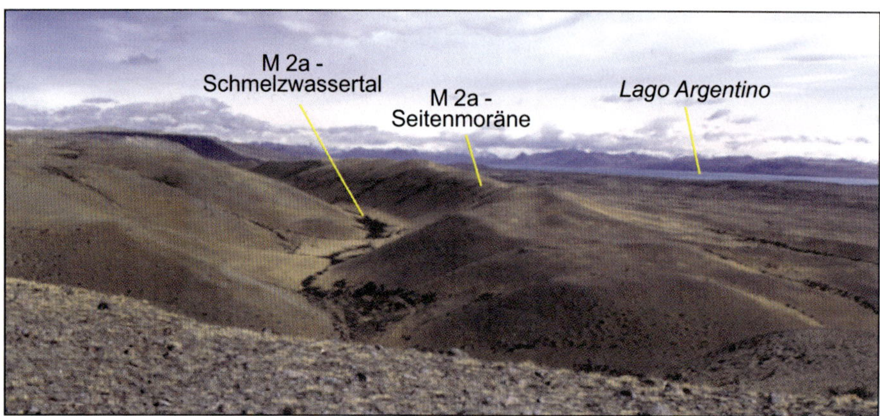

Bild 3.4.24:
Markante mittelpleistozäne Seitenmoräne des M2a-Glazials (Riss) am südöstlichen Rand des Lago Argentino-Zungenbeckens am Ostrand der südpatagonischen Anden (Details in Schellmann 1998b, ders. 2003).

Kommt es an der Basis zu einer erkennbaren glazialtektonischen Vermischung von Moränenschutt und unterlagernden präglazialen Sedimentlagen entsteht eine **Deformationsmoräne** (*deformation till*), die im Aufschluss nur beim Auftreten von Faltenstrukturen und Brüchen von einer von Scherflächen durchzogenen Absetzmoräne (*lodgement till*) unterscheidbar ist.

Nach Abschmelzen des Eises können so in einer Grundmoränenlandschaft im räumlichen Neben- und Übereinander verschiedene ehemalige subglaziale Moränenablagerungen auftreten. Ausschmelzmoränen (*meltout till*) sind an der Oberfläche der Grundmoränenablagerungen und in den Sedimentkörpern der Seiten- und Endmoränen von schuttbelasteten Tal- und Vorlandgletschern weit verbreitet. Dagegen sind sie in ehemaligen Vergletscherungsgebieten großer Inlandvereisungen, als Folge von zu geringer englazialer und supraglazialer Schuttbelastung des Eises, wenig verbreitet oder fehlen auch ganz.

Der mitgeführte Schutt kann an der Gletscheroberfläche als **Obermoräne** (*supraglacial till*) bzw. genetisch gesehen als **Ablations-** (*ablation till*) oder als **Sublimationsmoräne** (*sublimation till*) freigesetzt werden (Abb. 3.4.8) und

a) entweder beim vollständigen Abschmelzen des bewegungslosen Toteiskörpers zusammen mit der **Innenmoräne** gravitativ auf den Erdboden disloziert und als Ausschmelzmoräne (*meltout till*) abgesetzt werden, oder

b) schon vorher am Gletscherrand fließerdeartig hinabgleiten und als **Fließmoräne** (*flow till*) zum Aufbau von Seiten- und Endmoränen am Gletscherrand beitragen. Weitere Details zu den beschriebenen und zu weiteren Formen von Moränensedimenten geben u.a. Bennett & Glaser (1996) sowie Evans (2007).

Bild 3.4.25: Spätglazialer Endmoränenzug im Tal des *Río de la Vueltas* in den südpatagonischen Anden.

Die Rekonstruktion ehemaliger Eisrandlagen gründet sich neben der Erfassung der zugehörigen proglazialen Schmelzwasserbahnen auf die Verbreitung der am Rande eines Gletschers gebildeten wallartigen oder hügeligen Eisrandmoränenzüge, die entsprechend ihrer Lage zum Eisrand als ***Seiten-*** oder ***Ufermoränen*** (*lateral moraine*) und als ***End-*** **oder** ***Stirnmoränen*** (*terminal moraine*) bezeichnet werden (Abb. 3.4.8; Bild 3.4.24 bis Bild 3.4.26). Firnwärts setzen rezente und fossile Seitenmoränen wenig unterhalb der zugehörigen lokalen Schneegrenze ein.

Bild 3.4.26:
Spätglaziale *Punta Bandera*-Endmoränen aus der letzten Kaltzeit am Lago Argentino (Ostrand der südpatagonischen Anden). Sie liegen etwa 20 km östlich der heutigen Gletscherzunge des Perito Moreno. Links: Landsat-Aufnahme mit der Verbreitung der Punta Bandera-Endmoränenzüge; oben rechts: kompakter Endmoränenwall entlang der größeren spätglazialen Lago Argentino-Gletscherzunge; unten rechts: gleich alte Hügelendmoräne (*hummocky moraine*) am Zungenende des spätglazialen Lago Roca-Seitentalgletschers (Details in Schellmann 1998b).

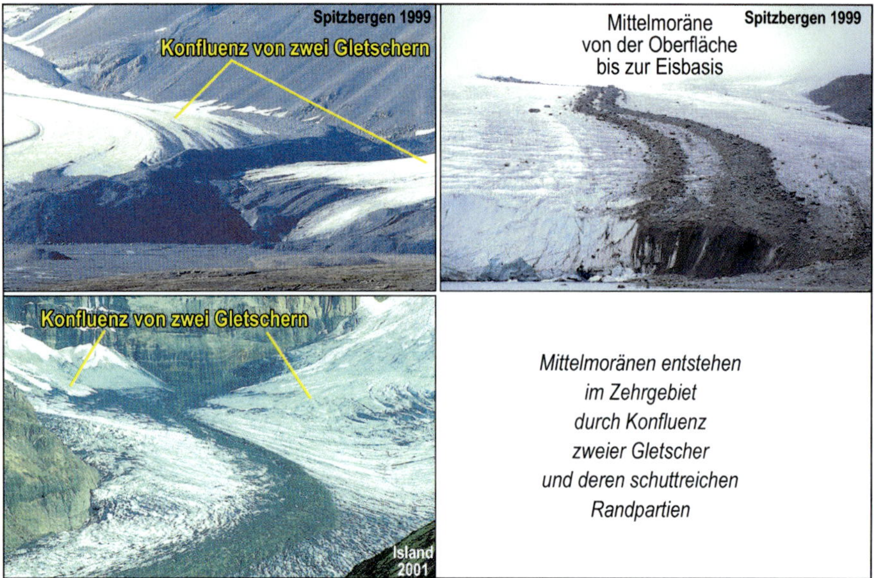

Bild 3.4.27:
Mittelmoräne von zwei namenlosen Gletschern in Nord-Spitzbergen (oben) und von zwei Auslaßgletschern des *Vatnajökull* auf Island (unten).

Ausgeprägte End- und Seitenmoränen entstehen bei stagnierendem Gletscherrand (stationärer Gletscher, aber weiterhin Eisbewegung!). Dabei ist deren Mächtigkeit vor allem abhängig von der Dauer des „Gletscherhaltes", der Schuttbelastung des Eises (Bild 3.4.26) sowie von der Intensität und Dimension subglazialer und gletschernaher proglazialer Aufstauchungen und Abscherungen des Untergrundes.

Beim Zusammenfluß (*Konfluenz*) zweier Gletscher entsteht im Zehrgebiet aus den schuttreichen Randpartien des Gletschers eine **Mittelmoräne** (Bild 3.4.27), deren Schutt etwa bis zur Basis des Eises reicht. Die Mittelmoräne trennt zwei separate Eisströme mit eigener Strömungsgeschwindigkeit, was am eigenständigen Verlauf von ***Ogiven*** (= dunkle und helle Winter-/Sommerlagen des Eises) im Sommerhalbjahr häufig sehr schön erkennbar ist.

Endmoränen werden mindestens schon seit Gripp (1938) in zwei genetisch unterschiedliche Gruppen unterteilt:

- die **Satzendmoräne** (*ablation morain, dump moraine*)
- und die **Stauchendmoräne** (*glacio-tectonic moraine, thrust moraine, push moraine*), wobei viele Eisrandmoränenzüge polygenetischer Natur sind, also Merkmale beider Prozesstypen besitzen.

Satzendmoränen können ein oder mehrere aufeinanderfolgende Moränenwälle oder einen Kranz zahlreiche, unregelmäßig angeordneter Moränenhügel (Buckelmoräne) bilden (Bild 3.4.26). Sie bestehen aus ausgetautem, en- und supraglazialem Gesteinsschutt (*meltout till* und *flow till*). Ihre Morphologie und Mächtigkeit hängt vor allem von der Schuttführung des Gletschers und der Zeitdauer der Stagnation des Eisrandes ab.

Die Entstehung von **Hügel- oder Buckelmoränen** *(hummocky moraine)* ist vor allem auf lokal verstärkte Schuttanhäufungen zum Beispiel durch Ausschmelzen schuttreicher Mittelmoränen zurückzuführen. Satzendmoränen enthalten bei ihrer Entstehung oft einen Kern aus Toteis, sind also zunächst noch sog. „**Eiskernmoränen**" (Bild 3.4.28). Beim langsamen Abschmelzen des Eiskerns bilden sich Toteislöcher an der Oberfläche der Moräne und Sackungsstrukturen im Moränensediment.

Bild 3.4.28:
Wenige Jahre alte Eiskern-Endmoräne im Vorfeld des *Sólheimajökull* (Südisland) in den Jahren 2004 und 2010.

Stauchendmoränen sind Reliefformen, deren sedimentärer Innenbau durch diverse glazial-tektonische Deformationen (u.a. Verformungen wie Faltenbildungen, Überschiebungen von mehreren Kilometern, Stauchungen, Abscherungen und Schrägstellung ganzer Gesteinspakete, Diapirismus) geprägt ist. Ursachen für solche Deformationen können vor allem sein:

a) das Zusammenstauchen (laterale Komprimierung) proglazialer Sedimente durch den vorrückenden Eisrand;
b) oder eine gravitative Verformung des Untergrundes durch erhöhte Eisauflast und Vorwärtsbewegung des Eises;
c) oder eine Kompression des Gletschereises durch Hindernisse oder verstärkte Vorwärtsbewegung mit Ausbildung aufsteigender Scherflächen im Eis (Abb. 3.4.9) und Abscheren des subglazialen, bei Permafrost im Vorland eventuell auch noch des gletschernahen proglazialen Untergrundes.

Insofern entstehen **Stauchmoränen** entlang eines stagnierenden Gletscherrandes, oft bei einem raschen Eisvorstoß während einer Abschmelz- oder Vorstoßperiode. Sie treten

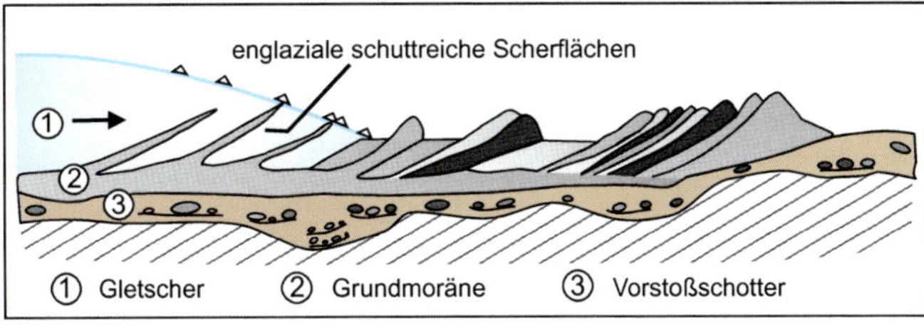

Abb. 3.4.9:
Stark vereinfachtes Schema zum Innenbau und zur Genese einer Stauchendmoräne durch Aufschiebung subglazialen Materials an der Gletscherzunge entlang von englazialen Gleitzonen.

sowohl im Bereich von Gebirgsvergletscherungen als auch am Rande von Inlandvereisungen auf. Sie bestehen in der Regel aus mehreren, annähernd parallel verlaufenden Moränenrücken mit dazwischen liegenden Depressionen, die den Verlauf eines aktuellen oder ehemaligen Eisrandes markieren. Die einzelnen Rücken folgen aber manchmal auch den Ausstrichstellen abgescherter Gesteinsschollen im Untergrund oder den Scheitelachsen von Auffaltungen. Stauchmoränenkomplexe können sich viele Zehner von Metern über dem Vorland erheben.

Durch jährliche Oszillationen eines Eisrandes mit winterlichem Vorrücken und Aufstauchen der während des Sommerhalbjahrs am zurückweichenden Gletscherrand abgelagerten Sedimente können kleinere **saisonale Stauchmoränenwälle** (*push moraine*) von wenigen Metern Höhe und mit asymmetrischem Querschnitt (steiler Innenhang und weniger steiler Außenhang) entstehen, die lediglich bei temperierten Gletschern auftreten (BENNET 2001: 229). Der Abstand zwischen solchen jährlich gebildeten Stauchmoränen ermöglicht indirekt Aussagen über das Ausmaß der Ablation im Sommerhalbjahr sowie die Geschwindigkeit eines Gletscherrückzuges.

Günstige Bedingungen für die Ausbildung großer, aus mehreren Wällen bestehender **Stauchmoränenkomplexe** sind ein plötzlich erhöhter Auflastungsdruck des Gletschers durch einen Gletschervorstoß, das Auftreten potentieller Gleit- bzw. Abscherungsflächen im Untergrund des Gletschers wie zum Beispiel Ton- oder Schluffschichten, eine geneigte Gesteinsoberfläche der Gletscherbasis sowie ein hoher Porenwasserdruck (d.h. eine Abnahme der Scherfestigkeit von Gesteinen). Der Porenwasserdruck ist vor allem abhängig von der Permeabilität des Untergrundgesteins, dem Auftreten subglazialer Schmelzwässer und der Existenz von Permafrost im Vorland des Gletschers (Verhinderung der Drainage des Porenwassers ins Vorland hinein). Häufig entstehen große Stauchmoränenkomplexe bei einem raschen Eisvorstoß, bei dem Auflastungs- und Porenwasserdruck plötzlich erhöht und dabei die Scherfestigkeit des Untergrundes überschritten wird.

Ergebnis der Deformationen des Untergrundes mit Kompressionsvorgängen, Abscherungen ganzer Locker- und/oder Festgesteinsschollen sowie plastischen Verformungen toniger Schichten sind die in den Sedimentkörpern von Stauchmoränen auftretenden komplizierten Faltenbilder und Überschiebungen. KLOSTERMANN (1990) unterscheidet zum Beispiel am nördlichen Niederrhein aufgrund ihres unterschiedlichen inneren Aufbaus drei drenthezeitliche **Stauchmoränentypen**:

1. die Kern-Stauchmoränen des Xantener Lobus, deren Kern aus hochgepressten tertiären Feinsanden besteht;
2. die Decken-Stauchmoränen im Bereich der Bönninghardt, bei denen tertiäre Tone gefaltet und zu deckenartigen Strukturen aufgestaucht wurden sowie
3: die Sander-Stauchmoränen zwischen Gochfortzberg und Paulsberg, die aus gestauchten, in ihrer inneren Struktur aber fast ungestörten Sanderablagerungen bestehen.

Weitere glaziale und glazifluviale Akkumulationsformen im ehemaligen Glazialgebiet

(Drumlin und Drumlinscharen, Oser, subglaziale Schmelzwasserablagerungen)

Weitere, vom Gletscher und seinen Schmelzwässern geschaffene Reliefformen sind im ehemaligen Glazialgebiet sich in Richtung der Eisbewegung erstreckende Drumlinscharen und langgestreckte Oser (Esker) sowie subglaziale Schmelzwassersedimente.

Ein **Drumlin** (gälisch *„druim“* = Hügel; *drumlin*) ist ein stromlinienförmiger Rücken mit steilerer, der Eisbewegung zugewandter Luv- und flach auslaufender Leeseite (Bild 3.4.29, Bild 3.4.30). Seine Längsachse zeigt in Richtung Eisbewegung. Die Längen von Drumlins variieren zwischen wenigen 100 m bis zu wenigen Kilometern, die Breiten zwischen einigen Zehnern bis 400 m, die Höhen zwischen 5 bis 100 m, wobei das Verhältnis von Breite zu Länge häufig nahe bei 1 zu 3 oder bei 1 zu 2 liegt.

Drumlins bestehen überwiegend aus Grundmoränenmaterial (subglaziale Moränen-, Schmelzwasser- und Seesedimente), das vor allem an der Luvseite deformiert ist. Sie sind an der Oberfläche von Moränensedimenten bedeckt. Sie treten meist vergesellschaftet (**Drumlinscharen**, Drumlinschwärme) auf (Bild 3.4.29), sind in der Regel versetzt angeordnet und liegen innerhalb des ehemaligen Vereisungsgebietes immer im Zehrgebiet und dabei häufig in 10 bis 100 km Entfernung vom äußeren Rand des zeitlich zugehörigen maximalen Gletscherstands. Leicht ansteigende Geländeoberflächen, wie sie zum Beispiel in vielen Zungenbecken und Stirngebieten der würmzeitlichen Alpenvorlandvergletscherung existieren (u.a. Habbe 1988), begünstigen ihre Entstehung.

Bild 3.4.29:
Landsatbild einer letztglazialen Drumlinschar am südöstlichen Seeufer des Lago Viedma, einem Zungenbeckensee am Ostrand der südpatagonischen Anden; unten: einzelner, etwa 10 m hoher Drumlin aus diesem Drumlinfeld.

Es gibt zahlreiche **Theorien zur Entstehung von Drumlins** (u.a. Menzies 1979; Ehlers 1994: 55ff.). Sie stimmen darin überein, dass Drumlins subglaziale Formen sind, die im Zehrgebiet von temperierten Gletschern (Ausnahme Rockdrumlins, s.o.) gebildet werden. In der jüngeren Literatur geht man davon aus, dass sie vor allem dort entstehen, wo an der Gletschersohle mehr Sedimente abgelagert als weggeführt werden. Beim sukzessiven Sedimentaufbau werden diese lokalen Sedimentakkumulationen durch die Eisbewegung vor allem an der Luvseite deformiert und es entsteht die typische Drumlinform. Beim endgül-

Bild 3.4.30:
Der *Hubersberg*, ein spät-hochglazialer Drumlin der Würm-Kaltzeit im Kemptener Becken des Illergletschers nördlich von Betzigau. Die Höhe des Drumlins über der umgebenden Grundmoränenlandschaft beträgt bis zu 26 m. Die steilere Luv- bzw. Frontseite befindet sich im Bereich der Baumgruppe. Im Hintergund sind die Alpen zu sehen. Oben links: Ausschnitt aus der TK 1:25.000 (© Bayerische Vermessungsverwaltung 2023).

tigen Abschmelzen des Eises erfolgt oft noch eine unterschiedlich mächtige Überdeckung mit Moränenmaterial. Drumlins sind Indikatoren für eine ehemalige Vergletscherung eines Gebietes, belegen eine temperierte Gletschersohle und ihre Längserstreckung kann zur Rekonstruktion lokaler Fließbewegungen des Gletschers genutzt werden.

Oser (schwedisch *Åsker*) bzw. **Esker** (irisch *„eiscir"*; *esker*) sind extrem langgestreckte, wallartige Rücken (bahndamm-ähnlich) mit steilen Hängen in einem ehemals vergletscherten Gebiet (Abb. 3.4.10). Sie besitzen einen geschwungenen Verlauf mit Unterbrechungen und manchmal auch mit Verzweigungen und eine wechselnde Breite und Höhe.

Oser sind Akkumulationsformen aus horizontal-, trog- und kreuzgeschichteten Sanden und Kiesen, die von Schmelzwässern in Tunnelröhren an der Basis

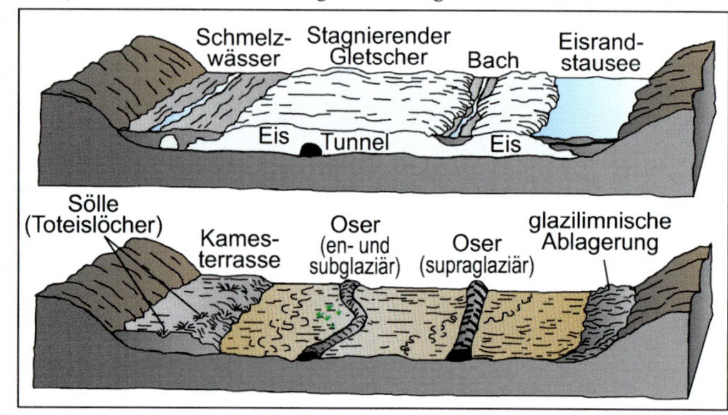

Abb. 3.4.10: Oser und Kames (Quelle v.a. Strahler & Strahler 1999).

Bild 3.4.31:
Subglaziale Schmelzwassersande mit einer ansteigenden Rippelschichtung (*climbing ripples*) aus dem letzten Glazial am Lago Argentino (Ostpatagonien). Die Fließrichtung ist jeweils von links nach rechts erkennbar an den kleinbogigen Schrägschichtungen, die an der Leeseite der Rippel vorgeschüttet wurden.

(subglazial), oder seltener in Tunnelsystemen im Eis (englazial), in Schmelzwasserrinnen auf dem Gletscher (supraglazial) oder subaquatisch abgelagert wurden. Beim Abschmelzen des Gletschers wurden die en- und supraglazialen Füllungen der Schmelzwasserbahnen langsam auf die Erdoberfläche disloziert.

Oser können Längen von wenigen 100 m bis mehrere 100 km und eine Höhe von wenigen Metern bis mehr als 200 m erreichen. Sie verlaufen häufig parallel zur ehemaligen Eisrichtung und zählen zu den klarsten Indikatoren für eine ehemalige Vergletscherung eines Gebietes.

An der Basis enes Gletschers können in Mulden oder Abflussröhren **subglaziale Schmelzwassersande und -kiese** abgelagert werden. Schmelzwassersande mit aufsteigenden Rippelschichtungen (*climbing ripples*) belegen eine hohe Strömungsenergie und ein hohes Sedimentangebot (Boden- und Suspensionsfracht) (Bild 3.4.31).

Ausgewählte Literatur

ZEPP, H. (2017): Grundriß Allgemeine Geographie: Geomorphologie eine Einführung: Kap. 9; Paderborn (Schöningh UTB Verl.).

AHNERT, F. (2015): Einführung in die Allgemeine Geomorphologie: Kap. 24.5; Stuttgart (Ulmer Verl.).

EHLERS, J. (2011): Das Eiszeitalter: Kap. 4 und Kap. 5; Heidelberg (Spektrum Verl.).

Weiterführende Literatur

EHLERS, J. (1994): Allgemeine und historische Quartärgeologie. – Stuttgart (Enke Verl.).

Erarbeiten Sie mit Hilfe des Textes und der Literatur die nachfolgenden Fragen.

1. *Woher stammt der im Gletscher mitgeführte Schutt?*
2. *Wodurch unterscheiden sich glaziale von fluvialen Sedimenten?*
3. *Was ist ein Geschiebe?*
4. *Was ist eine Obermoräne und was ist eine Fließmoräne?*

5. *Wo setzen bei einer Gebirgsvergletscherung firnwärts rezente und fossile Seitenmoränen ein?*
6. *Unter welchen Bedingungen können besonders mächtige End- und Seitenmoränen entstehen?*
7. *Woraus bestehen Stauchendmoränen?*
8. *Wie entstehen Stauchendmoränen?*
9. *Wie entstehen Drumlins?*
10. *Welche morphologische Form besitzen Drumlins?*
11. *Wo sind Drumlins typischerweise verbreitet? Nennen Sie ein Gebiet im Alpenvorland, in dem Drumlins erhalten sind.*
12. *Wie entstehen Oser?*
13. *Welche morphologische Form besitzen Oser?*
14. *Aus welchen Sedimenten bestehen Drumlins?*
15. *Aus welchen Sedimenten bestehen Oser?*
16. *Wie lang können Oser sein?*

Weitere Fragen für BA-Studierende und Lehramt Gymnasium

17. *Was sind „Leitgeschiebe" oder „Erratika" oder „Findlinge" ? Warum können sie bei der Rekonstruktion des Einzugsgebiets einer ehemaligen Vergletscherung helfen?*
18. *Was ist der Unterschied zwischen den Begriffen Tillit und Diamiktit?*
19. *Was sind typische Merkmale von Moränensedimenten (till)?*
20. *Woraus bestehen Satzendmoränen?*
21. *Was sind Eiskernmoränen?*
22. *Wann entstehen Hügel- bzw. Buckelmoräne?*
23. *Wo setzen bei einer Gebirgsvergletscherung firnwärts rezente und fossile Mittelmoränen ein?*

3.4.8 Landschaftsformen am Außenrand von Gletschern

- Kames und Toteislöcher (Sölle)
- Sander, Schotterfelder und Übergangskegel
- Eisrandstauseen, Deltaschüttungen und Bändertone (Warvite)
- Urstromtäler

Schmelzwässer am Außenrand von Gletschern hinterlassen Kames und Toteislöcher (Sölle), Sander und Schotterfelder (Bild 3.4.32), kleinere und größere proglaziale Schmelzwassertäler bis hin zu Urstromtälern, dort, wo die ehemalige präglaziale Entwässerung durch eine Vereisung blockiert wurde.

Kames (schottisch *„kaim"; kames*) sind Ebenheiten (**Kamesterrasse, Kamesplateau**), Hügel (**Kameshügel**) oder Rücken (**Kamesrücken**) aus geschichteten Schmelzwassersanden

Bild 3.4.32:
Neuzeitliche Eisrandlagen (Em), ehemalige Gletschertore und Schmelzwasserbahnen (gfl), Sanderflächen mit wassergefüllten Toteislöchern im Vorfeld des *Skaftafellsjökull* (Südost-Island) im Jahr 2013 AD.

und -kiesen (glazifluvial), wobei auch glazilimnische Schluff- und Tonlagen von kurzzeitig existenten kleinen Eisrandstauseen eingeschaltet sein können. Diese Sedimente wurden innerhalb eines ehemals vergletscherten Gebietes als Kamesterrasse zwischen Talhang und Außenrand des Gletschers oder auf und zwischen Toteis abgelagert (Abb. 3.4.11) Vor allem Kameshügel und Kamesrücken sind typische Bildungen zwischen zerfallenden Toteiskörpern.

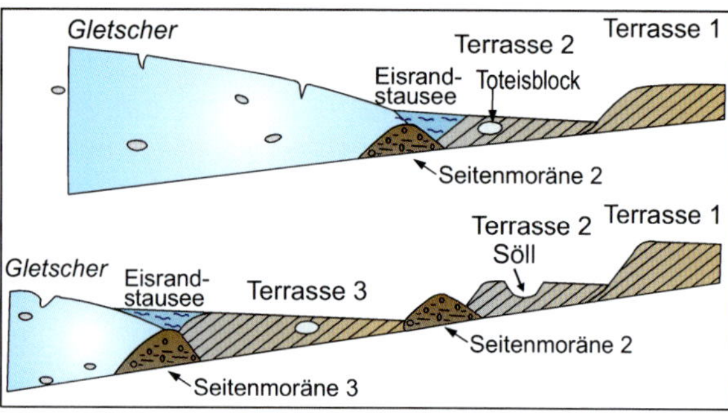

Abb. 3.4.11: Kamesterrassen (Terrassen 1 bis 3) am Rande eines abschmelzenden Talgletschers.

Das Auftreten von **Sackungsstrukturen** innerhalb von Kamesablagerungen (Bild 3.4.33) ist auf ein langsames Abschmelzen von überschütteten Toteiskörpern oder auf das Zurückweichen eines ehemals angrenzenden Gletscherrandes zurückzuführen.

Bild 3.4.33:
Drentheglaziale Kamesablagerungen im oberen Wesertal südöstlich der Porta Westfalica („*Porta Kame*“) mit durch kleine Abschiebungen gekennzeichneten Nachsackungen des Sedimentkörpers. Sie belegen eine Schüttung der sandigen und schluffigen Schmelzwassersedimente über einen Toteiskörper.

Kames treten in der Regel als lokale, nicht zusammenhängende Einzelformen auf und können auch bei gleichem Bildungsalter unterschiedliche Höhenlagen ihrer Oberflächen besitzen. Allerdings entstehen bei etappenweise abschmelzenden Talgletschern am Talhang häufiger treppenartig angeordnete Abfolgen unterschiedlich hoher und alter Kamesterrassen (Abb. 3.4.11). Sie ermöglichen eine Rekonstruktion der einzelnen Abschmelzphasen. Die Oberflächen und Sedimentkörper von Kames, aber auch anderen Eiskontaktbildungen wie Eiskernmoränen und eisrandnahen Sanderflächen von Rückzugsständen, sind häufig sekundär durch das langsame Abtauen von Toteis im Untergrund überprägt.

Dabei kommt es in den Lockersedimenten zu lokalen Verstellungen, häufig in Form zahlreicher kleiner Abschiebungen (Bild 3.4.33). An der Oberfläche können sich dabei mehrere, kreisförmige bis längliche abflusslose Hohlformen bilden, die als **„Toteislöcher“** (*kettle holes*), **„Sölle“** (Singular „Soll“) oder „Kessel“ bezeichnet werden (Bild 3.4.34). Sie können wenige bis einige hundert Meter Durchmesser und Tiefen von wenigen bis einige Zehnern von

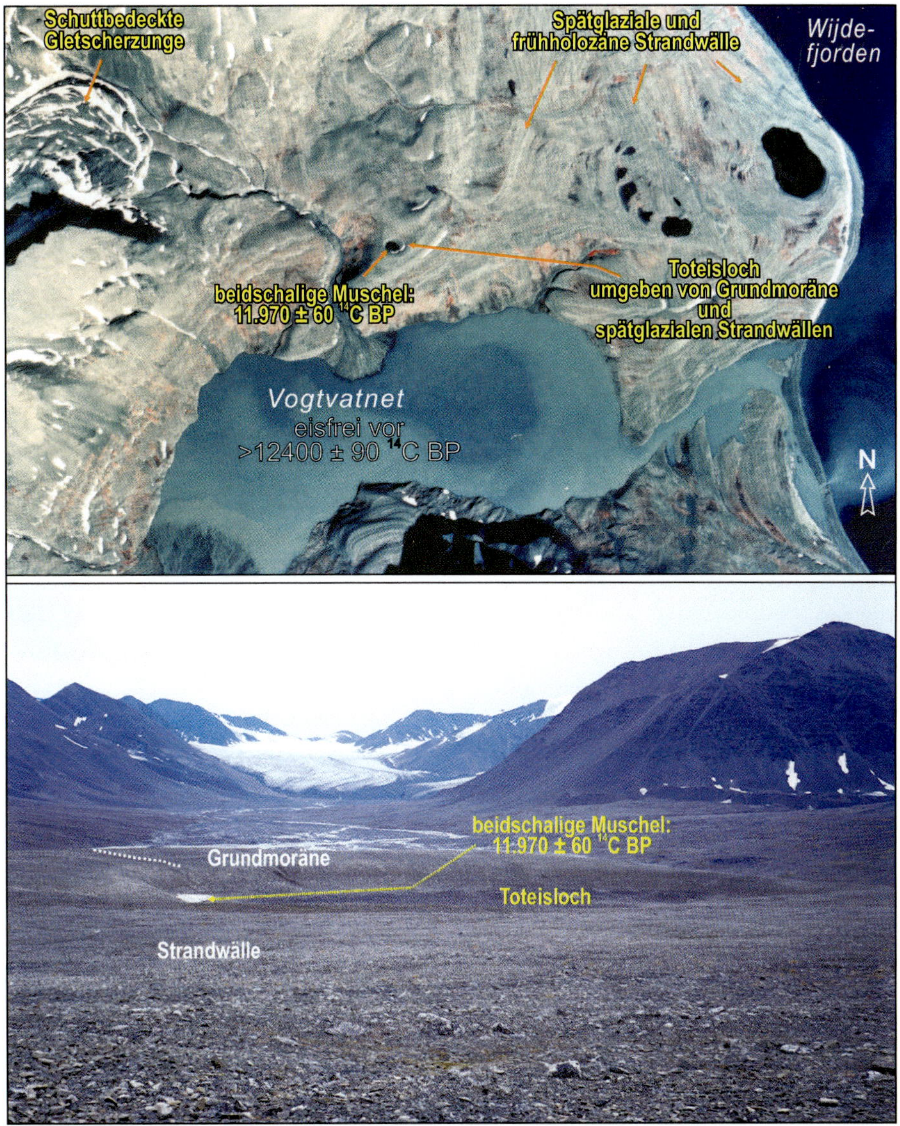

Bild 3.4.34:
Allerödzeitliches Toteisloch in 44,1 m ü. M nördlich des *Vogtvatnet*-Sees im *Wijdefjord* auf Spitzbergen. Die landeinwärtige Seite des Toteislochs bilden Grundmoränenablagerungen, die zur heutigen Fjordküste liegende Seite bestehen aus Strandablagerungen. Das Alter von 11.970 ^{14}C BP einer Muschelschale aus der Wand des Toteislochs in ca. 3,4 m Tiefe unter Geländeoberfläche ist der Beleg dafür, das die heutige Depression noch mit Toteis gefüllt war als der Gletscherrückzug von der damaligen Fjordküste gerade eingesetzt hatte (Details in Brückner & Schellmann 2003).

Metern erreichen. In der Regel ist weder die Bildung von Toteis noch dessen Abschmelzen datierbar, da in den das Toteis begrabenen Sedimenten fast immer datierbare Substanzen fehlen. Eine Ausnahme ist ein Toteisloch im ***Wijdefjord*** in Nord-Spitzbergens, wo marine Strandwälle direkt an die Grundmoränen einer ehemaligen Seitentalvergletscherung grenzen (Bild 3.4.34). Bei Ablagerung der ältesten Strandwälle wurde Toteis umspüllt. Nach dem Abtauen des Toteis blieb ein meerwärts von Strandkiesen und landwärts von Moränenablagerungen umgebendes, mehrere Meter tiefes Toteisloch zurück.

Während Oser und Kames Schmelzwasserbildungen innerhalb eines ehemals vergletscherten Gebietes sind, reichen Schmelzwässer und ihre **glazifluviale** Fracht über das Vereisungsgebiet hinaus bis weit ins angrenzende Vorland, wo sie in einen Fluss, in einen See oder ins Meer münden. Das Besondere an diesen **proglazialen Schmelzwasserbahnen** ist ihr Einzugsgebiet: ein oszillierender oder auch ganz abschmelzender Eisrand.

Quelläste von Schmelzwasserbahnen (Bild 3.4.32), die dem sich verlagernden Eisrand folgen, sind der beste Indikator zur Rekonstruktion ehemaliger Eisrandlagen und hervorragend geeignet für die Kartierung unterschiedlich alter Moränenstände. Ähnlich wie die Einzugsgebiete von Bächen und Flüssen besitzen Schmelzwasserbahnen im Oberlauf das größte Gefälle, das talabwärts auf das allgemeine Talgefälle ausläuft.

Analoges gilt für die von Schmelzwässern hinterlassenen Akkumulationsformen, die sog. „**Sander**" (isländisch *„sandur"*, *sandar*) (Bild 3.4.35; Abb. 3.4.12, Abb. 3.4.13) oder „**proglazialen Schotterfelder**" (*proglacial outwash plains*) (Bild 3.4.36). Ihr Oberflächengefälle und damit auch die generelle Korngröße der sedimentierten Fracht nimmt mit zunehmender Entfernung vom zugehörigen Eisrand ab.

Unmittelbar vor dem Eisrand befindet sich häufig eine Zone besonders starker proglazialer Sedimentakkumulationen, die auch als „**Übergangskegel**" bezeichnet wird (Abb. 3.4.12). Sie sind in der Regel die gröberen und am geringsten sortierten Schmelzwasserablagerungen (Bild 3.4.36).

Bild 3.4.35:
Ausgedehnte Sanderflächen im Vorfeld des *Skeiðarárjökull*, einem Auslaßgletscher des *Vatnajökulls* (Südost-Island). Bei subglazialen Vulkanausbrüchen unter dem *Vatnajökulls* kommt es häufig zu extremen *Jökulhlaups* (Gletscherläufen), die die Sanderflächen stark umgestalten.

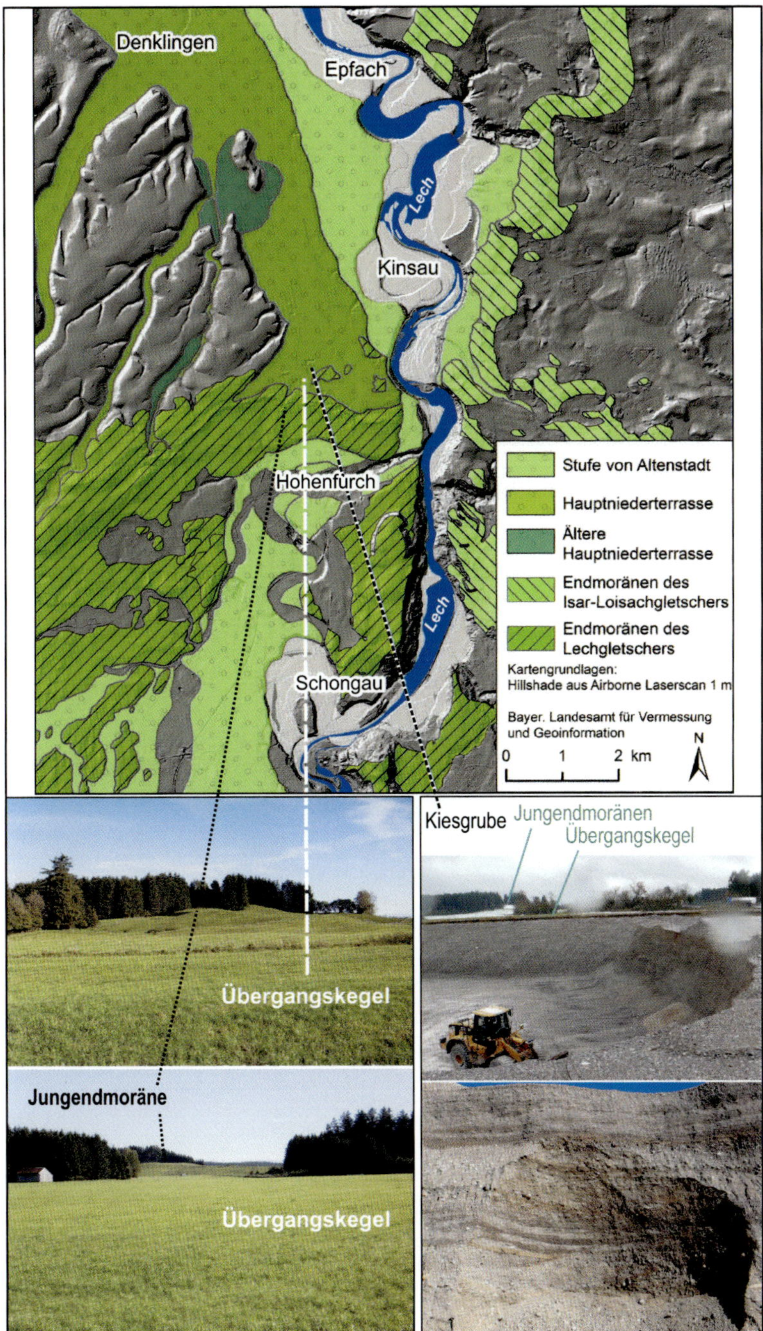

Bild 3.4.36:
Äußere Jungendmoränen (Würm-Hochglazial) und proglaziales Schotterfeld (Übergangskegel) im Lechtal südwestlich von Kinzau und nördlich von Hohenfurch. Aufgrund der eisrandnahen Lage wenige 100 m Meter im Vorland der Jungendmoränen von Hohenfurch sind die Niederterrassenkiese des Lechs im Übergangskegel schlecht sortiert, blockreich, schwach horizontal- und trog-geschichtet (Kartierung und Details in Gesslein 2013 sowie Gesslein & Schellmann 2016).

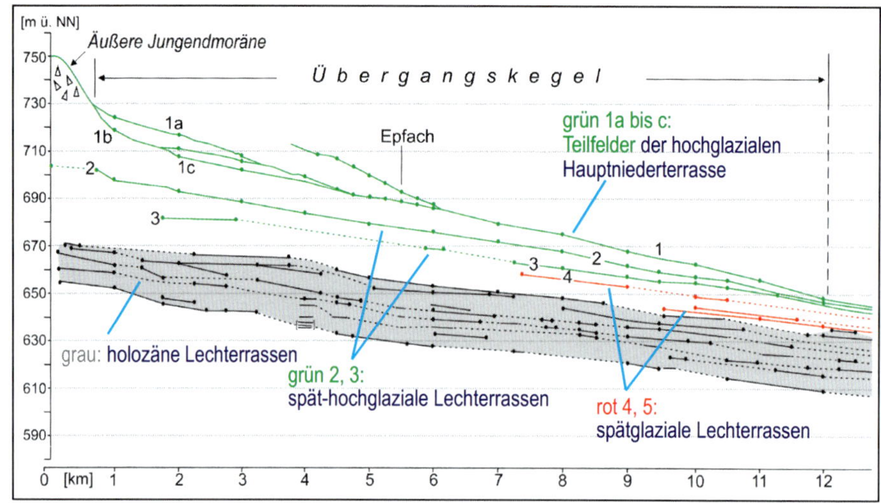

Abb. 3.4.12: Die jungquartären Terrassen des Lechtals im Tallängsprofil von den hochglazialen Jungendmoränen nördlich von Hohenfurch bis nach Mundraching (stark verändert nach Gesslein & Schellmann 2016: Abb. 3).

Charakteristisch für Sanderflächen und proglaziale Schotterfelder sind horizontal- und troggeschichtete Sande und Kiese, die von einem stark verwilderten Abflusssystem abgelagert wurden. Allerdings sind nach Ehlers (1994) die eiszeitlichen Sanderablagerungen Norddeutschlands schräggeschichtet. Die dominante Korngröße der Sanderablagerungen und Schotterfelder, ob überwiegend oder ausschließlich Sande, Kiese oder Blöcke, ist vom Gefälle abhängig. Während Sander und Schotterfelder während des Maximalstandes einer Vereisung und den anschließenden Abschmelzständen entstehen, kann es natürlich auch beim Gletschervorstoß zu Schmelzwasserablagerungen kommen. Als sog. **„Vorstoßschotter"** oder **„Vorschüttsande"** unterlagern sie häufig die glazialen und fluvioglazialen Ablagerungen des Maximalstandes und seiner Abschmelzstände (Abb. 3.4.13; Bild 3.4.23).

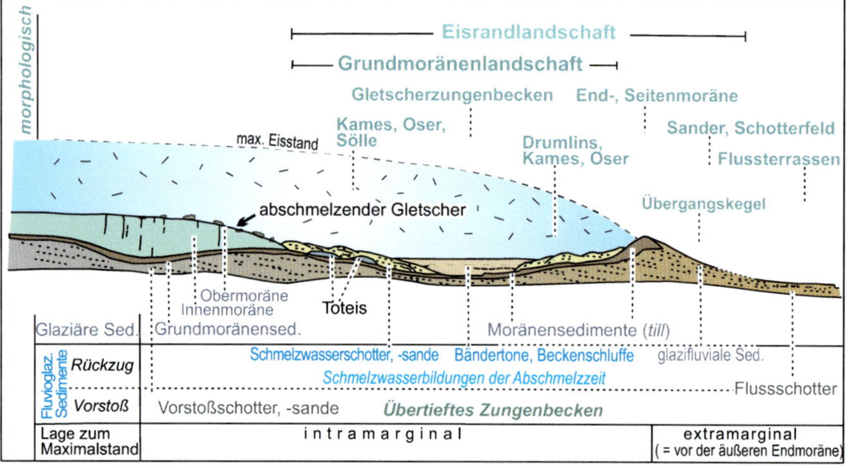

Abb. 3.4.13: Glaziale und fluvioglaziale Formen und Ablagerungen, die während und beim Abschmelzen eines Vorlandgletschers entstehen können.

Bild 3.4.37:
Deltaablagerungen in einen spät-drenthezeitlichen Eisrandstausse in der Emme nordwestlich von Rinteln, unteres Oberwesertal oberhalb der Porta Westfalica (Aufnahme Juni 1992).

Bei der Mündung von Schmelzwässern in Eisrandstauseen oder Zungenbeckenseen kommt es zum Vorbau mächtiger **Deltaschüttungen**, deren Oberfläche auf den Seespiegel ausgerichtet ist (Kap. 3.3). Deren Sedimentkörper besitzen eine charakteristische Deltaschichtung mit schluffig-tonigen Basislagen („*bottom-sets*"), sowie etwa 30° in den See einfallende Vorschüttungslagen („*fore-sets*") und auf den Seespiegel ausgerichtete Toplagen („*top-sets*") (Bild 3.4.37).

Bild 3.4.38:
Laminierte Staubeckenschluffe aus dem vorletzten M2-Glazial im oberen Río Santa Cruz (Ostpatagonien).

Am Seeboden kommt es häufig zur Ablagerung feinlaminierter, oft jahreszeitlich geschichteter Seesedimente, den „**laminierten Staubeckenschluffen**" (Bild 3.4.38) oder „**Bänderschluffen**" und den „**Bändertonen**" (Abb. 3.4.13). Eine Jahresschicht bezeichnet man als **Varve** (Warve) (Bild 3.4.39). Sie besteht aus einer tonigeren und an organischem Material reicheren dunklen Winterlage und einer stärker schluffigen hellen Sommerlage. Mit Hilfe von Varvenzählungen kann die Bildungsdauer der Seeablagerungen bestimmt werden (Varven-Chronologie).

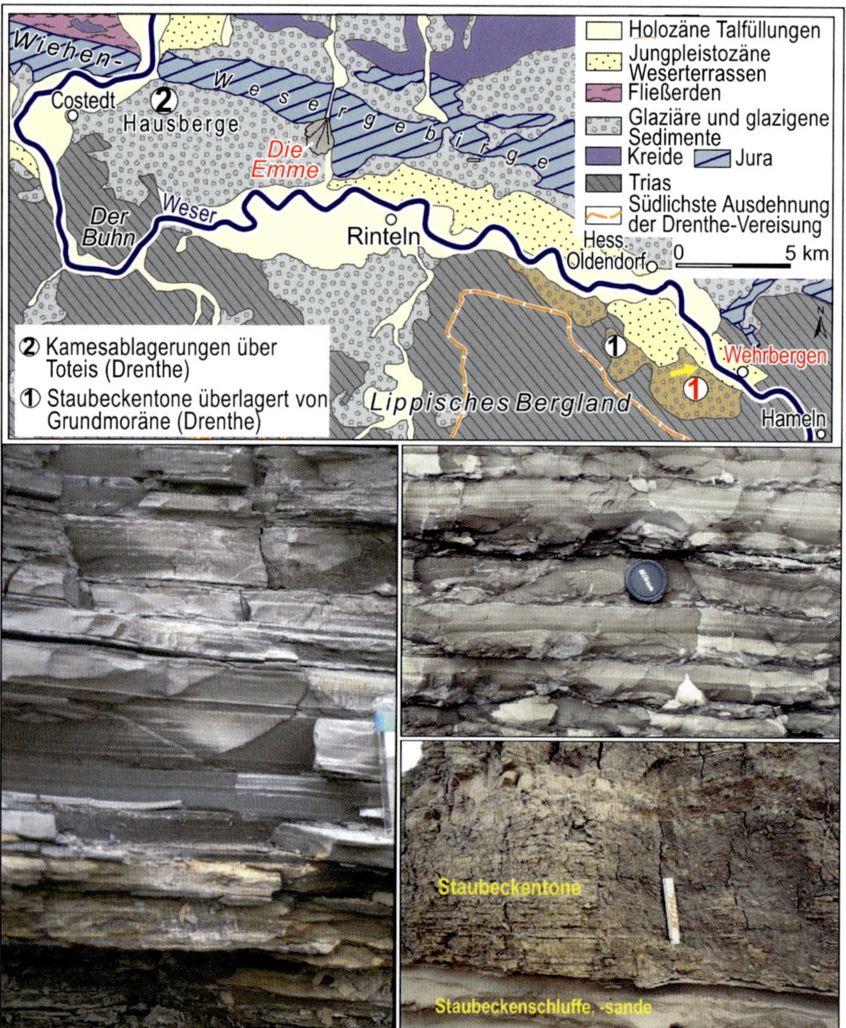

Bild 3.4.39:
Warvengeschichte Staubeckentone des früh-drenthezeitlichen Rintelner Eisrandstausees (glazio-lakustrine Varventone) in der Tongrube Helpensen, ca. 4 km nordwestlich von Hameln im oberen Wesertal (Aufnahme vom Juli 1992; weitere Details u.a. in Feldmann & Meyer 1998, Meyer 2017). Klastische Varven bestehend aus einer hellen, schluffreicheren Sommerlage sowie einer dunklen organischen und feinkörnigeren Winterlage. Nach Varvenzählungen umfassen die etwa 2 m mächtigen Staubeckentone einen Ablagerungszeitraum von max. 66 Jahren (Meyer 2017: 36f.).

Eine geomorphologische Besonderheit des ehemaligen Vergletscherungsgebiets der nordischen Inlandvereisung südlich der Ostsee sind die dort verbreiteten **Urstromtäler** (Abb. 3.4.14, Abb. 3.4.15). Mit dem Vorrücken des Inlandeises wurde den auf die Ostsee ausgerichteten Entwässerungslinien der Abflussweg versperrt. Schmelzwässer vom Inlandeis und Abflüsse aus dem südlichen Periglazialraum bahnten sich parallel zum jeweiligen Eisrand neue Wege zur Nordsee. Infolge von Oszillationen des Eisrandes sind Urstromtäler insbesondere im Oberlauf oft terrassiert.

Im Alpenvorland konnten in allen Kaltzeiten die Schmelzwässer der nach Norden vorrückenden Alpengletscher ohne Probleme ihren Vorfluter die Donau erreichen (Abb. 3.4.16). Daher gibt es dort keine Urstromtäler.

Ausgewählte Literatur

AHNERT, F. (2015): Einführung in die Allgemeine Geomorphologie; Kap. 24.6; Stuttgart (Ulmer Verl.).

ZEPP, H. (2017): Grundriß Allgemeine Geographie: Geomorphologie eine Einführung: Kap. 9; Paderborn (Schöningh UTB Verl.).

EHLERS, J. (2011): Das Eiszeitalter: Kap. 5; Heidelberg (Spektrum Verl.).

PRESS, F. & SIEVER, R. (2017): Allgemeine Geologie: Kap. 21; Heidelberg (Spektrum).

Erarbeiten Sie mit Hilfe des Textes, der Abbildungen und der Literatur die nachfolgenden Fragen.

1. *Wo und wie entstehen Kamesterrassen?*
2. *Aus welchen Sedimenten bestehen Kames?*
3. *Woher stammen die in Kamesablagerungen häufig auftretenden Sackungsstrukturen?*
4. *Was sind Sölle und wie entstehen sie?*
5. *Wo und wie entstehen Sander und aus welchen Sedimenten bestehen sie?*
6. *Welchen typischen Sedimentaufbau besitzen Deltaablagerungen?*
7. *Was sind Bändertone und wie entstehen sie?*
8. *Wie entstehen Warven?*
9. *Wie sind die Urstromtäler Norddeutschlands entstanden? (u.a. Abb. 3.4.14)*
10. *Welche fünf großen Vorlandgletscher hinterließen im nördlichen Alpenvorland ausgedehnte Jungmoränengebiete ? (u.a. Abb. 3.4.16)*
11. *Wie alt sind im Alpenvorland die Jungmoränengebiete und wie alt sind die Altmoränengebiete? (u.a. Abb. 3.4.16)*

Legende zur Abb. 3.4.14

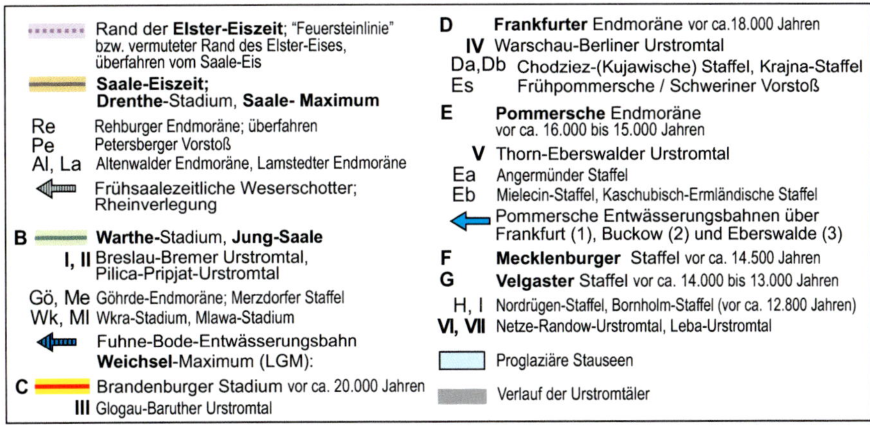

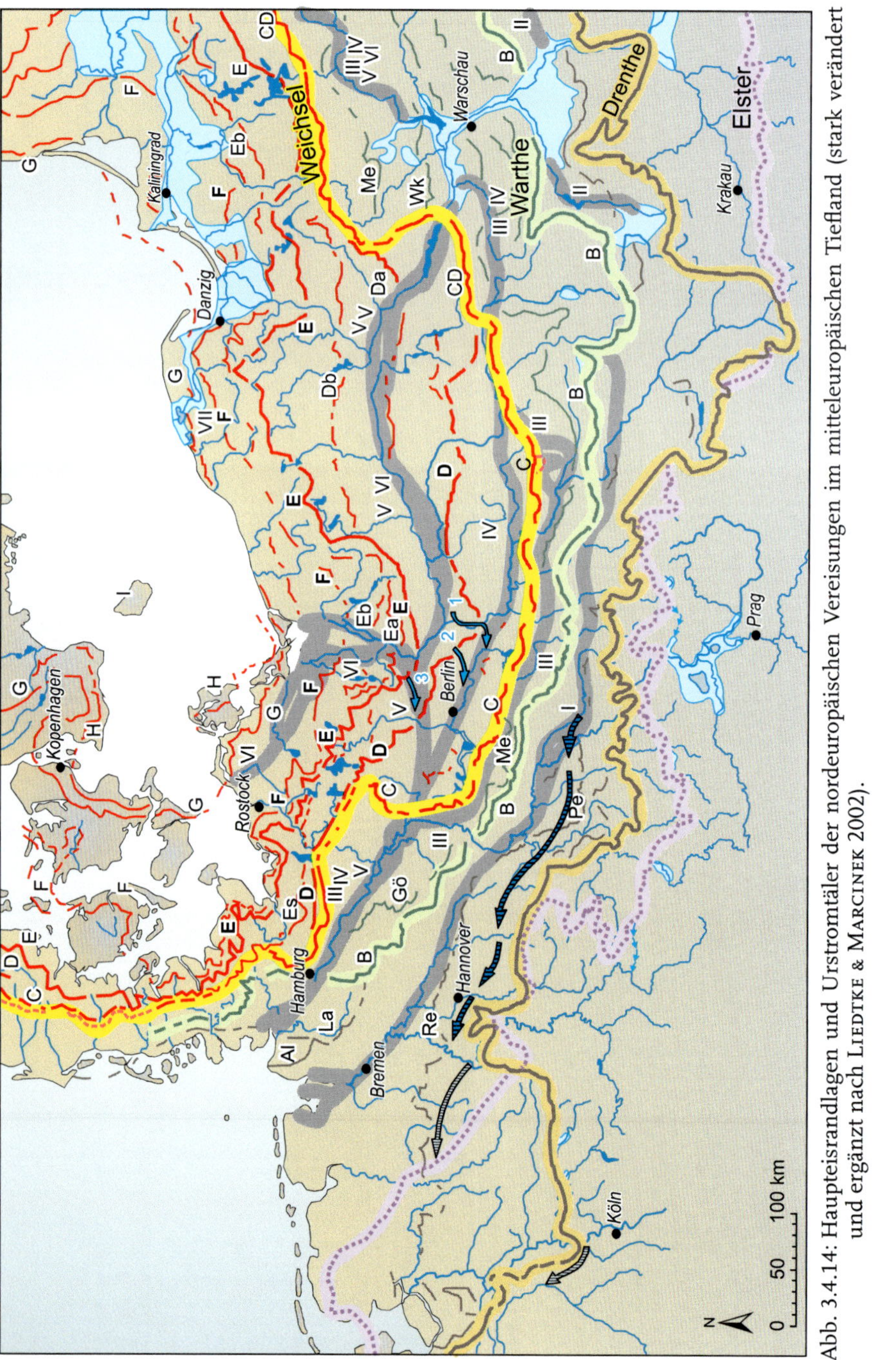

Abb. 3.4.14: Haupteisrandlagen und Urstromtäler der nordeuropäischen Vereisungen im mitteleuropäischen Tiefland (stark verändert und ergänzt nach Liedtke & Marcinek 2002).

12. *Wie heißen die quartären Kaltzeiten im Alpenvorland und in Norddeutschland? (u.a. Abb. 3.4.14, Tab. 3.4.2)*

13. *Worin liegt die Ursache für die Heraushebung Skandinaviens seit dem Weichsel-Spätglazial und wo wurden die maximalen Hebungsbeträge erreicht?*

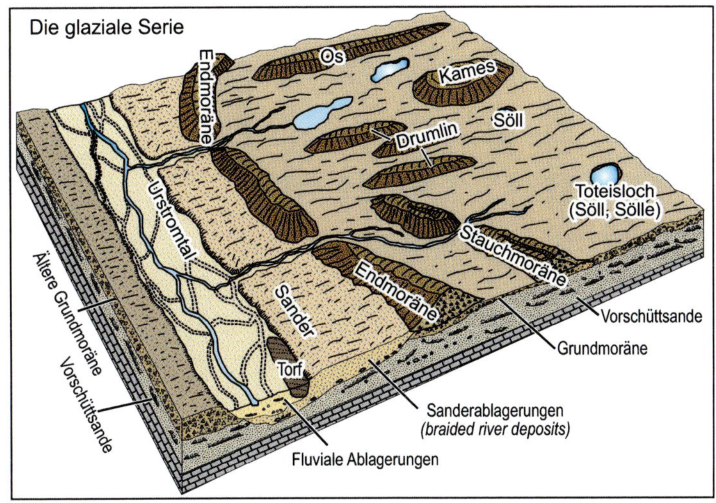

Abb. 3.4.15: Die glaziale Serie in Norddeutschland (stark verändert und ergänzt nach Mückenhausen 1985).

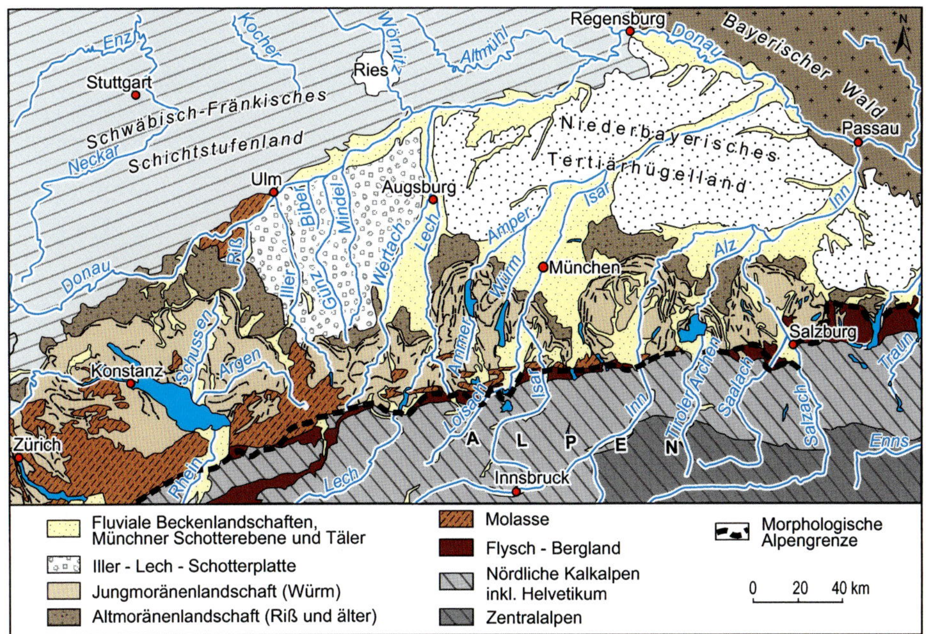

Abb. 3.4.16: Moränenlandschaften im nördlichen Alpenvorland.

Weitere Fragen für BA-Studierende und Lehramt Gymnasium

14. *Was ist ein Übergangskegel und aus welchen Sedimenten besteht er?*
15. *Was sind Vorstoßschotter und wo findet man sie?*
16. *Wann entstand das Glogau-Baruther und wann das Thorn-Eberswalder Urstromtal? (u.a. Abb. 3.4.14)*
17. *Welches Urstromtal entstand in Norddeutschland während des Brandenburger Stadiums? (u.a. Abb. 3.4.14)*
18. *Wie heißen die verschiedenen pleistozänen Inlandvereisungen in Norddeutschland? (u.a. Abb. 3.4.14)*

Tab. 3.4.2: Stratigraphische Gliederung des Eiszeitalters im Bayerischen Alpenvorland (stark verändert nach Bayerischer Geologischer Dienst 2011).

Age [Ka]	International: Marine Isotop. Stage	International: Mag-neto-strat.	International: System	International: (Sub-) Series	Bavaria: Stratigraphy			
11,5	1	BRUNHES	QUATERNARY	Holocene	Holozän	Holozän		Holozänterrassen
30	2			Upper(Late)Pleistocene	Jungpleistozän	Würm	Spät- / Hoch-	Niederterrassen
70	3 - 4					Würm	Mittel-	Übergangsterrassen
115	5a - 5d					Würm	Früh-	Übergangsterrassen
130	5e					Riß/Würm		Moosburger Hochterrasse
	6 - 10			Middle Pleistocene	Mittelpleistozän	Riß	Jung- / Mittelriß / Altriß	Hochterrassen
	11					Mindel/Riß		
780	12 - 19					Mindel		Jüngere Deckenschotter
		MATUYAMA		Lower(Early)Pleistocene	Altpleistozän	Günz		Tiefere Ältere Deckenschotter
1000		Jaramillo						Uhlenberg-Schieferkohle

Age [Ka]	International: Marine Isotop. Stage	International: Mag-neto-strat.	International: System	International: (Sub-) Series	Bavaria: Stratigraphy		
	11	BRUNHES	QUATERNARY	Middle Pleistocene	Mittelpleistozän	Mindel/Riß	
780	12 - 19					Mindel	Jüngere Deckenschotter
		MATUYAMA		Lower(Early)Pleistocene	Altpleistozän	Günz	Tiefere Ältere Deckenschotter
1000		Jaramillo					Uhlenberg-Schieferkohle
	20 - 103	MATUYAMA			?	? Donau	Höhere Ältere Deckenschotter
1800		Olduvai			Ältestpleistozän		
2600		MATUYAMA				Biber	Älteste Deckenschotter
	104 -	GAUSS	TERTIARY	Pliocene	Pliozän	--	

19. *Wie heißen die verschiedenen pleistozänen Vereisungen im Alpenvorland und wie heißen die zugehörigen Flussterrassen? (u.a. Tab. 3.4.2)*

20. *Wie weit reichte das nordische Inlandeis im Drenthe-Stadial der Saale-Kaltzeit nach Süden? (u.a. Abb. 3.4.14)*

21. *Welche morphologischen Formen begrenzen im Alpenvorland das ehemalige Vereisungsgebiet pleistozäner Vorlandvergletscherungen? (u.a. Abb. 3.4.17)*

22. *Wie heißt der jüngste spätglaziale Gletschervorstoß in den Alpen?*

23. *Wie kann man glazigene und glazifluviale Sedimente im Aufschluß unterscheiden?*

24. *Warum haben große Alpentäler heute trotz intensiver glazialer Überformung in der letzten Kaltzeit ebene Talböden?*

25. *Warum treten im Norddeutschen Tiefland östlich der Elbe (Mecklenburg/Pommern) zahlreiche Seen auf, westlich der Elbe jedoch nicht? (u.a. Abb. 3.4.14)*

26. *Den vier jüngsten Kaltzeiten entsprechen im Alpenvorland vier glazifluviale Schotterterrassen, die oft mit Löss überdeckt sind. Warum sind die Niederterrassen lössfrei?*

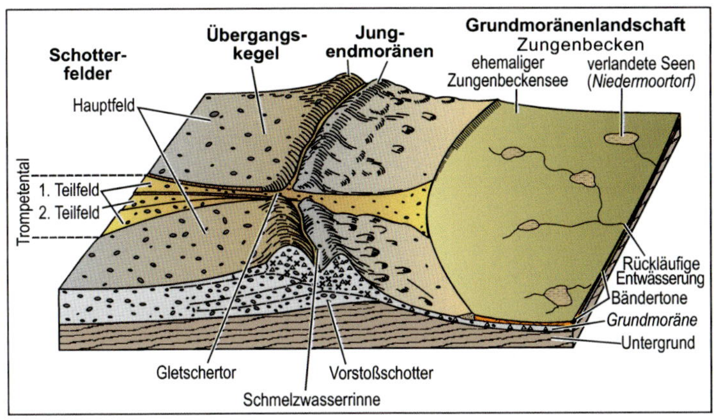

Abb. 3.4.17: Die glaziale Serie im Alpenvorland (stark verändert nach GERMAN in RICHTER 1975 und HANTKE 1978).

27. *Weshalb erfolgte die beträchtliche Überformung der Altmoränen durch Hangdenudation in den Kaltzeiten und nicht in den Warmzeiten?*

3.4.9 Die glaziale Serie

Erarbeiten Sie dieses kurze Kapitel selbstständig mit Hilfe der Literatur und den Abbildungen: Abb. 3.4.15 und Abb. 3.4.17.

Ausgewählte Literatur

AHNERT, F. (2015): Einführung in die Allgemeine Geomorphologie; Kap. 24.7; Stuttgart (Ulmer Verl.).

ZEPP, H. (2017): Grundriß Allgemeine Geographie: Geomorphologie eine Einführung: Kap. 9; Paderborn (Schöningh UTB Verl.).

EHLERS, J. (1994): Allgemeine und historische Quartärgeologie: 78-82; Stuttgart (Enke Verl.).

Erarbeiten Sie mit Hilfe der Abbildungen und der Literatur die nachfolgenden Fragen.

1. *Was versteht man unter dem Begriff „glaziale Serie“?*
2. *Wie unterscheidet sich die glaziale Serie im norddeutschen Tiefland von der im Alpenvorland?*
3. *Was ist ein Trompetental und wie entsteht es?*

3.5 Die Arbeit des Windes
(äolische Dynamik)

Die Arbeit des Windes wird nach dem griechischen Gott des Windes *„Aiolos"* als äolische Dynamik (äolische Prozesse) bezeichnet. Sie umfasst sowohl erosive als auch akkumulative Prozesse und Formen.

Winderosion (*aeolian erosion*) erfaßt vor allem die freiliegenden feinkörnigen Komponenten auf trockenen Landoberflächen, die weniger als 30 bis 40% Vegetationsbedeckung aufweisen. Diese Bedingungen treffen für mindestens ein Drittel der irdischen Landoberfläche zu. Dabei sind die eigentlichen Wüsten (*deserts*) mit Jahresniederschlägen unter 100 mm/Jahr meist nur regional selbstverstärkte Kernzonen wesentlich größerer Trockengebiete (*dry regions*) mit Jahresniederschlägen bis 500 mm/Jahr. Ausschlaggebend für die Aridität einer Landoberfläche ist, dass die potentielle Verdunstung ein Mehrfaches der Niederschläge ausmacht, oder eakter der Ariditätsindex (= Jahresniederschlag/potentielle Evapotransporation) kleiner als <0,65 ist. Das trifft auf etwa 1/3 aller Landoberflächen zu.

Für **Winderosion anfällige Trockengebiete** findet man auf der Erde:
1. im Bereich der subtropisch-randtropischen Hochdruckzellen (u.a. Sahara) mit absinkenden Luftmassen und Passatinversion;
2. an kontinentalen Westküsten, wo die Aridität durch kalte küstennahe Meeresströmungen bzw. durch lokale Landwinde verstärkt wird (Atacama, Namib);
3. im Lee von Hochgebirgen (östlich der Kordilleren Nord- und Südamerikas, südostasiatische Hochgebirge).

Die geomorphologische Wirkung des Windes in Trockengebieten wird durch intensive Salz-, Frost- oder Temperaturverwitterung vorbereitet und durch sporadische Abflussereignisse verstärkt. Von Trockenrissen durchzogene Playas, breitere Wadis und offene Schuttfächer bieten dem Wind dort weitgehend vegetationsfreie Angriffsflächen.

Aber auch in **humiden Gebieten** der gemäßigten Breiten kann der Wind zum Beispiel mit der Anwehung mächtiger küstenparalleler Dünenzüge entlang von Sandstränden, reliefgestaltend wirksam werden. Im Binnenland kann im Sommerhalbjahr durch Winderosion besonders die organische Bodenkrume von vegetationsfreien Feldern erodiert werden. Besonders anfällig sind trockengelegte Moore, deren Torfpartikel wegen fehlender Kohäsion leicht verwehbar sind.

Extreme Ausmaße erreichte die äolische Erosion und Sedimentation (Flugsand, Dünen, Löss) jedoch in den trocken-kalten Klimaperioden pleistozäner **Kaltzeiten**. So zeugen heute noch ausgedehnte Flugsandgebiete im Norddeutschen Flachland (**Decksande**) und mächtige Lössdeckschichten in den deutschen Börden- und Gäulandschaften von dieser kalt-ariden äolischen Dynamik im Pleistozän. Diese enormen Windstäube und Flugsande wurden in den Kaltzeiten vor allem aus der vegetationsarmen (lichte Grassteppe) oder vegetationsfreien Umgebung ausgeweht (Nahkomponente) wie den breiten, nur im Frühsommer mit Wasser gefüllten Flussarme der zahlreichen verwilderten Bäche und Flüsse. Neben dieser Nahkomponente lieferten größere Staubstürme auch Sedimente aus mehreren Hunderten von Kilometern Entfernung (Fernkomponente). Die Sahara blieb aber auch in den Kaltzeiten insgesamt ein unbedeutender Staublieferant für Mitteleuropa (s.u.).

Manche führen in den Kaltzeiten vermeintlich vegetationsfreie **Schelfgebiete** als bedeutende Auswehungsgebiete und damit Staublieferanten unserer Lössgebiete an. Das ist insofern nicht korrekt, da mit der langsamen kaltzeitlichen Absenkung des Meeresspiegels die sukzessive trocken fallenden Schelfgebiete in wenigen Jahrzehnten in ähnlicher Weise mit Vegetation bedeckt waren, wie die angrenzenden Festlandgebiete. Insofern haben trocken gefallene Schelfe auf der Erde keine Sonderstellung als besonderer Staublieferant in den Kaltzeiten.

3.5.1 Äolische Erosionsformen

Die Arbeit des Windes besteht aus dem Abheben einzelner Körner (Deflation) durch Sog und Schub und dem Abschleifen der Bodenoberfläche durch die mitgeführten Partikel. Bei der Erosionsarbeit des Windes ist also zu unterscheiden zwischen der **Deflation** (lat. *deflatio* = Abwehung) und der Wind**korrasion** (Windschliff, Windabrasion; lat. *abradere* = abreiben).

Der Windabtrag ist wesentlich von der Windgeschwindigkeit abhängig, wobei Turbulenzen extrem erosionssteigernd wirken. Dabei bewegen sich die Sandpartikel, je nach Windstärke und Kornform auch Fein- und kleinere Mittelkiese (Bild 3.5.1), als **Bodenfracht** rollend und schiebend (**Reptation;** *reptare,* lat. = kriechen) oder springend (**Saltation;** *saltare,* lat. = springen, tanzen) bis zum nächsten Hinderniss (Abb. 3.5.1).

Dagegen wird Staub (Ton- und Schluffpartikel) in Suspension (**Suspensionsfracht**) mit Luftturbulenzen transportiert. Partikelgrößen von <20 µm können dabei mehrere Tage in der Luftströmung bleiben (*long term suspension*), große troposphärische Höhen erreichen

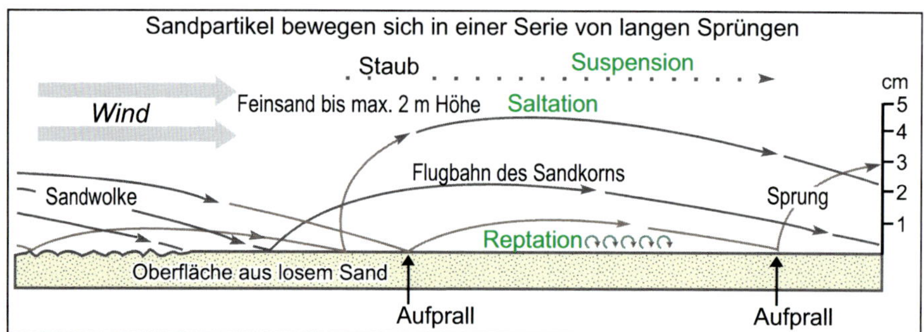

Abb. 3.5.1: Windinduzierte Bewegungsarten von Sand und Staub (Quelle u.a. Strahler & Strahler 1999).

und Entfernungen von mehreren tausend Kilometern überbrücken. Generell gilt:

Je größer die Windgeschwindigkeit,
je stärker die Turbulenzen,
desto gröbere Partikel können fortbewegt werden (Tab. 3.5.1).

Typische durch Deflation erzeugte **Reliefformen** sind durch Windturbulenzen geschaffene, wenige Meter bis einige Kilometer große **Deflationswannen** (*deflation hollows, basins*) (Bild 3.5.2).

Bild 3.5.1: Kiesdünen am *Río Bote* im oberen Río Santa Cruztal (Ostpatagonien).

Tab. 3.5.1: Abhängigkeit zwischen Windgeschwindigkeit und transportierter Korngröße.

mittl. Durchmesser	Windgeschwindigkeit
Staub (0,01 – 0,05 mm)	0,1 – 0,5 m/s
Feinsand (ca. 0,1 mm)	1 – 1,5 m/s
Mittelsand (ca. 0,5 mm)	5 – 6 m/s
Grobsand (ca. 1 mm)	10 – 12 m/s (Windstärke 6)
Feinkies (ca. 2 – 6 mm)	schwerer Sturm Windstärke 10 und größer)

Bei eher flächenhaft wirksamer Deflation können **Steinpflaster** entstehen mit einzelnen, durch Windschliff zugeschärften **Windkantern** und zahlreichen Überzügen aus rotbraunem bis dunkelbraunem **Wüstenlack** (*desert varnish, patina*). Letztere sind 10 bis 30 µm dicke Beläge aus meistens Tonmineralen, Manganoxiden (Pyrolusit) und Eisenoxiden (Hämatit).

Bild 3.5.2: Deflationswanne der *Laguna del Benito* in Ostpatagonien.

Windschliff (Windabrasion, Windkorrasion) und Deflation können in Salzpfannen oder aus tonig-schluffigen Sedimenten in einigen Jahrhunderten oder wenigen Jahrtausenden langgestreckte, zentimeter- bis meter-hohe Rücken herausmodulieren, sog. **Yardangs** (*yardangs*), die in der dominanten Windrichtung (monodirektionale Winde) verlaufen.

Windschliff kann an Felsoberflächen bis in max. 2 m Höhe über Geländeoberfläche kräftig abradieren und so **Felsfenster** (*rock aches*), **Felstische** (*rock tables*) und **Pilzfelsen** entstehen lassen. Neben Windkorrasion ist häufig auch Salzsprengung an deren Formung beteiligt.

Ausgewählte Literatur

Zepp, H. (2017): Grundriß Allgemeine Geographie: Geomorphologie eine Einführung: Kap. 8; Paderborn (Schöningh UTB Verl.).

Ahnert, F. (2015): Einführung in die Allgemeine Geomorphologie: Kap. 9; Stuttgart (Ulmer Verl.).

Baumhauer, R., Kneisel, Ch., Möller, S., Schütt, B., Tressel, E. (2017): Einführung in die Physische Geographie: Kap. 1.10; Darmstadt (Wiss. Buchges.).

Press, F. & Siever, R. (2017): Allgemeine Geologie: Kap. 19; 7. Aufl., Heidelberg (Spektrum).

Weiterführende Literatur:

Lorenz, R.D. & Zimbelman, J.R. (2014): Dune Worlds. How Windblown Sand Shapes Planetary Landscapes. – Berlin, Heidelberg (Springer).

Parsons, A. J. & Abrahams, A.D. (2009): Geomorphology of Desert Environments. – 2nd. ed., New York (Springer).

Ehlers, J. (2011): Das Eiszeitalter: Kap. 11; Heidelberg (Spektrum Verl.).

Erarbeiten Sie mit Hilfe der Literatur und des Textes die nachfolgenden Fragen.

1. *Wo gibt es heute auf der Erde große, durch äolische Dynamiken geprägte Trockengebiete?*
2. *Was versteht man unter den Fachbegriffen Reptation und Saltation?*
3. *Was waren die wichtigsten Auswehungsgebiete für unsere kaltzeitlichen Flugsand- und Lössgebiete?*
4. *Welche Bedeutung hatte das in den Kaltzeiten weitgehend trocken gefallene Nordseebecken als Auswehungsgebiet für Löss- und Flugsande?*
5. *Wodurch wird die Auswehung von Staub begünstigt, wodurch behindert?*
6. *Welche morphologischen Formen entstehen durch Deflation?*
7. *Wodurch entstehen Windkanter?*
8. *Wie entsteht ein Steinpflaster?*
9. *Welche morphologischen Formen entstehen durch Windkorrasion?*
10. *Bis zu welcher Höhe über der Bodenoberfläche findet man Formen des Windschliffs und warum nicht noch oberhalb dieser Höhe?*
11. *Wie entstehen Yardangs?*
12. *Was sind Deflationswannen und wie groß können diese sein?*

3.5.2 Äolische Akkumulationsformen

- Staubstürme und Staubablagerungen
- Löss
- Sandstürme und Sandablagerungen
- Sandrippeln
- Flugsanddecken
- Dünen

Staubstürme und Staubablagerungen

Bei starken turbulenten Winden werden große Mengen von feinem **Staub** als dichte Staubwolke mehrere Kilometer hoch in die Atmosphäre getragen. Dabei können in einem 1 km³ großen Luftkörper bis zu 1000 Tonnen Staub transportiert werden. Ein Staubsturm kann daher mehr als 100 Mio. Tonnen Staub transportieren. Das würde ausreichen, um einen 30 m hohen Hügel mit 3 km Durchmesser aufzuschütten (Strahler & Strahler 1999: 460).

Staub kann in der Luft über große Entfernungen von bis zu 4000 km und mehr transportiert werden. Viele Millionen Tonnen können auf diesem Wege aus Nordafrika über das Mittelmeer nach Mitteleuropa oder nach Westen weit über den Atlantik bis in die Karibik getragen werden. So wurden als Folge eines **Staubsturmes** in der Sahara, der vom 9. bis 12. März 1901 andauerte, ca. 150 Mio.t Saharastaub in Nordafrika abgelagert, ca. 1,5 Mio.t gelangten bis Italien und ca. 500.000 t noch bis nach Mitteleuropa (Hellmann & Meinardus 1901). Ähnliche Schätzungen von Transportleistungen eines Staubsturmes liegen auch aus den USA vor. Vor allem während einer Serie von Trockenjahren Mitte der 30er Jahre des 20. Jahrhunderts erreichten in den Steppengebieten der Great Plains von Kansas, Oklahoma und Texas Staubstürme katastrophale Ausmaße. Durch die Deflation wurden viele Zentimeter der Bodenkrume entfernt. Das betroffene Gebiet wurde unter dem Namen *„Dust Bowl“* (Staubschüssel) weltweit bekannt. Selbst Mittags war dort der Himmel tagelang durch Staub fast völlig verdunkelt. Der Auslöser dieser enormen Deflationen war nicht die Dürre, sondern vor allem die weide- und ackerbauliche Nutzung der Steppe.

Solche, durch menschliche Eingriffe ausgelösten Landdegradationen in Trockengebieten werden auch als **Desertifikation** bezeichnet. Bekannte Problemgebiete der Desertifikation sind alle Grenzräume von Trockengebieten wie die Sahel-Zone Nordafrikas, aber auch die patagonische Steppe Südamerikas.

Löss

In den vergangenen Kaltzeiten und den damals in den mittleren Breiten unserer Erde vorherrschenden trocken-kalten Klimabedingungen mit besonders starken Winden kam es auch bei uns zu bedeutenden Windstaubablagerungen, dem sog. „Löss“.

Typischer Löss (*typical loess*) ist ein homogenes, ungeschichtetes, poröses, nur leicht diagenetisch verfestigtes, karbonatisches (~1 bis 35%) und hellgelbliches Sedimentgestein in der Silt/Schluff-Korngröße (60 bis 90%). Er besitzt geringe Ton- und Feinsandgehalte (5 bis 20%) und besteht mineralisch vor allem aus Quarz (40 bis 80%), Feldspat, Calzit und Dolomit. Frischer Löss besitzt oft Nadelstichporen, Indikator einer ehemaligen Steppenvegetation. Löss führt zudem häufig kaltzeitliche Schneckenschalen, die mittels ESR datiert werden können (Schellmann et al. 2020). Manchmal sind auch Überreste einer kaltzeitlichen Fauna (Knochen, Zähne) und selten einer Flora (Pollen, Torf) eingelagert.

Korngrößenbedingte Variationen von Lössablagerungen sind sandstreifiger Löss (Sandstreifenlöss). Dabei handelt es sich um eine Wechsellagerung von mm-starken Lagen aus siltigen Feinsand und feinsandigen Silt. Weitere korngrößenbedingte Variationen sind Sandlöss bzw. Flottsand (>20 bis 50% Sand) und Lösssand (>50 bis 75% Sand; AG Boden 2005). Eine Ablagerung solcher sandreichen Lösssedimente ist die Folge einer Erhöhung lokaler oder auch regionaler Windgeschwindigkeiten oder das Ergebnis einer nahen Lage zu den lokalen Auswehungsgebieten.

Weiterhin treten in Lössablagerungen oft Lagen periglazialer **Fließerden** auf. Sie bestehen entweder:

a) aus abluativ umgelagerten äolischen Anwehungen (Löss-Fließerden);
b) oder aus gelisolifluidal oder abluativ verlagerten Sedimente aus der Umgebung (periglaziale Schuttfahnen) mit breitem Korngrößenintervall (von Schluff bis Kies);
c) oder aus aufgefrorenen Steinsohlen.

Zusammen werden sie manchmal auch als **Lössderivate** bezeichnet.

Unter „Löss im engeren Sinne“ versteht man die reinen, äolisch angewehten Lösslagen, während „Löss im weiteren Sinne“ (= Lösssedimente) immer auch Lagen von Lössderivaten umfasst. In der Regel wird aber sprachlich nicht zwischen beiden Bedeutungen unterschieden.

In den Lössgebieten der gemäßigten Breiten, die in den quartären Kaltzeiten angeweht und sedimentiert wurden, sind neben Indikatoren für ein Dauerfrostbodenklima wie Eiskeil-Pseudomorphosen, Fließerden und Kryoturbationen häufig fossile Böden (**Paläoböden**) begraben (Kap. 2.2). Sie entstanden nicht nur während der Warmzeiten (Interglaziale), sondern auch während der Wärmeschwankungen der Interstadiale. In den Kältephasen der Stadiale dominierten dagegen Lössanwehungen. Lössböden ermöglichen nicht nur eine pedostratigraphische Untergliederung der Lössdeckschichten, sie helfen auch bei der Rekonstruktion der Reliefentwicklung und liefern teilweise wichtige paläoökologische Informationen über interstadiale Wärmeschwankungen in den Kaltzeiten, zur Vegetation oder zur Existenz oder zum Fehlen von Permafrost und der Mächtigkeit seiner Auftauschicht.

Löss ist auch ein wichtiges Umweltarchiv, weil sein Alter mittels verschiedener **Datierungsmethoden** bestimmt werden kann. Bei älteren quartären Lössen hilft die Paläomagnetik und in Zukunft vielleicht auch die ESR-Datierung eingelagerter Schneckenschalen. Die Ablagerung jungpleistozäner Lösse kann mittels verschiedener

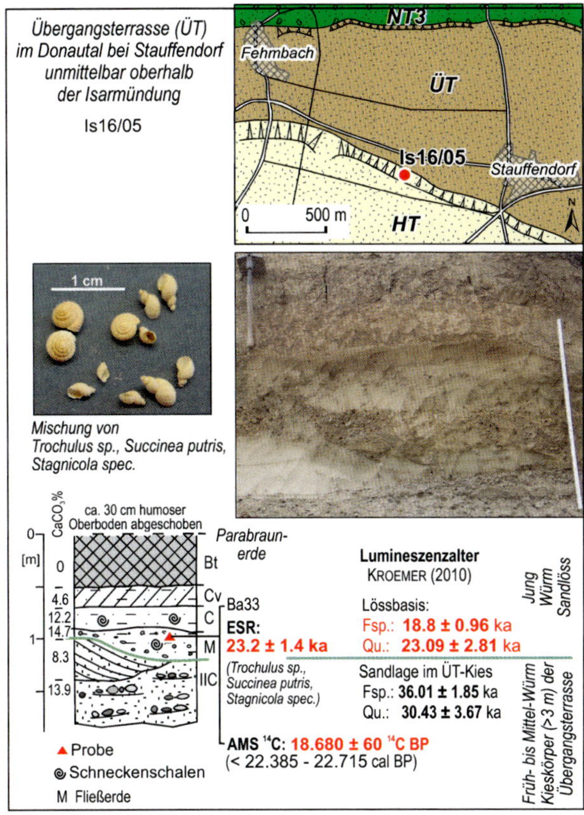

Abb. 3.5.2: Sandlössdecke auf der Übergangsterrasse der Donau bei Stauffendorf oberhalb der Isarmündung. Vergleich der Ergebnisse von Lumineszenzdatierungen der Sedimente aus Kroemer (2010) sowie ESR- und ^{14}C-Datierungen an eingelagerten Schneckenschalen. Die ^{14}C-Datierungen können durch einen Hartwassereffekt unbekannter Größenordnung um einige Jahrhunderte zu alt sein. Daher sind die Schneckenschalen jünger als die kalibrierten ^{14}C-Alter (siehe Kap. 1.2.2; Details in Schellmann et al. 2020).

Datierungsverfahren bestimmt werden wie Lumineszenzdatierungen (TL, IRSL, OSL) der Lössablagerung, ^{14}C-Datierungen an eingelagerten Holzkohlen oder ESR- und ^{14}C-Datierungen an eingelagerten Schneckenschalen (Abb. 3.5.2; Kap. 1.2.2).

Sandstürme und Sandablagerungen

Das vom Wind transportierte Material stammt von der Erdoberfläche, unterlag also bereits verschiedenen Verwitterungs-, manchmal auch Transportprozessen. Dabei sind die leicht verwitterbaren dunklen **Mineralien** und häufig auch helle Feldspäte aufgelöst worden. Insofern bestehen äolische Sedimente in der Regel überwiegend aus Quarz und anderen schwer verwitterbaren Mineralen (wie schwarzer Magnetit) und Gesteinsbruchstücken. Nur in einigen Gebieten sind Feldspatkörner noch stärker vertreten, während andere leicht verwitterbare Minerale und Gesteinsbruchstücke fehlen. Ausnahmen sind vulkanische Sande (Tephren) oder Dünen aus evaporitischen Mineralen wie Gips (*White Sands* in New Mexico) oder Küstendünen.

Küstendünen führen zahlreiche karbonatische Mineralkörner aus Bruchstücken von kalkschaligen Organismen (v.a. Muscheln, Steinkorallen, Kalkalgen) oder Kalkooiden. Lösungsverwitterung (Kohlensäureverwitterung) und durch Wind und Trockenheit bedingte hohe Verdunstungsraten können dazu führen, dass das gelöste Karbonat nahe des Lösungsortes wieder ausgefällt wird und als Bindemittel die einzelnen Sandkörner miteinander verkittet. Auf diese Weise entstehen die an zahlreichen Küsten der ariden bis semihumiden niederen Breiten weit verbreiteten **Äolianite**.

In ariden Gebieten können aus Salzpfannen Gips und andere Salzminerale ausgeweht werden und am Rande der Salzpfannen aus solchen Mineralen bestehende Dünensande anhäufen. Ein bekanntes Beispiel ist das *White Sand National Monument* in New Mexico (Press & Sievers 1995: 307).

Im Gegensatz zu fluvialen und litoralen Sanden besitzen äolisch transportierte Sandkörner **mattierte**, angerauhte und getrübte, milchglasartige **Oberflächen**. Sie entsteht durch den Aufprall anderer Sandkörner. Teilweise sind sie auch ein Ergebnis schwacher chemischer Lösungsverwitterung durch Kondensation von nächtlichem Tau.

Sand wird anders als Staub nur in unmittelbarer Bodennähe bis in etwa 1 m Höhe bewegt, wobei die Bewegung von Sanden bei ca. 10 bis 30 km/h einsetzt. Dabei trennt der Wind scharf zwischen Suspensions- und Bodenfracht und zwar bei etwa 0,08 mm Korndurchmesser. **Sandstürme bewegen sich daher als relativ flache Wolken**. Die Sandkörner führen im Sandsturm eine rollende und springende Bewegung aus und werden in einer bogenförmigen (paraboloiden) Kurvenbewegung vom Wind vorwärtsgetrieben, wobei sie meist unter einem flachen Winkel auf den Boden treffen. Dort springen sie dann häufig wieder hoch (Saltation). Treffen dabei solche springend bewegten Sandkörner auf kleinere Sandkörper, können diese dadurch ebenfalls in Bewegung geraten (Abb. 3.5.1).

Sandrippeln

Etwa 20% des bodennahen Transportes bewegen sich rollend und gleitend über den Boden (Reptation), wobei senkrecht zur Windrichtung flache wellenförmige Windrippeln (*aeolian ripples, wind rippels*) entstehen. Solche vom Wind erzeugten **Sand- oder Kiesrippeln** erreichen Höhen zwischen wenigen Millimetern und mehreren Zentimetern (Bild 3.5.3). Sie sind besonders gut ausgebildet, wenn Körner von 0,1 bis 0,4 mm Durchmesser vorherrschen. Viele Rippeln haben einen asymmetrischen Querschnitt. Der Luvhang der Rippeln ist mit bis zu 10° Neigung flacher als der Leehang mit bis zu 20° Neigung (Bild 3.5.3). Enthält der Sand Schwermineralien, so sammeln sich diese in den Furchen. Besitzt der Sand unterschiedliche Korngrößen so sammeln sich die gröberen Sandkörner am Rippelkamm, die kleineren eher in den Furchen.

Bild 3.5.3:
Kiesige Flugsanddecke mit Kiesrippeln im Tal des *Río Santa Cruz*, östlich des *Rio Bote* (Ostpatagonien).

Die **Wellenlänge von Rippeln i**st vor allem abhängig von der Partikelgröße und von der Windgeschwindigkeit. Je gröber die Partikel und je größer die Windgeschwindigkeit, desto weiter ist der Abstand der Rippeln.

Flugsanddecken

Bei starken Winden wird Sand ohne Ablagerung über eine ebene Oberfläche hinwegbewegt. Läßt aber der Wind etwas nach, dann können bereits kleinere Unebenheiten zu lokalen Sandablagerungen führen. Im Lee kleiner Hindernisse wie Büsche, Grashalme, Steine etc. sammeln sich dann Sandwehen an, die selbstverstärkend eine weitere Anlagerung von Flugsand initiieren können. Auf diese Weise entstehen **Flugsanddecken** und dm-hohe bis m-hohe Dünen (*dunes*).

Dünen

Eine Düne ist eine vom Wind geformte Akkumulation von Sanden, die sich mehr als 1 m über die Bodenoberfläche erhebt. Dabei werden kleine Sandhügel im Schutz von Pflanzen (Grasbüschel bis Sträucher) oder Steinen schon als erste **initiale Leedünen** bzw. als ***Nebka*** (arab.) bezeichnet (Bild 3.5.4). Aktive Dünen können unter dem Einfluß des Windes beständig ihre Form ändern und fortbewegen (**Wanderdünen**). Bei inaktiven Dünen verhindert eine Pflanzendecke die weitere Sandbewegung.

Alle aktiven Dünen besitzen einen flach geneigten Luv- und einen steileren Leehang. Dabei bewegen sich Dünen in der Weise, dass an der windzugewandten Luvseite Sand rollend, gleitend und springend den Luvhang hinaufbewegt wird. Er sammelt sich dann am **Dünenkamm** und am **Dünenhang** an bis der natürliche **Böschungswinkel** von etwa 30 bis 34° am Leehang überschritten wird. Dann rutscht der Sand am Leehang hangabwärts.

Auf diese Weise entstehen am Leehang tafelförmige oder keilförmige **Schrägschichtungslagen** aus 2 bis 20 mm dicken Lamellen von feineren Lagen („***grainfall sediments***") und dickeren gröberen Lagen rutschender Sandkörner („***sandflow sediments***"). Die in Leerich-

Bild 3.5.4: Längsdünen und Flugsanddecken am Ostufer des Lago Argentino (Ostpatagonien).

tung einfallenden (ca. 26 bis 34°) **Schrägschichtungskörper** (*foresets*, Vorschüttungskörper) werden von deutlich geringmächtigeren (einige Zentimeter), flach einfallenden (ca. 5 bis 8°) Deckschichten der Luvböschung überlagert (*topsets*). Die Neigung des Luvhanges pendelt sich bei etwa 15° ein (FÜCHTBAUER 1988: 802).

Je größer eine Düne, desto größer ist auch ihre Stabilität,
da sie selbstverstärkend ein Sandfänger ist.
Je größer eine Düne ist, desto höher ist sie auch im allgemeinen
und um so langsamer verlagert sie sich.

Formen und maximale Höhen von Dünen können variieren je nach Sandangebot, nach dem vorherrschenden Windregime (Windstärke und Windrichtung), den prä-existenten Geländeformen und der Dichte der Vegetation.

I. transversale Dünenformen

Barchane oder Sicheldünen.

Barchane (Sicheldünen) besitzen einen sichelförmigen Grundriß. Die niedrigeren Sicheln oder Hörner der Barchane verlagern sich rascher in Windrichtung als die höheren zentralen Teile. Sie besitzen also vorauseilende Spitzen. Sie sind etwa 2 bis 20 m hoch und 10 bis 500 m breit. Nur gelegentlich erreichen sie auch 100 m Höhe. Sie besitzen einen etwa 5° bis 17° ansteigenden Luvhang, einen deutlichen Dünenscheitel und einen mit rund 30° bis 35° abfallenden Leehang.

Barchane sind Mangeldünen, dass bedeutet, sie entstehen dort, wo nur wenig Sand zu Verfügung steht (Abb. 3.5.3). Zudem benötigen sie eine dominierende Hauptwindrichtung (***unimodal wind regime***). Durch spiralförmige Horizontal- oder Vertikalströmungen der Luft wird die Düne zusammengehalten. Wegen Sandmangels sind Barchane gewöhnlich Einzeldünen ohne Kontakt zu Nachbardünen. Sie können in Ketten oder Staffeln angeordnet sein, die sich aber als Einzeldünen vom Herkunftsgebiet des Sandes in Lee der vorherrschenden Windrichtung erstrecken. Barchane können Wanderungsgeschwindigkeiten von 10 bis 20 m pro Jahr erreichen.

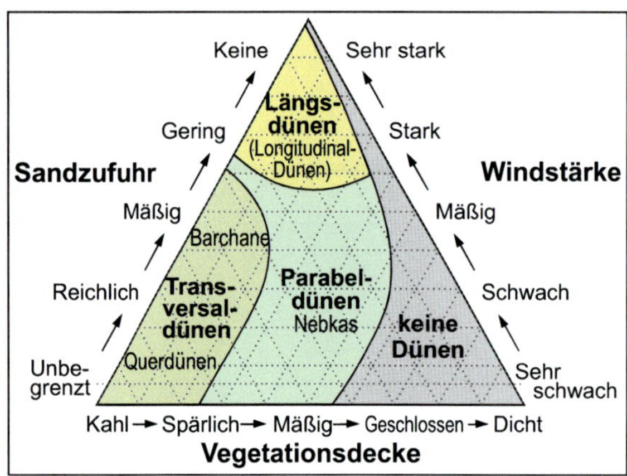

Abb. 3.5.3:
Variierende Dünenformen als Resultat der Einflußfaktoren Dichte der Vegetationsdecke, Sandzufuhr und Windstärke (Quelle u.a. STRAHLER & STRAHLER 1999).

Querdünen oder Transversaldünen.

Erst bei reicherem Sandangebot entstehen statt Barchane ausgedehnte Sandmeere mit quer zur dominanten Windrichtung verlaufenden 10 bis 40 m hohen Sandrücken. Sie werden als Transversaldünen *sensu stricto* oder Querdünen (*transverse ridge*) bezeichnet. Sie besitzen einen asymmetrischen Querschnitt mit flacherer Luv- und steilerer Leeseite. Transversaldünen entstehen dort, wo das Sandangebot größer ist als bei den barchanoiden Formen (Abb. 3.5.2).

Im weiteren Sinnen handelt es sich bei **Parabeldünen** (*parabolic dunes*) ebenfalls um Querdünen, da auch ihr Grundriß quer zur vorherrschenden Windrichtung verläuft. Sie sind ähnlich den Barchanen gebogen (U- oder V-förmig) und schmal sichelförmig, aber mit einer in Windrichtung entgegen gesetzten Krümmung. Bei ihnen zeigen die bis zu 2 km langen Hörner oder Sichel nicht leewärts, sondern luvwärts, sie bleiben also hinter der Vorwärtsbewegung des bis zu 70 m hohen zentralen Teils zurück. Der Grund für die langsamere Wanderungsgeschwindigkeit der niedrigeren Dünensicheln liegt in einer Vegetationsbedeckung oder in austretender Feuchtigkeit, wodurch diese festgehalten werden. Dagegen ist der zentrale vegationsfreie höhere Mittelteil der Düne stärker in Bewegung. Parabeldünen findet man daher bei etwas feuchteren semiariden bis semihumiden Klimabedingungen.

Am Hangfuss angewehte Dünensande heißen **Sandrampen.**

II. longitudinale Dünenformen oder Längsdünen oder Lineardünen

Längsdünen (*linear dunes, seif dunes*) besitzen einen in Windrichtung verlaufenden wallfischförmigen Dünenrücken. Sie entstehen bei hohen Windgeschwindigkeiten (Bild 3.5.4) oder als Folge besonderer, spiralig verlaufender Luftströmungen (korkenzieherartige Turbulenzen). Sie treiben den Sand quer zur Hauptwindrichtung zusammen. Längsdünen sind die häufigsten Dünen. Nach Schätzungen umfassen sie etwa 50% aller Dünen (LANCASTER 2009: 563).

Kleinere Längsdünen werden auch als **Sif** oder **Seifs** (Se-ifs gesprochen, arab. = Säbel) bezeichnet. Sie sind gewöhnlich nur wenige Meter hoch, können aber mehrere Kilometer lang sein.

Große Längsdünen heißen auch Lineardünen oder **Draa.** Sie sind insbesondere in der Sahara mit rund 72% die dominierende Dünenform. Sie erreichen dort Höhen von 100 bis 250 m, folgen in Abständen von bis zu 6 km und können mehr als 100 km lang sein.

III. ungerichtete Dünenformen (Sterndünen, Pyramidendünen)

Längsdünen können sich in Richtung der Sandbewegung bei größerem Sandangebot und wechselnden Windrichtungen gabelförmig zu komplexeren Großformen (*sand mountains*) wie die radialarmigen **Sterndünen** (*star dunes; arab. ghourd*) vereinen. Dabei sind sie oft mehrere hundert Meter hoch (bis zu 300 bis 400 m) und gehören damit in die **Gruppe der Megadünen.** Wie der Name Sterndünen andeutet, verlaufen bei ihnen mehrere Sandrücken zusammen, jeder mit einem Luv- und einem Leehang. Dabei können pyramidenähnliche Gipfel entstehen, daher auch Pyramidendünen. Solche Megadünen entstehen dort, wo große Sandmengen und häufig wechselnde Windrichtungen zusammenkommen.

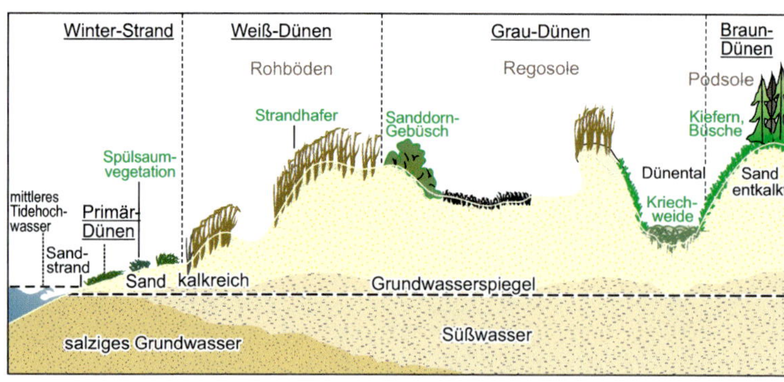

Abb. 3.5.4: Küstendünen, deren Böden und Vegetation an der deutschen Nordseeküste.

IV. Küstendünen

In humideren Breiten sind Dünen vorwiegend auf Küsten beschränkt, an denen zeitweilig trocken gefallenen und vegetationsfreie Sandstrände als Liefergebiete dienen. Dabei folgt landwärts von Sandstränden gewöhnlich ein schmaler Streifen von niedrigen **Initialdünen** mit unregelmäßigen Formen und Senken (Abb. 3.5.4). An diese schließen sich größere **Vordünen oder phytogene Dünen oder Weißdünen** an, die nur teilweise von Pflanzen bedeckt sind (Strandhafer etc.). Weiter landeinwärts folgen dann häufig mit Dünengräsern und Büschen bewachsene **Graudünen**, auf denen Regosole, manchmal auch schwache Braunerden entwickelt sind. An die Graudünen schließen sich mit Kiefern bestandene **Braundünen** (Schwarzdünen) an, die zum Teil kräftige Podsole tragen.

Küstendünen können Höhen von bis zu 90 m erreichen (z. B. südfranzösische Atlantikküste) und durchaus einen bis zu 10 km breiten Küstensaum bedecken. Kalkausfällungen in den Poren können die lockeren Dünensande zu Sandsteinen (Kalkareniten) verkitten. Solche versteinerten Dünen bezeichnet man als **Äolianite** (Bild 3.5.5; Kap. 3.7.4.2).

Bild 3.5.5:
Schräg- und Kreuzschichtung in Äolianiten an der Westküste Sardiniens.

Beantworten Sie mit Hilfe des Textes und der Literatur (s.o.) die nachfolgenden Fragen.

1. *Woher stammt der feine rötliche Staub, der mehrmals pro Jahr unsere Autos bedeckt?*
2. *Was ist Löss genetisch für ein Gestein und welche Eigenschaften besitzt es?*
3. *Wo findet man in Deutschland Lösslandschaften und welche regionalen Namen tragen sie?*
4. *Wann wurde bei uns in Deutschland letztmalig Löss abgelagert und woher stammen diese Ablagerungen?*

5. *Welche Unterschiede bestehen zwischen Lössablagerungen und Dünen?*
6. *Aus welchen Mineralen bestehen Küstendünen?*
7. *Was sind Windrippeln und wie entstehen Sie?*
8. *Wie entstehen transversale Dünenformen?*
9. *Wie entstehen Längsdünen?*
10. *Wie unterscheiden sich Barchane und Parabeldünen?*
11. *Wann entstehen Draas?*
11. *Welche Höhen können Sterndünen erreichen?*
11. *Woher stammt der Sand bei Küstendünen?*
12. *Was versteht man unter den Begriffen Weiß-, Grau- und Braundünen?*
13. *Was sind Äolianite, wie entstehen sie und wo findet man sie?*
14. *Welchen sedimentologischen Innenbau besitzen Dünen?*
15. *Was bezeichnen die Namen Hamada, Serir, Reg und Erg?*
16. *Was sind Wadis und wie sind sie entstanden?*
17. *Was sind Pedimente und wie entstehen sie?*
18. *Was ist ein Schott?*
19. *Wo findet man in Deutschland ausgedehnte Dünenfelder und Flugsanddecken und wie sind sie entstanden?*

3.6 Verkarstung und Karstformen

Karst (slowenisch *kras oder krš*, italienisch *carso* = steiniger Boden) ist ein Begriff, der von dem gleichnamigen Kalksteingebirge an der slowenischen Adriaküste auf der Halbinsel Istrien abstammt und der auf alle, durch Lösung entstandenen morphologischen Formen übertragen wurde (u.v.a. PFEFFER 2010: Kap. 1.1). Im engeren Sinne beinhaltet der Begriff alle durch Korrosion an Karbonatgesteinen, Gips- und Salzgesteinen (Gipskarst, Salzkarst) hervorgebrachten Karstformen.

Bild 3.6.1:
Pseudokarren im Granit Nord-Sardiniens.

Lösungsformen an schwer löslichen Silikatgesteinen werden dagegen als **„Pseudokarst"** bezeichnet wie zum Beispiele „Pseudokarren" an Granitwänden (Bild 3.6.1).

Paläo-Karst umfasst inaktive alte Karstformen begraben unter einer Bedeckung (Plombierung) mit jüngeren Sedimenten. Zum Beispiel ist der Paläo-Karst im Untergrund der südöstlichen Fankenalb begraben unter einer Bedeckung mit marinen Sedimenten aus der Oberkreide. **Thermokarst** entsteht dagegen durch das Schmelzen und Sublimieren von Gletschereis, wobei karstähnliche Formen wie u.a. Höhlen, Schmelzwasserschwinden (*moulins*), Thermo-Hohlkehlen bei kalbenden Gletschern entstehen.

Karstgebiete sind gekennzeichnet:

1. durch das Anstehen von Gesteinen, die von wässerigen Lösungen angegriffen werden (Kalksteine, Dolomite, Gips, Salze) und Lösungsformen (= Korrosionsformen) besitzen.
2. durch eine Entwässerung, die überwiegend unterirdisch erfolgt. Daher sind in vielen Karstgebieten alte Reliefformen (Vorzeitformen) an der Oberfläche erhalten und nicht vollständig abgetragen. So zum Beispiel die tertiäre Dachstein-Altfläche in den Nördlichen Kalkalpen oder der tertiäre Hochtalboden des *Moenodanubius* („Urmains") auf der Fränkischen Alb.
3. durch die Verbreitung karstspezifischer Oberflächenformen wie Karren, Dolinen, Poljen, Karstkegel (Mogoten), Turmkarst, Karstrandebenen, Trockentäler etc.

Tritt das lösliche Gestein an die Oberfläche, dann spricht man vom **nackten Karst**. Scharfe Grate sind typische Kennzeichen des nackten Karsts. **Bedeckter Karst** liegt vor, wenn der verkarstete Untergrund von Böden und Vegetation bedeckt ist. Durch die gleichmäßige Befeuchtung der gesamten Gesteinsoberfläche sind weichere, gleichmäßigere Lösungsformen ohne scharfe Grate typisch (Bild 3.6.2). **Überdeckter Karst** bezeichnet einen ehemals nackten oder bedeckten Karst, der von anderen Sedimenten überdeckt wurde, also darunter verborgen ist (z. Bsp. Schuttdecken, Lössdeckschichten).

Unterirdischer Karst bezeichnet die im Untergrund verborgenen Lösungsformen wie Höhlensysteme oder tiefreichende Karstspalten (Schlotten) und Karstschächte.

Bild 3.6.2:
Karren mit Übergang zu Rundkarren. Rundkarren, die bei gleichmäßigerer Durchfeuchtung im bedeckten Karst entstehen, sind hier durch junge Bodenerosion freigelegt (*Killini*, Peloponnes, Griechenland).

3.6.1 Der Prozeß der Verkarstung

Kali- und Steinsalze, aber auch noch Gips zählen zu den leicht löslichen Gesteinen, deren Auslaugung bei uns Tiefen von 100 bis 400 m erreichen kann und als **Subrosion** bezeichnet wird. An der Oberfläche können Solquellen auftreten und Erdfälle sowie kleine bis kilometer-große **Subrosionssenken** entstehen.

Da **Salzgesteine** unter Auflastungsdruck eines Deckgebirges kriechend emporsteigen (**Halokinese, Diapirismus, Salztektonik**), besitzen sie in der Regel keine größeren natürlichen Hohlräume (Höhlen). Durch Abbau der Salze (bergmänisch oder im Sole-Verfahren) bleiben allerdings große Hohlräume und Kavernen zurück, potentiell mit der Folge von Sackungen und Erdfällen an der Geländeoberfläche.

In Gebieten mit mächtigeren **Sulfatgesteinen** (Gips, Anhydrit) findet man dagegen Formen des Gipskarstes mit Karren, Dolinen, Schlotten, Erdfällen und meist oberflächennahen Höhlen. Höhlen entstehen im Gipsgestein selten, da Anhydrit wasserstauend ist. Bei Durchfeuchtung quillt er zu Gips auf (vereinzelt mit Entstehung von Quellungshöhlen), wodurch eventuelle Lösungshohlräume zeitnah wieder geschlossen werden.

Während bei 25°C bis zu 356 g Steinsalz (NaCl) oder bis zu 2,1 g Gips ($CaSO_4$ x $2H_20$) pro Liter Wasser aufgelöst werden können, ist die Lösbarkeit von Kalksteinen (Kalziumcarbonat, $CaCO_3$) in reinem Wasser deutlich geringer und liegt bei etwa 13 mg/l, für Dolomit ($CaMg(CO_3)_2$) bei etwa 10 mg/l.

Deutlich höher ist die Karbonatlösung (Kalk, Dolomit) durch im Wasser gelöste Kohlensäure **(Korrosion)** mit Bildung von wassserlöslichen Ca,Mg-Hydrogenkarbonaten wie z.B. $Ca(HCO_3)_2$ oder MgCa $4HCO_3$ (s.u.; Exkurs 1). Dieser Vorgang ist reversibel (umkehrbar; Doppelpfeil). Die Reaktion der Kalklösung verläuft nach der Gleichung:

$$CaCO_3 + CO_2 + H_2O \leftrightarrow Ca\,(HCO_3)_2$$

Sie verläuft in folgenden Teilreaktionen:

1. Physikalische Lösung des Gases CO_2 im Wasser mit Bildung von Kohlensäure:

$$CO_2 + H_2O \leftrightarrow H^+ + HCO_3^- \leftrightarrow 2H^+ + CO_3^{2-}$$

2. Dissoziation des Minerals Calcit ($CaCO_3$):

$$CaCO_3 \leftrightarrow Ca^{2+} + CO_3^{2-}$$

3. Bildung von wasserlöslichen Calciumhydrogencarbonaten ($Ca (HCO_3)_2$)

$$Ca^{2+} + CO_3^{2-} + CO_2 + H_2O \leftrightarrow Ca^{2+} + 2HCO_3$$

Die Gesamtreaktion und die Teilreaktionen sind reversibel.

Ähnlich ist auch die Lösung von **Dolomit** ($MgCa(CO_3)_2$):

$$MgCa(CO_3)_2 + 2\ CO_2 + 2\ H_2O \rightarrow Mg^{2+} + Ca^{2+} + 4HCO_3^-$$

Allerdings ist Dolomit schlechter verkarstungsfähig als Kalk und aus der wässerigen Lösung fällt nur Calcit ($CaCO_3$) und kein Dolomit ($MgCa(CO_3)_2$) aus. Versinterungen bestehen also auch in Dolomithöhlen aus Calcit. Anders als Kalkstein sandet der oft „zuckerkörnige" fränkische Dolomit sehr stark ab (Dolomitsand), neigt zur Vergrusung auch von Innen heraus. Ein Vorgang der zur Verkarstung und Höhlenbildung beitragen kann (HOFBAUER et al. 2005).

Die Lösung von Salzen, Gips und Anhydrit ist dagegen unabhängig vom CO_2-Angebot, sondern nur abhängig von der jeweiligen Mineralsättigung des Wassers. Da Gips ($CaSO_4$ x $2H_2O$) und Anhydrit ($CaSO_4$) wesentlich leichter löslich sind als Karbonate, läuft die Verkarstung (Gipskarst) auch wesentlich schneller ab. Salze können nur in ariden Gebieten an der Oberfläche vorkommen (z.B. Salzkarst am Toten Meer).

Die Kalklösung steigt mit zunehmenden CO_2-Partialdruck, mit sinkender Temperatur und mit steigendem atmosphärischen-, hydro- oder lithostatischen Druck. CO_2 kann dem Wasser entzogen werden durch Druckerniedrigung, Temperaturerhöhung, Zerstäuben eines Wassertropfens am Erdboden (z.B. in Höhlen) oder durch Assimilation von Wasserpflanzen wie Kalkalgen. Entzug von CO_2 führt zur Kalkfällung. Kalklösung und Kalkfällung gehören beide zu Karstlandschaften.

Die Korrosionswirkung des Karstwassers kann gesteigert werden durch:

- aufsteigende CO_2-haltige Thermalwässer mit der Folge einer Abkühlungskorrosion durch Freisetzung von CO_2;
- durch weitere Säuren wie Schwefelsäuren sei es anthropogen oder als Ergebnis der Oxidationsverwitterung von Sulfiden oder aus aufsteigenden Thermalwässern;
- durch Salpetersäuren anthropogenen Ursprungs oder freigesetzt als Oxidationsprodukt bei der bakteriellen Nitrifizierung von Ammonium zu Nitrat;
- durch organische Säuren (Fulvo- und Huminsäuren);
- durch Kohlensäuren, die bei der Verwitterung von Eisenspat (Siderit, Fe_2CO_3) entstehen;
- durch Druckzunahme mit zunehmender Wassertiefe im Meer und tiefen Seen;
- oder durch lithostatische Druckzunahme.

Zudem ist die Löslichkeit von $CaCO_3$ im Meerwasser deutlich größer als im Süßwasser. Sie nimmt linerar mit dem Salzgehalt zu (FÜCHTBAUER 1988: 233).

Besonders intensive Lösungsvorgänge können auch infolge von **Mischungskorrosion** entstehen, wenn sich Karstwässer mit unterschiedlichen Gehalten an Kohlensäure mischen (Exkurs 1). Auch **Druckkorrosion** von schnell fließenden Höhlenwässern kann die Lösung von Kalksteinen steigern und korrosive Auskolkungen teilweise bis an die Höhlendecke bewirken.

3.6.2 Karsthydrologie

Eine Karstlandschaft prägen die durch Gesteinslösung entstandenen spezifischen Oberflächenformen (s.u.) und ebenso die durch unterirdische Entwässerung im Untergrund verborgenen Formen der Kalklösung und Kalkausfällung, manchmal auch mit fluvialer Überprägung.

Eine entscheidende Voraussetzung für die Entwicklung von Karstformen ist das Vorkommen von hinreichend Wasser in Form von Niederschlägen und zirkulierendem Boden-, Sicker- und Grundwasser (meteorisches Wasser). Dabei ermöglichen Risse, Klüfte, Spalten, Schichtfugen und Störungszonen die Wasserbewegung im Gestein. In Gebieten mit Permafrost ist eine unterirdische Verkarstung wegen des Fehlens zirkulierender Karstwässer nicht möglich. In ariden Gebieten fehlt meistens das notwendige Wasser.

Neben meteorischen Wässern, durch die die meisten Karstformen entstehen, können an der Karbonatlösung Thermalwässer (hypogene Wässer), die mit Gasen (u.a. Schwefelwasserstoffen H_2S und/oder Kohlendioxid CO_2) gesättigt sind, und in Küstengebieten auch Mischungen von Süß- und Salzwasser beteiligt sein.

Zur besonderen **Karsthydrographie** gehören Quelltrichter und Karstquellen, Ponore (Schwundlöcher, Schlucklöcher, Katavothren) und Bachschwinden (Flussschwinden) sowie meist kastentalförmige Trockentäler. Hinzu kommt eine großteils unterirdische Entwässerung mit verzweigten Karstwasserwegen, Schächten und Höhlen, häufig mit vadosen und phreatischen Bereichen bzw. Bereichen des seichten und des tiefen Karst (Abb. 3.6.1).

Die **vadose** Zone liegt über dem Karstwasserspiegel und umfasst auch noch die Hochwasserzone, die saisonal trocken fällt. Ihre Hohlräume enthalten ganzjährig oder saisonal

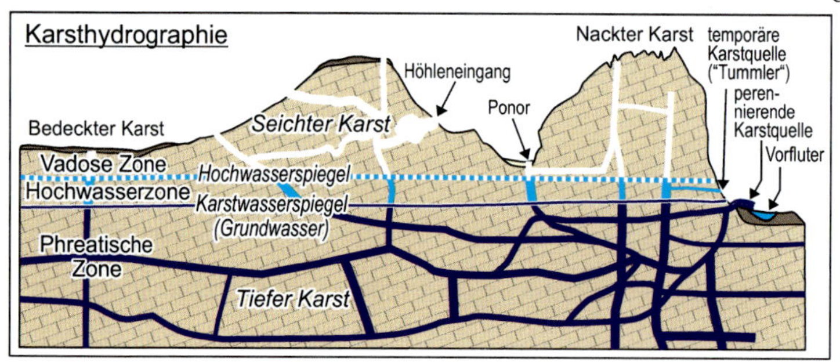

Abb. 3.6.1: Karsthydrographie und einige Karstbegriffe (Quelle: v.a. PFEFFER 2010).

Luft und werden vom Sickerwasser und Höhlenbächen durchflossen. Allerdings können auch dort lokal in einzelnen Höhlen ganzjährig wassergefüllte Becken (lokale Siphone) vorkommen.

Dagegen liegt die **phreatische** Zone unterhalb des Karstwasserspiegels und ist ganzjährig mit Wasser gefüllt.

Die **epi-phreatische Zone** ist die Hochwasserzone, in der das Karstgrundwasser übers Jahr hinweg schwankt (u.a. Hochwasser, Schneeschmelze, Trockenperioden) und wo am stärksten Höhlen entstehen. Sie ist zeitweilig wassergefüllt, wie dies manchmal Wasserstandsmarken in Form horizontaler Korrosionskehlen belegen.

Aber anders als beim Grundwasserspiegel in Lockergesteinen gibt es bei der Höhenlage des **Karstwasserspiegels** öfters starke Unterschiede zwischen verschiedenen Höhlen und Schächten. Ursache sind Engstellen im Querschnitt der kommunzierenden Karströhren, in der die **Fließgeschwindigkeit** des Wassers zunimmt und der Druck abnimmt. In Weitungen nimmt dagegen die Fließgeschwindigkeit ab und der Druck steigt ausgelöst durch die nächste Engstelle (Rückstaueffekt). Diese Unterschiede in Fließgeschwindigkeit und Verteilung des Wasserdrucks führen dazu, dass das Wasser in Weitungen oft höher steht als in Engstellen. Der Karstwasserspiegel ist letztlich ein Mittelwert der Druckwasserspiegel in den einzelnen Höhlenindividuen.

Wasserwirtschaftlich ungünstig ist das weitgehende Fehlen einer Filterung des Wassers im Karst. Dadurch ist die **Wasserqualität** der Karstquellen stark vom Einzugsgebiet beeinflusst. So können Verschmutzungen des Wassers aus dem Einzugsgebiet über große Strecken bis ins Karstvorland gelangen. Weiterhin fallen in Zeiten geringer Niederschläge viele **Karstquellen**, vor allem die Hochwasserquellen trocken (**Hungerbrunnen**). Andererseits können bei starken Niederschlägen extreme Quellschüttungen (**Tummler**) auftreten, oft mit nur geringer zeitlicher Verzögerung. Eine Besonderheit sind **Quelltöpfe**, die aus der phreatischen Zone gespeist werden und bei denen unter Druck stehendes Karstwasser austritt.

Geologisch können **Karstquellen** unterteilt werden in:

- **Schichtgrenzenquellen** am Kontakt zwischen wasserleitendem und wasserstauendem Gestein;
- **Schichtfugenquellen** an einer Schichtfläche innerhalb eines wasserdurchlässigen Gesteins;
- **Spalt- oder Kluftquellen**;
- unter Druck stehende und meist sehr ergiebige **artesische Quellen**, deren Wasser aus der phreatischen Zone stammt.

Eine Besonderheit der Fränkischen und Schwäbischen Alb sind Wasserteiche oder Quellmulden, sog. **Hülen** oder **Hüllen** (althochdeutsch von *huliwa* oder *hulwa* = Pfütze, sumpfige Stelle). Sie waren früher in kleinen, durch Alblehme oder künstlich abgedichteten Geländemulden auf der Fränkischen und Schwäbischen Alb weit verbreitet und wichtig zur örtlichen Wasserversorgung. Heute sind sie oft in Feuerlöschteiche oder Weiher umgewandelt oder gar verfüllt. Sie leben aber in Namen von Orten, Straßen und Fluren mit Endungen auf „hüll“ fort. Genetisch sind natürlich entstandene Hülen entweder Sammler von Niederschlagswasser, also abgedichtete Dolinen, oder sie sind durch Grundwasser gespeist als Quellteich-Hülen oder als Druckwassersee-Hülen (Schirmer 2017: 16).

3.6.3 Karstformen

- Oberirdischer Karst (Exokarst) und Ausfällungen
- Karsttäler
- Unterirdischer Karst (Endokarst) und Ausfällungen

Zu den **Karsterscheinungen** gehören (Abb. 3.6.2):

I) Reliefformen an der Oberfläche **(oberirdischer Karst)** wie

- *Camenitzas (Lochkarren);*
- *Karren (Schratten) u.a. in Form von Rillenkarren, Rinnenkarren, Rundkarren, Kluftkarren;*
- *Lösungs- und Einsturzdolinen (Erdfälle);*
- *Uvalas;*
- *Poljen;*
- *Karstrandebenen;*
- *Cockpit-Karst;*
- *Kegelkarst (Mogoten);*
- *Turmkarst.*

II) Karsttäler wie

- *Trockentäler;*
- *Blindtäler.*

III) unterirdische Lösungsformen mit Ausfällungsbildungen (Tropfsteine und Sinterkrusten) wie:

- *Karstschlotten (Karsttrichter, Erdtrichter, geologische Orgeln):*
- Karsthöhlen mit Tropfsteinen (Stalagmiten, Stalaktiten).

IV) karbonatische Ausfällungen wie:

- *Tropfsteine;*
- *Kalksinterablagerungen;*
- *pedogene Kalkausfällungen.*

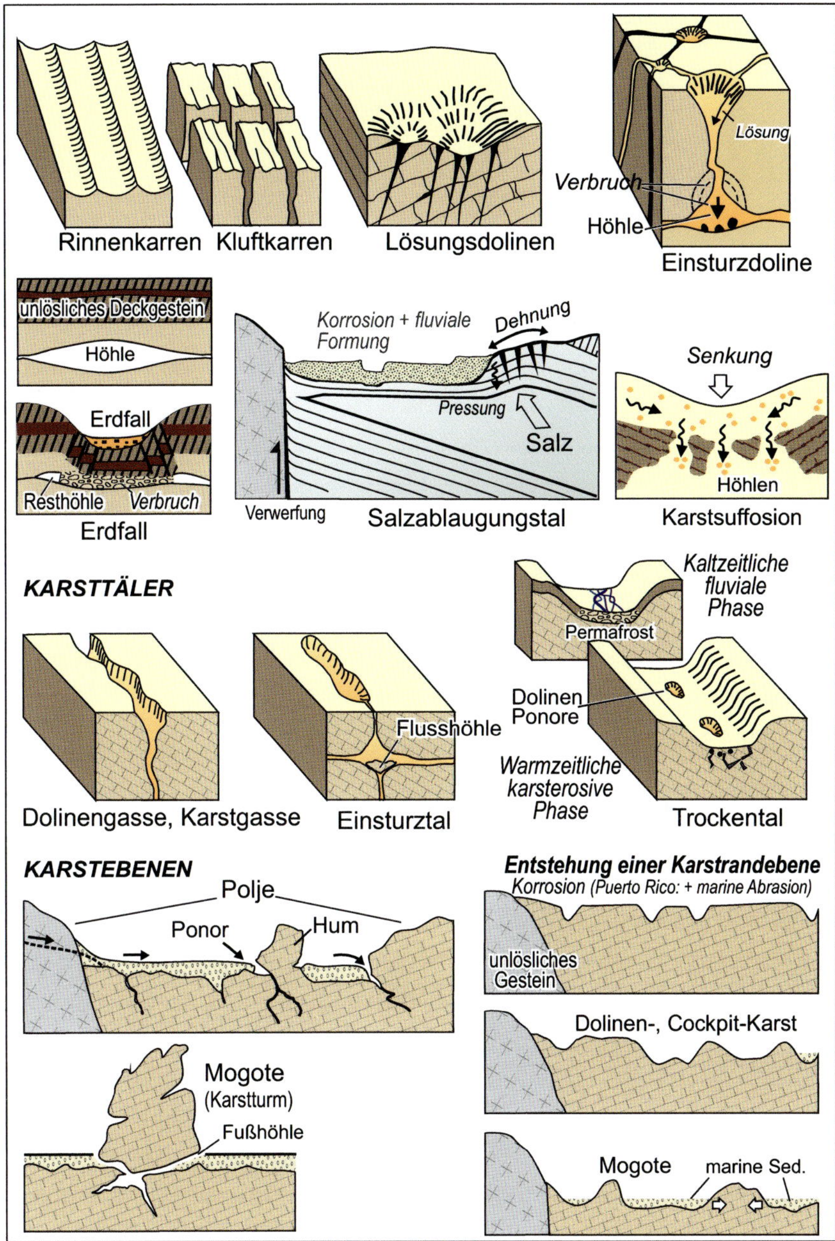

Abb. 3.6.2: Karstformen im Überblick (Quelle: v.a. HENDL & LIEDTKE 1997).

I. Oberirdische Karstformen (Exokarst)

kurz skizziert

Morphographisch können Karstgebiete allein durch die Dominanz bestimmter Lösungsformen typisiert werden. So prägen Dolinen und Trockentäler den **Dolinenkarst**, während im **Trockentalkarst** weniger Dolinen als vielmehr Trockentäler verbreitet sind. Die Karstge-

Bild 3.6.3: Durch Erosion freigelegte Pilzfelsen in mesozoischen Kalksteinen im *Parque Natural del Torcal* (Andalusien). Die Unterkante des Pilzkopfes markiert den Übergang vom unbedeckten zum ehemals bedeckten Karst.

biete kühl-temperierter Klimate prägen vor allem Dolinen und Trockentäler. Im **dinarischen Karst**, manchmal auch als mediterraner oder ektropischer Karst bezeichnet, treten Dolinen, Uvalas, Karstwannen, Poljen, Karstrandebenen und Trockentäler auf (Abb. 3.6.2).

Dagegen sind der Kegelkarst mit zwischengeschalteten Cockpits, Felsnadeln (*pinnacles*) bzw. Spitzkarrenfelder und der Turmkarst typisch für den **tropischen Karst.** Letzteres allerdings nur, sofern durch klimatische (u.a. durch das Fehlen quartärer Kaltzeiten mit Dauerfrostboden), durch orographische (geringe Meereshöhe) und vor allem durch tektonische Stabilität über geologische Zeiträume von mehreren Millionen Jahren hinweg solche extremen karst-erosiven Oberflächenformen entstehen konnten.

Auf relativ jungen, quartärzeitlichen Gesteinsoberflächen findet man auch in den Tropen wegen der relativ kurzen Entwicklungsdauer der Verkarstung oft nur Dolinen und Trockentäler, also Formen des dinarischen Karst (siehe hierzu Exkurs 2: *Karstformen und deren Alter auf der tropischen Karibikinsel Barbados*).

Unter **nacktem** (unbedecktem) **Karst** versteht man die Verkarstung einer von Boden und Vegetation freien Gesteinsoberfläche. Deren Karstformen (z.B. freie Karren) besitzen oft scharfe Grate. Deutlich rundlichere Karstformen findet man im **bedeckten Karst**, wo das Gestein Boden und Vegetation trägt. Eine gleichmäßigere Durchfeuchtung und insgesamt deutlich höhere CO_2-Gehalte führen außerhalb bevorzugter Infiltrationsbahnen des Sickerwassers zu einer intensiveren und gleichmäßigeren Kalklösung (Bild 3.6.3). Beim **überdeckten** oder plombierten **Karst** ist das verkarstungsfähige Gestein nachträglich von Sedimenten (zum Bsp. von Löss oder von marinen Kreideablagerungen in Teilen der Fränkischen Alb) bedeckt worden. Der **unterirdische Karst** umfasst tiefreichende Karstspalten und -schächte (Schlotten), Höhlen und subterrane Karstwasserwege.

Häufige **oberirdische Karstformen** (Exokarst) sind in tabellarischer Kürze folgende:

- **Camenitzas** oder Kamenitsas (Lochkarren, Trittkarren, Karstnäpfe).
  Durchmesser: einige Zentimeter bis wenige Dezimeter.
  Genese: ebene Kalksteinoberflächen mit kleinen Depressionen, in denen das Regenwasser stehen bleibt und die kleine Mulde oft in Kombination mit biogener Verkarstung

durch Algenbewuchs und Mikroorganismen korrosiv vertieft und erweitert wird. Subkutan ist die Korrosion noch intensiver, so dass die dabei entstehenden Lochkarren kleine kommunizierende Hohlräume bilden können.

Bild 3.6.4:
Karren in mesozischen Kalksteinen auf Zypern.

- **Karren (Schratten)**: korrosive Kleinformen in Größen von überwiegend Zentimetern bis Dezimetern Breite sowie Mikrokarren von einigen Milimetern Breite.
  Oberirdische Karren entstehen an einer geneigten Felsoberfläche durch ablaufendes Wasser (Bild 3.6.4) bzw. in der Bodendecke (subkutan) entlang bevorzugter Versickerungsbahnen.
  Scharfe Grtae trennen Karren auf nackten Felsoberflächen, während subkutane Karren im bedeckten Karst meist durch rundliche Wölbungen (Rundkarren, s.u.) voneinander getrennt sind (Bild 3.6.2). Höhlenkarren kommen an Wänden und Decken von Höhlen vor.
- **Rillenkarren**: ungefähr parallel verlaufende, mm- bis cm-breite und cm- bis dm-lange sowie wenige mm- bis cm-tiefe Lösungsrillen mit scharfen Zwischengraten meist auf >40° geneigten Fels- oder Gesteinsoberflächen.
- **Rinnenkarren**: einzelne Lösungsrinnen auf mäßig bis flach geneigten Felsflächen, bei geringem Gefälle zum Teil mit schwach mäandrierenden Verlauf (Mäanderkarren).
- **Rundkarren** entstehen im bedeckten Karst durch starke Zurundung der Karrenrücken und Karrenrinnen als Folge einer gleichmäßigeren, also weniger linienhaft konzentrierten Korrosion.
- **Kluftkarren**: Kalklösung bei flachlagernden Karbonatgesteinen im bedeckten oder nackten Karst, die dem Verlauf eines Kluftnetzes als günstige Infiltrationsbahnen für die Niederschläge folgt. Sie können mehrere Meter tief sein.
  Weitere Karrenformen sind ausführlich u.a. bei Pfeffer (2010: 176ff.) beschrieben.

Bild 3.6.5:
Karstschlotte im fränkischen Muschelkalk.

- **Karstschlotten, Karsttrichter, Erdorgeln, geologische Orgeln**: Einzelne, oft mit Sedimenten verfüllte Kluftkarren und Verwitterungszapfen werden als Karstschlotten bezeichnet (Bild 3.6.5). Karstschloten können oben steilwandig oder mit einem Trichter beginnen. Sie können einige Meter, aber auch mehrere Zehner von Metern tief in das Kalkgestein hinabreichen und stehen manchmal mit Höhlen in Verbindung. Mehrere, dicht nebeneinander aufgereihte, mit Verwitterungslehm gefüllte Verwitterungszapfen heißen in Süddeutschland **geologische Orgeln**.

- **Spitzkarren, Felsnadeln** (*pinnacles*) entstehen im tropischer Karst als Ergebnis einer intensiven subkutanen Karstkorrosion entlang von Karren und Schlotten. Durch Bodenerosion können diese bizarren Karstformen als Spitzkarrenfeld an die Oberfläche treten, wodurch es nach und nach zu einer korrosiven Versteilung und Zuschärfung der Grate kommen wird. Sie können Höhen von bis zu 200 m erreichen.

- **Dolinen** (*dolina*, slowenisch: Tal): geschlossene, meist trichter-, schüssel- oder kesselförmige Hohlformen mit kreisförmigen bis ovalem Umriß. Sie entstehen entweder durch allmähliche Lösung entlang von Klüften, Spalten und Schichtfugen (**Lösungsdolinen,** *solution sinks*) oder durch den Kollaps von Höhlendecken (Einsturz- oder Einbruchsdolinen bzw. genetisch genauer **Erdfälle,** *sink holes*) oder durch ein sukzessives langsames Nachsacken der Gesteinsdecke über einem verkarsteten Untergrund (**Sackungsdoline,** Senkungsdoline, Subsidenzdoline). Pingen sind dagegen keine Lösungshohlformen, sondern durch Bergbau abgegraben oder durch Einsturz eines Bergbaustollens entstanden.
  Lösungsdolinen bevorzugen kompakte dickbankige Kalksteine und Riffkalksteine. In dünnbankigen Karbonatgesteinen und in Gipskarstgebieten treten sie seltener auf. Häufig folgen sie tektonischen Schwächezonen (Klüften, Schichtfugen, Verwerfungen) oder morphologischen Tiefenlinien, manchmal in Form von Dolinenreihen.
  Es gibt eine Vielzahl von Dolinenformen wie z.B. Trichter-, Wannen-, Schüssel-, Kessel-, Schlot- oder Schachtdolinen. Eine besondere Form der Schachtdolinen sind die durch Einsturz entstandenen ***Cenotes*** auf der Yukatan-Halbinsel in Mexiko, da sie bis unter den Karstwasserspiegel reichen.
  Durchmesser: wenige Meter bis über 1000 m.
  Tiefe: zum Teil reichen sie bis unter den Karstwasserspiegel in die phreatische Zone hinein.

- **Uvalas** (Karstmulde): zusammengewachsene Dolinen mit ebenem Boden und verschiedenen Tiefenzentren, die durch Felsschwellen getrennt sind.

- **Karstwannen** (*karst depression*) sind flach eingesenkte und relativ große Senken mit einzelnen Dolinen. Sie könnten größere Uvalas sein, aber auch durch eine eigene Morphodynamik entstanden sein (Pfeffer 2010: 208ff.).

- **Poljen** (*polje*, slowenisch Feld; Bezug zur ackerbaulichen Nutzung vieler Poljenböden): Poljen sind längliche, allseitig geschlossene Becken mit flacher Sohle und meist steilen Wänden (Abb. 3.6.2; Bild 3.6.6). Viele Poljen besitzen Karstquellen, so dass bei starken Regenfällen Überflutungen auftreten können. Poljen werden oft über **Ponore** (Schlucklöcher, Bachschwinden, Flussschwinden) entwässert.

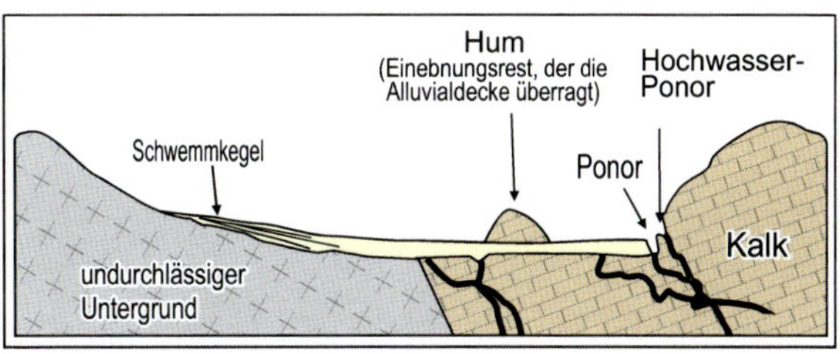

Abb. 3.6.3: Modell der Poljebildung nach Louis & Fischer (1979, stark verändert).

Sehr kleine Poljen ähneln Uvalas. Größere Poljen können weit über 100 km² erreichen und Durchmesser zwischen <1 km und über 60 km besitzen.

Kennzeichen: steilwandige Becken; geschlossener, flacher Poljenboden mit Ponoren; teilweise Seen; teilweise während der Schneeschmelze oder der Regenzeit oder starken Regenfällen überschwemmt. Der Poljenboden ist oft mit mächtigen wasser-stauenden Schwemmsedimenten und Schuttfächern (Bild 3.6.6) bedeckt. Kuppen aus Kalkstein werden als **Hum** (pl. Humi) bezeichnet.

Bild 3.6.6:
Verkarsteter Felsfächer an der Südostseite des Polje von *Kalivia*, nordöstlich von Delphi.

Genese: a) tektonisch eingesenktes Becken mit Erweiterung durch intensive Seitenkorrosion und intensive Tiefenkorrosion im Beckenboden,
oder b) durch seitenkorrosive Ausweitung eines Blindtales (u.a. Louis 1956) an der Gesteinsgrenze zwischen nicht-karbonatischem und verkarstungsfähigem Gestein,
oder c) im Vorfluterniveau durch intensive Seitenkorrosion ehemaliger Cockpits.
Verbreitung in Europa: vor allem in gefalteten Karbonatgesteinen, so zum Beispiel im dinarischen und griechischen Gebirge, auf Kreta, im Taurus, in den Abruzzen und in der Provence.
Nutzung: Da der ebene Poljenboden meist mit Lösungsrückständen (Residuallehmen), Kolluvien, teilweise auch von Löss bedeckt ist, bilden die Poljen Oasen des Ackerbaus.

- **Karstrandebene**: große Einebnungsfläche mit höherem Kalkstein-Hinterland (Bild 3.6.7).
  Genese: intensive Seitenkorrosion, die vom Vorfluter (häufig das Meer) ausgeht.
  Verbreitung: tropischer und mediterraner Karst.

- **Cockpit-Karst** besitzt ähnliche Durchmesser wie Dolinen, aber mit gewellten Hängen und sternförmigen unregelmäßigem Grundriß (Bild 3.6.7). Er entsteht aus dem

Bild 3.6.7: Kegelkarst auf Puerto Rico mit Mogoten (einzelne Kegel) und Cockpit-Karst (sternförmige Tiefenzone); Mogote (unten links) und Karstrandebene (unten rechts).

Zusammenwachsen mehrerer Dolinen durch intensive Seitenkorrosion und reduzierter Tiefenkorrosion infolge eines hohen Grundwasserspiegels oder einer Plombierung des Dolinenbodens mit Residuallehmen. Bei weiterer Tiefenkorrosion (z.B. durch einen absinkenden Grundwasserspiegel) entsteht zunächst ein Kegelkarst und dann ein Turmkarst. Alle drei Karstformen benötigen mächtige kompakte Karbonatgesteine.

- **Kegel- und Turmkarst.** Es gibt alle möglichen Übergänge zwischen Kegeln und bis zu mehreren Hundert Metern hohen Türmen.

  Verbreitung: warm-feuchte Gebiete der Erde mit >9 humiden Monaten, also im Tiefland und in der montanen Stufe der Tropen. Hierzu zählen der Kegelkarst (Mogoten) auf Puerto Rico (Bild 3.6.7), Cuba, Jamaika, Java, Neuguinea oder Südthailand sowie der Turmkarst bei *Guilin* in Südchina.

  Genese:

  1. lange geol. Zeitdauer (viele Mio. Jahre) der Korrosion;
  2. mächtige reine Kalksteine und ein tiefliegender Vorfluter im oder fast im Meeresniveau;
  3. durch Verwerfungen gegliederte Kalksteine;
  4. evtl. langsame und langandauernde epirogene Hebung;
  5. geringere Kalklösung an den Hängen (schnell abfließendes Regenwasser) und intensive Kalklösung in den Mulden (Cockpits).

II. Karsttäler

- **Trockentäler** (*dry valleys*) findet man vor allem in periglazial überprägten Karstgebieten. Die fluviale Formung fand während der Kaltzeiten statt, als Dauerfrost den verkarsteten Gesteinsuntergrund plombierte und so einen oberflächlichen Abfluss ermöglichte. Mit dem warmzeitlichen Abschmelzen des Dauerfrostbodens versickerte der Abfluss und die Täler fielen trocken.

  Außerhalb ehemaliger Periglazialgebiete können Trockentäler fluviale Vorzeitformen sein, die bei hochstehendem Grundwasser oder im Frühstadium der Verkarstung auf noch dichtem Gesteinsuntergrund entstanden.

- **Blindtäler** (*blind valley*): überqueren in der Regel eine Gesteinsgrenze zwischen einem nicht-karbonatischen und einem karbonatischen Gestein. Im Kalkstein versickert das Wasser am Talschluß in einer Bachschwinde (Ponor) oder einer Höhle, so dass das Tal „blind“ endet.

III. Unterirdischer Karst (Endokarst)

Zahlreiche Klüfte und Schichtfugen leiten das Oberflächenwasser in den Untergrund und werden nach und nach korrosiv, teilweise auch fluvial-erosiv durch fließendes Wasser und seine Sedimentfracht zu größeren, mit Höhlenlehmen und prächtigen Kalksinterablagerungen ausgekleideten Hohlräumen erweitert wie **Höhlen, Höhlengänge, Kammern, Schächte, Röhren,** oft in mehreren Stockwerken. In Passagen mit hohen Fließgeschwindigkeiten können am Boden **fluvial-erosive Auskolkungen** (Bodenkolke) und bis zu mehrere Meter tiefe **Strudeltöpfe** (ähnlich Gletschermühlen) entstehen, oft noch mit gerundeten Steinen (den Erosions-Werkzeugen) an ihrer Sohle. **Fließfacetten** (kleine asymmetrische Näpfchen) entstehen in der vadosen Zone durch fließendes Wasser und selektiver Kalklösung. **Wand- oder Deckenkolke** entstehen dagegen korrosiv in der phreatischen Zone, dort wo punktförmig oder linear Wasser zutritt und durch Mischung beider Wässer (Mischungskorrosion) verstärkt Korrosion stattfinden kann.

In den Höhlen können neben Sinter- (Calcit) und anderen Mineralausfällungen (u.a. Aragonitnadeln an calcitischen Tropfsteinen, Metalloxide und -hydroxide, seltener Gips und andere Sulfate) auch klastische Sedimente auftreten wie: Versturzmaterialien, bei der Kalklösung zurückbleibende Residuallehme und Hornsteine, fluviales Schwemmgut aus Sanden, Kiesen und Geröllen sowie Artefakte (u.a. Knochen, Schalen, Guano, Werkzeuge).

Höhlenstockwerke belegen Veränderungen der Höhenlage des Vorfluters durch tektonische Hebungen oder Flusseintiefungen oder an der Küste durch Meeresspiegelabsenkungen. Dabei ist die Kalklösung in der vadosen und epiphreatischen Zone (epiphreatisch = Schwankungsbereich des Karstwasserspiegels, s.o.) am intensivsten, kann aber auch unterhalb des Karstwasserspiegels im phreatischen Bereich noch langsam weitergehen zum Beispiel durch Mischungskorrosion (Exkurs 1).

Viele Höhlen haben Partien, die korrosive Erweiterungen von Schichtfugen (Schichtfugenhöhlen) oder von Spalten, Verwerfungen oder Klüften (Klufthöhlen, Schachthöhlen) sind.

Karsthöhlen mit **Tropfsteinen, Speläotheme** (***speleothems;*** gr. *spelaion* = Höhle, *them* = tun) in Form von Stalaktiten (gr. *stalaktós* = tröpfelnd) und Stalagmiten (gr. *stalagmós* = der Tropfen) und anderen Sinterablagerungen wie Sinterfahnen, Sintervorhänge, Sinterkrusten, Sinterterrassen, Sinterwälle, Sinterdecken, Sinterbecken, aber auch Lösungsformen wie Karren.

Genese von Tropfsteinen

Tropfsteine entstehen durch punktförmigen Austritt von Kluftwasser an der Höhlendecke. Dabei wird CO_2 angegeben infolge einer Abnahme des lithostatischen Drucks und einer CO_2-Diffusion in die CO_2-ärmere Höhlenluft. Dadurch kommt es zur Calcitausfällung unter Bildung einer hohlen Kalksteinröhre: einem **Stalaktit** bzw. **Sinterröhrchen**.

Das Wasser rinnt zunächst im Inneren der Röhre nach unten und scheidet an der Röhrenspitze Calcitringe ab. Bei Verstopfung fließt das Wasser dann an der Außenseite des Röhrchen und und scheidet dort Calcit ab. Stalaktite wachsen also in Länge und Dicke. Im Querschnitt besitzen sie oft ein baumjahrringähnliches Wachstumsmuster. In Herbst und Winter entstehen langsam gewachsene klare dunkle Sinterablagerungen, im feuchten Frühjahr dagegen hohlraumreiche mit Luft gefüllte weiße Sinterbeläge.

Auch beim Zerstäuben des Wassers am Höhlenboden wird CO_2 freigesetzt und dadurch massiver Kalk (Calcit) in kegeliger bis kerzenförmiger Form ausgefällt (**Stalagmit**). Auch Stalagmiten besitzen oft ein jahrringähnliches Wachstumsmuster. Bei einem **Stalagnat** sind Stalaktit und Stalagmit zu einer Sintersäule (Tropsteinsäule) zusammengewachsen. Er wächst nur noch in der Breite.

Calcitische **Sinterfahnen und Sintervorhänge** entstehen bei Austritt von Wasser entlang einer Kluftlinie in der Höhlendecke. Volumenmäßig dominieren großflächige tafelförmige Sinterablagerungen an den Höhlenwänden (**Wandsinter**) und am Höhlenboden (**Bodensinter**). Sie entstehen durch großflächig an Klüften austretendes Wasser oder durch Ausfällungen von Calcit in wasserführenden **Sinterbecken** mit einem Calcit-Wachstum vom Beckenrand zum Zentrum hin. Höhlensinter können durch Huminstoffe hell- bis dunkelbraun, Eisenhydroxiden gelbbraun, Manganoxiden schwarz, Kupfer in Calciten grün und in Aragoniten bläulich gefärbt sein.

Tropfsteine werden seit einigen Jahren zur Rekonstruktion von **Klimaschwankungen** im jüngeren Quartär verwendet. Sie können trotz geringer Gehalte an Uran (nur etwa 0,1 bis 1,3 µg/g) mittels massenspektrometrischen $^{230}Th/^{234}U$-Altersbestimmungen bis vor etwa 600.000 Jahren datiert werden. Zudem führen sie verschiedene **Umweltproxies** wie: schwankende Gehalte von Delta^{18}O (Temperatur, Niederschläge), Delta^{13}C (Bodenlebewelt,

Vegetation), unterschiedliche Wachstumsraten (Temperatur, Feuchtigkeit) sowie variierende Mg/Ca- und Sr/Ca-Verhältnisse (wahrscheinlich interpretierbar bzgl. Feuchtigkeit, Temperatur, Sedimenteinträgen) (u.a. Govin et al. 2015).

IV. Karbonatische Ausfällungen

Tropfsteine, Speläotheme

(Stalaktiten, Stalagmiten)

Genese: Kalkfällung durch Zerstäubung des Wassers (CO_2-Entzug) und CO_2-Diffusion in die Höhlenluft und deren geringeren CO_2-Gehalten.

Wachstumsgeschwindigkeiten: etwa ein bis wenige mm Calcit pro 100 Jahren in den Warmzeiten und 0 bis wenige µm in den Kaltzeiten.

Das **Wachstum ist abhängig von** der Kalkkonzentration im Wasser, dem CO_2-Partialdruckgefälle zwischen Wasser und Höhlenluft, der Menge des herabtropfenden Wassers (Tropffrequenz und Tropfvolumen) und der Temperatur (je höher, desto mehr Fällung).

Phasen mit intensivem Wachstum von Tropfsteinen belegen eine starke Karbonatlösung infolge hoher Niederschläge mit hohem Sickerwasseraufkommen (feucht-warmes Klima). Geringes bis fehlendes Tropfsteinwachstum weist dagegen auf ein geringes Sickerwasseraufkommen hin, häufig eine Folge von Niederschlagsarmut oder von Permafrostbedingungen.

Temperaturerniedrigungen in der Höhle reduzieren die CO_2-Diffusion in die Höhlenluft und damit das Tropfsteinwachstum.

Niederschlag und Temperatur beinflussen auch die Vegetation und die Bodenlebewelt (CO_2-Freisetzungen u.a. durch Atmung oder durch bakteriellem Abbau von organischen Substanzen) im Wassereinzugsgebiet der Höhlen und damit die CO_2-Gehalte im Sickerwasserstrom. Das wiederum steuert die Intensität der Verkarstung.

Kalksinterablagerungen

(Travertine, Kalktuff, Kalksinterterrassen)

Sie sind häufig porös durch Überkrustungen von Pflanzenteilen. Sie entstehen durch Kalkfällung entweder durch

a) Strudelbewegungen und Zerstäubungen des Wassers (CO_2-Entzug) oder
b) durch biogene Kalkausscheidungen von Organismen (Kalkalgen und Moose, Mikroorganismen).

Die Ausscheidung erfolgt beim Austritt von Bodenwasser bzw. Quellwasser bzw. hydrothermaler Wässer, wenn sich der mit dem gelösten Kalk im Gleichgewicht stehende CO_2-Partialdruck, der in der Bodenluft sehr hoch sein kann, durch Diffusion dem atmosphärischen Partialdruck angleicht. Ebenso kann der CO_2-Partialdruck an den Austrittsstellen des Wassers durch Algenaktivität (photosynthetische Aufnahme von CO_2) stark erniedrigt werden, was zur Kalkabscheidung führt.

Pedogene Kalkausfällungen

Caliche (span.) bzw. **Calcretes** (engl.): harte Kalkkrusten, die in semiariden und ariden Gebieten im Boden durch verdunstendes Bodenwasser ausgefällt werden. Sie erreichen Mächtigkeiten von wenigen Dezimetern bis mehreren Metern.

Neben kompakten Kalkausfällungen in Hohlräumen jeglicher Art können weitere Merkmale von Caliche-Bildungen sein:

- konzentrisch aufgebaute Umkrustungen (Caliche-Pisoide) von Gesteinsbruchstücken und Bioklasten;
- kalzitisch ausgekleidete Wurzelröhren mit unterschiedlichen Durchmessern (Rhizolithe);
- ungleichmäßige Kristallgrößen im Dünnschliff; durch Sammelkristallisation erhält die mikritische Matrix eine fleckige Struktur (*mottled texture*);
- typische Tonminerale wie Palygorskit und Sepiolith.

Ausgewählte Literatur

Baumhauer, R., Kneisel, Ch., Möller, S., Schütt, B., Tressel, E. (2017): Einführung in die Physische Geographie: Kap. 1.9; Darmstadt (Wiss. Buchges.).

Zepp, H. (2017): Grundriß Allgemeine Geographie: Geomorphologie eine Einführung: Kap. 12; Paderborn (Schöningh UTB).

Pfeffer, K.-H. (2010): Karst. Entstehung - Phänomene -Nutzung. – Stuttgart (Gebr. Bornträger).

Beantworten Sie mit Hilfe des Textes und der Literatur die nachfolgenden Fragen.

1. *Welche Gesteine erfüllen die Voraussetzungen für eine Verkarstung?*
2. *Was versteht man unter Pseudokarst und Thermokarst?*
3. *Nennen Sie ein Beispiel für Paläokarst.*
4. *Nennen Sie drei Aspekte, die für Karstgebiete allgemein kennzeichnend sind.*
5. *Was versteht man unter Subrosion und welche Gesteine sind davon betroffen?*
6. *Welche Karstformen findet man in Gebieten mit Gipskarst?*
7. *Warum gibt es in Stein- und Kalisalzen sowie im Anhydrit in der Regel keine natürlichen Höhlen?*
8. *Reihen Sie die Minerale Calzit, Dolomit, Gips, und Steinsalz nach dem zunehmenden Grad ihrer Löslichkeit.*
9. *Geben Sie die Formel für die Karbonatverwitterung an. Unter welchen Bedingungen (Temperatur, Druck,* CO_2*-Partialdruck) läuft diese besonders intensiv ab?*
10. *Beschreiben Sie stichpunktartig,welche Rolle die einzelnen Einflussfaktoren Temperatur,* CO_2*-Partialdruck sowie atmosphärischer/hydrostatischer/lithostatischer Druck auf die Lösung von Kalksteinen durch die Kohlensäureverwitterung haben.*
11. *Nennen Sie mindestens fünf Möglichkeiten einer Intensivierung der Kohlensäureverwitterung.*
12. *Was versteht man unter Mischungskorrosion und was unter Druckkorrosion?*
13. *In welchen Klimazonen auf der Erde gibt es keine aktiven unterirdischen Karstprozesse und was ist die Ursache dafür?*

14. *Was versteht man unter einem Ponor?*

15. *Was ist im Karst eine vadose und was ist eine phreatische Zone?*

16. *Warum sind Karstquellen häufig verunreinigt?*

17. *Was ist ein Tummler und was ist ein Hungerbrunnen?*

18. *Was versteht man in der Fränkischen und Schäbischen Alb unter Hülen bzw. Hüllen und wie sind sie entstanden?*

19. *Was sind Unterschiede zwischen bedecktem und unbedecktem (nackten) Karst?*

20. *Welche Karstformen findet man im dinarischen Karst und welche Karstformen findet man nur im tropischen Karst?*

21. *Was sind Voraussetzungen für die Entstehung eines tropischen Turm- und Kegelkarst?*

22. *Warum laufen im feucht-tropischen Karst die Lösungsvorgänge im Kalkstein meistens rascher ab als in den gemäßigten Breiten?*

23. *Welche Karstformen findet man auf der Fränkischen Alb?*

24. *Wie unterscheiden sich Karstformen im nackten Karst von denen des bedeckten Karst?*

25. *Wodurch unterscheiden sich Karren auf Gesteinsoberflächen im nackten Karst von denen im bedeckten Karst?*

26. *Was sind Karstschlotten?*

27. *Nennen sie zwei Möglichkeiten der Entstehung von Dolinen.*

28. *Wodurch entsteht ein Erdfall?*

29. *Was ist ein Polje, wie kann es entstehen und wo sind sie verbreitet?*

30. *Wie heißen Kalksteinkuppen innerhalb von Poljen?*

31. *Wie entsteht ein Cockpit-Karst?*

32. *Wo findet man auf der Erde Gebiete mit Turm- und Kegelkarst und wie sind sie entstanden?*

33. *Wie sind die Trockentäler in unseren Karstgebieten entstanden?*

34. *Wie bilden sich Stalagmiten und Stalaktiten?*

35. *Was ist ein Stalagnat?*

36. *Nennen Sie drei Faktoren, die die Bildung von Kalksinterablagerungen beeinflussen.*

Weitere Fragen für BA-Studierende und Lehramt Gymnasium

37) *Welche Faktoren können den Prozeß der Verkarstung wesentlich steigern?*

38) *Welche Argumente kann man dafür anführen, dass die heutigen Trockentäler in der Schwäbischen und Fränkischen Alb erst während der pleistozänen Kaltzeiten entstanden sind?*

39) *Wo auf der Erde findet man aktiven Cockpit-Karst?*

40) *Wie sind die an vielen Karbonatküsten der Erde bis unter den heutigen Meeresspiegel reichenden Höhlensysteme entstanden?*

41) *Was sind Camenitzas und wie entstehen sie?*

42) *Wie unterscheiden sich Rillen- und Rinnenkarren?*

43) *Welche Karren sind Indikator für eine Entstehung im bedeckten Karst?*

44) Was versteht man unter einer geologischen Orgel?

45) In welcher Klimazone entstehen Pinnacles?

46) Was sind Pingen?

47) Was sind die Cenotes in Mexiko genetisch betrachtet?

48) Wo findet man in Europa Poljen?

49) Wie entstehen Uvalas und wo sind sie verbreitet?

50) Was ist eine Mogote und was ist ein Hum?

51) Wie entstehen Blindtäler?

52) Was belegen Höhlenstockwerke in Karstgebieten?

53) Was sind Speläotheme?

54) In welcher Größenordnung liegt das Wachstum von Tropfsteinen in Warmzeiten und warum ist deren Wachstum in den Kaltzeiten deutlich geringer?

55) Welche numerische Datierungsmethode kann Auskunft über das Bildungsalter von Tropfsteinen geben?

56) Nennen Sie mindestens fünf Karstformen, die man in den immerfeuchten Tropen finden kann.

57) Welche Umweltproxies sind in Tropfsteinen archiviert und wie kann man sie entschlüsseln?

Exkurs 1: *Kalksteine - Korrosion und Mischungskorrosion, Lösung und Ausfällung*

Die Lösung (**Korrosion**) von Kalksteinen benötigt keine aggressiven Säuren, sondern erfolgt bereits durch kohlensäurehaltiges Wasser (gelöstes CO_2). Durch die Kohlensäure (H_2CO_3) wird Kalk ($CaCO_3$) zu wasserlöslichem Kalziumhydrogenkarbonat ($Ca(HCO_3)_2$) umgewandelt (s.o.; Kap. 3.1.2). Dieser Vorgang ist reversible und wird gesteuert durch die Faktoren Temperatur, Druck und CO_2. Dabei ist die CO_2-Aufnahme im Wasser proportional zum CO_2-Angebot (CO_2-Partialdruck) und zum atmosphärischen/hydrostatischen/lithostatischen Druck, aber umgekehrt proportional zur Wassertemperatur.

Temperaturerhöhungen, atmosphärische, hydro- oder lithostatische Druckerniedrigungen (zum Beispiel mit zunehmender Meereshöhe oder beim Austritt von Kalkwässern aus Gesteinsklüften) und CO_2-Entzug (zum Beispiel durch Photosynthese treibende Wasserpflanzen oder CO_2-Diffusion durch Zerstäuben des austretenden Wassers) führen zur **Ausfällung**. So entstehen **Sinterkalksteine** (Kalksinter, Travertine, Kalktuffe, Stalagmiten, Stalaktiten), **pedogene Alm-Ausfällungen** oder **limnische Seekreiden**.

Umgekehrt kommt es bei Temperaturrückgang (Abkühlungskorrosion), atmosphärischen, lithostatischen oder hydrostatischen Druckzunahmen und CO_2-Erhöhungen (zum Beispiel in der Bodenluft durch atmende Organismen) verstärkt zur **Kalklösung**. Daraus resultieren an der Erdoberfläche **Karstformen** wie Karren (Rillen-, Rinnen-, Kluft-, Loch-, Napfkarren), Schlotten, Dolinen, Uvalas, Poljen, Cockpits, steile Karstkegel (Mogotes) und Karsttürme sowie im Untergrund (**Tiefenkarst**) ausgedehnte Höhlen und Karstwasserwege.

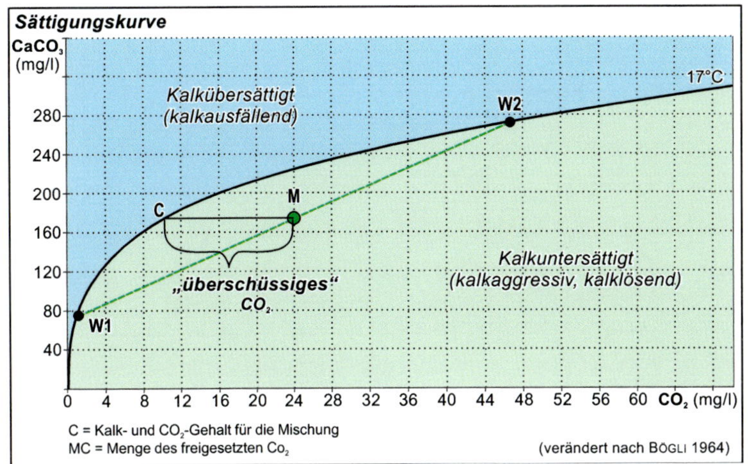

Abb. E1: Sättigungskurve und Mischungskorrosion nach Bögli (1964).

Je nach Temperatur, atmosphärischem/lithostatischem/hydrostatischem Druck und CO_2-Gehalt (CO_2-Partialdruck) des Wassers können im Wasser bis zu etwa 400 mg $CaCO_3$ aufgenommen werden. Ist Wasser im CO_2-Gleichgewicht mit der freien Atmosphäre beträgt der Kalkgehalt je nach Temperatur und Luftdruck bei Sättigung etwa 80 mg/l, bei stehenden Wässern in Höhlen etwa 90 bis 100 mg/l (Bögli 1964: 84).

Ein besonderes Phänomen der Kalklösung ist die sogenannte „**Mischungskorrosion**“ (*mixing corrosion*). Wenn sich kalkgesättigte Wässer (= Gleichgewicht von $CaCO_3$- und CO_2-Gehalt) mit verschiedenen Kalkgehalten (<250 mg/l $CaCO_3$; Ford & Williams 2007: 59) mischen, wird überschüssiges CO_2 ins Wasser abgegeben. Die dabei entstandene Mischungslösung ist daher kalkuntersättigt (kalkaggressiv) und in der Lage, Kalk zu lösen (daher Mischungskorrosion). Das trägt zur weiteren Verkarstung von Kalksteinen bei bis hin zur Bildung subkutaner, unter phreatischen (vollständig wasserbedeckten) Bedingungen entstandener Karstwasserwege und Höhlensysteme.

Dieses Phänomen wurde insbesondere durch Bögli (1964) bekannt, aber erstmalig bereits von Buneyer und Laptew (1932 und 1939; zitiert nach Hohl 1981) beschrieben. Es resultiert aus dem empirischen Befund, dass bei fast gesättigten Kalkwässern (>85% Kalksättigung) ein nicht-linearer Zusammenhang zwischen CO_2-Konzentration und $CaCO_3$-Sättigung einer Lösung besteht. Die Steigung der Sättigungskurve für $CaCO_3$ nimmt mit zunehmenden CO_2 ab (siehe Gleichgewichtskurve bzw. Sättigungskurve in Abb. E1).

Mischt man zum Beispiel zwei gleiche Volumina Wasser mit 74 mg/l und mit 273 mg/l gelöstem Kalk sowie mit 1 mg/l und mit 47 mg/l gelöstem CO_2 (Abb. 1: Punkte W1 und W2), so erhält man eine Mischlösung M (Abb. E1) auf der halben Mischungsgeraden zwischen W1 und W2. Diese Mischlösung M enthält den Mittelwert der Konzentrationen beider Wässer, also 173,5 mg/l Kalk und 24 mg/l CO_2. Sie liegt unterhalb der Gleichgewichtskurve, ist also kalkuntersättigt (kalkaggressiv) und kann weiteren Kalk lösen.

Das zur Lösung von Kalk verfügbare CO_2 kann aus dem waagerechten Abstand zur Gleichgewichtskurve (Line CT) abgelesen werden, im vorliegenden Beispiel also etwa 14 mg CO_2. Dieses „überschüssige" CO_2 macht die Mischung kalkaggressiv.

Will man abschätzen, wie viel Kalk nach der Mischung gelöst werden kann, muss man berücksichtigen, dass 1 mmol CO_2 (= 44 mg CO_2) 1 mmol $CaCO_3$ (= 100 mg $CaCO_3$) lösen kann. Im vorliegenden Beispiel stehen 14 mg CO_2 zur Kalklösung zur Verfügung, so dass je nach Temperatur, Druck und CO_2-Partialdruck maximal bis zu 32 mg $CaCO_3$ in Lösung gehen können.

Die Mischungskorrosion kann a) durch einen Temperaturunterschied der Lösungen (je niedriger die Temperatur, desto mehr CO_2 kann im Wasser gelöst werden; thermische Mischungskorrosion) oder b) durch unterschiedliche Kalk-Konzentrationen (z.B. von zwei unterschiedlich kalkgesättigten Wässern, Abb. E1) bedingt sein. Neuere Studien zeigen, dass auch Mischungen von Karst- und Thermalwässern oder in der Küstenzone von Frischwasser und Salzwasser die Korrosion von Kalksteinen intensivieren kann.

Weiterführende Literatur

BÖGLI, A. (1964): Mischungskorrosion, ein Beitrag zum Verkarstungsproblem. – Erdkunde 8; Bonn.

FORD, D. & WILLIAMS, P. (2007): Karst hydrogeology and geomorphology. – Chippenham (John Wiley & Sons).

PFEFFER, K.-H. (2010): Karst. Entstehung - Phänomene -Nutzung. – Stuttgart (Gebr. Bornträger).

Exkurs 2: ***Karstformen und deren Alter auf der tropischen Karibikinsel Barbados***

In der Regel wird Kegelkarst mit zwischengeschalteten Cockpits, Felsnadeln (*pinnacles*) bzw. Spitzkarrenfeldern und Turmkarst als typisch tropische Karstform angesehen. Dabei können diese Formen in Karstgebieten nur dort entstehen, wo über geologische Zeiträume von mehreren Millionen Jahren hinweg eine geringe Meereshöhe und tektonische Stabilität geherrscht hat. Auf relativ jungen, quartärzeitlichen Gesteinsoberflächen findet man auch in den Tropen wegen der relativ kurzen Entwicklungsdauer der Verkarstung oft nur Dolinen und Trockentäler, also Formen des dinarischen Karst (Abb. E2).

Das läßt sich exemplarisch an der tropischen Karibikinsel Barbados, 150 km östlich des Kleinen Antillenbogens aufzeigen. Die Insel Barbadosl liegt in den Tropen auf etwa 13° n. Br. und 59° westlicher Länge und besitzt ein humides bis subhumides, maritimes tropisches Inselklima. Die Jahresniederschläge betragen im Mittel etwa 1100 mm in der südöstlichen Küstenzone und über 2000 mm in den höheren zentralen Inselarealen. Die Monatmittel der Temperatur schwanken jahreszeitlich zwischen 24°C im Winter (Januar bis Mai) und 28°C im Sommer.

Die Insel besteht zu etwa 86% aus gehobenen quartären Korallenriff-Kalksteinen. Die ehemaligen Saumriffe steigen von der heutigen Küste treppenartig, mit größeren und kleineren Riffstufen und Paläokliffen bis zum 343 m hohen Landesinneren an. Diese gehobenen Saumriffe besitzen Kalksteinmächtigkeiten von 15 bis 130 m.

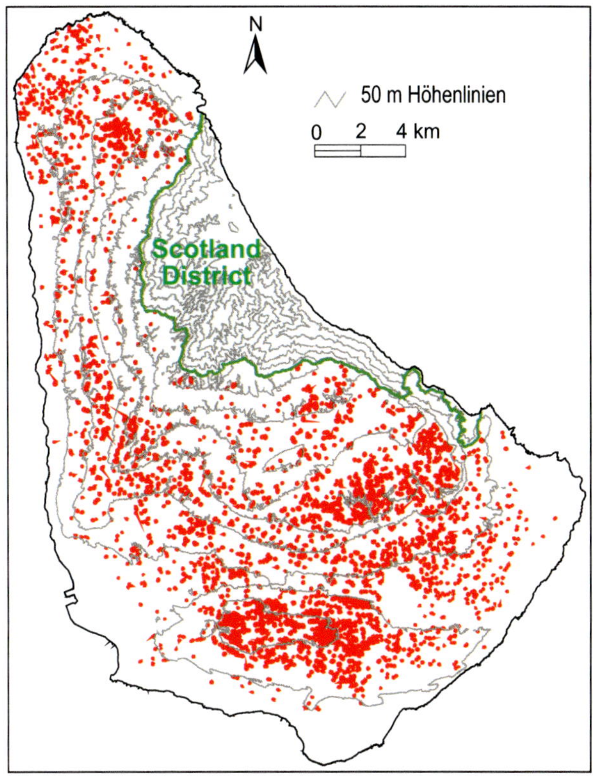

Abb. E2: Dolinen auf Barbados nach einer Kartierung von WANDELT (2000, aus SCHELLMANN & RADTKE 2004a: 41).

Trotz der Lage in den feuchten Tropen besitzt Barbados wegen seines relativ jungen quartären Alters keinen tropischen Karstformenschatz, sondern vor allem Dolinen, zahlreiche Trockentäler und einige Höhlen, also Formen des dinarischen Karst (Abb. E2).

Dabei sind die über 2.800 Dolinen meist relativ klein, trichterförmig und im Mittel nur etwa 6 m tief (WANDELT 2000). Oft besitzen sie ein Schluckloch (Bild E1). Vor allem in den höheren, mehr als 600.000 Jahre alten Inselbereichen oberhalb des Second High Cliff besitzen viele tief eingeschnittene Trockentäler dolinenartige Eintiefungen.

Bild E1:
Trichterförmige Lösungsdoline auf mittelpleistozänen Riffkalksteinen nahe Adams Castle im Süden von Barbados.

Da Steinkorallen mit Hilfe von ESR- und Th/U-Datierungsverfahren bis vor etwa 200.000 Jahren (Th/U) bzw. 600.000 Jahren (ESR) datiert werden können, kann die junge Verkarstungsgeschichte relativ gut zeitlich gefasst werden (Abb. E3). Danach fehlen Dolinen weitgehend auf allen Korallenriffterrassen, die seit dem Hochstand des letzten Interglazials gebildet wurden (Abb. E3: T-1 bis T-5b), wobei sie nur wenige Jahrtausende nach ihrer Bildung im Meer durch Heraushebung und Meeresspiegelabsenkung auch schon trocken fielen und der Verkarstung unterlagen.

Selbst unter den feucht-tropischen Klimabedingungen von Barbados konnten sich auf den ältesten letztinterglazialen MIS 5e-Korallenriffen (Abb. E3) in fast 115.000 Jahren kein

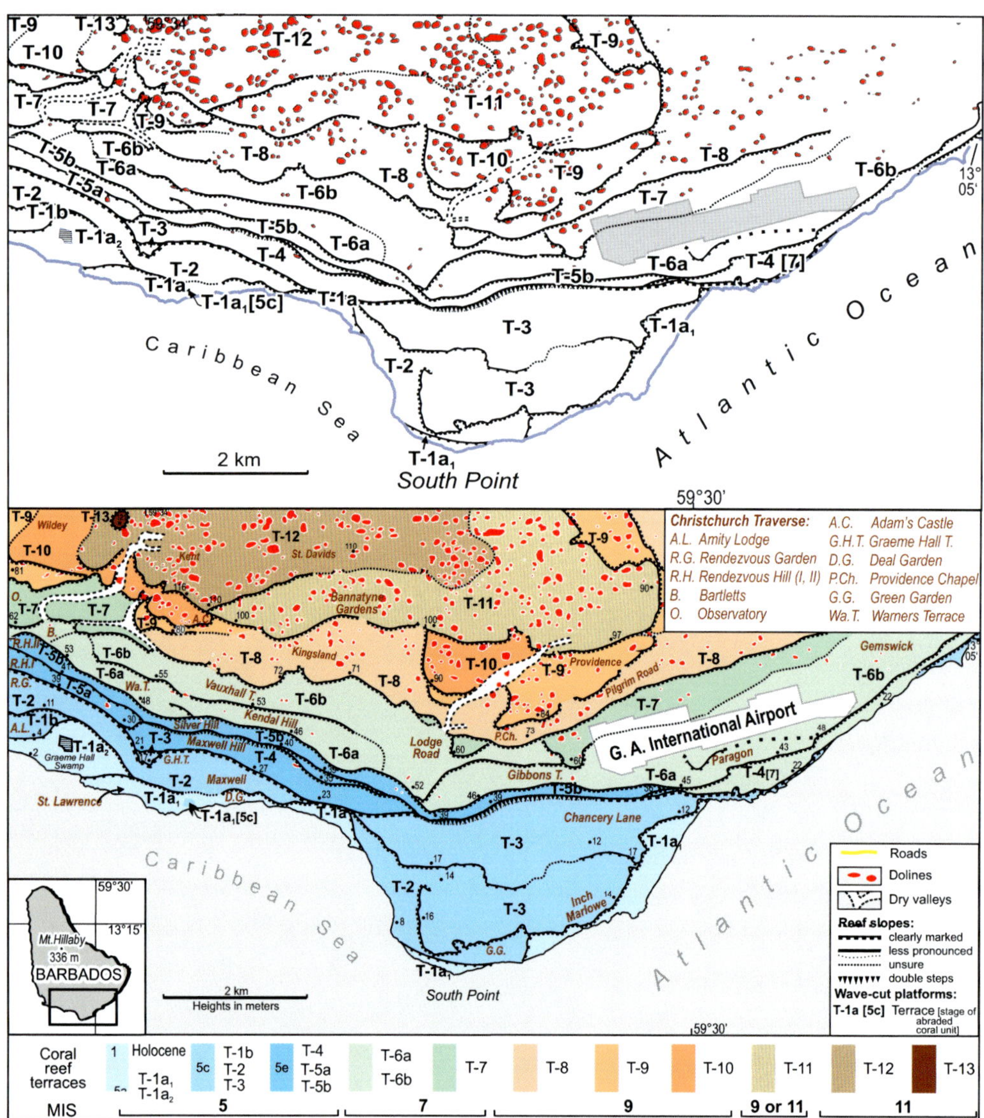

Abb. E3: Dolinen und Trockentäler auf unterschiedlich alten jung- und mittelpleistozänen Korallenriffterrassen im Süden von Barbados.

Dolinenkarst und auch keine Trockentäler entwickeln. Einzelne Dolinen treten erstmalig auf den Oberflächen der vorletztinterglazialen (MIS 7) Korallenriffterrassen (Abb. E3: T-6a bis T-7) auf und zwar vor allem in den etwas tiefer gelegenen ehemaligen lagunären Riffbereichen.

Im Süden und Südosten der Insel nehmen Dolinen etwa 3% der Oberfläche der etwa 200.000 (MIS 7) bis 300.000 Jahre (MIS 9) alten Riffterrrasen ein (Abb. E3: T-6a bis T-10), aber schon etwa 10-15% bei den wahrscheinlich 400.000 Jahre alten T-11 und T-12 Korallenriffterrassen.

Wie schnell andererseits Kleinformen der Verkarstung auf Barbados vor allem an der Küste und ihrem Salzspray entstehen können, zeigen schöne Rinnenkarren aus dem Holozän an einem niedrigen holozäne Kliff angelegt in letztinterglazialen Riff-Kalksandsteinen (*back reef facies*) an der aktuellen Küste bei *Sharke`s Hole* im Südosten von Barbados (Bild E2).

Bild E2:
Holozänes Kliff mit Rinnenkarren ausgebildet in letztinterglazialen Riff-Kalksandsteinen (*back reef facies*) bei Sharke` s Hole, Südostküste von Barbados.

Weiterführende Literatur

MACHEL, H.G., KAMBESIS, P.N, LACE, M. J., MYLROIE, J.R., MYLROIE, J.E. & Sumrall, J.B. (2012): Overview of cave development on Barbados. – Proc. of the 15th Symposium on the Geology of the Bahamas and other cabonate regions; San Salvador (Bahamas, Gerace Research Center).

MACHEL, H.G., MYLROIE, J.E., KAMBESIS, P.N., LACE, M. J. & MYLROIE, J.R. (2012): Pleistocene-Holocene Karstification of Barbados and its implications for the Devonian Grosmont reservoir. – GeoConvention 2012.

SCHELLMANN G. & RADTKE, U. (2004): The marine Quaternary of Barbados. – Kölner Geographische Schriften, 81; Köln.

WANDELT, B. (2000): Geomorphologische Detailkartierung und chronostratigraphische Gliederung der quartären Korallenriffe auf Barbados (West Indies) unter besonderer Berücksichtigung des Karstformenschatzes. – Diss., Universität zu Köln.

3.7 Küsten und Küstenformung

Die **Küste** (*coast, costa*) ist ein Grenzraum zwischen Land und Meer, in dem aktuelle und vorzeitliche Küstenformen und litorale Ablagerungen des Quartärs erhalten sind. Letztere sind durch Wellenwirkung (Brandungswirkung) entstanden. Dabei ist deren land- und meerwärtige Ersteckung sowie Höhen-/Tiefenlage abhängig von Landhebungen und Senkungen (vor allem isostatisch oder tektonisch bedingt) sowie von eustatischen Meeresspiegelschwankungen. Das Küstengebiet umfasst also die jeweils äußerste Grenze quartärer Brandungswirkungen sowohl zum Festland als auch zum Meeresboden hin (Kelletat 2013: 90). Die Breite der Küstenzone ist damit sehr unterschiedlich und ständig von Änderungen betroffen.

Während passive **Kontinentalränder** häufig relativ breite Küstenebenen (*coastal plains*) bzw. seichte Schelfmeere (*shelves*) besitzen, prägen isostatisch aufsteigende aktive Kontinentalränder häufig schmale Küstengebirge (*coastal ranges*), die direkt an steil abfallende submarine Hänge (*submarine slopes*) grenzen.

Verlagert sich die Küstenlinie landwärts, dann spricht man von „Küstenrückzug" (*coastal retreat*) bzw. von einer Meerestransgression (*transgression*), verlagert sie sich meerwärts, dann spricht man von einem „Küsten-Vorrücken" bzw. einer Küstenprogradation (*coastal progradation*) bzw. von einer Meeresregression (*regression*).

Ursachen von **Meeresregressionen** bzw. **Meerestransgressionen** können sein:

1. tektonische Absenkungen bzw. Hebungen;
2. sinkende bzw. steigende Meeresspiegel;
3. kräftige Küstenerosion bzw. umgekehrt intensive Akkumulation von Sedimenten.

Für die Bevölkerung einer Küste ist es wichtig zu wissen, ob eine Küstenlinie mittelfristig meerwärts vorrückt, sich landwärts zurückverlagert oder relativ stabil ist.

Insgesamt besitzen Küstenzonen geringe Meereshöhen von meist unter 100 m und geringe Breiten von meist unter 100 km. Sie können landschaftlich sehr unterschiedlich gestaltet sein, zum Beispiel durch Buchten, durch Flussmündungen in Form von Ästuaren oder Deltas, durch Küstendünen, durch bei Niedrigwasser trocken fallende Wattareale, durch sandige, kiesige oder steinige Strände, durch steile Kliffe mit vorgelagerten Schorren (Abrasionsplattformen), durch Salzmarschen und Mangrovenwälder, durch felsige Steilküsten oder durch vorgelagerte Korallenriffe.

Die **Küstenlinie** (*coastline*) ist ein regionaler Begriff zur Beschreibung der Grenze des Festlandes gegen das Meer. Dagegen ist der lokale Strand inklusive eines Dünengürtels (*shore)* und die lokale **Strandlinie** (*shoreline*) an einem tidengeprägten Strand meistens ein einige 10er von Metern und selten ein über 1 km breiter Streifen, der unter dem Einfluss von Gezeiten zeitweise Land ist und zeitweise als Meeresboden unter dem Meeresspiegel liegt. Der **Strand** (*shore, beach*) umfasst (Abb. 3.7.15) das den Strand landeinwärts begrenzende **Vorland (*backshore*)**, den **trockenen** *(dry beach)* und **nassen Strand** (*wet beach*), den **Vorstrand** (*foreshore)* und - falls vorhanden - auch das Watt (*tidal flat*). Die konkrete Strandlinie verschiebt sich dabei mit dem Tidengang. Hoch- und Niedrigwasser begrenzen und verschieben tidengesteuert den Vorstrand, während die Reichweite von Sturmwellen die landwärtige Ausdehnung des Strandes bestimmt.

An Lockermaterialküsten wird der Strand oft von **Küstendünen** (Kap. 3.5), manchmal von mehreren Dünenketten begrenzt, vor allem dort, wo breite unbewachsene Sandstrände existieren. Sie liefern Fein- und Mittelsande, die die Dünen aufbauen. Junge, von Pionierpflanzen (Strandhafer, Strandquecke, Meersenf) bewachsene Initialdünen (*primary dunes*) werden auch als **Weißdünen** bezeichnet. Mit der Ausbreitung einer geschlossenen Vegetation von anspruchsvolleren Gräsern und einzelnen Büschen treten sie farblich als **Grau- oder Gelbdüne** (*secondary dunes*) hervor. Die **Braun- oder Schwarzdünen** sind dann von Kiefernwäldern bewachsen. Alle Küstendünen sind bei Auflichtung des Bewuchs **Wanderdünen** (Wandergeschwindigkeit einige Meter/Jahr), deren Formen nach Bewuchs und vorherrschender Windrichtung ausgerichtet sind. An der Nordseeküste sind neben einer alten Dünengeneration vor allem auf den Inseln junge Dünen verbreitet, die frühestens ab dem Hochmittelalter, viele erst seit dem 17. Jh. entstanden sind (EHLERS 2008: 49f.).

3.7.1 Wasserbewegungen

(Wellen, Seegang, Dünung, Brandung, Extremwellen, Gezeiten und Strömungen)

Der bedeutsamste Mechanismus der Küstenerosion resultiert aus dem Auflaufen von **Meereswellen** (*ocean waves*) im Litoral (*littoral, foreshore,* Vorstrand). Das Litoral ist dabei die Zone zwischen dem höchsten Springtiden- und dem tiefsten Nipptidenstand des Gezeitenzyklus (s.u., Abb. 3.2.15).

An der Umlagerung von Lockermaterial in einem Küstenstreifen sind gravitative, fluviatile und äolische Transportmechanismen an Land beteiligt sowie Wellen, Gezeiten- und Meeresströmungen an der Küste und im marinen Schelfbereich. Dabei spielen Flussmündungen entweder als eingebuchtete Ästuare oder vorspringende Deltas eine wichtige Rolle. Ästuare sind meistens Senken, Kliffe und Deltas oft Quellen des Lockermaterials.

Wellen, Seegang und Dünung

Meereswellen, die an der Küste auslaufen, werden vor allem durch Wind, manchmal durch Gezeiten, selten durch Luftdruckschwankungen (Fernwellen), sehr selten durch Tsunamiereignisse erzeugt. Die meisten Wellen (Wellengruppen) entstehen an der Meeresoberfläche durch Wind, der eine Wellenausbreitung vor allem in Richtung der regional oder lokal dominierenden Windsysteme bewirkt. Ist der Wind sehr schwach, so dass die Wasseroberfläche sich nur kräuselt (Kräuselwellen), spricht man von kurzwelligen **Kapillarwellen** (kleine Rippelwellen). Es sind die langsamsten Wellen, die überhaupt möglich sind. Sie schaffen es kaum, gegen die Oberflächenspannung des Wassers anzukommen. Sie sind weniger als 1 mm hoch und der Abstand von Wellenkamm zu Wellenkamm (= Wellenlänge) ist gering (<1,72 cm), und sie benötigen eine Windgeschwindigkeit von mindestens 69,5 cm/s (Dietrich et al. 1975: 344). Ihre Bedeutung liegt vor allem im Stoff- und Energieaustausch zwischen Meer und Atmosphäre.

Mit zunehmenden Wind entstehen ab Windgeschwindigkeiten von etwa Beaufort (Bft.) 3 schmale und steile Wellenrippeln und bilden eine **Windsee bzw. Sturmsee** mit Wellen verschiedener Größe, Länge und Richtung (Abb. 3.7.1). Dabei nimmt deren Länge, Amplitude und Steilheit mit der Windstärke zu. Wenn der Wind extrem stark wird, wachsen die Wellen in Höhe und Wellenlänge bis sie eine Geschwindigkeit erreichen, die etwa einem Drittel der Windgeschwindigkeit entspricht. Danach wird das Wachstum zunehmend geringer.

Beaufort	Wind (km/h)	Wirkdauer * (h)	Bezeichnung	Beschreibung	Wellenhöhe (m)	Wellenlänge (m)
0	>1	0,07	*still*	Völlig ruhige und glatte See		
1	1,8 - 5,5	0,7	*leiser Zug*	Ruhige, gekräuselte See. Kleine Kräuselwellen.	0,2	10,0
2	6 - 11	2,3	*leichte Brise*	Schwach bewegte See. Kleine noch kurze Wellen. Kämme sehen glasig aus, brechen sich aber nicht.	0,5	12,5
3	12 - 19	4,8	*schwache Brise*	Schwach bewegte See. Kämme beginnen sich zu brechen. Schaum überwiegend glasig. Anfänge von Schaumbildung.	0,8	22,5
4	20 - 28	9,2	*mäßige Brise*	Leicht bewegte See. Wellen noch klein, werden aber länger. Verbreitet treten weiße Schaumköpfe auf.	1,5	37,5
5	29 - 38	15	*frische Brise*	Mäßig bewegte See. Wellen ausgeprägter Länge. Überall weiße Schaumkämme.	2,0	60
6	39 - 49	24	*starker Wind*	Grobe See. Bildung großer Wellen. Kämme brechen und hinterlassen weiße Schaumflächen. Etwas Gischt.	3,5	105
7	50 - 61	37	*steifer Wind*	Sehr grobe See. Wellenkämme brechen und hinterlassen weiße Schaumstreifen in Windrichtung.	5,0	140
8	62 - 74	52	*stürmischer Wind*	Mäßig hohe See und ziemlich hohe Wellenberge mit Kämmen von beträchtlicher Länge. Von den Kämmen beginnt Gischt ab zuwehen. Ausgeprägte Schaumstreifen in die Windrichtung.	7,5	180
9	75 - 88	73	*Sturm*	Hohe See und hohe Wellen. Dichte Schaumstreifen in Windrichtung. Gischt beginnt zu wehen. Es bilden sich Brecher.	10,0	220
10	89 - 102	101	*schwerer Sturm*	Sehr hohe See. hohe Welleberge mit langen überbrechenden Kämmen. See ist weiß durch Schaum. Schwere Brecher. Sicht durch Gischt behindert.	13	270
11	103 - 117		*orkanartiger Sturm*	Schwere See und außergewöhnlich hohe Wellenberge. Die Kanten der Wellen werden überall zu Gischt verblasen. Sicht herabgesetzt.	17	300
12	> 118		*Orkan*	Außergewöhnlich hohe See. Luft mit Schaum und Gischt angefüllt. See vollständig weiß. Sicht sehr stark herabgesetzt. Sicht stark reduziert.	>17	>300

* Mindestwert der Wirkdauer, um über einem Meer einen voll gereiften Seegang zu erzeugen (Dietrich 1975: Tab. 8.02)

Abb. 3.7.1: Beaufort-Tabelle mit Windstärken, Wellenbild und Wellenhöhen (Quellen: Kelletat 1999: Tab. 11; Dietrich et al. 1975: Tab. 8.02).

Wellen können nicht unendlich weiterwachsen. Ab einer bestimmten Wellensteilheit werden die Kämme spitzer, Schaumbildung und Gischt entsteht, die Welle wird instabil, bricht und gibt Energie ab.

Massenträgheit und Erdanziehungskraft (Gravitationskraft) bestimmen die Eigenschaften der meisten winderzeugten Meereswellen (windgetriebene Wellen, Schwerewellen, **gravitative Oberflächenwellen**). Sie besitzen typische physikalische Eigenschaften, wie die Möglichkeit **konstruktiver** (positiver) und **destruktiver** (negativer) **Interferenzen**, wodurch die Wellenhöhen gestärkt oder abgeschwächt werden können. Bei Überlagerung zweier Wellen mit entgegengesetzter Ausbreitungsrichtung kann eine stehende Welle entstehen. Tiden sind langwellige Gravitationswellen, allerdings von spezieller periodischer Natur (s.u.).

Die **Wellenhöhe** beschreibt die vertikale Differenz zwischen Wellenberg (*wave crest*) und Wellental (*wave trough*). Sie beträgt das Doppelte der Wellen-Amplitude (Abb. 3.7.2). Dabei fällt die Wellenhöhe oft unterschiedlich aus, ob das Wellental vor oder hinter dem Wellenberg als Bezug genommen wird.

Die **durchschnittliche Wellenhöhe** des Seegangs liegt normalerweise bei einem Meter. In der Nordsee liegt sie bei etwa 1,1 m (Klein & Frohse 2008: Table 2). Bei Stürmen mit Windstärken von etwa 10 Bft. werden Wellenhöhen von etwa 13 m, bei Wirbelstürmen (100 bis 200 km/h) von über 20 m Höhe erreicht. Winterstürme im Nordatlantik besitzen häufiger Wellenhöhen von 21 bis 28 m. Hurricane Ivan erzeugte im Golf von Mexiko Einzelwellen von fast 28 m Höhe.

Von der relativen Häufigkeit her gesehen dominieren Wellen mit kleiner und mittlerer Höhe (<4 m). Wellen mit Höhen von über 4 oder 6 m sind selten. Dabei liegen die Gebiete mit den größten Wellen in den sturmreichen Regionen der Erde, aber nur dort, wo entsprechend große Wasserflächen zur Verfügung stehen. Große Wellen sind daher am häufigsten in den sturmreichen Gebieten der Westwindzone über dem Nordatlantik, dem südwestlichen Südatlantik (Kap Horn) und dem Südpazifik.

Die **signifikante Wellenhöhe** (Abb. 3.7.2) entspricht dem Mittelwert des Drittels der höchsten Wellen (= größten Wellenhöhen), während die **mittlere Wellenhöhe** das arithmetische Mittel der Wellenhöhen ist. Beide werden in der Regel aus einem mindestens 20 Minuten umfassenden Datensatz (meist >100 Wellen) berechnet. Auf der offenen Nordsee erreicht die signifikante Wellenhöhe im Mittel eine Höhe von 1,6 m und kann bei Orkanen mit Windstärke 10 Bft. auf 10 m ansteigen (Klein & Frohse 2008: Table 2).

Die **Wellenlänge** (*wave length*) ist der Abstand zwischen dem Durchgang zweier benachbarter Wellenberge in Metern (Abb. 3.7.2). Sie bestimmt die Wellenzahl. **Wellenlängen** des Seegangs (Tiefwasserwellen) liegen im Bereich von 100 bis 200 m, können bei Stürmen auch bis zu 600 m erreichen (Abb. 3.7.1; KELLETAT 1999: Tab. 11).

Das Verhältnis von Wellenhöhe zu Wellenlänge bezeichnet man als **Steilheit der Welle** (Abb. 3.7.2).

Das Zeitintervall (in s) zwischen dem Durchgang zweier Wellenberge an einem festen Ort (in m) ist die **Wellenperiode** (*wave period*). Sie ist abhängig von der Wellenlänge und der Wellendurchlaufgeschwindigkeit.

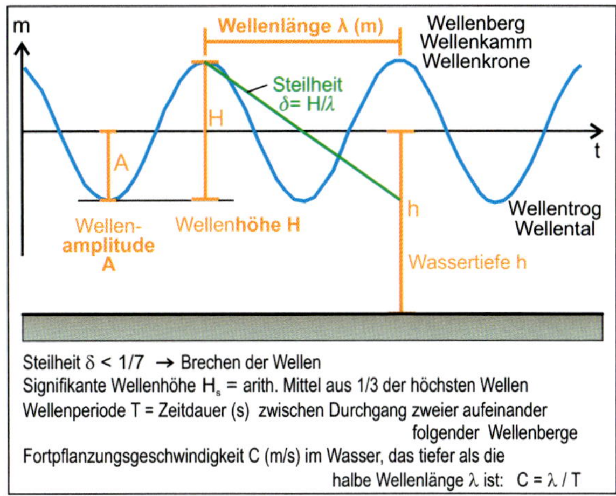

Abb. 3.7.2: Wellen und Wellenparameter.

Die **Fortbewegungsgeschwindigkeit** (Abb. 3.7.2) von Wellen hängt generell von der Wellenlänge, der Wassertiefe und der Strömung ab. Bewegt sich eine Welle mit einer Meeresströmung, erhöht sich ihre Geschwindigkeit. Bewegt sie sich gegen eine Strömung, verringert sich ihre Geschwindigkeit. Wellen werden abgebremst, wenn die Wassertiefe geringer ist als die Hälfte ihrer Wellenlängen. Bei Windstärke 7 haben Wellenberge Geschwindigkeiten von etwa 36 km/h. Bei schweren Stürmen mit Windstärke 12 erreichen Wellenperioden sogar Geschwindigkeiten von über 118 km/h. Im offenen Ozean gilt, dass Wellen mit großen Wellenlängen sich schneller ausbreiten und eine größere Wellenperiode besitzen als solche mit kleinen Wellenlängen.

Wind, der mit gleichbleibender Richtung und Geschwindigkeit weht, erzeugt einen typischen **Seegang** mit einem charakteristischen Aussehen der Meeresoberfläche. Die **mittlere Wellenlänge** (Periode) und auch **die Wellenhöhe** des **Seegangs** wächst:

- mit **zunehmendem Wind (Windstärke**, Windgeschwindigkeit und abfallender Luftdruck),
- mit **zunehmender Wirkdauer des Windes (Zeit)**
- **und mit zunehmender Strecke**, auf der der Wind in gleicher Richtung wehend wirkt (Wirklänge, Streichlänge oder **Fetch**).

Je größer die Windstärke ist, um so länger muß die überwehte Strecke (Streichlänge, Fetch) sein, und umso länger dauert es, bis ein dieser Windstärke entsprechender Seegang (= ausgereifter Seegang) erzeugt ist.

Sobald sich die vom Wind zugeführte Energie und die im Wellenfeld aufgenommene Energie die Waage halten, spricht man von einer ***voll-entwickelten See***. Sie wird in der Realität wegen der zeitlich begrenzten Winddauer nur selten erreicht. Deren Eigenschaften sind in der **Beaufort-Windskala** (Abb. 3.7.1) angegeben. Je nach Windgeschwindigkeit benötigt es Stunden und Tage bis ein ausgereifter Seegang, eine voll-entwickelte See entstanden ist. Ein

Sturm mit Windstärke 9 Bft. (75 bis 88 km/h) benötigt im offenen Meer mehr als 3 Tage, um Wellenhöhen von 10 bis über 20 m zu generieren (DIETRICH et al. 1975: 351f.).

Ist der Seegang wesentlich durch lokale Winde bestimmt, spricht man auch von einer **Windsee im engeren Sinne.** Ihre Wellen besitzen scharfkantige Kämme mit einzelnen Brechern.

Seegangswellen an der Küste oder vom Schiff aus betrachtet, täuschen oft vor, als würden Wellenberge vorbeiziehen. Tatsächlich ist es vor allem ein auf und ab, sowie ein hin und her der Meeresoberfläche, in der sich Wasserteilchen auf Kreisbahnen in der vertikalen Ebene parallel zur Ausbreitungsrichtung (**Orbitalbewegung**) bewegen (Abb. 3.7.3). In tiefem Wasser (Wassertiefe > halbe Wellenlänge) haben Wellen annähernd die Form einer Sinuskurve. Hier pflanzt sich lediglich die Auf- und Abwärtsbewegung der Wasseroberfläche fort, während die Wasserteilchen stationär sind. Sie bewegen sich auf vertikalen kreisförmigen Bahnen. Im Wellenberg bewegen sie sich mit der Fortpflanzungsrichtung der Welle, im Wellental in Gegenrichtung. An der Wasseroberfläche ist der Durchmesser der Kreisbahn gleich der Wellenhöhe. Mit der Tiefe nimmt der Durchmesser infolge der inneren Reibung exponentiell ab. Sie beträgt bei einer Tiefe von einer halben Wellenlänge nur noch 4,3% des Durchmessers an der Oberfläche. Das bedeutet, die Wellenbewegung erlischt nach unten und wird schon bei einer Wassertiefe, die etwa der halben Wellenlänge entspricht, nahezu unmerklich. Die Vorwärtsbewegung der Wasserteilchen ist insgesamt deutlich kleiner als die Orbitalbewegung in der Welle.

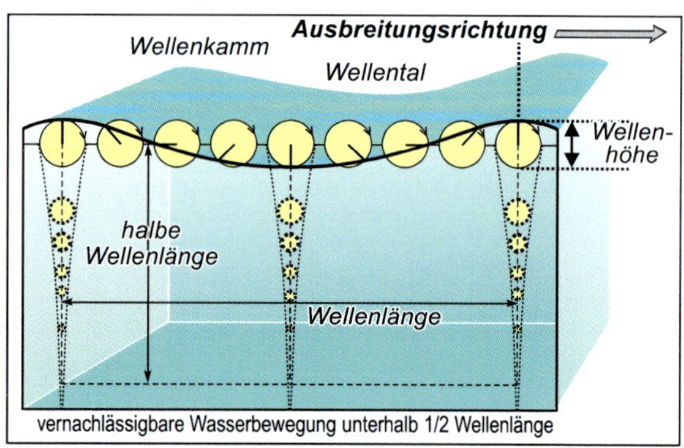

Abb. 3.7.3: Wellenform in tiefem Wasser (Quellen: KELLETAT 1999; PRESS & SIEVER 1995; ZEPP 2011).

Seegang besteht aus einer Vielzahl von Wellen und Wellengruppen, die sich überlagern und wechselwirken, sich verstärken, abschwächen oder auch auslöschen. Wellenzüge verschwinden und neue tauchen hinter den verschwindenden Wellenzüge wieder auf. Sie bestehen also aus Wellenzügen mit unterschiedlichen Gruppengeschwindigkeiten, unterschiedlichen Wellenlängen, Wellenhöhen und Wellengeschwindigkeiten.

Kreuzseen (*crossing seas*) entstehen entweder durch Wellenreflexion an Küsten oder durch das Zusammenlaufen von Seegangswellen aus unterschiedlichen Richtungen. Dabei können extreme Wellenhöhen entstehen.

Seegang, der nicht mehr dem Einfluß des Windes unterliegt, heißt **Dünung** (*swell;* Wellengeschwindigkeit > Windgeschwindigkeit). Dünung kann noch einige 100 km entfernt von Windgebieten auftreten, wobei diese durch die Coriolis-Kraft auf der Nordhalbkugel nach rechts und auf der Südhalbkugel nach links abgelenkt wird.

Hauptmerkmale der Dünung sind regelmäßigere langperiodische Wellen, lange Wellenkämme und langgestreckte runde Formen des Wellenprofils und relativ große Fortpflanzungsgeschwindigkeiten. So würden Dünungswellen, die von einem Sturm der Windstärke 9 Bft. mit etwa 8,5 m hohen Wellen ausgehen, nach etwa 40 Stunden in etwa 1200 km Entfernung mit einer Wellenhöhe von ca. 3,8 m eintreffen (Dietrich et al. 1975: Abb. 8.24).

Die höchsten saisonalen Wellen der Welt findet man vor der portugiesischen Küste Portugals, in *Nazaré*. Die Küste fällt dort steil in einen mehrere hundert Meter tiefen Unterwassergraben ab. Dadurch erreichen Dünungswellen die Küste fast ungebremst. Oft kollidieren sie mit einer weiteren Wellenfront, die sich vom flacheren Meeresboden am Rand des Grabens in Richtung Küste bewegt. Durch das Zusammentreffen beider Wellensysteme entstehen dort extrem hohe Wellen. Solche von Surfern geschätzte langgezogene Dünungswellen aus fernen Gebieten treten häufig auch im Golf von Guinea, vor Hawai oder vor Kalifornien auf.

Brandung

Wenn Wellen der Windsee (Seegang) oder Dünung im flachen Wasser auslaufen, werden sie durch die Bodenreibung langsamer, die Wellenkämme rücken einander näher, die Wellen werden schmaler (Abnahme der Wellenlänge), ändern ihre Richtung senkrecht zum Strand (s.u.), werden steiler und höher (**Shoaling-Effekt**). Ab einem Verhältnis von Wellenhöhe zu Wellenlänge von etwa 1:7 kommt es zum Brechen oder Überkippen der Wellen (Abb. 3.7.4). Eine **Brandung** (*surf*) entsteht. Dieser Prozess ist von der Wassertiefe abhängig und kontinuierlich fortschreitend. Er beginnt bei Wassertiefen, die geringer als die halbe Wellenlänge sind oder bei einem Verhältnis von Wellenhöhe zur Wassertiefe von 0,8 (Zepp 2002: 267). Die Orbitalbahnen der Wasserteilchen werden von kreisförmigen zunehmend in elliptische umgeformt und letztlich, wenn die Wassertiefe auf etwa 1/20 der Wellenlänge abnimmt, in überwiegend geradlinige Bahnen gelenkt. Die Wellenlänge nimmt ab, die Wellenfortschrittsgeschwindigkeit nimmt mit der Tiefe ab. Steilheit und Wellenhöhe nehmen zu bis die Wellenkämme überbrechen. Beim Wellenbrechen bewegt sich das Oberflächenwasser weiter Richtung Küste, während am Grund ein Rückströmen des Wassers stattfindet.

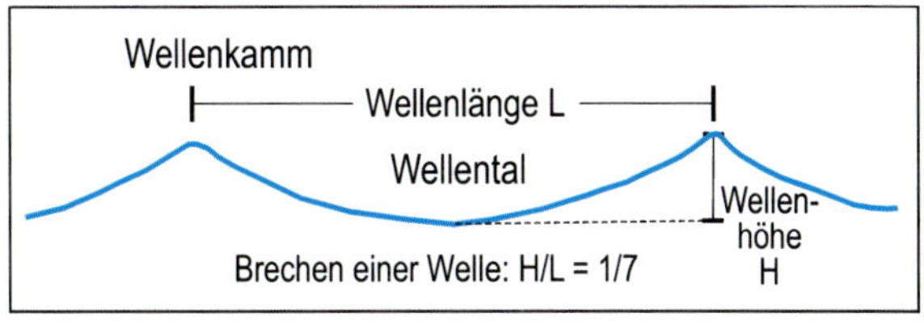

Abb. 3.7.4: Brechen einer Welle.

Wellen in der Brandungszone (*surf zone*) können bei steilerem Strand und/oder größerer Wellensteilheit als **stürzende Brecher** (*plunging breaker*) oder bei flachem Strand und geringer Wellensteilheit als **Schwall (schäumende Brecher**, ***spilling breakers***) oder bei steilem Strand als **Reflexionsbrecher** (*surging breaker*) auslaufen.

Wellen, die schräg auf einen Strand zulaufen, werden im flachen Wasser durch **Refraktion (Brechung)** am Meeresboden stärker abgebremst und bleiben gegenüber den Wellen zurück, die sich noch im tieferen Wasser befinden. Dadurch kommt es zu einer langsamen Richtungsänderung der Wellenfront zum flachen Wasser hin. Selbst Wellen der offenen See, die sich ursprünglich strandparallel bewegten, schwenken nach und nach auf den Strand zu. Mit Bodenkontakt werden die Wellenfronten in Richtung der Isobathen gebrochen bis sie senkrecht zu den Isobathen verlaufen. Daher laufen Wellen meistens fast frontal einen Strand hinauf, um dann der Schwerkraft folgend direkt den Strand hinunter zurück zu laufen (Abb. 3.7.5). Das mitgeführte Material wird dabei in einer Zick-Zack-Bewegung zunächst den Strand hinauf und dann wieder strandabwärts geführt. So können **Strandhörner** (***beach cups***) entstehen, die sich immer wieder verändern.

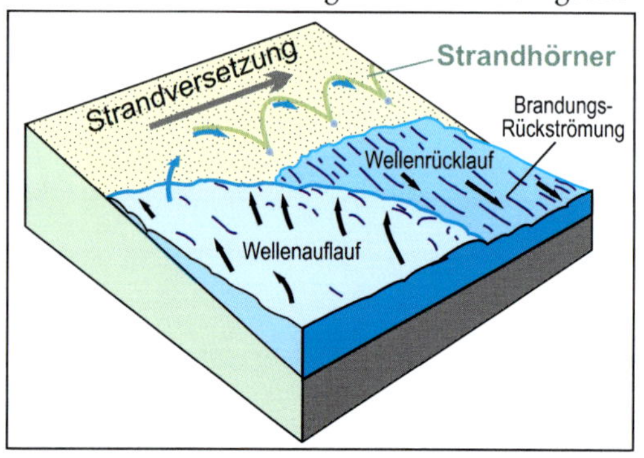

Abb. 3.7.5:
Strand mit Wellenauflauf und Rücklauf (Quellen: KELLETAT 1999; STRAHLER & STRAHLER 1999).

Die am Strand auslaufende Brandung (*surf and swash zone*) hinterläßt einen Spülsaum aus organischen Partikeln (u.a. Algen, Seegras, Muschelschalen) und Sedimenten, die überwiegend als Bodenfracht den Strand hinauf und hinab bewegt werden (*swash and backswash*). Dadurch entstehen gut gerundete und gut sortierte Sedimentlagen aus Sanden oder Kiesen.

Wellen, die in ein Watt hineinlaufen, werden bereits seewärts an der Außenkante des Watts gebrochen und abgebremst. Daher sind Wellenhöhen im Wattenmeer deutlich reduziert und erreichen in den Nordseewatten maximal 4 m Höhe. Sie wandern meist über die Seegats die Priele hinauf und tragen dort zu Materialumlagerungen bei.

Wellen, die in eine Bucht hinein laufen, divergieren (Abb. 3.7.6), was zu einer Verringerung der Wellenhöhe führt. An einer Landspitze konvergieren die Wellen häufig, woraus sich eine größere Wellenhöhe ergibt.

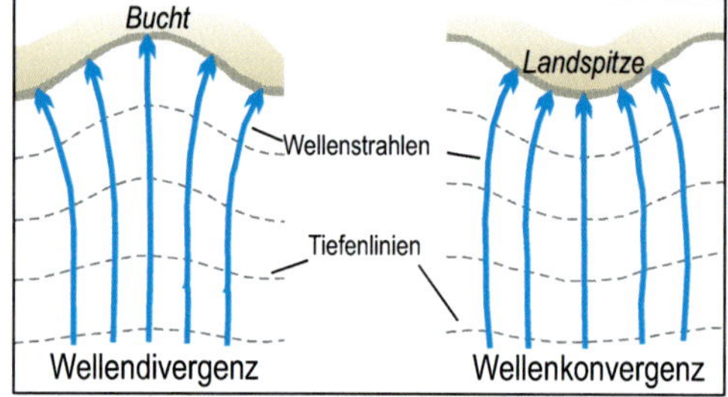

Abb. 3.7.6:
Konvergenz und Divergenz von Wellenstrahlen: in Buchten divergieren die Wellen, an Landspitzen konvergieren sie.

Reflexion und damit Richtungsänderung (Einfallswinkel = Ausfallswinkel) von Wellen findet an Hindernissen statt, meist als Teilreflexion, seltener als Totalreflexion. Die einlaufenden Wellen werden von reflektierten Wellen überlagert. Bei senkrechtem Aufeinandertreffen entsteht ein stehendes Wellensystem (auch Clapotis genannt), bei schrägem Aufeinanderlaufen eine Kreuzsee. Durch Überlagerungen können Wellen verstärkt oder ausgelöscht werden.

Brandungswellen laufen als Strömung am Boden zurück, umso stärker, je kräftiger die Brandung. Bei schräg auflaufenden Brandungswellen kann eine Bodenströmung längs des Strandes (**Küstenlängsströmung,** *longshore drift*) entstehen, die in regelmäßigen Abständen als **Brandungsrückströmung** (*rip current*) seewärts abläuft. Hindernisse an Stränden wie Sandbänke, Felsen oder Buhnen können das zurücklaufende Brandungswasser behindern, so dass auch zwischen solchen Hindernissen gebündelte Rückströmungen **(Rip-Strömungen)** mit hohen Strömungsgeschwindigkeiten und Sogwirkungen entstehen können. Eine große Gefahr für Badende.

Brandung und Brandungslängsströmungen besitzen eine besondere Bedeutung für den Materialtransport, für die Bildung verschiedener litoraler Erosionsformen (u.a. Kliffe, Brandungshohlkehlen, Schorren, Priele) und Akkumulationsformen (u.a. Strandwälle und Nehrungen, Strandriffe und Platen, sublitorale Barren) und damit für die Küstenmorphologie. Dabei sind uferparallele sublitoralle Barren (Sandriffe) des Vorstrands Ergebnis des Energieverlusts der brandenden Wellen. Mitgeführte Sedimente werden dadurch großteils abgelagert.

An Steilküsten können die Wellen teilweise **reflektiert** werden, sich mit den neu ankommenden überlagern und dabei Wasserturbulenzen verstärken. Letztere begünstigt die **Klifferosion.** Sie ist abhängig von der Brandungsenergie vor allem dem Druckschlag des Wassers, der Wellenhöhe, der Zeitdauer der Brandungsbelastung, dem mechanischen Abrieb durch im Wasser mitbewegte Kiese, Sande und Silte sowie der Widerständigkeit des anstehenden Gesteins.

Platen, Riffe, Barren und andere Untiefen im Vorstrandbereich haben eine starke **seegangsdämpfende Wirkung** entgegen Seegats, Wattstromrinnen und Prielen.

Extremwellen

Eine beliebte Größe zur Beschreibung von Wellenhöhen ist die **signifikante Wellenhöhe** (*significant wave height*), genauer die signifikante Wellenamplitude zwischen Wellentrog (*wave trough*) und Wellenkrone (*wave crest*). Sie ist die Durchschnittshöhe von einem Drittel der höchsten Wellenamplituden.

In neueren Studien wird sie manchmal auch als vierfache Standardabweichung der Wellenoberflächen berechnet (Dysthe et al. 2008). Starke signifikante Wellenamplituden liegen bei etwa 4,5 m, können aber bei starken Stürmen auch durchaus 18 bis 24 m Höhe erreichen.

Wellen die zweimal höher als die signifikante Wellenamplitude des umgebenden Seegangs sind, werden auch als Extremwellen (*extreme waves, abnormal waves*), ***freak*** oder ***rogue waves*** oder umgangssprachlich auch als „Monsterwellen", „Killerwellen", „Kaventsmänner", „Weiße Wand", „Wasserwand", „Drei Schwestern" oder „Loch im Ozean" (Abb. 3.7.7) bezeichnet (HOFFMANN & CHABCHOUB 2012).

Diese winderzeugten Extremwellen sind nur sehr kurzlebig (wenige 10er von Sekunden), erscheinen und verschwinden plötzlich. Dabei muss die Laufrichtung der Welle nicht den Seegangwellen folgen. Sie treten nur lokal auf und bestehen meistens aus nur ein, seltener aus bis zu drei extremen Wellenbergen und Wellentälern von durchaus 20 bis 30 m Höhe. Eine Aufeinanderfolge mehrerer Extremwellen ist für Schifffahrt und Offshore-Plattformen besonders gefährlich.

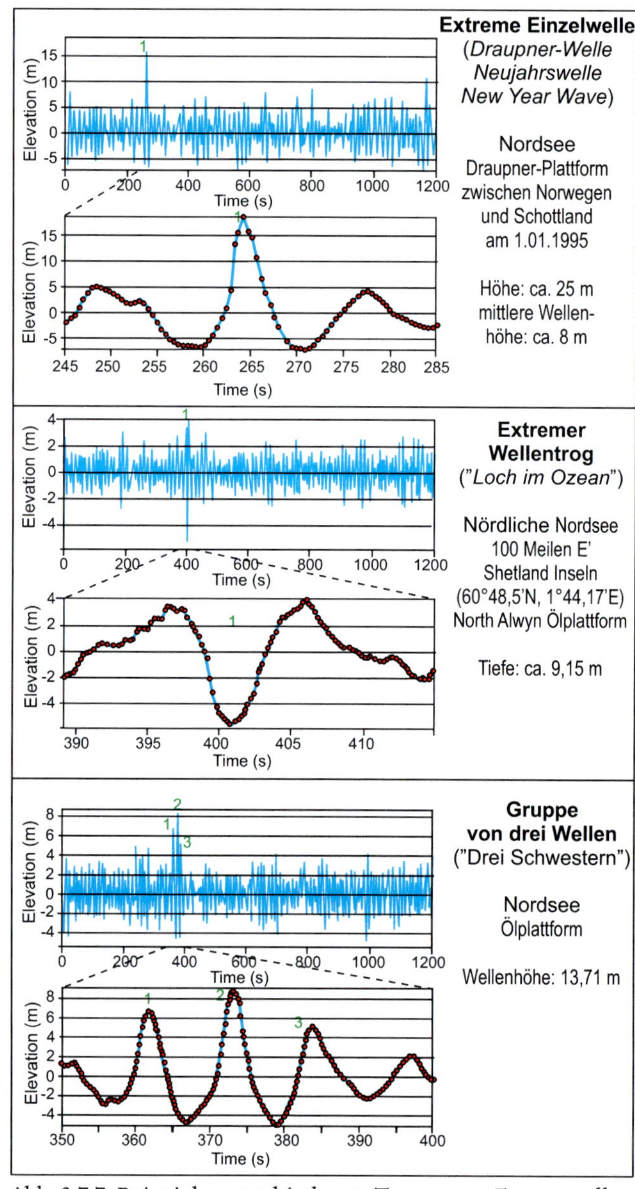

Abb. 3.7.7: Beispiele verschiedener Typen von Extremwellen (Quellen: HAVER 2004; STANSELL 2005; KHARIF et al. 2009).

Die Voraussage von Extremwellen ist bis heute nicht möglich. Eine Ursache ihrer **Genese** sind wahrscheinlich konstruktive (positive) Welleninterferenzen, da jeder Seegang aus einer Reihe unterschiedlicher Wellen mit unterschiedlichen Wellenlängen, Wellenhöhen und Ausbreitungsgeschwindigkeiten besteht und damit vielfältige Überlagerungs- und Interferenzeffekte ermöglicht. Ihr Auftreten wird vor allem begünstigt durch sich kreuzende Seen, durch starke Stürme, deren Windrichtung starken Meeresströmungen entgegengesetzt ist, sowie durch das Auftreten reflektierter Wellen in Küstengebieten. Besonders gefährdete Seegebiete liegen zum Beispiel vor der Südostküste Südafrikas, wo der nach Südwesten um die Südspitze Südafrikas strömende warme Agulhastrom auf den ostwärts getriebenen Seegang der circum-antarktischen Strömung mit ihren extremen Westwindstürmen trifft. Auch der Nordatlantik, wo Labradorsee und Golfstrom aufeinander treffen, ist ein bekanntes Gebiet für Extremwellen. Extremwellen können an der Küste Süd- und Mittelnorwegens vor allem durch Kreuzseen entstehen, wenn dort Sturmsee und Dünung des Atlantiks aus unterschiedlichen Richtungen aufeinandertreffen (Clauss & Sprenger 2010: 32).

Die meßtechnische Aufzeichnung einer Extremwelle gelang erstmalig in der Nordsee und zwar am 17. November 1984 an der Gorm Offshore-Plattform mit einer Wellenhöhe von 11 m und am 1. Januar 1995 um 15:20h an der Draupner-Ölplattform. Die „**Draupner-Welle**" (Abb. 3.7.7) hatte ein Höhe von 18,5 m über dem Mittelwasser und eine Amplitude von 26 m. Ihre Amplitude war damit mehr als doppelt so groß wie die umgebenden signifikanten Wellenamplituden von etwa 11 bis 12 m. Eine der größten Einzelwellen mit einer Amplitude von 29,1 m wurde im Februar 2000 nahe Rockall, 250 km westlich von Schottland beobachtet (Hansom et al. 2015).

Berichte über extreme Einzelwellen waren bis dahin als sehr seltene Ereignisse aufgefaßt worden. Forschungen der vergangenen drei Jahrzehnte konnten aufzeigen, dass solche Extremwellen in allen Ozeanen wiederholt, manchmal auch an der Küste auftreten. Allein zwischen 1990 und 2010 sollen mehr als 200 Schiffe, darunter Suptertanker und mehr als 200 m lange Containerschiffe, durch *Roque waves* verunglückt sein (Nikolkina & Didenkulova 2011).

Auch ohne Windeinwirkung können große Wellen entstehen. Das ist der Fall, sobald submarine Vulkanausbrüche oder Seebeben submarine Rutschungen oder an Plattengrenzen großräumige vertikale Verstellungen des Ozeanbodens auslösen, oder als lokales Phänomen, wenn Bergstürze und große Gletscherabbrüche ins Meer stattfinden.

In diesen Fällen können verheerende Wellen ausgelöst werden, die nach einem japanischen Ausdruck für Hafenwelle als „**Tsunamis**" (japan. *tsu* = Hafen, *nami* = Welle) bezeichnet werden.

Sie erreichen große Geschwindigkeiten. Über tiefem Wasser besitzen sie Ausbreitungsgeschwindigkeiten von 700 km/h (20 m/s) und mehr. Sie besitzen nur geringe Wellenamplituden meist von wenigen Dezimetern (<1,5 m), aber Wellenlängen im Bereich von Hunderten von Kilometern mit Perioden von 3 bis 60 Minuten. Selbst Wellen mit größerer Wellenhöhe können aufgrund der langen Wellenlängen an der Wasseroberfläche kaum wahrgenommen werden. Unterhalb des windwellenbeeinflussten Oberflächenwassers sind sie dagegen messbar (Unterwasserbojen) und als Frühwarnsytem nutzbar.

Die **Geschwindigkeit (v) von Tsunamiwellen** nimmt mit der Wassertiefe zu:

$$v = (g \times h)^{0,5}$$

g = Gravitationskonstante (6,674 x 10^{-11} $m^3 kg^{-1} s^{-2}$ bzw. N $m^2 kg^{-}$

h = Wassertiefe (m)

Beim Auslaufen der Welle in den Flachwassergebieten der Küstenzonen verringert sich deren Geschwindigkeit auf etwa 100 km/h und sie steilen sich dann auf zu enormen Wellen von 30 m Höhe und mehr. Wie bei Windwellen entstehen die größen Wellenhöhen in schmalen Buchten oder langgestreckten Flussmündungen. Oft weicht das Meer an der Küste mit Annäherung des Tsunamis zunächst seewärts zurück, ein deutliches Warnsignal. Berüchtigte Beispiele extremer Tsunamis waren in jüngerer Zeit der „Weihnachts-Tsunami" Weihnachten 2004 im Indischen Ozean (Sumatrabeben) und der „Fukushima-Tsunami" im Jahr 2011 an der japanischen Pazifikküste.

Tsunamis können ausgelöst werden:
- durch submarine Plattenbewegungen, die meist mit starken Erdbeben einhergehen;
- durch submarine Rutschungen oder Rutschungen und Bergstürze im Küstengebiet;
- durch den Kollaps submariner Vulkanbauten;
- durch Asteroiden- oder Kometeneinschläge.

Die meisten größeren Tsunamis entstehen im Pazifik aufgrund der zahlreichen seismisch aktiven Plattengrenzen am Meeresboden. Aber auch im Mittelmeer traten in historischer Zeit wiederholt Tsunamis auf. Keine Tsunamigefahr besteht für Küsten mit ausgedehnten Schelfarealen oder Schelfmeeren wie die Nordsee. Dort geben Tsunamis einen Großteil ihre Wellenenergie schon am Schelfrand ab.

Eine Besondertheit sind, ähnlich wie Tsunamis, durch große Wellenlängen und geringe Wellenamplituden gekennzeichnete **Meteo-Tsunamis**. Sie entstehen barotrophisch im offenen Ozean bei starken atmosphärischen Druckunterschieden (Abb. 3.7.8). Die dabei ausgelösten Wellen können an Küsten wenige Dezimeter, aber auch mehrere Meter Höhe erreichen, und das oft völlig unerwartet bei ruhigem Wetter (Hansom et al. 2015).

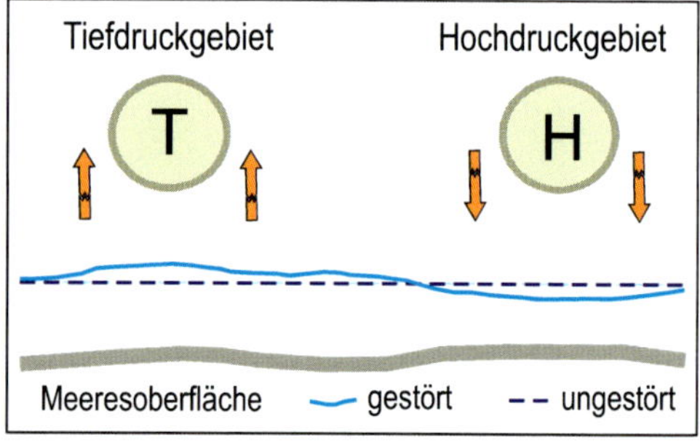

Abb. 3.7.8: Luftdruck und Meeresspiegelveränderungen.

Gezeiten

Gezeiten oder **Tiden** (*tides*) sind periodische Bewegungen der festen Erde, des Meeres und der Atmosphäre, die durch **gezeitenerzeugende Kräfte** von Mond und Sonne hervorgerufen werden (Exkurs 1). Dazu zählen Massenanziehungskräfte (**Gravitationskräfte**) zwischen Erde und Mond sowie zwischen Erde und Sonne. Hinzu kommen Fliehkräfte (**Zentrifugalkräfte**) resultierend aus den Orbitalbahnen (Revolution) von Erde und Sonne sowie Erde und Mond um ihren gemeinsamen Gravitationsschwerpunkt. Sie sind überall auf der Erde gleich groß und gleich gerichtet.

Gezeiten werden wesentlich von der Anziehungskraft des Mondes bestimmt, während die gezeitenerzeugende Gravitationskraft der Sonne aufgrund der größeren Entfernung nur halb so groß ist (46%) und verstärkend oder abschwächend wirkt (Exkurs 1).

Im Laufe eines Tages, genauer eines Mondtages (= 24h 50min), können zwei Hochwässer und zwei Niedrigwässer (**halbtägige Gezeiten**) oder ein Hochwasser und ein Niedrigwasser (**ganz-, eintägige Gezeiten**) auftreten (Abb. 3.7.9). Halbtägige Gezeiten herrschen in der Nordsee vor und dominieren im Atlantik. Ganztägige Gezeiten findet man zum Beispiel im Golf von Mexiko, an der Westküste Australiens und im Südchinesischen Meer. Es kann aber auch sein, dass im Laufe eines Tages Hochwasser und Niedrigwasser sich in ihren Höhen stark unterscheiden oder das sich halbtägige und eintägige Gezeiten abwechseln. Dann spricht man von **gemischten Gezeiten**. Sie treten meist in Übergangsgebieten zwischen halbtägigen und eintägigen Gezeiten auf. Es gibt auch nahezu gezeitenlose Bereiche, die sog. „**Amphidromien**“. Eine Amphidromie ist eine Drehwelle bzw. ein Knotenpunkt, um den sich Linien gleichzeitigen Fluteintritts drehen. Dort heben sich die Gezeiteneinflüsse weitgehend auf (Exkurs 1).

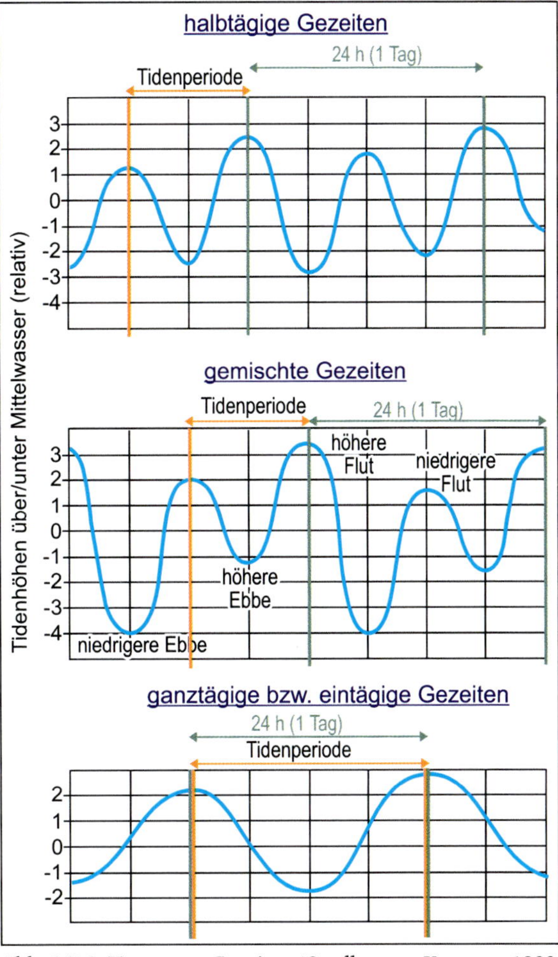

Abb. 3.7.9: Typen von Gezeiten (Quellen: v.a. Kelletat 1999; Noaa 2021 via Internet).

Da die Rotationsachse der Erde geneigt ist (23,5° Schiefe gegenüber der Ekliptik; Ekliptik = Ebene in der die Erde ihre Bahn um die Sonne zieht) und die Bahn des Mondes (5° Neigung gegenüber der Ekliptik) nicht senkrecht dazu steht und nicht ortsfest ist, sind Tidenhochwässer abwechselnd höher und niedriger (Exkurs 1). Im Winterhalbjahr der Nordhalbkugel sind tagsüber die Hochwässer niedriger und im Sommerhalbjahr nachts. Im Randmeer Nordsee treten durch Verzögerungen beim Übertrag des Gezeitensignals vom Atlantik im Winterhalbjahr niedrigere Hochwässer ungefähr in der zweiten Tageshälfte und höhere Hochwässer etwa in der ersten Tageshälfte auf. Im Sommerhalbjahr bzw. auf der Südhalbkugel ist dies umgekehrt der Fall.

Während Springzeiten (Neumond und Vollmond) stehen Sonne, Erde und Mond auf einer Geraden (= Tide des Mondes und Tide der Sonne sind in Phase), was an der Nordseeküste etwa 1 bis 2 Tage später (**Springverspätung**) einen größeren Tidenhub (**Springtide**) zur Folge hat.

Umgekehrt bilden während Nippzeiten (Halbmond) Sonne, Erde und Mond einen rechten Winkel (= Tide des Mondes und Tide der Sonne sind nicht in Phase und kompensieren sich teilweise), was an der Nordseeküste etwa 1 bis 2 Tage später (**Springverspätung**) einen kleineren Tidenhub (**Nipptide**) zur Folge hat. Spring- und Nippzeiten dauern an der Nordseeküste vier Tage.

Ein **Gezeitenzyklus** (Abb. 3.7.10) umfasst eine Flut (Hochwasser) und eine Ebbe (Niedrigwasser). Die Höhe des Wasserstandes kann als **Normalnull** (NN) auf eine waagerecht verlaufende Niveaufläche (oft der mittlere Wasserstand) bezogen sein. Das **Seekartennull** (SKN) gibt die verbleibende Wassertiefe über einem sehr niedrigen Niedrigwasser an. Normalnull und Seekartennull sind staatlich festgelegte Größen.

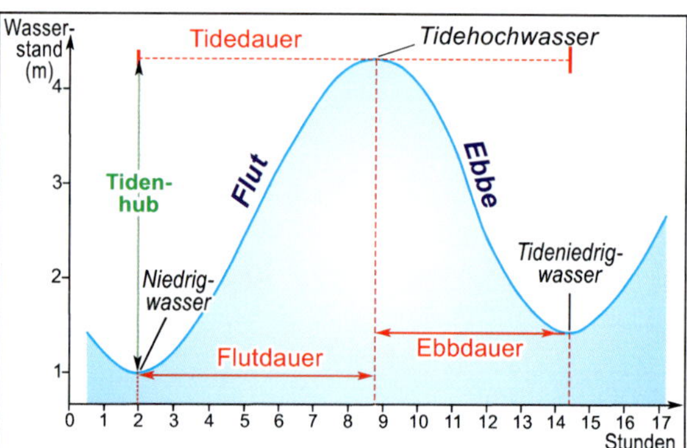

Abb. 3.7.10: Terminologie der Gezeiten.

Flut: Steigen des Wasserspiegels.

Ebbe: Fallen des Wasserspiegels. *Die Flut kommt, die Ebbe geht.*

Tide: Veränderungen des Wasserstandes im Küstenbereich hervorgerufen:

a) durch Massenanziehungs- und Zentrifugalkräfte des Systems Erde, Mond und Sonne in Verbindung mit der Erdrotation (**astronomische Tide**)

b) und durch **nicht-astronomische Einflüsse** wie Luftdruckschwankungen, Winde, Küstenkonfiguration, lokale Wassertiefen, Flussmündungen, Rückstaueffekte etc.

Die **mittlere Tidedauer** zwischen zwei Hochwässern beträgt an den meisten Küsten 12h 25min (Abb. 3.7.10). Die Gezeiten verspäten sich also von Tag zu Tag um 50min.

Zur statischen Bestimmung von **Tidehoch-, Tidemittel- und Tideniedrigwassern** wird ein 18,6 Jahre umfassender Tidenzyklus benutzt (Oertel 2018). Der Grund liegt in der Umlaufbahn des Mondes um die Erde. In 18,6 Jahren hat sich diese einmal komplett zwischen unterhalb bis oberhalb der solaren Ekliptikebene der Erde bewegt und wieder zurück (Exkurs 1).

Über 18,6 Jahre gemittelt bestimmt man so (Abb. 3.7.11):

- das mittlere Tidehochwasser (MThw; *mean high water*);
- das Mittelwasser (msl, *mean sea level*) als arithmetisches Mittel aller Tidenmesswerte über 18.6 Jahre hinweg;
- das mittlere Tideniedrigwasser (MTnw, *mean low water);*
- das mittlere Springtidehochwasser (MSpThw; *mean spring high tide*);
- oder auch das mittlere Springtideniedrigwasser (MSpTnw; *mean sping low tide*).

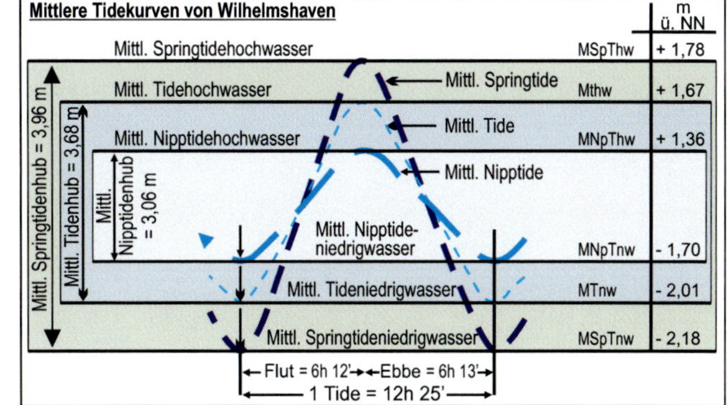

Abb. 3.7.11: Mittlere Tidekurven von Wilhelmshaven (Quellen: Zepp 2002; Gönnert et al. 2004).

Tidewellen sind lange Wellen (einige hundert bis wenige tausend Kilometer Länge) mit geringer Amplitude in den Ozeanen, aber zunehmender Amplitude beim Erreichen flacher Küstengewässer. Dabei ist die Ankunft eines Wellenberges mit der Flut und eines Wellentals mit der Ebbe verbunden. In der Nordsee nähert sich die vom Atlantik einströmende Flutwelle aus zwei Richtungen: vom Ärmelkanal und von Nordwesten entlang der Küste Großbritanniens. Wenn an diesen beiden Eingängen zur Nordsee die nächste Flutwelle angekommen ist, herrscht in großen Teilen der Nordsee Niedrigwasser. Nur in der Deutschen Bucht vor der Elbemündung ist die vorhergehende Flut noch am Ablaufen (Malcherek 2010).

Ein markanter **Tidenhub** ist Küstengewässern vorbehalten (Abb. 3.7.12, Abb. 3.7.13). Der Tidenhub kennzeichnet die Höhendifferenz zwischen Niedrigwasser und Hochwasser. Makrotidal bezeichnet einen Tidenhub von >4 m, mesotidal von 2 bis 4 m und mikrotidal von <2 m. In den Flussmündungen von Jade (3,9 m), Weser (4,2 m) und Elbe (3,7 m) existieren stark mesotidale bis schwach makrotidale Gezeitenschwankungen, während im Bereich Helgolands, der Friesischen Inseln und in den Wattgebieten mesotidale Bedingungen von 1,6 bis 3,5 m Tidenhub auftreten (Wehrmann 2016; Schwarzer & Sterr 2010).

Allgemein gilt, die **größten Tidenamplituden** werden dort erreicht, wo große Wassermassen in Flachwassergebiete oder verengte Buchten einlaufen. Dort kann der Springtidenhub über 10 m Höhe erreichen. Die höchsten Tidenamplituden von 15 bis 21 m findet man in der *Fundy Bay* in Ostkanada. Im Kanal zwischen Großbritannien und Frankreich trifft die Flutwelle sowohl von SW als auch aus N um Schottland herum schwenkend

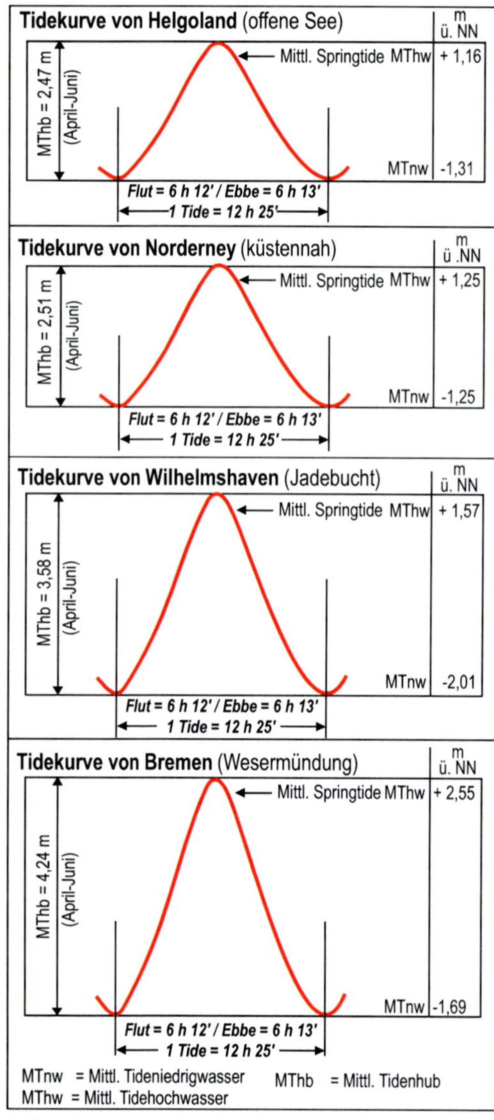

Abb. 3.7.12:
Ausgewählte Tidekurven von der offenen See bei Helgoland bis zur Wesermündung (Quelle: GÖNNERT et al. 2004).

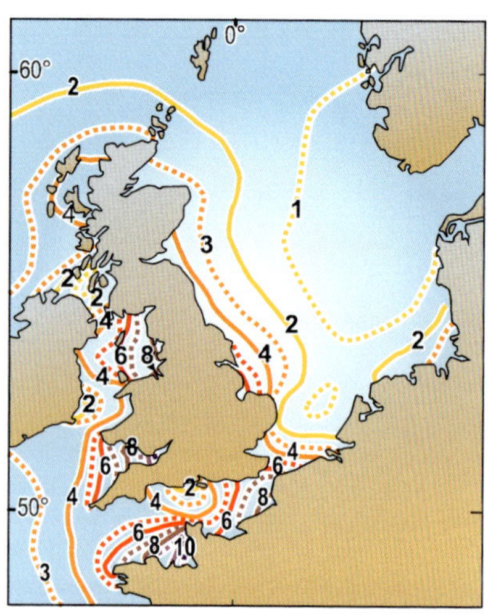

Abb. 3.7.13:
Tidenamplituden in der Nordsee in Metern (Quelle: KELLETAT 1995).

ein. Durch das Zusammenfließen und Auflaufen dieser Wassermassen ist dort der Tidenhub an der Umrandung der Kontinente wesentlich größer als auf hoher See: in der Deutschen Bucht bei 2 bis 4 m (Abb. 3.7.13) und im Kanal bei 4 bis 8 m. In der Bucht von *St. Malo* (Gezeitenkraftwerk) erreicht er bis zu 12 m und in der Bucht des *Mont St. Michel* sogar bis zu 14 m.

Auf den Ozeanen erreicht der Tidenhub eine Amplitude von etwa 0,5 bis 1 m. In Nebenmeeren, die nur eine schmale Verbindung zum Weltmeer haben, verschwinden die Gezeiten weitgehend (z.B. Ostsee).

In manchen Ästuaren (trichterförmige Flussmündungen) großer Flüsse kann eine mehrere Dezimeter oder bis zu wenige Meter hohe **Flutwelle** (**Bore**, *tidal bore*) brandungsähnlich ästuaraufwärts fortschreiten. Die Ursache liegt im Entgegenfließen des im Ästuar noch ablaufenden Ebbestroms. Ein bekanntes Beispiel sind in SW-England die Boren des *Severn River*, der an seiner Mündung einen Tidenhub von bis zu 15 m besitzt. Bekannt sind auch die bis zu 7,5 m hohen und bis zu 7,5 m/s schnellen Flutwellen (Amazonaswelle, *Pororoca*) an der Amazonasmündung (PARKER 2019: 1751). Historisch berühmt sind die Flutwirbel in der Straße von Messina, wo Homer's Odysseus und seinen Begleitern zwei Seeungeheuer begegneten: die sechsköpfige, menschenverschlingende *Scylla* und die *Charybdis*, die Wasserstrudel erzeugen und dadurch Schiffe versenken konnte.

Ein geringer Tidenhub begrenzt die **geomorphologische Wirkung** der Brandung auf einen relativ eng begrenzten schmalen Strandstreifen, während bei großem Tidenhub eine breite Zone dem Wechsel von Wasser und Land unterliegt. An Flachlandküsten können so ausgedehnte Wattgebiete (*tidal flats*), Inselbarrieren und Küstendünen entstehen, an Steilküsten ausgedehnte Schorren (Brandungsplattformen, *wave-cut platforms*). So bestimmt nach Ehlers (2008: 41) der Tidenhub und damit die Gezeitenenergie das großmorphologische Bild der Nordseeküste. Bei geringem Tidenhub wie an der belgischen und der niederländischen Nordseeküste findet man eine geschlossene Ausgleichsküste mit breiten Dünengürteln. Dort, wo der Tidenhub 1,35 m überschreitet, prägen Barriereinseln mit Seegats und landwärtige Wattgebiete die Küste. Bei einem Tidenhub von über 2,9 m fehlen Barriereinseln. Stattdessen prägen ausgedehnte Wattflächen mit hohen Sandbänken die Küste.

Gezeiten (Tiden) können Perioden von Stunden bis zu einem Tag haben und Amplituden von gegen Null und bis zu vielen Metern besitzen. Eigenschwingungen der Ozeane, Reflexion der Gezeitenwellen, Ablenkung durch die Corioliskraft, Geschwindigkeitsverluste durch Reibung, Behinderungen der freien Wasserbewegung durch Küsten und Inseln, Rückstau des festländischen Abflusses und unterschiedliche Abstände vom Mond führen auf der Erde zu recht komplizierten Gezeitenwellen und Tidenbewegungen.

Windstau und Sturmfluten

Neben den Gezeiten können stark auflandige Winde (Abb. 3.7.14) je nach Stärke, Dauer und Windrichtung für mehrere Stunden zu extremen Wasserständen führen, vor allem wenn sie mit hohen Gezeitenständen zusammentreffen. Diese vom Wind gegen die Küste getriebenen Wasserstandsänderungen nennt man **Windstau** (*surge*). An der deutschen Nordseeküste haben extreme Sturmfluten wie das Februarhochwasser von 1962 Windstauhöhen von mehr als 3,5 m erreicht (Gönnert & Buss 2009).

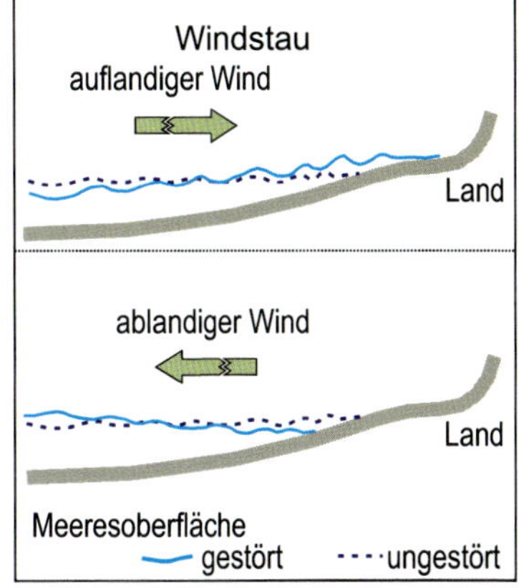

Abb. 3.7.14: Wasserstandsänderungen durch Wind.

Sturmfluten bezeichnen ungewöhnlich hohe Wasserstände an Küsten, die vorwiegend durch starke auflandige Winde hervorgerufen werden. An gezeitengeprägten Küsten (z.B. Nordsee) verstärkt so der Windstau das Tidegeschehen (Sturmtide). An Küsten mit geringen Tidenamplituden (z.B. Ostsee) sind die Wasserstände vor allem vom Windstau (Sturmhochwasser) oder auch von Eigenschwingungen abhängig.

An der deutschen Nordseeküste werden Sturm- und Orkanfluten unterschiedlich definiert (u.a. LSBG 2012). So besitzt eine Sturmflut nach dem **Springtide-Verfahren** ein Scheitelwasserstand von MSpThw (mittleres Springtidehochwasser) plus 0,5 MSpThb (mittlerer Springtidenhub), nach dem „Windstau-Verfahren“ einen Wasserstand der mindestens 1,5 m über dem astronomisch berechneten MThw (mittlerem Tidehochwasser) liegt. Es werden aber auch **statistische Eintrittswahrscheinlichkeiten** (Wiederkehrintervalle) extremer Tidehochwasserstände über mittleren Jahreswerten des Tidehochwassers durch Auswertung von Pegelständen zur Definition herangezogen wie zum Beispiel 100-jährliche Hochwasser (u.a. JENSEN & FRANK 2003).

An der deutschen Ostseeküste sind Stumfluten seltener. Nördliche Winde können windstaubedingt extreme Wasserstände von manchmal über 2,5 m ü. MW erzeugen und beträchtliche Schäden verursachen. Die Sturmfluten der Ostsee werden ebenfalls unterschiedlich definiert (u.a. BAERENS et al. 2003). Das Bundesamt für Seeschifffahrt und Hydrographie (BSH Internet 2020) definiert eine Ostsee-Sturmflut ab einem Wasserspiegel von 1,0 m ü. Mw (Mittelwasser).

Sturmfluten resultieren aus einer Kombination von starkem Seegang und Windstau, die bei typischen Sturmflutwetterlagen gehäuft auftritt. Das Eintreten und die Höhe von Sturmfluten wird wesentlich gesteuert von Windgeschwindigkeit, Windrichtung und Sturmdauer. An der deutschen Nordseeküste treten Sturmfluten bei einem lang anhaltenden Sturm mit Mindeststärken von 9 Bft. bzw. 22 m/s aus südwestlicher bis nordwestlicher Richtung auf. Die Zugbahn und die Zuggeschwindigkeit des Sturms, die Luftdrucksituation, das Auftreten von Fernwellen, die Wasserspiegelhöhen einmündender Flüsse und vor allem die Tidenstände beeinflussen zusätzlich die lokalen Wasserstände.

Sturmfluten vom Windstau-Typ entstehen an der deutschen Nordseeküste, wenn durch länger anhaltende Nordwestwinde mit Geschwindigkeiten von über 25 m/s (10 Bft. und mehr) das Wasser nach Südosten in die Nordsee hinein getrieben wird. Dies war zum Beispiel bei der Jahrhundertflut vom 16./17.2.1962 der Fall. Damals konnte der Wasserspiegel um bis zu 5,7 m ansteigen (JENSEN & MÜLLER-NAVARRA 2008: 96).

Sturmfluten sind im Küstenraum immer mit einer starken Morphodynamik verbunden. Starke Küstenerosion an brandungsexponierten Küstenabschnitten wechseln mit Bereichen ausgeprägter Sedimentanlandungen. In Wattgebieten können starke Verlagerungen von Prielen und Wattströmen stattfinden. An der deutschen Nordseeküste und den vorgelagerten Friesischen Inseln haben seit dem Hochmittelalter zahlreiche große Sturmfluten (wie die beiden Großen Mandränken von 1362 AD und 1634 AD) zu großen Landverlusten und zur seitlichen Wanderung einzelner Inseln geführt (u.a. JENSEN & MÜLLER-NAVARRA 2008).

Strömungen

Da Wellen im allgemeinen nicht genau senkrecht zur Küste ankommen, entsteht beim Auflaufen der Wellen eine küstenparallele Strömung. Solche **Küstenlängsströmungen** (*longshore currents, longshore drift*) überlagern sich dabei mit lokalen **Gezeitenströmungen** (Ebbe, Flut, Tidenhub). Während **auflaufende** Wellen in der Brandung Erosion bewirken, ist die weitere Verlagerung der erodierten Partikel ein komplexes Zusammenspiel von Küstenströmungen, Gezeitenströmungen und Sogströmungen.

Gezeitenströmungen erreichen vor allem beim Rücklaufen des Meerwassers durch die sich entwickelnden **Sogströmungen** höhere Geschwindigkeiten von teilweise über 1 m/s. Steigerungen der geringen, meist <5m/s betragenden Geschwindigkeiten ozeanischer Gezeitenströmungen (Dietrich 1975: 429) treten dort auf, wo der Strömungsquerschnitt eingeengt wird. Dies geschieht u.a. am Übergang vom Ozean zum Schelf, in Meeresstraßen wie der Straße von Gibraltar, im Englischen Kanal (bis zu 4,5 m/s) oder in Fjorden. So treten in Nordnorwegen in der Fjordenge zwischen ***Skjerstadfjord*** und ***Saltfjord*** mit die höchsten Gezeitenströmungen von ca. 8 m/s auf, begleitet von extremen Wasserwirbeln und tiefen Strudellöchern. Gezeitenströmungen besitzen extreme Energien, die bisher nur selten in Gezeitenkraftwerken wie bei ***St.*** *Malo* (Frankreich) genutzt werden.

Ausgewählte Literatur

Kelletat, D. (2013): Physische Geographie der Meere und Küsten: Kap. 2.7; Leipzig (Teubner Verl.).

Zepp, H. (2017): Grundriß Allgemeine Geographie: Geomorphologie eine Einführung: Kap. 13; Paderborn (Schöningh UTB Verl.).

Weiterführende Literatur

Ahnert, F. (2015): Einführung in die Allgemeine Geomorphologie: Kap. 25; Stuttgart (Ulmer Verl.).

Press, F. & Siever, R. (2017): Allgemeine Geologie: Kap. 20; Heidelberg (Spektrum Verl.).

Internetquellen

Bundesamt für Seeschiffahrt und Hydrographie (BSH) in Hamburg.

Beantworten Sie mit Hilfe der Literatur und des Textes die nachfolgenden Fragen.

1. *Definieren Sie den Begriff „Seegang".*
2. *Von welchen drei Faktoren ist die Stärke des Seegangs abhängig?*
3. *Wodurch entsteht Dünung und wodurch entsteht eine Brandung?*
4. *Was versteht man unter dem Fetch und welche Wirkung hat er?*
5. *Was ist ein Tsunami?*
6. *Welche Kräfte erzeugen die Gezeiten auf der Erde?*
7. *Warum gibt es nicht nur auf der mondzugewandten Seite der Erde einen Flutberg, sondern auch auf der mondfernen Seite?*

8. *Warum sind bei Vollmond und Neumond Ebbe und Flut besonders ausgeprägt und wie lautet der Fachbegriff für diese Situation?*

9. *Wodurch entsteht eine Springflut und wann kommt es zu einer Nippflut?*

10. *Welche Küstenform erhöht den Tidenhub?*

11. *Wie bezeichnet man gezeitenlose Areale auf dem Meer?*

12. *Welche Arten von Meereströmungen gibt es an der Küste und wer ist der Auslöser?*

Weitere Fragen für BA-Studierende und Lehramt Gymnasium

14. *Was ist eine Meeresregression?*

15. *Welche drei Ursachen können ein Meerestransgression auslösen?*

16 *Definieren Sie den Begriff „Litoral"?*

17. *Wo findet man die größten Tidenamplituden auf der Erde?*

18. *Wie bewegen sich Teilchen in einer Wasserwelle im tiefen Wasser und wie ändert sich deren Bewegung im flachen Wasser?*

19. *Warum haben Wellen in Buchten und Landspitzen eines Küstenabschnitts unterschiedliche Höhen?*

20. *Wie entstehen Tsunamis und wie breiten sie sich aus?*

21. *Woraus ergeben sich die extremen Wellenhöhen von Tsunamis in Küstengebieten und wo treten die dort die höchsten Wellen auf?*

Exkurs 1: *Gezeiten*

Gezeiten oder **Tiden** (*tides*) umfassen sowohl ein periodisches, gut vorhersagbares Steigen und Fallen des Meeresspiegels (**Gezeit**) als auch horizontale Bewegungen der Wasserteilchen im **Gezeitenstrom** (*tide current*). Tiden kann man nach ihrem **Tidenhub** (*tidal range*) unterteilen in: mikrotidal <2 m, mesotidal 2 bis 4 m und makrotidal bei >4 m. Daneben wird auch folgende Unterteilung verwendet: mikrotidal <1,0 m, schwach mesotidal 1,0 bis 2,0 m, stark mesotidal 2,0 bis 3,5 m, schwach makrotidal 3,5 bis 5,5 m und stark makrotidal >5,5m.

Tiden sind langwellige **Gezeitenwellen** (einige hundert bis wenige 1000 km Länge), deren Wasserteilchen auch Horizontalbewegungen durchführen. Sie laufen umso schneller, je tiefer das Wasser ist. Ihre **Ausbreitungsgeschwindigkeit** (*c*) kann unter Vernachlässigung weiterer Einflussfaktoren sehr grob abgeschätzt werden (MALCHEREK 2010: 70):

$$c = (g \times t)^{0,5} \qquad t = c^2/g$$

c = Wellen- bzw. Ausbreitungsgeschwindigkeit (m/s)
g = Gravitationskonstante (6,674 x 10^{-11} $m^3 kg^{-1} s^{-2}$ bzw. N $m^2 kg^{-2}$)
t = Wassertiefe (m)

So hat eine Tidenwelle in 15 m tiefen Wasser eine Fortpflanzungsgeschwindigkeit von etwa 10 m/s. Das bedeutet, die Eintrittzeit eines Tidenhochwassers verschiebt sich bei zwei Orten, die 1 km voneinander entfernt sind, um etwa 1min 40s. Die größten Strömungsgeschwindigkeiten treten jeweils bei Hoch- und Niedrigwasser auf. Kennt man die Ausbreitungsgeschwindigkeit einer Welle kann man auf diese Weise auch grob die Wassertiefe (*t*) abschätzen.

Die Geschwindigkeit von **Tideströmungen** (*tidal current)* ist deutlich geringer als die der Gezeitenwellen. Sie nimmt mit der Größe des Tidenhubs zu. Maximale Strömungsgeschwindigkeiten von Flut- und Ebbestrom werden in den Prielen jeweils etwa bei Mittelwasser erreicht (AHNERT 2015: 367).

Gezeiten resultieren im Wesentlichen aus folgenden Komponenten:
- **Massenanziehungskräfte** (Gravitation) von Erde und Mond;
- Massenanziehungskräfte (Gravitation) von Erde und Sonne;
- **Fliehkräfte** (**Zentrifugalkräfte**) resultierend aus Orbitalbewegungen von Mond und Erde um einen gemeinsamen Schwerpunkt, der im oberen Erdmantel etwa 1700 km unter der Erdoberfläche liegt;
- weitere Fliehkräfte (Zentrifugalkräfte) resultierend aus Bewegungen des Erde/Mond-Systems um die Sonne;
- der Rotation der Erde um die Erdachse (24h);

- der **elliptischen Umlaufbahn des Mondes** (29,5 Tage; synodischer Mond) mit wechselnden Abständen zwischen Perigäum (Erdnähe) und Apogäum (Erdferne);
- der elliptischen Umlaufbahn des Mondes um die Erde mit etwa 5° Neigung gegenüber der Ekliptikebene der Erde;
- der **elliptischen Umlaufbahn der Erde** um die Sonne (363,5 Tage) mit wechselnden Abständen zwischen Aphel (Sonnenferne) und Perihel (Sonnennähe);
- der elliptischen Umlaufbahn der Erde um die Sonne mit 23,5° Neigung gegenüber der Ekliptikebene der Sonne (**Schiefe der Ekliptik** oder Obliquität; lat. *obliquus* = schief).

Solche astronomisch bzw. gravitativ induzierten Gezeiten-Bewegungen sind mit deutlich kleineren Ausmaßen auch in größeren Seen, der Atmosphäre und der Erdkruste (ca. 25 cm Richtung Mond) bemerkbar.

Gezeitenschwankungen (Amplitude, Zeitpunkt, Dauer von Ebbe und Flut) unterliegen zudem **nicht-astronomischen Faktoren** wie der Küstenkonfiguration, lokalen Wassertiefen, der Topographie des Meeresbodens mit submarinen Schwellen und Tiefseebecken und zudem meteorologischen (Wind, Luftdruck) und hydrologischen Einflüssen (Flussmündungen).

Die Gezeitenreibung ist die Ursache dafür, dass die Erdrotation verlangsamt wird, jährlich um 0,016 Millisekunden. In ähnlicher Weise bremsen die durch die Erde auf dem Mond verursachten Gezeiten dessen Umdrehung langsam ab, so dass der Mond heute der Erde immer dieselbe Seite zuwendet. Das Aussehen der Rückseite des Mondes war bis zu den ersten Mondumrundungen unbekannt.

1.1 Massenanziehung (Gravitation) und Fliehkraft (Zentrifugalkraft)

Gezeiten sind vor allem das Ergebnis von zwei zentralen Kräften (Abb. E1):

1. den **Gravitationskräften** von Erde und Mond (ca. 2,2 mal größer als die der Sonne) und deutlich geringer den Gravitationskräften von Erde und Sonne;
2. den senkrecht dazu ausgerichteten **Fliehkräften (Zentrifugalkräften)**, die aus den Orbitalbahnen (Revolution) von Erde und Sonne sowie Erde und Mond um ihren gemeinsamen Gravitationsschwerpunkt resultieren. Die Fliehkräfte bewirken, dass alle drei Gestirne nicht kollabieren. Die aus der täglichen Erdrotation resultierenden Fliehkräfte sind vernachlässigbar.

Bezüglich der Gravitationskraft gibt das allgemeine **Gravitationsgesetz** von ISAAC NEWTON (1642-1727) eine erste Beschreibung:

$$F = g\,(M_1\, M_2\, /\, r^2)$$

F = Gravitationskraft;
g = Gravitationskonstante ($6{,}674 \times 10^{-11}\ m^3 kg^{-1} s^{-2}$ bzw. $N\ m^2 kg^{-2}$);
M_1, M_2 = Masse der Körper M1 und M2;
r = Abstand zwischen den Zentren der Massen.

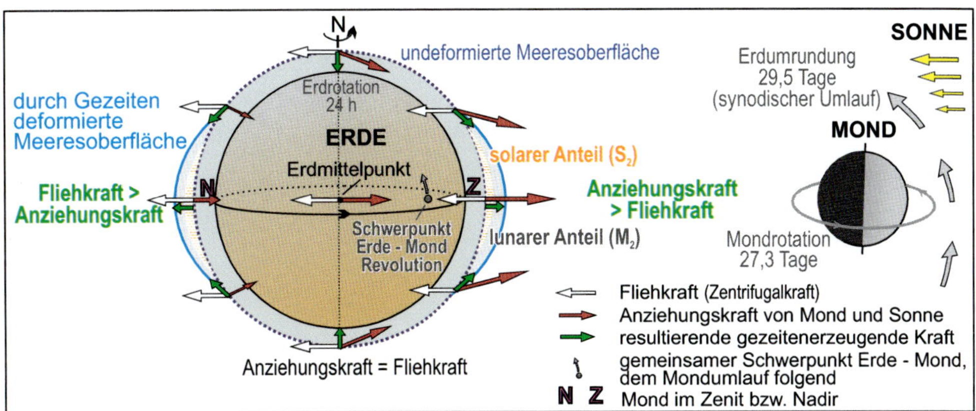

Abb. E1: Gezeitenerzeugende Kräfte (schematisch).

Es bedeutet:

- zwischen jeder Masse besteht eine Anziehungskraft (Gravitationskraft);
- die Stärke der Gravitationskraft ist proportional zu dem Produkt ihrer Massen;
- die Stärke der Gravitationskraft nimmt mit dem Quadrat des Abstands zwischen zwei Massen ab, ist also umgekehrt proportional zum Quadrat ihres Abstandes.

Dabei ist zu beachten, dass die Fliehkräfte überall auf der Erde die gleiche Richtung und den gleichen Betrag haben, während die Anziehungskräfte zur anziehenden Masse hin gerichtet sind und mit zunehmendem Abstand der Massen (umgekehrt proportional zum Quadrat der Entfernung) geringer werden. Daher ist die Anziehungskraft auf der dem Mond oder der Sonne zugewandten Seite um etwa 5,6% (Clauser 2014: 147) größer als auf der abgewandten Seite der Erde (Abb. E1).

Beide, lunare Gravitations- und Fliehkraft, erzeugen auf der Erde zwei Flutberge. Ein gravitationsbedingter Flutberg dort, wo der Abstand Erde – Mond am geringsten ist und auf der gegenüberliegenden Seite ein fliehkraftbedingter Flutberg.

Ähnliches gilt auch für die Sonne. Es gibt eine solare Gravitationskraft und eine aus der Bewegung der Erde um die Sonne resultierende Fliehkraft. Allerdings ist die Massenanziehung der Sonne trotz größerer Masse, aber aufgrund der größeren Entfernung etwa 2,2fach kleiner (0,46%) als die des Mondes.

Die solaren können die lunaren Gezeitenkräfte verstärkend (konstruktiv) oder abschwächend (destruktiv) überlagern. Jede Tide auf der Erde hat also einen kleineren Anteil an solar gesteuerter Tidenbewegung und einen überwiegenden Anteil an lunar induzierter Tidenbewegung.

Insgesamt ist zu beachten, dass Gezeiten mit ihren zwei Flutbergen das Resultat des Nettobetrags von Gravitations- und Fliehkraft sind (Abb. E1). In der Summe heben sich Gravitations- und Fliehkraft auf, so dass die Abstände zu Mond und Sonne konstant bleiben.

Im Einzelnen gilt für die **vom Mond** (lunar) **hervorgerufenen Gezeiten** (Abb. E1):

1. **auf der dem Mond zugewandten Seite der Erde** wirken die Fliehkraft (Zentrifugalkraft) und die Anziehungskraft des Mondes in entgegengesetzter Richtung. Die Gravitationskraft des Mondes ist hier am größten, da der Abstand des Mondes zur Erde am geringsten ist (Zenit). Sie ist hier größer als die Fliehkraft, so dass die resultierende gezeitenerzeugende Kraft (= Differenz von Flieh- und Gravitationskraft) von der Erde weg zeigt. Es entsteht ein Flutberg.
2. auch **auf der dem Mond abgewandten Seite** (Nadir = mondfernster Punkt) wirken die Fliehkraft und die Anziehungskraft des Mondes in entgegengesetzter Richtung. Die Gravitationskraft des Mondes ist hier am geringsten wegen seines größeren Abstands ($1/r^2$). Sie ist kleiner als die Fliehkraft, so dass die resultierende gezeitenerzeugende Kraft wieder von der Erde weg zeigt. Auch hier entsteht ein Flutberg.
3. da die Reaktion der Ozeane auf die Gezeitenkräfte trägheitsbedingt etwas verzögert eintritt, verschiebt sich das Einsetzen der Flut um etwa 12 Minuten (Clauser 2014: 149). Diese Zeitdifferenz nennt man **Tidenverzögerung** (*tidal lag*). Ein Punkt auf der Erde passiert also den Ort des maximalen astronomischen Tidenhubs 12 Minuten nachdem er dem Mond am nächsten stand.
4. in **höheren Breiten**, die nicht direkt unter der Umlaufbahn des Mondes liegen, ist die Anziehungskraft des Mondes nicht mehr perfekt vertikal ausgerichtet. Sie besitzt mit zunehmender Breite eine zunehmende horizontale Komponente (Abb. E1). Dadurch wird Wasser in Richtung niedere Breiten bewegt, dort, wo der Mond im Zenit steht. Analog beeinflusst die von der geographischen Breite variierende Anziehungskraft des Mondes auch den fliehkraft-induzierten Flutberg auf der mond-abgewandten Seite der Erde.
5. die täglichen astronomischen Gezeiten entstehen durch Überlagerung dieser gravitativ und zentrifugal induzierten Deformationen der Meeresoberfläche mit der Erdrotation.

Entsprechende Kräfte treten auch im System Erde – Sonne (solar) auf, wobei sich insgesamt die gezeiten-erzeugenden Kräfte von Sonne und Mond überlagern und je nach Stellung am Himmel verstärken oder abschwächen. Dabei ist die gezeitenwirksame Kraft des Mondes trotz kleinerer Masse, aber wegen der geringeren Entfernung etwa 2,3mal (54%) so groß, wie die der Sonne.

Die Gezeitenkräfte von Sonne und Mond sind nicht nur unterschiedlich groß, sie üben zudem ein der Erdrotation entgegengesetztes Drehmoment aus. Dadurch bremsen sie die Erdumdrehung in geologischen Zeiträumen spürbar ab. Pro Jahrhundert führt dies zu einer Verlängerung des Tages um 1,4 bis 2,4 ms und in 400 Millionen Jahren um ca. 160 Minuten, also etwa 11% der heutigen Tageslänge. Im Devon vor 400 Millionen Jahren waren die Tage etwa 11% kürzer als heute und ein Jahr besaß, da die Umlaufperiode der Erde um die Sonne konstant ist, damals noch 385 bis 410 Tage (Clauser 2014: 150).

1.2 Erdrotation, elliptische Umlaufbahnen und Deklinationen

Durch die **Erdrotation** müsste ein Flutberg alle 12 Stunden auftreten, wenn Mond und Sonne Fixsterne wären. Da beide sich aber ebenfalls bewegen (**Revolution**), die **Umlaufbahnen** von Erde – Sonne und Mond – Erde nicht kreisförmig, sondern **elliptisch** sind, gibt es gewisse **Modifikationen**:

1. Der Mond dreht sich um die Erde in dieselbe Richtung wie die Erdrotation. Dadurch dauert ein Tidentag bezogen auf den Mond etwas länger und zwar 24h 50min (lunarer Tag). Die beiden vom Mond erzeugten Tidehochwasser (**M_2**) folgen daher alle 12h 25min.
2. Die Erde dreht sich in 24h um ihre Achse. Daher folgen die beiden von der Sonne erzeugten (solaren) Tidehochwasser (**S_2**) alle 12h. S_2 ist aufgrund der großen Entfernung der Sonne deutlich schwächer (ca. 54%) als M_2.
3. Durch **die Position von Erde, Mond und Sonne** zueinander kommt es halbmonatlich zu Spring- und Nippzeiten (Abb. E2). Im Zyklus von 29,5 Tagen (29 Tage 12h 44min; eine Lunation oder Mondphase oder synodischer Mond) bewegt sich der Mond prograd (im Drehsinn der Erdrotation) um die Erde von Vollmond zu Vollmond. Dieser Umlauf dauert etwas länger als die siderische, fixsternbezogene Umlaufzeit von 27,3 Tagen, da der Mond ja mit der Erde bereits weiter um die Sonne gewandert ist.

   Sobald bei Neumond Erde, Mond und Sonne sich auf einer Linie befinden, addieren sich solare und lunare Gezeitenkräfte. Die solare und lunare Tide sind in Phase. Es entsteht eine Springtide (höhere Flut und niedrigere Ebbe). Auch bei Vollmond, wenn Mond, Erde und Sonne auf einer Linie stehen kommt es zur **Springtide**. Sie fällt allerdings geringer aus, da nun die solare der lunaren Gravitationskraft entgegenwirkt. Da die Gezeiten in der Nordsee vom angrenzenden Atlantik durch Mitschwingen entstehen,

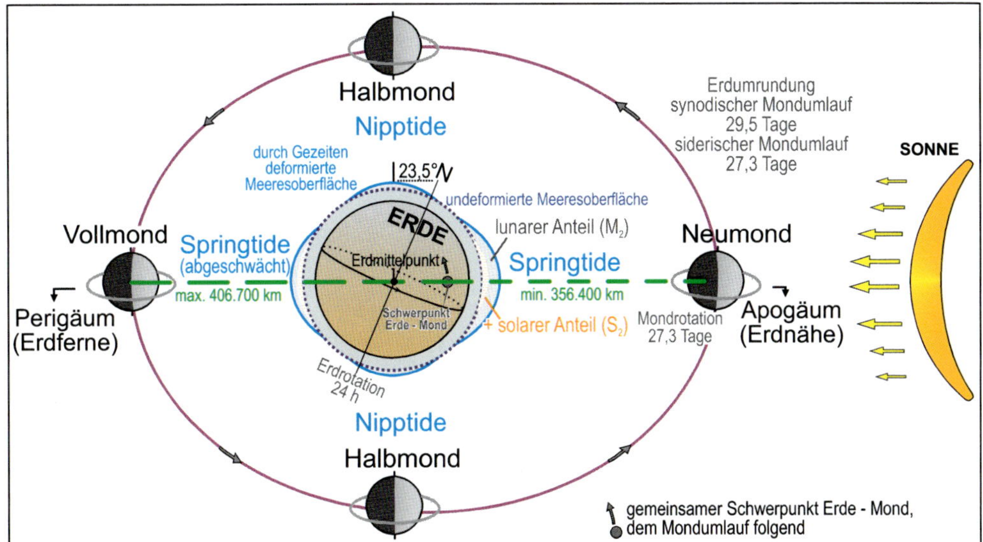

Abb. E2: Elliptische Umlaufbahn des Mondes um die Erde sowie Spring- und Nipptiden.

kommt es dort nach Vollmond bzw. Neumond zu einer **Springverspätung** von etwa 1 bis 2 Tagen.
Etwa 7 Tage nach Voll- bzw. Neumond steht die Sonne im 90° Winkel zur Achse Erde-Mond (Halbmond). Nun schwächen sich die Gezeitenkräfte von Mond und Sonne gegenseitig (solare und lunare Tide sind maximal außer Phase). Es entsteht ein **Nipptide**, d.h. Ebbe und Flut fallen geringer aus.
Die **Mittzeiten** zwischen Nipp- und Springtiden besitzen mittlere Wasserstände.

4. **Tideneffekte aus der elliptischen Umlaufbahn von Mond – Erde und Erde – Sonne.**
Der Mond bewegt sich auf einer elliptischen Umlaufbahn, deren Exzentrizität von im Mittel 0,055 stärker schwankt. Ein Umlauf um die Erde dauert etwa 27,3 Tage (siderischer Tag) bzw. 29,5 Tage (synoptischer Tag) (Abb. E2). Etwa einmal im Monat ist er der Erde am nächsten (**Perigäum**, *perigee*; altgr. *perígeios* = erdnah), so dass die Tiden stärker ausfallen (**perigäische Springtiden**, *perigean spring tides*). Etwa einmal im Monat ist der Mond von der Erde um ca. 13% entfernter (**Apogäum**, *apigee*, altgr. a*pógeion* = erdfern), wodurch die Tiden etwas schwächer ausfallen. Zwischen diesen beiden Extremen schwanken jeden Mondmonat die Tiden als Folge der variierenden Entfernungen von Erde und Mond. Der Zeitpunkt von Peri- und Apogäum verschiebt sich, da sich beide in 8,85 Jahren einmal 360° um die Ellipse herum drehen. Fallen Neumond und Perigäum zusammen erscheint der Mond etwas größer („Supermond“) und es kommt zu einer etwas stärkeren Springtide.
In fast der gleichen Zeit wie der Erdumlauf rotiert der Mond in 27,3 Tagen einmal um seine Achse (gebundene Rotation abgebremst von der Gravitationskräft der Erde), so dass immer die gleiche Seite zur Erde zeigt. Erst 1959 konnte die Raumsonde *Lunik* Bilder von der Rückseite des Mondes liefern.
Auch die solaren Tiden variieren im Jahresverlauf, wenn auch mit deutlich geringerer Amplitude, je nach Abstand zwischen Erde und Sonne. Die Erde bewegt sich in 363,5 Tagen auf einer elliptischen Umlaufbahn (Exzentrizität von 0,0167) um die Sonne (Ekliptik) (Abb. E3). Im Jahr 2021 ist am 6. Juli (**Aphel**) der Abstand Erde – Sonne am größten, so dass die Tiden schwächer ausfallen. Am 2 Januar (**Perihel**) ist der Abstand dagegen am geringsten (um etwa 4%), so dass die Tiden etwas stärker ausfallen. Fallen am 2. Januar das Perihel der Sonne und das Perigäum des Mondes zeitgleich zusammen, können Springtiden deutlich höher ausfallen. Diese Tideneinflüsse verändern sich über größere Zeiträume hinweg, da die Erde in 20.940 Jahren einmal um die elliptische Umlaufbahn herum wandert (Präzession der Erdumlaufbahn). Zudem schwankt die Exzentrizität der elliptischen Umlaufbahn (Erdrevolution) alle 105.000 und 410.000 Jahre zwischen minimaler und maximaler Ellipse und zurück.

5. Die **Gezeitenabläufe** variieren auch in Abhängigkeit von den **Veränderungen lunarer und solarer Deklinationen** (lat. *deklination* = Abweichung, Beugung; hier der im Jahresverlauf variierende maximale Erhebungswinkel bzw. Himmelsbahn von Sonne oder Mond

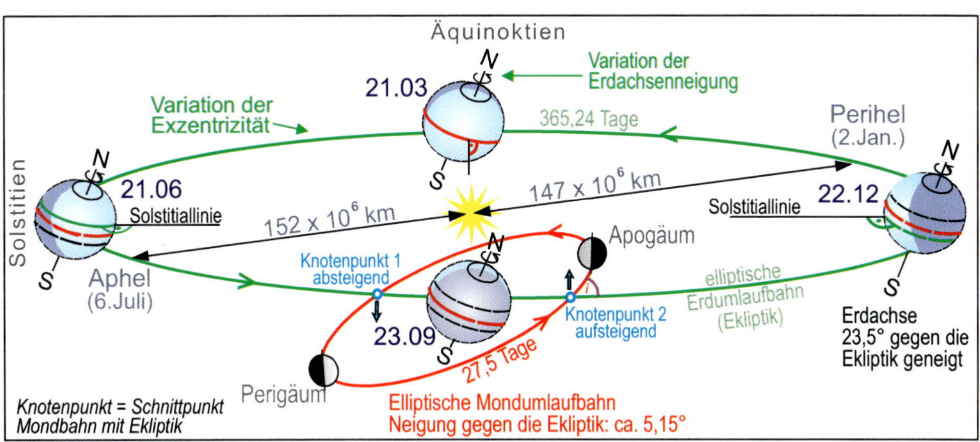

Abb. E3: Elliptische Umlaufbahn der Erde um die Sonne und die gegen die Ekliptik geneigte Umlaufbahn des Mondes um die Erde.

über einer geographischen Breite). So verlagern sich die maximalen Himmelsstände von Mond und Sonne ganzjährig über den Äquator hinweg, nord- und südwärts. Diesen Verlagerungen folgen die lunaren und solaren Tidehochstände (Abb. E4B).

Über längere Zeiträume hinweg verändert sich zudem die Neigung der Erdachse zur Ekliptik, was breitenkreisabhängig Auswirkungen auf die Deklination von Sonne und Mond (s.u.) und den zugehörigen Tidenhochständen hat. Aktuell ist die Erdache um 23,446° geneigt (**Schiefe der Ekliptik**, ***obliquity***). Im Quartär schwankte deren Neigung mit einer Periode von 41.000 Jahren zwischen 22° bis 25°. Bei stärkerer Neigung verstärken sich in den höheren Breiten die Gegensätze zwischen beiden Tidehochwassern (S2), bei geringerer Neigung schwächen sie sich ab (s.u.).

Auch der **Winkel zwischen der Mondumlaufplan und der Äquatorebene der Erde** ändert sich über eine Periode von 18,6 Jahren, was die Amplitude der beiden lunaren Gezeitenwellen (M_2) in einer Größenordnung von ca. ±4% (Parker 2019:1756) beeinflusst. Die Ursache liegt in der rückläufigen Wanderung der Mondknoten entlang der Ekliptikebene (***lunar nodal regression***). So ist die elliptische Umlaufbahn des Mondes um etwa 5,145° gegenüber der Ekliptikebene geneigt (Abb. E4A), wobei diese Neigung mit einer Periode von 173 Tagen um etwa ±0,5° schwankt. Der maximale Deklinationsunterschied zwischen Sonne und Mond beträgt also ±5,145° (größte Nord- bzw. Südbreite).

Die Umlaufbahn des Mondes schneidet die Ekliptik an zwei Punkten, den sogenannten **Knotenpunkten** (Mondknoten oder Drachenpunkte; ***orbital nodes***). Sie sind mit der Knotenlinie verbunden (Abb. E4A). Im Laufe eines Monats (tropischer Monat = 27,32 Tage; altgr. ***trópos*** = Drehung, Wendung) verläuft die Umlaufbahn des Mondes teilweise oberhalb (bis zur größten Nordbreite) und teilweise unterhalb (bis zur größten Südbreite) der Ekliptik.

Beim absteigenden Knoten wechselt der Mond von Norden, also oberhalb der Ekliptikebene, nach Süden und damit unterhalb der Ekliptikebene. Beim aufsteigenden Knoten

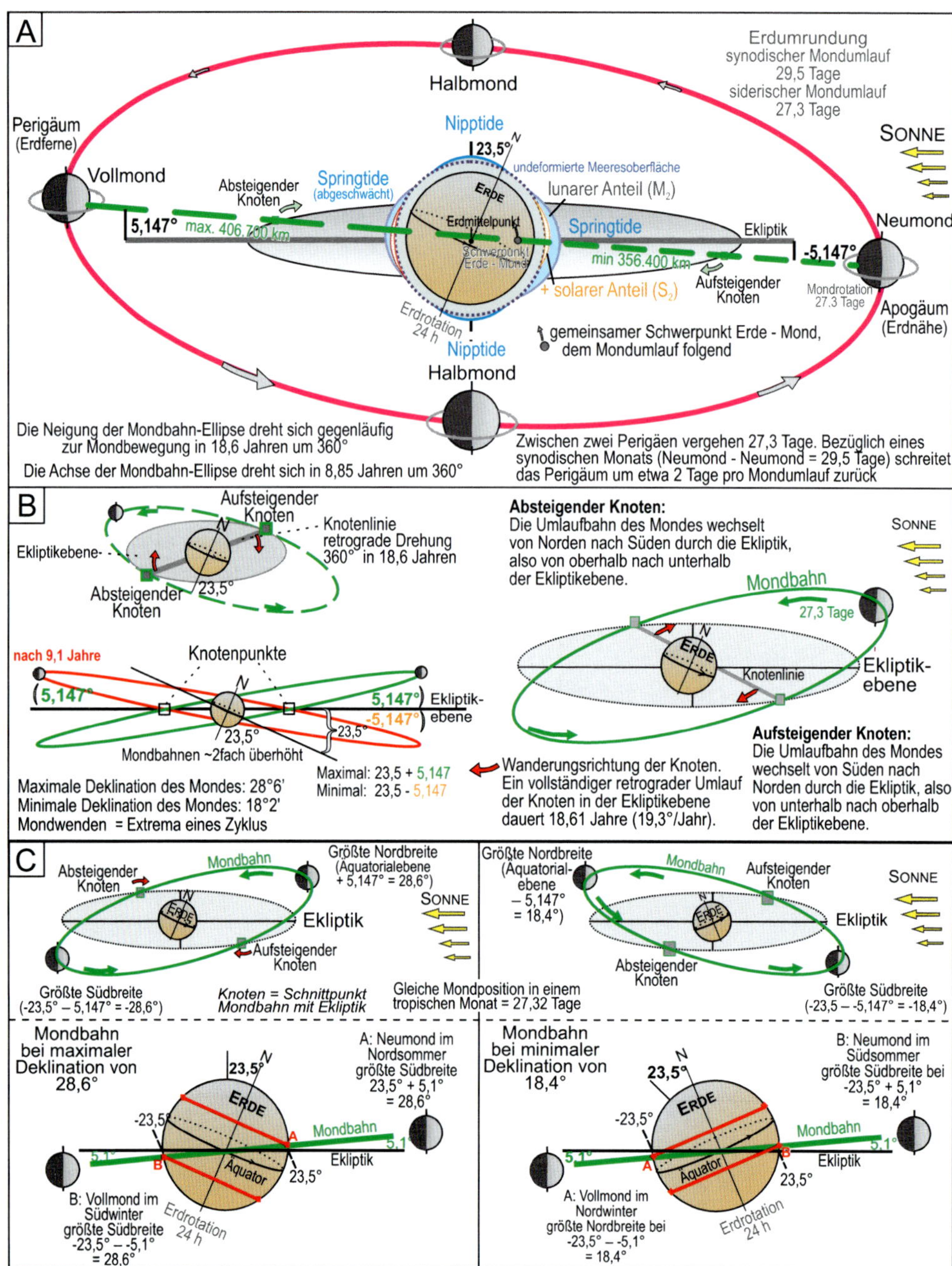

Abb. E4: Schiefe der Ekliptik und Neigung der Mondumlaufbahn.

wechselt dagegen der Mond von Süden nach Norden, also von unterhalb nach oberhalb der Ekliptikebene (Abb. E4B).

Bis der Mond wieder durch den gleichen Knotenpunkt wechselt, vergehen nur 27,2 Tage (drakonischer Monat). Die Ursache liegt in der Präzessionsbewegung der Mondbahne-

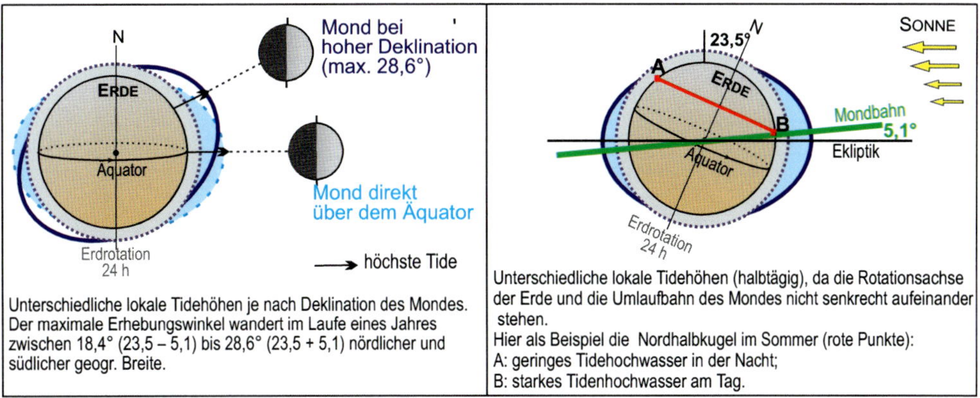

Abb. E5: Beeinflussungen von Tidenamplituden und Tidenungleichheiten durch die Umlaufbahn des Mondes.

bene entlang der Ekliptikebene. Sie verläuft retrograd (rückläufig), entgegengesetzt zur Umlaufbahn des Mondes. Dadurch bewegen sich die Knotenpunkte entlang der Ekliptik dem Mond entgegen. Ein kompleter Umlauf von 360° erfolgt in in 18,6 Jahren (Abb. E4B).

Aufgrund dieser Präzessionsbewegung verlaufen gegebene Mondbahnabschnitte im Laufe der Jahre abwechselnd über und unter der Ekliptikebene. Dadurch besitzt der Mond je nach Addition oder Subtraktion der 23,5° Neigung der Erdachse zur Deklination des Mondes von 5,145° (Abb. E4C) alle 18,6 Jahre einen maximalen Deklinationsbereich von ±28,6°. 9,3 Jahre (23,5 + 5,145) und alle 18,6 Jahre ein minimale Deklination von ±18,4° (23,5 - 5,145) geographischer Nord- und Südbreite. Bei maximaler Deklination von ±28,6° addieren sich die Neigung der Mondbahn (ca. 5,147°) und die Neigung der Ekliptik auf den Äquator (Schiefe der Ekliptik, ca. 23,5°). Bei minimaler Deklination von ±18,4° findet eine Subtraktion statt. Der Wechsel von maximaler zur minimaler Deklination findet in etwa alle 2 Wochen statt und wird als kleiner Mondstillstand (*minor lunar standstill*) bezeichnet und der Wechsel zur maximalen Deklination als großer Mondstillstand (*major lunar standstill*).

Bei maximaler Deklination, wenn sich die Neigung der Erdachse (Schiefe der Ekliptik) und die Deklination des Mondes (23,5 + 5,147) addieren, steht der Neumond im Nordsommer in größter Nordbreite bei 28,6° und der Vollmond im Südwinter in größter Südbreite bei -28,6° (Abb. E4C). Die retrograde Präzessionsbewegung der Mondbahnebene führt dazu, dass nach 9,3 Jahren die Neigung Mondbahnebene von der Schiefe der Ekliptik abzuziehen ist (23,5°- 5,147°) und die größte Süd- und Nordbreite schon bei ±18,3° erreicht ist. Nun besitzt der Neumond im Südsommer und der Vollmond im Nordwinter die größter Süd- bzw. Nordbreite. Beide benötigen dann wieder 9,3 Jahre, um die größte Nord- und Südbreite bei ±28,6° zu erreichen.

Diese langsamen Verschiebungen der Achsen der Mondbahnebene gegen die Ekliptik führen nicht nur zu Verstärkungen oder Abschwächungen von Tidenamplituden (Abb.

E5). Es kommt auch zu Vergrößerungen oder Verkleinerungen der Ungleichheiten in halbtägigen Tidenschwankungen (Abb. E5 rechts). Befindet sich die Zenitbahn des Mondes für einige Monate im Jahr nördlich des Äquators (nördliche Deklination) verlagert sich einer der lunaren Flutberge stärker nördlich des Äquators. Das führt bis in die hohen Breiten zu einer Verstärkung des mondzugewandten Tidehochwassers und zur Abschwächung des mondabgewandten zweiten Tidehochwassers. Analoges passiert, wenn sich die Zenitbahn des Mondes für einige Monate im Bereich des Äquators (äquatoriale Deklination) oder südlich des Äquators (südliche Deklination) befindet. Je nördlicher und südlicher die Deklination des Mondes wandert (max. 28,6°), umso stärker wirken sie sich in höheren Breiten auf die Gezeiten aus.

Ähnliches gilt, aber deutlich schwächer für die **solaren Gezeiten** mit den **Zenitverlagerungen der Sonne** zwischen den Wendekreisen (Abb. E3). Am 21. Juni steht sie am nördlichen Wendekreis im Zenit und am 22. Dezember am südlichen Wendkreis. Zwischen beiden Sommersolstitien wandert das Maximum der beiden solaren Flutberge im Laufe eines Jahres hin und her (siehe Parker 2019: 1753ff.).

Insgesamt wird der Tidenverlauf durch mehrere astronomische Faktoren beeinflusst:

1. durch die Stellung von Erde und Mond und den daraus resultierenden verschiedenen Mondphasen. Bei Neu- und Vollmond addieren sich die Gezeitenkräfte zu Springfluten;
2. durch die sich verändernde Distanz zwischen Erde und Mond (Perigäum/Apogäum);
3. durch die Deklination des Mondes und seine Position relativ zur Ekliptik (zwischen ±28,6° und ±18,4°) ;
4. durch die zwischen Tag und Nacht veränderte Position von Erde und Sonne;
5. durch die im Jahresverlauf schwankende Deklination der Sonne;
6. durch die im Jahresverlauf sich ändernde Distanz zwischen Erde und Sonne (Perihel/Aphel).

1.3 Topographische Modifikationen

Weitere Modifikationen der Gezeitenabläufe ergeben sich vor allem durch **topographische Behinderungen** einer freien Wasserbewegung, durch die Küstenkonfiguration oder durch die Mündung großer Flüsse oder durch Wind und Luftdruck. Gezeiten verändern sich im Küstenbereich vor allem durch Reibung, Reflexion, Refraktion und Wechselwirkungen untereinander, wodurch Gezeitenamplituden verstärkt oder gedämpft werden können.

Die sehr langwelligen ozeanischen Gezeitenwellen setzen Wassermassen in **Nebenmeeren** (z.B. Nordsee) in Schwingung, so dass auch sie von Gezeitenwellen durchlaufen werden. Eigenständige Gezeitenwellen können durch gegenseitige Beeinflussung einen mehr oder minder kreisförmigen Verlauf um einen ortsfesten Knotenpunkt (**amphidromischer Punkt, Amphidromie**) herum besitzen, der selbst fast keinen Tidenhub besitzt. Um die amphidromischen Punkte bewegen sie sich als Folge der Corioliskraft auf der Nordhalbkugel linksdrehend gegen den Uhrzeigersinn oder auf der Südhalbkugel rechtsdrehend mit dem Uhrzeigersinn herum. Gezeitenwellen werden an Küsten und dem submarinen Relief reflektiert und können sich mit den Reflexionswellen verstärkend oder abschwächend überlagern (konstruktive und destruktive Wellenresonanzen).

1.4 Gezeitenformen und Variationen lokaler Tidenhöhen und Tidenzeiten

Die zahlreichen Beeinflussungen der Gezeiten führen zu verschiedenen **Gezeitenformen** (Abb. E6):

- **halbtägige** (semidiurnale) **Gezeiten** (*semidiurnal tide*), bei denen alle 24h 50min (Mondtag) zwei Hoch- und zwei Niedrigwasser eintreten, wobei sich beide Tiden in Zeitdauer und Höhe nur wenig unterscheiden. Sie dominieren an vielen Küsten der Erde, so zum Beispiel in der Umrandung des Atlantiks (u.a. auch in der Nordsee) und zwar in allen geographischen Breiten.

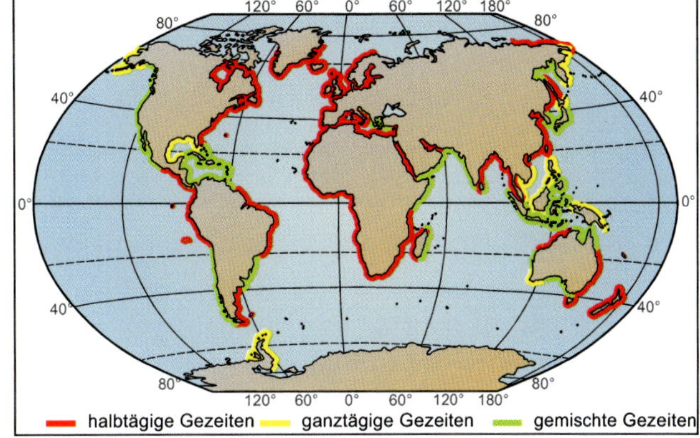

Abb. E6: Gezeitenformen - globale Verbreitung (Quelle: NOAA 2017).

- **ganztägige** (eintägige) **Gezeiten** (*diurnal tide*), bei denen im Laufe eines Tages (Sonnentag = 24h) nur einmal Flut und nur einmal Ebbe eintritt. Sie sind deutlich seltener verbreitet. Sie treten im Golf von Mexiko, an der Südwestküste Australiens und im Südchinesischen Meer auf.
- **gemischte Gezeiten** (*mixed tide*), bei denen die beiden im Laufe eines Tages (Mondtag) eintretenden Tiden sich in Zeit und Höhe merklich voneinander unterscheiden oder bei denen sich halb- und eintägige Gezeiten abwechseln. Sie treten meist in Übergangsgebieten von halbtägigen und ganztägigen Gezeiten auf. Sie sind stärker an der Westküste Nord- und Südamerikas, der Westküste Indiens oder um Australien herum vertreten.

Variationen lokaler Tidenhöhen und Tidenzeiten resultieren vor allem:

1. aus der Erdrotation (24h, Sonnentag) und der Weiterbewegung des Mondes auf seiner Umlaufbahn um die Erde (ca. 50 min). Beides verlängert den täglichen Tidenumlauf auf ca. 24h 50min (= ein **Tidentag**, *tidal day*). Dadurch verschiebt sich der Eintritt von Ebbe und Flut täglich. Der lunare Gezeitenzyklus M2 kann bei halbtägigen Gezeiten also etwa 12h 25min andauern, während der solare Gezeitenzyklus S2 bei halbtägigen Gezeiten etwa 12h umfasst. Dabei ist wegen der weiten Entfernung der Sonne S2 deutlicher kleiner als M2.
2. aus der Interaktion von lunaren und solaren Tidenkräften. Dadurch kann es zwischen

Neumond und Halbmond und zwischen Vollmond und Halbmond zu einer Beschleunigung der **Tidenzeiten** kommen, die Flut also früher eintreffen. Umgekehrt kann die Flut zwischen Halbmond und Vollmond sowie zwischen Halbmond und Neumond bis zu einige Stunden später eintreffen.

3. aus topographischen Effekten. Im offenen Ozean besitzen die viele hunderte oder einige tausend Kilometer langen Gezeitenwellen Amplituden von meist unter 0,5 bis 1 m. Erst mit Erreichen von Flachwasser und Küsten entwickeln sich deutlich wahrnehmbare Tiden, in einigen Buchten und Flussmündungen mit **Tidenamplituden** von 10 bis 15 m, selten auch mehr. In der Deutschen Bucht beeinflussen vor allem die Wattgebiete, die vorgelagerten Inseln und die Ästuare von Elbe, Ems und Weser die Tidewelle (Höhenlage von Hoch- und Niedrigwasser).
4. aus der Verhinderung einer freien Ausbreitung von **Gezeitenwellen** durch Kontinente, durch Schelfgebiete und durch das Relief des Ozeansbodens. Randmeere entwickeln aufgrund ihrer relativ geringen Größe keine eigenen Gezeiten. Diese werden von den Ozeanen hineingetragen und Erzeugen ein Mitschwingen der Wassermassen. Dabei können Resonanzen auftreten und stehende Wellen können sich bilden. Aus der Überlagerung von Gezeitenwellen, die aus unterschiedlichen Richtungen zusammentreffen und sich überlagern, können Drehwellen fast ohne Tidehub entstehen, die bereits erwähnten **amphidromischen Punkte**. Auf der Nordhalbkugel verläuft die Drehrichtung der Gezeitenwellen um den amphidromischen Punkt als Folge des Corioliseffektes gegen den Uhrzeigersinn und auf der Südhalbkugel im Uhrzeigersinn. In der Nordsee gibt es drei amphidromische Punkte, wo aus unterschiedlichen Richtungen einlaufende Tidewellen kollidieren. Sie befinden sich südwestlich der norwegischen Küste, am nordöstlichen Ausgang des Kanals zwischen englischer und niederländischer Küste sowie westlich von Jütland in der Deutschen Bucht.
5. aus **meteorologischen**, nicht-periodischen **Einflüssen**. Auflandiger Wind kann die Tiden erhöhen (Windstau, *storm surge*), ablandiger Wind erniedrigen. Bei Sturmfluten kann der Wind ein Hochwasser um einige Meter erhöhen (auflandiger Wind) oder auch um wenige Meter erniedrigen (ablandiger Wind).

   An der deutschen Nordseeküste erzeugen vor allem Winde aus SW und N höhere Wasserstände, SE-Winde dagegen deutlich niedrigere Wasserstände. Die stärksten Sturmfluten entstehen, wenn beim Durchzug eines Orkans durch die nördliche Nordsee der Wind von Südwest über West nach Nordwest dreht. Der höchste beobachtete Windstau erreichte am Pegel Cuxhaven (mittlerer Tidehub 3 m) bei Tideniedrigwasser 430 cm und bei Tidehochwasser 370 cm, wobei dieser dort etwa 2 bis 3 Stunden nach der maximalen Windgeschwindigkeit auftritt (Lsbg 2012).

   Niedriger Luftdruck kann höhere Tiden ermöglichen, im ozeanischen Bereich langwellige **Fernwellen** (*deep water surges*) auslösen, während hoher Luftdruck Tiden erniedrigen kann. An der Deutschen Nordseeküste am Pegel Cuxhaven besitzen Fernwellen Höhen zwischen 10 cm bis 109 cm, im Mittel Höhen von etwa 50 cm und nur sehr selten eine Höhe von 100 cm und mehr (LSBG 2012). Sie werden durch Tiefdruckgebiete im NE-Atlantik hervorgerufen und treten unabhängig von der Luftdruckverteilung über der Nordsee auf.

Astronomische Kräfte (Gravitation, Zentrifugalkräfte) sind die Ursache des periodischen Auftretens von Gezeiten. Hydrodynamische Kräfte aber modifizieren diese und beeinflussen wesentlich die lokalen Tidenamplituden, den Zeitpunkt von Ebbe und Flut sowie den Tidentyp (halbtägig, ganztägig, gemischt). Wind und Luftdruck können Ebbe und Flut verstärken oder auch abschwächen.

1.5 Simulierungen von Partialtiden

Gezeiten werden ausgelöst und modifiziert durch verschiedene Kräfte und Wechselwirkungen von Mond, Sonne und Erde. Die täglichen, monatlichen und jährlichen Schwankungen einer lokalen Gezeitenform können in sich überlagernde astronomische Partialtiden mit ihren spezifischen zeitlichen Perioden (halbtägig, eintägig etc.) zerlegt werden.

Dabei ist eine Partialtide eine streng periodische Sinusfunktion (eine harmonische Schwingung) mit einer bestimmten astronomisch vorgegebenen Frequenz (z.B. ganztägig oder halbtägig), der eine ortsabhängige Amplitude und Phasenlage als Funktion der geographischen Breite und Länge zugeordnet wird. Amplitude und Phase können durch eine sog. „harmonische Analyse" (eine spezielle Fourierzerlegung) aus lokalen Zeitreihen von Wasserständen ermittelt werden. Durch eine Aufsummierung der einzelnen Partialtiden (harmonische Synthese) ergibt sich die lokale Gesamttide (siehe auch LAWA 2001, GÖNNERT et al. 2004, HICKS 2006). Die Partialtiden ermöglichen es, Gezeiten zu simulieren.

Die beiden wichtigsten **Partialtiden** (*tiefgestellte Zahlen 1 und 2 = Tiden treten einmal oder zweimal am Tag auf*) sind (Tab. E1):

- die **halbtägige Mondtide** (M_2). Das System Erde - Mond erzeugt alle 24h 50min zwei sich gegenüberliegende Flutberge, einen auf der dem Mond zugewandten und einen auf der dem Mond abgewandten Seite der Erde. Die Erde rotiert zweimal täglich, alle 12h 25min (12,42h) unter einem

Tab. E1 : Wichtige Partialtiden in der Deutschen Bucht (Quelle: GÖNNERT et al. 2004).

Partialtiden (m) in der Deutschen Bucht					
Partialtide Ort		O_1 Amplitude	K_1 Amplitude	M_2 Amplitude	S_2 Amplitude
Helgoland	Messung	0,09	0,08	1,12	0,26
	Modulierung	0,09	0,10	1,07	0,26
Borkum	Messung	0,09	0,09	1,10	0,26
	Modulierung	0,09	0,09	1,11	0,26
Alte Weser	Messung	0,09	0,09	1,34	0,31
	Modulierung	0,09	0,10	1,31	0,32
Elbmündung (Bake A)	Messung	0,09	0,09	1,39	0,32
	Modulierung	0,09	0,10	1,32	0,33
Föhr (Wyk)	Messung	0,09	0,08	1,25	0,27
	Modulierung	0,08	0,09	1,31	0,31
Sylt (List Hafen)	Messung	0,08	0,07	0,81	0,18
	Modulierung	0,08	0,08	0,89	0,21

der beiden Flutberge hindurch. Eine für die Nordsee typische mittlere Amplitude der M2-Partialtide liegt bei 0,80 m. Sie ist die Tide mit der größten Amplitude.

- die **halbtägige Sonnentide** (S_2). Die Sonne erzeugt zwei, im Verhältnis zum Mond deutlich schwächere Flutberge, einen auf der Tagseite und einen auf der Nachtseite. Die Periode ist 12 h. Eine für die Nordsee typische mittlere Amplitude der S2-Partialtide liegt bei etwa 0,20 m.

Die **Überlagerung von M_2 und S_2** ergibt hohe Springtiden bei Neu- und Vollmond, da ihre Phasen übereinstimmen und damit konstruktiv interferieren. Bei Neumond zeigen sich niedrige Nipptiden, da ihre Phasen um 90° verschoben sind und dadurch destruktiv interferieren (Abschwächung der Amplituden). Die Revolution des Mondes um die Erde dauert 29,53 Tage (synodischer Mond). **Springtiden** treten damit alle 14,765 Tage auf, einmal bei Neumond und einmal bei Vollmond. 7,383 Tage später kommt es dann zur **Nipptide**. Bei oder in zeitlicher Nähe zum Vollmond und Neumond ist Flut um 12h und 24h sowie Ebbe um 6h und 18h. Danach verschieben sie sich täglich um ca. 50min.

Weitere Partialtiden mit deutlich geringeren Amplituden von wenigen Dezimetern oder Zentimetern sind die jahreszeitlich schwankenden Einflüsse der eintägigen Hauptdeklinationstide (360° Umlauf) des Mondes (K_1) und die eintägige Sonnen-Deklinationstide (P_1). Die eintägige Mond-Deklinationstide (O_1) simuliert die Einflüsse der um etwa 5,1° zur Ekliptik der Erde geneigten Mondbahn. Die Gezeitenauswirkungen der schwankenden Entfernung von Erde und Mond simuliert die große halbtägige elliptische Mondtide (N_2). Dabei bewegt sich das Perigäum (Erdnähe) in 8,85 Jahren um die Erde herum. Die Berechnung solcher und weiterer Partialtiden ist möglich, da astronomische Größen wie die Mondphasen, das Perigäum, die schwankende Deklination von Sonne und Mond sich regelmäßig und mit bestimmten Perioden wiederholen.

Weiterführende Literatur

Bsh Bundesamt für Seeschifffahrt und Hydrographie (2010): Die Gezeiten – Entstehung und Phänomene. Abrufbar unter https://www.bsh.de/DE/THEMEN/Wasserstand_und_Gezeiten/Gezeiten/Gezeiten_node.html [Stand: 27.05.2019].

Gönnert, G., Isert, K., Giese, H. & Plüss, A. (2004): Charakterisierung der Tidekurve . – Die Küste, 68: 99-141.

Lawa Länderarbeitsgemeinschaft Wasser (2001): Weitergehende Auswertung von Tidekurven und deren Standardisierung. – Schwerin (Umweltministerium Mecklenburg-Vorpommern).

Lsbg Landesbetrieb Straßen, Brücken und Gewässer (2012): Ermittlung des Sturmflutbemessungswasserstandes für den öffentlichen Hochwasserschutz in Hamburg. – Berichte des Landesbetrieb Straßen, Brücken und Gewässer, Nr. 12/2012; Hamburg.

Malcherek, A. (2010): Gezeiten und Wellen. – Wiesbaden (Vieweg + Teubner)

Mennerich, I. (2017): Gezeiten. Kräfte, die Ebbe und Flut verursachen. – Hannover (Schulbiologiezentrum Hannover).

Parker, B. (2019): Tides. – In: Finkl, Ch.W. & Makowski, Ch. (eds.): Encyclopedia of Coastal Science: 1750 - 1764; Cham (Springer).

Weiss, R. (2013): Erfassung und Beschreibung des Meeresspiegels und seine Veränderungen im Bereich der Deutschen Bucht. – Schriftenreihe Fachrichtung Geodäsie der TU Darmstadt, H. 40: 212 S.; Darmstadt.

3.7.2 Strand und Vorstrand (Sublitoral bis Supralitoral)

Der **Strand** *(shore, beach)*, auch Litoral (lat. *litus* = Ufer) genannt, ist die Uferzone eines Meeres oder Sees, die periodisch Überflutungen ausgesetzt ist. Sie umfasst einen Bereich zwischen dem mittleren Tidenniedrigwasser (MTnw) und der äußeren Reichweite von Sturmfluten, der Grenze des Supralitorals (Abb. 3.7.15). Auf der Landseite ist der Strand begrenzt durch: Pflanzenwuchs, Steilhang oder Dünenwall oder sogar tiefer liegende Lagunen und auf der Wasserseite durch den mittleren Niedrigwasserspiegel (MTnw).

Je nach Reichweite von Tiden und Sturmwellen kann der Strand weiter unterteilt werden in den gelegentlich überfluteten **trockener Strand** *(dry beach)*, eventuell mit Strandwällen oder saisonalen Flugsanddecken, und den unter Tideneinfluss zeitweilig wasserbedeckten **nassen Strand** *(wet beach)*. **Salzmarschen** *(salt marshes)* sind ebenfalls supralitorale Bildungen, die über das mittlere Tidenhochwasser hinausragen und bei ungewöhnlichen hohen Tiden oder bei Sturmfluten überflutet werden. Die Überflutungen hinterlassen siltige und sandige Sturmflutablagerungen oder lehmige Hochwasserablagerungen. Beide sind oft mit zahlreichen Muschelschalen durchsetzt. Die Oberfläche durchzieht ein Geflecht aus vielarmig verzeigten Hochwasserrinnen. **Watten** entstehen im Intertidal *(intertidal flats)*, sind also eulitorale Bildungen (Kap. 3.7.4).

In der Küstenzone findet man oft eine typische räumliche Anordung litoraler Formen, manchmal auch als **litorale Serie** bezeichnet. An flachen Lockermaterialküsten sind dies ein mit Barren oder Sandriffen durchzogener Vorstrand, gefolgt von einem bei Niedrigwasser trocken fallenden nassen Strand bzw. Watt, einem episodisch von Sturmfluten erreichten trockenen Strand mit Strandwällen oder saisonalen Flugsanddecken, der landwärts häufig an Küstendünen grenzt (Abb. 3.7.15).

An Steilküsten im Festgestein besteht die litorale Serie aus einer bei Niedrigwasser weitgehend trocken fallenden Schorre (Abrasionsplattform, Brandungsplattform, *wave cut*

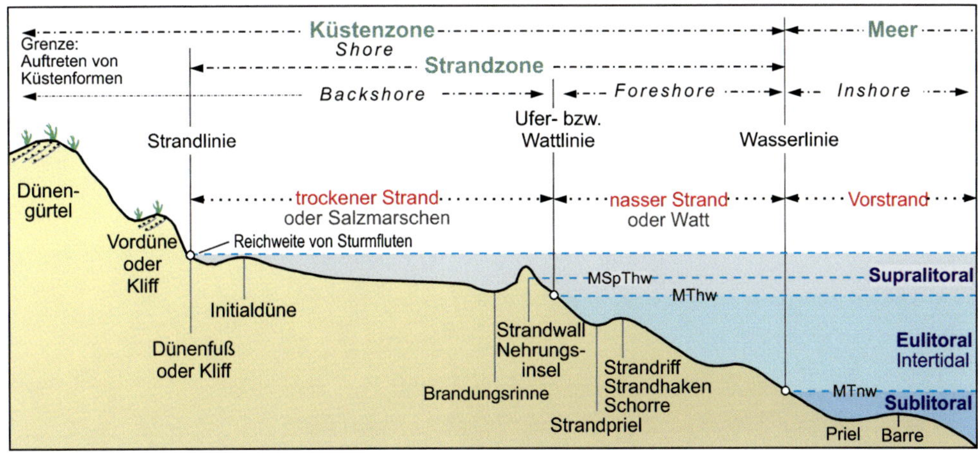

Abb. 3.7.15: Typische Formen (litorale Serie) an einem Sandstrand.

platform, shore platform), die durch ein steiles Kliff mit Brandungshohlkehle (*notch*) an seiner Basis landwärts begrenzt wird. Schorre und Brandungshohlkehle reultieren aus der erosiven Wirkung der Brandung und ihrer mitgeführten Gerölle, Sande und Silte. In den Tropen und Subtropen können Hohlkehlen auch bioerosiv entstanden sein (Kap. 3.7.3).

Definitionen in Kürze

Litoral: Zone zwischen dem höchsten Springtiden- und dem tiefsten Nipptidenstand.

Sublitoral: Zone zwischen Tidenniedrigwasser bis ca. 200 m Wassertiefe (Schelf). Auch die von der Wellenbewegung noch erfaßte Strandzone, die aber im Zuge der Gezeiten nicht trocken fällt, zählt zum Sublitoral.

Infralitoral: Bereich zwischen Tidenhoch- und Tidenniedrigwasser.

Eulitoral, Intertidal: Strandbereich zwischen mittlerem Tidenniedrigwasser und mittlerem Tidenhochwasser (Beachrock, Sandwatt, Mischwatt, Schlickwatt; Salzwiesen, Mangrovenwälder).

Supralitoral: Strandbereich oberhalb des mittleren Tidenhochwassers im Auslaufbereich des Spring-tiden-Hochwassers, der Sturmwellen und in Reichweite der Gischt (Winterstrand; Salzmarschen, Strandwälle, Strandhaken, Nehrungen).

Trockener Strand: Supralitoral, Bereich zwischen mittlerem Hochwasser und Auslaufzone von Sturmwellen.

Nasser Strand: Infralitoral, Bereich, der infolge der Gezeiten zeitweilig trocken fällt.

Vorstrand: oberes Sublitoral, das von der Wellenwirkung noch beeinflußt wird.

Barre: sub- bis eulitorale, oft strandparallele Sedimentanhäufung in der Brandungszone entstanden im Wechselspiel von Brandung und Rückströmung.

Strandriff; Sandriff: eulitorale, oft strandparallele Sedimentanhäufung in der Brandungszone entstanden im Wechselspiel von Brandung und Rückströmung.

Ausgewählte Literatur

Kelletat, D. (2013): Physische Geographie der Meere und Küsten: Kap. 3.1; Leipzig (Teubner Verl.).

Zepp, H. (2017): Grundriß Allgemeine Geographie: Geomorphologie eine Einführung: Kap. 13; Paderborn (Schöningh UTB Verl.).

Weiterführende Literatur

Ahnert, F. (2015): Einführung in die Allgemeine Geomorphologie: Kap. 25; Stuttgart (Ulmer Verl.).

Press, F. & Siever, R. (2017): Allgemeine Geologie: Kap. 20; Heidelberg (Spektrum).

Beantworten Sie mit Hilfe der Literatur und dem Text die nachfolgenden Fragen.

1. *Was versteht man unter dem „Litoral“?*
2. *Über welchen Strandbereich erstreckt sich das Litoral, das Sublitoral, das Eulitoral und das Supralitoral?*
3. *Welche Zone beschreibt der Begriff „Strand“ und wie wird er unterteilt?*
4. *Wo entstehen Salzmarschen?*

3.7.3 Formen der Küstenerosion

An der konkreten **Küstenformung** sind beteiligt:

1. **Zerstörungsprozesse**, also mechanische und biogene Küstenerosion (s.u.);
2. **geogene Aufbauvorgänge**, also litorale Sedimentakkumulationen von Lockermaterialien vor allem in Form von Strandhaken, Strandwällen, Strandterrassen, Nehrungen, Marschen, Wattgebiete, Deltas sowie Küstendünen (Kap. 3.7.4);
3. biogene Aufbauvorgänge bzw. **Biokonstruktionen** mit der Entstehung biogener Karbonate wie Kalkalgen- und Kalkvermitiden-Trottoirs oder Korallenriffe (Kap. 3.7.4);
4. **sekundäre Verfestigungsprozesse** wie Beachrock und Äolianite (Kap. 3.7.4).
5. **Meeresspiegelschwankungen**, eustatisch oder isostatisch oder tektonisch verursacht oder durch thermische Kontraktion und Expansion des Meerwassers (Kap. 3.7.5);

An allen Küsten der Erde findet man Zerstörungsprozesse, also **Küstenerosion.** Ursache ist entweder eine mechanische Erosion durch Wellenwirkung, Treibeis, auftauenden Permafrost und Bioerosion, oder Lösungsverwitterung intensiviert durch salziges Spritzwasser, oder oft der Menschen in nicht unerheblicher Weise. Diese Erosionsprozesse erzeugen verschiedene morphologische Formen.

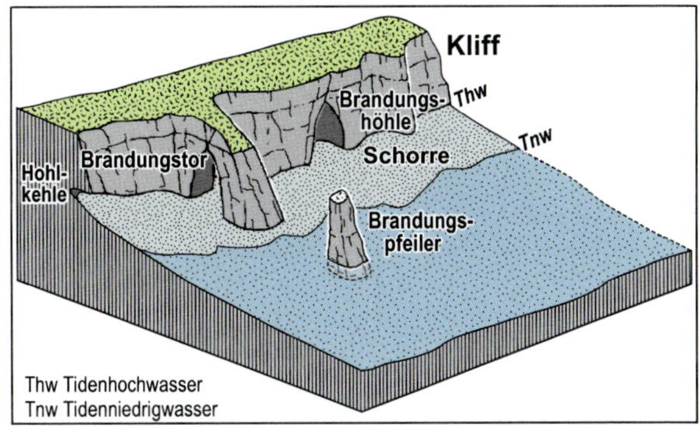

Abb. 3.7.16: Kliffküste mit typischen Brandungsformen.

Durch **Wellenwirkung** entstehen **Kliffe** (Abb. 3.7.16, Bild 3.7.1) mit zahlreichen Einzelformen wie Brandungspfeiler (*stack*), Brandungstore, Brandungstunnel und Brandungshöhlen, Brandungsgassen (Bildtafel 3.7.1). Erosionswiderständige Gangfüllungen können durch die Brandung mauer- oder pfeilerartig herauspräpariert werden (Bildtafel 3.7.1 und 3.7.2). Schwächezonen im Gestein wie tektonische Störungen können zu tiefen Brandungsgassen, Brandungstunneln und Brandungshöhlen, Brandungsnischen oder großen Brandungstoren umgeformt werden.

Bild 3.7.1:
Brandungshohlkehle an der südpatagonischen Atlantikküste in der *Ría Deseado.*

Am Klifffuß von Festgesteinen (insbesondere von Kalksteinen und Kalksandsteinen) treten oft im Niveau des Mittelwassers bei brandungsgeschützter Lage und im Niveau des

Brandungstor
in mittelpleistozänen
Basalten
(Dyrhólæy, Island - Südküste)

Inzwischen eingestürztes
Brandungstor
in mittelpleistozänen
Basalten
(Dyrhólæy,
Island - Südküste)

Brandungspfeiler
herauspräparierter
mittelpleistozäner
Basaltschlot
(Dyrhólæy,
Island - Südküste)

Tsunami-Block

Brandungsgasse
in miozänen Kalksteinen
mit ca. 28 t schwerem
Tsunamiblock
in ca. 7 m Meereshöhe
(Zypern - SW-Küste)

Brandungsmauer
herauspräparierter Aplitgang
(Sardinien - Ostküste)

Bildtafel 3.7.1: Kliffküsten mit Formen der Küstenerosion: Brandungstore, Brandungspfeiler, Brandungsgasse, Brandungsmauer.

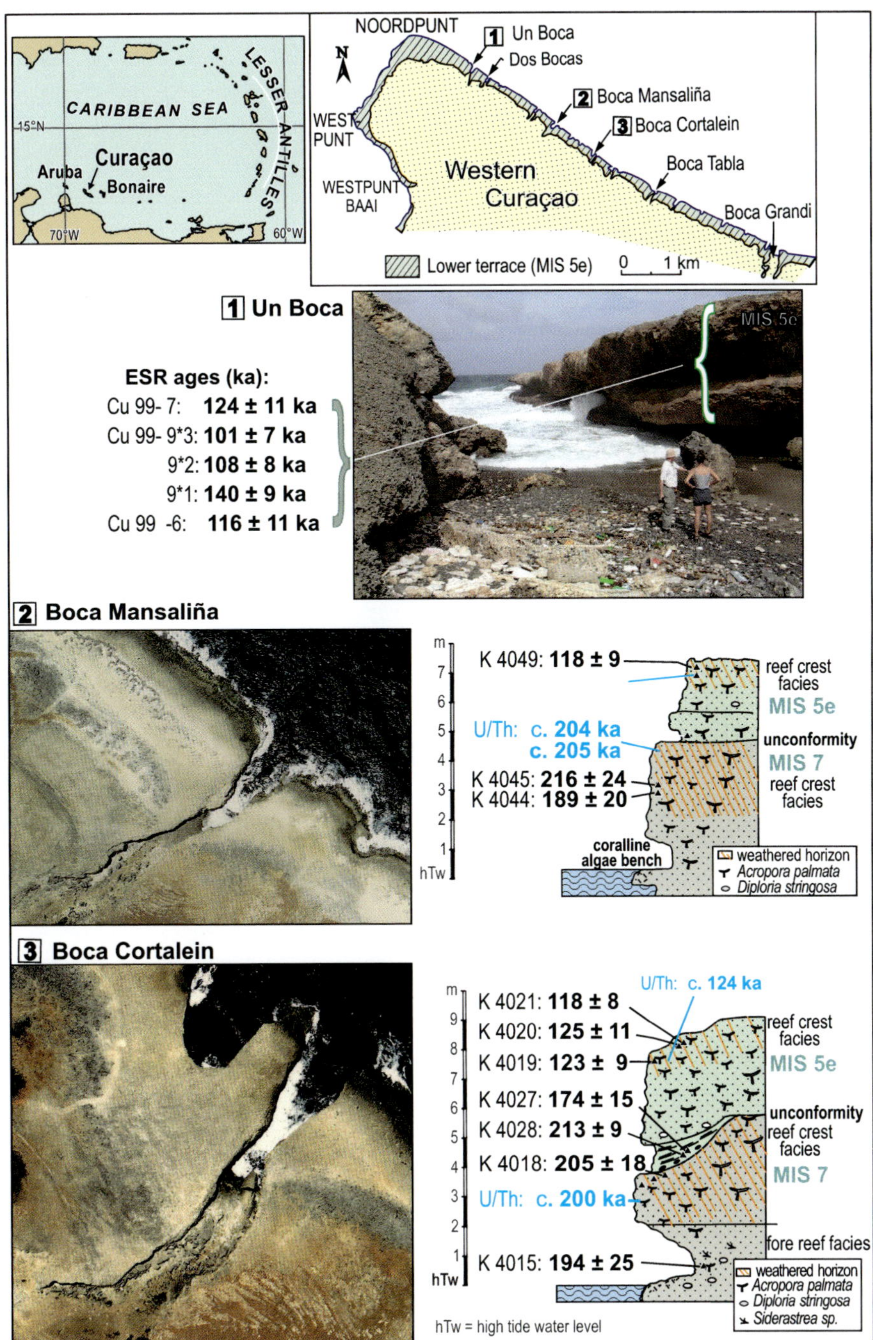

Bildtafel 3.7.2: Brandungsgassen (*Bocas*) in einer letztinterglazialen (MIS 5e) Korallenriffterrasse (untere Terrasse) auf Curaçao (Details in SCHELLMANN et al. 2004b). U/Th-Alter ergänzt nach MUHS et al. 2012).

mittleren Tidenhochwassers bei brandungsexponierter Lage **Hohlkehlen** (*notches*) auf. Ihre Höhe und Tiefe kann nur einige Zentimeter bis zu einem Meter und mehr betragen (Bild-

Bildtafel 3.7.3: Rezente, überwiegend bioerosive Hohlkehlen auf Barbados.

tafel 3.7.3 und 3.7.4). Dabei nimmt im allgemeinen ihre Höhe mit dem Tidenhub und der Brandungsexposition zu.

Hohlkehlen entstehen meistens durch Brandung (**Brandungshohlkehle**, ***wave-cut notch, abrasion notch;*** Bild 3.7.1) oder in karbonatischen Gesteinen an subtropischen und tropischen Küsten zumindest teilweise durch Bioerosion. Eine überwiegend bioerosive Herkunft erkennt man daran, dass sie auch im Lee der Brandung, also brandungsgeschützt, ausgebildet sind. Bei **bioerosiven Hohlkehlen** ist das Dach der Hohlkehle häufig fast waage-

Bild 3.7.2:
Ablations-Hohlkehle am kalbenden Gletscher (Hinlopenstraße, NE-Spitzbergen).

Rezente Hohlkehle (bis zu 0,5 m tief) in einem, zum Meer hin offenen antiken Steinbruch
Protaras, E-Küste Zyperns

Herausgehobene letztinterglaziale (MIS 5e) Hohlkehle auf Curaçao

Herausgehobene bioerosive Hohlkehlen aus dem MIS 5e auf Barbados
4 Barbados, NE-Küste 5 Barbados, S-Küste

Bildtafel 3.7.4:
Rezente, seit der Antike entstandene Hohlkehle auf Zypern sowie herausgehobene Hohlkehlen aus dem Holozän und dem letzten Interglazial (MIS 5e) auf Zypern, Curaçao und Barbados.

Bildtafel 3.7.5:
Kliffküste mit Brandungshohlkehle (*notch*) und vorgelagerter Schorre (Abrasionsplattform, *wave cut platform, shore platform*) an der patagonischen Atlantikküste (Halbinsel östlich von San Julián nahe dem *Pta. Desengaño*).

recht ausgebildet wie mit einem Lineal gezogen (Bildtafel 3.7.3). Brandung erzeugt dagegen abgeschliffene und polierte Hohlkehlen mit Hohlkehlendächer, die nach oben geöffnet sind (Bildtafel 3.7.2: Bild oben rechts) als Folge einer von Sturmstärke und Tidenwasserstand abhängigen und dadurch in der Höhe schwankenden Brandungswirkung. Neben Brandungs- und Bioerosions-Hohlkehlen können an kalbenden Gletschern im Sommer in wenigen Tagen „Schmelz-Hohlkehlen (**Ablations-Hohlkehlen**)“ entstehen (Bild 3.7.2).

Einem Kliff sind an Flachwasserküsten oft als Schnittflächen schmalere oder breitere **Schorren** (Abrasionsplattformen, Brandungsplattformen, *wave-cut platforms, shore platforms*) vorgelagert (Abb. 3.7.17; Bildtafel 3.7.5), die insgesamt flach meerwärts mit etwa 1° Neigung abfallen. Sie entstehen durch intertidale Abrasion der Gesteinssohle (einige µm bis cm/a) und zwar durch eine wellen- und gezeitenbedingte Hin- und Her-Bewegung von Kiesen, Sanden und Silten. Dabei wird das Kliff nach und nach zurück verlegt bis die Wellen nicht mehr in der Lage sind, den am Klifffuß angesammelten Verwitterungsschutt wegzutransportieren. Aus dem **aktiven Kliff** wird ein **fossiles Kliff**.

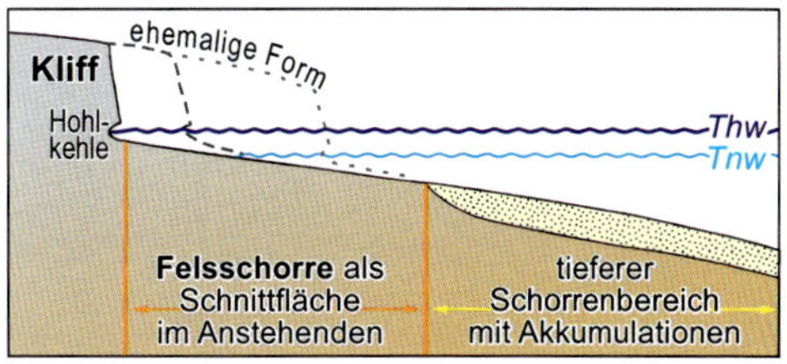

Abb. 3.7.17:
Entstehung einer Schorre bzw. einer Abrasionsplattform (*wave-cut platform*).

Die **erosive oder mechanische Wirkung** der Wellen ist abhängig von:

- der Intensität der Wasserbewegungen im Litoral;
- der Häufigkeit des Auftretens extremer Stürme;
- der Erosionswiderständigkeit der Strandzone;
- von der Menge und der Partikelgröße der im Wasser bewegten Sedimente (höhere Dichte des Wassers).

Schorren und Brandungshohlkehlen werden manchmal zur Rekonstruktion von Meerespiegelveränderungen bzw. tektonischen Bewegungen der Küste genutzt (Abb. 3.7.18). Allerdings ist die **Datierung** erosiver Formen immer ein Problem, da in der Regel datierbares Material fehlt. Manchmal kann das Alter herausgehobener Erosionsformen wie Hohlkehlen, Schorren, Brandungshöhlen oder Kliffs eingeengt werden über eine Datierung des Gesteins, in das die Formen angelegt sind als ***terminus post quem*** und durch eine altimetrische Korrelation mit angren-

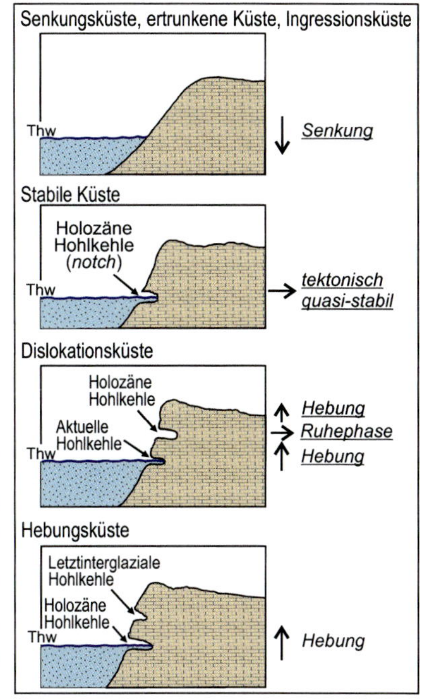

Abb. 3.7.18:
Hohlkehlen als Indikator für relative Meeresspiegelveränderungen.

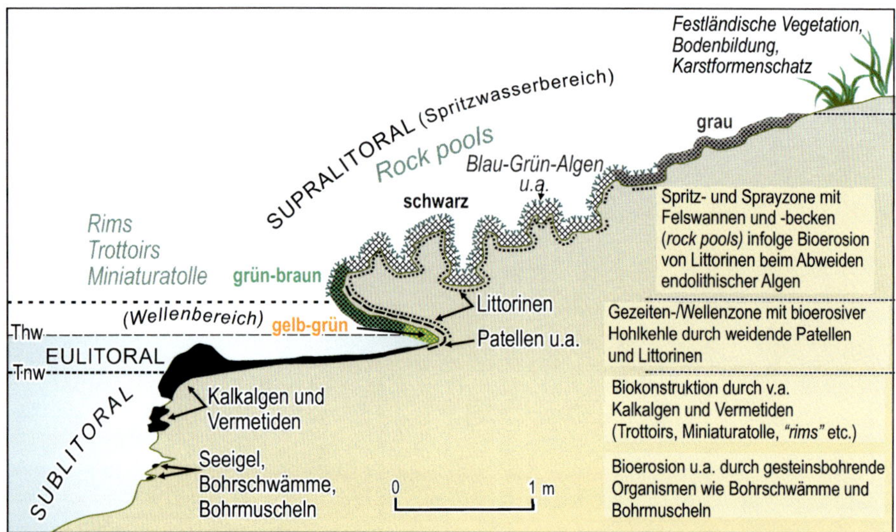

Abb. 3.7.19: Biogene Küstenformung (erosiv und akkumulativ) an einer Kalksteinküste des Mittelmeeres (stark verändert und ergänzt nach Kelletat 1989 und Kelletat 1990).

zenden, ähnlich hohen Akkumlationsformen wie Strand- oder Korallenriffterrassen, deren Alter bekannt ist. Oberflächendatierungen mit Hilfe kosmogener Nuklidbildungen können vielleicht in Zukunft noch bessere Möglichkeiten eröffnen.

Bioerosion

Vor allem an subtropischen und tropischen Küsten schafft **Bioerosion** auf kalkhaltigen Gesteinen oft „karstähnliche" Kleinformen wie im Eulitoral **bioerosive Hohlkehlen** (*bioerosive notches*) sowie im Supralitoral **Felswannen** (*rock pools*), Näpfe und Felsbecken, Felswaben und kleine Felsgrate. Im Sublitoral sind es vor allem Seeigel, Bohrschwämme und Bohrmuscheln, die Vertiefungen entsprechend ihrer Körpergröße schaffen (Abb. 3.7.19).

Bioerosion ist die Zerstörung des Gesteins durch Organismen (Pflanzen und Tiere) entweder zur deren Schutz vor der Brandung oder vor Fressfeinden oder als Nahrungsquelle in Form epi- oder endolithisch lebender Blaualgen (Cyanopyhceen, Chlorophyceen). Die Zerstörung des Gesteins geschieht entweder chemisch durch Abscheiden aggressiver Körpersubstanzen (**Biokorrosion**) oder mechanisch durch Bohren, Graben und Fressen (**Bioabrasion**, Biokorassion).

Auf biochemische Weise **bioerosiv** tätig sind Blau-Grün-Algen (Cyanobakterien), Rotalgen (Rhodophyceae) oder Diatomeen (Bacillariophyceae) (Ford & Williams 2007: 61), indem sie in das Gestein eindringen und Kohlensäure freisetzen (Kohlensäureverwitterung). Seeigel, Bohrwürmer und Bohrmuscheln sind dagegen gesteinsbohrende Organismen und Papageienfische, Napfschnecken (Patellae) und Strandschnecken (Littorinen) gesteins-abraspelnde Organismen (Abb. 3.7.19).

Bild 3.7.3: Bioerosive Felswannen (*rockpools*) in miozänen Kalksteinen auf der Lara-Halbinsel im Südwesten Zyperns.

Zum Beispiel ernähren sich Patellen (1 bis 3,5 cm Durchmesser) und Littorinen (0,1 bis 10 mm Länge) von den in der Gezeiten- und Spritzwasserzone (Eu- und Supralitoral) lebenden Blaualgen: unten epilithisch (gelbe bis grüne Farbe des Fels), nach oben endolithisch (grauer bis schwarzer Fels). Beide Schneckenarten besitzen eine Radula, ein Raspel-Organ, mit dem sie die Algen vom Gestein abgrasen bzw. auch die obersten von Blaualgen belebten Gesteinsschichten abraspeln. Nach Kelletat (1999: 129) können diese bei Populationsdichten von bis zu 800 Patellen pro m^2 und 50.000 Littorinen pro m^2 großflächig über 1 mm/a Gesteinsoberfläche entfernen. Das Ergebnis sind diverse Hohlformen im Eulitoral (Abb. 3.7.19) bis hin zu Felswannen und Felsbecken (*rock pools*) im Supralitoral (Bild 3.7.3).

Ausgewählte Literatur

Kelletat, D. (2013): Physische Geographie der Meere und Küsten: Kap. 3.4.3; Leipzig (Teubner Verl.).

Zepp, H. (2017): Grundriß Allgemeine Geographie: Geomorphologie eine Einführung: Kap. 13; Paderborn (Schöningh UTB Verl.).

Weiterführende Literatur

Ahnert, F. (2015): Einführung in die Allgemeine Geomorphologie: Kap. 25; Stuttgart (Ulmer Verl.).

Press, F. & Siever, R. (2017): Allgemeine Geologie: Kap. 20; Heidelberg (Spektrum).

Erarbeiten Sie mit Hilfe der Literatur und des Textes die verschiedenen, im Text genannten Formen von Küstenerosion, deren Verbreitung und Genese und beantworten Sie die nachfolgenden Fragen.

1. *Was kann die erosive Wirkung der Brandung steigern?*
2. *Welche Voraussetzungen begünstigen die Entstehung einer Steilküste mit Kliff und Schorre?*
3. *Wie entstehen Hohlkehlen an einem Kliff und wie ist deren Lage zum Meeresspiegel?*
4. *Welche morphologischen Formen an Kliffküsten können als Indikatoren für die Höhenlage eines ehemaligen Meeresspiegels genutzt werden?*
5. *Was versteht man unter Bioerosion?*
6. *Welche Organismen können im Küstenmilieu an der Bioerosion beteiligt sein?*

7. *Wie können Blaualgen an der Küste Bioerosion auslösen?*
8. *Wie und wo an der Küste (Abb. 3.7.19) betreiben Littorinen und Patellen Bioerosion und welche morphologischen Formen entstehen dadurch?*
9. *In welchen Küstengebieten auf der Erde ist die Leistung der Bioerosion am größten?*
10. *Welche Küstenformen entstehen durch Bioerosion?*

3.7.4 Formen der litoralen Sedimentakkumulation, Strandverfestigung und Biokonstruktion

- Formen der Strandversetzung (Haken, Strandwall, Tomboli, Nehrung, Lagune und Haff, Barriereinseln und Wattgebiete)
- Sekundäre Verfestigungen von Strand (Beachrock) und Dünen (Äolianite)
  Exkurs 2: *Äolianite an der Südostküste von Zypern*
- Aufbauküsten von Organismen gestaltet (Kalkalgen- und Vermetidenbioherme, Korallenriffe)

Je nach **Herkunft des Lockermaterials** kann man zwei verschiedene, durch Akkumulationsprozeße geprägte Küstentypen unterscheiden: die potamogenen und die thalassogenen Küsten. Bei überwiegend fluvialer Anlieferung von Sedimenten bilden sich Schwemmlandküsten und Deltas, sog. „**potamogene Küsten**". Solche ausgedehnten Schwemmlandküsten und Deltas erstrecken sich nahe der Mündung großer Flüsse ins Meer, sofern die Bilanz zwischen fluviatilen Fest- und Schwebstoffeintrag größer ist als die Erosionskraft der Gezeiten- und Küstenströmungen. Bei überwiegender Anlieferung von Meeressedimenten, wie im Watt, spricht man von **thalassogenen** Schwemmlandküsten.

Durch Küstenlängsströmungen (*longshore drift*), Tiden, Brandung und Sturmwellen kann bei positiver Sedimentbilanz eine vielfältig gegliederte **Ausgleichs- oder Nehrungsküste** entstehen aus geschichteten und gut sortierten, sandigen oder kiesigen Strand- und Vorstrandsedimenten. Sie wird gestaltet durch morphologische Formen wie sub- und eulitorale Barren und Strandriffe (Bild 3.7.4) sowie Sandplaten, eulitorale bis supralitorale Strandhaken, Strandwallsysteme (Bild 3.7.5, Abb. 3.7.20) und Tomboli (Bild 3.7.6) bis hin zu großen Nehrungen mit rückseitigen Lagunen (Haffs) oder Strandseen. Klifferosion und küstenparalleler Sedimenttransport können mittels großer, vom Strand unabhängiger Nehrungssysteme eine stärker begradigte Ausgleichsküste entstehen lassen. Beispiele sind die Boddenausgleichsküste an der Ostsee zwischen Fischland und Usedom oder die bekannte kurische Nehrung an der pommerschen Ostseeküste.

Zu Küsten mit positiver Sedimentbilanz gehören auch sandreiche **Barriereinseln** (*barrier islands*) mit Inseldünen und dazwischen liegenden **Seegatten** (*tidal inlets*) oder **Baljen** (schmale, zum Teil tief eingeschnittene Strömungsrinnen), sowie in erosionsgeschützter Leelage der Inseln ausgedehnte Wattgebiete durchzogen von Prielen. Starke Gezeitenströme und Flussmündungen verhindern die Entstehung einer geschlossenen Nehrung. Die West- und Ostfriesischen Inseln wären ein charakteristisches regionales Beispiel.

Bild 3.7.4: Intertidale Barren (Strandhaken) mit „Pinguin-Schwimmschule“ bei Niedrigwasser im Meeresarm, der die Bahía San Julián mit dem Atlantik verbindet. Bei Flut sind die Barren vom Wasser bedeckt. Der Tidenhub besitzt hier eine Amplitude von etwa 8,5 m.

Wattgebiete (*tidal flats*) werden vom Gezeitenrhythmus geprägt zwischen Bewässerung bei Flut und Entwässerung bei Ebbe. Morphodynamisch aktiv sind vor allem die zahlreichen, mäandrierenden und sich verlagernden Priele (Wasserrinnen, Wattwasserläufe) mit Erosion am Prallufer und Sedimentation am Gleithang. An morphologischen Formen findet man neben Prielen vor allem Kolke und Strömungsrippeln, Sandplatten und Muschelbänke.

Im Lee von Inseln, in Buchten oder in Strandnähe bleiben häufig auch Tone, Silte und zahlreiche feine organische Partikel liegen und bilden das äußerst dicht besiedelte (u.a. Algen, Schnecken, Würmer, Muscheln, Krebse) **Schlickwatt** (mittlere Korngröße 40 bis 60µm). Im Bereich stärkerer Strömungsenergien oder im Bereich der Brandung bleiben überwiegend gröbere Korngrößen und Muschelschill liegen und bilden das **Sandwatt** (mittlere Korngrößen im Sandbereich bis 200 µm). Im strandnahen Bereich (oberes Intertidal) wird die Ablagerung von Sedimenten begünstigt durch Bewuchs mit salztoleranten Pflanzen wie dem Queller (*Salicornia herbacea*). Wattgebiete können durch Hochwässer und Sturmfluten über den Hochwasserspiegel aufwachsen und werden zur **Marsch** (*marsh*), die nur noch bei Sturmflut überflutet wird. Eine Insel aus Marschland im Wattgebiet heißt an der Nordseeküste **Hallig**, und die **Geest** ist eine Jung- oder Altmoränenlandschaft.

In den Tropen sind Wattgebiete im oberen Intertidal meist mit **Mangroven** (halophytische Büsche und Bäume) bewachsen, die mit ihren Stelzwurzeln Schlick und organische Partikel festhalten. Dadurch tragen sie zur allmählichen Verlandung und damit verbundener Küstenprogradation bei. Mangrovenwälder sind ein wichtiger natürlicher Küstenschutz vor extremer Küstenerosion durch tropische Wirbelstürme.

3.7.4.1 Formen der Strandversetzung

(Strandhaken, Strandwall, Tomboli, Nehrung, Lagune und Haff)

Küstenströmungen (*longshore drift*), Brandung und Sturmwellen können bei Sedimentüberschuss an Lockermaterialküsten (sei es durch Küstenerosion oder durch fluviale Sedimenteinträge) geschichtete und sortierte, sandige oder kiesige Strandhaken und Strandwälle aufschütten (Abb. 3.7.20; Kap. 3.7.5: Exkurs 3). Aus sub- und eulitoralen Barren und Strandriffen können durch weitere Sedimentanhäufung Strandhaken und Strandwälle entstehen.

Barren (*wave-formed bars*) und **Strandriffe** sind subtidale bis intertidale Bildungen und liegen bei Tidehochwasser unterhalb der Wasserlinie, werden also erst bei ablaufendem Wasser sichtbar (Bild 3.7.4). **Strandwälle** sind dagegen Sturmablagerungen und bilden langgestreckte, küstenparallele Akkumulationsformen oberhalb der Wasserlinie. Nicht selten überragen sie das angrenzende Hinterland um mehrere Meter (Bild 3.7.5). An Küstenvorsprüngen, manchmal auch in Buchten, können bei hohem Sedimentanfall und günstiger Wellenrichtung bzw. Küstenlängsströmung (*longshore drift*) schmale, häufig gekrümmte Strandhaken und Strandspitzen (*spits*) entstehen (Abb. 3.7.20), die vor allem in Leerichtung der dominierenden Wellenrichtung wachsen.

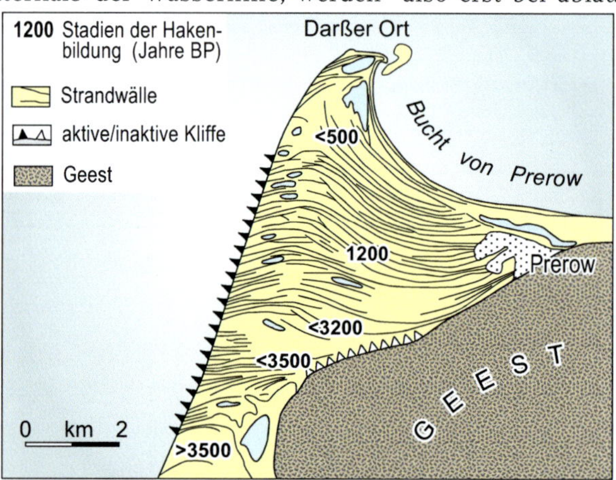

Abb. 3.7.20:
Holozäne Strandwallsysteme am Darß, Deutsche Ostseeküste (Quelle: Kelletat 1999). Solche Küstenvorsprünge aus Strandwällen werden an der deutschen Ostseeküste auch als **Höftland** bezeichnet.

Zwar kann schon ein Sturm einen **Strandwall** generieren, aber größere Strandwallsysteme sind meistens über Jahrhunderte abgelagert worden (Abb. 3.7.20). Durch Verlagerung von Küstenströmungen und Brandungsschwerpunkten können lokal neue Strandwälle entstehen

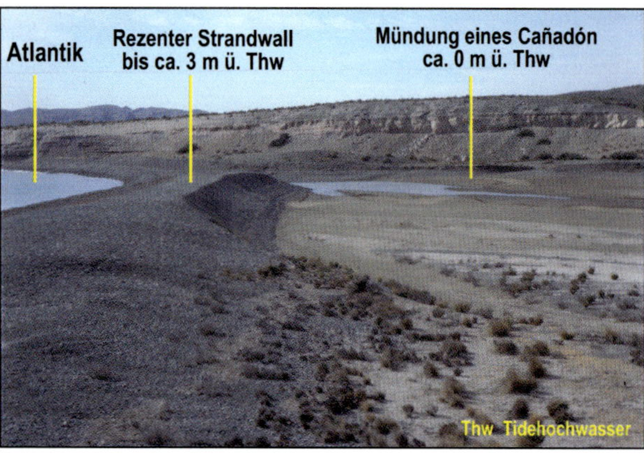

Bild 3.7.5:
Rezenter Strandwall, der aktuell die Mündung eines Trockentals (Cañadón) verschließt. In feuchten Wintern wird er wiederholt vom torrentiellen Abfluss des Cañadóns durchbrochen.

Bild 3.7.6: Die Halbinsel *Scotts Head* an der Südküste von Dominica ist durch einen Tombolo mit der Hauptinsel verbunden.

und benachbarte Strandwälle durch Erosion wieder aufgezehrt werden. So entstehen in ihrem Verlauf zum Teil gleichsinnige, zum Teil aber auch unterschiedlich ausgerichtete **Strandwallsysteme** (Abb. 3.7.20). Dabei markiert jeder Strandwall eine ehemalige Küstenlinie zur Zeit seiner Entstehung. Einzelne Strandwälle sind durch parallel verlaufende Rinnen voneinander abgesetzt. Sie entstanden wahrscheinlich beim nachlassenden Sturm und markieren das Ende einer Strandwallbildung bis zum nächsten Sturm.

Die Höhenlage von Strandwällen über dem Meeresspiegel und auch die Mächtigkeiten des kiesigen oder sandigen Strandwallkörpers hängen vom Tidenhub und von der Reichweite der Sturmwellen ab. Es gilt:

Um so stärker der Tidenhub und umso stärker die Stürme, desto höher sind die Wälle.

In sturm- und brandungsgeschützten Buchten besitzen sie eine geringere Meereshöhe und die Sedimentkörper geringere Mächtigkeiten. Mit zunehmender Buchtlage nimmt das Oberflächenrelief ab und das Strandwallsystem wandelt sich zu einer relativ ebenen Strandterrasse (Kap. 3.7.5: Exkurs 3).

Liegt eine Strandwallbarriere vor einer Bucht, dann bezeichnet man sie als **Nehrung** (*coastal barrier*), und die abgeschnürte wassergefüllte Bucht als **Lagune** (*lagoon*), **Haff** (regionale Bezeichnung im Ostseeraum für eine Nehrungslagune) oder ausgesüßter **Strandsee**. Nehrungen können durch Verlagerung von Strandhaken (*spits*) entstehen oder durch senkrechte, zur Küste wandernde Barren. An Küsten mit größerem Tidenhub entstehen manchmal freie Nehrungen oder Nehrungsinseln. Sie besitzen Durchlässe (Seegaten) zwischen den einzelnen Nehrungsrücken, die durch die Strömung freigehalten werden.

Sind die Küstenlängsströmungen günstig, können dammartige **Tomboli** entstehen, die Insel und Festland miteinander verbinden (Bild 3.7.6).

Ausgewählte Literatur

Kelletat, D. (2013): Physische Geographie der Meere und Küsten: Kap. 3.4.4.2 und Kap. 3.4.4.3; Leipzig (Teubner Verl.).

Zepp, H. (2017): Grundriß Allgemeine Geographie: Geomorphologie eine Einführung: Kap. 13; Paderborn (Schöningh UTB Verl.).

Weiterführende Literatur:

Ahnert, F. (2015): Einführung in die Allgemeine Geomorphologie: Kap. 25; Stuttgart (Ulmer Verl.).

Press, F. & Siever, R. (2017): Allgemeine Geologie: Kap. 20; Heidelberg (Spektrum).

Beantworten Sie mit Hilfe des Textes und der Literatur die nachfolgenden Fragen.

1. *Was sind Barren und wie entstehen sie?*
2. *Wo im Litoral wächst an der deutschen Nordseeküste der Queller?*
3. *Was ist ein Strandhaken und wie entsteht er?*
4. *Was sind Strandwälle, wie entstehen sie und wie ist deren Lage zum Meeresspiegel?*
5. *Wie entsteht ein Tombolo?*
6. *Was beschreiben die Begriffe „Lagune", „Nehrung" und „Haff"?*
7. *Was versteht man an der deutschen Ostseeküste unter einem Höftland?*

3.7.4.2 Sekundäre Verfestigungen von Strand (Beachrock) und Dünen (Äolianite)

Die Bezeichnung „**Beachrock**" (Bild 3.7.7) stammt wahrscheinlich von Field (1919). Das Phänomen zementierter Strandsande wurde allerdings schon von Beaufort (1817: 174ff.) als ***„petrified beach"*** und von Buch (1825: 258ff.) als „Konglomerat" und „Sinterstein" bzw. „Filtrirstein" beschrieben. Später wird er als ***„sandstone"*** (u.a. Moresby 1835; Darwin 1841) oder als ***„beach sand-rock"*** (Dana 1875) bezeichnet.

Beim Beachrock (Bild 3.7.7) handelt es sich um sekundär durch Kalziumkarbonate verfestigte, zementierte (= **diagenetische Verfestigung**, *lithification*) Strandsande (Kalkarenite) oder Strandkiese (Konglomerate). Bei der Zementation bleibt die interne, meist meerwärts einfal-

Bild 3.7.7: Beachrock auf Barbados und auf Zypern.

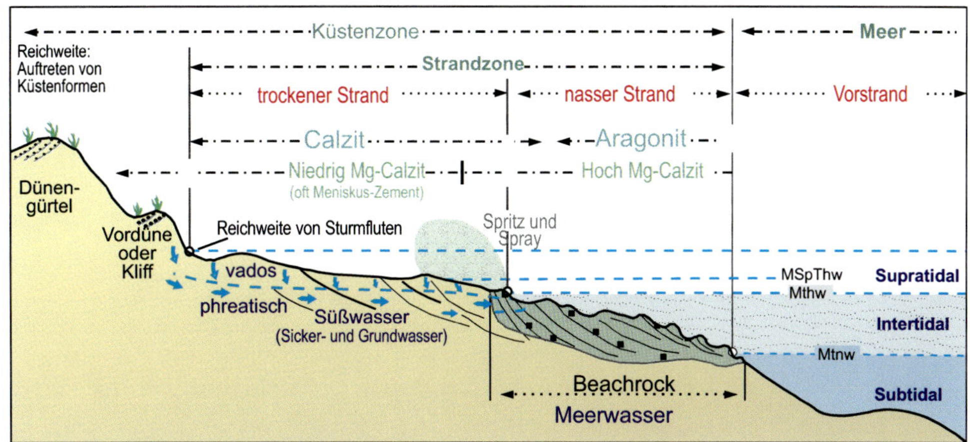

Abb. 3.7.21: Beachrock, häufige aktuelle Lage.

lende Schrägschichtung (ca. 2° bis 20°) der gut sortierten Strandsedimente ebenso erhalten wie andere Sedimentstrukturen.

Beachrock findet man häufig unter geringer (einige Dezimeter) oder fehlender Sedimentbedeckung als schmale, im Mittel nur 5 bis 20 m breite Streifen entlang des Strandes, oft in der Brandungszone (Intertidal), seltener im Supratidal. Oft ist er durch marine Erosion und Bioerosion angegriffen, an Badestränden meistens vom Menschen beseitigt worden.

Beachrock ist oft 1 bis 2 m dick, kann aber auch bis zu 5 m mächtig sein (Turner 2018: 313). Seine Mächtigkeit steigt mit zunehmenden Tidenhub (McLean 2011: 108), wobei die Basis unter dem Niveau des Tidenniedrigwassers und die Oberfläche über dem Tidenhochwasser liegen kann (Abb.3.7.21).

Das Bindemittel sind kalzitische (Hoch-Mg- und Niedrig-Mg-Kalzite) und/oder aragonitische Kalkausfällungen (Abb. 3.7.21). Dabei ist zu beachten, dass Aragonit unter terrestrischen Bedingungen im Laufe der Zeit (meist viele Jahrzehntausende) in Kalzit umgewandelt wird. Vor allem in älteren pleistozänen Beachrock-Vorkommen kann ein kalzitischer Zement aus einer Transformation von Aragonit zu Kalzit entstanden sein. Sehr selten treten auch silikatische Bindemittel auf. Hoch-Mg-Kalzite (*High-Mg calcite*) enthalten 4 (5) bis 20 mol% $MgCO_3$ und Niedrig-Mg-Kalzite (*Low-Mg calcite*) weniger als 4 (5) mol% $MgCO_3$. Die Grenze zwischen beiden Mg-Kalzitarten wird nicht einheitlich bei 4 oder 5 mol% $MgCO_3$ gezogen.

Oft besteht **Beachrock-Zement** aus verschiedenen Kalziumkarbonaten mit unterschiedlichen Kristallstrukturen. Dies ist ein Hinweis auf eine mehrphasige Bildung unter verschiedenen Ausfällungsmilieus. So werden **Kalzite** meist im Supratidal aus meteorischem, vadosem oder phreatischem Süßwasser ausgefällt. Sie bilden oft einen Meniskus-Zement oder auch laminierte Krusten. Nadelige **Aragonitkristalle** entstehen dagegen im Intertidal aus Meerwasser. **Hoch-Mg-Kalzite** sind in Kombination mit Aragonit marin-phreatischer Herkunft. Sie können aber beim Fehlen von Aragonit auch aus Süßwasser ausgefällt worden sein. **Niedrig-Mg-Kalzite** entstehen dagegen im Küstenbereich bei Ausfällung aus Süßwasser (Sicker- und meerwärts fließendes Grundwasser), in Kombination mit Aragonit auch bei Mischung von Süßwasser und Meerwasser.

Beachrock kann durch ansteigenden oder fallenden Meeresspiegel bzw. Landhebung oder Landsenkung zeitweilig in supratidale oder intertidale Ausfällungsmilieus gelangen. Dadurch kann je nach Lokalität sein Zement auch beide Milieus enthalten.

Die **Kalkausfällungen** können verursacht sein:

- durch erhöhte Temperaturen und Verdunstungsraten vor allem in der meteorisch-vadosen Zone (Supratidal, Wellenauflauf- und Spritzwasserzone), aber auch bei Niedrigwasser im Intertidal;
- oder durch Kalk-Übersättigungen infolge Mischungen von relativ kalten und kalkgesättigtem Süßwasser (Grundwasser, meteorisch-phreatisch) mit wärmerem und verdunstenden Salzwasser (marin phreatisch, Intertidal);
- oder durch CO_2-Entgasungen aus dem Porenwasser durch Wellenbewegungen, Grundwasserschwankungen, Temperaturerhöhungen oder Verdunstung;
- oder organogen im Intertidal durch biologische Aktivitäten (mikrobielle Karbonatbildungen) wie CO_2-Entzug durch Photosynthesetätigkeiten von Blaugrünalgen bzw. Cyanobakterien oder direkte Kalzitausscheidungen durch Algen oder Kalzitfällungen ausgelöst durch Stoffwechseltätigkeiten von Bakterien (u.a. Danjo & Kawasaki 2014: 498).

Die Ausfällungen und die dabei entstehende mineralogische Zementart resultieren letztlich aus einem komplizierten Zusammenspiel verschiedener Parameter (u.a. Vousdoukas et al. 2007) wie Wassertemperatur, pH-Wert, CO_2-Partialdruck, Gehalt an Salzen, Karbonaten, Mg^{2+}, Phosphaten, Sulfaten, organischen Stoffen und Organismen (bakterielle Kalzitfällung, Photosynthese von Algen). Hinzu treten weitere geogene Faktoren wie Häufigkeit und Magnitude von Wellen, Sedimentbewegungen, Korngrößen, Porenvolumen, Grundwasseraustritte, Verdunstungsraten etc. Deshalb ist eine Interpretation des Entstehungsmilieus eines Beachrockvorkommens oft nicht eindeutig.

Beachrock ist so alt wie sein Zement und jünger als die verkitteten Sand- und/oder Kiespartikel. Insofern kann das Alter von Beachrock:

- durch Datierung eingelagerter Artefakte oder Fossilen (*bzgl. der Zementation ein terminus ante quem*) bestimmt werden,
- oder durch Datierung des karbonatischen Zementes z.B. mittels der ^{14}C-Methode (*Datierung der Zementation, eventuell auch von jungen Rekristallisationen*),
- oder durch Datierung der Sandkörner (Feldspat und Quarz) *via* Lumineszenz-Verfahren (*bzgl. der Zementation ein terminus post quem*).

Die meisten Beachrock-Vorkommen sind **holozänen Alters** und etwa 1.000 bis 6.500 Jahre alt. Beachrock kann aber auch rezent entstehen, manchmal in wenigen Jahren, Jahrzehnten und Jahrhunderten.

Heutige **Beachrock-Vorkommen** liegen im Intertidal zwischen Tidenhoch- und Tidenniedrigwasser (Abb. 3.7.21). Unklar ist, ob alle Beachrockvorkommen im Intertidal (= nasser Strand) entstanden sind (wie von vielen Autoren angenommen) und damit ein relativ guter Meeresspiegelindikator wären. KELLETAT (u.a. 1998; ders. 2006), WINTERHOLLER (2006) und einige andere Autoren postulieren dagegen, dass viele Beachrock-Vorkommen im mittleren Holozän bei tieferem Meeresspiegel subaerisch am oberen trockenen Strand, also im Supratidal gebildet wurden. Erst anschließend sollen diese durch einen jungholozänen Meeresspiegelanstieg in ihre heutige intertidale Lage gelangt sein. Sozusagen als Kompromis zwischen diesen beiden gegensätzlichen Auffassungen sieht TURNER (2018: 312) Beachrock als eine Bildung im Intertidal zwischen Tideniedrigwasser und Tidehochwasser und in der Spray- und Spritzwasserzone (*spray zone*), dort, wo am häufigsten Durchfeuchtung und Trocknung stattfinden.

Gesichert ist, dass Beachrock durch ein Zusammenspiel zwischen Niederschlagswasser und austretendem Sickerwasser, Salzwasserspray, Kalklösung und Kalkfällung von organischen Kalkpartikeln (v.a. Muschelschalen, Steinkorallen, Kalkalgen) sowie starker Evaporation (Verdunstung, *evaporation*) entsteht (siehe auch MCLEAN 2011: 109).

Beachrock kommt daher fast ausschließlich an subtropischen und tropischen Stränden mit humiden und ariden Klimabedingungen vor (KELLETAT 1998: Abb. 1a), wo hohe Verdunstungsraten seine Bildung sehr begünstigen. *Hotspots* von Beachrockvorkommen sind das Mittelmeer, die Karibik, die Atolle im pazifischen und indischen Ozean sowie die tropischen und subtropischen Küsten des Atlantiks vom Äquator bis etwa 40° nördlicher und südlicher geogr. Breite (VOUSDOUKAS et al. 2007). Begünstigend sind Strände mit einem niedrig-energetischen, mikro- bis meso-tidalen Tiden- und Brandungsmilieu.

Beachrock hat als natürlicher Wellenbrecher eine wichtige **Schutzfunktion** vor Küstenerosion. Sobald er natürlich oder anthropogen zerstört ist, nimmt die Küstenerosion in der Regel deutlich zu. Daher gibt es erste Experimente, die untersuchen, inwieweit eine Zufuhr von Nitraten oder von organischem Kohlenstoff ein Bakterienwachstum im Strandsand stimulieren und so eine Neubildung von Beachrock auslösen kann (u.a. DANJO & KAWASAKI 2014: 498f.).

Äolianite (*eolianite, aeolianite*)

Der Begriff *„eolianite"* stammt von SAYLES (1931). Äolianite (Arabien *kurkar;* Indien *kunkar;* östl. Mittelmeer *grès dunaire*) sind unmittelbar nach Ablagerung sekundär verfestigte, versteinerte Küstendünen. Sie bestehen aus schräg- und kreuzgeschichteten Flugsanden (Bild 3.7.8). Die einzelnen Sandlamellen können bis zu 30 bis 34° Neigung besitzen und spiegeln das Vorrücken der Dünensande im Lee wider. Die ehemals lockeren und primär schon stark kalkhaltigen (Abrieb kalksschaliger Meeresorganismen) Dünensande sind durch Kalkausfällungen zementiert (äolische Kalkarenite). Der Zement besteht vor allem aus Niedrig-Mg-Kalziten ausgefällt im Porenraum aus verdunstendem Salzspray, Spritz- und Sickerwässern sowie ausgefällt aus Verwitterungslösungen organischer Kalkpartikel. Die Kalkgehalte übersteigen 50%, oft auch 90% (Bird 2018: 776).

Bild 3.7.8: Kreuzschichtung in Äolianiten an der Westküste Sardiniens.

Diese Kalkarenite neigen zur Verkarstung in Form von Lösungslöchern und scharfkantigen Lösungsgraten sowie Karren. Bei hoher Verdunstung kommt es häufiger zu bizarren Tafoni-bildungen (Bild 3.7.9) mit hervorstehenden krustenartigen Partien und darunterliegenden herausgewitterten Hohlräumen. Manchmal sind in den Äolianiten Landschnecken, Kalkkrusten (Caliche), fossile Böden oder auch Abdrücke ehemaliger Bäume begraben.

Bild 3.7.9: Tafoni in jungpleistozänen Äolianiten an der Südostküste Zyperns.

Äolianite kommen ähnlich wie Beachrock an subtropischen und tropischen Stränden in beiden Hemisphären zwischen 20° bis 40° N und S vor (ausführlicher in Brooke 2001), wo hohe Verdunstungsraten die Zementierung der Sande erst ermöglichen.

Die meisten Äolianite sind pleistozänen Alters (Exkurs 2: Abb. E2). Ihr Alter kann über verschiedene Datierungsverfahren wie Lumineszenzdatierungen der Quarz- und/oder Feldspatkörner sowie ^{14}C- oder ESR- Datierungen eingelagerter Schneckenschalen (siehe Exkurs 2) bestimmt werden oder bei stark verkarsteten Äolianiten über Th/U-Datierungen von Höhlensintern geschätzt werden.

Die Wurzelzone von Äolianiten reicht in Küstengebieten mit geringer Hebungsrate oft unter den heutigen Meeresspiegel. Bird (2018: 776) berichtet von pleistozänen Äolianiten an der australischen Küste, die mehr als 140 m unter und bis zu 60 m über den heutigen Meeresspiegel reichen. Holozäne Dünen sind, wenn überhaupt, nur in den oberen Partien verfestigt (Kelletat 2013: 176).

Ausgewählte Literatur

KELLETAT, D. (2013): Physische Geographie der Meere und Küsten: Kap. 3.4.4.6; Leipzig (Teubner Verl.).

Beantworten Sie mit Hilfe des Textes und der Literatur die nachfolgenden Fragen.

1. *Was versteht man unter dem Begriff „Beachrock"?*
2. *Wo findet man Strände mit Beachrock?*
3. *Wie entsteht Beachrock?*
4. *Was sind Äolianite?*
5. *Wo sind Äolianite verbreitet?*
6. *Wie entstehen Äolianite?*
7. *Wie alt sind die meisten Äolianite?*

Exkurs 2: ***Äolianite an der Südostküste von Zypern***

Eine Besonderheit sind an der Südostküste von Zypern jungpleistozäne Äolianitzüge. Sie begleiten dort die Küste teilweise auf mehreren Kilometern Länge. Wo sie nicht durch litorale Erosion kliffartig unterschnitten sind, kann man deren ursprüngliche Wurzelzone mehrere Meter unter dem heutigen Meeresspiegel erahnen. Dies ist an der Küste beim Nissi-Beach der Fall (Abb. E1, Bild E1).

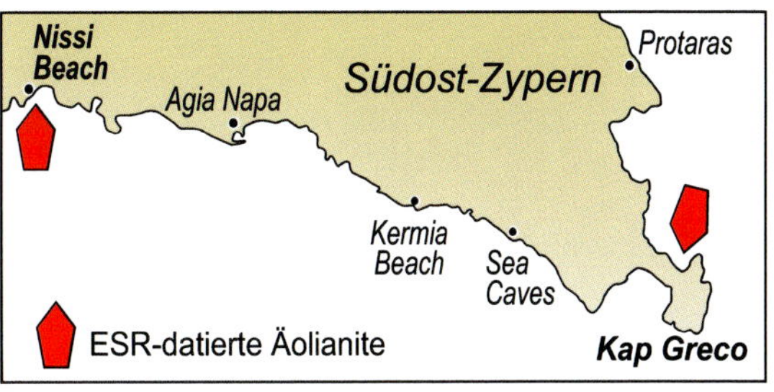

Abb. E1: Lage der ESR-datierten Äolianite an der Südostküste von Zypern.

Da die Südküste Zyperns seit dem letzten Interglazial nur in schwacher Hebung begriffen ist (SCHELLMANN & KELLETAT 2001), können die küstennahen jungpleistozänen Äolianite nicht im Hochglazial der letzten Kaltzeit angeweht worden sein, da damals der Meeresspiegel mehr als 130 m tiefer lag als heute. Zudem lag die damalige Küste einige Kilometer meerwärts. Insofern sind die Äolianitzüge vor dem Hochglazial der letztzen Kaltzeit, wahrscheinlich am Ausgang des letztinterglazialen Meeresspiegelhochstandes (MIS 5) angeweht worden. Zu der Zeit war der Meeresspiegel nur wenige Meter tiefer als heute.

Eine genauere geochronologische Einstufung ermöglichen ESR-Datierungen an den innerhalb der Äolianite bei Nissi-Beach und am Kap Greco (Abb. E1) begrabenen Schalen der Landschnecke *Helix sp.* Danach erfolgte die Anwehung der Dünensande am Kap Greco vor etwa 72.000 Jahren (Abb. E2: Mittelwert der sechs jungpleistozänen ESR-Alter) und im Raum Nissi-Beach vor etwa 84.000 bis 95.000 Jahren (Bild E1).

Im Einklang mit der Einstufung der jungpleistozänen Äolianite ins ausgehende letzte Interglazial und zwar ins MIS 5b bis ausgehende MIS 5a-1 (SCHELLMANN & RADTKE 2004b:

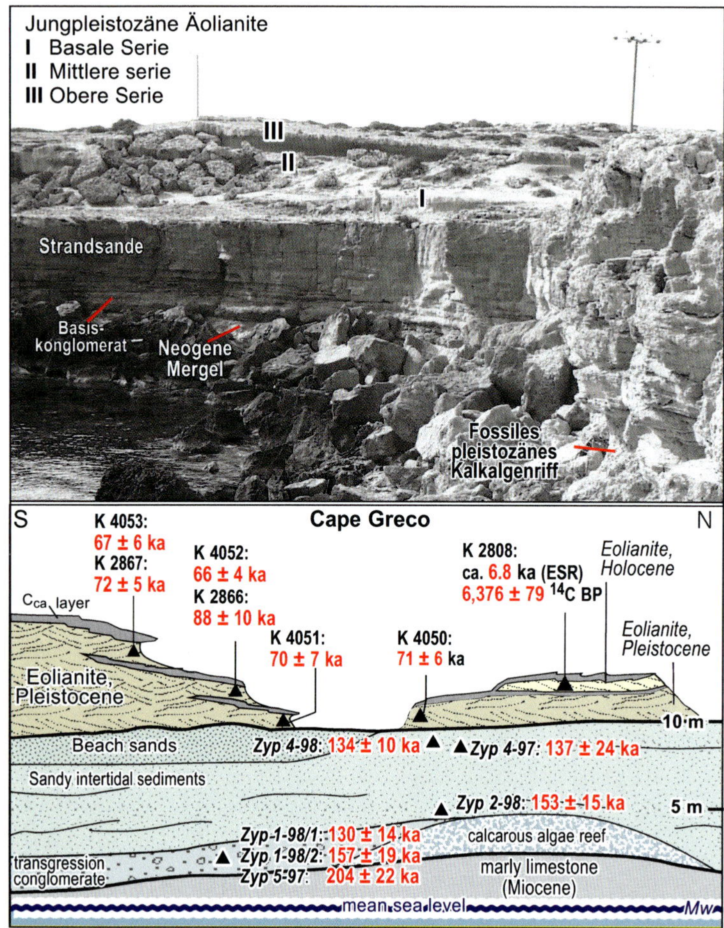

Abb. E2: ESR-Alter von Äolianiten und litoralen Ablagerungen am Kap Greco, SE-Küste Zyperns (Details in Schellmann & Kelletat 2001).

Fig. 18) stehen auch die Ergebnisse der ESR-Datierungen von Muschelschalen (Einzelschalen) aus den unterlagernden Strandsanden (Abb. E2). Datiert wurden Einzelschalen, die den Nachteil haben, dass sie aus älteren Sedimenten in die Strandsande umgelagert sein können. Daher wurden mehrere Einzelschalen ESR-datiert, und nur die jüngsten Alter sind relevant für eine Alterseinstufung der umgebenden Strandsande. Danach stammen diese aus dem Transgressionsmaximum des letzten Interglazials (MIS 5e) mit ESR-Altern von ca. 130 bis 137 ka (ka = 1000 Jahre).

Insgesamt sind also die jüngsten Äolianitzüge am Ausgang des letzten Interglazials (MIS 5c bis ausgehendes MIS 5a-1) entstanden als der Meeresspiegel etwa 10 bis 30 m unter dem heutigen Niveau lag (Schellmann & Radtke 2004b: Fig. 18).

Weiterführende Literatur

Schellmann, G. & Kelletat, D. (2001): Chronostratigraphische Untersuchungen litoraler und äolischer Formen und Ablagerungen an der Südküste von Zypern mittels ESR-Altersbestimmungen an Mollusken- und Landschneckenschalen. – Essener Geographische Arbeiten, 32: 75-98; Essen.

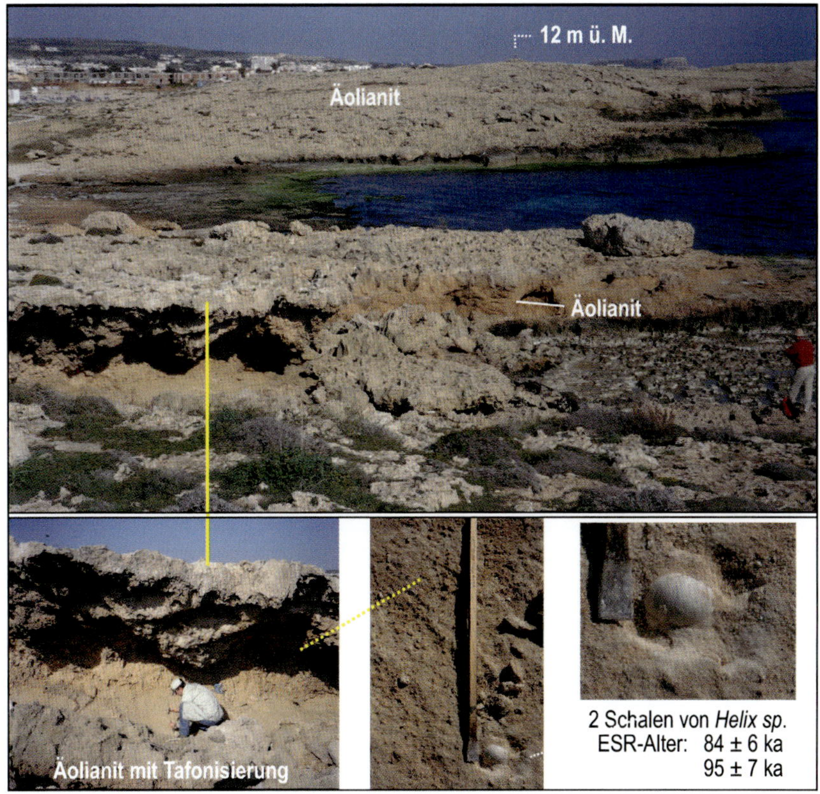

Bild E1:
Äolianitzug aus dem MIS 5c/5b beim *Nissi Beach* (Abb. E1) an der Südostküste von Zypern (Details in SCHELLMANN & KELLETAT 2001). Der Sedimentkörper taucht unter den heutigen Meeresspiegel ab. Daher wurde er bei einem tieferen Meeresspiegel an der damaligen, heute ertrunkenen Küstenlinie angeweht.

3.7.4.3 Aufbauküsten von Organismen gestaltet sowie organische und anorganische Meeresspiegelindikatoren

Aufbauküsten können auch von Organismen (**Biokonstruktion**) gestaltet sein: von ausgedehnten, die Küste begleitenden Korallenriffen (Abb. 3.7.16; Saum- und Barriereriffe) bis hin zu diversen Kleinformen, die die Küstenzone mitprägen (Abb. 3.7.12). Zu diesen Kleinformen zählen Kalkalgen- und Kalkvermetidentrottoirs, -leisten oder -plattformen. Gemeinsam mit Mangroven und Beachrock werden diese häufig auch als Indikatoren für Meeresspiegelveränderungen genutzt (Abb. 3.7.29 und Abb. 3.7.30; Kap. 3.7.5).

Biokonstruktion durch Kalkalgen und Kalkvermetiden

Unter Biokonstruktion (*bioconstruction*) versteht man im marinen Milieu die Bildung biogener Kalksteine vor allem durch Kolonien von Kalkalgen und Kalkvermetiden, kalkabscheidenden Foraminiferen, Korallen und Stomatoporen (Cyanobakterien). Kalkalgen und Kalkvermetiden wachsen brandungsgeschützt bis zum mittleren Niedrig-wasser und brandungsexponiert auch bis zum mittleren Tidehochwasser auf. Von dort können sich meerwärts verbreitern bis hin zu mehreren Metern breiten Kalkplattformen (Bild 3.7.9).

Bild 3.7.9: Bio-konstruktive Formen geschaffen von Kalkalgen, teilweise auch von Kalkvermetiden.

Durch die kalkabscheidenden und Sedimente bindenden Organismen können so an Kliffküsten aus Kalkgesteinen bis zu mehrere Meter breite **Kalkplattformen**, meist einige Dezimeterbreite **Trottoirs** und stark vertikal gewachsene **Kalkalgen-Kelche** entstehen.

Kalkabscheidende Rotalgen (z.B. *Lithophyllum congestum,Porolithon pachydermum*), krustenbildende Vermetiden (z.B. *Dendropoma sp.*) und Foraminiferen (z.B. *Homotrema rubrum*) können im Subtidal und Intertidal auch am Aufbau der Riffkronen und Riffplattformen von Korallenriffen beteiligt sein (s.u.).

Fossile Korallenriffe

Fossile **Korallenriffe** gehören zu den am meisten untersuchten Meeresspiegelindikatoren, sehr bedeutsam im Hinblick auf die Chronostratigraphie des marinen Quartärs. Dabei sind deutlich ausgeprägte, subaerische Terrassentreppen zumeist Kennzeichen tektonischer Hebungsgebiete, während ertrunkene Riffe oder Riffteile auf eine Landsenkung oder einen Meeresspiegelanstieg hinweisen.

Die Verbreitung riffbildender Korallen ist außerhalb der Tiefsee weitgehend beschränkt auf klare, schwebstoffarme und warme Flachwassermeere mit Wassertemperaturen des kältesten Monats nicht unter 18°C und des wärmsten Monats nicht über 28 bis 30°C (Abb. 3.7.22). Bei Überschreiten der oberen Temperaturtoleranzschwelle kann es zum Absterben der Korallen („*coral bleaching*") kommen. Korallen tolerieren Salzgehalte zwischen 27 bis 38‰. Die Mündungsgebiete großer Flüsse und Deltaküsten sind daher wegen der Frischwasserzufuhr und der fluvialen Sedimenteinträge ***a priori*** keine geeigneten Korallenstandorte.

Die heutige Form vieler Korallenriffe ist das Resultat eines Aufwärtswachstums während des spätglazialen und holozänen Meeresspiegelanstiegs. Die Kerne der meisten Korallenriffe sind allerdings älter und haben sich im Laufe mehrerer mariner Transgressionen und Regressionen entwickelt. Ein langfristiges vertikales Wachstum eines Korallenriffs ist vor allem abhängig:

- von den individuellen Wachstumsraten der verschiedenen riffbauenden Korallenarten;
- von der Internsität und Dauer erosiver Prozesse (v.a. Bioerosion, Abrasion, Sturmschädigungen);
- von eventuellen zeitweiligen, ökologisch bedingten Absterbephasen durch Frischwasser- oder Sedimentzufuhren vom Festland;

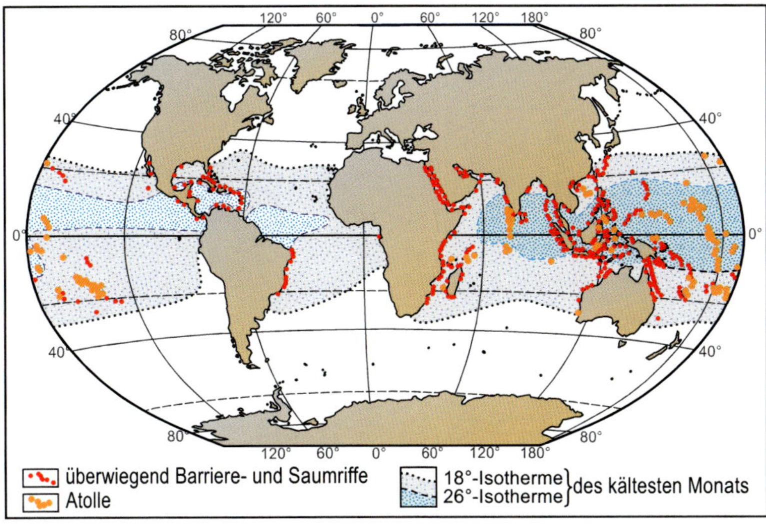

Abb. 3.7.22: Globale Verbreitung von Korallenriffen (Quelle: KELLETAT 1999).

- von Krankheiten (z.B. *coral bleaching*) und
- von Meeresspiegelschwankungen.

Im Mittel können Korallenriffe vertikal zwischen 0,5 bis 20 m/1000 Jahre wachsen (SCHELLMANN & RADTKE 2004a: 14f.).

Die heutigen Baumeister von „Korallenriffen“ sind hauptsächlich verschiedene Arten von Steinkorallen *(Scleractinia)*. Dabei sind Korallen Nesseltiere (Korallenpolypen), die in Endosymbiose mit Photosynthese treibenden einzelligen Algen (*coralline algae*) leben. Letztere versorgen die Korallenpolypen mit Nährstoffen. Zudem fixieren sie am Tage das von den Korallenpolypen freigesetzte CO_2 durch Neubildung von Kalkskelett. Wegen der für die Photosynthese des Endosymbionten Alge notwendigen Lichtversorgung ist die Verbreitung von Steinkorallen oberhalb von etwa 50 bis maximal 110 m Wassertiefe beschränkt. Die obere Grenze entspricht im Normalfall der mittleren Niedrigwasserlinie, nur bei starker Brandungsexposition kann sie auch noch etwas höher liegen.

Ein Korallenriff wächst nicht nur durch verschiedene Arten von Steinkorallen, auch weitere Arten kalkabscheidender Algen (hierzu auch LITTLER & LITTLER 2011) oder auch Riffschutt (z.B. zerriebener Korallensand) tragen zur Stabilisation und Wachstum des Riffs bei. Dabei verringern sich das Porenvolumen des Riffs von etwa 50% auf nur noch 5% (SCHUHMACHER 1991). Insofern bestehen **Korallenriffe aus Steinkorallen, Kalkalgenkrusten und Riffschutt.**

Innerhalb der vertikalen Spanne des Vorkommens lebender und fossiler Korallen in einem Riff sind verschiedene Arten mehr oder minder eng an verschiedene Wassertiefen und Brandungsexpositionen angepasst. So beschränkt sich in der Karibik das Vorkommen der schnellwachsenden und weitverbreiteten Korallenart *Acropora palmata* (Elchgeweih-Koralle; Bild 3.7.10) auf eine Wassertiefe oberhalb von etwa 4

Bild 3.7.10:
ESR- und Th/U-Alter der *Acropora palmata* - Riffkronenfazies aus dem MIS 5a an der SE-Küste von Barbados (Details in SCHELLMANN & RADTKE 2004a).

bis 5 m. Dort dominiert sie häufig die Riffkronengesellschaft.

Dagegen findet man die ebenfalls häufig vorkommende Korallenart *Acropora cervicornis* (Hirschgeweih-Koralle; Bild 3.7.11) am Riffhang meist unterhalb starker Brandungswirkung (u.a. Schellmann & Radtke 2004a: Kap. 1.3.1). In fossilen Korallenriffen kann man so fazielle Riffzonierungen mit Vorriff- (*fore reef*), Riffhang- (*reef slope*), Riffkronen- (*reef crest*), Rückriff- (*back reef*) und Lagunenfazies (*lagoonal facies*) wiederfinden. Diese Unterscheidungen sind u.a. wichtig bei der Rekonstruktion ehemaliger Meeresspiegelstände mit Hilfe fossiler Korallenriffe.

Bild 3.7.11:
Acropora cervicornis (Hirschgeweih-Koralle, *staghorn coral*) aus dem letzten Interglazial auf Barbados (Details in Schellmann & Radtke 2004a).

Die häufigsten Typen von Korallenriffen sind die bereits von Darwin (1842) unterschiedenen Saumriffe, Barriereriffe sowie Atolle.

Saumriffe (*fringing reefs*) sind durch eine flache, meist nur 1 bis 3 m tiefe **Lagune** (*shallow reef lagoon*), oder einen Bootskanal (*boat channel, back reef trough*) vom Festland getrennt (Abb. 3.7.23). Meerwärts sind sie durch eine bis zum mittleren Niedrigwasser reichende **Riffplattform** (*reef platform*) und **Riffkrone** (*reef crest*) vom offenen Meer geschützt. Manchmal ist diese grundlegende morphologische und ökologische Zonierung mit ihren charakteristischen **Korallenriff-Fazien** auch bei herausgehobenen Saumriffen erhalten (Abb. 3.7.23). Korallenriff-Fazien sind vor allem abhängig: von der Lichtintensität, von der Wassertemperatur, vom Salzgehalt, von Meeresströmungen, von Sedimenteinträgen und von der Brandungsenergie. Abb. 3.7.24 zeigt für die Karibik die Variation der häufigsten Korallenriff-Fazien in Abhängigkeit von der Wellenenergie.

Barriereriffe (*barrier reef*) bestehen aus mehreren großen Riffbändern und Riffplattformen. Sie sind ebenfalls einem Festland (*shelf reefs*) vorgelagert, aber von diesem durch eine tiefe Lagune getrennt. Barriereriffe sind bei absinkendem Untergrund oder stei-

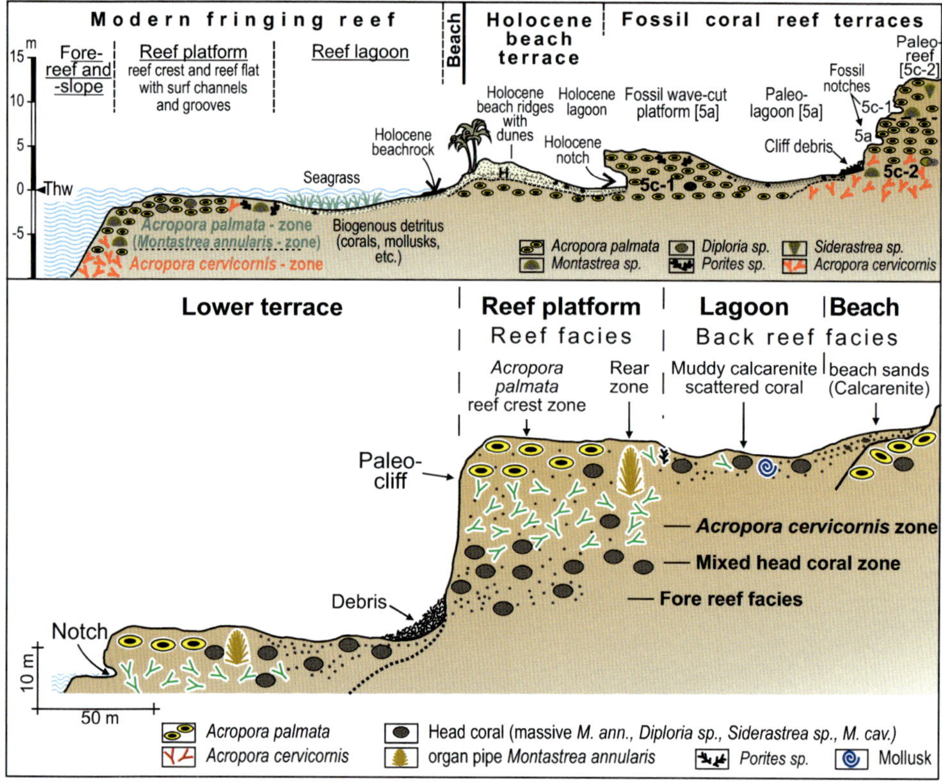

Abb. 3.7.23: Morphologie und Riffzonen rezenter und gehobener Saumriffe (*fringing reefs*) in der Karibik.

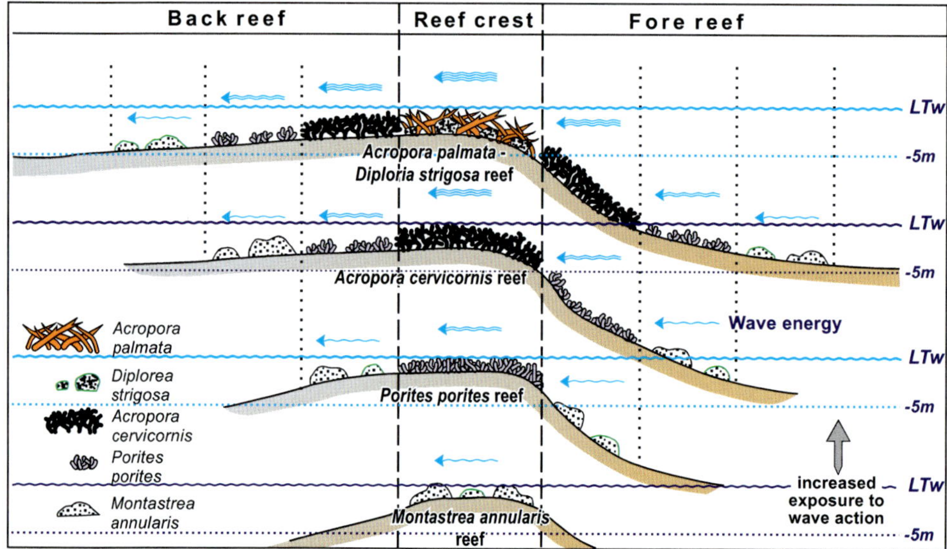

Abb. 3.7.24: Veränderungen karibischer Rifffazies in Abhängigkeit von der Wellenenergie (wenig verändert nach Schellmann & Radtke 2004a).

gendem Meeresspiegel überwiegend vertikal gewachsen. Große Barriereriffe sind das 2.000 km lange *Great Barrier Reef* vor der Ostküste Australiens und das *Ningaloo Reef* vor der Westküste Australiens, sowie das über 1.000 km lange Barriereriff vor der Westküste von Madagaskar (Andréfouët & Cabioch 2011: 103ff.).

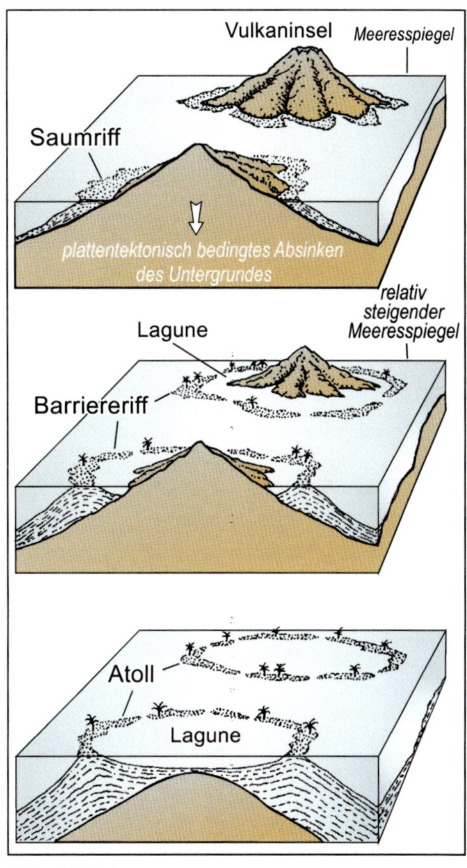

Abb. 3.7.25: Entwicklung eines Atolls bei absinkendem Untergrund über die Vorformen des Saum- und Barriereriffs (Quelle: v.a. Kelletat 1999).

Atolle (*atoll, atoll reefs;* malidiwisch *atolu*)) findet man von wenigen Schelfatollen abgesehen im offenen Ozean. Sie bestehen aus einer zentralen Lagune mit sehr unterschiedlichen Wassertiefen von nur wenigen Metern, einigen Zehnern von Metern bis maximal 100 m, die von einem mehr oder minder geschlossenen Riffgürtel (*reef rim*) umgeben ist. Dabei ist der zur Hauptwindrichtung gelegene Riffgürtel oft stärker geschlosssen, während im Lee öfters offene Riffpassagen existieren. Der äußere Riffgürtel fällt meerwärts steil zum Ozeanboden oft in 4.000 m Tiefe ab. Zur Lagune hin besitzt die im Mittel etwa 100 bis 1.000 m breite Riffkrone oder Riffplattform häufig ein Kleinrelief aus relativ breiten Korallen- und Kalkalgenrücken sowie schmaleren sandgefüllten Rinnen (*spur and groove morphology*). Rinnen und Rücken verlaufen senkrecht zur Riffkrone oder Riffplattform in Richtung des Sturmwellenablaufs. Riffgürtel oder einzelne Inseln innerhalb des Atolls (kleine Plattformriffe, durch Beach rock verfestigter Korallensand, Sturmschuttablagerungen) besitzen meist nur eine geringe Meereshöhe von etwa 2 bis 4 m ü. M.

Wie schon von Darwin (1842) erkannt, gründen Atolle auf einem absinkenden Vulkan (Abb. 3.7.25). Bohrungen durch den Riffkörper von Atollen konnten Flachwasserkorallen über der basaltischen Basis in nur wenige 170 m bis 500 m Tiefe, teilweise auch erst in über 1.000 m Tiefe nachweisen (Hopley 2018: 146f.). Das vertikale Riffwachstum konnte also mit dem Absinken des Untergrundes Schritt halten.

Es gibt etwa 425 Atolle, fast ausschließlich im Pazifischen und Indischen Ozean. Die beiden größten Atolle sind das Kwajalein Atoll (Marshall Inseln) mit 120 x 32 km² (Hopley

2018: 146) und das Suvadiva Atoll in den Malediven mit 2.800 km² (Woodroffe & Biribo 2011: 52).

Ausgewählte Literatur

Zepp, H. (2017): Grundriß Allgemeine Geographie: Geomorphologie eine Einführung: Kap. 13; Paderborn (Schöningh UTB Verl.).

Kelletat, D. (2013): Physische Geographie der Meere und Küsten: Kap. 3 und Kap. 4; Leipzig (Teubner Verl.).

Beantworten Sie mit Hilfe des Textes und der Literatur die nachfolgenden Fragen.

1. *Wo findet man Korallenriffe?*
2. *Was sind Korallenriffe und welche drei bedeutenden Rifftypen kann man unterscheiden?*
3. *Wie unterscheiden sich Saum- und Barriereriffe? Nennen Sie ein regionales Beispiel.*
4. *Wie entstehen Atolle?*

Weitere Fragen für BA-Studierende und Lehramt Gymnasium

5. *Welche von Organismen geschaffene Küstenformen sind gute Meeresspiegelindikatoren?*
6. *Wo findet man an der Ostsee ausgedehnte Ausgleichsküsten und durch welche morphologischen Formen sind diese geprägt?*
7. *Nennen Sie den Fachterminus, der den Durchlass zwischen den einzelnen Friesischen Inseln beschreibt!*
8. *Was versteht man unter dem Begriff „Beachrock", an welchen Küsten der Erde tritt er häufiger auf, welche Möglichkeiten seiner Entstehung werden diskutiert und welche Bedeutung hat er für den Küstenschutz?*

3.7.5 Meeresspiegelschwankungen - Ursachen und Typen

- Kurz- und mittelfristige Niveauveränderungen
- Langfristige Niveauveränderungen
- Lokale und regionale Meeresspiegelveränderungen
- Möglichkeiten zum Nachweis von Meeresspiegelschwankungen
  Exkurs 3: *Mittel- und jungpleistozäne Meeresspiegelveränderungen in der Karibik rekonstruiert mittels gehobener Korallenriffterrassen auf der Insel Barbados („Barbados-Modell")*
  Exkurs 4: *Rekonstruktion holozäner Meeresspiegelveränderungen an der patagonischen Atlantikküste mit Hilfe von Strandwällen (beach ridges), Strandterrassen (littoral terraces) und Talmündungsterrassen (valley mouth terraces)*

Der **Meeresspiegel** steigt und fällt mit den Gezeiten, Wellen und unterschiedlichen Luftdruck-, Wind-, Salinitäts- und Temperaturverhältnissen. Wenn man die periodischen wie auch die eher seltenen kurzfristigen Ereignisse herausfiltert, so erhält man eine prinzipiell stabile Bezugsgröße: das lokale Mittelwasser („***mean sea level***", msl) bzw. das mittlere Tidewasser (***mean tide water level,*** mTw).

Die aktuelle Höhenlage des Meeresspiegels bestimmt man teilweise seit Mitte des 19. Jahrhunderts über Tidemessungen mittels land- oder seegestützter **Pegelstationen** (relativer Meeresspiegel) und seit etwa 1992 (ERS-1-Satellit) über **satellitengestützte Radaraltimetrie** (absoluter Meeresspiegel, Bezugsniveau Geoid oder Referenzellipsoid).

Der **globale Mittelwasserspiegel** (*global mean sea level*) ist dabei eine über längere Zeiträume gemittelte Meeresoberfläche. Deren Höhenlage über einem mittleren Erdellipsoiden (Referenzellipsoid; für GPS zum Beispiel WGS 84) ist vor allem abhängig vom Erdschwerefeld und von stationären Meeresströmungen. Der Geoid ist dabei die beste Anpassung an die Äquipotentialfläche des Gravitationsfeldes der Erde. Bis zu 28 (64) m hohe Rücken und bis zu -108 (-53) m tiefe Einsenkungen des Meeresspiegels vom Referenzellipsoiden (bzw. vom Geoid) spiegeln vor allem regionale Unterschiede des Schwerefeldes der Erde als Ausdruck regional variierender Masseverteilungen im Erdinneren wieder (gravitative Verformungen des Geoids). In geologischen Zeiträumen ist damit die Höhenlage des globalen mittleren Meeresspiegels auch abhängig von regionalen Variationen des Erdschwerefeldes.

Auch nicht gravitative Einflüsse wie Meeresströmungen bewirken eine weitere Verformung der Meerestopographie in einer Größenordnung von bis zu 2 m. Im Pazifik zählen hierzu die etwa alle 5 bis 12 Jahre erneut auftretenden Klimaphänomene „*El Niño*“ und „*La Niña*“. Die damit verbundenen Veränderungen von Luftdruck und Stärke von Meeresströmungen können in wenigen Monaten dezimeterhohe Meeresspiegelhebungen und -absenkungen an der südamerikanischen Westküste zur Folge haben.

***Geoid:** „Äquipotentialfläche im Schwerefeld der Erde, welche den mittleren Meeresspiegel bestmöglich approximiert“(Lexikon der Geowissenschaften 2002).*

Meeresspiegelveränderungen an einer Küste können durch Veränderungen der Meeresoberfläche oder durch Bewegungen des Festlandes verursacht worden sein. Auslösende Faktoren sind häufig:

- astronomische Einflüsse (u.a. Gezeiten, Luftdruck, Stürme, Meeresströmungen);
- Volumenveränderungen des Meerwassers (sterische Bewegungen durch Veränderungen der Wassertemperaturen oder Salzgehalte);
- Klimaschwankungen (Gletschervolumina, glazial-eustatisch);
- endogene Prozesse (Isostasie, Tektonik) von Massenverlagerungen im Erdmantel über Plattentektonik bis zur lokalen Bruchtektonik.

Kurz- und mittelfristige Niveauveränderungen

Kurzfristige Meeresspiegelschwankungen können häufig bis regelmäßig oder singulär auftreten. Ihre Wirkung ist in der Regel lokal oder regional und die Wasserstandsveränderungen sind vorübergehender Natur. Dazu zählen Windwellen (Seegang, Dünung, Brandung), Gezeitenschwankungen oder luftdruckbedingt Windanstau über Stunden oder Tage hinweg (Kap. 3.7.1).

Zu den singulären Änderungen des Meeresspiegels gehören auch seismisch ausgelöste Seebebenwellen (**Tsunamis**), sei es durch Vulkanausbrüche im Meer, durch den Kollaps vulkanischer Inseln (Krakatau, Santorin) oder durch Berg-, Fels- oder Eisabbrüche an den Küsten. Sie treten oft nur im Abstand vieler Jahrzehnte auf und nicht alle Küsten der Erde sind von ihnen gleichermaßen betroffen. Im offenen Ozean kaum zu erkennen (sehr langwellig, mit Amplituden von 0,1 bis 1 m), können sie an der Küste zu wenigen (meistens 3 bis 5 Wellen), aber außerordentlich hohen Wellen (Höhen von mehreren Dekametern) auflaufen. Zudem haben sie eine große Fernwirkung (Kap. 3.7.1).

Meeresspiegelveränderungen können auch die Charakteristika von **Gezeiten** (Tidenhub) verändern. Das betrifft vor allem makrotidale Regionen auf der Erde. Dort können Veränderungen des globalen Mittelwasserspiegels von maximal einigen Dezimetern extreme Verschiebungen der Hochwasserlinie um mehrere Meter bewirken.

Selbst wenn das Volumen der Ozeanbecken und die Menge des Ozeanwassers konstant bliebe, so könnten **Dichteveränderungen** des Wassers (Temperatur, Salzgehalt) zu sogenannten **„sterischen" Meeresspiegelschwankungen** führen. Dichteres Wasser füllt ein geringeres Volumen aus, der Meeresspiegelstand wäre niedriger. Eine Abnahme der Dichte würde dagegen ein Ansteigen des Meeresspiegels hervorrufen. Die Erwärmung einer Wassersäule von 4.000 m um 1°C verursacht einen Meeresspiegelanstieg von etwa 60 cm. Der gleiche Effekt würde bei einer Abnahme des Salzgehaltes um 0,4% erzielt (Pirazzoli 1996: 17). Sterische Veränderungen können in wenigen Jahrzehnten erfolgen und Meeresspielveränderungen von wenigen Zentimetern bis mehreren Dezimetern auslösen.

Im Zuge aktueller globaler Klimaerwärmungen wird angenommen, dass die Erwärmung der Ozeane und die dadurch ausgelöste Volumenzunahme bis zum Jahr 2100 einen globalen Anstieg des Meeresspiegels um ca. 11 bis 43 cm bewirken könnte (IPCC 2001, ähnlich 2019).

Lokal und regionale Meeresspiegelveränderungen können kurzfristig auch durch vertikale Verstellungen der Küstenzone im Zuge u.a. von Erdbeben (Bruchtektonik), vulkanischen Aktivitäten oder von Sedimentkompaktionen entstehen.Von **Sedimentkompaktion** sind feinklastische Schwemmlandebenen und Deltas betroffen. Sie entsteht durch die natürliche Auflast von Sedimenten oder anthropogen bedingt durch Bebauung und starke Grundwasserentnahmen. Dadurch kann es zum lokalen Absinken der Küstenzone um einige Millimeter pro Jahr kommen. Kann diese nicht durch Hochflutsedimente aus dem Hinterland ausgeglichen werden, indem man Flussarme begradigt oder mit Hochwasserdämmen versieht, ist eine zukünftige Meerestransgression unvermeidbar.

Langfristige Niveauveränderungen

Neben kurz- und mittelfristigen Niveauveränderungen des Meeresspiegels existieren **langfristig wirksame Meeresspiegelschwankungen** (Abb. 3.7.26). Dazu zählen Veränderungen des Meeresspiegels:

- durch sich verlagernde Massenverteilungen im Erdmantel (**Geoid-Wanderungen**) in geologischen Zeiträumen;

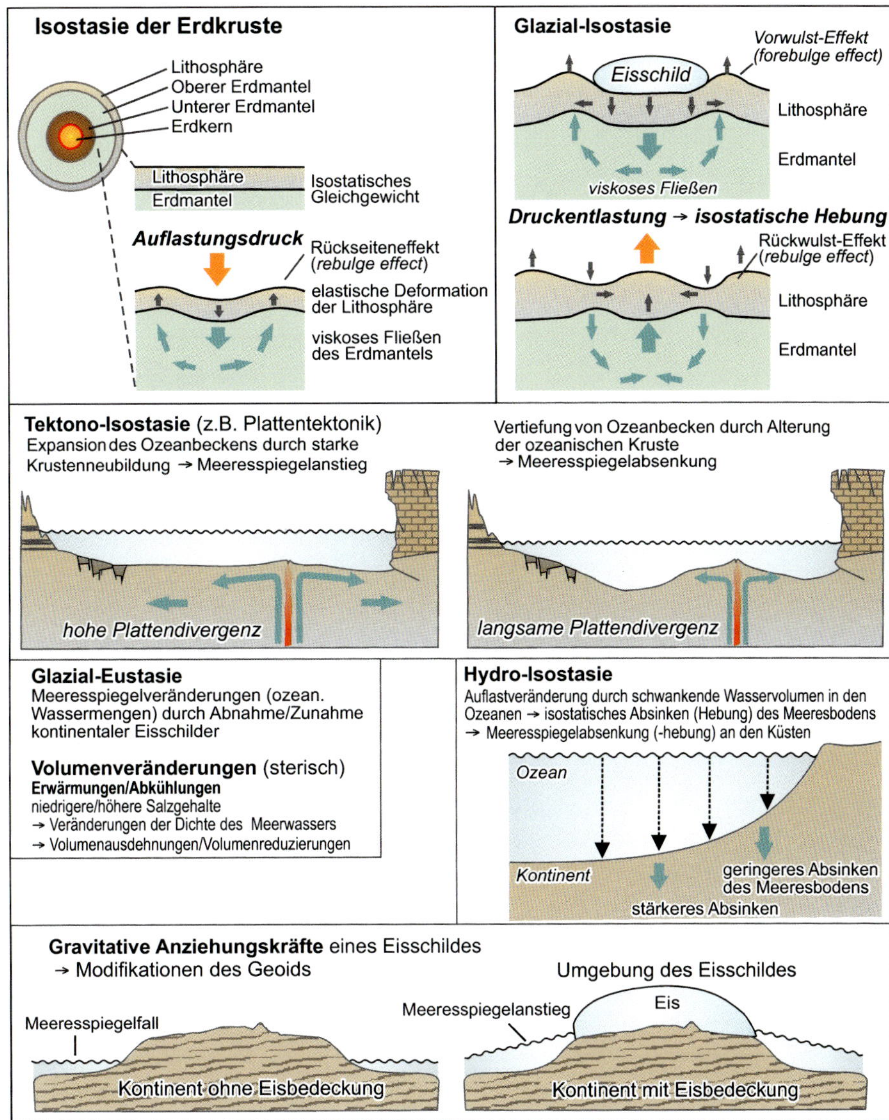

Abb. 3.7.26: Wichtige Ursachen für mittel- und langfristige Veränderungen des Meeresspiegels.

- durch Änderungen der Menge ozeanischen Wassers (**Glazial-Eustasie**);
- durch Änderungen der Form der Ozeanbecken (**Tektono-Isostasie**);
- durch isostatische Ausgleichsbewegungen wie **Glazial-Isostasie** (Abb. 3.7.27), **Hydro-Isostasie**, **Vulkano-Isostasie**, **Sediment-Isostasie** oder **orogene Isostasie**.

Global wirksam sind vor allem:

1. in geologischen Zeiträumen stattfindende Veränderungen des Hohlvolumens der Ozeanbecken (**tektono-isostatisch**) durch plattentektonische Bewegungen, und zwar in Form

einer verstärkten/abgeschwächten Neubildung ozeanischer Kruste und damit erhöhter/geringerer Anteile von junger ozeanischer Kruste. Dadurch kommt es zur Reduzierung/Vergrößerung der Flächenanteile von Tiefseebecken und mittelozeanischen Rücken, was wiederum Meeresspiegelabsenkungen oder -anstiege auslösen kann.

Auch ein tektonisch bedingtes Abschnüren von Randbecken kann in ariden Gebieten durch Evaporation (Verdunstung) den Meeresspiegel absenken. Ein bekannte Beispiel ist das Abschnüren des Mittelmeeres und dessen vollständige Evaporation im Pliozän, vor etwa 6 Mio. Jahren.

2. **Glazial-isostatische** Ausgleichsbewegungen der Lithosphäre durch Wachstum und Abschmelzen von Eisschilden (Abb. 3.7.26). Existiert keine Eisbedeckung ist die Lithosphäre im isostatischen Gleichgewicht. Bei Bedeckung durch ein Eissschild drückt das Gewicht des Eises die Lithosphäre nach unten. Das führt zur Hebung in der Umgebung (Vorwulst-Effekte) durch elastische Deformation und Mantelfließen. Mit Abschmelzen des Eises kommt es zur isostatischen Hebung (Abb. 3.7.27) und der Vorwulst wandert Richtung Zentrum der ehemaligen Vereisung. Es bildet sich eine Rückwulst. Mit zunehmender Eisfreiheit stellt sich allmählich, über einige Jahrtausende hinweg wieder ein isostatisches Gleichgewicht ein.

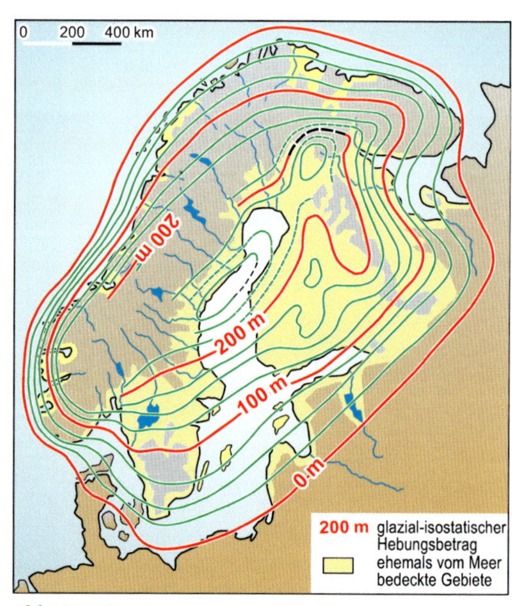

Abb. 3.7.27:
Glazial-isostatische Hebung Skandinaviens im Spät- und Postglazial (Quellen: Kelletat 1999; Zepp 2011).

3. **Hydro-isostatische** Ursachen für Veränderungen des Meeresspiegels über zeitliche und räumliche Variationen des Volumens und der Verteilung der ozeanischen Wassermassen (Abb. 3.7.26). So führen Schmelzwassereinträge am Ende einer Kaltzeit zur vermehrten Auflast in den Ozeanbecken und zu überfluteten Schelfgebieten. Beides kann ein Absinken der Lithosphäre und damit auch des Meeresspiegels bewirken. Es sei denn, dass der durch das Abschmelzen der Eisvolumina ausgelöste glazial-eustatische Meeresspiegelanstieg die hydro-isostatische Absenkung der ozeanischen Lithosphäre subsummieren kann. In den Kaltzeiten laufen diese Prozesse umgekehrt ab: hydro-isostatischer Anstieg und glazial-eustatisches Absinken des Meeresspiegels. Die zeitlichen Dimensionen dieser Vorgänge liegen bei mehreren Jahrtausenden nach dem Auslösungsmechanismus.

4. **Sediment-isostatische Absenkungen des Meeresbodens** (einige mm/Jahr) als Folge erhöhter kontinentaler Sedimenteinträge ins Meer und durch Kompaktion der Sedimente vor allem in Deltamündungen großer Flüsse.

5. **Glazial-eustatische** Veränderungen des ozeanischen Wasservolumen durch Abnahme/ Zunahme der kontinentalen Eisschilde auf der Erde. Gegenwärtig sind etwa 2% des auf der Erde verfügbaren Wassers als Gletschereis gebunden. Während der Kältehochstände pleistozäner Eiszeiten waren deren Volumina um das bis zu Dreifache größer. Die Folge war ein glazial-eustatisches Absinken des Meeresspiegels um bis zu 130 bis 150 m. Damit waren große Areale der Kontinentalschelfe nicht mehr wasserbedeckt, sondern Landoberfläche, und unterlagen exogener Reliefformung.
Ein völliges Abschmelzen der heutigen kontinentalen Vereisungsgebiete würde einen glazial-eustatischen Anstieg des Meeresspiegels von etwa 60 m hervorrufen, wovon ca. 90% auf das antarktische, 9% auf das grönländische und nur 1% auf das übrige Eis der Erde entfielen (Kelletat 1999). Schwimmendes Schelfeis spielt bei solchen Überlegungen keine Rolle, weil bei deren Abschmelzen der Meeresspiegel unverändert bleibt.

6. Veränderungen der **gravitativen Massenanziehungskräfte der großen Eisschilde** (Abb. 3.7.26) in der Antarktis und auf Grönland. Seit über 50 Jahren wird dies von Geophysiker in Modellberechnungen großräumiger Meeresspiegelveränderungen im Quartär und Holozän berücksichtigt. Zum Beispiel würde ein starkes Abschmelzen des grönländischen Inlandeises den Meeresspiegel im Nordatlantik absinken und im zirkumantarktischen Raum ansteigen lassen. Bei einem alleinigen Abschmelzen der Antarktis wäre das Gegenteil zu erwarten. Schmelzen beide ab, was aber bisher nicht stattgefunden hat, müsste der Meeresspiegel global steigen.

Lokale und regionale Meeresspiegelveränderungen

Die geologisch-tektonische Situation beeinflusst wesentlich lokale und regionale Meeresspiegelveränderungen. Daher ist es notwendig, deren Veränderungen in der Vergangenheit zu kennen und deren Ursachen, um zukünftige Entwicklungen im Zusammenspiel von Landbewegungen und absoluten Meeresspiegelveränderungen vorauszusagen (zu modellieren). Dabei ist zu unterscheiden zwischen:

- **relativen Meeresspiegelschwankungen** (*relative sea-level changes*), also alle Veränderungen, bei denen Bewegungen des Festlandes (Tektonik, Isostasie, epirogene Bewegungen u.a.) stattfinden
- und **absoluten Meeresspiegelschwankungen** (*absolute or real sea-level changes*) von rein **eustatischer** Natur.

Eine **tektonische Stabilität** einer Küste kommt selten vor, wenn, dann an passiven Kontinentalrändern in den Tropen. Bei einer **tektonischen Hebungsküste** können relativ kostante Hebungsraten angenommen werden, sofern die Hebung insgesamt langsam ist und lange

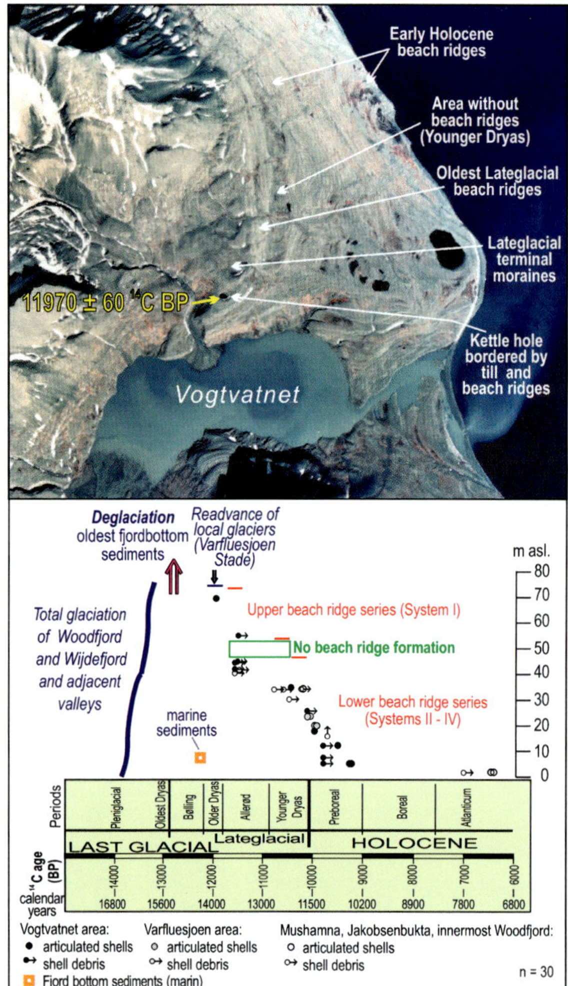

Abb. 3.7.28:
Spitzbergen, eine glazial-isostastische Hebungsküste erkennbar an ehemaligen Strandwällen (*beach ridges*), die sich heute in Höhenlagen von bis zu 75 m über dem aktuellen Meeresspiegel befinden. Die starke Heraushebung begann mit dem Abschmelzen der Eiskappe im Bølling-Interstadial und dauert mindestens bis zum späten Präboreal an. Anschließend war der glazial-eustatische Anstieg des Meeresspiegels größer als die Hebungsrate. Seit dem späten Atlantikum liegen in Nord-Spitzbergen Strandwälle im heutigen Meeresniveau, ein Beleg dafür, dass die glazial-isostatische Hebung seitdem beendet ist (Details in Brückner & Schellmann 2003).

andauert (geol. Zeiträume). Handelt es sich um eine glazial- und hydro-isostatische Hebung, dann setzt diese am Ausgang einer Kaltzeit ein und klingt nach einigen Jahrtausenden allmählich ab (Abb. 3.7.28). Insofern ist eine nicht-lineare Abnahme der Hebungsrate bis zum Ausklingen wahrscheinlich.

Bei der **Absenkung** einer Küste durch Sedimentkompaktion findet diese langsam (wenige mm/Jahr), aber langandauernd (geol. Zeiträume) statt, meist mit relativ konstanten Senkungsraten. Bei einer glazial-isostatischen Senkung (*Rebound*-Effekt) setzt diese am Ausgang einer Kaltzeit ein und klingt nach einigen Jahrtausenden ab. Dabei ist von einer nicht-linearen Abnahme der Senkungsrate auszugehen.

Räumlich und zeitlich diskrete Dislokationen der Küste an aktiven Kontinentalränder, an aktiven Verwerfungen oder im Bereich von Küstenvulkanen sind mit Erdbeben und plötzlichen Verstellungen (Hebung oder Senkung) im Küstenraum verbunden. Daher ist eine

Modellierung oder Vorhersage nicht möglich. Diese Küsten sind für Meeresspiegelrekonstruktionen ungeeignet.

Ein weit bekanntes Beispiel für solche, sehr kurzzeitigen Küstenhebungen und -senkungen sind die Säulen des römischen *Serapis* Tempels von *Pozzuoli* bei den Phlegräischen Feldern westlich von Neapel. Schwankende Magmapegel im Untergrund führen dort zu wiederholten lokalen Hebungen und Senkungen der Küste von bis zu 6 m, so dass die Säulen des Tempels zeitweilig im Meerwasser ertrinken, von Bohrmuscheln angenagt werden und zeitweilig wieder trocken, bis zu wenige Meter oberhalb des Meeresspiegels stehen.

Organische und anorganische Meeresspiegelindikatoren

Der Nachweis von Meeresspiegelschwankungen in der Vergangenheit ist möglich für die Neuzeit über langfristige Messungen von Tiden, zum Teil bis Mitte des 19. Jahrhunderts zurückreichend. Für das Quartär gibt es verschiedene organische und anorganische Meeresspiegelanzeiger (Abb. 3.7.29) wie erosive und konstruktive Geländekleinformen und Ablagerungen, oder morphologische Großformen wie Küstenterrassen und Strandwallsysteme oder archäologische Befunde und historische Daten.

Dabei sind **fossile Korallenriffe und Riffterrassen** ausgezeichnete Indikatoren zur Rekonstruktion ehemaliger Meeresspiegel-Hochstände. In den Kaltzeiten fielen sie trocken und unterlagen der Verkarstung. Mit dem spätglazialen Meeresspiegelanstieg setzte ein starkes vertikales Wachstum ein, dass im Bereich der Riffkrone bis zum mittleren Niedrigwasserspiegel reichte (Abb. 3.7.39, Abb. 3.7.30). Bei gehobenen Korallenriffen gibt also die Höhenlage der Riffkrone ein Hinweis für die ehemalige Höhenlage des Niedrigwasserspiegels.

Kalkalgenplattformen und **-trottoirs** sind dagegen ein guter Meerespiegelindikator für das mittlere Tidewasser (Abb. 3.7.30). Nur bei starker Brandungsexposition können sie auch einige Dezimeter höher bis zum mittleren Tidehochwasser wachsen.

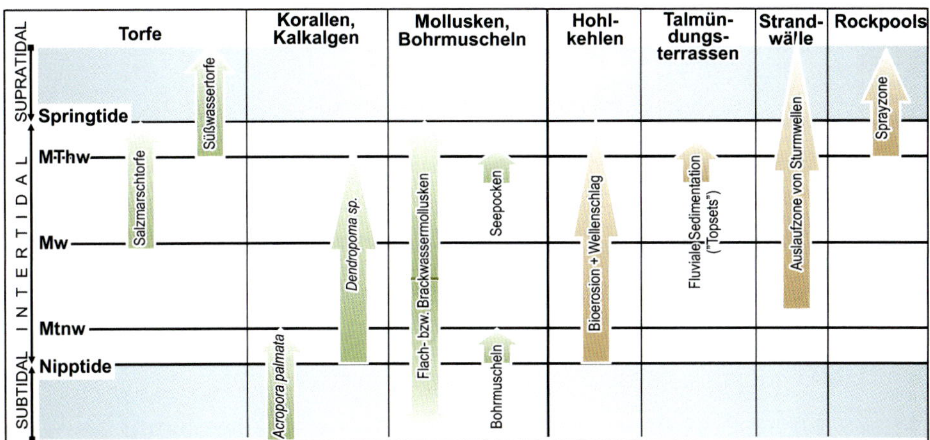

Abb. 3.7.29: Verschiedene Meeresspiegelindikatoren im Überblick.

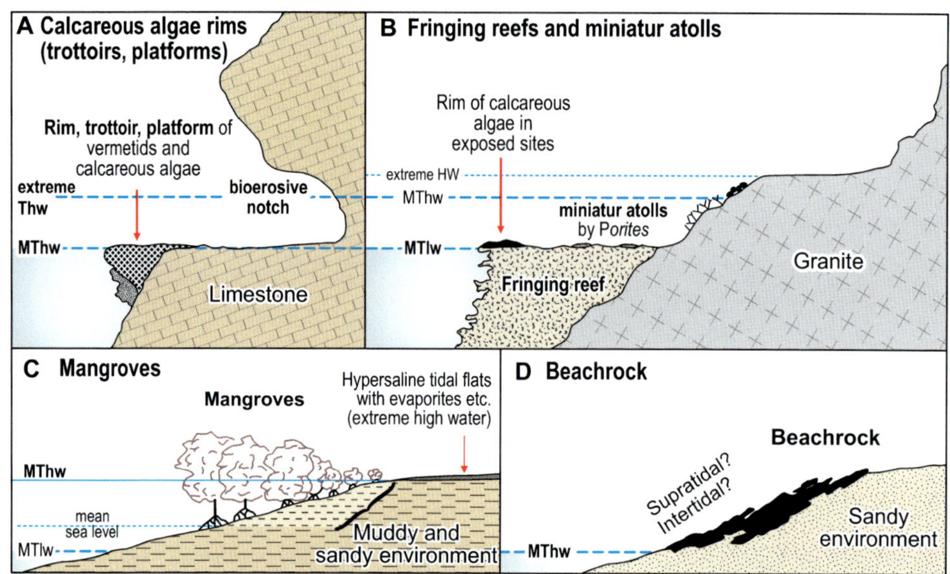

Abb. 3.7.30: Organische und anorganische Meeresspiegelindikatoren an tropischen und subtropischen Küsten (stark verändert nach Kelletat 1988: 227).

Mangroven wachsen oberhalb des Mittelwasserspiegels (Abb. 3.7.30). Sie sind allerdings mangels einer Erhaltung für die Rekonstruktion vergangener pleistozäner Höhenlagen des Meeresspiegels in der Regel nicht nutzbar.

Beachrock wird allgemein als guter Anzeiger eines ehemaligen Meeresspiegels angesehen. Sieht man ihn als Bildung des Supratidals an (Abb. 3.7.26), dann markiert die Basis des Beachrocks etwa den mittleren Hochwasserspiegel. Ist man der Auffassung, dass Beachrock im Intertidal entsteht, dann markieren Basis und Top die mittleren Tidenschwankungen.

Zur Rekonstruktion der Höhenlage eines ehemaligen Meeresspiegels sind weitere Küstenbildungen nutzbar (Abb. 3.7.29). **Torfe der Salzmarschen** und Salzwiesenhorizonte wachsen ab dem mittleren Tidenwasserspiegel bis zum Tidenhochwasser. Mächtige Torfabfolgen weisen auf einen langsamen Anstieg des Meeresspiegels (relativ).

Korallen der in der Karibik weit verbreiteten Art *Acropora palmata* wachsen koloniebildend im Bereich der Riffkrone von etwa 5 m Wassertiefe bis zum mittleren Niedrigwasserspiegel (Bild 3.7.12; Kap. 3.7.4).

Kalkalgen der Gattung *Dendropoma sp.* wachsen bis zum mittleren Tidehochwasser, bei starker Brandungsexposition auch noch wenige Dezimeter höher (Abb. 3.7.29).

Mollusken sind nur, wenn auch relativ ungenau, als Meeresspiegelanzeiger nutzbar, sofern es sich um Flachwasser- oder Brackwassermuscheln handelt.

Wesentlich genauere Indikatoren sind **Bohrmuscheln** als Anzeiger für das Tideniedrigwasser (Bild 3.7.13). **Seepocken** sind Anzeiger für die Lage des mittleren Tidehochwassers.

Bild 3.7.12:
Letztinterglaziale (MISe 5c) T-3 Korallenriffterrasse im Süden von Barbados. Im Vordergrund die T-3 Rifflagunge (*lagoon*) bzw. Riffkanal (*reef channel*) und im Hintergrund die Riffkrone (*reef crest*) der T-3 Korallenriffterrasse.

Als Anzeiger eines ehemaligen Meeresspiegels sind morphologische Formen wie **Hohlkehlen**, **Strandwälle** und **Rockpools** oft nur mit einer Unsicherheit von über 1 m verwendbar (Abb. 3.7.29). Zudem sind sie nur schwer oder gar nicht datierbar. Die Basis von bio-erosiven Hohlkehlen an tropischen und subtropischen Küsten liegt in brandungsgeschützter Position im Bereich des Tideniedrigwassers, und das Dach der Hohlkehle im Bereich des Tidehochwassers. Brandungsexponiert kann eine Hohlkehle aber auch insgesamt höher liegen (Bild 3.7.14).

Bild 3.7.13:
Bohrmuschellöcher in 7,5 m ü. M. auf der Lara-Halbinsel im Südwesten von Zypern. Nach ESR-Datierungen an Molluskenschalen aus ähnlich hohen Strandablagerungen in der Nachbarschaft stammen sie aus dem letzten Interglazial (Details in Kelletat & Schellmann 2001, Schellmann & Kelletat 2001).

Am besten geeignet sind **Riffkronen** (Bild 3.7.26) von Korallenriffterrassen. Sie zeigen die ehemalige Lage des mittleren

Bild 3.7.14:
Brandungsgasse *Un Boca* mit Hohlkehle (Curaçao, östlich des Noorpunkt) bei Hochwasser. Bei brandungsexponierter Lage können Basis und Top von Hohlkehlen oberhalb des Tidenhochwassers liegen.

Tideniedrigwassers an. Ebenso gut geeignet sind **Talmündungsterrassen** als Indikator für die Höhenlage des mittleren Tidehochwassers (siehe Exkurs 1).

Der **Nachweis von Meeresspiegelveränderungen** ist auf zeitlich eingrenzbare Daten von Meeresspiegelständen angewiesen. Meeresspiegellagen des Mittel- und Jungpleistozäns können mit Hilfe geomorphologischer Befunde wie frühere Küstenlinien und Strände in Verbindung mit weiteren Meeresspiegelindikatoren rekonstruiert werden. Letztere sind entweder biogenen (Korallenriffe, Kalkalgen-Trottoirs, Mangrovensümpfe u.a.) oder anorganischen Ursprungs (Küstenterrassen, Hohlkehlen, Beachrock, Äolianite u.a.).

Wichtig für die Eignung als Meeresspiegelindikator ist eine möglichst enge Beziehung an ein Referenzwasserniveau wie z. B. das mittlere Tidehochwasser. Biogene Meeresspiegelindikatoren haben oft den Vorteil, dass sie mit diversen Altersbestimmungsmethoden (^{14}C, ESR, Th/U) datiert werden können. Bei der Rekonstruktion der jüngeren Meeresspiegelgeschichte können auch archäologische Relikte wie heute überflutete Tempelanlagen oder herausgehobene oder abgesunkene Fischbecken und Häfen helfen.

Leider existieren an den Küsten erst seit ca. 200 Jahren Pegelstationen, die kontinuierlich den Meeresspiegel aufzeichnen. Sie messen Meeresspiegelstände relativ zu jeweiligen Referenzniveaus auf dem Land (Küstenpegel) oder auf dem Ozeanboden (Ozeanbodenpegel). Seit Mitte der 1990er Jahre sind außerdem genaue Vermessungen der Höhenlage des Meeresspiegels mittels satellitengestützter Verfahren der Fernerkundung möglich geworden.

Weiterführende Literatur

KELLETAT, D. (2013): Physische Geographie der Meere und Küsten: Kap. 4; Leipzig (Teubner Verl.).

AHNERT, F. (2015): Einführung in die Allgemeine Geomorphologie: Kap. 25; Stuttgart (Ulmer Verl.).

Beantworten Sie mit Hilfe des Textes und der Literatur die nachfolgenden Fragen.

1. *Ist der globale Mittelwasserspiegel ein exakt horizontal verlaufendes Bezugsniveau?*
2. *Was ist der Geoid?*
3. *Welche Faktoren können kurzfristige Meeresspiegelveränderungen an einer Küste verursachen?*
4. *Was ist ein Tsunami?*
5. *Was beeinflusst die Höhenlage einer Tsunamiwelle?*
6. *Welche morphologischen Formen entstehen durch Tsunamiwellen?*
7. *Was versteht man unter Glazial-Isostasie und was ist der „Vorwulst-Effekt"?*
8. *Was versteht man unter Tektono-Isostasie und wie schnell können dadurch Meeresspiegelschwankungen eintreten?*
9. *Was versteht man unter Glazial-Eustasie und in welcher Größenordnung bewegen sich die dadurch ausgelösten Meeresspiegelschwankungen?*
10. *Welche sterischen Veränderungen sollen im Zuge der Klimaerwärmung einen Anstieg des Meeresspiegels auslösen? In welcher Größenordnung soll der Anstieg sein?*

11. *Warum besitzen die Küstendeltas großer Flüsse häufig die Tendenz zum Absinken der Küste?*

Lehramt Gymnasium und BA-Studierende

12. *Was wird benötigt, um mit Hilfe gehobener Korallenriffe ehemalige Veränderungen des Meeresspiegels zu rekonstruieren?*

13. *Wo auf der Erde findet man Kalkalgenplattformen? Wie gut sind sie als Meeresspiegelindikator geeignet? Mit welchen Datierungsmethoden kann man deren Alter bestimmen?*

14. *Wie entsteht Beachrock?*

15. *Wie entstehen Strandwallsysteme? Wie gut sind sie als Meeresspiegelindikator geeignet? Wie kann man deren Alter bestimmen?*

Exkurs 3: ***Mittel- und jungpleistozäne Meeresspiegelveränderungen in der Karibik rekonstruiert mittels gehobener Korallenriffterrassen auf der Insel Barbados („Barbados-Modell")***

Barbados liegt in der östlichen Karibik rund 160 km östlich des Kleinen Antillenbogens, dort, wo die Karibische See gegen den Mittelatlantischen Ozean grenzt (Kap. 2.3). Die Insel besitzt eine Nord-Süderstreckung von etwa 32 km, eine West-Osterstreckung von ca. 24 km und eine Küstenlänge von etwa 95 km. Sie ist eine der wichtigsten Gebiete auf der Erde, das Aussagen zur Größenordnung und Geschwindigkeit von Veränderungen des Meeresspiegels in den Tropen während der letzten 400.000 Jahre ermöglicht.

Geographisch gehört Barbados zwar zu den Kleinen Antillen, also zu den innerhalb der Passatzone gelegenen „Inseln über dem Winde", aber geologisch-tektonisch unterscheidet sie sich von allen anderen Antilleninseln auf besondere Weise. Nur Barbados liegt auf einem sogenannten „Anlagerungskeil" („*fore-arc ridge*"), einer Zone, wo durch die Subduktion der Atlantischen Ozeanplatte unter die Karibische seit dem späten Eozän mächtige ozeanische Sedimentstapel vom Ozeanboden abgeschert werden und bis heute zu einem ca. 20 km dicken Sedimentpaket wulstartig aufgeschoben wurden (Kap. 2.3). Dadurch entstand ein in seiner Längserstreckung der Subduktionszone folgender, bis in die Nähe des 17. Breitengrades gut ausgeprägter submariner Rücken, der sog. „Barbados-Rücken". Auf diesem submarinen Rücken ist die Insel Barbados die einzige über den heutigen Meeresspiegel herausragende Erhebung.

Die Heraushebung zur heutigen Insel Barbados geschah wahrscheinlich erst seit dem ausgehenden Altpleistozän, seit etwa 1 Mio. Jahren. Dabei gelangten nicht nur die Insel, sondern mit ihr auch die sie umgebenden Korallenriffe über den Meeresspiegel. Heute bestehen etwa 86 Prozent der Inselfläche aus gehobenen, unterschiedlich alten und bis zu 130 Meter mächtigen Korallenriffen, die diskordant dem tertiären Sockel aufliegen. Nur im östlichen Teil der Insel, im sog. „Scotland District", sind durch die Erosion auf ca. 15% der Inseloberfläche tertiäre Sedimentgesteine freigelegt (Abb. E1).

Entsprechend den unterschiedlichen Hebungsraten erreichen die Korallenriffterrassen im zentralen Bereich der Nordinsel am Hackletons Kliff mit über 330 m Meereshöhe ihre größte Höhenlage. Von dort steigen sie in mehreren größeren und kleineren Terrassenstufen nach Norden, Westen und Süden zum Karibischen Meer bzw. zum St. George Valley hin ab und sind im einzelnen durch ehemalige Kliffe deutlich voneinander abgesetzt.

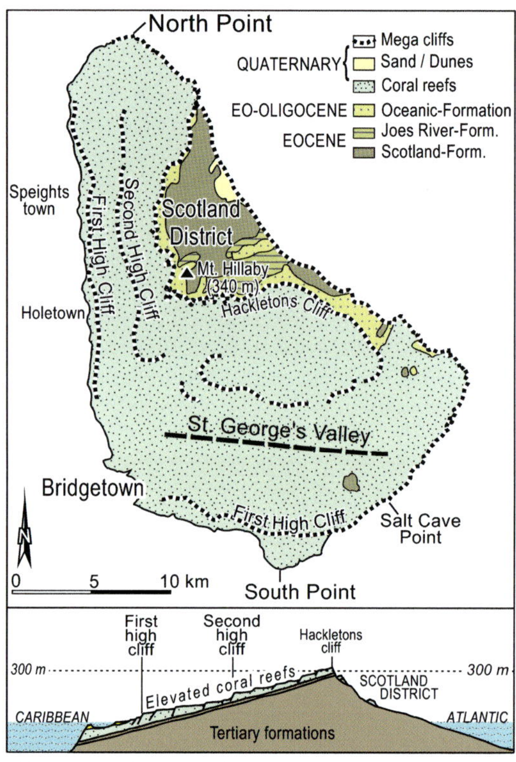

Abb. E1: Geologische Übersichtskarte von Barbados (vereinfacht nach Schellmann & Radtke 2004a).

Die beiden mächtigsten Riffstufen auf Barbados sind das sog. *„First High Cliff"* (Bild E1)und das sog. *„Second High Cliff"* (Abb. E1, Bild E2). Das *First High Cliff* ist küstennah verbreitet und markiert den ersten bedeutenden Anstieg der Korallenriffterrassen auf mehrere Dekameter Höhe (zwischen ca. 20 bis 61 m) über dem heutigen Meeresspiegel (Bild E1). Die ältesten und zugleich am höchsten gelegenen Riffkomplexe erstrecken sich am weitesten im Landesinneren. Sie sind markant durch das ca. 130 bis 200 m ü. M. gelegene *Second High Cliff* von den niedrigeren und weiter west-, nord- und südöstlich verbreiteten Riffstufen abgesetzt (Bild E2).

Eine weitere Besonderheit der auf Barbados erhaltenen Korallenriffe ist eine ihrer Baumeister: die Steinkoralle *Acropora palmata* (Elchgeweih-Koralle). Sie ist weltweit die einzige Flachwasserkoralle, die koloniebildend in einem nur sehr eingeschränkten Lebensraum vorkommt, und zwar im Bereich der brandungsreichen Riffplattform von der Niedrig-

Bild E1:
Das *First High Cliff* nahe *Rendezvous Hill* im Südwesten von Barbados. Die Korallenriffterrasse T-2 und das Kliff T-2 entstanden im MIS 5c-2 vor etwa 104 ka. Die Korallenriffterrasse T-5a stammt aus dem jüngeren MIS 5e-2 vor etwa 128 ka.

wasserlinie bis in etwa fünf Meter Wassertiefe. Da sie eine sehr schnell wachsende Koralle mit Wachstumsraten von bis zu 15 Zentimetern pro Jahr ist, kann sie auch relativ schnellen Veränderungen des Meeresspiegels, entweder aufwärts (ansteigender Meeresspiegel) oder meerwärts (fallender Meeresspiegel) folgen. Sie ist also insgesamt ein ausgezeichneter Meeresspiegelindikator.

Bild E2:
Das *Second High Cliff* in der Nähe von Speightstown im Nordwesten von Barbados.

Eine weitere Voraussetzung, um aus der heutigen Höhenlage der auf Barbados erhaltenen fossilen Korallenriffe den zugehörigen Meeresspiegel während ihrer Bildung berechnen zu können, ist deren absolute Datierung. Derzeit existieren drei Methoden, die geeignet sind, das Absterbealter fossiler Steinkorallen zu bestimmen: Die Radiokohlenstoff (^{14}C)-Methode mit einer Reichweite bis vor etwa 25.000 Jahren, die ^{230}Thorium/Uran (^{230}Th/^{234}U)-Methode mit einer Reichweite bis vor etwa 200.000 Jahren und die Elektronen-Spin-Resonanz (ESR)-Methode mit einer Reichweite von über 600.000 Jahren (Kap. 1.2.2).

Forschungsgeschichte in Kürze

Die moderne Erforschung der gehobenen Korallenriffe auf Barbados mit ersten fundierten geochronologischen Einstufungen und Rekonstruktionen der Höhenlage jung- und mittelpleistozäner Paläomeeresspiegel begann mit den Arbeiten von Mesolella (u.a. 1968) und Broecker et al. (1968). Zahlreiche vor allem geochronologische Arbeiten folgten. Sie entwickelten bis Anfang der 1980er Jahre eine Vorstellung der Veränderungen des Meeresspiegels seit dem letzten Interglazial, die unter dem Namen „**Barbados-Modell**“´ mit den Stufen Barbados I, II und III als Äquivalente für die Tiefsee-Sauerstoffisotopenstufen 5a, 5c und 5e des letzten Interglazials zitiert und für globale Vergleiche herangezogen wurde (Details u.a. Schellmann & Radtke 2001; dies. 2004a).

Danach soll der globale Meeresspiegel in der letzten Warmzeit vor etwa 125.000 Jahren, während des „Barbados I-Hochstandes“, in einer Höhe von etwa sechs Metern über dem heutigen Niveau gelegen haben. Von diesem relativ hohen Niveau soll er dann über einige Jahrtausende hinweg sukzessive abgesunken sein, unterbrochen von zwei längeren Stillständen in circa 10 bis 20 m unter dem heutigen Meeresniveau:dem Barbados II-Stillstand vor etwa 105.000 Jahren und dem Barbados III–Submaximum vor etwa 82.000 Jahren. Seit Anfang der 1970er Jahre wurde wiederholt versucht, die mit Hilfe variierender Sauerstoffisotopengehalte (^{16}O/^{18}O) planktonischer und benthischer Foraminiferen in Tiefseeablagerungen abgeschätzten Veränderungen globaler Meeres- und Eisvolumina mit den Befunden zur Paläomeeresspiegelentwicklung auf Barbados zu korrelieren. Da eine exakte Korrelation nicht möglich war, wurde Anfang der 1990er Jahre eine großräumige flächenhafte Neuaufnahme der Verbreitung und Höhenlage, des morphologischen Baustils und der fazielle Zusammensetzung der Korallenriffterrassen vorgenommen und mit zahlreichen ESR- und Th/U-Datierungen geochronologisch eingestuft (u.a. Schellmann & Radtke 2004a; dies. 2004b).

Morphostratigraphie und Riffzonen

Wichtige morphologische Kriterien zur räumlichen Abgrenzung eigenständiger Korallenriffterrassen sind:

(1) die Verbreitung von ehemaligen Klifflinien als klare morphologische Trennlinien zwischen unterschiedlich alten Riffstufen und Abrasionsflächen;

(2) der morphologische Baustil eines Korallensaumriffes mit wenigen Metern höhergelegenen Riffkronen oder Riffplattformen, evtl. durchzogen von Riffkanälen, und landwärts sich erstreckender Rifflagune;

(3) das landwärtige Ansteigen einer Korallenriffterrasse ohne weitere Differenzierung durch Kanäle oder eine Lagune, ein klarer Hinweis für eine erosiv in einem älteren Riffkörper angelegte Abrasionsplattform (Bildtafel E1).

Neben Hohlkehlen bilden die bis maximal zum Tidenniedrigwasserspiegel reichenden Riffkronen bzw. Riffplattformen die wichtigsten Indikatoren zur Rekonstruktion von pleistozänen Meeresspiegelveränderungen. Im Bereich der Riffkrone ist in der Karibik die überwiegend im wellenbewegten Flachwasser bis maximal 5 m Wassertiefe in dichten Kolonien verbreitete Koralle *Acropora palmata* der dominierende Riffbauer (Kap. 3.7.4).

Morphologisch besitzen die gehobenen Korallenriffterrassen von Barbados bei guter Erhaltung einen meerwärts steil abfallenden Riffhang. Landwärts folgen dann die wenig reliefierte Riffplattform mit Riffkrone und Rückriffplatte, manchmal durchzogen von Riffkanälen, die in eine Lagune einmünden (Kap. 3.7.4). Letztere grenzt entweder an einen sandigen Strand oder an eine felsige Abrasionsplattform oder an ein Kliff.

Die Kliffe besitzen zum Teil mehr oder minder markante Hohlkehlen überwiegend bio-erosiver Genese. An aktuellen Kliffen ist die holozäne Hohlkehle im Bereich des heutigen Mittelwasserniveaus im allgemeinen ein bis zwei Meter tief in den anstehenden Korallenkalkstein eingefräst. Darüber, oder auch am Fuße älterer Paläokliffe sind vor allem in brandungsgeschützter Lage Relikte fossiler Hohlkehlen erhalten (Bildtafel E1). Sie dokumentieren ältere Meeresspiegelniveaus, in brandungsgeschützter Lage mit einer Genauigkeit von wenigen Dezimetern. Da sie erosive Formen sind, ist eine sichere geochronologische Einstufung nur dann möglich, wenn im Vorland als Bio-Konstruktionsform ein zeitlich zugehöriger Korallenriffkörper erhalten ist. Dessen Korallen können mit verschiedenen Methoden datiert werden (Kap. 1.2.2).

Bildtafel E1:
Beispiele für Alterseinstufungen gehobener litoraler Erosionsformen auf Barbados (Abrasionsleiste, Brandungshöhle, Schorre, Kliff, Hohlkehle) mit Hilfe einer Datierung des Gesteins, in das die Form eingeschnitten ist (*terminus post quem*), und mit Hilfe einer altimetrischen Korrelation mit datierten Korallenriffterrassen in der Umgebung (Details in Schellmann & Radtke 2004a: 80ff.).

Über eine altimetrische Korrelation mit benachbarten konstruktiv gewachsenen Korallenriffterrassen können auch erosiv in ältere Korallenriffe angelegte Abrasionsplattformen altersmäßig eingestuft werden. Bei großflächiger Ausbildung, wie dieses bei der an der Südküste zwischen der Lokalität Paragon und dem Salt Cave Point weitflächig ausgebildeten T-$4_{(7)}$ Terrasse der Fall ist (Bildtafel E1), können sie Ausdehnungen von 100 bis 400 m Breite erreichen. Abrasionsplattformen dieser Größenordnung entstehen bei langsamer Meeresregression, was durch das Abdachen ihrer Oberflächen um einige Meter von der ehemaligen Klifflinie in Richtung Meer auch morphologisch belegt wird.

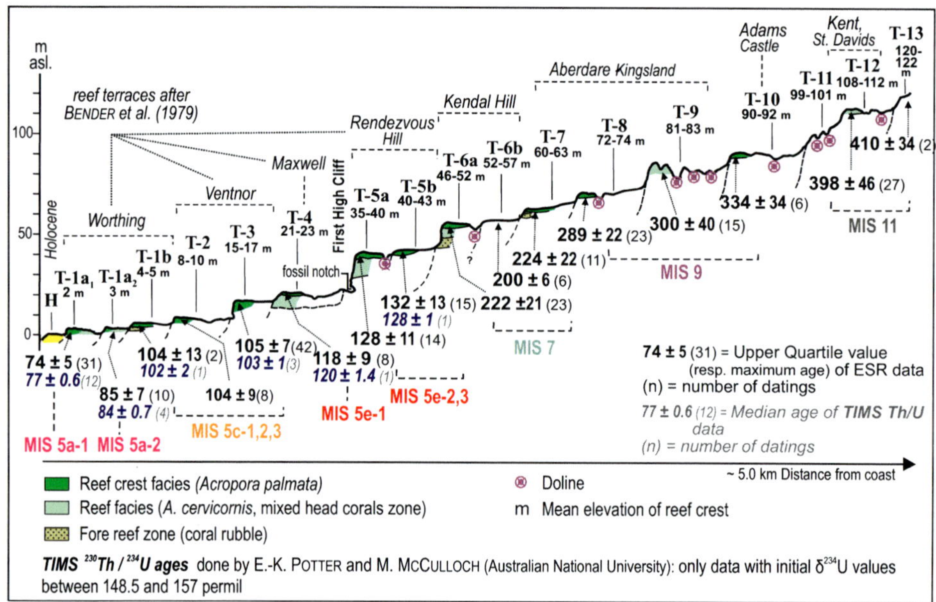

Abb. E2: Querprofil der gehobenen Korallenriffterrassen im Süden von Barbados mut ESR- und TIMS Th/U-Altern (Details in SCHELLMANN et al. 2011).

Verbreitung und Altersstellung gehobener Korallenriffterrassen im Süden von Barbados

Im Süden von Barbados sind die ältesten Korallenriffe bis auf ca. 120 m über dem heutigen Meeresspiegel herausgehoben. Dabei sind zwischen der heutigen Küste und dem Inneren der Südinsel bis zu 13 deutliche Korallenriffniveaus (T1 bis T13) erhalten, wenn auch nicht alle im direkter räumlicher Konkordanz (Abb. E2).

Diese Hauptniveaus können häufiger in weitere, zwar durch fossile Kliffe abgesetzte, aber höhenmäßig verwandte Subniveaus unterteilt werden wie das T-5a und das T-5b Terrassenniveau. Die Unterscheidung der T-1a$_1$ und T-1a$_2$ Terrasse stützt sich nicht auf altimetrische oder morphologische Abgrenzungskriterien, sondern auf deren unterschiedliches Alter von 74ka bis 85 ka (Abb. E3). Die Riffkronen beider Terrassen liegen in ähnlicher Höhenlage bei 2 m bzw. 3 m über dem Meer.

Alterseinstufung

Typisch für eine sich langsam heraushebende Koralleninsel ist eine positive Höhenlage/Alter-Korrelation der Riffstufen. Die am tiefsten gelegenen küstennahen Riffterrassen sind die jüngsten und die am höchsten gelegenen und in der Regel auch am weitesten von der heutigen Küste entfernten Riffstufen die ältesten Formen. Wegen der relativ langsamen Hebungsrate im südlichen Bereich von Barbados stammt dort die jüngste oberhalb des Meeresspiegels gelegene Riffterrasse T-1a$_1$ bereits aus dem ausgehenden letzten Interglazial vor ca. 74 ka (MIS 5a). Auch die älteren, stärker herausgehobenen Riffstufen stammen aus interglazialen Meeresspiegelhochständen bis vor ca. 410 ka, also etwa aus dem MIS 11 (Abb. E2; weitere Details in SCHELLMANN & RADTKE 2004a).

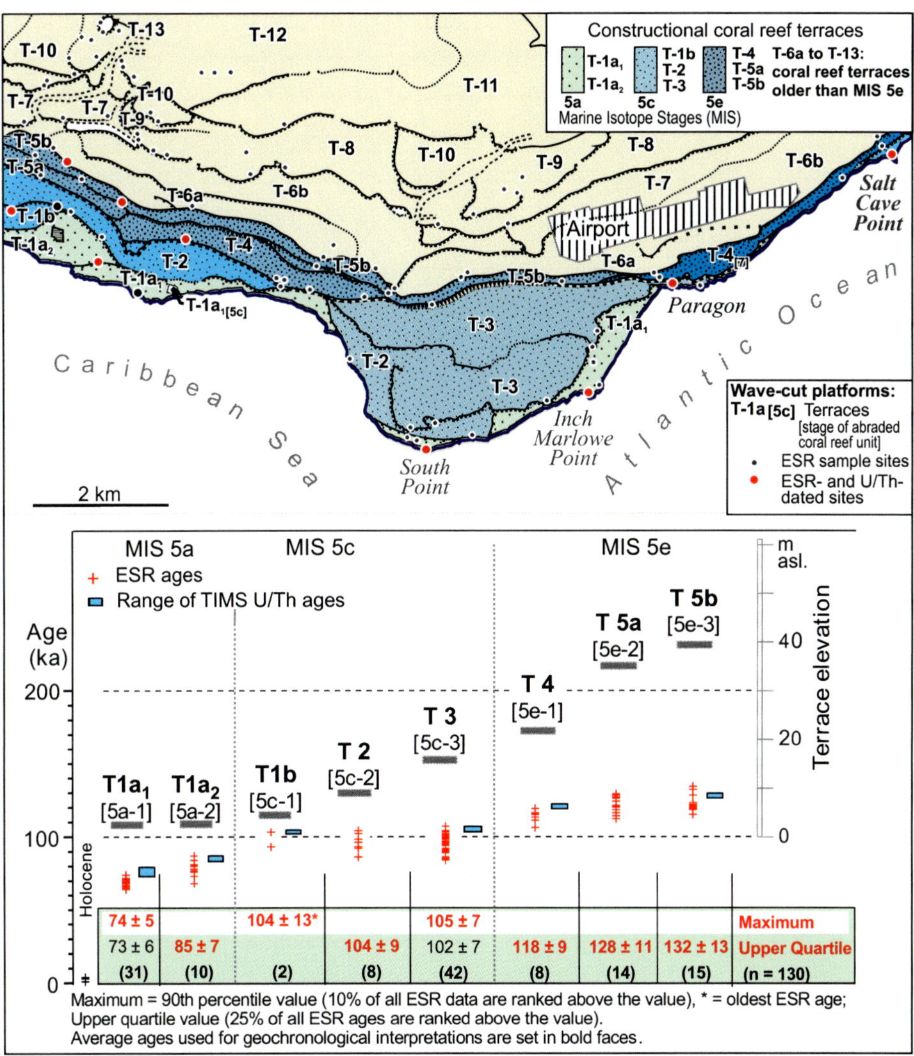

Abb. E3: Gehobene Korallenriffterrassen im Süden von Barbados. Geologische Übersichtskarte (oben) und ESR- und TIMS Th/U-Alter der letztinterglazialen Terrassenstufen T1a bis T5b (unten) (Details in Schellmann & Radtke 2004a).

Bei den ESR-Altern in Abb. E3 handelt es sich um Maximalwerte oder um Mittelwerte, die aus dem oberen Quartil aller aus einer Terrassenstufe stammenden ESR-Datierungen an Korallen berechnet wurden. Eine auf das obere Quartil bezogene Mittelwert-Berechnung ist bei der Auswertung von ESR-Datierungen natürlich nur sinnvoll, wenn aus einer Riffstufe mehrere Alterswerte vorliegen. Dann ist der Mittelwert des oberen Quartils für eine geochronologische Einstufung wahrscheinlich zutreffender als die Verwendung von Mittelwerten auf der Grundlage aller vorliegender ESR-Datierungen. Denn, als Folge von Verwitterung und diagenetischen Prozessen kann die aragonitische Struktur der Korallen sukzessive zu Kalzit umgewandelt werden. Schon ESR-Datierungen an leicht rekristallisierten Korallenproben können viel zu jung ausfallen. Eine solche Altersunterbestimmung ist insbesondere bei der ESR-Datierung an Korallen aus älteren Terrassen häufig der Fall, bei denen diagenetische Veränderungen und Umkristallisationen häufig weiter fortgeschritten sind. Eine Mittelwert-Berechnung, beschränkt auf das obere Quartil aller Alterswerte in einem Probenkollektiv, ermöglicht letztlich eine stärkere Gewichtung der ältesten Alter, da sie wahrscheinlich am geringsten von solchen Altersverjüngungen betroffen sind.

Jung- und mittelpleistozäne Meeresspiegelrekonstruktionen

Geht man davon aus, dass die heute auf Barbados erhaltenen Korallenriffterrassen in der Vergangenheit kontinuierlich herausgehoben wurden und werden, und kennt man deren Alter, kann man aus der heutigen Höhenlage ihrer *Acropora palmata* Riffkronenfazies den Meeresspiegel rekonstruieren, der während deren Bildung aktuell war.

Dazu benötigt man die Hebungsrate (*uplift rate*), die heutige Höhenlage der jeweiligen Riffkronen (*elevation*) sowie deren Alter (*age*):

Former sea level = elevation minus uplift rate x age of terrace.

Die Hebungsrate berechnet man über die heutige Höhenlage der Riffkrone aus dem letztinterglazialen Meeresspiegelhochstand (MIS 5e-3) minus der Höhenlage des damaligen Meeresspiegels dividiert durch das Alter der Terrasse:

Uplifte rate = elevation of MIS 5e-3 coral reef terrace minus MIS 5e sea-level height (0 or 2 metres) divided throught the age of the MIS 5e-3 terrace.

Dabei muss angenommen werden, dass die Hebungsrate im betrachteten Zeitraum kontinuierlich erfolgte. Das trifft auf Barbados mit hoher Wahrscheinlichkeit nur für den Süden der Insel zu (Schellmann & Radtke 2004a: 99ff.).

Wesentliche Ergebnisse von Barbados sind (Abb. E4):

1. Der Meeresspiegel hat in den vergangenen 4 Interglazialen deutlich stärker geschwankt mit mehr Maxima und Submaxima als bisher bekannt waren.
2. Der Meeresspiegel hat in den warmzeitlichen Hochständen der vergangenen 400.000 Jahre in etwa im heutigen Niveau oder nur wenige Meter darüber oder darunter gelegen. Global betrachtet, existierten in diesen wärmsten Abschnitten der Erde damit ähnliche Eis- und Meeresvolumina wie heute.
3. Während des Maximalstandes der letzten Warmzeit lag der Meeresspiegel keineswegs über sechs Meter höher als heute, sondern maximal nur etwa zwei Meter darüber. Dieser Hochstand dauerte aber nur einige Jahrtausende von etwa 132 ka bis etwa 118 ka.
4. In den letzten vier Warmzeiten erfolgte der Übergang zu den jeweils nachfolgenden Kaltzeiten und dem damit verbundenen starken Absinken des Meeresspiegels um mehr als 100 Meter nicht plötzlich, sondern in der Regel allmählich über einige Jahrtausende hinweg. So erreichte der Meeresspiegel während der letzten Warmzeit seinen Maximalstand im heutigen Meeresniveau im Zeitraum vor 128 ka bis 132 ka. Vor etwa 118.000 Jahren

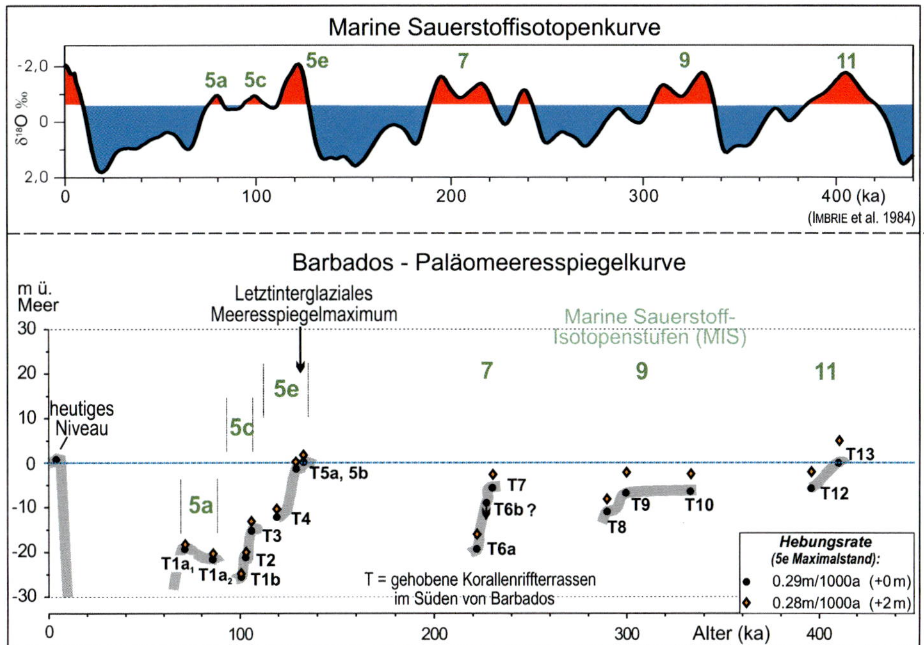

Abb. E4: Überwiegend eustatische Veränderungen des Meeresspiegels während der pleistozänen Warmzeiten in den vergangenen 400.000 Jahren rekonstruiert mit Hilfe der gehobenen Korallenriffterrassen im Süden von Barbados (Details in Schellmann & Radtke 2004a, dies. 2004b).

lag er dann schon etwa 13 Meter tiefer als heute. In der Folgezeit sank er sukzessive weiter ab und oszillierte im Zeitraum zwischen 104 und 105 ka (MIs 5c) bei 11 bis 22 m sowie vor etwa 85 ka und 74 ka (MIS 5a) bei etwa 19 bis 22 Meter unter dem derzeitigen Niveau.

5. Die letzte Warmzeit endete im marinen Milieu nicht schon vor etwa 82.000 Jahren wie im Barbados-Model bisher angenommen, sondern erst vor rund 74.000 Jahren. Erst anschließend ist der Meeresspiegel sehr schnell auf ein tiefes kaltzeitliches Niveau gesunken. Insgesamt dauerte die letzte Warmzeit damit länger an, als es bisher aus den Sauerstoffisotopenkurven der Tiefsee bekannt war.

Aufgrund der globalen Lage von Barbados weit entfernt von ehemals vergletscherten Arealen (daher keine glazial-isostatischen Beeinflussungen) sollten die rekonstruierten Paläomeeresspiegel weitgehend glazial-eustatischer Natur sein.

Weiterführende Literatur

Schellmann G. & Radtke, U. (2004a): The marine Quaternary of Barbados. – Kölner Geographische Schriften, 81: 137 pp.; Köln.

Schellmann, G. & Radtke, U. (2004b): A revised morpho- and chronostratigraphy of the Late and Middle Pleistocene coral reef terraces on Southern Barbados (West Indies). – Earth-Science Reviews, 64: 157-187.

Exkurs 4: ***Rekonstruktion holozäner Meeresspiegelveränderungen an der patagonischen Atlantikküste mit Hilfe von Strandwällen, Strandterrassen und Talmündungsterrassen***

Die etwa 3000 km lange patagonische Atlantikküste (Abb. E1) besitzt überwiegend hoch-energetische, makrotidale (Tidenhub zwischen 4 bis 12 m) und sturmreiche Sedimentationsmilieus. Kliffküsten mit vorgelagerten Abrasionsplattformen, grobkiesigen Strandwallsystemen, kiesigen und muschelschillreichen Strandterrassen sowie kiesigen Stränden (Bild E1) dominieren den küstenmorphologischen Formenschatz. In geschützten Buchten, wie in der Caleta Malaspina bei Bustamante (Bild E10), können meist nur kleinräumig auch Kalkmarschen verbreitet sein (Abb. E1; u.a. SCHELLMANN 1998b).

In der Mehrzahl prägen kiesige Strandwall-Sequenzen („*swash built ridges*“ im Sinne von TANNER 1995) neben mächtigen Kliffen den litoralen Formenschatz. Oft bilden sie markante dammartige Kiesrücken, die sich zum Teil einige Meter über das dahinterliegende Hinterland erheben (Bild E4 und Bild E5), manchmal aber auch relativ ebene Strandterrassen (*littoral terraces*) (Bild E8).

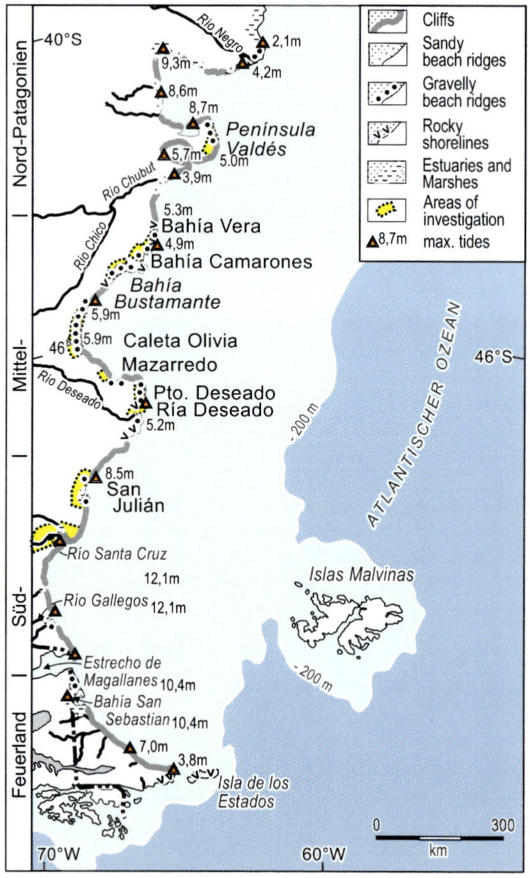

Abb. E1: Küstenformen an der patagonischen Atlantikküste mit Amplituden des Springtidenhubs.

In den Talmündungen der Cañadónes (*Cañadóne*: Trockental mit torrentiellem periodischen Abfluss und zwar meist im Winterhalbjahr) verzahnen sich fluviale und litorale Sedimente und bauen den aktuellen Talboden und höhere Talmündungsterrassen (*valley mouth terraces*) auf (Bild E11).

Strandwälle und Meeresspiegel

Strandwälle und Strandterrassen entstehen dort, wo ein Küstenabschnitt über längere Zeit mit Lockermaterial versorgt wird. Die an der patagonischen Atlantikküste dominierenden Strandkiese sind umgelagerte patagonische Gerölle (*Rodados patagónicos*; zur Verbreitung und Alter siehe auch SCHELLMANN 1998b: 66ff.). Diese fluvialen, überwiegend tertiärzeitlichen Ablagerungen bedecken mit Mächtigkeiten von mehreren Metern die angrenzenden Hochflächen der „Geröll“-Meseten. Durch fluviale und litorale Erosion gelangen sie ins

Bild E1:
oben: Kiesstrand mit beidschaligen Muscheln (u.a. *Protothaca antiqua*) in der Bahía Bustamante; unten: Beidschalige Muscheln (*Protothaca antiqua*) aus dem letzten Interglazial (MIS 5) eingelagert in kiesigen Strandablagerungen südlich von Caleta Olivia, deren Oberfläche sich heute etwa 13 m über dem aktuellen Tidehochwasser erhebt (Details in SCHELLMANN & RADTKE 2007).

Meer und werden durch Brandung und Gezeiten aufgearbeitet und teilweise mit der Küstenlängsströmung (*longshore drift*) strandparallel verlagert.

Im Strömungsschatten bzw. bei positiver Sedimentbilanz (mehr Akkumulation als Erosion/Transport) kann es in der Brandungszone des Vorstrandes sublitoral, also unterhalb des mittleren Tideniedrigwassers zur Sedimentanhäufung in Form von Barren kommen (Abb. 3.7.6). Bei ausreichendem Sedimentüberschuss können die Unterwasserbarren über den Meeresspiegel hinauswachsen und es können den Änderungen des Küstenverlaufs folgend gestreckte oder gekrümmte Strandhaken mit dazwischen liegenden wassergefüllten Rinnen entstehen.

Brandung und Stürme können bei positiver Sedimentbilanz zur weiteren Aufhöhung der Strandhaken beitragen und einzelne oder zahlreiche langgestreckte, küstenparallele Strandwälle aufschütten. Die Höhenlage ihrer Oberflächen ist Ausdruck der Reichweite und Höhe von Sturmwellen und damit auch der Brandungsexposition. Bei exponierter Lage im hochenergetischen Küstenmilieu sind Strandwälle deutlich höher und besitzen markante Rücken und Senken (Bild E2). Mit abnehmender Brandungsexposition verringert sich deren Höhe und das innere Relief aus Rücken und Senken wird ausgeglichener. Morphologisch treten an die Stelle markanter Strandwälle und Strandwallsysteme relativ ebene Strandterrassen (Abb. E2).

Strandwälle können höher sein als das Hinterland (Bild E3, Bild E4). Dabei können im Laufe der Zeit bei hinreichender Versorgung mit Lockersedimenten und begünstigenden

Bild E2:
Jungholozänes Strandwallsystem (*beach ridge system*) nördlich von Puerto Deseado mit mehreren langgestreckten Rücken (*ridges*) und Senken (*swales*). Die Strandwallsedimente zeigen eine typische Strandwallschichtung mit meerwärte einfallender großbogiger Schrägschichtung (Bild Mitte) aus überwiegend invers gradierten Kieslagen (Bild unten).

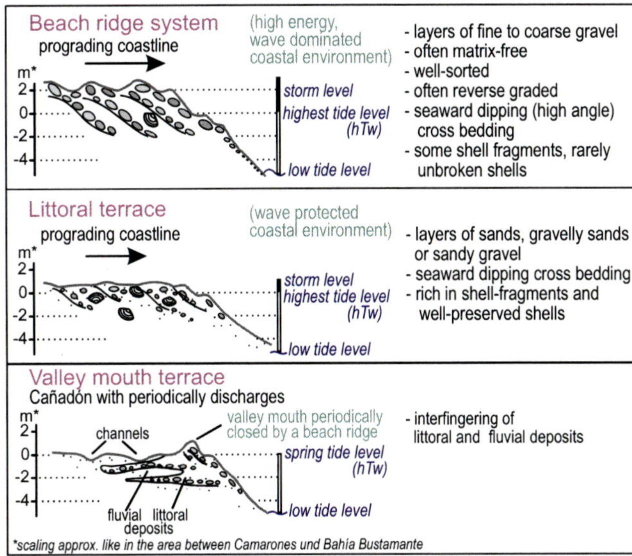

Abb. E2: Kurzbeschreibung der drei Typen litoraler Akkumulationsformen *„beach ridges, littoral terraces and valley-mouth terraces"*, die an der patagonischen Atlantikküste weit verbreitet sind.

seitlichen Verlagerungen der l*ong-shore drift* zahlreiche Strandwälle nebeneinander abgelagert werden. Dabei markiert jeder Strandwall eine ehemalige Strandlinie zur Zeit seiner Entstehung. Ausgedehnte Strandwallsysteme belegen oft ein kompliziertes Wechselspiel zwischen seitlichen, gestreckten oder gekrümmten Strandverlagerungen und Neubildungen von Strandwällen. Zwischenzeitlich können Phasen lokaler Stranderosion mit Aufzehrung älterer Strandwälle eingeschaltet sein (Bild E7).

Die Oberfläche von Strandwallsystemen prägen annähernd strandparallel verlaufende Strandwallrücken. Sie sind in der Regel 1 bis 2 m höher als zwischen den Rücken verlaufende Strandwallrinnen (Bild E2, Bild E7, Bild E8). An der patagonischen Atlantikküste erheben sie sich im Mittel 2 bis 3 m ü. hTw (hTw = h*ighest tide water level*; Abb. E2), wobei die Oberflächen mittelholozäner Bildungen Höhenlagen von bis zu 9,5 m ü. hTw erreichen können.

Bild E3: Etwa 5.700 ^{14}C-Jahre alte, bahndammartige H1a-Strandwälle südlich von Camarones.

Bild E4:
Ein Strandwall verschließt aktuell die Mündung eines namenlosen Cañadónes nördlich von Camarones und südlich vom Pta. Fabien. Seine Oberfläche reicht bis zu 4,5 m ü. hTw. Bild oben: Blick nach Süden über den Cañadón hinweg. Bild unten: Blick nach Norden über den Cañadón hinweg.

Bei extremer, dem Atlantik ausgesetzter Wellenexposition bestehen sie aus gut sortierten, grobkiesigen und blockreichen Sedimentkörpern mit zahlreichen matrixfreien, häufig invers gradierten Kieslagen (Bild E2). Holozäne (MIS 1), letztinterglaziale (MIS 5) und vorletztinterglaziale (MIS 7) Strandwallkiese können Mächtigkeiten zwischen 3 m (Abb. E3, Abb. E4) und 12 m (Abb. E5, Abb. E6) besitzen, vor allem in brandungsexponierten Küstenbereichen mit aktuellen Tidenamplituden von über 5 m. Etwa 12 m mächtige Strandwallkiese aus dem letzten Interglazial (MIS 5) sind nördlich von Bustamante am Cañadón

Bild E5:
Jungholozäne Strandwallsysteme H1b (6 bis 7 m ü. hTw), H2 (5 m ü. hTw) und H3 (4 m ü. hTw) am 1. Cañadón südlich von Camarones.
Sie zeigen im Jungholozän einen fast kontinuierlichen Küstenvorbau in diesem Küstenabschnitt ohne erkennbare größere Erosionsdiskordanzen.

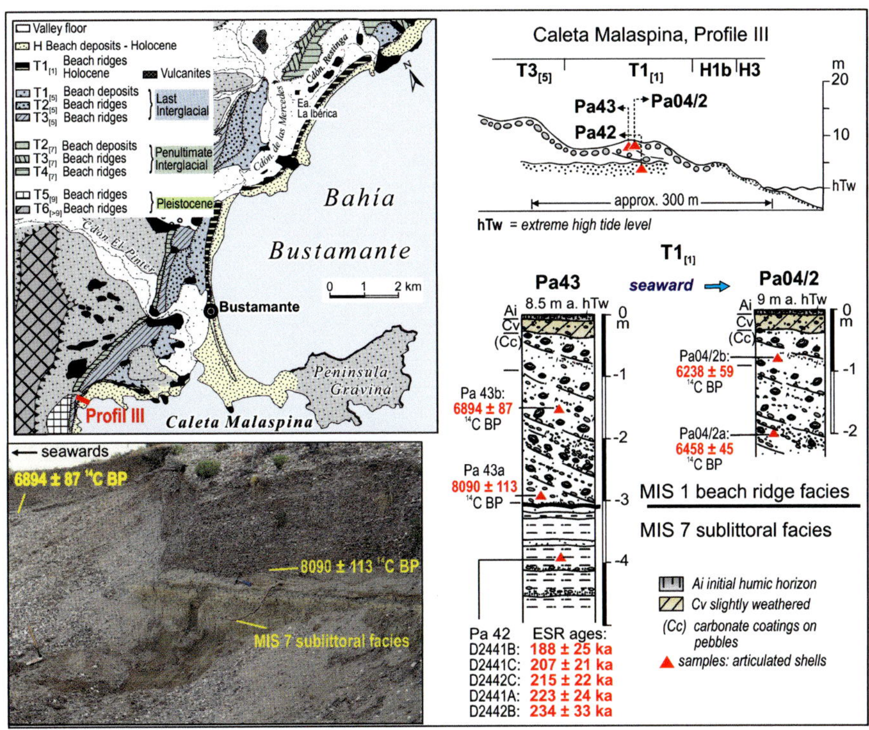

Abb. E3: Etwa 3 m mächtige mittelholozäne Strandwallkiese in der Caleta Malaspina (Bustamante) über feinklastischen Vorstrandsedimenten (*sublitoral facies*) aus dem vorletzten Interglazial (MIS 7).

Bild E6:
Talmündung des 3. Cañadónes südlich von Camarones.

Das obere Bild zeigt die Mündung am 4.10.1992. Die aktuelle Talmündung ist zum Meer hin offen. Dagegen ist im unteren Bild, das wenige Monate später am 1.3.1993 aufgenommen wurde, die aktuelle Mündung bereits wieder von einem Strandwall verbaut.

Das Bachbett besitzt an der Mündung eine Höhenlage im Bereich des Springtidehochwassers.

Am Rande des aktuellen Abflußbettes sind mehrere Metern höhere, jungholozäne Strandwälle erhalten, wobei die jüngsten H3-Strandwälle die Mündung zwar noch fast verschließen, aber schon stark von der fluvialen Erosion unterschnitten sind.

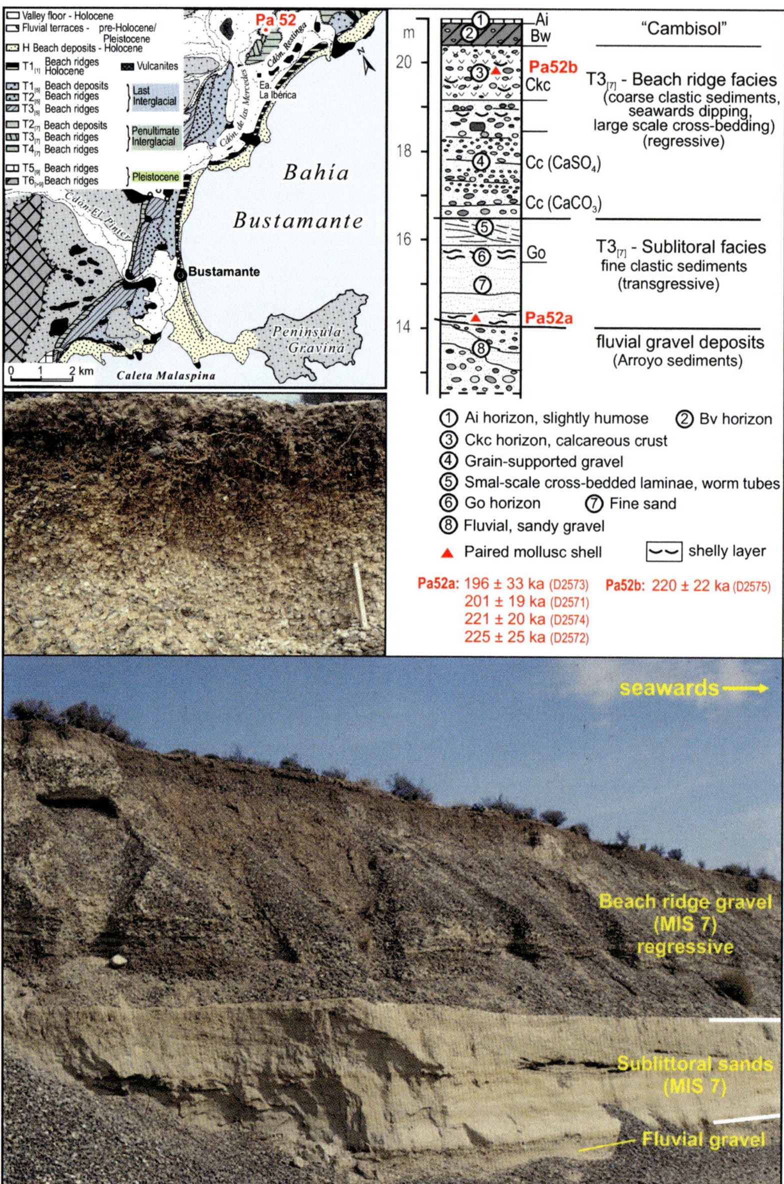

Abb. E4: Mariner Transgressions- und Regressionszyklus aus liegenden strandnahen Sanden (sublitoral) und hangenden kiesigen Strandwallablagerungen (litoral bis supralitoral) der $T3_{(7)}$-Terrasse nördlich der Estancia Ibérica (Bahía Bustamante). Die marine Serie liegt kiesigen fluvialen Ablagerungen (Cañadón-Sedimenten) unbekannten Alters auf.

Malaspina (Abb. E5), an der Ruta 3 südlich von Caleta Olivia (Abb. E6) und mit Mächtigkeiten von >10 m an der Lokalität Pa 47 nördlich von Camarones (Schellmann 1998: 145) erhalten. Deutlich geringere Mächtigkeiten von nur 3 m besitzen dagegen holozäne Strandwallkiese am westlichen Rand der Caleta Malaspina (Abb. E3). Auch die vorletztinterglazialen (MIS 7) Strandwallkiese in der Bahá Bustamante nördlich der Ea. Ibérica besitzen

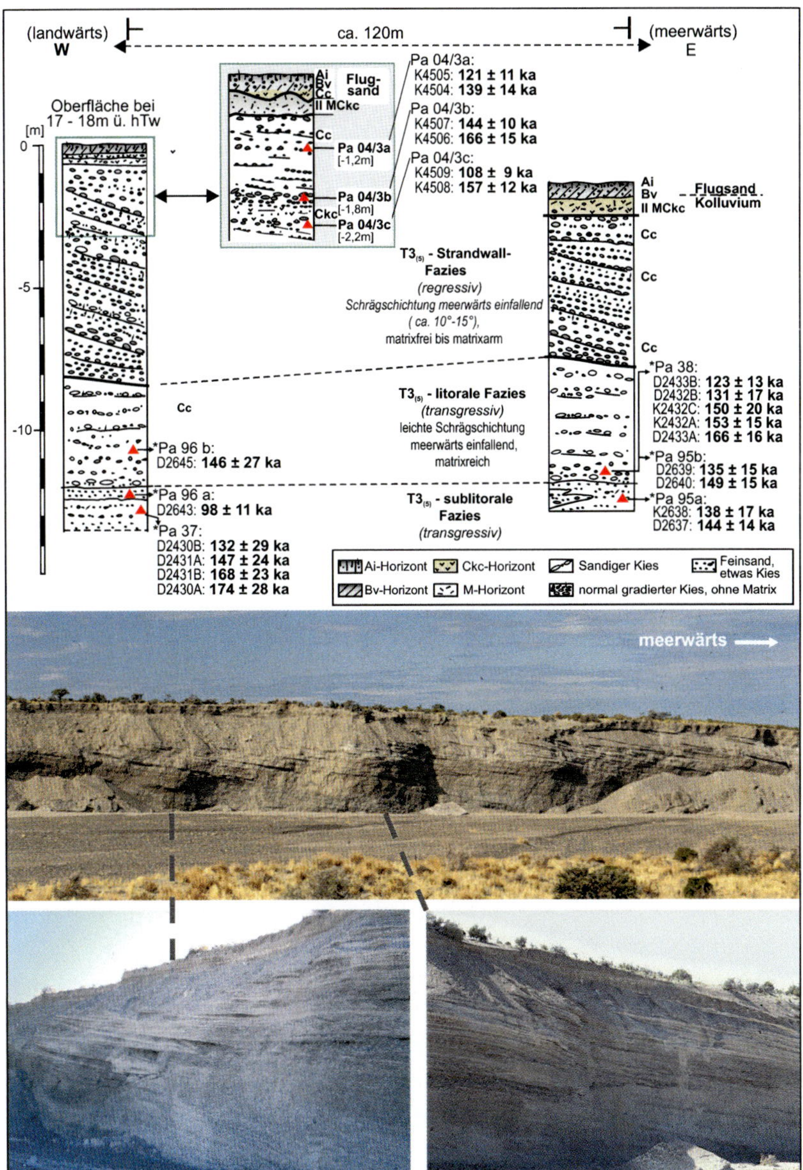

Abb. E5: Letztinterglaziales T3$_{[5]}$-Strandwallsystem am Cañadón Malaspina mit Ergebnissen von ESR-Datierungen beidschalig eingelagerter Muschelschalen (Details in SCHELLMANN 1998). Die großbogige Schrägschichtung der bis zu 12 m mächtigen Strandkiese fällt in Richtung heutige Küste ein. Im Liegenden stehen im heutigen Niveau des Cañadóns sublitorale Sande und kiesige Bachsedimente ebenfalls aus dem letzten Interglazial (MIS 5e) an. Der Cañadón Malaspina mündet in die Bahía Bustamante.

nur Mächtigkeiten von bis zu 4,5 m (Abb. E4). Sie überlagern feinklastische Vorstrandsedimente, die ebenfalls im MIS 7 abgelagert wurden. Im Untergrund stehen fluviale Kiese unbekannten Alters an.

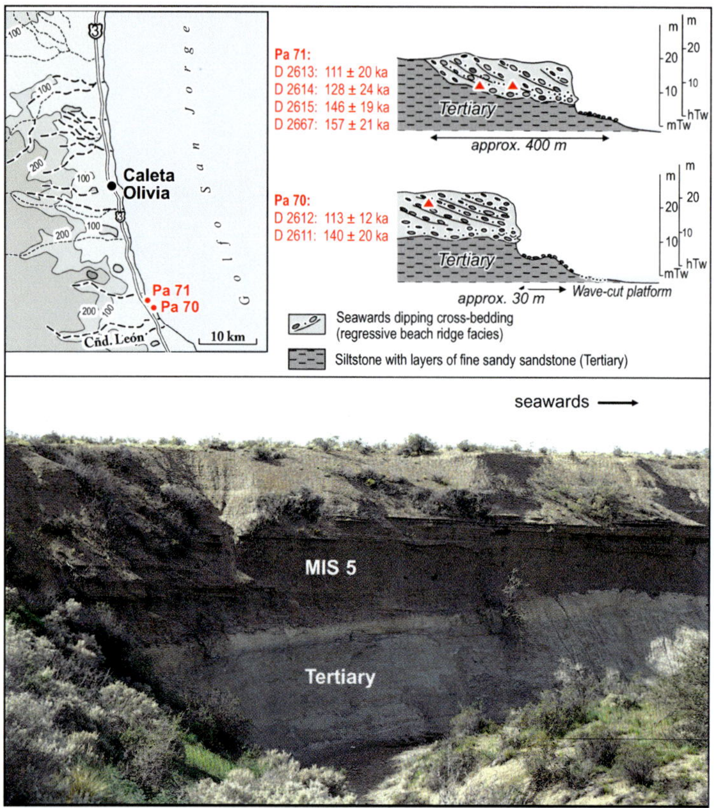

Abb. E6: Letztinterglaziale (MIS 5) Strandwallkiese der N1$_{(5)}$-Terrasse mit meerwärts einfallender Schrägschichtung. Die Oberfläche liegt in einer Höhe von ca. 14 bis 17 m ü. hTw. Die Basis in ca. 2 bis 10 m ü. hTw bilden tertiäre Schluff- und Sandsteine.

Litorale Strandkiese und Strandwallablagerungen können von ähnlichen alten sublitoralen Sanden unterlagert werden (Abb. E4 und Abb. E5). Sie können aber auch deutlich älteren sublitoralen Sanden (Abb. E3) oder dem präquartären Untergrund (Abb. E6) aufliegen.

Unabhängig von der Intensität der Wellenexposition haben Strandwälle einen großbogig schräggeschichteten Innenbau, wobei die Schrägschichtung mehr oder minder stark geneigt meerwärts einfällt (Bild E2, Bild E5, Abb. E3 bis Abb. E6). In den Schrägschichtungslagen spiegelt sich eine allmähliche meerwärtige Progression der Strandzone während ihrer Bildung wieder. Insofern sind Strandwallsysteme überwiegend regressive Bildungen bei stagnierender Meeresspiegelhöhe bzw. exakter ausgedrückt regressive Bildungen bei stagnierender Auslaufhöhe der Sturmwellenwirkung.

Als regressive Bildungen überlagern sie sublitorale Feinsedimente aus dem Transgressionsmaximum. Als Bildungen während des Transgressionsmaximums überlagern sie dagegen ältere pleistozäne oder präquartäre Sohlgesteine.

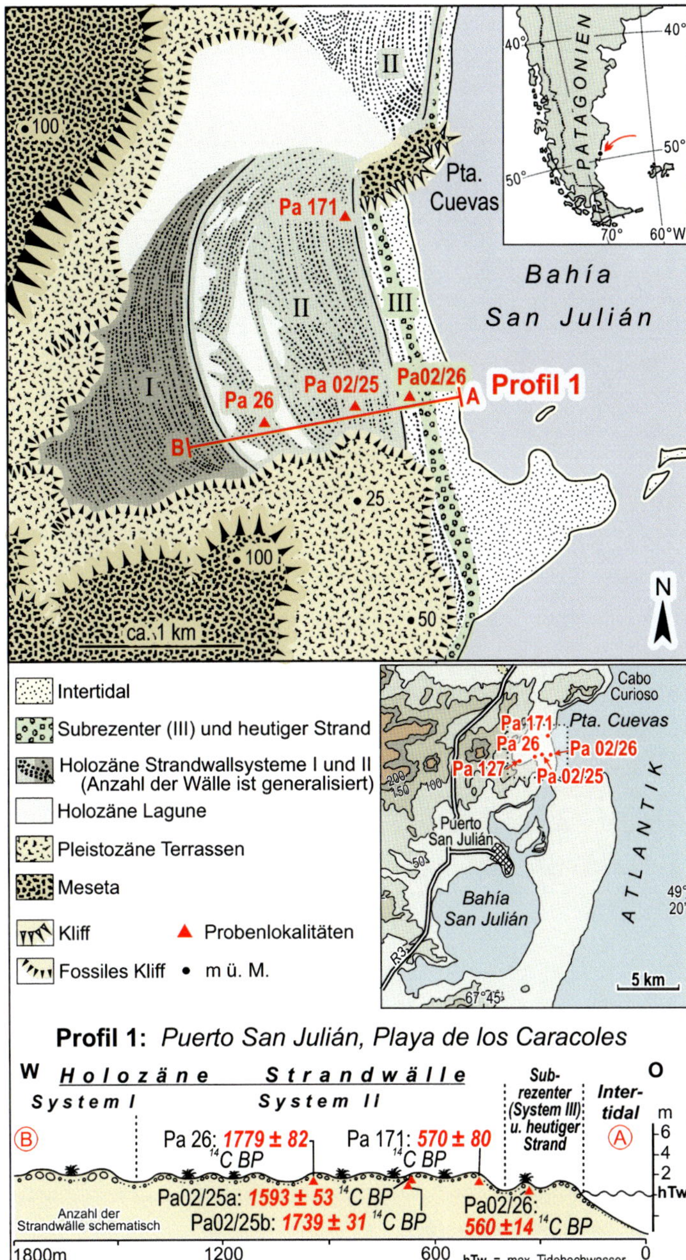

Abb. E7: Jungholozäne Strandwallsysteme nördlich der Bahía San Julián.

Dabei können einzelne Strandwälle schon bei einem Sturm entstehen (Bild E6). Mehrere Kilometer breite Strandwallsysteme, die ganze Meeresbuchten ausfüllen, können so durchaus in wenigen Jahrhunderten abgelagert worden sein. So entstand das über 1 km breite Strandwallsystem II, das große Areale der *Playa des los Caracoles*, einer ehemaligen Meeresbucht nördlich von San Julián ausfüllt (Abb. E7), in etwa im Zeitraum zwischen 1500

Bild E7:
Luftbild der jungholozänen Strandwallsysteme in der sogenannten *„Hunderststrände-Bucht“* (Namensgeber: SCHILLER 1925) bzw. der *Playa de los Caracoles* nördlich der Bahía San Julián.

bis 1800 ^{14}C BP. Bereits SCHILLER (1925) zählte in dieser Bucht über hundert Strandwälle und nannte die Bucht daher zutreffend „Hundertstrände-Bucht“ (Bild E7 und Bild 9). Drei unterschiedlich alte Strandwallsysteme sind an der Füllung der Bucht beteiligt (Abb. E 7):

- das etwa 2 m höhere Strandwallsystem I im Inneren der Bucht mit unbekanntem Alter;
- das nur etwa 1 m über aktuellen Strandwallbildungen sicher erhebende System II aus dem frühen Jungholozän und
- das spätmittelaltlich und neuzeitliche System III entlang der aktuellen Küstenlinie. Das Luftbild (Bild E7) zeigt diese Strandwallsysteme mit ihren zahlreichen Einzelwällen.

Strandterrassen und Meeresspiegel

Das Oberflächenrelief von Strandwallsystemen wird mit abnehmender Wellenexposition ausgeglichener. An Stelle von kiesigen Strandwallrücken und -rinnen treten nun relativ ebene Strandterrassen *(littoral terraces)* (Bild E8). Gleichzeitig reduziert sich in wind- und brandungsgeschützten Buchten der Höhenabstand zwischen rezenten litoralen Sturmablagerungen und dem Meeresspiegel bzw. hier dem Tidehochwasser (Abb. E2).

An der patagonischen Atlantikküste existieren in sturm- und brandungsgeschützten Buchten solche niedrig-energetischen Küstenmilieus. Dort entstehen feinkiesige und meist muschelbruchreiche Strandwall- oder sandreiche Strandterrassensequenzen mit gegenüber Strandwällen deutlich geringerer Mächtigkeit der Ablagerungen (Bild E9). Bereichsweise

Bild E8:
Blick nach Südwesten über die Caleta Malaspina südlich der Bahía Bustamante. Im Vordergrund ist die wenig reliefierte H1a-Strandterrasse zu sehen. Meerwärts folgt jenseits des fossilen Kliffs die etwa 4,5 m niedrigere H2-Strandterrasse.

exstieren auch grüne, durch Halophyten geprägte Marschen (Bild E10).

Im Gegensatz zu brandungsexponierten Küstenstandorten erreichen dort aktuelle Sturmablagerungen nur Höhenlagen von bis zu 1 m ü. hTw (Abb. E2) und die ältesten mittelholozänen Strandterrassen Höhenlagen von maximal 6,5 m ü. hTw.

Auch die Oberflächen von Strandterrassen durchziehen unauffällige flache Rücken und Rinnen (Abb. E2), wobei der Höhenabstand zwischen Rücken und Rinnen nun auf wenige Dezimeter reduziert ist. Statt blockreicher Grobkiese dominieren sandreiche, fein- und mittelkiesige Sedimentkörper, die häufig stark zerriebenen Muschelbruch und zahlreiche Lagen aus Muschelschalen führen (Bild E9).

Bild E9:
Sandreiche, mittelholozäne H1a-Strandablagerungen und Vorstrandsedimente in einer kleinen Bucht südlich der Pta. Maqueda und nördlich von Caleta Olivia.

Die im niedrig-energetischen Küstenmilieu gebildeten Strandterrassen folgen dem Tidehochwasser in einem relativ geringen Höhenabstand (Abb. E2), eine Folge ihrer sturmgeschützten Exposition. Da die Höhenlage ihrer Oberflächen über Meeresspiegel weniger stark von extrem hoch auflaufenden Sturmwellen beeinflusst werden, sind sie bessere Meeresspiegelindikatoren als Strandwallsysteme.

Bild E10:
Marschen an der Nordostküste der Caleta Malaspina bei Bustamante. Im Hintergrund: mittelholozäne Strandterrassen.

Trotzdem sind auch Strandterrassen Sturmablagerungen, deren Höhenlage von der Wellenexposition und der Reichweite von Sturmwellen abhängig ist. In einem exponierten hoch-energetischen Küstenmilieu erheben sich allerdings die Oberflächen von Strandwällem durchaus einige Meter höher über dem Meeresspiegel als die Oberflächen zeitgleicher Ablagerungen, die in einem niedrig-energetischen Milieu akkumuliert wurden. Selbst innerhalb eines altersidentischen Strandwallsystems können entlang einer Küste je nach den lokalen Änderungen der Wellenexposition Höhenunterschiede von einigen Dezimetern und mehr auftreten.

Talmündungsterrassen und Meeresspiegel

Wesentlich genauer können Veränderungen des Meeresspiegels mit Hilfe von Talmündungsterrassen („*valley mouth terraces*") rekonstruiert werden. An der patagonischen Atlantikküste sind sie an der Mündung einzelner, periodisch durchflossener Trockentäler (*Cañadónes*) erhalten (Bild E11). Deren Oberflächen sind in der unmittelbaren Küstenzone auf die heutige bzw. die ehemalige Höhenlage des Tidehochwassers ausgerichtet (Abb. E2). Sie sind die genauesten Indikatoren für die Rekonstruktion von Paläomeeresspiegeln und sind dazu deutlich besser geeignet als Strandterrassen und Strandwälle.

Holozäne Meeresspiegelschwankungen an der patagonischen Atlantikküste

Die heutige Höhenlage der an der patagonischen Atlantikküste erhaltenen Strandwall-Lagunen-Sequenzen, der Strandterrassen und der Talmündungsterrassen ist zwischen ihnen unterschiedlich je nach Bildungsmilieu, ob dieses brandungsgeschützt niedrig-energetisch (Strandterrassen) oder brandungsexponiert hoch-energetisch (Strandwälle) oder „fluvio-litoral" (Talmündungsterrassen) war. Daraus können zwischen ihnen Höhendifferenzen von einigen Metern resultieren (Abb. E2).

Unterschiedliche Höhenlagen von Küstenterrassen können aber auch ein Ergebnis unterschiedlicher glazial-isostatischer, hydro-isostatischer oder bruchtektonischer Verstellungen sein. Glazial-isostatische und bruchtektonische Verstellungen können an der patagonischen Atlantikküste im Holozän ausgeschlossen werden, da gleichalte holozäne Strandbildungen bis auf einige Dezimeter eine fast identische Höhenlage über dem heutigen Tidehochwasser besitzen, sofern diese bei ihrer Bildung derselben Brandungsexposition ausgesetzt waren. Zum Beispiel haben die mittelholozänen $T1_{[1]}$- und H1a-Strandterrassen, die im niedrig-energetischen Küstenmilieu gebildet wurden, heute eine Höhenlage von etwa 4,5 bis 6,5 m ü. hTw und zwar von der Caleta Malaspina (Nordpatagonisches Massiv) im Norden bis zur Bahía San Julián (Magellan-Becken) im Süden. Das trifft auch für den *Gran Bajo de San Julián* zu, einem noch im jüngeren Pleistozän aktiven Senkungsgebiet (Abb. E8; Schellmann 1998).

Der weit verbreiteten Ansicht einer nach Süden, mit Annäherung an die pleistozänen Vereisungsgebiete vorhandenen glazial-isostatischen Hebungstendenz Patagoniens und Feuerlands seit Ausgang der letzten Kaltzeit (u.a. Rabassa et al. 2000; Gordillo et al. 1992; Vilas et al. 1999) widerspricht die ähnliche Höhenlage holozäner mariner Terrassen von etwa. 6 bis 10 m ü. hTw von der nordpatagonischen Küste am Río Negro bis zur Südspitze Feuerlands (u.a. Schellmann & Radtke 2007). Auch die aktuelle Höhenlage letztinterglazialer Terrassen (MIS 5) an der mittel- und südpatagonischen Atlantikküste von maximal 16 bis 18 m ü. hTw (Abb. E8) belegt keine glazial-isostatische Hebung der Küste mit zuneh-

Bild E11:
Mittelholozäne (H1a, T1 $_{(1)}$) und vorletztinterglaziale (T4$_7$)-Talmündungsterrassen sowie holozäne H1b-, H2- und H3-Strandwälle am 3. Cañadón südlich von Camarones. Die beiderseits des trockenen Bachbettes erhaltenen mittelholozänen Talmündungsterrassen T1$_{(1)}$ und H1a sind 3 bis 4 m höher als das Bachbett. In ihren Sedimentkörpern verzahnen sich fluviale und litorale Sedimente. Das mittlere Bild ist die meerwärtige Fortsetzung des oberen Bildes. Das untere Bild ein vergrößerter Ausschnitt des mittleren Bildes.

mender Annäherung an die ehemaligen Vereisungsgebiete Südpatagoniens und Feuerlands. Insofern sind glazial-isostatische Hebungen auszuschließen. Wegen der insgesamt relativ geringen Höhenlage der jungpleistozänen Küstenterrassen sind auch kräftige und/oder langandauernde hydro-isostatische (epirogene) Heraushebungen für die patagonische

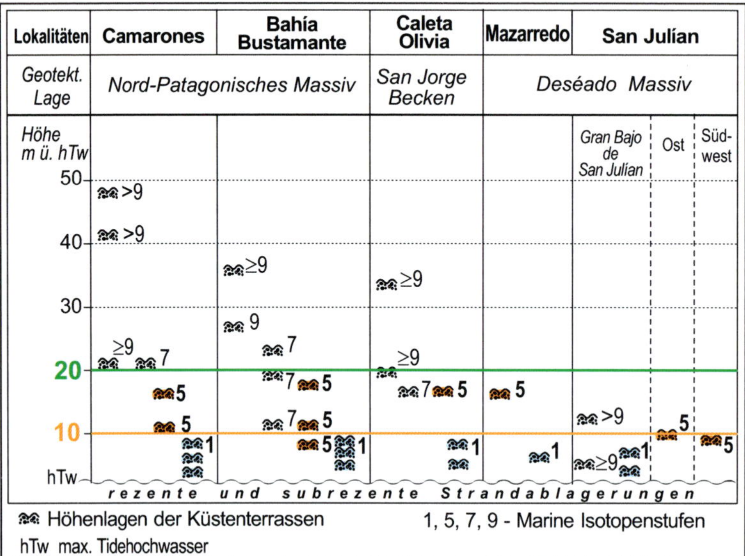

Abb. E8: Höhenlagen jung- und mittelpleistozäner Küstenterrassen an der patagonischen Atlantikküste. Die Altereinstufungen in marine Isotopenstufen basiert bei den pleistozänen Terrassen auf ESR-Datierungen und bei den holozänen Terrassen auf ^{14}C-Datierungen überwiegend beidschalig eingelagerter Muschelschalen (Quelle: SCHELLMANN 1998b).

Atlantikküste seit dem Jungpleistozän wenig wahrscheinlich. Natürlich sind kleinräumige tektonische Verstellungen damit keineswegs ausgeschlossen, wie zum Beispiel im Mittel- und Jungpleistozän im *Gran Bajo de San Julián.*

Dennoch müssen tektonische Hebungen eine Rolle bei der heutigen Höhenlage der Küstenterrassen gespielt haben. Dafür spricht, dass ein bis zu 18 m höherer Meeresspiegel im letzten Interglazial weltweit einmalig wäre (= maximale Höhenlage der MIS 5 Küstenterrassen, Abb. E8). Auch ein etwa 5 m höheres Tidenhochwasser während der Bildung der $T1_{(1)}$-Talmündungsterrassen bei Camarones (Abb. E9) wäre sehr ungewöhnlich. Die Oberflächen von Talmündungsterrassen sind ja während ihrer Bildung annähernd auf den damaligen Tidehochwasserspiegel ausgerichtet.

Auffällig ist auch, dass seit dem holozänen Transgressionsmaximum vor etwa 6.200 bis 6.900 ^{14}C-Jahren der relative Meeresspiegel an der patagonischen Küste in der Grundtendenz gefallen ist (Abb. E9). Das spricht für eine kontinuierliche tektonische/isostatische Hebung der Küste. Dagegen belegen die beiden ausgeprägten Meeresspiegelabsenkungen zwischen 6.200 bis 5.900 ^{14}C BP um etwa 1 m und zwischen 2.600 bis 2.400 ^{14}C BP um etwa 1 bis 2 m eustatisch bedingte Veränderungen des Tidenwasserspiegels. Plötzliche tektonische Verstellungen sind an diesem relativ stabilen passiven Kontinentalrand unbekannt und sind auch wegen des allmählichen Abfallens des Meeresspiegels vor allem vom $T1_{(1)}$- zum H1a-Niveau (Abb. E9) auszuschließen.

Im Vergleich zur heutigen Bildungen könnte die bis zu 1,5 m größere Höhendifferenz zwischen den $T1_{(1)}$-Talmündungsterrassen (Indikator für die Höhenlage des Tidehochwassers) und den von Sturmwellen beeinflussten Erhebungen der $T1_{(1)}$-Strandwallsysteme (Abb. E9) Ausdruck extremerer Stürme im frühen Mittelholozän in dieser Zeit sein.

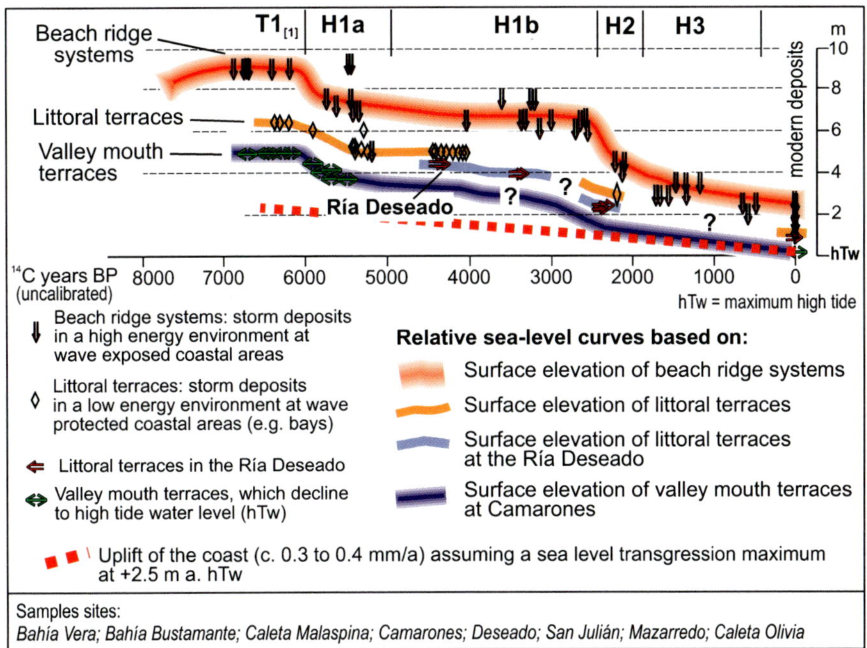

Abb. E9: Rekonstruktion der Veränderungen des relativen Meeresspiegels an der mittel- und südpatagonischen Atlantikküste seit dem mittelholozänen Transgressionsmaximums mit Hilfe verschiedener litoraler Formen sowie Abschätzung der hydro-isostatischen Heraushebung (rot gestrichelte Linie) der Küste seit dem frühen Mittelholozän.

Dadurch könnten bei ähnlicher Lage des Tidenhochwassers, aber deutlich höherer Sturmwellen die höheren Strandwälle des $T1_{(1)}$-Strandwallsysteme abgelagert worden sein.

Die beiden relativ schnellen Meeresspiegelabsenkungen des Mittel- und frühen Jungholozäns zeigen sich in der jeweils tieferen Lage der $T1_{(1)}$- und H1a-Bildungen und der H1b- und H2-Bildungen (Abb. E9). Vor allem die Niveauunterschiede von etwa 1 m zwischen $T1_{(1)}$- und H1a-Talmündungsterrassen können dabei direkt als ähnlich hohe Absenkungen des Tidehochwasserspiegels interpretiert werden.

Die zweite kräftige Absenkung im frühen Jungholozän zeigt sich am sichersten an den fast 2 m betragenden Niveaudifferenzen zwischen den H1b- und H2-Strandterrassen in der Ría Deseado, die ein niedrig-energetisches Küstenmilieu besitzt. Da aber Strandterrassen auch in geschützten Buchten Sturmbildungen sind, sind 2 m Absenkung des Tidehochwassers sicherlich zu hoch. Eine Absenkung um etwa 1 m dürfte zutreffender sein.

Summa summarum ist im Umkehrschluss davon auszugehen, dass an der patagonischen Atlantikküste das Tidehochwasser eustatisch bedingt während des holozänen Transgressionsmaximums etwa 2 bis 3 m höher war als heute.

Die Oberflächen der während des holozänen Transgressionsmaximums gebildeten $T1_{(1)}$-Talmündungsterrassen liegen heute aber nicht bei 2 bis 3 m ü. hTw, sondern bei etwa 5 m ü.

hTw. Sie liegen damit etwa 2,5 m höher. Diese Höhendifferenz ist nicht eustatisch erklärbar, sondern mit hoher Wahrscheinlichkeit das Resultat einer Hebung der Küste mindestens seit dem früh-mittelholozänen Transgressionsmaximum. Bei Annahme einer langsamen konstant anhaltenden Hebung ergibt sich für die vergangenen 6.000 ^{14}C-Jahren eine durchschnittliche Hebungsrate von 0,3 bis 0,4 mm/a bzw. 1,8 bis 2,5 m in 6.200 Jahren (Abb. E9: rote gestrichelte Linie).

Diese Heraushebung der Küste kann aber nicht über die vergangenen 130.000 Jahre angedauert haben. Dann müssten die letztinterglazialen Strandwallsysteme heute in etwa 39 bis 52 m ü. hTw liegen. Die höchsten letztinterglazialen Strandwälle liegen maximal aber nur 18 m ü. hTw (Abb. E8: MIS 5).

Berücksichtigt man dabei, dass der Meeresspiegel im letzten Interglazial weltweit mindestens 2 m höher war als heute (Abb. E10) und das Strandwälle als Sturmablagerungen an der patagonischen Atlankküste etwa 2 bis 3 m ü. hTw hinaufreichen, dann verbleiben maximal nur etwa 11 bis 12 m Hebung seit dem Beginn des letztinterglazialen Meeresspiegelhochstands vor etwa 130 ka bis 115 ka bis zum holozänen Transgressionsmaximum (18 m minus 2 m höherer MIS 5e Meeresspiegel minus 2 bis 3 m Höhendifferenz zwischen Strandwalloberfläche und Tidehochwasser minus 2 bis 3 m holozäne Hebung seit ca. 6.200 ^{14}C BP).

Bisher gibt es keine Hinweise für eine stärkere Hebung der patagonischen Atlantikküste seit dem Mittelholozän, so dass die langsame Hebung der Küste wahrscheinlich nur zeitlich befristet stattgefunden hat. Wahrscheinlich setzte sie im Spätglazial einer Kaltzeit ein und dauerte langsam auslaufend in der nachfolgenden Warmzeit noch einige Jahrtausende an. Da, wie oben dargestellt, glazial-isostatische Hebungen auszuschließen sind, dürften hydro-isostatische Ausgleichsbewegungen die wahrscheinliche Ursache für die postulierte spätglaziale und holozäne Hebung der patagonischen Atlantikküste von Camarones im Norden bis nach San Julián im Süden sein.

Zusammenfassung

Die aktuellen Höhenlagen der Küstenterrassen an der patagonischen Atlantikküste sind das Resultat einer a) zeitlich vor allem auf das Holozän, vielleicht auch noch das Spätglazial begrenzten hydro-isostatischen Hebung der Küste, und b) von mindestens zwei seit dem mittelholozänen Transgressionsmaximum erfolgten eustatischen Absenkungen des Meeresspiegels, genauer des Tidehochwassers.

Insgesamt wurde der höchste Meeresspiegel an der patagonischen Atlantikküste bereits vor mindestens 6.900 ^{14}C Jahren erreicht. Er lag damals etwa 2 bis höchstens 3 m über dem aktuellen Tidenhochwasser. Das seit dieser Zeit erfolgte relative Absinken des Meeresspiegels ist neben mindestens zwei deutlichen Absenkungen des Tidehochwassers vor etwa

6.200 bis 5.900 ^{14}C BP um etwa 1 Meter und zwischen 2.600 bis 2.400 ^{14}C BP um etwa 1 bis 2 Meter auch die Folge einer langsamen hydro-isostatischen Hebung der Küste.

Hydro-isostatische Hebung und eustatisch bedingte Veränderungen des Tidehochwasserpiegels sind wahrscheinlich die Auslöser für die hohe Lage holozäner Küstenterrassen an der patagonischen Atlantikküste. Daher besitzen Strandwallbildungen, die während des frühmittelholozänen Transgressionsmaximums in brandungsexponierter Küstenposition entstanden sind, heute extreme Höhenlagen von bis zu 9,5 m ü. hTw. Sogar die Oberflächen frühmittelholozäner Strandbildungen, die als Talmündungsterrassen oder Strandterrassen in brandungsgeschützter Küstenposition entstanden, erheben sich heute bis zu 5 bis 6,5 m über dem aktuellen Tidehochwasser.

Weiterführende Literatur

Schellmann, G. (1998): Jungkänozoische Landschaftsgeschichte Patagoniens (Argentinien). Andine Vorlandvergletscherungen, Talentwicklung und marine Terrassen. – Essener Geographische Arbeiten, 29: 216 S.; Essen.

Schellmann, G. & Radtke, U. (2007): Neue Befunde zur Verbreitung und chronostratigraphischen Gliederung holozäner Küstenterrassen an der mittel- und südpatagonischen Atlantikküste (Argentinien) - Zeugnisse holozäner Meeresspiegelveränderungen. – Bamberger Geogr. Schr., 22: 1-91; Bamberg.

Schellmann, G. & Radtke, U. (2010): Timing and magnitude of Holocene sea-level changes along the middle and south Patagonian Atlantic coast derived from beach ridge systems, littoral terraces and valley-mouth terraces. – Earth-Science Reviews; 103: 1-30.

Literaturverzeichnis

ABEL, S., BARTHELMES, A., GAUDIG, G., JOOSTEN, H., NORDT, A. & PETERS, J. (2019): Klimaschutz auf Moorböden. Lösungsansätze und Best-Practise-Beispiele. – Greifswald Moor Centrum-Schriftenreihe 03/2019: 84 S.; Greifswald.

ABELE, G. (1974): Bergstürze in den Alpen. – Wissenschaftliche Alpenvereinshefte, 25; München, Innsbruck.

ABELE, G. (1984): Schnelle Felsgleitungen, Schuttströme und Folgeerscheinungen in den Alpen im Lichte neuerer Untersuchungen. – Münchener Studien z. Sozial- und Wirtschaftsgeschichte, 26: 165-179; Regensburg.

AG BODEN (1971): Bodenkundliche Kartieranleitung. – Hannover (Arbeitsgruppe Boden der geologischen Landesämter).

AG BODEN (2005): Bodenkundliche Kartieranleitung. – 5. Aufl.; Hannover (Arbeitsgruppe Boden der geologischen Landesämter).

AHNERT, F. (2015): Einführung in die Allgemeine Geomorphologie. – 5. Aufl.; Stuttgart (Ulmer Verl.).

ALABYAN, A.M. & CHALOV, R.S. (1998): Types of river channel patterns and their natural controls. – Earth Surface Processes and Landforms, 23: 467-474.

ANDRÉFOUËT, S. & CABIOCH, G. (2011): Barrier Reef (Ribbon Reef). – In: HOPLEY, D. (ed.): Encyclopedia of Modern Coral Reefs: 102-107; Dordrecht (Springer).

BAERENS, CH., BAUDLER, H., BECKMANN, B.-R., BIRR, H.-D., DICK, ST., HOFSTEDE, J., KLEINE, E., LAMPE, R., LEMKE, W., MEINKE, I., MEYER, M., MÜLLER, R., MÜLLER-NAVARRA, S., SCHMAGER, G., SCHWARZER, KL., ZENZ, TH., HUPFER, P., HARFF, J., STERR, H. & STIGGE, H.-J. (2003): Die Wasserstände an der Ostseeküste - Entwicklungen - Sturmfluten -Klimawandel 3. Hoch- und Niedrigwasser. – Die Küste, 66 Sonderheft: 106-216; Heide.

BAHLBURG, H. & BREITKREUZ, CH. (2017): Grundlagen der Geologie. – 5. Aufl.; Stuttgart (Enke Verl.).

BARSCH, D. (1988): Rockglaciers. – In: CLARK, M.J. (Ed.): Advances in Periglacial Geomorphology: 69-90; Chichester, New York.

BARSCH, H. & BILLWITZ, K. (Hrsg.) (1990): Physisch-geographische Arbeitsmethoden. – Gotha (H. Haack Verl.).

BAUER, J., ENGLERT, W., MEIER, U., MORGENEYER, F. & WALDECK, W. (2002): Physische Geographie kompakt. – Heidelberg, Berlin (Spektrum Akad. Verl.).

BAUMHAUER, R. & WINKLER, St. (2014): Glazialmorphologie. Formung der Landoberfläche durch Gletscher. – Stuttgart (Bornträger).

BAUMHAUER, R., KNEISEL, CH., MÖLLER, S., SCHÜTT, B. & TRESSEL, E. (2017): Einführung in die Physische Geographie. – 2. Aufl.; Darmstadt (Wissenschaftliche Buchgesellschaft).

BAYERISCHES GEOLOGISCHES LANDESAMT (2003): Geotope in Oberfranken. – München.

BAYERISCHES LANDESAMT FÜR UMWELT (2020): „Bayerisches Landesamt für Umwelt - LfU Bayern“: https://www.lfu.bayern.de/index.htm (aufgerufen am 09.12.2020).

BAYERISCHES STAATSMINISTERIUM FÜR UMWELT UND GESUNDHEIT (Hrsg.) (2009): Lernort Geologie. – München.

BAYERISCHES STAATSMINISTERIUM FÜR UMWELT, GESUNDHEIT UND VERBRAUCHERSCHUTZ (Hrsg.) (2006): Lernort Boden: Modul A; München (StMUGV).

BECKER, B. (1982): Dendrochronologie und Paläoökologie subfossiler Baumstämme aus Flußablagerungen. - Ein Beitrag zur nacheiszeitlichen Auenentwicklung im südlichen Mitteleuropa. – Mitt. d. Komm. f. Quartärforschung d. Österreichischen Akad. d. Wiss., 5; Wien.

Becker, B., Kromer, B. & Schellmann, G. (1994): Die spät- und frühpostglaziale Entwicklung der Auenwälder im Donautal und am Unterlauf der Isar. – Düsseldorfer Geogr. Schr., 34: 111-122; Düsseldorf.

Becker-Haumann, R.A. (2001): The depositional history of the Bavarian Allgäu area at the turn of the Tertiary/Quaternary, Northern Alpine Foreland, Germany – a set of paleogeological maps. – Quaternary International, 79: 55-64.

Behre, K.-E. (2001): Holozäne Küstenentwicklung, Meeresspiegelbewegungen und Siedlungsgeschehen an der südlichen Nordsee. – Bamberger Geographische Schriften, 20: 1-28; Bamberg.

Behre, K.-E. & Lade, U. (1986): Eine Folge von Eem und 4 Weichsel-Interstadialen in Oerel/Niedersachsen und ihr Vegetationsablauf. – Eiszeitalter und Gegenwart, 36: 11-36.

Benn, D.I. & Evans, D.J.A. (1998): Glaciers & Glaciation. – New York (Arnold Publisher; Hodder Headline Group).

Bennett, M.R. (2001): The morphology, structural evolution and significance of push moraines. – Earth Science Reviews, 53: 197-236.

Bennett, M.R. & Glasser, N.F. (1996): Glacial Geology. Ice Sheets and Landforms. – Chichester (Wiley).

Bibus, E. (1985): „Tropische Paläoböden" in Mitteleuropa - Ausbildungen und Probleme ihrer klimatischen Deutung. – Geomethodica, 10: 153 - 191; Basel.

Bibus, E. (1989): Exkursionsführer 8. Tagung Arbeitskreis Paläoböden der Deutschen Bodenkundlichen Gesellschaft: 1-27; Tübingen.

Bibus, E., Bludau, W., Bross, C. & Rähle, W. (1996): Der Altwürm- und der Rißabschnitt im Profil Mainz-Weisenau (Heidelberger Zement AG) und die Eigenschaften der Mosbacher Humuszonen. – Frankfurter geowiss. Arb., D 20: 21-52; Frankfurt a. M.

Bibus, E., Rähle, W. & Wedel, J. (2002): Profilaufbau, Molluskenführung und Parallelisierungsmöglichkeiten des Altwürmabschnitts im Lössprofil Mainz-Weisenau. – Eiszeitalter und Gegenwart, 51: 1-14.

Bibus, E., Frechen, M., Kösel, M. & Rähle, W. (2007): Das jungpleistozäne Lössprofil von Nussloch (SW-Wand) im Aufschluss der Heidelberger Zement AG. – Quaternary Science Journal (EuG), 56: 227-255.

Bird, E. (2018): Eolianite. – In: Finkl, C. W. & Makowski, C. (eds.): Encyclopedia of Coastal Science: 776-778.

Bloos, G. (1998): Süddeutschland im Wandel – 250 Millionen Jahre Erdgeschichte. – In: Heizmann, E.P.J. (Hrsg.): Erdgeschichte mitteleuropäischer Regionen (2). Vom Schwarzwald zum Ries; München.

Blümel, W.D. (1999): Physische Geographie der Polargebiete. – Teubner Taschenbücher der Geographie; Stuttgart (Teubner Verlag).

Blümel, W.D. (2015): Physische Geographie der Polargebiete. – 2. Aufl.; Stuttgart (Borntraeger).

Blum, W.E.H. (2012): Bodenkunde in Stichworten – Stuttgart (Gebr. Bornträger).

Blume, H.P. & Feige, H. (2016): Watten und Strände - Salzwiesen und Mangrovenwälder. – Handbuch der Bodenkunde, 41. Erg.-Lfg.: 3.3.3.5.

Boenigk, W. (1990): Die pleistozänen Rheinterrassen und deren Bedeutung für die Gliederung des Eiszeitalters in Mitteleuropa. – In: Liedtke, H. (Hrsg.), Eiszeitforschung: 130-140; Darmstadt (Wiss. Buchges.).

Bögel, H. (1986): Geologie in Stichworten. – Österreich (Ferdinand Hirt Verl.).

Bögel, H. & Schmidt, K. (1976): Kleine Geologie der Ostalpen. – 231 S.; Thun (Ott Verl.).

Bögli, A. (1964): Mischungskorrosion, ein Beitrag zum Verkarstungsproblem. – Erdkunde, 8; Bonn.

BÖGLI, A. (1978): Karsthydrographie und physische Speläologie. – Berlin (Springer).

BRICE, J. (1964): Channel patterns and terraces of the Loup Rivers in Nebraska.– Geolog. Survey Prof. Paper 422-D.

BRINKMANN, R. (1990): Abriss der Geologie Bd. 1. – Stuttgart (Enke-Verl.).

BROOKE, B. (2001): The distribution of carbonate eolianite. – Earth-ScienceReviews, 55: 135-164.

BRÜCKNER, H. & RADTKE, U. (1990): Küstenlinien. Indikatoren für Neotektonik und Eustasie. – Geographische Rundschau, 12: 654-661.

BRÜCKNER, H. & SCHELLMANN, G. (2003): Late Pleistocene and Holocene Shorelines of Andréeland (Spitsbergen, Svalbård) - Geomorphological Evidences and Palaeo-Oceanographic Consequences. – Journal of Coastal Research, 19: 971-982.

BRÜCKNER, H., SCHELLMANN, G. & VAN DER BORG, K. (2002): Uplifted beach ridges in Northern Spitsbergen as Indicators for Glacio-Isostasy and Palaeo-Oceanography. – Z. f. Geomorphologie, N.F., 46: 309-336; Berlin, Stuttgart.

BRUNNACKER, K. (1959a): Junge Deckschichten und „schwarzerdeähnliche“ Böden bei Schweinfurt. – Geol. Bl. NO-Bayern, 9: 2-14; Erlangen.

BRUNNACKER, K. (1959b): Zur Kenntnis des Spät- und Postglazials in Bayern. – Geologica Bavarica, 43: 74–150, München.

BRUNNACKER, K. (1959c): Geologische Karte von Bayern 1 : 25 000 Blatt Nr. 7636 Freising Süd mit Erläuterungen. – München (GLA).

BRUNNACKER, K. (1966): Die Deckschichten und Paläoböden über dem Fagotien-Schotter westlich von Moosburg. – N. Jb. Geol. Paläont. Mh. 1966, 1: 214-227; Stuttgart.

BSH Bundesamt für Seeschifffahrt und Hydrographie (2010): Die Gezeiten – Entstehung und Phänomene. Abrufbar unter https://www.bsh.de/DE/THEMEN/Wasserstand_und_Gezeiten/Gezeiten/Gezeiten_node.html [Stand: 27.05.2019].

BUCH, W.M. (1989): Die „Öberauer Schleife“ der Donau bei Straubing: Mensch, Umweltveränderungen und Wandel einer Flußlandschaft zwischen dem 3. und 1. Jahrtausend v. Chr. – Jahresber. d. Hist. Ver. f. Straubing u. Umgebung, 91: 35-82; Straubing.

BUCH VON, L. (1825): Physicalische Beschreibung der Canarischen Inseln. – Berlin.

BUCHNER, E., SCHMIEDER, M., SCHWARZ, W.H. & TRIELOFF, M. (2013): Das Alter des Meteoritenkraters Nördlinger Ries - eine Übersicht und kurze Diskussion der neueren Datierungen des Riesimpakts. – Z. Dt. Ges. Geowiss. (German J. Geosci.), 164: 433-445.

BÜDEL, J. (1981): Klima-Geomorphologie. – Berlin, Stuttgart.

BUNZA, G., KARL, J. & MANGELSDORF, J. (1976): Geologisch-morphologische Grundlagen der Wildbachkunde. – In: Schriftenreihe der Bayerischen Landesstelle für Gewässerkunde, H 11; München.

BUSCHE, D., KEMPF, J. & STENGEL, I. (2005): Landschaftsformen der Erde. Bildatlas der Geomorphologie. – Darmstadt (Wiss. Buchgesellschaft).

CATT, J.A. (1992): Angewandte Quartärgeologie. – Stuttgart (Enke Verl.).

CARRIVICK, J.L. & RUSSELL, A.J. (2007): Glaciafluvial Landforms of Deposition. – In: ELIAS, S.A. (ed.): Encyclopedia of Quaternary Science, Vol. 1: 909-920.

CLAUSS, G.F. & SPRENGER, F. (2010): Freak Waves: Entstehung, Vorkommen, Warnungen. – Geogr. Rdsch., 5/2010: 30-34.

CLAUSER, Ch. (2014): Einführung in die Geophysik. Globale pyhsikalische Felder und Prozesse in der Erde: Kap. 4. – Berlin, Heidelberg (Springer Spektrum).

Coffin, D.E. (1963): A method for the determination of free iron in soils and clays. – Canadian Journal of Soil Science, 43: 7-17; Ottawa.

Dana, J. D. (1875) Corals and coral islands. – London (Sampson Low, Marstonk Low and Searle).

Danjo, T. & Kawasaki, S. (2014): Formation Mechanisms of Beachrocks in Okinawa and Ishikawa, Japan, with a Focus on Cements. – Materials Transactions, 55: 493-500.

Darwin, C. (1841): On a remarkable bar of sandstone off Pernambuco on the coast of Brazil. – The London, Edinburgh and Dublin Phil.Mag., Vol. 19: 257-260.

Darwin, C. (1842): The Structure and Distribution of Coral Reefs. – 214 pp.; London (Smith, Elder and Co).

Dickau, R., Eibisch, K., Eichel, J., Messenzahl, K. & Schlummer-Held, M. (2019): Geomorphologie. – Berlin (Springer Spektrum).

Diener, H.O. (1931): Geschichte der Besiedelung und Kultivierung des Erdinger Mooses. – Schriftenreihe zur bayerischen Landesgeschichte, 7: 184 S.; München.

Dietrich, G., Kalle, K., Krauss, W. & Siedler, G. (1975): Allgemeine Meereskunde. Eine Einführung in die Ozeanographie. – Berlin, Stuttgart (Gebr. Borntraeger).

DIN 19683 (1973): Physikalische Laboruntersuchungen/Bestimmung der Moorsackung nach Entwässerung. – Berlin.

Dobinski, W. (2011): Permafrost. – Earth-Science Reviews, 108: 158-169.

Dolgoff, A. (1998): Essentials of Physical Geology. – Boston (Houghton Mifflin Company).

Don, A. & Prietz, R. (2019): Unsere Böden entdecken. Die verborgene Vielfalt unter Feldern und Wiesen. – Berlin (Springer Verl.).

Dongus, H. (1984): Grundformen des Reliefs der Alpen. – Geographische Rundschau, 36: 388-394; Braunschweig.

Doppler, G. (1989): Zur Stratigraphie der nördlichen Vorlandmolasse in Bayerisch-Schwaben. – Geologica Bavarica, 94: 83-133, München (Bayerisches Geologisches Landesamt).

Doppler, G. (2011): Tertiär-Molasse und Quartär-Ablagerungen im nördlichen Schwaben (Exkursion F am 28. April 2011). – Jber. Mitt. oberrhein. geol. Ver., N.F. 93: 303-331; Stuttgart.

Doppler, G., Heissig, K. & Reichenbacher, B. (2005): Die Gliederung des Tertiärs im süddeutschen Molassebecken. – Newsl. Stratigr., 41: 359-375; Berlin.

Doppler, G., Kroemer, E., Rögner, K., Wallner, J., Jerz, H. & Grottenthaler, W. (2011): Quaternary Stratigraphy of Southern Bavaria. – Eiszeitalter und Gegenwart (Quaternary Science Journal), 60: 329-365.

Dreyer, H.P. (1995): ETH-Leitprogramm Physik: Treibhaus Erde. – Zürich.

Duphorn, K., Kliewe, H., Niedermeyer, R.-O., Janke, W. & Werner, F. (1995): Die deutsche Ostseeküste. – In: Geyer, O.F. & Leinfelder, R. (Hrsg.): Sammlung geologischer Führer, Bd. 88; Berlin, Stuttgart (Borntraeger).

Dysthe, K., Krogstad, H.E. & Müller, P. (2008): Oceanic Rogue Waves. – Annual Review of Fluid Mechanics, 40: 287-310.

Eberl, B. (1930): Die Eiszeitenfolge im nordlichen Alpenvorlande – Ihr Ablauf, ihre Chronologie auf Grund der Aufnahmen des Lech- und Illergletschers: 427 pp.; Augsburg.

Egozi, R. & Ashmore, P. (2008): Defining and measuring braiding intensity. – Earth Surface Processes and Landforms, 33: 2121-2138.

Ehlers, J. (1988): The Morphodynamics of the Wadden Sea. – Rotterdam.

EHLERS, J. (1990): Untersuchungen zur Morphodynamik der Vereisungen Norddeutschlands unter Berücksichtigung benachbarter Gebiete. – Bremer Beiträge zur Geographie und Raumplanung, 19; Bremen.

EHLERS, J. (1994): Allgemeine und historische Quartärgeologie. – Stuttgart (Enke Verl.).

EHLERS, J. (2011): Das Eiszeitalter. – Heidelberg (Spektrum Verl.).

EISBACHER, G.H. & KLEY, J. (2001): Grundlagen der Umwelt- und Rohstoffgeologie. – Stuttgart (Enke Verl.).

EISSMANN, L. (1981): Periglaziäre Prozesse und Permafroststrukturen aus sechs Kaltzeiten des Quartärs ein Beitrag zur Periglazial-geologie aus der Sicht des Saale-Elbe-Gebietes. – Altenburg.

EISSMANN, L. (2002): Quaternary geology of eastern Germany (Saxony, Saxon-Anhalt, South Brandenburg, Thüringia), type area of the Elsterian and Saalian Stages in Europa. – Quaternary Science Reviews, 21: 1275-1346.

EITEL, B. & FAUST, D. (2013): Bodengeographie. Das Geographische Seminar. – Braunschweig.

EITEL, B., BRÜCKNER, H., MÄUSBACHER, R. & SCHELLMANN, G. (2003): Deglaziation am Nordrand des Barents-Eisschilds: Das Beispiel Nordspitzbergen. – Geographische Rundschau, 2003 (2): 34-39; Braunschweig.

EMBLETON-HAMANN, CH., ELVERFELDT VON K. & KELLER, M. (2013): Geomorphologie in Stichworten I. – 7. Aufl. (Hirt's Stichwortbücher).

EVANS, D.J.A. (2007): Tills. – In: ELIAS, S.A. (ed.): Encyclopedia of Quaternary Science, Vol. 1: 818-831.

EVANS, D.J.A., PHILLIPS, E.R., HIEMSTRA, J.F. & AUTON, C.A. (2006): Subglacial till: Formation, sedimentary characteristics and classification. – Earth Science Reviews, 78: 115-176.

FELDMANN, L. (1994): Die Terrassen der Isar zwischen München und Freising. – Z. dt. geol. Ges., 145: 233-248; Hannover.

FELDMANN, L. & MEYER, K.-D. (Hrsg.) (1998): Quartär in Niedersachsen. Exkursionsführer zur Jubiläums-Hauptversammlung der Deutschen Quartärvereinigung in Hannover. – Hannover.

FELIX-HENNINGSEN, P. (1990): Die mesozoisch-tertiäre Verwitterungsdecke (MTV) im Rheinischen Schiefergebirge - Aufbau, Genese und quartäre Überprägung. – Relief, Boden, Paläoklima, 6: 192 S.; Berlin, Stuttgart (Bornträger Verl.).

FIELD, R.M. (1919) Investigations regarding the calcium carbonate oozes at Tortugas, and the beachrock at Loggerhead Key: – Carnegie Institution of Washington Yearbook, 18: 187-198.

FISCHER, H. (o.J.): A short primer on ice core science – University of Bern.

FISCHER, KL. (1989): The Landforms of the German Alps and the Alpine Foreland. – Catena Suppl.-Bd., 15: 69-85; Cremlingen.

FISCHER, W.R., STAHR, K. & BLUME, H.-P. (2014): Subhydrische Böden. – Handbuch der Bodenkunde, 29. Erg.-Lfg.: 3.3.3.6.

FLINT, R.F. (1971): Glacial and quaternary geology. – New York (John Wiley and Sons, Inc.).

FORD, D. & WILLIAMS, P. (2007): Karst hydrogeology and geomorphology. – Chippenham (John Wiley & Sons).

FRUMKIN, A. (2013): Salt karst. – In: SHRODER, J. & FRUMKIN, A. (Eds.): Treatise on Geomorphology, vol. 6, Karst Geomorphology.: 407-424; San Diego (Academic Press).

FURRER, G. (1990): 25.000 Jahre Gletschergeschichte - dargestellt an einigen Beispielen aus den Schweizer Alpen. – Vierteljahresschrift Naturforschende Ges. Zürich, 135(5); Zürich.

FURRER, G., BURGA, C., GAMPER, M., HOLZHAUSER, K.-P. & MAISCH, M. (1987): Zur Gletscher-, Vegetations- und Klimageschichte der Schweiz seit der Späteiszeit. – Geographica Helvetica, 42: 61-91; Zürich.

Gamper, M. (1991): Solifluktionsphasen im Holozän der Alpen. – In: Frenzel, B. (Hrsg.): Klimageschichtliche Probleme der letzten 130.000 Jahre: 79-86; Stuttgart.

Ganssen, R. (1965): Grundsätze der Bodenbildung. Ein Beitrag zur theoretischen Bodenkunde. – Geographische Taschenbücher, Bd. 327; Zürich (B.I.-Wissenschaftsverlag).

Gast, L., Pollok, L., Hölzner, M., Riesenberg, C., Fleig, St., von Görner, G. & Hammer, J. (2015): Salzstrukturen zur Speicherung Erneuerbarer Energien – Das Projekt „InSpEE" als ein Beitrag der Geowissenschaften zur Energiewende. – Schriftenreihe des Landesamtes für Umwelt, Naturschutz und Geologie Mecklenburg-Vorpommern, 2015/1: 49-50.

Gebhardt, H., Glaser, R., Radtke, U. & Reuber, P. (Hrsg.) (2007): Geographie. Physische Geographie und Humangeographie. – München (Spektrum Akad. Verl.).

Gebhardt, H., Glaser, R., Radtke, U., Reuber, P. & Vött, A. (Hrsg.) (2020): Geographie. Physische Geographie und Humangeographie. – 3. geänderte Aufl.; München (Spektrum Akad. Verl.).

Gesslein, B. (2013): Zur Stratigraphie und Altersstellung der jungquartären Lechterrassen zwischen Hohenfurch und Kissing unter Verwendung hochauflösender Airborne-LiDAR-Daten. – Bamberger Geogr. Schr., SF 10: 149 S.; Bamberg (Universit y of Bamberg Press).

Gesslein, B. & Schellmann, G. (2016): Quartärgeologische Karte 1:25.000 der jungquartären Lechterrassen auf Blatt 7831 Egling mit Erläuterungen. – Kartierungsergebnisse aus den Jahren 2009 und 2010. – Bamberger Geogr. Schr., SF 12: 265 -298; Bamberg (University of Bamberg Press).

Geyer, F. & Gwinner, G. (1986): Geologie von Baden-Württemberg. – 3. Aufl.; Stuttgart.

Geyer, G. & Schmidt-Kaler, H. (2009): Den Main entlang durch das Fränkische Schichtstufenland. – Wanderungen in die Erdgeschichte, 23; München (Pfeil Verl.).

Glaser, N.F. & Bennett, M.R. (2004): Glacial erosional landforms: origins and significance for palaeoglaciology. – Progress in Physical Geography, 28, 1: 43-75.

Glaser, R., Hauter, Ch., Faust, D., Glawion, R., Saurer, H., Schulte, A. & Sudhaus, D. (2017): Physische Geographie kompakt. – Heidelberg (Spektrum).

Glawion, R., Glaser, R., Saurer, H., Gaede, M. & Weiler, M. (2019): Das Geographische Seminar. Physische Geographie. – Braunschweig (Westermann).

Göttlich, K.H. (1952): Moorkundliches Gutachten über das Donaumoos. – WWA Sigmaringen, unveröffentlicht (Archiv des WWA Donauwörth).

Göttlich, K.H. (1979) mit einem geologischen Beitrag von Schloz, W: Moorkarte von Baden-Württemberg 1:50 000. Erläuterungen zum Blatt Günzburg L 7526 : 47 S.; Stuttgart (Landesvermessungsamt Baden-Württemberg).

Gönnert, G. & Buss, T. (2009): Sturmfluten zur Bemessung von Hochwasserschutzanlagen. – Berichte des Landesbetriebes Straßen, Brücken und Gewässer, 2/2009.

Gönnert, G., Isert, K., Giese, H. & Plüss, A. (2004): Charakterisierung der Tidekurve . – Die Küste, 68: 99-141.

Goudie, A. (1969): A note on Mediterranean beachrock: its history. – Atoll Res. Bull., 126 (19): 11-14.

Graul, H. (1943): Zur Morphologie der Ingolstädter Ausräumungslandschaft. – Forschungen zur deutschen Landeskunde, 43: 114 pp.

Gregory, K.J. & Goudie, A.S. (2011): The SAGE Handbook of Geomorphology. – London (SAGE Publications Ltd.).

Gripp, K. (1938): Endmoränen. – Comptes rendus du Congrès International de Géographie Amsterdam, T. II, Section IIa Géographie Physique, 1938: 215-228; Amsterdam.

Groschopf, O. & Graul, H. (1952): Geologische und morphologische Betrachtungen zum Illerschwemmkegel bei Ulm. – Naturforschende Gesellschaft Augsburg, 5; Augsburg.

Groschopf, O. & Hauff, R. (**1951**): Untergegangene Wälder der Vorzeit bei Ulm. – Schwäbische Heimat, 5, 196 S.

Grube, F. (1990): Morphogenese und Sedimentation in NW-Deutschland. – In: Liedtke, H. (Hrsg.): Eiszeitforschung: 220-230; Darmstadt (Wiss. Buchges.).

Habbe, K.A. (1988): Zur Genese der Drumlins im süddeutschen Alpenvorland - Bildungsräume, Bildungsmilieu, Bildungsbedingungen. – Z. f. Geomorphologie, N.F., Suppl.-Bd. 70: 33- 50; Berlin, Stuttgart.

Habbe, K.A. (1994): Das deutsche Alpenvorland. – In: Liedtke, G. & Marcinek, J. (Hrsg.): Physische Geographie Deutschlands; Gotha.

Hädrich, F. (1970): Zur Anwendung einiger bodenkundlicher Untersuchungsmethoden in der paläopedologischen und quartärgeologischen Forschung unter besonderer Berücksichtigung der Untersuchung von Profilen an Lößaufschlüssen. – Ber. d. Naturf. Ges. zu Freiburg, 60: 103-137; Freiburg.

Hansom, J.D., Switzer, A.D. & Pile, J. (2015): Extreme Waves: Causes, Characteristics, and Impact on Coastal Environments and Society. – In: Ellis, J.T. & Sherman, D.J. (eds.): Coastal and Marine Hazards, Risks, and Disasters: 307-334.

Hantke, R. (1978): Das Eiszeitalter. Bd. 1. Die jüngste Erdgeschichte der Schweiz und ihrer Nachbargebiete. – Basel (Thun Verl.).

Hantke, R. (1991): Landschaftsgeschichte der Schweiz und ihrer Nachbargebiete. – Basel (Thun Verl.).

Hantke, R. (1993): Flußgeschichte Mitteleuropas. Skizzen zu einer Erd-, Vegetations- und Klimageschichte der letzten 40 Millionen Jahre. – Stuttgart.

Haver, S. (2004): A possible freak wave event measured at the Draupner Jacket January 1. 1995. Proc. Rogue Waves 20–22 October. Brest: IFREMER.

Heginbottom, J.A., Brown, J., Humlum, O. & Svensson, H. (2012): Permafrost and Periglacial Environment. – In: Williams, R.S. & Ferrigno, J.G. (eds.): Satellite Image Atlas of Glaceris of the world. – US. Geological Survey Professional Papers 1386-A-5: A425-A496.

Hendl, M. & Liedtke, H. (1997): Lehrbuch der allgemeinen physischen Geographie. – 3. Aufl.; Gotha (Justus Perthes Verl.).

Hicks, St.D. (2006): Understanding tides. – NOAA.

Hintermaier-Erhard, G. & Zech, W. (1997): Wörterbuch der Bodenkunde: Systematik, Genese, Eigenschaften, Ökologie und Verbreitung von Böden. – Stuttgart (Enke).

Höper, H. (2007): Freisetzung von Treibhausgasen aus deutschen Mooren. – Telma 37:85-116; Hannover.

Hofbauer, G., Kaulich, B. & Gropp, Ch. (2006): Sind die Dolomithöhlen der Nördlichen und Mittleren Frankenalb tatsächlich das Ergebnis der Karbonatlösung? – www.gdgh.de/Berichte/B7: 1-9.

Hoffmann, N. & Chabchoub, A. (2012): Monsterwellen im Model. Lassen sich riesige Meereswellen als Lösungen der nichtlinearen Schrödinger-Gleichung beschreiben? – Physik Journal, 11 (10): 25-30.

Homilius, J., Weinig, H., Brost, E. & Bader, K. (1983): Geologische und geophysikalische Untersuchungen im Donauquartär zwischen Ulm und Passau. – Geol. Jb., E 25; Hannover.

Hopley, D. (2018): Atolls. – In: Finkl, Ch.W. & Makowski, Ch. (eds.): Encyclopedia of Coastal Science: 146-147; Cham (Springer).

Jensen, J. & Müller-Navarra, S.H. (2008): Storm surges on the German coast. – Die Küste, 74: 92-124.

Jerz, H. (1983): Kalksinterbildungen in Südbayern und ihre zeitliche Einstufung. – Geologisches Jahrbuch, A71: 291-300, Hannover.

Jerz, H. (1986): Alm und Kalktuff. – In: Erläuterungen zu den standortkundlichen Bodenkarten von Bayern 1:50 000 München – Augsburg und Umgebung: 45-46, München (Bayerisches Geol. L.-Amt).

Jerz, H. (1991): Quartär. – In: Unger, H.J. (1991): Geologische Karte von Bayern 1:50 000. Erläuterungen zum Blatt Nr. L 7538 Landshut. – München (GLA).

Jerz, H. (1993): Geologie von Bayern II. Das Eiszeitalter in Bayern. – Stuttgart.

Karl, H. (1965): Das Erdinger Moos. – Sonderdruck aus der Zeitschrift „Das Gartenamt“, Jg. 1965: 497-502, 535-539; Hannover (Patzer Verl.).

Karte, J. (1979): Räumliche Abgrenzung und regionale Differenzierung des Periglaziärs. – Bochumer Geographische Arbeiten, 35; Paderborn.

Karte, J. (1990): Periglaziäre Formen in dreidimensionaler Sicht. – In: Liedtke, H. (Hrsg.): Eiszeitforschung: 238-249; Darmstadt (Wiss. Buchgesellschaft).

Kehew, A.E., Lord, M.L. & Kozlowski, AS.L. (2007): Glacifluvial Landforms of Erosion. – In: Elias, S.A. (ed.): Encyclopedia of Quaternary Science, Vol. 1: 818-831.

Kelletat, D. (1988): Zonality of modern coastal processes and sea-level indicators. – Palaeogeo., Palaeoclim., Palaeoecol., 68: 219-230.

Kelletat, D. (1989): Physische Geographie der Meere und Küsten. Eine Einführung. – Teubner Studienbücher der Geographie; Stuttgart.

Kelletat, D. (1990): Meeresspiegelanstieg und Küstengefährdung. – Geogr. Rundschau, 42: 648-652.

Kelletat, D. (1995): Atlas of Coastal Geomorphology and Zonality. – Journal of Coastal Research, Special Issue Np. 13; Fort Lauderdale (Florida)

Kelletat, D. (1997): Mediterranean Coastal Biogeomorphology: Processes, Forms and Sea-Level Indicators. – In: Briand, F. & Maldonado, A. (eds.): Transformations and evolution of the Mediterranean coastline. – CIESM Science Series no 3, Bulletin de l'Institut océanographique, numéro spécial 18: 209-226.

Kelletat, D. (1998): Beachrock sensu stricto - Anmerkungen aus geomorphologischer Sicht. – Kieler Geographische Schriften, 97: 205-224, Kiel.

Kelletat, D. (1998): German geographical coastal research: the last decade. – Tübingen (Institut für Wissenschaftliche Zusammenarbeit mit Entwicklungsländern).

Kelletat, D. (1999): Physische Geographie der Meere und Küsten. – 2. Aufl.; Leipzig (Teubner Verl.).

Kelletat, D. (2006): Beachrock as Sea-Level Indicator? Remarks from a Geomorphological Point of View. – Journal of Coastal Research, 22: 1558-1564.

Kelletat, D. (2013): Physische Geographie der Meere und Küsten. – 3. Aufl.; Leipzig (Teubner Verl.).

Kelletat, D. & Schellmann, G. (2000): Untersuchungen zur absoluten Altersstellung pleistozäner Meeresspiegelstände auf Rhodos und Zypern. – Bremer Beiträge zur Geographie u. Raumordnung; 36: 1-21; Bremen.

Kelletat, D. & Schellmann, G. (2001): Sedimentologische und geomorphologische Belege starker Tsunami-Ereignisse jung-historischer Zeitstellung im Westen und Südosten Zyperns. – Essener Geographische Arbeiten, 32: 1-74; Essen.

Kelletat, D. & Schellmann, G. (2002): Tsunamis on Cyprus: Field Evidences and ^{14}C dating results. – Z. F. Geomorphologie, N.F., 46: 19-34; Berlin, Stuttgart.

Kern-Kernried, R. (1874): Correktion der Donau im Regierungs-Bezirke Schwaben & Neuburg, Königreich Bayern. – Dillingen (Kolb).

Kerschner, H. (1990): Methoden der Schneegrenzbestimmung. – In: Liedtke, H. (Hrsg.): Eiszeitforschung: 299-311; Darmstadt (Wiss. Buchgesellschaft).

KILIAN, R. & LÖSCHER, M.(1979): Zur Stratigraphie des Rainer Hochterrassen-Schotters östlich des unteren Lechs. – Heidelberger Geographische Arbeiten, 49: 210-217; Heidelberg.

KHARIF, CH., PELINOVSKY, E. & SLUNYAEV, A. (2009): Rogue Waves in the Ocean. – Berlin, Heidelberg (Springer Verlag).

KLEIN, H. & FROHSE, A. (2008): Oceanographic Processes in the German Bight. – Die Küste, 74: 60-76.

KLEINHANS, M.G. (2010): Sorting out river channel patterns. – Progress in Physical Geography, 34: 287-326.

KLEINSCHNITZ, M. & KROEMER, E. (2003): Geologische Karte von Bayern 1: 25 000. Erläuterungen zum Blatt Nr. 7233 Neuburg a. d. Donau. – München (GLA).

KLERK, de P. (2004): Confusing concepts in Lateglacial stratigraphy and geochronology: origin, consequences, conclusions (with special emphasis on the type locality (Bøllingsø). – Rev. of Palaeobotany and Palynology, 129: 265-298.

KLOSTERMANN, J. (1990): Saalezeitliche Stauchmoränentypen am Niederrhein und ihre Entstehung. – N. Jb. Geol. Paläont. Abh., 181: 455-470.

KLOSTERMANN, J. (1992): Das Quartär der Niederrheinischen Bucht. Ablagerungen der letzten Eiszeit am Niederrhein. – Krefeld (Geol. L.-Amt).

KLUG, H. (1986): Flutwellen und Risiken der Küste. – Stuttgart (Steiner Verlag).

KLUG, H., STERR, H. & BOEDEKER, D. (1988): Die Ostseeküste zwischen Kiel und Flensburg. – Geogr. Rdsch., 40: 6-15; Braunschweig.

KÖHLER, M. (1973): Methoden zur Bestimmung des Calcit- und Dolomitgehaltes. – Veröff. Univ. Innsbruck, Monographien (Heissel-Festschrift); Innsbruck.

KOVANDA, J. (2006): „Fagotia-Faunen“ und quadriglazialistisches stratigraphisches System des Pleistozäns im nördlichen Alpenvorland im Vergleich zu einigen Fundorten im Bereich der nordischen Vereisung Deutschlands. – Journal of Geological Sciences, Anthropozoic, 26: 5-37, Prague (Czech Geological Survey).

KROEMER, E. (2010): Fluviale Geomorphodynamik der Donau im Bereich des Rückstaus durch das Isarmündungsgebiet bei Deggendorf (Niederbayern) und Aussagen zur späthochglazialen und spätglazialen Entwicklung. – Bamberger Geographische Schriften, 24: 79-87; Bamberg.

KUBIENA, W.L. (1953): Bestimmungsbuch und Systematik der Böden Europas. – Stuttgart.

KUNTZE, H., ROESCHMANN, G. & SCHWERDTFEGER, G. (1994): Bodenkunde. – 5. Aufl; Stuttgart (Verlag Eugen Ulmer).

LANCESTER, N. (2009): Dune Morphology and Dynamics. – In: PARSONS, A.J. & ABRAHAMS, A.D. (eds.): Geomorphology of Desert Environments: 557-595.

LANG, G. (1994): Quartäre Vegetationsgeschichte Europas. Methoden und Ergebnisse. – Jena (Gustav Fischer Verl.).

LAWA Länderarbeitsgemeinschaft Wasser (2001): Weitergehende Auswertung von Tidekurven und deren Standardisierung. – Schwerin (Umweltministerium Mecklenburg-Vorpommern).

LEGÉR, M. (1988): Géomorphologie de la vallée subalpine du Danube entre Sigmaringen et Passau. – Thèse du doctorat, Univ. Paris VII: 621 S.; Paris.

LEOPOLD, L.B. & WOLMAN, M.G. (1957): River channel patterns: braided, meandering and straight. – US Geological Survey Professional Paper, 282-B: 85 pp.

LEOPOLD, L.B., WOLMAN, M.G. & Miller, J.P. (1964): Fluvial processes in Geomorphology. – San Francisco.

LESER, H. (1988): Schichtstufen und Talrandstufen in Südwestdeutschland. – Berliner Geogr. Abh., 47: 129-147; Berlin.

Leser, H. & Metz, B. (1988): Vergletscherungen im Hochschwarzwald. – Berliner Geogr. Abh., 47: 155 -175; Berlin.

Leser, H. & Panzer, W. (1981): Geomorphologie – Das Geographische Seminar. – Braunschweig.

Lexikon der Geowissenschaften (2002). – Heidelberg (Spektrum Akad. Verlag).

Liedtke, H. (1981): Die nordischen Vereisungen in Mitteleuropa. – Forsch. z. dt. Landeskunde, 204; 2. Aufl., Trier.

Liedtke, H. (1989): The landforms in the north of the Federal Republic of Germany and their development. – In: Ahnert, E. (ed.): Landforms and landform evolution in West Germany. – Catena Suppl., 15: 11-25; Cremlingen-Destedt.

Liedtke, H. (1990) (Hrsg.): Eiszeitforschung. – Darmstadt (Wiss. Buchgesellschaft).

Lietdke, H. (2001): Das nordöstliche Brandenburg während der Weichseleiszeit. – In: Bussemer, S. (Hrsg.): Das Erbe der Eiszeit: 119-133; Langenweißbach (Beier & Beran).

Liedtke, H. & Marcinek, J. (2002): Physische Geographie Deutschlands. – 3. Aufl.; Gotha (Perthes Verl.).

Lindholm, R.C. (1987): A practical approach to sedimentology. – London (Allen & Unwin).

Littler, M.M. & Littler, D.S. (2011): Algae, coralline. – In: Hopley, D. (ed.): Encyclopedia of Modern Coral Reefs: 20-30; Dordrecht (Springer).

LLUR Landesamt für Landwirtschaft, Umwelt und ländliche Räume des Landes Schleswig-Holstein (2016): Moore in Schleswig-Holstein - Geschichte, Bedeutung, Schutz. – 2. Aufl.; Kiel.

LLUR Landesamt für Landwirtschaft, Umwelt und ländliche Räume des Landes Schleswig-Holstein (2019): Die Böden Schleswig-Holsteins mit Erläuterungen zur Bodenübersichtskarte 1:250.000. – Kiel.

Lokhtin, V.M. (1897): About a Mechanism of River Channel. – Sankt-Peterburg (in Russisch).

Lorenz, R.D. & Zimbelman, J.R. (2014): Dune Worlds. How Windblown Sand Shapes Planetary Landscapes. – Berlin, Heidelberg (Springer).

Louis, H. & Fischer, K. (1979): Allgemeine Geomorphologie – Lehrbuch der Allgemeinen Geographie Bd. 3; 3. Auflage; Berlin (de Gruyter).

Lozinski, W. (1912): Die periglaziale Fazies der mechanischen Verwitterung. – Compte rendue, 2: 1039-1053.

Lsbg Landesbetrieb Straßen, Brücken und Gewässer (2012): Ermittlung des Sturmflutbemessungswasserstandes für den öffentlichen Hochwasserschutz in Hamburg. – Berichte des Landesbetrieb Straßen, Brücken und Gewässer, Nr. 12/2012; Hamburg.

Machel, H.G., Kambesis, P.N, Lace, M. J., Mylroie, J.R., Mylroie, J.E. & Sumrall, J.B. (2012): Overview of cave development on Barbados. – Proc. of the 15th Symposium on the Geology of the Bahamas and other cabonate regions; San Salvador (Bahamas, Gerace Research Center).

Machel, H.G., Mylroie, J.E., Kambesis, P.N., Lace, M. J. & Mylroie, J.R. (2012): Pleistocene-Holocene Karstification of Barbados and its implications for the Devonian Grosmont reservoir. – GeoConvention 2012.

Mäckel, R. (1969): Untersuchungen zur jungquartären Flußgeschichte der Lahn in der Gießener Taölweitung. – Eiszeitalter u. Gegenwart, 20: 138-174; Öhringen.

Maisch, M., Wipf, A., Denneler, B., Battaglia, J. & Benz, C. (2000): Die Gletscher der Schweizer Alpen. Gletscherhochstand 1850, Aktuelle Vergletscherung, Gletscherschwund-Szenarien. – Schlußbericht NFP 31; 2. Aufl., Zürich (v/d/f Hochschulverlag AG an der ETH Zürich).

Malcherek, A. (2010): Gezeiten und Wellen. – Wiesbaden (Vierweg + Teubner).

McKnight, T.L. & Hess, D. (2009): Physische Geographie. – 861 S.; 9. akt. Aufl., München (Pearson Studium).

McLean, R. (2011): Beach Rock. – In: Hopley, D. (ed.): Encyclopedia of Modern Coral Reefs: 107-111; Dordrecht (Springer).

Mennerich, I. (2017) : Gezeiten. Kräfte, die Ebbe und Flut verursachen. – Hannover (Schulbiologiezentrum Hannover).

Menzies, J. (1979): A Review of the Literature on the Formation and Location of Drumlins. – Earth-Science Reviews, 14: 315-359.

Mesolella, K.J. (1968): The uplifted reefs of Barbados: Physical stratigraphy, facies relationship and absolute chronology. – Diss., Brown Univ., Part 1 and 2; Philadelphia.

Meier-Uhlherr, R., Schulz, C. & Luthardt, V. (2015): Steckbriefe Moorsubstrate. – 2. unveränd. Aufl.; Berlin (HNE Eberswalde).

Meyer, K.-D. (2017): Pleistozäne (elster- und saalezeitliche) glazilimnische Beckentone und -schluffe in Niedersachsen/NW-Deutschland. – E&G Quaternary Science Journal, 66: 32-43.

Middelkoop, H. (1997): Embanked floodplains in the Netherlands : geomorphological evolution over various time scales. – Utrecht (Koninklijk Nederlands Aardrijkskundig Genootschap).

Moresby, R. (1835): Extracts from commander Moresby's report on the northern atolls of the Malvides. – Geogr. J. London, 5: 398-403.

Mückenhausen, E. (1962): Entstehung, Eigenschaften und Systematik der Böden der Bundesrepublik Deutschland. – Frankfurt.

Mückenhausen, E. (1985): Die Bodenkunde und ihre geologischen, geomorphologischen, mineralogischen und petrologischen Grundlagen. – 3. Aufl.; Frankfurt a. Main (DLG).

Mückenhausen, E. (1993): Die Bodenkunde und ihre geologischen, geomorphologischen, mineralischen und petrologischen Grundlagen. – 4. Aufl.; Frankfurt (DLG-Verl.).

Münichsdorfer, F. (1927): Über Almbildung und einen interglazialen Alm in Südbayern. – Geognost. Jh., 40: 59-86, München.

Muhs, D.R. & Simmons, K.R. (2017): Taphonomic problems in reconstructing sea-level history from the late Quaternary marine terraces of Barbados. – Quaternary Research, 88: 409-429.

Muhs, D.R., Pandolfi, J.M., Simmons, K.R. & Schumann, R.R. (2012): Sea-level history of past interglacial periods from uranium-series dating of corals, Curaçao, Leeward Antilles islands. – Quaternary Research, 78: 157-169.

Muller, S.W. (1947): Permafrost or permanently frozen ground and related engineering problems. – 231 pp.; Ann Arbor (Michigan).

Müller, G. (1964): Methoden der Sedimentuntersuchung, Teil I. – Stuttgart.

Nanson, G.C. & Croke, J.C. (1992): A genetic classification of floodplains. – Geomorphology, 4: 459-486.

Natermann, E. (1941): Das Sinken der Wasserstände der Weser und ihr Zusammenhang mit der Auelehmbildung des Wesertales. – Arch. f. Landes- und Volkskunde von Niedersachsen, 9: 288-309; Oldenburg.

Nathan, H. (1953): Ein interglazialer Schotter südlich Moosburg in Oberbayern mit *Fagotia acicularis* Fèrussac (Melanopsenkies). – Geologica Bavarica, 19: 315-334, München.

Nikolkina, I. & Didenkulova, I. (2011): Rogue waves in 2006-2010. – Nat. Hazars Earth Syst.Sci., 11: 2913-2924.

Niller, H.-P. (2001): Wandel Prähistorischer Landschaften – Kolluvien, Auelehme und Böden: Archive zur Rekonstruktion vorgeschichtlicher anthropogener Landschaftsveränderungen im Lößgebiet bei Regensburg. – Erdkunde, 55: 32-48.

Oddsson, B. (Hrsg.) (1996): Instabile Hänge und andere risikorelevante natürliche Prozesse. – Basel (Birkhauser Verl.).

Oertel, G.F. (2018): Coasts, Coastlines, Shores, and Shorelines. – In: Finkl, Ch.W. & Makowski, Ch. (eds.): Encyclopedia of Coastal Science: 620-625; Cham (Springer).

Overbeck, Fr. (1975): Botanisch-geologische Moorkunde unter besonderer Berücksichtigung der Moore Nordwestdeutschlands als Quellen zur Vegetations-, Klima- und Siedlungsgeschichte. – Neumünster (Karl Wachholtz Verl.).

Parker, B. (2019): Tides. – In: Finkl, Ch.W. & Makowski, Ch. (eds.): Encyclopedia of Coastal Science: 1750-1764; Cham (Springer).

Parsons, A.J. & Abrahams, A.D. (2009): Geomorphology of Deserts Environments. – 2nd ed.; New York (Springer).

Pemt, C., Campy, M., Chaline, J. & Bonvalot, J. (1996): Major palaeohydrographic changes in Alpine foreland during the Pliocene-Pleistocene. – Boreas, 25: 131-143.

Penck, A. (1884): Ueber Periodicität der Thalbildung. – Verh. Ges. f. Erdkunde, XI: 39–59; Berlin.

Penck, A. & Brückner, E. (1901-1909): Die Alpen im Eiszeitalter. – 3 Bände; Leipzig.

Pfeffer, K.-H. (1989): The karst landforms of the Northern Franconian Jura between the rivers Pegnitz and Vils. – In: Ahnert, Fr. (ed.), Landforms and landform evolution in West Germany. – Catena Suppl., 15: 253-260; Cremlingen-Destedt (Catena Verl.).

Pfeffer, K.-H. (2000): Zur Entstehung der Oberflächenformen der nördlichen Frankenalb. – Bamberger Geographische Schriften, SF 6: 109-125.

Pfeffer, K.-H. (2010): Karst. Entstehung - Phänomene -Nutzung. – Stuttgart (Gebr. Bornträger).

Pfiffner, O.A., Engi, M., Schlunegger, F., Mezger, K. & Diamond, L. (2012): Erdwissenschaften. – Bern (UTB).

Pfiffner, O.A., Engi, M., Schlunegger, F., Mezger, K. & Diamond, L. (2016): Erdwissenschaften. – 2. Aufl.; Bern (UTB).

Pirazzoli, P.A. (1996): Sea-Level Changes – The Last 20.000 Years. – Chichester (John Witley & Sons).

Press, F. & Siever, R. (1995): Understanding Earth. – New York (Freeman and Comp.).

Press, F. & Siever, R. (2017): Allgemeine Geologie. – 7. Aufl.; Heidelberg (Spektrum).

Rathjens, C. (1982): Geographie des Hochgebirges. 1. Der Naturraum. – 210 S.; Stuttgart (Teubner Studienbücher).

Reichenbacher, B., Krijgsman, W., Lataster, Y., Pippèrr, M., Van Baak, Ch.G.C., Chang, L.,Kälin, D., Jost, J., Doppler, G., Jung, D., Prieto, J., Aziz; H.A., Böhme, M., Garnish, J., Kirscher, U. & Bachtadse, V. (2013): A new magnetostratigraphic framework for the Lower Miocene (Burdigalian/Ottnangian, Karpatian) in the North Alpine Foreland Basin. – Swiss J. Geosci., 106: 309-334.

Richter, D. (1975): Allgemeine Geologie. – Berlin, New York (Walter de Gruyter).

Riehm, H. & Ulrich, B. (1954): Quantitative kolorimetrische Bestimmung der organischen Substanz im Boden. – Landwirtschaftliche Forsch. 6: 173-176; Frankfurt.

Rocholl, A., Boehme, M., Ovtcharova, M., Schaltegger, U., Wihjbrans, J., Pohl, J., Harzhauser, M., Prieto, J. & Ulbig, A. (2012): Geochronology of volcanic ash layers in the North Alpine Foreland Basin and the Ries meteoritic impact. – RCMNS Workshop 2012 Tübingen: 22; Tübingen (Universität Tübingen).

Röthlisberger, Fr. (1986): 10000 Jahre Gletschergeschichte der Erde. – Aarau (Verl. Sauerländer).

Rutte, E. (1981): Bayerns Erdgeschichte. Der geologische Führer durch Bayern. – München (Ehrenwirth Verl.).

SAUERBREY, R. & ZEITZ, J. (1999): Moore. – In: BLUME, H.P., HENNINGSEN, P.-F., FISCHER, W.R., FREDE, H.-G., HORN, R. & STAHR, K. (Hrsg): Handbuch der Bodenkunde: Kap. 3.3.7.; Landsberg (Ecomed Verl.).

SAYLES, R.W. (1931): Bermuda during the ice age. – Proceedings of the America Academy of arts and Science, 66: 381-467.

SCHAEFER, I. (1957): Geologische Karte von Augsburg und Umgebung 1:50 000 mit Erläuterungen. – Bayer. Geol. L.-Amt: 92. S.; München.

SCHÄFER, I. (1981): Die Glaziale Serie, Gedanken zum Kernstück der alpinen Eiszeitforschung. – Z. f. Geomorphologie, N.F. 25: 271-289; Berlin, Stuttgart.

SCHEFFER F. & SCHACHTSCHABEL P. (2002): Lehrbuch der Bodenkunde. – Stuttgart (Enke Verl.).

SCHEFFER, F. & SCHACHTSCHABEL, P. (2018): Lehrbuch der Bodenkunde. – 17. Aufl.; Stuttgart (Enke Verl.).

SCHEFFERS, A. & KELLETAT, D. (2001): Hurricanes und Tsunamis, Dynamik und küstengestaltende Wirkungen. – In: SCHELLMANN, G. (Hrsg.): Von der Nordseeküste bis Neuseeland – Beiträge zur 19. Jahrestagung des Arbeitskreises „Geographie der Meere und Küsten“. Bamberger Geographische Schriften, 20: 29-53; Bamberg.

SCHELLMANN, G. (1988): Jungquartäre Talgeschichte an der unteren Isar und der Donau unterhalb von Regensburg. – Inaug.-Diss. Universität Düsseldorf: 332 S.; Düsseldorf.

SCHELLMANN, G. (1990): Fluviale Geomorphodynamik im jüngeren Quartär des unteren Isar- und angrenzenden Donautales. – Düsseldorfer Geogr. Schr., 29; Düsseldorf.

SCHELLMANN, G. (Hrsg.) (1994a): Beiträge zur jungpleistozänen und holozänen Talgeschichte im deutschen Mittelgebirgsraum und Alpenvorland. – Düsseldorfer Geogr. Schr., 34; Düsseldorf.

SCHELLMANN, G. (1994b): Wesentliche Steuerungsmechanismen würmzeitlicher und holozäner Flußdynamik im deutschen Alpenland und Mittelgebirgsraum. – Düsseldorfer Geographische Schriften 34: 123-146; Düsseldorf.

SCHELLMANN, G. (1994c): Zur Talgeschichte der unteren Oberweser im jüngeren Quartär. – Düsseldorfer Geogr. Schr., 34: 1-56; Düsseldorf.

SCHELLMANN, G. (1998a): Spätglaziale und holozäne Bodenentwicklungen in einigen mitteleuropäischen Tälern unter dem Einfluß sich ändernder Umweltbedingungen. – GeoArchaeoRhein, 2: 183-194; Münster (Litt Verl.).

SCHELLMANN, G. (1998b): Jungkänozoische Landschafts-geschichte Patagoniens (Argentinien). Andine Vorlandvergletscherungen, Talentwicklung und marine Terrassen. – Essener Geographische Arbeiten, 29; Essen.

SCHELLMANN, G. (1998c): Coastal development in Southern South America (Patagonia and Chile) since the Younger Middle Pleistocene - Sea-level changes and neotectonics. – In: KELLETAT, D. (ed.): German Geographical Coastal Research: The Last Decade. - Institute for Scientific Co-operation Tübingen, IGU Sonderband: 289-304; Tübingen.

SCHELLMANN, G. (2000a): Landscape evolution and glacial history of Southern Patagonia (Argentina) since the Late Miocene - some general aspects. – Zbl. für Geologie u. Paläontologie Teil I, 1999: 1013-1026; Stuttgart.

SCHELLMANN, G. (2000b): Tektonik und Meeresspiegel-veränderungen an der patagonischen Atlantikküste seit dem jüngeren Mittelpleistozän. – In: BLOTEVOGEL., H.H., OSSENBRÜGGE, J. & WOOD, G. (Hrsg.): Lokal verankert – Weltweit vernetzt. – Verhandlungsband des 52. Deutschen Geographentages, Hamburg 4. – 9. Oktober 1999: 101-110; Stuttgart (Steiner Verl.).

SCHELLMANN, G. (2003): Südpatagonien - Gletschergeschichte in einem Trockengebiet der südhemisphärischen Mittelbreiten. – Geographische Rundschau, 2003 (2): 22-27; Braunschweig.

SCHELLMANN, G. (2010): Neue Befunde zur Verbreitung, geologischen Lagerung und Altersstellung der würmzeitlichen (NT 1 bis NT3) und holozänen (H1 bis H7) Terrassen im Donautal zwischen Regensburg und Bogen. – Bamberger Geogr. Schr., 24: 1-77; Bamberg.

Schellmann, G. (2011a): Geologische Grundlagen. – In: Gebhardt, H., Glaser, R., Radtke, U. & Reuber, P. (Hrsg.): Geographie. Physische Geographie und Humangeographie: 364-380; 2. Aufl., München (Spektrum Akad. Verl.).

Schellmann, G. (2011b): Flussterrrassen. – In: Gebhardt, H., Glaser, R., Radtke, U. & Reuber, P. (Hrsg.): Geographie. Physische Geographie und Humangeographie: 439-445; 2. Aufl., München (Spektrum Akad. Verl.).

Schellmann, G. (2011c): Formbildung durch glaziale Prozesse. – In: Gebhardt, H., Glaser, R., Radtke, U. & Reuber, P. (Hrsg.): Geographie. Physische Geographie und Humangeographie: 407-412; 2. Aufl., München (Spektrum Akad. Verl.).

Schellmann, G. (2016a): Quartärgeologische Karte 1:25 000 des Schmuttertals auf Blatt Nr. 7430 Wertingen mit Erläuterungen – Kartierungsergebnisse aus dem Jahr 2011. – Bamberger Geogr. Schr., SF 12: 75-106; Bamberg (University of Bamberg Press).

Schellmann, G. (2016b): Quartärgeologische Karte 1:25 000 des Schmuttertals auf Blatt Nr. 7530 Gablingen mit Erläuterungen. – Kartierungsergebnisse aus dem Jahr 2011. – Bamberger Geogr. Schr., SF 12: 1-40; Bamberg (University of Bamberg Press).

Schellmann, G. (2017a): Quartärgeologische Karte 1:25.000 des Donautals auf Blatt 7427 Sontheim a.d. Brenz (bayerischer Teil) mit Erläuterungen. – Bamberger Geogr. Schr., SF 13: 1-67; Bamberg (University of Bamberg Press).

Schellmann, G. (2017b): Quartärgeologische Karte 1:25.000 des Donautals auf Blatt 7428 Dillingen West mit Erläuterungen. – Bamberger Geogr. Schr., SF 13: 69-187; Bamberg (University of Bamberg Press).

Schellmann, G. (2018a): Quartärgeologische Karte 1:25.000 des Isar- und Ampertals auf Blatt 7537 Moosburg mit Erläuterungen. – Bamberger Geogr. Schr., SF 14: 1-104; Bamberg (University of Bamberg Press).

Schellmann, G. (2018b): Quartärgeologische Karte 1:25.000 der Täler von Großer und Kleiner Laaber und des Donautals auf Blatt Nr. 7139 Aufhausen. – Bamberger Geographische Schriften, SF 14: 163-204; Bamberg (University of Bamberg Press).

Schellmann, G. (2018c): Quartärgeologische Karte 1:25.000 des Tals der Großen Laber auf Blatt 7138 Langquaid mit Erläuterungen. – Bamberger Geogr. Schr., SF 14: 205-234; Bamberg (University of Bamberg Press).

Schellmann, G. (2018d): Quartärgeologische Karte 1:25.000 des Donautal auf Blatt 7039 Mintraching mit Erläuterungen. – Bamberger Geogr. Schr., SF 14: 111-162; Bamberg (University of Bamberg Press).

Schellmann, G. (2020a): Geologische Grundlagen. – In: Gebhardt, H., Glaser, R., Radtke, U., Reuber, P. & Vött, A. (Hrsg.): Geographie. Physische Geographie und Humangeographie: 352-353, 355-368; 3. Aufl., Berlin (Springer Verl.).

Schellmann, G. (2020b): Formbildung durch endogene Prozesse: Vulkanformen. – In: Gebhardt, H., Glaser, R., Radtke, U., Reuber, P. & Vött, A. (Hrsg.): Geographie. Physische Geographie und Humangeographie: 371; 3. Aufl., Berlin (Springer Verl.).

Schellmann, G. (2020c): Formbildung durch glaziale Prozesse. – In: Gebhardt, H., Glaser, R., Radtke, U., Reuber, P. & Vött, A. (Hrsg.): Geographie. Physische Geographie und Humangeographie: 395-399; 3. Aufl., Berlin (Springer Verl.).

Schellmann, G. (2020d): Flussterrassen. – In: Gebhardt, H., Glaser, R., Radtke, U., Reuber, P. & Vött, A. (Hrsg.): Geographie. Physische Geographie und Humangeographie: 428-430; 3. Aufl., Berlin (Springer Verl.).

SCHELLMANN, G. & GESSLEIN, B. (2017): Quartärgeologische Karte 1:25.000 des Donautals auf Blatt 7429 Dillingen Ost mit Erläuterungen. – Bamberger Geogr. Schr., SF 13: 189-237; Bamberg (University of Bamberg Press).

SCHELLMANN, G. & KELLETAT, D. (2001): Chronostratigraphische Untersuchungen litoraler und äolischer Formen und Ablagerungen an der Südküste von Zypern mittels ESR-Altersbestimmungen an Mollusken- und Landschneckenschalen. – Essener Geographische Arbeiten, 32: 75-98; Essen.

SCHELLMANN, G. & RADTKE, U. (1999): Problems encountered in the determination of dose and dose rate in ESR dating of mollusc shells. – Quaternary Science Reviews, 18: 1515-1527.

SCHELLMANN, G. & RADTKE, U. (2001): Progress in ESR dating of Pleistocene corals - a new approach for D_E determination. – Quaternary Science Reviews, 20: 1015-1020.

SCHELLMANN G. & RADTKE, U. (2004a): The marine Quaternary of Barbados. – Kölner Geographische Schriften, 81: 137 pp.; Köln.

SCHELLMANN, G. & RADTKE, U. (2004b): A revised morpho- and chronostratigraphy of the Late and Middle Pleistocene coral reef terraces on Southern Barbados (West Indies). – Earth-Science Reviews, 64: 157-187.

SCHELLMANN, G. & RADTKE, U. (2007): Neue Befunde zur Verbreitung und chronostratigraphischen Gliederung holozäner Küstenterrassen an der mittel- und südpatagonischen Atlantikküste (Argentinien) – Zeugnisse holozäner Meeresspiegelveränderungen. – Bamberger Geogr. Schr., 22: 1-91; Bamberg.

SCHELLMANN, G. & RADTKE, U. (2010): Timing and magnitude of Holocene sea-level changes along the middle and south Patagonian Atlantic coast derived from beach ridge systems, littoral terraces and valley-mouth terraces. – Earth-Science Reviews; 103: 1-30.

SCHELLMANN, G. & RADTKE, U. (2015): Electron Spin Resonance (ESR) dating of coral. – In: RINK, J.W. & THOMPSON, J.W. (Eds.): Encyclopedia of Scientific Dating Methods: 234-239; Dordrecht (Springer Verl.).

SCHELLMANN, G. & RADTKE, U. (2020): Marine Terrassen und Atolle. – In: GEBHARDT, H., GLASER, R., RADTKE, U., REUBER, P. & VÖTT, A. (Hrsg.): Geographie. Physische Geographie und Humangeographie: 433-435; 3. Aufl., Berlin (Springer Verl.).

SCHELLMANN, G., IRMLER, R. & SAUER, D. (2010): Zur Verbreitung, geologischen Lagerung und Altersstellung der Donauterrassen auf Blatt L7141 Straubing. – Bamberger Geographische Schriften, 24: 89-178; Bamberg.

SCHELLMANN, G., RADTKE, U. & BRÜCKNER, H. (2011): Electron Spin Resonance Dating (ESR). – In: HOPLEY, D. (ed.): Encyclopedia of Modern Coral Reefs. Structure, Form and Process; Part 5: 368-372; Springer.

SCHELLMANN, G., RADTKE, U., POTTER, E.-K., ESAT, T. M. & MCCULLOCH, M.T. (2004): Comparison of ESR and TIMS U/Th dating of marine isotope stage (MIS) 5e, 5c, and 5a coral from Barbados - implications for palaeo sea-level changes in the Caribbean. – Quaternary International, 120: 41-50.

SCHELLMANN G., RADTKE, U., SCHEFFERS, A., WHELAN F. & KELLETAT, D. (2004): ESR dating of coral reef terraces on Curaçao (Netherlands Antilles) with estimates of Younger Pleistocene sea level elevations. – Journal of Coastal Research, 20: 947-957; West Palm Beach (Florida).

SCHELLMANN, G., SCHIELEIN, P., RÄHLE, W. & BUROW, CH. (2019): The formation of Middle and Upper Pleistocene terraces (*Übergangsterrassen* and *Hochterrassen*) in the Bavarian Alpine Foreland - new numeric dating results (ESR, OSL, ^{14}C) and gastropod fauna analysis. – E&G Quaternary Science Journal, 68: 141-164; Göttingen.

SCHELLMANN; G., SCHIELEIN, P., BUROW, CH. & RADTKE' U. (2020): Accuracy of ESR Dating of small gastropods from loess and fluvial deposits in the Bavarian Alpine Foreland. – Quaternary International, 556: 198-215; Amsterdam (Elsevier).

Schielein, P. (2010): Neuzeitliche Flusslaufverlagerungen des Lechs und der Donau im Lechmündungsgebiet – qualitative und quantitative Analysen historischer Karten.– Bamberger Geographische Schr., 24: 215 -241.

Schielein, P. (2012): Jungquartäre Flussgeschichte des Lechs unterhalb von Augsburg und der angrenzenden Donau. – Bamberger Geographische Schriften, SF 9: 150 pp.

Schielein, P & Schellmann, G. (2016a): Geologische Karte von Bayern 1.25.000, Blatt Nr. 7531 Gersthofen mit Erläuterungen. – Bamberger Geographische Schr., SF 12: 41-73; Bamberg (University of Bamberg Press).

Schielein, P & Schellmann, G. (2016b): Geologische Karte von Bayern 1.25.000, Blatt Nr. 7331 Rain mit Erläuterungen. – Bamberger Geographische Schr., SF 12: 135-166; Bamberg (University of Bamberg Press).

Schielein, P & Schellmann, G. (2016c): Geologische Karte von Bayern 1.25.000, Blatt Nr. 7431 Thierhaupten mit Erläuterungen. – Bamberger Geographische Schr., SF 12: 109-134; Bamberg (University of Bamberg Press).

Schielein, P. & Schellmann, G. (2016d): Quartärgeologische Karte 1:25.000 des Wertachtals auf Blatt 7730 Großaitingen mit Erläuterungen. – Kartierungsergebnisse aus den Jahren 2014 und 2015. – Bamberger Geogr. Schr., SF 12: 323-356; Bamberg (University of Bamberg Press).

Schielein, P., Schellmann, G., Lomax, J., Preusser, F., & Fiebig, M. (2015): Chronostratigraphy of the *Hochterrassen* in the lower Lech valley (Northern Alpine Foreland). – E&G Quaternary Science Journal, 64: 15-28.

Schiller, W. (1925): Strandbildungen in Südpatagonien bei San Julián. – Jahrbericht des Niedersächs. Geolog. Vereins, XVII: 196-216; Hannover.

Schirmer, W. (1979): Rannen im Mainschotter. – Lichtenfels (Meranier-Gymnasium).

Schirmer, W. (1980): Exkursionsführer zum Symposium Franken: Holozäne Talentwicklung - Methoden und Ergebnisse : Symposium Franken 25.-30.8.1980 in Lichtenfels u. Staffelstein/Obfr. Mit Beitr. von B. Becker u.a. – Düsseldorf (International Union for Quaternary Research / Commission on the Study of the Holocene / Eurosiberian Subcommission. KR: Symposium Franken).

Schirmer, W. (1983): Die Talentwicklung an Main und Regnitz seit dem Hochwürm. – Geol. Jb. A 71: 11-43; Hannover

Schirmer, W. (1988) mit Beiträgen von Schirmer, U., Schönfisch, G. & Willmes, H.: Junge Flußgeschichte des Mains um Bamberg. – DEUQUA; 24. Tagung, Exkursion H: 39 S.; Hannover (Deutsche Quartärvereinigung).

Schirmer, W. (Hrsg.) (1990): Rheingeschichte zwischen Mosel und Maas. – deuqua-Führer, 1; Hannover.

Schirmer, W. (1991a): Bodensequenz der Auenterrassen des Maintals. – Bayreuther Bodenkundl. Ber., 17: 153-186; Bayreuth.

Schirmer, W. (1991b): Zur Nomenklatur der Auenböden mitteleuropäischer Flußauen. – Mitt. Dtsch. Bodenk. Ges., 66: 839-842.

Schirmer, W. (ed.) (1995): Quaternary field trips in Central Europe. – International Union for Quaternary research, XIV International Congress August 3-10, 1995, Berlin; München (Pfeil Verl.).

Schirmer, W. (2014): Moenodanuvius - Flussweg quer durch Franken. – Naturhistorische Gesellschaft Nürnberg, Natur und Mensch, Jahresmitteilungen, 2013: 89-146; Nürnberg.

Schlunegger, F. & Garafalakis, Ph. (2023): Einführung in die Sedimentologie. – Stuttgart (Schweizerbart).

Schreiner, A. (1979): Zur Entstehung des Bodenseebeckens. – Eiszeitalter u. Gegenwart, 29: 71-76.

Schreiner, A. (1989) Zur Stratigraphie der Rißeiszeit im östlichen Rheingletschergebiet (Baden-Württemberg). – Jb. geol. Landesamt Baden-Württemberg, 31: 183-197; Freiburg.

SCHREINER, A. (1997): Einführung in die Quartärgeologie. – 2. Aufl.; Stuttgart (Schweizerbart´sche Verl.).

SCHUHMACHER, H. (1991): Korallenriffe: Verbreitung, Tierwelt, Ökologie. – 4. Aufl.; München (BLV).

SCHULBIOLOGIEZENTRUM HANNOVER (2021): Gezeitensimulator. – www.schulbiologiezentrum.info.

SCHUMM, S.A. (1967): Meander wavelength of alluvial rivers. – *Science*, 157: 1549-1550.

SCHUNKE, E. & SPOENEMANN, J. (1972): Schichtstufen und Schichtkämme in Mitteleuropa. – Göttinger Geogr. Abhandl., 60: 65-92; Göttingen.

SEILER, K.-P. (1979): Glazial übertiefte Talabschnitte in den Bayerischen Alpen. – Eiszeitalter u. Gegenwart, 29: 35-48; Hannover.

SEMMEL, A. (1972): Geomorphologie der Bundesrepublik Deutschland : Grundzüge, Forschungsstand, aktuelle Fragen - erörtert an ausgewählten Landschaften. – Wiesbaden. (Steiner).

SEUFFERT, O. (ed.) (1989): Manual of field trips in and around Germany. Second International Conference on geomorphology, Frankfurt 1989. – Geoökoforum, 1: 318 S.; Darmstadt.

SINGH, V.P., SINGH, P. & HARITASHYA, U.K. (2011): Encyclopedia of Snow, Ice and Glaciers. – Dordrecht (Springer).

SMITH, S.L. & BURGESS, M.M. (2011): Permafrost and climate interactions. – In: SINGH, V.P. , SINGH, P. & HARITASHYA, U.K. (eds.): Encyclopedia of Snow, Ice and Glaciers: 852-857; Dordrecht (Springer Verl.).

SPETHMANN, H. (1908): Glaziale Stillstandslagen im Gebiet der mittleren Weser. – Mitteilungen der Geographischen Gesellschaft in Lübeck, 22: 1-17; Lübeck.

STAHR, K., KANDELER, E., HERRMANN, L. & STRECK, T. (2016): Bodenkunde und Standortlehre. Grundwissen Bachelor. – Stuttgart (UTB).

STANSELL, P. (2005): Distributions of extreme wave, crest and trough heights measured in the North Sea. – Ocean Eng., 32: 1015-1036.

STINGL, H. (1969): Ein periglazial-morphologisches Nord-Süd-Profil durch die Ostalpen. – Göttinger Geogr. Abh., 49; Göttingen.

STRAHLER, A.H. & STRAHLER, A.-N. (1999): Physische Geographie. – Stuttgart (Eugen Ulmer Verl.).

STRAHLER, A. H. & STRAHLER, A.- N. (2009): Physische Geographie. – 4. Aufl.; Stuttgart (Eugen Ulmer Verl.).

STRIEDTER, K. (1988): Le Rhin en Alsace du Nord au Subboréal. Genèse d'une terrasse fluviatile Holocène et son importance pour la mise en valeur de la vallée. – Bull. de l'Association francaise pour l'étude du Quaternaire, 1988: 5-10; Paris.

SUCCOW, M. (1988): Landschaftsökologische Moorkunde. – 340 S.; Berlin, Stuttgart (Gebr. Bornträger).

TEMMLER, H. (1962): Die Geologie des Blattes Sontheim an der Brenz (Nr. 7427) 1: 25 000 (Schwäbische Alb) (Gebiet nördlich der Donau. – Arbeiten aus dem Geologisch-Paläontologischen Institut der Technischen Hochschule Stuttgart, Nr. 33; Stuttgart.

TEMMLER, H., BEINROTH, F. & GEYER, M. (2003): Geologische Karte von Baden-Württemberg 1: 25000, Blatt Nr. 7427 Sontheim a.d. Brenz. – 2. Aufl., Freiburg i. Br. (Landesamt für Geologie, Rohstoffe und Bergbau).

THOME, K.N. (1983): Gletschererosion und -akkumulation im Münsterland und angrenzenden Gebieten. – N. Jb. Geol. Paläont., Abh. 166: 116-138; Stuttgart.

TILLMANNS, W. (1977): Zur Geschichte von Urmain und Urdonau zwischen Bamberg und Neuburg/Donau und Regensburg. – Sonderveröff. Geol. Inst. Univ. Köln, 30: 1-198; Köln.

TILLMANNS, W. (1984): Die Flußgeschichte der oberen Donau. – Jh. geol. Landesamt Baden-Württemberg, 26: 99-202; Freiburg i. Breisgau.

Tillmanns, W., Brunnacker, K. & Löscher, M. (1983): Erläuterungen zur Geologischen Übersichtskarte der Aindlinger Terrassentreppe zwischen Lech und Donau 1:50 000. – Geologica Bavarica, 85: 83 pp.; München.

Tillmanns, W., Münzing, K., Brunnacker, K. & Löscher, M. (1982): Die Rainer Hochterrasse zwischen Lech und Donau. – Jahresberichte und Mitteilungen des oberrheinischen geologischen Vereins, N.F. 64: 79-99.

Toscana, M.A. & Macintyre, I.G. (2001): Corrected western Atlantic sea-level curve for the last 11,000 years based on calibrated ^{14}C dates from *Acropora palmata* framework and intertidal mangrove peat. – Coral Reefs (2003) 22: 257-270.

Troll, K. (1926): Die jungglazialen Schotterfluren im Umkreis der deutschen Alpen. – Forsch. dt. Landes- und Volkskd., 24: 158-256; Stuttgart.

Tucker, M. (Hrsg.) (1996): Methoden der Sedimentologie. – Stuttgart (Enke).

Turner, R.J. (2018): Beachrock. – In: Finkl, C. W. & Makowski, C. (eds.): Encyclopedia of Coastal Science: 311-314.

Van Husen, D. (1990): Verbreitung, Ursachen und Füllung glazial übertiefter Talabschnitte an Beispielen in den Ostalpen. – In: Liedtke, H. (Hrsg.): Eiszeitforschung: 203-220; Darmstadt (Wiss. Buchgesellschaft).

Van den Berg, J.H. (1995): Prediction of alluvial channel patterns of perennial rivers. – Geomorphology, 12: 259-279.

Vidal, H., Brunnacker, K., Brunnacker, M., Körner, H., Hartel, Fr., Schuch, M. & Vogel, J.C. (1966): Der Alm im Erdinger Moos. – Geologica Bavarica, 56: 177-200, München.

Villinger, E. (1998): Zur Flussgeschichte von Rhein und Donau in Südwestdeutschland. – Jber. Mitt. oberrhein. geol. Ver., N.F. 80: 361-398; Stuttgart.

Villinger, E. (2003): Zur Paläogeographie von Alpenrhein und oberen Donau. – Z. dt. geol. Ges., 154: 193-253; Stuttgart.

Wandelt, B. (2000): Geomorphologische Detailkartierung und chronostratigraphische Gliederung der quartären Korallenriffe auf Barbados (West Indies) unter besonderer Berücksichtigung des Karstformenschatzes. – Diss. Universität zu Köln.

Weiss, R. (2013): Erfassung und Beschreibung des Meeresspiegels und seine Veränderungen im Bereich der Deutschen Bucht. – Schriftenreihe Fachrichtung Geodäsie der TU Darmstadt, H. 40: 212 S.; Darmstadt.

Weise, O.R. (1983): Das Periglazial. Geomorphologie und Klima in gletscherfreien, kalten Regionen. – Berlin (Gebr. Bornträger Verl.).

Winkler, S. (1996): Frührezente und rezente Gletscherschwankungen in Ostalpen und West-/Zentralnorwegen. – Trierer Geogr. Studien, 15: 580 S.; Trier.

Winkler, S. (2009): Gletscher und ihre Landschaften. Eine illustrierte Einführung. – Darmstadt (Wiss. Buchgesellschaft).

Winterholler, A.J. (2006): Beachrockvorkommen im Korallenarchipel der Malediven - ein topographisch-morphologischer Geneseansatz. – Diss., Christian-Albrechts-Universität zu Kiel.

Woodroffe, C.D. & Biribo, N. (2011): Atolls. – In: Hopley, D. (ed.): Encyclopedia of Modern Coral Reefs: 20-30; Dordrecht (Springer).

Zepp, H. (2002): Grundriß Allgemeine Geographie: Geomorphologie. – Paderborn (Ferdinand Schöningh Verl.).

Zepp, H. (2017): Grundriß Allgemeine Geographie: Geomorphologie eine Einführung. – 7. Aufl.; Paderborn (Schöningh UTB Verl.).

Zumbühl, H. J. & Holzhauser, H. (1988): Alpengletscher in der Kleinen Eiszeit. – Die Alpen (Zeitschrift des Schweizer Alpen-Clubs), Sonderheft, Jg. 64; Bern.

BAMBERGER GEOGRAPHISCHE SCHRIFTEN

(ISSN 0344-6557)

Herausgegeben von H. Becker, K. Garleff und W. Krings

Band 1: HANS BECKER u. HORST KOPP [Hrsg.]
Resultate aktueller Jemen-Forschung - eine Zwischenbilanz. 1978. XII + 150 S., zahlr. Abb. u. (z.T. farbige) Photos.
Ladenpreis € 13,55

Band 2: JOACHIM BURDACK
Entwicklungstendenzen der Raumstruktur in Metropolitan Areas der USA. 1985. XII + 166 S., mit 45 Abb. und 54 Tab.
Ladenpreis € 17,28

Band 3: JÖRG JANZEN
Die Nomaden Dhofars/Sultanat Oman. Traditionelle Lebensformen im Wandel. 1980. XXII + 314 S., 71 Abb., 35 Photos, 15 Tab.
Ladenpreis € 26,18

Band 4: HANS BECKER [Hrsg.]
Kulturgeographische Prozeßforschung in Kanada - eine Bestandsaufnahme junger Feldforschung. 1982. X + 329 S., reich illustriert.
Ladenpreis € 13,75

Band 5: HELGA LIEBRICHT
Das Frostklima Islands seit dem Beginn der Instrumentenbeobachtung. 1983. XII + 110 S., 22 Tab., 47 Abb. im Text und als Beilage.
Ladenpreis € 15,65

Band 6: RÜDIGER BEYER
Der ländliche Raum und seine Bewohner. Abgrenzung und Gliederung des ländlichen Raumes, durchgeführt am Beispiel einer bevölkerungsgeographischen Untersuchung des Umlandes von Bamberg und Bayreuth. 1986. XVIII + 182 S., 21 Abb. und 37 Tab. im Text sowie 12 Karten als Beilage.
Ladenpreis € 20,96

Band 7: K. GARLEFF; E.M.A. DE VAZQUEZ & H. WAHLE
Geomorphologische Karte 1: 100 000 'La Junta - Agua Nueva, Mendoza/Argentinien'. Möglichkeiten und Ergebnisse geomorphologischer Kartierungen und ihre einfarbige Darstellung. (Zweisprachige Ausgabe: Deutsch/Spanisch). 1989. VII + 100 S., 9 Abb. im Text, 3 Karten als Beilage.
Ladenpreis € 19,22

Band 8: FRANK SCHÄBITZ
Untersuchungen zum aktuellen Pollenniederschlag und zur holozänen Klima- und Vegetationsentwicklung in den Anden Nord-Neuquéns, Argentinien. 1989. XII + 132 S., 40 Abb. im Text u. als Beilage, 2 Farbtafeln, 27 Tab.
Ladenpreis € 21,32

Band 9: MANFRED GABRIEL
Boomstädte: ein prozessualer Stadttyp, erörtert an den Beispielen Fairbanks, Whitehorse und Yellowknife. 1991. XIV + 208 S., mit 60 Abb. u. 29 Tab.
Ladenpreis € 18,41

Band 10: HANS BECKER [Hrsg.]
Jüngere Fortschritte der regionalgeographischen Kenntnis über Albanien. Beiträge des Herbert-Louis-Gedächtnissymposiums. 1991. VII + 184 S., 57 Abb. u. 36 Tab. im Text u. einer Farbkarte Albanien (Beilage).
Ladenpreis € 13,50

BAMBERGER GEOGRAPHISCHE SCHRIFTEN

(ISSN 0344-6557)

Herausgegeben von H. Becker, K. Garleff und W. Krings

Band 11: KARSTEN GARLEFF u. HELMUT STINGL [Hrsg.]
Südamerika: Geomorphologie und Paläoökologie im jüngeren Quartär. 1991. VIII + 394 S., mit 110 Abb. im Text u. 5 Beilagen.
Ladenpreis € 22,24

Band 12: JOACHIM BURDACK
Kleinstädte in den USA. Jüngere Entwicklungen, dargestellt am Beispiel der Upper Great Lakes Area. 1993. XII + 194 S., mit 70 Abb. und 14 Tab.
Ladenpreis € 15,29

Band 13: THOMAS HÖFNER
Fluvialer Sedimenttransfer in der periglazialen Höhenstufe der Zentralalpen, südliche Hohe Tauern, Osttirol. Bestandsaufnahme und Versuch einer Rekonstruktion der mittel- bis jungholozänen Dynamik. 1993. XI + 125 S., mit 94 Abb. und 13 Tab.
Ladenpreis € 15,24

Band 14: HARALD STANDL
Der Industrieraum Istanbul. Genese der Standortstrukturen und aktuelle Standortprobleme des verarbeitenden Gewerbes in der türkischen Wirtschaftsmetropole. 1994. XVI + 177 S., mit 37 Tab., 12 Abb. und 15 Kartenbeilagen.
Ladenpreis € 18,02

Band 15: KARSTEN GARLEFF u. HELMUT STINGL [Hrsg.]
Landschaftsentwicklung, Paläoökologie und Klimageschichte der Ariden Diagonale Südamerikas im Jungquartär. 1998. VIII + 401 S., mit 129 Abb. und 19 Tab.
Ladenpreis € 23,20

Band 16: CHRISTIAN KECK
Zeitschnitte durch die Stadtentwicklung von Halberstadt im 19. und 20. Jahrhundert. Fallstudie zur städtebaulichen Kontinuität einer traditionsreichen Mittelstadt des nordöstlichen Vorharzgebietes. 1997. X + 98 S., mit 12 Skizzen und 7 Kartenbeilagen.
Ladenpreis € 18,46

Band 17: FRANK SCHÄBITZ
Paläoökologische Untersuchungen an geschlossenen Hohlformen in den Trockengebieten Patagoniens. 1999. XVI + 239 S., mit 51 Tab., 85 Abb. und 12 Kartenbeilagen.
Ladenpreis € 27,97

Band 18: DANIEL GÖLER
Postsozialistische Segregationstendenzen: Sozial- und bevölkerungsgeographische Aspekte von Wanderungen in Mittelstädten der Neuen Länder. Untersucht an den Beispielen Halberstadt und Nordhausen. 1999. XIV + 155 S., mit 5 Tab., 19 Abb. und 41 Karten.
Ladenpreis € 13,91

BAMBERGER GEOGRAPHISCHE SCHRIFTEN

(ISSN 0344-6557)

Herausgegeben von H. Becker, A. Dix, K. Garleff, D. Göler und G. Schellmann

---

Band 19: FRANK SCHÄBITZ u. HELGA LIEBRICHT [Hrsg.]
Beiträge zur quartären Landschaftsentwicklung Südamerikas. Festschrift zum 65. Geburtstag von Professor Dr. Karsten Garleff. 1999. XXXII + 255 S., mit 19 Tab., 75 Abb. und 22 Photos.
Ladenpreis € 24,54 (vergriffen)

Band 20: GERHARD SCHELLMANN [Hrsg.]
Von der Nordseeküste bis Neuseeland. Beiträge zur 19. Jahrestagung des Arbeitskreises „Geographie der Meere und Küsten" vom 24. – 27. Mai 2001 in Bamberg. 2001. VIII + 299 S., mit 19 Tab., 136 Abb. und 15 Photos.
Ladenpreis € 21,88

Band 21: CHRISTIAN FIEDLER
Telematik im ländlichen Raum Bayerns. Möglichkeiten und Grenzen zur Minderung von Standortnachteilen. 2002. XIV + 170 S., mit 29 Abb. und 18. Tab.
Ladenpreis € 17,60

Band 22: GERHARD SCHELLMANN [Hrsg.]
Bamberger physisch-geographische Studien 2002 – 2007, Teil I: Holozäne Meeresspiegelschwankungen – ESR-Datierungen aragonitischer Muschelschalen – Paläotsunamis. 2007. VIII + 199 S., mit 26 Tab., 56 Abb. und 10 Photos.
Ladenpreis € 22,50

Band 23: CHRISTOPH BAUMANN
Die albanische „Transformationsregion" Gjirokastra. Strukturwandel im 20. Jahrhundert, räumliche Trends und Handlungsmuster im ruralen Raum. 2008. XVI + 306 S., mit 45 Abb., 10 Tab., 60 Fotos und 24 Karten.
Ladenpreis € 25,40

Band 24: GERHARD SCHELLMANN [Hrsg.]
Bamberger physisch-geographische Studien 2002-2008, Teil II: Studien zur quartären Talgeschichte von Donau und Lech. 2010. VIII + 241 S., mit 22 Tab., 78 Abb. und 8 Photos.
Ladenpreis € 43,75

Band 25: JASMIN KÜSPERT
Kunsteinrichtungen im ländlichen Raum. Geographische Aspekte künstlerischer Einrichtungen abseits ihrer kernstädtischen Traditionsstandorte. 2011. XIV + 316 S., mit 51 Abb. und 7 Tab.
Ladenpreis € 29,90

Selbstverlag des Instituts für Geographie an der Universität Bamberg · Bamberg
Bezug durch den Buchhandel

BAMBERGER GEOGRAPHISCHE SCHRIFTEN

(ISSN 0344-6557)

Herausgegeben von A. Dix, D. Göler, M. Redepenning und G. Schellmann

---

Band 26: Holger Lehmeier
Warum immer Tourismus? Isomorphe Strategien in der Regionalentwicklung. 2015. XVI + 310 S., mit 16 Tab., 25 Abb. ISBN 978-3-86309-306-8
Ladenpreis € 21,50

Band 27: Matthias Bickert
Welterbestädte Südosteuropas im Spannungsfeld von Cultural Governance und lokaler Zivilgesellschaft. Untersucht am Beispiel Gjirokastra (Albanien). 2015. XX + 363 S., mit 19 Tab., 84 Abb. und 5 Karten. ISBN 978-3-86309-300-6
Ladenpreis € 21,00

Band 28: Andreas Winkler
Räumliche Differenzierung und lokale Entwicklung. Divergente Transformationspfade am Beispiel serbischer Kommunen. 2015. XV + 337 S., mit 36 Tab., 48 Abb. ISBN 978-3-86309-318-1
Ladenpreis € 23,50

Verlag: University of Bamberg Press · Bamberg · Bezug durch den Buchhandel und direkt

BAMBERGER GEOGRAPHISCHE SCHRIFTEN
SONDERFOLGE

(ISSN 0175-3894)

Herausgegeben von H. Becker, K. Garleff und W. Krings

Nr. 1: GÜNTER TIGGESBÄUMKER
Die Altkartenbestände der Staatlichen Bibliothek Ansbach - handgezeichnete und gedruckte Karten und Pläne des 16. bis 19. Jahrhunderts. 1983. VIII + 164 S., mit 35 z.T. farbigen Abb.
Ladenpreis € 15,03

Nr. 2: HANS BECKER u. JOACHIM BURDACK
Amerikaner in Bamberg. Eine ethnische Minorität zwischen Segregation und Integration. 1987. XVI + 190 S., mit 12 Karten und 19 Abb.
Ladenpreis € 19,74

Nr. 3: Vergangene jüdische Lebenswelten im Bamberger Raum: ländliche Armutsinseln - städtisches Villenviertel. Mit Beiträgen von KARL-HEINZ-MISTELE und VOLKMAR EIDLOTH. 1988. VIII + 154 S., mit 12 Kartenbeilagen und 65 Abb.
Ladenpreis € 14,57

Nr. 4: JÜRGEN KRIPPNER
Folgen des Verlustes von verordneter Zentralität in kleinen Versorgungsorten des ländlichen Raumes. Eine Bilanz der Kreisgebietsreform in Bayern an Beispielen aus Franken. 1993. XVI + 149 S., mit 10 Abb. und 39 Tab.
Ladenpreis € 15,29

Nr. 5: KARSTEN GARLEFF u. PETER KRISL
Beiträge zur fränkischen Reliefgeschichte. Auswertung kurzlebiger Großaufschlüsse im Rahmen von DFG-Projekten. 1997. XVI + 256 S., mit 80 Abb. und Kartenbeilagen.
Ladenpreis € 34,41

Nr. 6: HANS BECKER [Hrsg.]
Beiträge zur Landeskunde Oberfrankens. Festschrift zum 65. Geburtstag von Bezirkstagspräsidenten Edgar Sitzmann. 2000. XXVI + 263 S., mit 42 Abb. und 15 Tab.
Ladenpreis € 21,47

Nr. 7: HANS BECKER u. INGOLF ERICSSON [Hrsg.]
Mittelalterliche Wüstungen im Steigerwald. Bericht über ein Symposium des Zentrums für Mittelalterstudien der Otto-Friedrich-Universität Bamberg am 3. Februar 2001. 2004. VII + 140 S., mit 36 Abb. und 5 Tab.
Ladenpreis € 15,10

Nr. 8: TANJA ROPPELT
Innerstädtische Viertelbindungen in Mittelstädten. Das Beispiel Bamberg. 2002. XIV + 211 S., mit 32 Karten, 26 Abb. und 28 Tab.
Ladenpreis € 20,00

Selbstverlag des Instituts für Geographie an der Universität Bamberg · Bamberg
Bezug durch den Buchhandel

BAMBERGER GEOGRAPHISCHE SCHRIFTEN
SONDERFOLGE

(ISSN 0175-3894)

Herausgegeben von A. Dix, D. Göler, M. Redepenning und G. Schellmann

---

Nr. 9: PATRICK SCHIELEIN
Jungquartäre Flussgeschichte des Lechs unterhalb von Augsburg und der angrenzenden Donau. 2012. XI + 134 S., mit 44 Abb. und 9 Tab.
Ladenpreis € 21,00

Nr. 10: BENJAMIN GESSLEIN
Zur Stratigraphie und Altersstellung der jungquartären Lechterrassen zwischen Hohenfurch und Kissing unter Verwendung hochauflösender Airborne-LiDAR-Daten. 2012. IX + 149 S., mit 69 Abb. und 8 Tab.
Ladenpreis € 27,50

Nr. 11: JOCHEN HOFMANN
Obstlandschaften 1500 - 1800. Historische Geographie des Konsums, Anbaus und Handels von Obst in der Frühen Neuzeit. 2014. 569 S., mit 20 Abb. und 69 Tab.
Ladenpreis € 29,50

Nr. 12: GERHARD SCHELLMANN [Hrsg.]
Bamberger physisch-geographische Studien 2008 - 2015, Teil III: Geomorphologisch-quartärgeologische Kartierungen im bayerischen Lech-, Wertach- und Schmuttertal. 2016. VII + 356 S., mit 76 Abb., 28 Tab., 32 Fotos, 14 Karten, 9 Beilagen-Abb. und 6 Beilagen-Tab.
Ladenpreis €36,00

Nr. 13: GERHARD SCHELLMANN [Hrsg.]
Bamberger physisch-geographische Studien 2012 - 2014, Teil IV: Geomorphologisch-quartärgeologische Kartierungen im bayerischen Donautal zwischen Sontheim und Dillingen. 2017. V + 237 S., mit 73 Abb., 14 Tab., 27 Fotos, 3 Karten, 13 Beilagen-Abb. und 6 Beilagen-Tab.
Ladenpreis €34,00

Nr. 14: GERHARD SCHELLMANN [Hrsg.]
Bamberger physisch-geographische Studien 2008 - 2017, Teil V: Geomorphologisch-quartärgeologische Kartierungen im bayerischen Isar- und Donautal sowie im Großen und Kleinen Labertal. 2018. V + 252 S., mit 85 Abb., 11 Tab., 32 Fotos, 5 Karten, 23 Beilagen-Abb. und 5 Beilagen-Tab.
Ladenpreis €36,50

Nr. 15: GERHARD SCHELLMANN
Einführung in die Geomorphologie, Geochronologie und Bodengeographie - ein Lernskript in 2 Teilen, Teil I: Endogene Dynamiken und Geochronologie. 2023. V + 289 S., mit 149 Abb., 15 Tab. und 39 Fotos.
Ladenpreis €31,00

Verlag: University of Bamberg Press · Bamberg · Bezug durch den Buchhandel und direkt